国家科学技术学术著作出版基金资助出版

气体放电与等离子体及其应用著作丛书

低温等离子体：原理与应用

欧阳吉庭　何　锋　韩若愚　缪劲松　编著

科学出版社

北　京

内 容 简 介

低温等离子体科学技术已经成为许多重大科学工程和高科技产业的基础和手段。本书在总结国内外相关知识的基础上，结合作者的科研实践撰写而成。全书分四个部分系统地介绍低温等离子体的基本原理和应用技术：第一部分等离子体物理基础，包括等离子体基础知识、等离子体输运过程、等离子体基元过程、等离子体描述和模拟、低温等离子体诊断等 5 章；第二部分气体放电理论，包括汤森放电理论、流注放电理论、高频放电理论等 3 章；第三部分典型的低温等离子体产生形式，包括直流辉光放电和汤森放电、空心阴极放电、电弧放电、电晕放电、介质阻挡放电、射频放电、微波放电等 7 章；第四部分低温等离子体应用技术，包括低温等离子体表面工程技术、低温等离子体材料合成技术、低温等离子体光源技术、低温等离子体环境技术、等离子体推进技术、等离子体生物医学、等离子体对电磁波的调控、等离子体电流体动力学效应和应用等8章。

本书适合于从事低温等离子体相关研究的科研人员和工程技术人员使用，也可作为高等院校相关专业高年级本科生或研究生的教材或教学参考书。

图书在版编目（CIP）数据

低温等离子体 ：原理与应用 / 欧阳吉庭等编著. — 北京 ：科学出版社，2024. 6. —（气体放电与等离子体及其应用著作丛书）. — ISBN 978-7-03-079014-9

Ⅰ. O53

中国国家版本馆 CIP 数据核字第 2024FL1584 号

责任编辑：牛宇锋 / 责任校对：任苗苗
责任印制：赵 博 / 封面设计：蓝正设计

科学出版社 出版
北京东黄城根北街 16 号
邮政编码：100717
http://www.sciencep.com

北京中科印刷有限公司印刷

科学出版社发行 各地新华书店经销

*

2024 年 6 月第 一 版 开本：720×1000 1/16
2025 年 1 月第二次印刷 印张：34
字数：682 000

定价：298.00 元

（如有印装质量问题，我社负责调换）

“气体放电与等离子体及其应用著作丛书”编委会

顾　问　邱爱慈　李应红　王新新　王晓钢　孔刚玉
严　萍　丁立健

主　编　邵　涛

副主编　章　程

编　委　(按姓氏笔画为序排列)

于达仁　万京林　车学科　方　志　卢新培
向念文　庄池杰　刘克富　刘定新　李永东
李庆民　李兴文　杨德正　吴　云　吴淑群
张小宁　张自成　张远涛　张冠军　张嘉伟
陈　琪　陈支通　欧阳吉庭　罗振兵　罗海云
周仁武　郑金星　姚陈果　聂秋月　程　诚
谢　庆　熊　青　戴　栋

前　言

等离子体是物质除固体、液体、气体以外的第四态，是由电子、离子、活性自由基、原子、分子、光子等组成的非束缚体系。低温等离子体是系统温度较低的非热平衡等离子体，也是工业和实验室应用最为广泛的等离子体。低温等离子体物理集基础与应用研究于一体，是典型的多学科、强交叉研究领域，涵盖等离子体物理、气体放电、高电压工程、脉冲功率技术、流体力学、能源环境、材料等诸多方向。经过几十年的发展，低温等离子体科学技术已经成为许多重大科学工程和高科技产业的基础和手段，具有重要的应用预期和广阔的发展前景，在民用、工业和国防领域有着愈发广泛、重要的应用。等离子体材料工艺一直是微电子和芯片生产不可或缺的手段，等离子体光源至今依然在照明、特种光源中普遍使用，低温等离子体在废水、废气、挥发性有机物的去除、臭氧合成等环保技术中有不可替代的作用，等离子体推力器已经成为卫星平台和深空探测的主要动力源，等离子体与电磁波的相互作用在国防、通信、隐身和空间技术中有着重要应用，近年来发展起来的等离子体医学、生物育种、辅助燃烧、气流控制等又成为低温等离子体应用的新热点。

我国从事低温等离子体研究和应用的科研人员越来越多，对相关知识的需求越来越强烈。但是，低温等离子体种类、概念较多，加上物理上遇到非平衡、非理想的情况较多，造成模型描述困难、实验需要多物理量联合诊断，而初学者不易掌握基本脉络与核心原理，导致后续研究上的困难与迷惑；同时，近些年低温等离子体技术飞速发展，无论是科学研究还是工程应用技术都日新月异。因此，亟待一本合适的、与时俱进的书籍作为低温等离子体物理的入门指导书以及相关领域研究人员的参考书籍，同时能够作为高年级本科生或研究生的教材或教学参考书。

本书以放电等离子体为切入点，系统地介绍等离子体的物理基础、气体放电理论、低温等离子体的产生方式和应用领域。不同形式的低温等离子体具有许多共同的物理性质和现象；气体放电作为产生低温等离子体的主要手段，其放电形式包括辉光放电、电弧放电和高频放电等诸多形式，其基础都是某种气体放电理论；而低温等离子体的应用则是利用了其力学、热学、电学、光学或化学活性等某一种或多种效应。等离子体基础研究和技术发展相互促进，不仅加深了对气体放电和等离子体基本现象和特征的清晰认识，同时也催生了很多低温等离子体新技术。

本书尽可能全面、准确、简明地描述等离子体相关的物理知识、概念、基本现象和规律、基本方法，对容易混淆的概念进行了澄清，厘清相关联概念之间的逻辑关系，并力图反映低温等离子体的最新研究和应用进展。同时结合作者二十余年来关于气体放电、低温等离子体的研究和教学，对一些放电物理现象进行了新的阐述，如介质阻挡放电；纠正了过去一些错误认识，如负电晕放电的 Trichel 脉冲等。

本书分为四个部分共 23 章，由欧阳吉庭、何锋、韩若愚和缪劲松等 4 位老师共同完成。其中，第 1～3、6～10、12、13、20～23 章由欧阳吉庭编著；第 4、14、15 章由何锋编著；第 5、11 章由韩若愚编著；第 16～19 章由缪劲松编著。

希望本书能够对读者了解低温等离子体的基本知识、基本理论、产生机理、应用原理和技术起到促进和推动作用。

由于作者的水平有限，书中难免存在疏漏或不当之处，敬请读者批评指正。

全体作者

2023 年 12 月

目　　录

第二部分 气体放电理论

第三部分　典型的低温等离子体产生形式

第四部分 低温等离子体应用技术

第一部分　等离子体物理基础

本部分介绍等离子体物理基础，也是所有低温等离子体物理及应用的基础，包括等离子体基础知识、等离子体输运过程、等离子体基元过程、等离子体描述和模拟、低温等离子体诊断等 5 章的内容。

第1章　等离子体基础知识

1.1　等离子体的概念

等离子体是由大量带电粒子组成的非束缚态宏观体系。常规意义上的等离子体态是电中性气体中产生了相当数量的电离而形成的。对于处于热力学平衡态的系统，提高温度是获得等离子体态的唯一途径。当气体温度升高到其粒子的热运动动能与气体的电离能可以比拟时，粒子之间通过碰撞就可以产生大量的电离过程。因此，等离子体也通常被理解为导电气体。按温度在物质聚集状态中由低向高的顺序，等离子体是物质除固体、液体、气体以外的第四态。

等离子体广泛存在于宇宙空间(从电离层到宇宙深处物质几乎都是电离状态)，宇宙空间99%的可见物都是等离子体，如恒星、气态星云、星际间物质、太阳风、大气的电离层等。但在地球表面几乎没有自然存在的等离子体，只有闪电、火焰、极光和气体放电产生的电离气体如日光灯、霓虹灯、荧光灯等才是等离子体。

等离子体的英文词“plasma”源于希腊文“πλασμα”一词，意思是“血浆”，是 1929 年朗缪尔(Langmuir)和汤克斯(Tonks)把气体放电产生的电离气体命名为“plasma”而引入的，早期也称为“电浆”(我国台湾地区至今仍然使用这个名称)。“等离子体”的本意是电离状态气体的正离子和负离子(包括电子)的数密度大体相等，整体上处于电中性。并非只有完全电离的气体才是等离子体，但至少需要有足够高电离度的电离气体才具有等离子体性质，即当体系的“电性”比“中性”更重要时，这一体系才可称为“等离子体”。

等离子体的基本成分是带正、负电荷的粒子，但并不是其结合体；不同带电粒子之间是相互“独立”和“自由”的。等离子体粒子之间的相互作用力是长程的电磁力。原则上，彼此距离很远的带电粒子仍然感觉得到对方的存在。在相互作用的力程范围内存在着大量的粒子，这些粒子间会发生多体的、彼此自洽的相互作用，使得等离子体中带电粒子的运动行为在很大程度上表现为集体的运动。存在“集体运动”是等离子体最重要的特点。由于等离子体的微观基本组元是带电粒子，一方面，电磁场支配着带电粒子的运动；另一方面，带电粒子运动又会产生电磁场，因而等离子体中带电粒子的运动与电磁场紧密耦合、不可分割。

1.2 等离子体的基本参数和分类

描述等离子体体系的基本参量有两个，即带电粒子的密度和温度，它决定着等离子体的状态，等离子体其他性质和参量也大多与等离子体密度和温度有关。

1.2.1 等离子体密度和电离度

等离子体的带电粒子主要是各种正离子和电子。等离子体也还有其他负离子，但除了电负性气体等离子体外，一般等离子体中的负离子密度很小。考虑二组分等离子体，设正离子密度为 n_i，电子密度为 n_e，在准电中性条件下，$n_e \approx n_i \approx n$，称为等离子体密度。若未电离的中性粒子密度为 N，则等离子体的电离度α为

$$\alpha = n_e / (n_e + N) \tag{1.1}$$

当α较大(一般大于 0.1)时，称为强电离等离子体。当$\alpha = 1$时，则称为完全电离等离子体。而低温等离子体的电离度α都比较小，一般小于 0.01，此时电离度近似为$\alpha \approx n_e/N$。

电离度α仅与粒子种类、密度和温度相关。在热力学平衡条件下，中性粒子的电离与带电粒子的复合并存，达到电离平衡。这时，电离度和电离条件满足萨哈(Saha)方程

$$\frac{\alpha^2}{1-\alpha^2} = \left(\frac{2\pi m_e}{h^2}\right)^{3/2} \frac{(k_B T)^{5/2}}{p} e^{-\frac{eV_i}{k_B T}} \quad 或 \quad \frac{\alpha^2}{1-\alpha^2} = 5.0\times 10^4 \times \frac{T^{5/2}}{p} e^{-\frac{eV_i}{k_B T}} \tag{1.2}$$

其中，h 为普朗克常数；k_B 为 Boltzmann 常数；m_e 为电子质量；p 为气体气压(Torr*)；V_i 为气体的电离电位(eV)；T 为电子温度(K)；e 表示电子电荷量。该方程是印度天体物理学家萨哈于 1920 年提出的。

萨哈方程表明，气体气压、电离电位越低，或电子温度越高，则电离度越大。在常温下，气体的电离度一般很小。例如，对于大气压下的氮气，密度 N 约为 $3\times10^{19}cm^{-3}$，V_i 约为 14.5eV，300K 时的电离度$\alpha \approx 10^{-122}$，不具有等离子体的性质。

萨哈方程同时也给出了热平衡态的带电粒子密度对温度的依赖关系。

1.2.2 电子温度和离子温度

从热力学的角度，温度是物质内部微观粒子的平均平动动能的量度。在热力学平衡态(至少局域平衡)下，粒子速度满足麦克斯韦(Maxwell)分布

$$f(v) = \left(\frac{m}{2\pi k_B T}\right)^{3/2} \exp\left(\frac{-mv^2}{2k_B T}\right) \tag{1.3}$$

---

* 1Torr ≈ 133Pa。

其中，m 是粒子质量；v 是均方根速度。粒子的平均平动动能 $\varepsilon_k = \frac{1}{2}mv^2$ 与热平衡温度 T 的关系

$$\frac{1}{2}mv^2 = \frac{3}{2}k_B T \tag{1.4}$$

因为这种对应关系是确定的，所以经常将粒子的平动动能 ε_k 和温度 T 等同。动能单位通常用电子伏特(eV)来表示，温度用开尔文(K)表示。平均平动动能为 $\varepsilon_k = 1\text{eV}$ 相当于温度 $T = 11600\text{K}$。

等离子体中存在多种粒子，通常它们并不一定能达到统一的热力学平衡态，因此各种粒子有其自己的平衡温度。一般用 T_g、T_e 和 T_i 分别表示中性粒子温度、电子温度和离子温度。

等离子体的宏观温度取决于重粒子的温度。根据等离子体的宏观温度，可将等离子体分成高温等离子体和低温等离子体。

(1) 高温等离子体：温度一般高于 10^4K，这是一种热平衡等离子体，$T_e = T_i$。

(2) 低温等离子体：温度一般低于 10^4K，又分为热平衡等离子体(简称为热等离子体)和非热平衡等离子体(简称为非热等离子体)两类。热等离子体的电子温度与离子温度大致相当，即 $T_e \approx T_i$。严格意义的热等离子体在实际应用或实验室中难以达到，比较容易形成的是有限区域内各种粒子组成接近热平衡、温度近似相等的等离子体，称为局域热等离子体，温度一般为 1×10^3～2×10^4K，可在大气压水平的高气压下产生。非热等离子体的电子温度远高于离子温度，即 $T_e \gg T_i$。一般地，$T_e > 10^4$K、$T_i \approx T_g = 300$～500K，也称为冷等离子体。非热等离子体同时具有“高化学活性”和“系统低温”等两个优势。一方面，电子具有足够高的能量容易使气体分子/原子激发、离解或电离；另一方面，系统能够保持低温状态(接近于室温)。

自然界和实验室常见等离子体的密度和温度范围如图 1.1 所示。

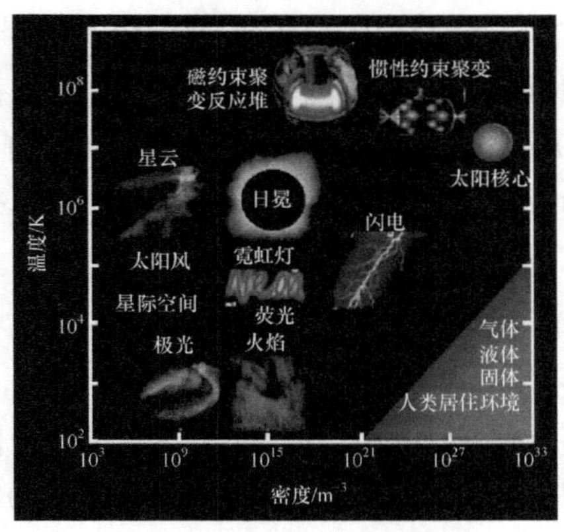

图 1.1　等离子体的密度和温度范围

1.3 等离子体的一般性质

1.3.1 等离子体的准电中性

宏观电中性是等离子体的基本特征，但这只在特定的尺度上成立。由于受内部粒子热运动的扰动或外部干扰，等离子体内局部可能出现电荷分离，电中性条件被破坏。偏离电中性的局部由于电荷间的库仑力的作用，电中性得到恢复。由于偏离量(或局域净电荷)相对较小

$$\left|n_{\mathrm{i}}-n_{\mathrm{e}}\right| \ll n_{\mathrm{e}}$$

故称为“准电中性”。这种“偏离”和“恢复”在空间和时间尺度上都是有限的，通常由德拜长度和朗缪尔振荡周期来表征。

1.3.2 德拜屏蔽和德拜长度

若扰动使等离子体内某处出现电量为 q 的电荷积累(假定为正)，由于该净电荷团的静电场效应，将吸引其周围电子而排除正离子，结果出现带负电的“电子云”包围该“正电荷”。从远处看，电子云削弱了正电荷的作用，即它减小了对远处带电粒子的库仑力，这种现象在等离子体物理中称为“德拜屏蔽”。

假定正电荷中心处于坐标原点，对空间电荷分布为$\rho(r)$的平衡态带电粒子系，空间距中心 r 处的电势分布$\phi(r)$满足泊松(Poisson)方程

$$\nabla^2\phi(r)=-\rho(r)/\varepsilon_0 \tag{1.5}$$

由于德拜屏蔽，电荷分离后的局域电荷密度$\rho(r)$由 r 处的正、负电荷密度差决定，即

$$\rho(r)=e[n_{\mathrm{i}}(r)-n_{\mathrm{e}}(r)] \tag{1.6}$$

在没有空间电荷积累时，电子和离子分布是均匀的，而且 $n_{\mathrm{i}0}=n_{\mathrm{e}0}=n$。出现电荷积累后，$n_{\mathrm{i}}(r)$和 $n_{\mathrm{e}}(r)$不再均匀。通常总是质量小的电子首先达到热平衡，$n_{\mathrm{e}}(r)$服从玻尔兹曼(Boltzmann)分布，而质量大的离子仍在原来大致电中性的正电荷中心。这样

$$n_{\mathrm{e}}(r)=n_0\mathrm{e}^{-V_{\mathrm{e}}(r)/k_{\mathrm{B}}T_{\mathrm{e}}},\quad n_{\mathrm{i}}(r)=n_{\mathrm{i}0}\mathrm{e}^{-V_{\mathrm{i}}(r)/k_{\mathrm{B}}T_{\mathrm{i}}}\approx n_{\mathrm{i}0} \tag{1.7}$$

其中，$V_\alpha(r)=-e\phi(r)(\alpha=\mathrm{e},\mathrm{i})$是电子/离子的电势能。

除非在电极附近等电势很强的区域，对于一般等离子体内部，带电粒子的平均热运动能远大于平均电势能，即 $k_{\mathrm{B}}T_{\mathrm{e}}\gg e\phi$。可将式(1.7)作泰勒级数展开，并取一级近似

$$n_e(r) \approx n_{e0}(1 + e\phi(r) / k_B T_e) \tag{1.8}$$

由此

$$\rho(r) = -\frac{ne^2}{k_B T_e}\phi(r) \tag{1.9}$$

代入泊松方程(1.5)

$$\nabla^2\phi(r) = -\frac{ne^2}{\varepsilon_0 k T_e}\phi(r) \quad 或 \quad \nabla^2\phi(r) = -\phi(r) / {\lambda_D}^2 \tag{1.10}$$

其中，$\lambda_D = \sqrt{\varepsilon_0 k_B T_e / ne^2}$，具有长度量纲，称为德拜长度。代入各常数后，德拜长度可写成

$$\lambda_D = \sqrt{\varepsilon_0 k_B T_e / ne^2} = 7.4 \times 10^2 \sqrt{T_e / n} \tag{1.11}$$

德拜长度仅由等离子体密度和电子温度决定。在实验室等离子体中，德拜长度一般都很短。例如，常见的低气压、辉光放电等离子体的电子温度为 $T_e \approx 1\text{eV}$、密度 $n_e \approx 10^9\text{cm}^{-3}$，其德拜长度为$\lambda_D \approx 2 \times 10^{-2}\text{cm}$，远小于等离子体发生器的尺度(一般为厘米或以上量级)。

利用电势分布的球对称性，在球坐标中可只考虑径向分布，泊松方程可写成

$$\frac{1}{r^2}\frac{\mathrm{d}}{\mathrm{d}r}\left[r^2\frac{\mathrm{d}\phi(r)}{\mathrm{d}r}\right] = \frac{\phi(r)}{{\lambda_D}^2} \tag{1.12}$$

其边界条件是：$\phi(r \to \infty) = 0$，因此可得到电势的解

$$\phi(r) = \frac{q}{4\pi\varepsilon_0}\frac{1}{r}\mathrm{e}^{-r/\lambda_D} \tag{1.13}$$

这就是德拜屏蔽库仑势，它是以电荷 q 为中心的真空库仑势乘以衰减因子 $\exp(-r/\lambda_D)$，如图 1.2 所示。

由于衰减因子的作用，电势分布随着距电荷中心的距离增加迅速减小。在德拜屏蔽长度处，电势下降为初值的 $1/e$。一般地，德拜屏蔽库仑势的有效作用力程大致为一个德拜长度λ_D，即以λ_D为半径的球，称为“德拜球”。德拜球以外的库仑势可以忽略。

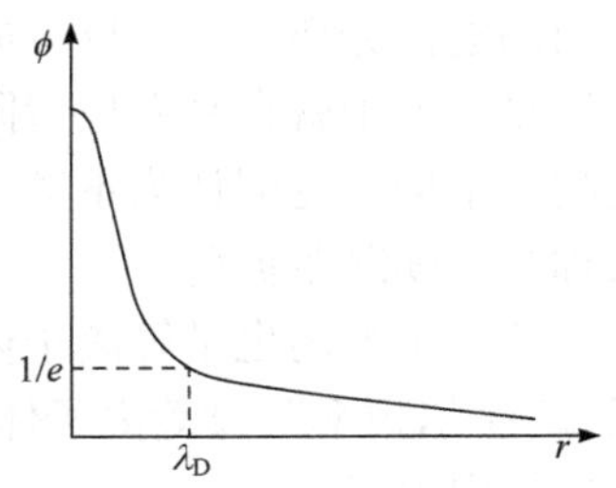

图 1.2　球对称电荷的电势和德拜长度

德拜屏蔽是等离子体的固有特征之一，它描述了等离子体准电中性和集体运动的空间效应。德拜长度的物理意义是：

(1) 等离子体对作用于它的电势(电荷)具有

电屏蔽作用，屏蔽半径(或距离)即为德拜长度；

(2) 德拜长度是等离子体电中性条件成立的最小空间尺度，即从 $r > \lambda_D$ 的空间范围来看，等离子体是电中性的；

(3) 德拜长度是等离子体宏观空间尺度的下限，即等离子体存在的空间尺度 $L \gg \lambda_D$。

1.3.3 朗缪尔振荡和等离子体频率

当等离子体内由于热涨落等原因出现电荷分离时，就会产生强电场，使宏观电中性具有强烈的恢复趋势。由于电子的质量小，电子运动是等离子体集体运动的根本原因。

考虑一维运动。设某一区域内的电子以相同速度沿 x 方向移动产生位移δ，使该区域的两边出现正负电荷过剩区，从而产生一个内电场 E，如图 1.3 所示。

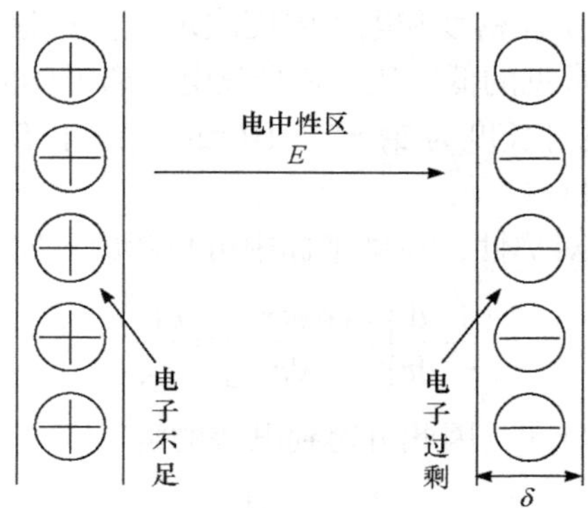

图 1.3　等离子体振荡示意图

该内部电场 E 将电子拉回原位，以恢复电中性。然而，由于惯性，电子并不会在平衡位置停止，而要冲过平衡位置并反向达到最大位移。这样又会引起相反方向的电荷分离，产生反方向回复电场。电子再次被拉回，并冲过平衡位置。如此反复，电子就在平衡位置附近来回作集体振荡。离子由于质量大，对电场的变化响应很慢，近似认为不动，仍作为均匀的正电荷背底。这就是等离子体振荡，又称为“朗缪尔振荡”。

朗缪尔振荡也是等离子体的固有特征之一，其振荡频率叫做“等离子体频率”或“朗缪尔频率”。设等离子体密度为 n_e，形成电荷分离后，面电荷密度为 $\sigma = en_e\delta$，形成的内电场

$$E = \frac{\sigma}{\varepsilon_0} = \frac{en_e\delta}{\varepsilon_0} \tag{1.14}$$

电子在电场中受到的电场力(即回复力)与位移成正比

$$m_{\mathrm{e}}\frac{\mathrm{d}^2\delta}{\mathrm{d}t^2}=F=-eE=-\frac{e^2n_{\mathrm{e}}}{\varepsilon_0}\delta \tag{1.15}$$

因此，电子将做简谐振动，其角频率

$$\omega_{\mathrm{pe}}=\sqrt{\frac{e^2n_{\mathrm{e}}}{\varepsilon_0m_{\mathrm{e}}}} \tag{1.16}$$

这就是电子振荡频率。

离子虽然对电场变化的响应慢，但也能产生振荡，只是幅度小得多。其角频率

$$\omega_{\mathrm{pi}}=\sqrt{\frac{e^2n_{\mathrm{i}}}{\varepsilon_0m_{\mathrm{i}}}} \tag{1.17}$$

由于 $m_{\mathrm{i}}\gg m_{\mathrm{e}}$，所以$\omega_{\mathrm{pe}}\gg\omega_{\mathrm{pi}}$。令等离子体角频率为$\omega_{\mathrm{p}}$，频率为 $f_{\mathrm{p}}=\omega_{\mathrm{p}}/2\pi$ ，则

$$\omega_{\mathrm{p}}=\sqrt{\omega_{\mathrm{pe}}^2+\omega_{\mathrm{pi}}^2}\approx\omega_{\mathrm{pe}}=\sqrt{\frac{e^2n_{\mathrm{e}}}{\varepsilon_0m_{\mathrm{e}}}} \tag{1.18a}$$

等离子体频率ω_{p}仅与等离子体密度 $n_{\mathrm{e,i}}$ 有关。代入各常数值后，角频率和频率分别为

$$\omega_{\mathrm{p}}=5.6\times10^4\sqrt{n_{\mathrm{e}}}\ \text{和}\ f_{\mathrm{p}}=8.98\times10^3\sqrt{n_{\mathrm{e}}} \tag{1.18b}$$

相应地，朗缪尔振荡的时间周期

$$\tau_{\mathrm{p}}=1/\omega_{\mathrm{p}} \tag{1.19}$$

朗缪尔振荡描述了等离子体电中性和集体运动的时间效应。振荡周期的物理意义是：

(1) 等离子体对电荷涨落具有阻止作用，振荡周期是等离子体阻止电荷涨落并转入朗缪尔振荡的最短时间；

(2) 朗缪尔振荡周期是等离子体电中性条件成立的最小时间尺度，即只有从时间间隔$\tau>\tau_{\mathrm{p}}$的范围来看，等离子体才是宏观电中性的；

(3) 振荡周期是等离子体存在的时间下限，即等离子体持续时间$\tau\gg\tau_{\mathrm{p}}$。

1.3.4 等离子体参量和等离子体判据

德拜长度和朗缪尔振荡频率都只与等离子体密度和温度相关。可以引入基于密度和温度的“等离子体参量”来描述等离子体，定义为德拜球内的粒子数，即

$$N_{\mathrm{D}}=n\cdot\frac{4}{3}\pi\lambda_{\mathrm{D}}^{3}=1.38\times10^{3}\sqrt{T^{3}/n} \tag{1.20}$$

相应地，等离子体准电中性的条件或判据

$$L\gg\lambda_{\mathrm{D}},\ \tau\gg\tau_{\mathrm{p}}=1/\omega_{\mathrm{p}},\ N_{\mathrm{D}}\gg1 \tag{1.21}$$

只有满足这些条件的电离气体才是等离子体。否则，即使气体中有部分原子、分子电离，也仅是各种粒子的简单堆积，不具备等离子态集体运动的特性，仍是普通气体。

低温等离子体往往是部分电离气体，体系中除带电粒子外，还存在着大量中性粒子。如果带电粒子与中性粒子之间的相互作用强度与带电粒子之间的相互作用相比可以忽略，则带电粒子的运动行为与中性粒子的存在基本无关，体系与完全电离气体构成的等离子体基本相近。此时，部分电离气体仍然是等离子体。

实际工作中，经常使用碰撞频率来衡量带电粒子与中性粒子之间和带电粒子之间的相互作用效应，最重要的是电子-中性粒子的碰撞频率ν_{en}和电子库仑碰撞频率ν_{ee}。一般地，在非磁化情况下，若$\nu_{\mathrm{en}}\ll\max(\omega_{\mathrm{p}},\nu_{\mathrm{ee}})$，则中性粒子的作用可以忽略，体系就处于等离子体状态。例如，在常规情况下，当电离度为 0.1%时，实际上就可以忽略中性粒子的作用。当电离度更小时，电离气体仍然具备一些等离子体的性质，但需要考虑中性粒子的影响。直到中性粒子的碰撞频率大大超越库仑碰撞频率和等离子体频率时，体系的等离子体特征消失，这种弱电离的气体就不再是等离子体。

1.4 等离子体鞘

1.4.1 鞘的形成

当等离子体与容器壁(介质或电极)接触时，在表面会形成一个电中性被破坏的薄层将等离子体包围，其电位为负。这一薄层即“等离子体鞘”，简称为“鞘”(sheath)，如图 1.4 所示。

1. 浮置介质板处的鞘

若将绝缘体插入等离子体，由于传导电流不能流过介质基板，因而绝缘体表面的荷电粒子要么停留在表面，要么在表面复合后以中性粒子返回等离子体区。为使表面电流为零，单位时间内达到表面处的电子数和离子数就必须相等。但要达到稳定状态需要一个过程。

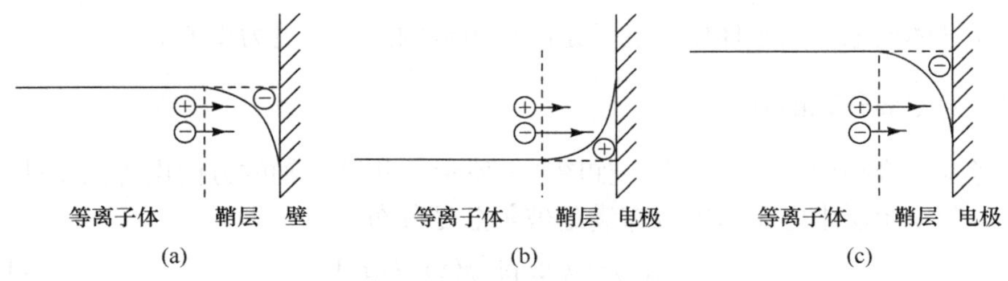

图 1.4　等离子体鞘层
(a) 介质壁；(b) 正电位电极；(c) 负电位电极

假定开始时等离子体电中性条件成立。由于离子质量比电子小得多，电子速度要大些。即使二者的热运动动能相同，离子的运动速度也比电子要小得多。因此，开始时达到绝缘体表面的电子数目比离子要多得多，除了一部分参加复合外，电子将过剩，从而使绝缘体表面相对于等离子体呈现负电位。这个表面负电位将排斥电子而吸引正离子，这个电位也发生相应的变化，直到绝缘体表面的负电位达到某个确定的值，使离子流和电子流相等为止，绝缘体表面的电位趋于稳定。这个插入等离子体中的绝缘体称为浮置基板，而其表面形成的稳定电势称为浮置电位(floating potential)V_f。显然，浮置电位相对于等离子体是一个负电位，在浮置基板与等离子体之间形成一个由正离子构成的空间电荷区，也就是离子鞘层。在简单情况下的等离子体相对于绝缘器壁的电势要高，数值约几倍的 T_e/e 值，如图 1.4(a)所示。

实际上，不仅是浮置基板，凡是与等离子体交界的任何绝缘体(包括放电管壁)，都会保持一定的浮置电位，其近旁也都会形成离子鞘。其后果是，浮置电位相对于等离子体总是负的；或者说，等离子体电位相对于任何与之接触的绝缘体总是正的。

2. 电极近旁的鞘

对于插入等离子体中的导体电极，电位为 V_s。改变它使导体电极与等离子体之间有一个电位差。在电极有电流的情况下，电极相对于等离子体的电位可正可负。由于有外电势作用于等离子体，等离子体因此必然对此作出反应。结果，电极附近的等离子体将不再保持原来的状态。

若 $V_s > V_p$(即电极电位相对于等离子体电势 V_p 为正值)，电极附近的电场将吸引电子而排斥正离子，使电子密度超过离子密度($n_e > n_i$)，最终在电极近旁形成电子空间电荷层，称为电子鞘。此时，流向电极的电子流较大，如图 1.4(b)所示。

反之，若 $V_s < V_p$(即电极电位相对于等离子体电势 V_p 为负值)，电极附近的电场吸引离子而排斥电子，使离子密度超过电子密度($n_i > n_e$)，最终形成正离子空间电荷层，称为离子鞘。此时，流向电极的离子流较大，如图 1.4(c)所示。

在气体放电等离子体中，通常是阴极附近的离子鞘更为重要。

1.4.2 稳定离子鞘的判据

考察一维鞘层的电势分布，如图 1.5 所示，并设 x 轴的方向由等离子体指向器壁。假定鞘层中电子密度分布满足玻尔兹曼分布

$$n_e(x) = n_0 \exp[e\phi(x) / k_B T_e] \tag{1.22}$$

其中，n_0 是鞘层外的等离子体密度。若不考虑离子的温度，令离子进入鞘层前具有定向速度 u_0，根据能量关系，得到鞘层中的离子速度

$$u(x) = (u_0^2 - 2e\phi/m_i)^{1/2} \tag{1.23}$$

离子电荷密度的空间分布直接由离子的连续性方程 $n_i u_i = n_0 u_0$ 给出

$$n_i = n_0 \frac{u_0}{u_i(x)} = n_0 \left(1 - \frac{2e\phi(x)}{m_i u_0^2}\right)^{-1/2} \tag{1.24}$$

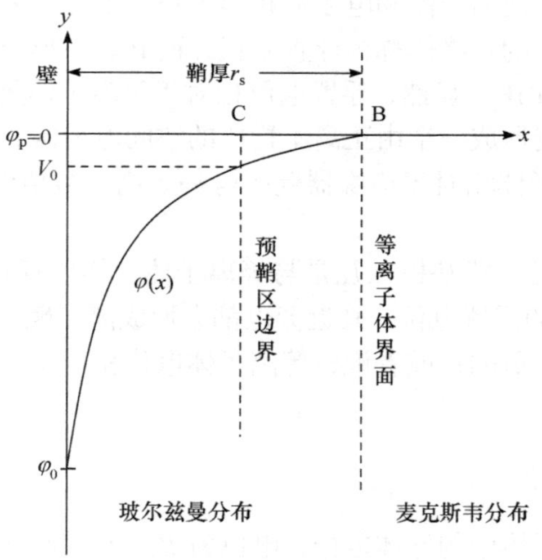

图 1.5 离子鞘层模型及电势分布

应用泊松方程，我们就可以得到鞘层中电势所满足的方程

$$\frac{d^2\phi(x)}{dx^2} = -\frac{e}{\varepsilon_0}(n_i - n_e) = \frac{en_0}{\varepsilon_0}\left[\exp\left(\frac{e\phi(x)}{k_B T_e}\right) - \left(1 - \frac{2e\phi(x)}{m_i u_0^2}\right)^{-1/2}\right] \tag{1.25}$$

由于方程不显含 x，将两边同乘 $d\phi$ 后进行积分

$$\left(\frac{d\phi}{dx}\right)^2 = \frac{2n_0 T_e}{\varepsilon_0}\left[\exp\left(\frac{e\phi}{k_B T_e}\right) - 1\right] + \frac{2n_0 m_i u_0^2}{\varepsilon_0}\left[\left(1 - \frac{2e\phi}{m_i u_0^2}\right)^{1/2} - 1\right] \tag{1.26}$$

这里应用了在 $x=0$ 的鞘层边界处电势、电场强度均为零的条件，即 $\phi|_{x=0}=\left.\frac{\mathrm{d}\phi}{\mathrm{d}x}\right|_{x=0}=0$。

一般情况下，此方程难以再次积分，只能依赖于数值求解。但如果我们考察电势绝对值较小的区域(即 $e\phi/k_{\mathrm{B}}T_{\mathrm{e}}\ll 1$)，可以将右边进行展开，保留至平方项，则有

$$\left(\frac{\mathrm{d}\phi}{\mathrm{d}x}\right)^2\approx\frac{n_0T_{\mathrm{e}}}{\varepsilon_0}\left(\frac{e\phi}{k_{\mathrm{B}}T_{\mathrm{e}}}\right)^2-\frac{n_0m_{\mathrm{i}}u_0^2}{4\varepsilon_0}\left(\frac{2e\phi}{m_{\mathrm{i}}u_0^2}\right)^2=\left(1-\frac{C_{\mathrm{s}}^2}{u_0^2}\right)\left(\frac{\phi}{\lambda_{\mathrm{D}}}\right)^2 \tag{1.27}$$

其中，$\lambda_{\mathrm{D}}=(\varepsilon_0k_{\mathrm{B}}T_{\mathrm{e}}/n_0e^2)^{1/2}$ 是等离子体德拜长度；$C_{\mathrm{s}}=(k_{\mathrm{B}}T_{\mathrm{e}}/m_{\mathrm{i}})^{1/2}$ 是离子声速。

很明显，上述方程有实数解的必要条件是

$$M=u_0/C_{\mathrm{s}}>1 \tag{1.28}$$

其中，M 是流体的定向速度与离子声速之比，称为马赫(Mach)数。这个条件就是稳定鞘层存在的必要条件，称为“玻姆(Bohm)鞘层稳定判据”，简称为“玻姆判据”。

稳定鞘层的存在要求离子进入鞘层时速度大于离子声速。通常这种定向的速度不是由外界施加的，而是等离子体内部电场空间分布自洽的调整结果。也就是说，自鞘边界向等离子体内部延伸，有一个电场强度较弱的称为预鞘的区域。在预鞘区，离子得到缓慢加速直至离子声速。实际上，鞘层和预鞘区并没有严格的区别，通常将离子达到离子声速的位置确定为鞘层的边缘；同时认为，在预鞘区，准中性条件仍然满足。

在低温等离子体范围内，可以把鞘层附近分成 3 个区：一是在较远处的等离子体区，等离子体保持电位 V_{p}。二是预鞘层，过了某点(如图 1.5 中 C 点)的界面，壁电位 ϕ_0 的影响越来越显著，形成负电场。不过电场还不是很强，故电子密度只减少一点，离子也只较小地加速，因此仍然保持准中性状态($n_{\mathrm{e}}\approx n_{\mathrm{i}}$)。三是鞘层，过了某点(图 1.5 中的 B 点)的界面到靠近电极的区域，电位梯度急剧增大，在 x 处形成很强的负电场，受此影响，大部分电子被排斥，变成 $n_{\mathrm{e}}\ll n_{\mathrm{i}}$，因而形成离子鞘。通常认为，稳定的离子鞘是在比等离子体电位稍负一点的地方产生的，其后鞘层随着负电位的增大而展宽。处于鞘面的电位由电子温度决定，即

$$V_0=k_{\mathrm{B}}T_{\mathrm{e}}/2 \tag{1.29}$$

即稳定离子鞘是在电位相对于电子温度一半的截面处开始形成的。V_0 的取值称为离子鞘的生成条件，也称为离子鞘的“玻姆形成判据”。

1.4.3　蔡尔德-朗缪尔定律

1. 鞘层厚度

假定鞘层中电子、离子处于热平衡状态(即 $T_i \approx T_e \approx T$)，密度分布满足玻尔兹曼分布。我们考察电势绝对值较小的区域($e\phi/k_B T \ll 1$)的粒子

$$\begin{cases} n_e(x) = n_0 \exp\left[\dfrac{e\phi(x)}{k_B T}\right] \approx n_0\left[1+\dfrac{e\phi(x)}{k_B T}\right] \\ n_i(x) = n_0 \exp\left[-\dfrac{e\phi(x)}{k_B T}\right] \approx n_0\left[1-\dfrac{e\phi(x)}{k_B T}\right] \end{cases} \tag{1.30}$$

总的净电荷密度

$$\rho(x) = e[n_i(x) - n_e(x)] = -2n_0 e^2 \phi(x)/k_B T \tag{1.31}$$

鞘层内的电势分布满足泊松方程

$$\frac{d^2\phi}{dx^2} = -\frac{\rho}{\varepsilon_0} = \frac{2n_0 e^2}{\varepsilon_0 k_B T}\phi(x) \tag{1.32}$$

由于德拜长度 $\lambda_D = \sqrt{\dfrac{\varepsilon_0 k_B T}{ne^2}}$，所以式(1.32)可写成

$$\frac{d^2\phi}{dx^2} = \frac{2}{\lambda_D^2}\phi(x) \tag{1.33}$$

其边界条件为：$\phi(x=0)=\phi_0$，$\phi(x=\infty)=0$。上述电势方程的解析解

$$\phi(x) = \phi_0 \exp(-\sqrt{2}x/\lambda_D) \tag{1.34}$$

可见，鞘层内的电场分布与德拜球内是一致的。也就是说，鞘层厚度 r_s 与德拜长度 λ_D 的量级相当。

如果不是考虑等离子体边界处 $e\phi/k_B T \ll 1$ 的情况，而是直接积分整个鞘层内电势的泊松方程

$$\frac{d^2\phi(x)}{dx^2} = -\frac{en}{\varepsilon_0}\left\{\exp\left[-\frac{e\phi(x)}{k_B T}\right] - \exp\left[\frac{e\phi(x)}{k_B T}\right]\right\} \tag{1.35}$$

可以得到

$$\phi(x) = \frac{k_B T}{e}\ln\left[\frac{1-\text{th}(e\phi_0/4k_B T)\cdot\exp(-\sqrt{2}x/\lambda_D)}{1+\text{th}(e\phi_0/4k_B T)\cdot\exp(-\sqrt{2}x/\lambda_D)}\right] \tag{1.36}$$

如果电子、离子未达到统一的热力学平衡，则鞘层内的泊松方程应该写成

$$\frac{\mathrm{d}^2\phi(x)}{\mathrm{d}x^2}=\left(\frac{e^2 n}{\varepsilon_0 k_{\mathrm{B}} T_{\mathrm{e}}}+\frac{e^2 n}{\varepsilon_0 k_{\mathrm{B}} T_{\mathrm{i}}}\right)\phi(x) \tag{1.37}$$

由此得到鞘层的精确厚度

$$r_{\mathrm{s}}=\left(\frac{e^2 n}{\varepsilon_0 k_{\mathrm{B}} T_{\mathrm{e}}}+\frac{e^2 n}{\varepsilon_0 k_{\mathrm{B}} T_{\mathrm{i}}}\right)^{-1/2} \tag{1.38}$$

显然，对于热平衡等离子体 $T_{\mathrm{e}}=T_{\mathrm{i}}$ 的情况，鞘层厚度 r_{s} 就是德拜长度 λ_{D}。对于非热等离子体 $T_{\mathrm{e}}\gg T_{\mathrm{i}}$ 的情况，鞘厚度 $r_{\mathrm{s}}=\sqrt{\varepsilon_0 k_{\mathrm{B}} T_{\mathrm{i}}/ne^2}$ 仅由离子温度 T_{i} 决定。

综上所述，等离子体的温度越高，鞘层越厚；粒子密度越大，鞘层越薄。对于一般的气体放电管，等离子体密度在 $10^8\mathrm{cm}^{-3}$ 以上，鞘层厚度 r_{s} 约小于 0.01cm，远小于约束管的直径(一般为厘米量级)，所以管内的主要部分将是准电中性的等离子体。

2. 鞘内电位分布

首先计算射向壁表面的粒子流密度。达到壁表面的电子流为

$$\Gamma_{\mathrm{e}}=n\int_{v_x>v_{x0}} f_{\mathrm{e}}(v)v_x \mathrm{d}^3 v \tag{1.39}$$

其中，分布函数 $f_{\mathrm{e}}(v)$ 是麦克斯韦的。积分限 v_{x0} 这样确定：只有能量足够大、能克服壁表面负电位的电子才能达到壁表面，其最小动能为 $m_{\mathrm{e}}v_{x0}^2/2=-e\phi_0$ 。代入式(1.39)积分，得到

$$\begin{aligned}\Gamma_{\mathrm{e}}&=n\left(\frac{m_{\mathrm{e}}}{2\pi k_{\mathrm{B}}T}\right)^{3/2}\int_{v_x>v_{x0}}\exp\left[-\frac{m_{\mathrm{e}}}{2k_{\mathrm{B}}T}\left(v_x^2+v_y^2+v_z^2\right)\right]v_x\mathrm{d}^3v\\&=\frac{1}{4}n\bar{v}_{\mathrm{e}}\exp\left(\frac{e\phi_0}{k_{\mathrm{B}}T}\right)\end{aligned} \tag{1.40}$$

其中，$v_{\mathrm{e}}=\sqrt{8k_{\mathrm{B}}T/\pi m_{\mathrm{e}}}$ 是电子热运动速度。由于离子没有壁表面负电位的阻碍，所以没有积分下限。

同样，计算可以得到离子流密度为

$$\Gamma_{\mathrm{i}}=\frac{1}{4}n\bar{v}_{\mathrm{i}} \tag{1.41}$$

达到平衡时，离子流与电子流密度相等

$$\Gamma_{\mathrm{e}}=\Gamma_{\mathrm{i}} \tag{1.42}$$

在这种情况下

$$-\phi_0 = \frac{k_B T}{e}\ln\frac{\overline{v}_e}{\overline{v}_i} = \frac{k_B T}{e}\ln\left(\frac{m_i}{m_e}\right)^{1/2} \tag{1.43}$$

可见，壁电位与等离子体的温度成正比，比以“eV”表示的温度放大了 $\ln(m_i / m_e)^{1/2}$ 倍。$\ln(m_i / m_e)^{1/2}$ 的取值在 3.8(对应最轻粒子的氢等离子体)～6(对应最重粒子的汞等离子体)之间。亦即，对于几乎所有放电等离子体，其差别并不大，$\ln(m_i / m_e)^{1/2} \approx 5 \pm 1$。

但在实际气体放电中，因为浮置基板的面积有限，鞘层边界效应并非总是能够忽略，而且随着鞘的厚度增大，鞘的表面积会因为鞘端效应增大，离子电流也随之增大，因而浮置电位比式(1.43)得到的值要小一些。

3. 蔡尔德-朗缪尔定律导出

若导体电极(或器壁)相对于等离子体的电势足够负(如阴极)，那么在电极附近实际上几乎不存在电子，鞘内空间电荷仅由离子来提供。这种情况下，鞘内电势方程可简化成

$$\frac{d^2\phi(x)}{dx^2} \approx -\frac{en_0}{\varepsilon_0}\left(1-\frac{2e\phi(x)}{m_i u_0^2}\right)^{-1/2} \approx -\frac{en_0}{\varepsilon_0}\sqrt{-\frac{m_i u_0^2}{2e\phi(x)}} \tag{1.44}$$

同样将两边乘 $d\phi/dx$ 后进行积分，并忽略电势为零处的电场

$$\frac{d\phi(x)}{dx} \approx \left(-\frac{8em_i n_0^2 u_0^2}{\varepsilon_0^2}\phi\right)^{1/4} \tag{1.45}$$

再次积分，并选择坐标原点，使该处电势为零(注意：此时的坐标原点已经与前面的不同，实际上此方程仅在电势较大时是泊松方程的近似)，于是有

$$\phi = -\left(\frac{81}{32}\frac{em_i n_0^2 u_0^2}{\varepsilon_0^2}x^4\right)^{1/3} = \left(\frac{81}{32}\frac{m_i J^2}{e\varepsilon_0^2}x^4\right)^{1/3} \tag{1.46}$$

其中，$J = en_0 u_0$ 是流向电极的电流密度。式(1.46)可以写成一个更为常见的形式

$$J = \left(\frac{32}{81}\frac{e\varepsilon_0^2}{m_i}\right)^{1/2}\frac{|V|^{3/2}}{d^2} \tag{1.47}$$

其中，V 为电极处电势(或鞘电位)；d 为电极间距或鞘厚度。这就是著名的蔡尔德-朗缪尔(Child-Langmuir)定律。在电子管年代，这是一个非常著名的定律，它描述了平面真空二极管中由于空间电荷效应所限制的发射电流密度的规律。

在等离子体鞘层中，若只有单一种类粒子存在，其规律与二极管是一致的，

但具体情况有所不同。在平面二极管中，电极间距 d 是确定的，电极间电压 V 增大，电流 J 则按电压 3/2 次幂正比增大。而在等离子体中，电流密度 J 由等离子体内部参数决定，并不随电极的电势所变化，这时等离子体则是通过自洽地调节鞘厚度 d 来满足蔡尔德-朗缪尔定律，电势差 V 越大，这一部分的鞘层越厚。

1.5　等离子体电导和介电常数

1.5.1　稳态电导

等离子体是导电流体，在电场作用下必然产生电流，$\boldsymbol{j}=\sigma\boldsymbol{E}$。由于离子速度远小于电子速度，故等离子体的电流主要是电子电流。

在弱等离子体中

$$\boldsymbol{j}\approx\boldsymbol{j}_{\rm e}=-en_{\rm e}\boldsymbol{v}_{\rm d}=en_{\rm e}\mu_{\rm e}\boldsymbol{E} \tag{1.48}$$

所以，电导

$$\sigma_0=en_{\rm e}\mu_{\rm e}=\frac{e^2n_{\rm e}}{m\nu_{\rm m}}=2.82\times10^{-4}\frac{n_{\rm e}}{\nu_{\rm m}} \tag{1.49}$$

它与电子密度、中性分子密度(决定碰撞频率)有关。

在强等离子体中，电荷密度很高，电荷之间的库仑碰撞不可忽略。总的碰撞频率

$$\nu_{\rm m}=Nv\sigma_{\rm m}+n_{\rm e}v\sigma_{\rm Coul} \tag{1.50}$$

其中，$\sigma_{\rm m}$是电子-中性分子碰撞截面；$\sigma_{\rm Coul}$是电子-离子的库仑碰撞截面，与库仑半径($r_{\rm Coul}=(2/3)e^2k_{\rm B}T_{\rm e}$)有关，但相差一个库仑对数因子，即

$$\sigma_{\rm Coul}=\frac{4\pi}{9}\frac{e^4\ln\varLambda}{(k_{\rm B}T_{\rm e})^2} \tag{1.51}$$

其中，库仑对数 $\ln\varLambda=\ln\left[\frac{3}{2\sqrt{\pi}}\frac{(k_{\rm B}T_{\rm e})^{3/2}}{e^3n_{\rm e}^{1/3}}\right]=13.57+1.5\log T_{\rm e}-0.5\log n_{\rm e}$。例如，当 $T_{\rm e}=1{\rm eV}$，$n_{\rm e}=10^{13}{\rm cm}^{-3}$ 时，$\ln\varLambda=7.1$，库仑碰撞截面$\sigma_{\rm Coul}=2\times10^{-13}{\rm cm}^2$，大大超过了电子-中性粒子碰撞截面$\sigma_{\rm m}=10^{-16}\sim10^{-15}{\rm cm}^2$。一般来说，当电离度高于 10^{-3} 时，库仑碰撞将不可忽略。在更高电离度下，库仑碰撞将占主导地位。此时，碰撞频率与电子密度成正比，$\nu_{\rm m}\propto n_{\rm e}$；而库仑碰撞截面与电子密度则通过库仑对数因子弱相关

$$\sigma = \frac{e^2}{mv\sigma_{\text{Coul}}} = \frac{9e^4(k_{\text{B}}T_{\text{e}})^2}{4\pi e^2 mv\ln\Lambda} = 1.9\times 10^2 \frac{T_{\text{e}}^{\ 2}}{\ln\Lambda} \tag{1.52}$$

1.5.2　高频电导和介电常数

在高频电场作用下，等离子体电导和介电常数不同于直流情形。假定重离子是静止的，它对电导和极化电流的贡献可以忽略。我们可以得到在高频电场 $E = E_0\cos\omega t$ 中的电导和相对介电常数由电子响应决定，分别为

$$\sigma_\omega = e^2 n_{\text{e}}\nu_{\text{m}} / m(\omega^2 + \nu_{\text{m}}^2) \tag{1.53}$$

$$\varepsilon_\omega = 1 - e^2 n_{\text{e}} / m\varepsilon_0(\omega^2 + \nu_{\text{m}}^2) = 1 - \omega_{\text{p}}^2 / (\omega^2 + \nu_{\text{m}}^2) \tag{1.54}$$

它们与等离子体频率ω_{p}(或密度 n_{e})、电磁波频率ω和碰撞频率ν_{m}相关。

电导电流与极化电流的比值由碰撞频率与电磁波频率之比决定

$$\frac{j_{\text{cond},0}}{j_{\text{polar},0}} = \frac{\sigma_\omega}{\omega|\varepsilon_\omega - 1|} = \frac{\nu_{\text{m}}}{\omega} \tag{1.55}$$

1) 高频极限

如果$\omega \gg \nu_{\text{m}}$，那么

$$\sigma_\omega = e^2 n_{\text{e}}\nu_{\text{m}} / m\omega^2 ,\quad \varepsilon_\omega = 1 - e^2 n_{\text{e}} / m\varepsilon_0\omega^2 = 1 - \omega_{\text{p}}^2 / \omega^2$$

这一极限对应于等离子体无碰撞模型，如微波、远红外频率放电。这时，电导与碰撞频率成正比，电导电流很小；而介电常数与碰撞频率无关。

2) 静态极限

如果$\omega \ll \nu_{\text{m}}$，那么

$$\sigma_\omega = e^2 n_{\text{e}} / m\nu_{\text{m}} ,\quad \varepsilon_\omega = 1 - e^2 n_{\text{e}} / m\varepsilon_0\nu_{\text{m}}^2 = 1 - \omega_{\text{p}}^2 / \nu_{\text{m}}^2$$

这一极限对应于强碰撞等离子体或准直流模式。此时，电导与碰撞频率成反比，而介电常数与碰撞频率的二次方成反比，它们都与电磁波的性质无关；但电导电流将产生焦耳热。

还可以看到，与普通介质不同，等离子体的介电常数$\varepsilon_\omega < 1$，这是因为等离子体中电子是自由的(金属中亦然)。自由的电子可以在不发生碰撞地(即无耗散)随电场振荡。电子偏离平衡位置，而且位移方向与电场力相反，就会产生“负”的极化电荷，导致介质的“负极化”，使$\varepsilon_\omega < 1$。而在正常介质中，电子被束缚在原子和分子中不能自由移动，介电常数一般大于 1。

1.5.3　复电导和复介电常数

对于非磁化等离子体，在单色平面波作用下，利用麦克斯韦方程很容易得到

等离子体的电导和介电常数都是复数

$$\sigma=\frac{e^2 n_{\mathrm{e}}}{m\nu_{\mathrm{m}}}/(1-\mathrm{i}\omega/\nu_{\mathrm{m}})=\frac{\sigma_\omega}{1+\omega^2/\nu_{\mathrm{m}}^2}(1+\mathrm{i}\omega/\nu_{\mathrm{m}}) \tag{1.56}$$

$$\varepsilon_{\mathrm{r}}=\varepsilon_\omega+\mathrm{i}\sigma_\omega/\varepsilon_0\omega \quad 或 \quad \varepsilon_{\mathrm{r}}=1-\frac{\omega_{\mathrm{p}}^2}{\omega^2+\nu_{\mathrm{m}}^2}+\mathrm{i}\frac{\nu_{\mathrm{m}}}{\omega}\frac{\omega_{\mathrm{p}}^2}{\omega^2+\nu_{\mathrm{m}}^2} \tag{1.57}$$

这是忽略电子与原子核的作用后得到的。该模型也称为德鲁德(Drude)模型，是计算等离子体电磁性质最常用的模型。

复介电常数使电磁波在等离子体传播变得复杂。等离子体中电导电流和位移电流之比

$$\frac{I_{\mathrm{cond}}}{I_{\mathrm{disp}}}=\frac{\mathrm{Im}(\varepsilon_{\mathrm{r}})}{\mathrm{Re}(\varepsilon_{\mathrm{r}})}$$

1) 高频极限

此时，虚部很小，$\frac{I_{\mathrm{cond}}}{I_{\mathrm{disp}}}=\frac{\mathrm{Im}(\varepsilon_{\mathrm{r}})}{\mathrm{Re}(\varepsilon_{\mathrm{r}})}\to 0$。只有频率高于某一临界频率的电磁波才可能在等离子体中存在或传播，即保证介电常数的实部为正值。否则电磁波将在等离子体表面被反射。由$\varepsilon_{\mathrm{r}}\approx 0$ 可以得到等离子体全反射(或刚好能够在等离子体传播的)的电磁波临界频率

$$\omega_{\mathrm{cr}}=\omega_{\mathrm{p}}=\sqrt{e^2 n_{\mathrm{e}}/\varepsilon_0 m}=5.65\times 10^4\sqrt{n_{\mathrm{e}}}$$

或者给定电磁波(频率f, 波长λ_0)，等离子体临界密度

$$n_{\mathrm{e,cr}}=m\varepsilon_0\omega^2/2e=1.24\times 10^4(f[\mathrm{MHz}])^2=1.11\times 10^{13}\lambda_0^{-2}$$

如果等离子体密度高于此临界密度，电磁波将被反射。这一现象可以用 x 方向密度渐变的等离子体来描述。当密度达到临界值时，电磁波被全反射，如图 1.6 所示。

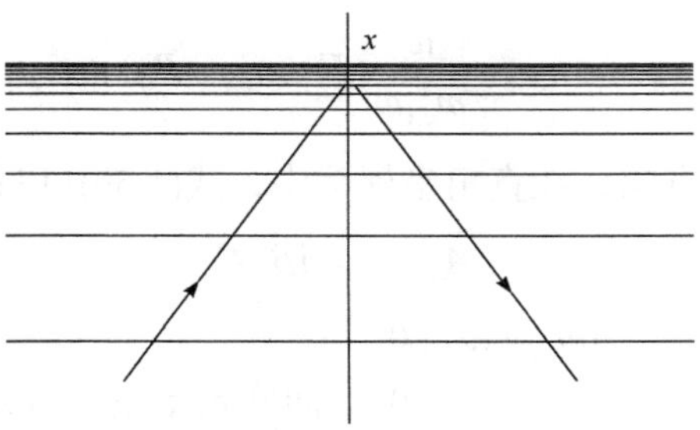

图 1.6　电磁波的反射(密度自下而上增加)

但即使全反射电磁波，依然能够部分地进入等离子体，即所谓的“趋肤效应”，趋肤深度由等离子体电导和电磁波频率决定，即

$$\delta = 1/\mathrm{Im}(k) = c/\sqrt{\omega\sigma/2} = 5.03/\sqrt{\sigma[\Omega^{-1}\cdot\mathrm{cm}^{-1}]f}$$

例如，对一般等离子体，$\sigma \approx 0.01\Omega^{-1}\cdot\mathrm{cm}^{-1}$，则 δ $(100\mathrm{MHz}) \approx 5\mathrm{cm}$，$\delta(10\mathrm{GHz}) \approx 0.5\mathrm{cm}$。而对良导体铜来说，$\sigma \approx 5\times10^5\,\Omega^{-1}\cdot\mathrm{cm}^{-1}$，则 $\delta(50\mathrm{Hz}) \approx 0.9\mathrm{cm}$，$\delta(100\mathrm{MHz}) \approx 7\mu\mathrm{m}$，即高频波的趋肤深度小得多。

能够在等离子体中传播的高于等离子体临界频率的电磁波，也将部分地被吸收(衰减)，其大小与虚部的碰撞频率 ν_{m} 有关。只有在无碰撞等离子体中，电磁波才能够无损耗传播。

2) 静态极限

此时，虚部远大于实部，$\dfrac{I_{\mathrm{cond}}}{I_{\mathrm{disp}}} = \dfrac{\mathrm{Im}(\varepsilon_{\mathrm{r}})}{\mathrm{Re}(\varepsilon_{\mathrm{r}})} \to \infty$，电磁波很快被衰减，实际上不能传播。

1.5.4　磁化等离子体的介电张量

磁化等离子体的介电性质更加复杂。

对于冷等离子体，其热压力为零，等离子体流体对电磁场的响应仅需一个运动方程即可给出。对于任意组分等离子体，可以流体运动速度与电场的关系解出电流；再通过扰动电流密度与电场强度的关系，得到电导率张量与介电张量。

不失一般性，设等离子体为电子和单价正离子二组分电磁流体。电子、离子在电、磁场中运动的速度方程

$$m_{\mathrm{e,i}}\frac{\mathrm{d}\boldsymbol{u}_{\mathrm{e,i}}}{\mathrm{d}t} = -e(\boldsymbol{E} + \boldsymbol{u}_{\mathrm{e,i}} \times \boldsymbol{B}_0) \tag{1.58}$$

在微扰情况下，电子、离子对电磁波的响应是线性的，则其运动也具有波的形式 $\exp[\mathrm{i}(\boldsymbol{k}\cdot\boldsymbol{x} - \omega t)]$，则时间导数为 $\partial/\partial t \to -\mathrm{i}\omega$，上面的运动方程变成

$$\boldsymbol{u}_{\mathrm{e,i}} = \frac{\mathrm{i}e}{m_{\mathrm{e,i}}\omega}(\boldsymbol{E} + \boldsymbol{u}_{\mathrm{e,i}} \times \boldsymbol{B}_0) \tag{1.59}$$

设磁场 B_0 方向为 z 轴方向，在直角坐标系中，式(1.59)可写成

$$\boldsymbol{A}_\alpha \cdot \boldsymbol{u}_\alpha = \mathrm{i}\beta_\alpha \boldsymbol{E} \tag{1.60}$$

其中，张量 $\boldsymbol{A}_\alpha = \begin{bmatrix} 1 & -\mathrm{i}\omega_{\mathrm{c}\alpha}/\omega & 0 \\ \mathrm{i}\omega_{\mathrm{c}\alpha}/\omega & 1 & 0 \\ 0 & 0 & 1 \end{bmatrix}$，回旋频率 $\omega_{\mathrm{c}\alpha} = eB_0/m_\alpha$；$\beta_\alpha = e/m_\alpha\omega$；下标 $\alpha = \mathrm{e}$ 和 i，分别代表电子和正离子。

电子-离子的总电流密度为

$$\boldsymbol{J}=en_{\mathrm{e}}\boldsymbol{u}_{\mathrm{e}}+en_{\mathrm{i}}\boldsymbol{u}_{\mathrm{i}}=\sum_{\alpha}en_{\alpha}\boldsymbol{u}_{\alpha} \tag{1.61}$$

因此，等离子体的介电张量为

$$\boldsymbol{\varepsilon}_{\mathrm{r}}=\boldsymbol{I}+\frac{\mathrm{i}}{\varepsilon_0\omega}\boldsymbol{\sigma}=\boldsymbol{I}-\frac{\mathrm{i}}{\varepsilon_0\omega}\sum_{\alpha}(en_{\alpha}\beta_{\alpha}\boldsymbol{A}_{\alpha}^{-1})=\boldsymbol{I}-\sum_{\alpha}\left(\frac{\omega_{\mathrm{p}\alpha}^2}{\omega^2}\boldsymbol{A}_{\alpha}^{-1}\right) \tag{1.62}$$

其中，$\boldsymbol{A}_{\alpha}^{-1}$是$\boldsymbol{A}_{\alpha}$的逆矩阵，$\boldsymbol{A}_{\alpha}^{-1}=\dfrac{1}{1-\omega_{\mathrm{c}\alpha}^2/\omega^2}\begin{pmatrix}1 & \mathrm{i}\omega_{\mathrm{c}\alpha}/\omega & 0\\ -\mathrm{i}\omega_{\mathrm{c}\alpha}/\omega & 1 & 0\\ 0 & 0 & 1-\omega_{\mathrm{c}\alpha}^2/\omega^2\end{pmatrix}$。

定义$S=1-\sum\limits_{\alpha}\dfrac{\omega_{\mathrm{p}\alpha}^2}{\omega^2-\omega_{\mathrm{c}\alpha}^2}$，$D=\sum\limits_{\alpha}\dfrac{\omega_{\mathrm{c}\alpha}\omega_{\mathrm{p}\alpha}^2}{\omega(\omega^2-\omega_{\mathrm{c}\alpha}^2)}$，$P=1-\sum\limits_{\alpha}\dfrac{\omega_{\mathrm{p}\alpha}^2}{\omega^2}$，则介电张量可简写成

$$\boldsymbol{\varepsilon}_{\mathrm{r}}=\begin{bmatrix}S & -\mathrm{i}D & 0\\ \mathrm{i}D & S & 0\\ 0 & 0 & P\end{bmatrix} \tag{1.63}$$

显然，磁化等离子体的介电性质是各向异性的，在与磁场垂直及平行方向上等离子体的响应特性不同。当磁场趋于零时($B_0=0$)，介电张量退化成对角张量，并且三个对角项相等，等离子体于是恢复非磁化各向同性的特征。

另外，当频率趋于无穷或密度趋于零时，应该可以获得真空极限。在这两种极限下，等离子体介电张量也退化为单位矩阵。

当扰动频率低于等离子体所有的特征频率的低频极限时，我们可以得到介电张量中各项的近似式：

$$\begin{cases}\lim\limits_{\omega\to 0}S=1+\sum\limits_{\alpha}\dfrac{\omega_{\mathrm{p}\alpha}^2}{\omega_{\mathrm{c}\alpha}^2}=1+\sum\limits_{\alpha}\dfrac{n_{\alpha 0}m_{\alpha}}{\varepsilon_0 B_0^2}=1+\dfrac{\rho}{\varepsilon_0 B_0^2}\\ \lim\limits_{\omega\to 0}D=\lim\limits_{\omega\to 0}\sum\limits_{\alpha}\dfrac{\omega_{\mathrm{p}\alpha}^2}{\omega\omega_{\mathrm{c}\alpha}}=\lim\limits_{\omega\to 0}\sum\limits_{\alpha}\dfrac{n_{\alpha 0}q_{\alpha}}{\varepsilon_0 B_0\omega}=\infty\\ \lim\limits_{\omega\to 0}P=-\lim\limits_{\omega\to 0}\sum\limits_{\alpha}\dfrac{\omega_{\mathrm{p}\alpha}^2}{\omega^2}=-\infty\end{cases} \tag{1.64}$$

根据定义可以绘制出 S、P、D 随频率的变化关系曲线，如图 1.7 所示。其中 S、D 在电子、离子回旋频率处有奇点；S 有两个零点，D 除在零频处为零外没有零点；而 P 则是一个单调增的函数，在等离子体频率ω_{p}处过零。

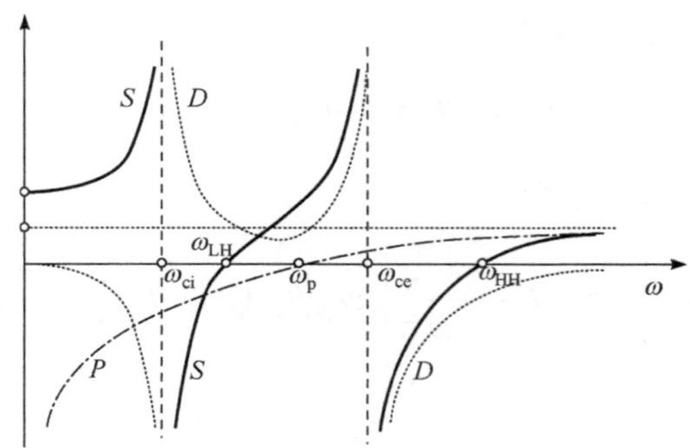

图 1.7　S、P、D 随频率的变化曲线

1.5.5　等离子体中的波和色散关系

由于介电张量的复杂性，磁化等离子体对波的响应是各向异性的，可以通过电磁波动方程得到波的色散关系。

假定 $\boldsymbol{D}=\boldsymbol{\varepsilon}_{\mathrm{r}}\varepsilon_0\boldsymbol{E}$ 线性关系依然成立，根据前面的分析，介电张量为 $\boldsymbol{\varepsilon}_{\mathrm{r}}=\boldsymbol{I}+\mathrm{i}\boldsymbol{\sigma}/\varepsilon_0\omega$ 。介质中的波动方程

$$\nabla\times(\nabla\times\boldsymbol{E})=-\mu_0\varepsilon_0\boldsymbol{\varepsilon}_{\mathrm{r}}\cdot\frac{\partial^2\boldsymbol{E}}{\partial t^2} \tag{1.65}$$

对于单色平面波，$\boldsymbol{E},\boldsymbol{B}\sim\exp[\mathrm{i}(\boldsymbol{k}\cdot\boldsymbol{x}-\omega t)]$，可得到波矢 $\boldsymbol{k}$ 与频率ω的关系

$$\boldsymbol{k}\times(\boldsymbol{k}\times\boldsymbol{E})+\frac{\omega^2}{c^2}\boldsymbol{\varepsilon}_{\mathrm{r}}\cdot\boldsymbol{E}=0 \quad 或 \quad \left(\boldsymbol{kk}-k^2\boldsymbol{I}+\frac{\omega^2}{c^2}\boldsymbol{\varepsilon}_{\mathrm{r}}\right)\cdot\boldsymbol{E}=0 \tag{1.66}$$

对一般的电磁扰动电势，这个方程有非零解的条件是系数行列式的值为零，即

$$\left|\boldsymbol{kk}-k^2\boldsymbol{I}+\frac{\omega^2}{c^2}\boldsymbol{\varepsilon}_{\mathrm{r}}\right|=0 \tag{1.67}$$

这就是等离子体中波的色散关系的一般形式。若定义无量纲的波矢量 $\boldsymbol{n}=\boldsymbol{k}c/\omega$，其大小即为通常意义上介质的折射率，则色散关系写成

$$\left|\boldsymbol{nn}-n^2\boldsymbol{I}+\boldsymbol{\varepsilon}_{\mathrm{r}}\right|=0 \tag{1.68}$$

由此可以得到等离子体中可能存在的各种波模式。

等离子体中的波模式这里不再介绍，详细知识可参考有关书籍和资料。

第 2 章　等离子体输运过程

等离子体中存在电子、正负离子、原子和分子等多种粒子。粒子运动的基本过程是相似的，即能量分布广泛的粒子之间的碰撞，产生动量和能量转移或内能变化。同时，带电粒子又受外来电磁场的影响，其运动往往比较复杂。等离子体的电离度对带电粒子的运动也有明显的影响。

本章介绍带电粒子的碰撞、热运动、迁移、扩散和磁回旋。

2.1　碰撞的基本规律

2.1.1　弹性碰撞与非弹性碰撞

碰撞大致分为两类：弹性碰撞和非弹性碰撞。发生弹性碰撞时，粒子遵循动量守恒和动能守恒定律，即粒子之间只有动量和动能交换而没有内能的变化。粒子间的多数碰撞是弹性碰撞。发生非弹性碰撞时，粒子间交换内能，也遵循动量守恒和能量守恒定律。

对于带电粒子来说，碰撞又有两种：①库仑碰撞，是带电粒子之间的碰撞；②非库仑碰撞，是带电粒子与中性分子，以及中性分子之间的碰撞。库仑碰撞主要发生在高密度或强电离等离子体中，碰撞频率与温度的 3/2 次幂成反比；以电子-离子、电子-电子碰撞为主，它们远高于离子-离子之间的碰撞频率。非库仑碰撞发生在所有以中性分子为背景的等离子体中，主要是电子-中性分子的碰撞，它远高于离子-中性分子(包括激发态)的碰撞，碰撞频率(截面)依赖于电子/分子能量(温度)。

二粒子发生弹性碰撞时，假定碰撞前的速度分别为 $\boldsymbol{v}_1$ 和 0，碰撞后为 $\boldsymbol{v}_1'$ 和 $\boldsymbol{v}_2'$，取 $\boldsymbol{v}_1$ 的方向为 z 轴，并令 θ 为入射角(即粒子中心连线与 $\boldsymbol{v}_1$ 方向的夹角)，φ 为散射角(即 $\boldsymbol{v}_1$ 与 $\boldsymbol{v}_1'$ 之间的夹角)，在钢球粒子模型近似下，由能量和动量守恒定律

$$\frac{1}{2}m_1{v_1}^2=\frac{1}{2}m_1{v_1}'^2+\frac{1}{2}m_2{v_2}'^2 \tag{2.1}$$

$$m_1v_1=m_1v_1'\cos\varphi+m_2v_2'\cos\theta \tag{2.2a}$$

$$0=m_1v_1'\sin\varphi+m_2v_2'\sin\theta \tag{2.2b}$$

由此可以得到碰撞后粒子 1 的能量损失率

$$f(\theta)=\frac{\Delta(m_1v_1^{\ 2}/2)}{m_1v_1^{\ 2}/2}=\frac{v_1^{\ 2}-v_1'^2}{v_1^{\ 2}}=\frac{4m_1m_2}{(m_1+m_2)^2}\cos^2\theta \tag{2.3}$$

$\theta=0$ 时即为对心碰撞，能量损失率最大。实际上发生对心碰撞的概率很小。发生何种方向的碰撞存在着统计概率。令入射角θ到$(\theta+\mathrm{d}\theta)$范围内碰撞概率为$P(\theta)$，显然

$$P(\theta)\mathrm{d}\theta=\begin{cases}2\pi D^2\sin\theta\cos\theta\mathrm{d}\theta/\pi D^2=\sin2\theta\mathrm{d}\theta, & \theta=0\sim\pi/2\\ 0, & \theta=\pi/2\sim\pi\end{cases} \tag{2.4}$$

平均能量损失

$$\overline{f(\theta)}=\frac{\int_0^{\pi/2}P(\theta)f(\theta)\mathrm{d}\theta}{\int_0^{\pi/2}P(\theta)\mathrm{d}\theta}=\frac{2m_1m_2}{(m_1+m_2)^2} \tag{2.5}$$

两个极端情况是：

(1) 同种粒子(离子)碰撞时，$m_1=m_2$，$\overline{f}=1/2$；

(2) 轻粒子与重粒子碰撞时(如电子碰撞其他粒子)，$m_1\ll m_2$，$\overline{f}=2m_1/m_2$。

相应地，弹性碰撞以后，散射粒子的角分布为：

(1) $m_1=m_2$ 时，$\theta+\varphi=\pi/2$，$\varphi=0\sim\pi/2$，没有背散射，而且$\varphi=\pi/4$ 的散射概率最大；

(2) $m_1\ll m_2$ 时，$\theta+\varphi/2\approx\pi/2$，$\varphi=0\sim\pi$，有背散射，而且$\varphi=\pi/2$ 的散射概率最大。

发生非弹性碰撞时，粒子 1 的部分动能 W 转化为粒子 2 的内能。考虑对心碰撞

$$\frac{1}{2}m_1v_1^{\ 2}=\frac{1}{2}m_1v_1'^2+\frac{1}{2}m_2v_2'^2+W \tag{2.6}$$

$$m_1v_1=m_1v_1'+m_2v_2' \tag{2.7}$$

整理得到传输的能量

$$W=\frac{1}{2}m_1v_1^{\ 2}-\frac{1}{2}m_1v_1'^2-\frac{1}{2}m_2\left(\frac{m_1v_1-m_1v_1'}{m_2}\right)^2 \tag{2.8}$$

取 $\mathrm{d}W/\mathrm{d}v'=0$，得到 W 的最大值

$$W_{\max}=\frac{m_2}{m_1+m_2}\frac{m_1v_1^{\ 2}}{2}=\frac{m_2}{m_1+m_2}E_{10} \tag{2.9}$$

(1) 若 $m_1=m_2$，则 $W_{\max}=E_1/2$，即粒子 1 损失一半能量，转化为粒子 2 的内

能。它发生在同类粒子/离子的碰撞中。

(2) 若 $m_1 \ll m_2$，则 $W_{max} = E_1$，即粒子 1 损失全部能量，转化为粒子 2 的内能。它发生在轻粒子(如电子)与重粒子的碰撞中。

2.1.2　平均自由程

在气体中，一个粒子碰撞一个粒子后，再经过一段距离，又碰上另一个粒子，这一距离称为“自由程”。由于粒子行程是无规的，它的平均值称为“平均自由程”。

在图 2.1 中，假定粒子 2 不动，其半径为 r_2；粒子 1 的半径为 r_1，向粒子 2 运动。当二粒子的中心相距 $R < r_1 + r_2$ 时，二者可以相碰。粒子 1 沿折线 $abcd$，以它为中心作圆柱体，所有落在圆柱体内的粒子 2 就等于粒子 1 和粒子 2 的碰撞次数。若粒子 2 的密度为 n，则单位长度(通常以 1cm 表示)内，粒子 1 与 2 的碰撞次数

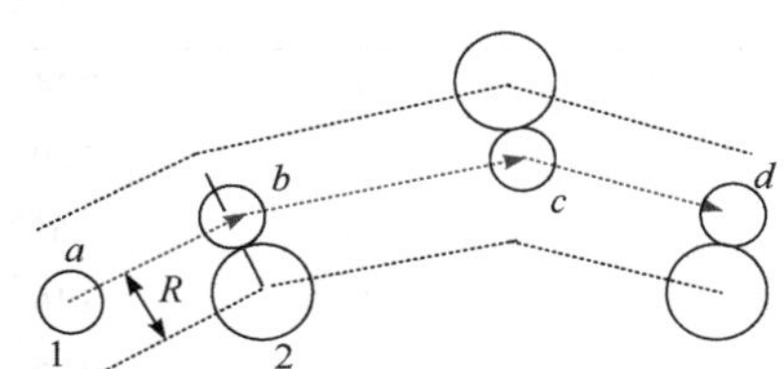

图 2.1　粒子运动和碰撞模型

$$Z = \pi(r_1 + r_2)^2 n \tag{2.10}$$

因此，粒子的平均自由程

$$\bar{l} = 1/\pi(r_1 + r_2)^2 n \tag{2.11}$$

(1) 若为同一种粒子，$r_1 = r_2$，$\bar{l}_{\mathrm{g}} = 1/4\pi r^2 n$；

(2) 若粒子 1 为电子，$r_1 \ll r_2$，则 $\bar{l}_{\mathrm{e}} = 1/\pi r^2 n = 4\bar{l}_{\mathrm{g}}$。

上面假定了粒子 2 是静止的。如果两个粒子的速度为 u_1 和 u_2，相对速度为 u，则平均自由程应写成

$$\bar{l} = \frac{u_1}{\pi(r_1 + r_2)^2 \sqrt{{u_1}^2 + {u_2}^2}\, n} \tag{2.12}$$

在同一种气体中，$u_1 = u_2$，$r_1 = r_2 = r$，则

$$\bar{l}_{\mathrm{g}}' = 1/4\sqrt{2}\pi r^2 n = \bar{l}_{\mathrm{g}}/\sqrt{2} \tag{2.13}$$

对弱电离气体，离子的半径和速率与分子相近，平均自由程可取分子的值，$\bar{l}_{\mathrm{i}} = \bar{l}$。

显然，电子质量小，可以认为分子/离子是不动的，则其平均自由程 $\bar{l}_{\mathrm{e}} = 4\sqrt{2}\bar{l}_{\mathrm{g}}$，比粒子(原子、分子)要大些。

此外，还可以定义平均碰撞频率 $\bar{\nu} = \bar{u}/\bar{l}$。

根据气体状态方程 $p=nk_BT$ ，粒子的平均自由程也可以写成

$$\bar{l}_g'=\frac{k_BT}{4\sqrt{2}\pi r^2 p} \tag{2.14}$$

据此可得到常温大气压(288K(15℃)和 760Torr(1.01×10^5Pa))下，一些常见气体的平均自由程如表 2.1 所示。

表 2.1　几种气体的分子平均自由程、平均速度和碰撞频率(288K、760Torr)

气体	分子量	直径/Å	$\bar{l}$ /10^{-8}m	$\bar{v}$ /(m/s)	ν_c/(10^9/s)
He	4	2.14	18.62	1230	6.6
Ne	20	2.59	13.22	560	4.2
Ar	40	3.64	6.66	391	5.9
Kr	84	4.16	5.12	271	5.3
Xe	131	4.85	3.76	217	5.8
H_2	2	2.74	11.77	1740	14.8
N_2	28	3.75	6.28	467	7.4
O_2	32	3.61	6.79	437	6.4
CO_2	44	4.39	4.19	372	8.8
H_2O	18	4.6	4.18	580	13.9

当然，上面关系式(2.13)和式(2.14)给出的理论值并不是十分精确，与实验也可能有一定的偏差。原因是电子的平均自由程与电子能量有关，因而与放电气体的条件有关。不同实验的测量值也有差别。例如，对于 N_2，$p=760$Torr，$T=2500$K，计算得到的电子平均自由程为$\overline{l_e}=3.4\times10^{-6}$m ；而实验测量结果为$\overline{l_e}=2\times10^{-5}$m ，高出理论值近一个量级。

在给定的平均自由程 l 下，粒子自由飞行路程大于 x 的概率(即自由程分布律)

$$P_x=\exp\left(-\frac{x}{\bar{l}}\right) \tag{2.15}$$

相应地，粒子自由程在 x～x+dx 间出现的概率

$$\mathrm{d}P(x)=\frac{1}{\bar{l}}\mathrm{e}^{-x/\bar{l}}\mathrm{d}x \tag{2.16}$$

即 x 越大，粒子能够运动到这里的可能性就越小。根据概率分布的指数衰减特性，粒子自由运行大于平均自由程 l 时，概率已经很小，亦即大多数粒子的自由程小于平均自由程。

2.1.3　碰撞截面

上面提到，在圆柱体内的粒子就可以碰撞，因此碰撞截面

$$\sigma_{\mathrm{c}}=\pi(r_1+r_2)^2 \tag{2.17}$$

由此得到碰撞截面与平均自由程的关系

$$\bar{l}=1/\sigma_{\mathrm{c}}n \tag{2.18}$$

其倒数

$$\sigma_{\mathrm{T}}=\sigma_{\mathrm{c}}n=1/\bar{l} \tag{2.19}$$

称为总碰撞截面或靶面积，它表示单位长度上的碰撞次数。

平均自由程与粒子的速度相关，因此总碰撞截面也与粒子速度有关。

2.1.4　微分碰撞截面

实际上，粒子之间的碰撞并不是简单的接触，而是发生在微小距离的动量、电能和内能的交换。碰撞截面的数值不仅与相互碰撞的粒子有关，而且和粒子的波动性和相互作用力有关。这需要通过对波动方程的求解来确定碰撞截面。

考虑单一能量、平行入射的粒子束射向静止靶粒子，入射粒子流(单位时间单位面积)的密度为 N_{p}，靶粒子密度为 N_{t}，则单位时间入射到立体角内的是

$$\begin{aligned}N_{\mathrm{s}}(\vartheta,\varphi)\mathrm{d}\Omega &\propto N_{\mathrm{p}}N_{\mathrm{t}}\mathrm{d}\Omega\\ &=q_{\mathrm{s}}(\vartheta,\varphi)N_{\mathrm{p}}N_{\mathrm{t}}\mathrm{d}\Omega\end{aligned} \tag{2.20}$$

其中，比例系数 $q(\vartheta,\varphi)=\mathrm{d}q(\vartheta,\varphi)/\mathrm{d}\Omega$ 或微分量 $\mathrm{d}q(\vartheta,\varphi)$ 称为微分散射截面。

对于二体碰撞反应 $\mathrm{A}+\mathrm{B}\rightarrow\mathrm{C}$，若粒子 A 的浓度为 n_{A}，它的变化率与单位体积、单位时间内发生碰撞的次数即速率系数 k_{AB} 成正比，即

$$\frac{\mathrm{d}n_{\mathrm{A}}}{\mathrm{d}t}=k_{\mathrm{AB}}n_{\mathrm{A}}n_{\mathrm{B}} \tag{2.21}$$

其中，反应速率系数 k_{AB} 与相对速度 v 的分布函数 $f(v)$ 和散射截面 $\sigma(v)$ 具有确定的数量关系

$$k_{\mathrm{AB}}=\int_0^{\infty}v\,f(v)\sigma(v)\mathrm{d}v \tag{2.22}$$

2.2　热　运　动

在弱电离气体中，若没有电磁场，带电粒子的运动相当于在均匀气体分子背景中的杂质粒子行为。它遵守气体分子运动论的一般规律，运动速度符合麦克斯

韦速度分布率。

2.2.1　平均能量和速率分布

在热力学平衡状态下，气体中各种粒子的温度是平衡的，也等于气体热平衡时的粒子温度 T，即

$$T_e = T_i = T_g = T \tag{2.23}$$

下标 e、i、g 表示电子、离子和中性气体分子(原子)。通常用温度表示气体分子的能量，即 $E_k = 3k_B T/2$。粒子的动能为 $\frac{1}{2}m_e\overline{v_e}^2 = \frac{1}{2}m_i\overline{v_i}^2 = \frac{1}{2}m_g\overline{v_g}^2 = \frac{3}{2}kT$ (式中 m 代表质量，$\overline{v^2}$ 是均方根速率的平方)。

很明显，粒子的质量越大，速度越小。均方根速率与质量的 1/2 次方成反比。因此在热平衡条件下，电子的热运动速率远大于离子(粒子)的速率，大约相差 600～1000 倍。

$$\frac{\overline{v_e}}{\overline{v_i}} = \frac{\sqrt{m_i}}{\sqrt{m_e}} \tag{2.24}$$

当温度一定时，气体中粒子的平均速度是一定的，但任一瞬间所有粒子的速度和方向是随机的，达到平衡状态时，粒子的运动是各向同性的。当粒子的数目足够大时，速度分布符合一定的统计规律。最常见的是麦克斯韦分布律，表示为

$$\frac{dN}{N} = \frac{4}{\sqrt{\pi}}\left(\frac{v}{v_p}\right)^2 \exp\left[-\left(\frac{v}{v_p}\right)^2\right]\frac{dv}{v_p} \tag{2.25}$$

其中，dN 是速度在 $v \to v + dv$ 之间的粒子数。

根据统计物理学可以得到：

最可几速率为

$$v_p = \sqrt{\frac{2k_B T}{m}} = 1.66\times 10^{-8}\sqrt{\frac{T}{m}}\ [\mathrm{cm/s}]$$

平均速率为

$$\bar{v} = \sqrt{\frac{8k_B T}{\pi m}} = 1.87\times 10^{-8}\sqrt{\frac{T}{m}}\ [\mathrm{cm/s}]$$

均方根速率为

$$\sqrt{\overline{v^2}} = \sqrt{\frac{3k_B T}{m}} = 2.03\times 10^{-8}\sqrt{\frac{T}{m}}\ [\mathrm{cm/s}]$$

它们的比例关系为

$$v_p : \bar{v} : \sqrt{\overline{v^2}} = 1 : 1.126 : 1.22$$

2.2.2　杂散电流密度

若带电粒子与气体粒子处于热平衡状态，带电粒子间的电场作用可以忽略，由气体分子运动论的麦克斯韦律可知，单位时间通过某一方向单位截面的离子数(即流密度)

$$\Gamma_{i,e} = \frac{1}{4} n_{i,e} \overline{v_{i,e}} \tag{2.26}$$

因此，气体中某一方向的杂散电流密度

$$j_{i,e} = \frac{1}{4} e n_{i,e} \overline{v_{i,e}} \tag{2.27}$$

杂散电流在存在等离子体边界的场合(如介质壁)是需要考虑的。

2.3　迁 移 运 动

存在外电场时，带电粒子除随机热运动外，还将沿电场方向被加速。正离子有顺电场方向运动的趋势，而电子则有逆电场方向运动的趋势。这种随机运动中整体沿电场方向的运动，称为迁移或漂移运动，如图 2.2 所示。

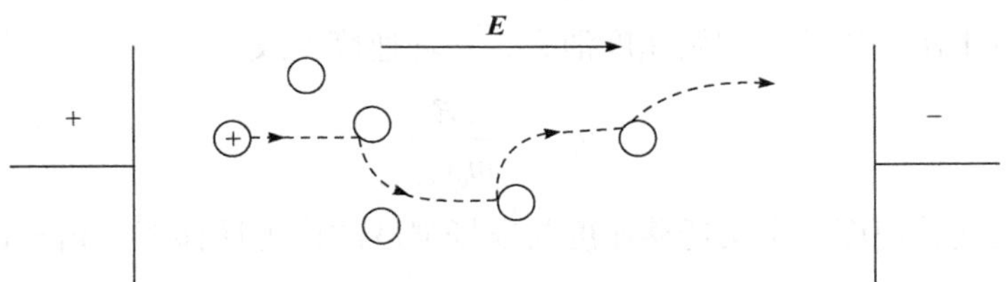

图 2.2　带电粒子在电场中的迁移

2.3.1　电子的迁移

电子在与离子或粒子的碰撞后，运动方向是随机的。但两次碰撞之间，电子将沿反电场方向被加速。电子在这种随机运动中整体沿电场反方向的运动，称为电子迁移。

与两次碰撞之间的平均时间 τ_c 相比，碰撞散射过程的时间极短，电子速度方程可表示为

$$m_e \frac{d\boldsymbol{v}_e}{dt} = -e\boldsymbol{E} + \sum_i m_e \Delta \boldsymbol{v}_i \delta(t - t_i), \quad \Delta \boldsymbol{v}_i = \boldsymbol{v}_e' - \boldsymbol{v}_e \tag{2.28}$$

其中，$\Delta\boldsymbol{v}_i$ 是在 t_i 时刻第 i 次碰撞的速度改变量；$\delta(t-t_i)$是δ函数。对电子取平均，可得到电子动量的变化率 $m_e\langle\Delta\boldsymbol{v}\rangle/\tau_c$，这就是介质对电子的“摩擦力”。

考虑电子速度的改变$\Delta\boldsymbol{v}$在速度方向和垂直方向的分量，在对心系中

$$\langle \Delta \boldsymbol{v}_\perp \rangle = \langle \Delta \boldsymbol{v}_\perp' \rangle = 0 \tag{2.29}$$

因为电子质量 m_e 远小于分子质量 M，在弹性碰撞中电子的速度大小几乎不变，因此

$$\langle \Delta \boldsymbol{v}_{//} \rangle = \langle \Delta \boldsymbol{v}_{//}' \rangle - \boldsymbol{v} = \boldsymbol{v}\langle \cos\theta \rangle - \boldsymbol{v} \equiv -\boldsymbol{v}(1 - \overline{\cos\theta}) \tag{2.30}$$

电子与粒子的非弹性碰撞也改变电子的速度，但概率比弹性碰撞小得多，常常被忽略。这样可以得到关于电子平均速度的方程

$$m_e \frac{d\boldsymbol{v}}{dt} = -e\boldsymbol{E} - m_e \boldsymbol{v} \nu_m, \quad \nu_m = \nu_c (1 - \overline{\cos\theta}) \tag{2.31}$$

其中，$\nu_c = 1/\tau_c = Nv\sigma_c$ 是电子总碰撞频率，N 是分子密度(cm^{-3})，σ_c 是电子与粒子的弹性碰撞截面，$\sigma_{tr} = \sigma_c(1-\overline{\cos\theta})$是“有效动量转移碰撞截面”；$\nu_m$是“有效动量转移碰撞频率”；$\boldsymbol{v}$ 是随机热运动速度，它比电子的迁移速度 v_d 要大得多。

将电子运动方程对时间积分

$$\boldsymbol{v}(t) = -\frac{e\boldsymbol{E}}{m_e \nu_m}(1 - e^{-\nu_m t}) + v(0)e^{-\nu_m t} \tag{2.32}$$

经过若干次碰撞后，初始速度消失，平均速度变成

$$\boldsymbol{v}_d = -\frac{e\boldsymbol{E}}{m_e \nu_m} \tag{2.33}$$

称为电子的迁移速度。定义迁移速度与电场强度的比为迁移率，$\boldsymbol{v}_d = \mu_e \boldsymbol{E}$，则迁移率

$$\mu_e = e / m_e \nu_m = 1.76 \times 10^{15} / \nu_m [s^{-1}] (cm^2/(V \cdot s)) \tag{2.34}$$

电子的平均能量是电场强度的函数，而 $\boldsymbol{v}_{de}$ 与 $\boldsymbol{E}$ 往往不是线性关系，因此迁移率亦与电场强度相关。实验表明，电子的漂移率随折合电场 E/p 增大而有所减小。部分气体中的电子迁移速度与电场的关系如图 2.3 所示。

但通常在低温等离子体计算中，仍假定式(2.34)是线性的(即μ_e是常数)，也可以得到很好的结果。表 2.2 给出部分气体中$\mu_e p$ 的合理值，以及碰撞频率$\nu_m p$、动量转移截面$\sigma p/n_e$、E/p 有效范围和平均自由程 lp(皆为折合参数)。

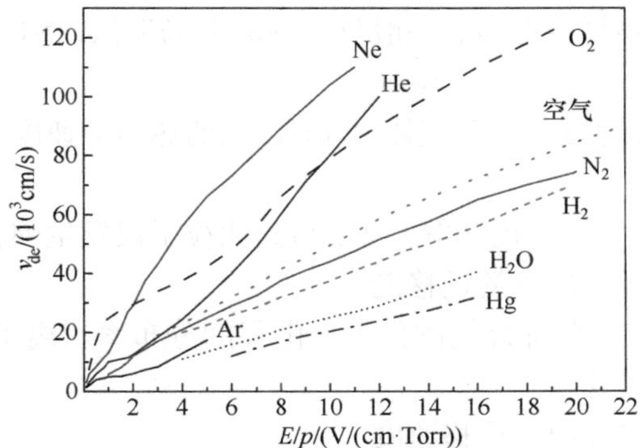

图 2.3　弱电场中电子迁移速度与电场的关系

表 2.2　部分气体中的电子迁移率、碰撞频率、动量转移截面、*E*/*p* 范围和平均自由程

气体	$\mu_e p$ /(10^6 cm² · Torr/(V · s))	$\nu_m p$ /(10^9 Torr/s)	$\sigma p/n_e$ /(10^{-13}Torr · cm/Ω)	E/p 范围 /(V/(cm · Torr))	lp /(10^{-2}cm · Torr)
He	0.86	2.0	1.4	0.6～10	6
Ne	1.5	1.2	2.4	0.4～2	12
Ar	0.33	5.3	0.53	1～13	3
H_2	0.37	4.8	0.58	4～30	2
N_2	0.42	4.2	0.67	2～50	3
O_2	1.01	4.0	0.7	2～20	3
空气	0.45	3.9	0.72	4～50	3
CO_2	1.1	1.8	1.8	3～30	3
CO	0.31	5.7	0.5	5～50	2

注：迁移率由实验得到，$v_d = \mu_e E$；平均自由程 $l = 1/N\sigma_{tr}$；电子温度 1～10eV。

在交变电场中，迁移速度和迁移率与电场频率有关，分别为

$$\boldsymbol{v}_d = -\frac{e\boldsymbol{E}}{m_e(\nu_m + i\omega)} \tag{2.35}$$

$$\mu_e = e / m_e(\nu_m + i\omega) \tag{2.36}$$

显然，交变电场中的电子迁移率是复数，迁移运动更加复杂，由碰撞频率、电场强度和交变频率决定。

2.3.2　离子的迁移

离子的迁移与电子相似，但由于其质量很大，若速度也很大，与其他离子的

碰撞将比电子碰撞要复杂得多。一般只考虑弱电场近似，称为离子迁移的朗之万理论。它假设：

(1) 离子的迁移速度远小于气体分子(原子)的热运动速度，离子的速度分布符合麦克斯韦分布。

(2) 离子温度与气体温度相等。离子与其他粒子仅发生弹性碰撞，碰后方向各向同性，并失去热运动能外的迁移能。

(3) 离子自由程分布符合气体分子自由程的分布率。离子从电场中获得的能量对自由程影响可以忽略。

离子在一个自由程内的迁移速度

$$v_{\mathrm{di1}}=\frac{x}{t_1}=\frac{el_1}{2m_{\mathrm{i}}v_1}E \tag{2.37}$$

考虑分布情况，自由程在 $l\sim l+\mathrm{d}l$ 之间，热速度在 $v\sim v+\mathrm{d}v$ 之间，离子可发生碰撞的次数

$$\frac{\mathrm{d}n(l,v)}{\mathrm{d}t}=\frac{n_0}{\bar{l}}\mathrm{e}^{-l/\bar{l}}\frac{4}{\sqrt{\pi}}\left(\frac{v}{v_{\mathrm{p}}}\right)^2\mathrm{e}^{-\left(\frac{v}{v_{\mathrm{p}}}\right)^2}\mathrm{d}l\,\mathrm{d}\left(\frac{v}{v_{\mathrm{p}}}\right) \tag{2.38}$$

积分可得到离子沿电场方向的平均速度(即迁移速度)

$$v_{\mathrm{di}}=\int_{v=0}^{\infty}\int_{l=0}^{\infty}v_{\mathrm{di1}}\mathrm{d}n(l,v)/n_0=\frac{eE\bar{l}}{\sqrt{\pi}m_{\mathrm{i}}v_{\mathrm{p}}}=0.56\frac{e\bar{l}}{m_{\mathrm{i}}v_{\mathrm{p}}}E \tag{2.39}$$

其中，最可几速率也可以用平均速度或均方根速率代替，常数变成 a(对 v_{p}，$a=0.56$；对 $\bar{v}$，$a=0.64$；对 $\sqrt{\overline{v^2}}$，$a=0.69$)。由此得到离子的迁移率

$$\mu_{\mathrm{i}}=a\frac{e\bar{l}}{m_{\mathrm{i}}v} \tag{2.40}$$

一些重要的实验结果包括：

(1) 离子的迁移率与气体压强成反比；

(2) 正离子的迁移率在低电场(E/p 比较小)时接近于常数；

(3) 负离子的迁移率分散性较大，但对于同样气体，负离子的迁移率较小，$\mu^-<\mu^+$。

表 2.3 给出了部分离子在本身气体中的迁移率的实验数据。

表 2.3　部分离子在本身气体中的迁移率(气压 1Torr，温度 0℃)

离子-气体	μ_i/(10^3cm/(V · s))	E/p/(V/(cm · Torr))	离子-气体	μ_i/(10^3cm/(V · s))	E/p/(V/(cm · Torr))
He^+-He	8.0	—	H^+-H_2	11.2	—
He_2^+-He	15.4	≤10	H_2^+-H_2	10.0	—
Ne^+-Ne	3.3	—	$N_2^+/N_3^+/N_4^+$-N_2	2.0	—
Ne_2^+-Ne	5.0	≤8	O_2^+-O_2	1.0	0.2
Ar^+-Ar	1.2	≤40	空气(N_2,O_2)	1.4	0.25
Ar_2^+-Ar	2.0	—	CO^+-CO_2	0.84	0.12
Kr^+-Kr	0.69	≤30	CO_2^+-CO_2	0.73	0.1
Kr_2^+-Kr	0.92	—	H_2O(100℃)	0.47	0.05
Xe^+-Xe	0.44	≤40	Cl^+-Cl_2	0.56	0.075
Xe_2^+-Xe	0.6	—	Hg^+/Hg_2^+-Hg	0.23/0.3	—

2.4　扩　　散

2.4.1　连续性方程和扩散系数

如果等离子体中的带电粒子密度空间分布不均匀，则将出现扩散。一般地，正、负粒子的流密度包括迁移流和扩散流，即

$$\boldsymbol{\Gamma}_{\pm} = \pm n\mu \boldsymbol{E} - D\nabla n \tag{2.41}$$

其中，扩散系数

$$D = \left\langle v^2 / 3\nu_{\mathrm{m}} \right\rangle \approx lv/3, \quad D \propto p^{-1} \tag{2.42}$$

粒子密度和流密度满足连续性方程

$$\frac{\partial n}{\partial t} + \nabla \cdot \boldsymbol{\Gamma} = S \tag{2.43}$$

其中，S 是单位时间、单位体积内粒子产生和衰灭的“源”($\mathrm{cm}^{-1} \cdot \mathrm{s}^{-1}$)。

2.4.2　爱因斯坦关系

如果碰撞频率是常数，可以得到

$$D_{\mathrm{e}} / \mu_{\mathrm{e}} = m\overline{v^2 / 3e} = \frac{2}{3}\bar{\varepsilon} / e \tag{2.44}$$

如果电子能量分布符合麦克斯韦分布，式(2.44)与碰撞频率对速度的依赖无

关。再利用热运动能量定义，可以得到著名的爱因斯坦(Einstein)关系

$$D / \mu = kT / e \tag{2.45}$$

它由爱因斯坦在 1905 年和斯莫卢霍夫斯基(Smoluchowski)在 1906 年独立发现。

但实际上，即使电子能量分布不是麦克斯韦的，电子-中性分子的碰撞频率也不是常数(在弱电离气体中往往如此)，爱因斯坦关系同样成立，比值 D_e/μ_e 仍然对应着电子温度 T_e(或特征能量)，只不过它是折合电场 E/p 的函数。

2.4.3 纵向扩散和横向扩散

存在电场时，在迁移速度的纵向和横向，比值 D_e/μ_e 是不同的。这是因为纵向扩散系数 D_L 和横向扩散系数 D_T 与电子的碰撞频率相关。根据粒子流方程，粒子流速度也包含迁移和扩散两部分：

$$\boldsymbol{v} = \boldsymbol{\Gamma}_e / n_e = \boldsymbol{v}_d - D_e \nabla n_e / n_e \equiv \boldsymbol{v}_d + \boldsymbol{v}_{dif} \tag{2.46}$$

在“零级近似”下，D_e 是垂直于迁移速度方向的“正常”扩散系数。

若存在粒子密度梯度，在迁移方向(即纵向)由于扩散作用，电子还将获得与粒子密度梯度相关的速度和能量，即 $\boldsymbol{v}_{dif,//} = -D_e \nabla_{//} n_e / n_e$，它将引起电子纵向扩散系数的减小。在“一级近似”下

$$D_T = D_e, \quad D_L = \left(1 - \frac{\hat{\nu}_m}{1 + 2\hat{\nu}_m}\right) D_e, \quad \hat{\nu}_m \equiv \frac{\partial \ln \nu_m}{\partial \ln \varepsilon} \tag{2.47}$$

其中，导数量 $\hat{\nu}_m$ 是碰撞频率 ν_m 对能量 ε 的缓变函数。若 $\nu_m \approx \varepsilon^k$，则有 $\hat{\nu}_m = k$。

实验表明，纵向扩散系数 D_L 最大只有横向扩散系数 D_T 的 1/2 左右，D_L 即约小于 $D_T/2$。

2.5 双 极 扩 散

当离子浓度达到 10^8cm^{-3} 以上时，离子之间的相互影响和库仑力不能忽略。假定正负离子的浓度相同(或 $n_i = n_e$)，而且开始是均匀分布的，由于 $D_e \gg D_i$，正负离子的浓度变化不同而引起电荷分离，于是在等离子体内产生宏观的电场，使得正负离子得到相应的迁移运动。内电场阻碍电子的扩散运动，却加速正离子的扩散运动，离子的总运动是迁移和扩散之和。这种同时存在正负两种离子的扩散称为“双极扩散”，它决定于离子/电子的浓度分布和迁移率。在气体放电过程中，双极扩散经常是很重要的，特别是在高密度等离子体中。

设离子/电子的初始浓度相同，且沿圆柱体径向分布也相等，如图 2.4(a)所示。由于扩散，带电粒子向柱体外(如管壁)运动。其中，电子(虚线)的扩散速度为

$$v_{e,f} = -\frac{D_e}{n_e}\frac{dn_e}{dx} \tag{2.48}$$

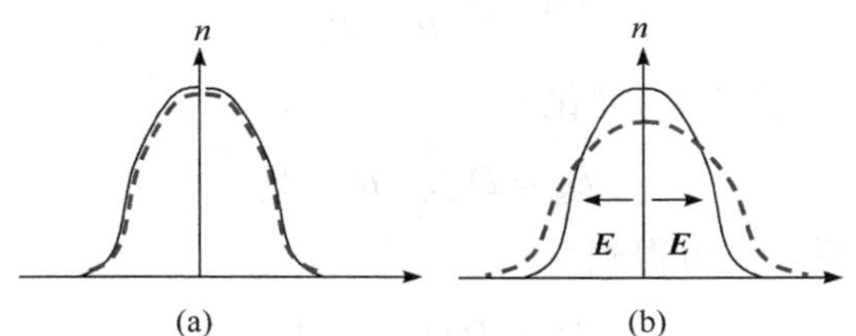

图 2.4　双极扩散示意图

离子(实线)的扩散速度为

$$v_{i,f} = -\frac{D_i}{n_i}\frac{dn_i}{dx} \tag{2.49}$$

由于 $D_e \gg D_i$，电子的扩散速度远大于离子，管中心为富正离子区，管壁附近为富电子区，空间电荷产生分离，如图 2.4(b)所示。电荷分离产生附加电场 E。显然，该电场使离子/电子产生附加的迁移运动，它加强正离子的扩散运动而使电子向外扩散减弱。

带电粒子的速度实际上是热扩散和附加漂移运动的合成。所以，电子向管壁的运动速度

$$v_e = -\frac{D_e}{n_e}\frac{dn_e}{dx} - \mu_e E \tag{2.50}$$

离子向管壁的运动速度

$$v_i = -\frac{D_i}{n_i}\frac{dn_i}{dx} + \mu_i E \tag{2.51}$$

当达到稳定时，电子与离子将以同样的速度向管壁运动，称为双极扩散运动，其速度称为双极扩散速度。无电荷积累时，双极扩散条件是离子流和电子流的散度为 0，即

$$\nabla \cdot (\Gamma_i - \Gamma_e) = 0 \tag{2.52}$$

根据扩散方程，可得到电荷分离的双极扩散电场

$$E = -\frac{D_e - D_i}{\mu_e + \mu_i}\frac{1}{n}\nabla n \tag{2.53}$$

同样得到双极扩散速度

$$v_a = -\frac{D_e\mu_i + D_i\mu_e}{\mu_i + \mu_e}\frac{1}{n}\frac{dn}{dx} \tag{2.54}$$

从而可得到双极扩散系数

$$D_a = \frac{D_e\mu_e + D_i\mu_i}{\mu_e + \mu_i} \tag{2.55}$$

由于 $\mu_e \gg \mu_i$，式(2.55)可简化

$$D_a = D_e\mu_i / \mu_e + D_i$$

再根据爱因斯坦关系，又可得到

$$D_a = D_i(1 + T_e / T_i)$$

对非热等离子体，一般 $T_e \gg T_i$，所以 $D_a \approx D_i T_e / T_i = D_e\mu_i / \mu_e = kT_e / e \cdot \mu_i$。对热等离子体，$T_e = T_i = T$，所以 $D_a = 2D_i = 2kT / e \cdot \mu_i$。

由于 D_e 和 D_i 都与气压 p 成反比，故 D_a 亦与 p 成反比。实验也证实，乘积 $D_a p$ 是常数。这一关系实际上是由气体放电的相似律决定的。

2.6　有磁场的电荷运动

2.6.1　磁回旋

当等离子体中存在磁场而无电场时，离子将绕磁力线做简单的回旋运动。如果离子同时具有沿磁力线的速度，则离子将做沿磁力线的螺旋运动。若磁场 B 均匀且不考虑碰撞，则带电量为 q、质量为 m、垂直于磁场方向速度为 $v_\perp$ 的粒子的回旋半径

$$R_C = \frac{mv_\perp}{qB} \tag{2.56}$$

回旋频率

$$\omega_C = \frac{v_\perp}{R} = \frac{qB}{m}, \quad f_C = \frac{\omega_C}{2\pi} \tag{2.57}$$

带电粒子的回旋运动将产生自磁场。无论是电子还是离子，其自磁场总是与外加磁场方向相反，所以回旋运动具有逆磁的特征。由带电粒子构成的等离子体实际上是一种逆磁介质。

实际的磁场一般是非稳定或非均匀的，而且还存在带电粒子与其他粒子的碰撞，因此磁化等离子体中带电粒子的运动非常复杂。

2.6.2　有磁场的迁移

若电场、磁场同时存在且恒定，则带电粒子的运动方程

$$\frac{\mathrm{d}\boldsymbol{v}}{\mathrm{d}t}=\boldsymbol{\omega}_{\mathrm{c}}\times\boldsymbol{v}+\frac{q}{m}\boldsymbol{E} \tag{2.58}$$

可分解成与磁场平行和垂直方向的分量。其中平行于磁场的分量方程给出了简单的匀加速运动

$$\frac{\mathrm{d}\boldsymbol{v}_{//}}{\mathrm{d}t}=\frac{q}{m}\boldsymbol{E}_{//} \tag{2.59}$$

而垂直分量方程可变换

$$\frac{\mathrm{d}\boldsymbol{v}_{\perp}'}{\mathrm{d}t}=\boldsymbol{\omega}_{\mathrm{c}}\times\boldsymbol{v}_{\perp}' \tag{2.60}$$

其中，$\boldsymbol{v}_{\perp}'=\boldsymbol{v}_{\mathrm{c}}+\boldsymbol{v}_{\perp}$，$\boldsymbol{\omega}_{\mathrm{c}}\times\boldsymbol{v}_{\mathrm{c}}+\dfrac{q}{m}\boldsymbol{E}_{\perp}=0$。这是一个单纯的回旋运动方程。因此，在恒定电、磁场中，粒子的运动可视为回旋运动和回旋运动中心匀速运动的合成，粒子回旋运动的中心称为“导向中心”。

用 $\boldsymbol{\omega}_{\mathrm{c}}$ 叉乘式(2.60)，可以解出导向中心的运动速度

$$\boldsymbol{v}_{\mathrm{c}}=\frac{q\boldsymbol{\omega}_{\mathrm{c}}\times\boldsymbol{E}}{m\omega_{\mathrm{c}}^{2}}=\frac{\boldsymbol{E}_{\perp}\times\boldsymbol{B}}{B^{2}}=\frac{\boldsymbol{E}\times\boldsymbol{B}}{B^{2}} \tag{2.61}$$

在有电场存在的情况下，粒子的磁回旋运动形式发生了变化。一般而言，运动的主体仍然是周期性的回旋运动，但回旋运动的导向中心不再固定，而是作相对较慢的平动，这种平动称为电漂移(或称为 $\boldsymbol{E}\times\boldsymbol{B}$ 漂移)，电漂移速度即为 $\boldsymbol{v}_{\mathrm{de}}=(\boldsymbol{E}\times\boldsymbol{B})/\boldsymbol{B}^{2}$。电漂移与粒子种类无关，是等离子体整体的平移运动。

电漂移运动的图像如图 2.5 所示。由于电场的作用，粒子在回旋运动过程中，当运动方向与电场力的方向相同时，会受到加速，运动轨迹的曲率半径将会增加；反之，其曲率半径则会减小。因而在一个周期后粒子的运动轨迹不会闭合，这就形成了漂移运动。电子和正离子的回旋运动的旋转方向相反，但受到的电场力方向也相反，二者的电漂移运动方向是一致的。

2.6.3　有磁场的扩散

存在磁场时，等离子体的扩散是各向异性的。在沿磁场方向，粒子的扩散与无磁场时相同。在垂直于磁场方向，粒子的主体运动是回旋运动；但由于碰撞使回旋运动中断，重新开始的回旋运动将具有新的回旋中心，因而粒子将在垂直方向上进行扩散，如图 2.6 所示。

在垂直于磁场方向，流体运动方程的稳态形式

$$-T_{\alpha}\nabla_{\perp}n_{\alpha}+n_{\alpha}q_{\alpha}(\boldsymbol{E}_{\perp}+\boldsymbol{u}_{\alpha\perp}\times\boldsymbol{B})-m_{\alpha}n_{\alpha}\nu_{\alpha\perp}\boldsymbol{u}_{\alpha\perp}=0 \tag{2.62}$$

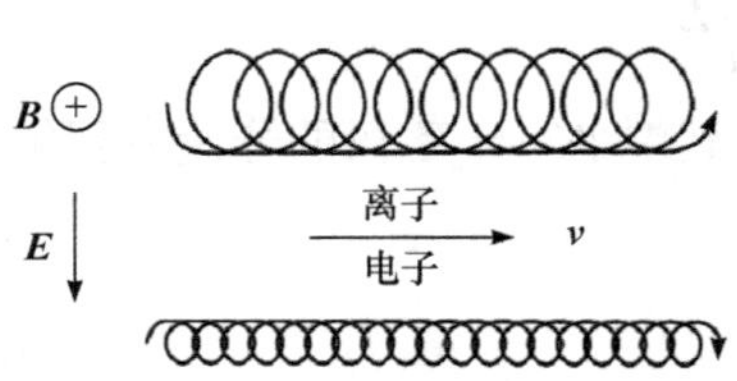

图 2.5　电漂移运动的图像

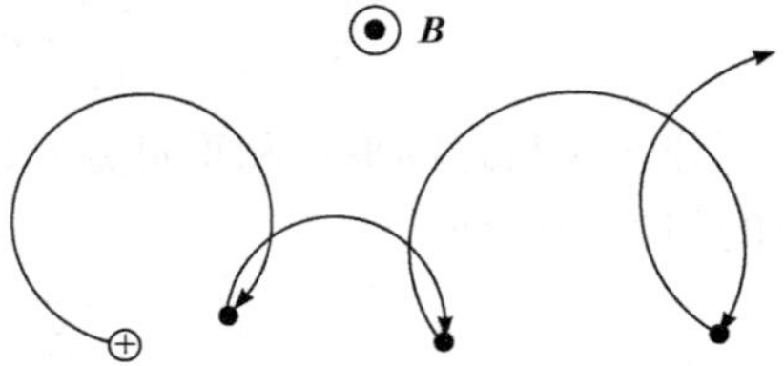

图 2.6　碰撞引起横越磁场的离子扩散

解出速度

$$\boldsymbol{u}_{\alpha\perp}=\begin{pmatrix}\dfrac{\nu_{\alpha\perp}^2}{\omega_{c\alpha}^2+\nu_{\alpha\perp}^2} & \dfrac{\omega_{c\alpha}^2}{\omega_{c\alpha}^2+\nu_{\alpha\perp}^2}\\ -\dfrac{\omega_{c\alpha}^2}{\omega_{c\alpha}^2+\nu_{\alpha\perp}^2} & \dfrac{\nu_{\alpha\perp}^2}{\omega_{c\alpha}^2+\nu_{\alpha\perp}^2}\end{pmatrix}\left(\mu_{\alpha\perp0}\boldsymbol{E}_\perp-D_{\alpha\perp0}\frac{\nabla_\perp n_\alpha}{n_\alpha}\right) \tag{2.63}$$

其中，$\mu_{\alpha\perp0}=\dfrac{q_\alpha}{m_\alpha\nu_{\alpha\perp}}$，$D_{\alpha\perp0}=\dfrac{T_\alpha}{m_\alpha n_\alpha\nu_{\alpha\perp}}$。

在方程(2.62)中，速度张量中的对角项与后面矢量相乘给出垂直方向的迁移速度和扩散速度；而非对角项(另一对角项)给出修正的电漂移速度 v_{DE} 和逆磁漂移速度 v_{DP}

$$\boldsymbol{u}_{\alpha\perp}=\mu_{\alpha\perp}\boldsymbol{E}_\perp-D_{\alpha\perp}\frac{\nabla_\perp n_\alpha}{n_\alpha}+\frac{\omega_{c\alpha}^2}{\omega_{c\alpha}^2+\nu_{\alpha\perp}^2}(\boldsymbol{v}_{\mathrm{de}}+\boldsymbol{v}_{\mathrm{dp}}) \tag{2.64}$$

其中，$\mu_{\alpha\perp}=\dfrac{\mu_{\alpha\perp0}}{1+\omega_{c\alpha}^2/\nu_{\alpha\perp}^2}$，$D_{\alpha\perp}=\dfrac{D_{\alpha\perp0}}{1+\omega_{c\alpha}^2/\nu_{\alpha\perp}^2}$。

有碰撞的情况下，磁流体一般存在着两种垂直于磁场方向的运动：一是通常的漂移运动，方向垂直于驱动电场或密度梯度，漂移运动由于碰撞而有所减慢；二是平行于驱动电场或密度梯度的迁移和扩散运动，比无磁场时减小了 $1+\omega_{c\alpha}^2/\nu_{\alpha\perp}^2$ 倍。

显然，如果碰撞频率远大于回旋频率，磁场的一切效应都可以忽略。反之，磁场使得等离子体流体运动变得比较丰富。在强磁场近似下，扩散系数可以近似

$$D_{\alpha\perp}\approx\frac{T_\alpha}{m_\alpha\nu_{\alpha\perp}}\frac{\nu_{\alpha\perp}^2}{\omega_{\alpha\perp}^2}=\frac{T_\alpha\nu_{\alpha\perp}}{m_\alpha\omega_{\alpha\perp}^2}=\nu_{\alpha\perp}r_{\mathrm{L}}^2 \tag{2.65}$$

强磁场下扩散系数的这种形式表明：垂直于磁场的扩散过程可视为步长为拉莫尔半径的扩散过程。由于离子的拉莫尔半径远大于电子，因而离子在垂直磁场方向的扩散系数远大于电子。这一点与普通的扩散过程不同，后者的步长即为平

均自由程，由于电子的速度较快，电子扩散总是远大于离子。

2.6.4　有磁场的双极扩散

等离子体中真实的带电粒子扩散总是双极的，电子和离子的流动必须满足准中性条件。在有磁场的情况下，带电粒子的双极扩散变得复杂起来，与具体情况相关，但双极扩散的条件仍为 $\nabla\cdot(\boldsymbol{\Gamma}_{\mathrm{i}}-\boldsymbol{\Gamma}_{\mathrm{e}})=0$ ，只是由于磁场的垂直方向与水平方向必须耦合起来一起考虑，因而一般并无简洁的解。

一般而言，在垂直磁场方向上，电子流和离子流并不平衡，离子流大于电子流，因此将会产生空间电荷积累，这可以通过平行方向的粒子流(主要是电子流)进行中和。

2.6.5　磁场非均匀性的影响

1. *梯度磁场*

当磁场非均匀时，严格求解粒子运动方程非常困难，但在弱非均匀的情况下，可以用导向中心近似方法来处理。弱非均匀磁场满足

$$|(\boldsymbol{r}_0\cdot\nabla)\boldsymbol{B}|_0\ll|\boldsymbol{B}_0|$$

其中，$\boldsymbol{r}_0$ 是回旋的位置矢量。此时粒子运动仍然具有回旋运动的基本特征，但由于磁场的非均匀性，粒子在一个回旋运动周期内，会经历不同的磁场，粒子感受的磁场实际是在变化的，因而可以感受到附加力。非均匀磁场引起的附加力

$$\boldsymbol{F}=-\mu(\nabla B) \tag{2.66}$$

非均匀磁场有两个非常重要的应用结构：磁镜和磁喷嘴。

1) 磁镜场

由两个同轴的相隔一定距离的电流环产生的磁场位形如图 2.7 所示。其磁场在沿磁场的方向(也称为纵向)上存在梯度，在两电流环之间磁场较弱，在环的位置磁场较强，这种类型的磁场称为磁镜场。在磁镜场位形下，会出现纵向的等效力 $\boldsymbol{F}_{//}=-\mu(\nabla B)_{//}$ ，方向由强场区指向弱场区，如图 2.7 所示。当带电粒子由弱场

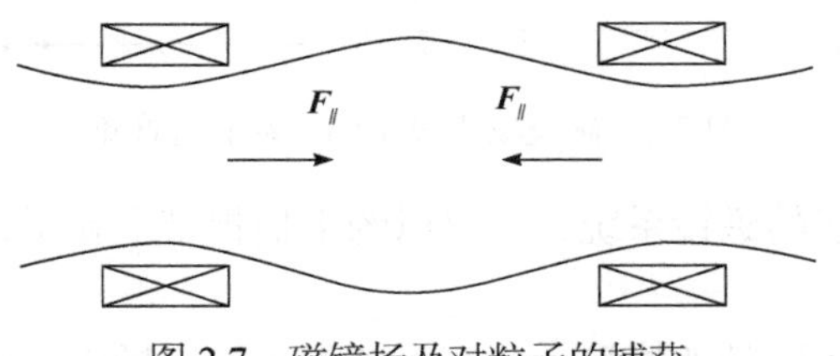

图 2.7　磁镜场及对粒子的捕获

区向强场区运动时，粒子的平行速度将减小，若在足够强的磁场处平行速度减少至零，则粒子将被反射。对带电粒子而言，强场处相当于反射镜面，这就是“磁镜”。在磁镜场中，一部分粒子由于此力而被约束在两个较强的场区之间。

非均匀磁场的等效力的垂直分量也可以产生漂移运动，称为梯度漂移。其速度

$$\boldsymbol{v}_{\mathrm{D}\nabla B} = \frac{(\mu\nabla_{\perp}B)\times\boldsymbol{B}}{qB^2} = \frac{(W_{\perp}\boldsymbol{B})\times\nabla B}{qB^3} \tag{2.67}$$

离子在磁镜场中的运动如图 2.8 所示。产生磁镜效应的根本原因是带电粒子在准稳态(缓变)磁场中的磁矩具有绝热不变性，表示为

$$\mu_{\mathrm{B}} = mv_{\perp}^2 / 2B \approx 常数 \tag{2.68}$$

设粒子速度与 B 方向的夹角为θ，$v_{\perp} = v\cos\theta$；磁感应强度最强和最弱处的值分别为 $B_{\max}$ 和 $B_{\min}$，很容易得到粒子被约束的临界角θ_{m}

$$\sin\theta_{\mathrm{m}} = v_{\perp\min}^2 / v_{\perp\max}^2 = \sqrt{B_{\min} / B_{\max}} \tag{2.69}$$

夹角小于θ_{m}的粒子，其平行速度大，运动到 $B_{\max}$ 时，仍然具有剩余平行速度而成为逃逸粒子；相应的立体夹角构成逃逸锥(逸出区)。夹角大于θ_{m} 的粒子，其平行速度小，还没有运动到 $B_{\max}$ 时就已经失去全部平行速度，因此被约束在磁镜内。粒子的约束条件与其质量和电荷无关，只与磁场的最大值和最小值之比 $R_{\mathrm{m}} = B_{\max}/ B_{\min}$(称为磁镜比)有关。

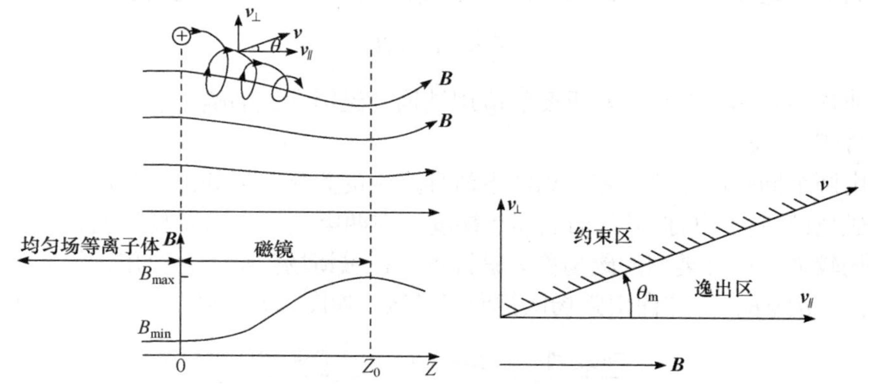

图 2.8 磁镜场中离子的运动和逃逸锥

地球磁场是天然的磁镜系统，它可以约束捕捉带电粒子，形成了著名的“范艾伦带”。

磁镜的另一个效应是加速粒子。在一个静态的磁场中，磁场并不能与带电粒子交换能量。但若粒子在反射时，磁镜的“镜面”相互接近，则磁场可以传递能

量给被捕捉的粒子，使粒子的能量提高而被加速。这一机制称为“费米加速”机制，是 1949 年意大利物理学家费米(E. Fermi)为解释高能宇宙线的形成机理而提出的一种加速机制。

2) 磁喷嘴

与磁镜相反的结构是磁喷嘴，等离子体约束区的磁场强而下游弱，如图 2.9 所示。

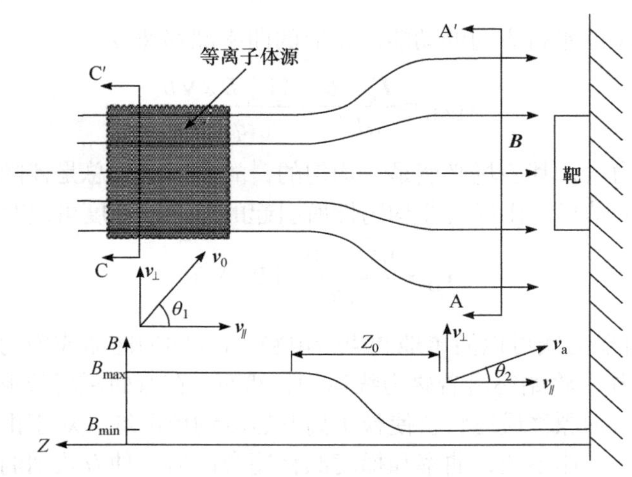

图 2.9　磁喷嘴和离子运动

在缓变磁场中，粒子漂移轨道所包围的磁通是绝热不变量，即

$$\Phi_B = \pi r^2 B = \text{常数} \tag{2.70}$$

若粒子从 C—C′处(强磁场)到 A—A′处(弱磁场)没有损失或反射，则粒子流 $\Gamma = n\pi r^2 v$ 不变。因此

$$n_A = n_C \frac{B_A}{B_C}\frac{\cos\theta_C}{\cos\theta_A} = n_C \frac{B_A}{B_C}\frac{\cos\theta_C}{\sqrt{1-B_A\sin^2\theta_C / B_C}} \tag{2.71}$$

如果 C—C′处等离子体源在空间各向同性，在 $0 \leqslant \theta_C \leqslant \pi/2$ 内积分

$$n_A = \frac{n_C}{R_m}\int_0^{\pi/2}\frac{\cos\theta}{\sqrt{1-\sin^2\theta / R_m}}\mathrm{d}\theta = \frac{n_C}{\sqrt{R_m}\sin(1/\sqrt{R_m})} \approx \frac{n_C}{R_m} \tag{2.72}$$

可见，在磁喷嘴中，等离子体密度将从高到低下降；降低的比例就等于磁镜比 R_m。

值得注意的是，如果磁镜比比较小($R_m = 1\sim10$)，那么既要保持离子磁化又要保持绝热不变实际上是相当困难的。

2. 弯曲磁场

若磁力线是弯曲的，而带电粒子又具有平行速度时，粒子将会感受到惯性离心力，因而也会产生相应的漂移运动，称为曲率漂移。弯曲磁场产生的附加惯性离心力

$$\boldsymbol{F}_{\mathrm{c}} = -2W_{//}\frac{\nabla B}{B} \tag{2.73}$$

其中，W 是粒子的平行方向的动能。相应的曲率漂移速度

$$\boldsymbol{v}_{\mathrm{DCB}} = \frac{\boldsymbol{F}_{\mathrm{c}} \times \boldsymbol{B}}{qB^2} = \frac{2W_{//}\boldsymbol{B} \times \nabla B}{qB^3} \tag{2.74}$$

对弯曲磁力线，其磁场必然是非均匀的，故曲率漂移总是伴随着梯度漂移。结合梯度磁场的情形，由磁场非均匀性所引起的总漂移速度可以写成

$$\boldsymbol{v}_{\mathrm{D}} = \frac{W_{\perp} + 2W_{//}}{qB^4}[\boldsymbol{B} \times \nabla B] \tag{2.75}$$

虽然，闭合磁力线可以简单地约束带电粒子(如同加速器或磁约束聚变中的磁场形态)，带电粒子将始终沿着磁力线运动，然而，在弯曲磁场位形中，一定存在着曲率漂移，这种漂移最终将会使粒子离开磁场约束区域。对于由大量的电子、离子构成的等离子体系统，曲率和梯度漂移还会以另一种方式削弱磁场的约束性能。由于漂移将使电子与离子分别向相反方向(如上、下两个方向)运动，其结果会产生电荷分离而形成电场(垂直方向)，如果没有另外的措施消除这种电场，则新生的电场所产生的电漂移会使等离子体整体向外漂移，最终破坏磁约束。

第 3 章　等离子体基元过程

等离子体中存在电子、正负离子、原子、分子等多种粒子。粒子运动的基本过程是相似的，即"能量分布广泛的电子与各种粒子碰撞，产生动量和能量转移，并随之产生激发、离解、电离和复合等各种基元反应"。碰撞是引发原子(分子)电离、激发、电荷转移和复合、辐射等基元过程的根源，基元过程产生的热、力、光、电和化学活性等效应是等离子体物理特性和应用的基础。

本章介绍等离子体中的基元过程。

3.1　电　　离

电离是等离子体中最重要的过程之一，也是放电等离子体中带电粒子产生的主要原因。产生电离的过程主要有电子碰撞、离子碰撞、激发态粒子碰撞和光电离等。电子碰撞引起原子或分子电离必须具有大于电离电位 U_{ion} 的能量，但这并非充分条件。电子与分子发生碰撞电离的概率与电离截面有关，它通常是与电子能量的函数。离子碰撞电离亦然。

3.1.1　电子碰撞电离

电子碰撞中性分子(原子)产生的电离，在气体汤森放电理论中又称为α-过程，是气体放电中电荷产生的最重要的机制。电子碰撞电离系数(即α系数)定义为电子移动 1cm 所产生的电离次数或电子-离子对数目。

$$\mathrm{A} + \mathrm{e}^- (\varepsilon > U_{ion}) \xrightarrow{k_{ion}} \mathrm{A}^+ + 2\mathrm{e}^-$$

其中，电子碰撞电离的反应速率 k_{ion} 由电离截面决定，$k_{ion} = \langle v\sigma_{ion} \rangle = \int f(\varepsilon) v\sigma_{ion} \mathrm{d}\varepsilon$。相应地，电离概率为 $P_{ion} = k_{ion} n_g$ (n_g 为中性分子密度)；电离系数为 $\alpha = P_{ion} / v_d = k_{ion} n_g / v_d$。

在经过一段距离 x 后，电子数目倍增为 $M = \mathrm{e}^{\alpha x}$，这个过程称为电子雪崩(或电子崩)过程。只有当$\alpha$系数有效值为正($\alpha > 0$)时，电子崩才能发生和发展(增殖)。

一般地，α系数是电场强度 E 和气压 p 的函数，可表示为$\alpha / p = A\mathrm{e}^{-B/(E/p)}$，其中 E/p 称为折合电场。对大多数气体，这一关系在一定电场范围内都成立。只要保持折合电场相同，α/p 是一定的，仅由气体的 A、B 值决定(详见第 6 章“汤森放电理论”)。这种放电参数仅由折合电场决定的特性也称为放电相似性或相似定律。

分步电离：在气体放电等离子体中，分子大多可以直接从基态被碰撞到高能态而电离。但有些场合(特别是强电离等离子体中)，分步电离变得重要，即分子首先被电子碰撞激发，然后激发态再被碰撞电离。分步电离所需要的电子能量比直接电离要小。长寿命的亚稳态粒子在分步电离中扮演重要角色，其电离截面也比较大。例如，$He(2^3S)$ 、$Ne(1s_5)$ 的电子碰撞电离截面为$(1\sim10)\times10^{-16}cm^2$，如图 3.1 所示。

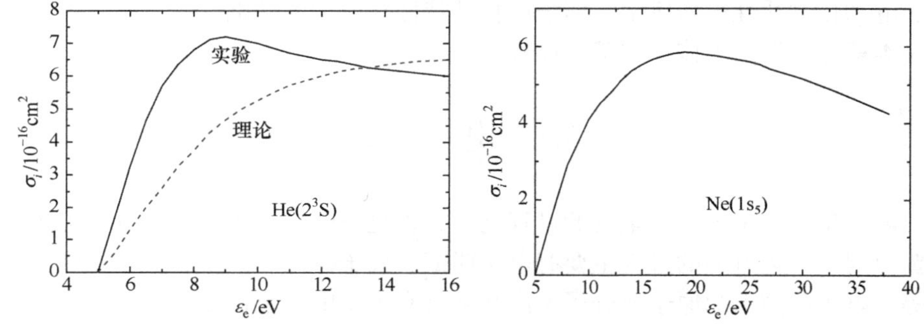

图 3.1　亚稳态 $He(2^3S)$ 、$Ne(1s_5)$ 的电子碰撞电离截面(Long et al., 1970)

表 3.1 给出部分常见的低能共振/亚稳态的能级以及亚稳态的寿命和激发截面。

表 3.1　低能共振/亚稳态(带*)的能级以及亚稳态寿命和激发截面

气体	激发能级 $U_{ex}^{(*)}$ / eV	亚稳态寿命/s	插值截面 $\sigma^*=C^*(\varepsilon-U_{ex}^*)$	
			C^*/(10^{-18}cm²/eV)	U_{eff}^* / eV
H(2s)	10.20*	0.142	25	10
H(2p)	10.20			
$He(2^3S_1)$	19.82*	6×10^5		
$He(2^1S_0)$	20.6*	2×10^{-2}	4.6	20
He	21.21			
Ne	16.62* 16.7* 16.85		1.5	16
$Ar(4^3P_2^0)$	11.55* 11.61 11.72*	>1.3 >1.3	7	11.5
H_2	8.7*		7.6	8.7

续表

气体	激发能级 $U_{ex}^{(*)}$ / eV	亚稳态寿命/s	插值截面 $\sigma^* = C^*(\varepsilon - U_{ex}^*)$	
			C^*/(10^{-18}cm²/eV)	U_{eff}^* / eV
$N_2(A^3\Sigma_u^+)$	6.2*	1.3～2.6		
$N_2(a^1\Sigma_u^-)$	8.4*	0.5		
$O_2(^1\Delta_g)$	0.98	2.7×10^3		
$O_2(b^1\Sigma_g^+)$	1.64	12		

3.1.2 激发态粒子电离和彭宁效应

高能激发态与其他分子碰撞时，若激发态能级高于该分子的电离能，则可以发生电离

$$A + B^* \longrightarrow A^+ + B + e^-$$

称为激发态电离，包括共振激发电离和亚稳态电离，后者也称为彭宁(Penning)电离。一般地，亚稳态电离截面小于共振激发。例如，He(2^1P)共振激发态(U_{ex} = 21.2eV)对 Ar、Kr、Xe、N_2 和 O_2 的电离截面σ约为 2×10^{-14}cm²；而 He(2^3S)亚稳态(U_{ex} = 19.8eV)对 Ar、Xe、N_2 和 CO_2 的电离截面σ约为 10^{-15}cm²。但亚稳态粒子的数密度往往更高，因此彭宁效应更加重要。

3.1.3 光电离

原子(分子)吸收高频光子($h\gamma > U_{h\gamma,\text{ion}}$，光子能量超过光电离的能量阈值)后产生的电离称为光电离，即

$$A + h\gamma \longrightarrow A^+ + e^-$$

这种机制一般远小于电子碰撞电离概率，但有时却可以提供气体放电击穿所需的种子电子。在流光放电机制中，光电离也非常重要。表 3.2 给出部分分子(原子)基态的光电离截面。

表 3.2 分子(原子)基态的光电离截面

气体	$U_{h\gamma,\text{ion}}$/eV	波长/nm	电离截面/10^{-18}cm²
He	24.6	50.4	7.4
Ne	21.6	57.5	4.0
Ar	15.8	78.7	35.0
Na	5.14	241.2	0.12

续表

气体	$U_{h\gamma,\mathrm{ion}}$/eV	波长/nm	电离截面/10^{-18}cm^2
K	4.34	286	0.012
Cs	3.89	318.5	0.22
N	14.6	85.2	9.0
O	13.6	91	2.6
N_2	15.58	79.8	26
O_2	12.2	102	1.0
H	13.6	91.2	6.3
H_2	15.4	80.5	7.0

3.1.4 合成电离

激发态与同类分子碰撞形成准分子离子的电离形式称为合成电离，即

$$\mathrm{A} + \mathrm{A}^* \longrightarrow \mathrm{A}_2^+ + \mathrm{e}^-$$

它是 1951 年由 Hornbeck 和 Molnar 发现的。这种机制在 Ar、Xe、He 等惰性气体等离子体中比较重要，容易形成准分子离子。在 Hg 等离子体中也有发现，例如，Hg 的共振态和亚稳态的合成电离，电离总能量为 9.6eV，小于 Hg 的电离能 $U_{\mathrm{Hg,ion}} = 10.4\mathrm{eV}$。

$$\mathrm{Hg}(6^3\mathrm{P}_1, E^* = 4.9\mathrm{eV}) + \mathrm{Hg}(6^3\mathrm{P}_0, E^* = 4.7\mathrm{eV}) \longrightarrow \mathrm{Hg}_2^+ + \mathrm{e}^-$$

3.1.5 热电离

在平衡状态下，气体分子是麦克斯韦分布的。即使在较低温度下，也有少部分分子具有较高的速度，可以引发气体分子的电离。在室温下，高速分子引起的电离概率非常小；当温度达到 10^4K 以上时，分子碰撞 1000 次将可产生 1 次电离，电离度明显增大。高温下的热电离至少包括 3 种：①气体分子之间的碰撞电离；②热辐射引起的光电离；③高能电子产生的碰撞电离。

高温下，等离子体中电离与复合达到平衡，电离度实际上由萨哈方程(1.2)描述。

3.2 激　　发

激发是等离子体中另一个重要的过程。分子获得能量后，从基态(或低能激发态)跃迁到高能激发态。产生激发的过程包括电子碰撞、离子碰撞、激发态粒子碰撞和光子作用等。

在低温等离子体中，电子碰撞激发最为重要

$$A + e^-(+U_{ex}) \xrightarrow{k_{ex}} A^* + e^-$$

产生碰撞激发时，电子能量必须大于激发电位 U_{ex}。激发概率与激发截面σ_{ex}有关，也是电子能量的函数

$$P_{ex} = n_g \langle v\sigma_{ex} \rangle = n_g \int f(\varepsilon) v\sigma_{ex} d\varepsilon$$

高能准分子离子与电子的复合也可产生激发态粒子，例如在氙灯(Ne-Xe 等离子体)中

$$Ne_2^+ + e^- \longrightarrow Ne^* + Ne, \quad Xe_2^+ + e^- \longrightarrow Xe^{**} + Xe$$

被激发的分子(或原子)往往都会退激发而产生电磁(光)辐射，包括直接退激到基态或退激到亚稳态的各种特征辐射谱线。这也是等离子体发光的主要机制。

3.3　电 荷 转 移

离子和中性粒子碰撞时，可以发生电荷转移，产生一个高速中性粒子和一个低速离子(或低速激发态离子)。该过程相当于借助电场把中性粒子的速度(能量)提高，离子的迁移速度(能量)降低，使离子与中性粒子的速度接近，促使气体中各种粒子能量趋于平衡。

电荷转移大致包括以下过程：

(1) 正离子与同类中性粒子的转荷 $A_1^+ + A_2 \longrightarrow A_1 + A_2^+ \pm \Delta\varepsilon$；

(2) 正离子与不同类中性粒子的转荷 $A^+ + B \longrightarrow A + B^+ \pm \Delta\varepsilon$；

(3) 负离子的转荷 $A^- + B \longrightarrow A + B^- \pm \Delta\varepsilon$。

3.4　电荷的消失

等离子体中带电粒子的损失主要来自于复合和扩散。其中，复合是正负带电粒子再结合而中性化的过程，主要包括正离子与电子的复合、正负离子复合，以及多原子离子的离解复合。而扩散则是带电粒子由于扩散作用，逃离等离子体区，最终落到等离子体边界(器壁或放电电极)而消失。

3.4.1　离子复合

电子-正离子复合 $A^+ + e^- + (M) \xrightarrow{k_{e\text{-}i\,rec}} A + (M)$，是等离子体中电荷密度衰减

的主要机制，包括二体碰撞和三体碰撞。相对而言，在高密度等离子体和弱电场条件下，电子能量较低，三体碰撞复合反应更为重要，反应速度常数与电子密度成正比，大致可表示为 $k_{e\text{-}i,Tr}=8.75\times10^{-27}(T_e[\text{eV}])^{-9/2}n_e[\text{cm}^{-3}][\text{cm}^3/\text{s}]$；而二体碰撞比较弱，反应系数 $k_{e\text{-}i,Bi}$ 约为 $10^{-12}\text{cm}^3/\text{s}$。

离子复合又分为辐射复合和非辐射复合，辐射复合是电子与离子碰撞的主要复合过程之一，复合时释放光子，它是光电离的逆过程。

电子-离子碰撞的离解复合 $A_2^+ + e^- \xrightarrow{k_{Dis}} A + A^*$，是弱等离子体中电荷的最快衰减机制，反应系数 k_{Dis} 大致约为 $10^{-7}\text{m}^3/\text{s}$ 量级。

在电负性气体中，电子附着形成负离子，则正负离子之间的碰撞复合非常重要，$A^- + B^+ \xrightarrow{k_{i\text{-}i}} A + B^*$，其反应速率 $k_{i\text{-}i}$ 在 $10^{-7}\text{cm}^3/\text{s}$ 量级。表 3.3 给出部分正负离子复合的反应常数。如果气压较高，则三体碰撞复合反应概率将增大，$A^- + B^+ + M \xrightarrow{k_{i\text{-}i,Tr}} A + B^* + M$，反应系数 $k_{i\text{-}i,Tr}=n_M k_{i\text{-}i}\propto p$。

表 3.3　部分正负离子复合的反应常数(Smirnov, 1974)

反应离子	反应常数 $k_{i\text{-}i}/(10^{-7}\text{cm}^3/\text{s})$
$O^- + O^+$	2.7
$O^- + N^+$	2.6
$O^- + O_2^+$	1.0
$O^- + NO^+$	4.9
$O_2^- + O_2^+$	4.2
$O_2^- + N_2^+$	1.6
$NO_2^- + NO^+$	1.8～5.1
$SF_6^- + SF_5^+$	0.39
$H^- + H^+$	3.9

3.4.2　电荷扩散

如果等离子体中的电荷分布不均匀，则电荷必然发生扩散，使局域电荷密度衰减。

在放电等离子体中，由于器壁的约束，等离子体向器壁扩散经常是放电管中电荷损失的重要因素。在有界等离子体中(尺度为 L)，若扩散系数为 D，则扩散的特征时间常数为 $\tau_{\text{diff}}=L^2/D$ (或扩散频率为 $\nu_{\text{diff}}=1/\tau_{\text{diff}}=D/L^2$)。扩散系数与迁移率依然满足爱因斯坦关系 $D/\mu=k_BT/e$。

3.5　负离子的产生和消失

若气体分子(原子)具有电负性，则可以通过电子附着形成负离子，附着概率与气体分子或原子的电子亲和势有关。典型的电负性气体有 O_2、H_2O、Cl_2，以及卤素化合物如 SF_6、CCl_4 等。大多电负性气体分子是双原子或多原子分子，电子主要通过二体(A_2+e)或三体(A_2+e+M)碰撞附着形成负离子。二体碰撞的能量阈值一般较高，如卤素化合物(CCl_4、SF_6)的电子亲和势一般 0.5～3eV，附着速率系数约为 $1.6\times10^{-7}cm^3/s$；卤素分子亲和势为 1.5～2.5eV，速率系数约为 $3.4\times10^{-8}cm^3/s$。负离子可以通过简单附着或解离形成，$A_2+e\longrightarrow A_2^-$ 或 $A_2+e\longrightarrow A^-+A$。在存在电场的放电等离子体中，二体碰撞附着过程更加重要。三体碰撞的能量阈值较低，速率系数与气压成 2 次关系，即正比于 p^2；但较高气压($>100Torr$)下，速率系数与气压成正比，即正比于 p。

负离子形成方式包括：

(1) 辐射附着，即 $A+e\longleftrightarrow A^-+h\gamma$。这一过程是可逆的，逆过程是“光脱附”或“光分离”。

(2) 离解附着或分离，即 $e+AB\longleftrightarrow(AB)^{-*}\longleftrightarrow A^-+B或A^-+B^++e$。

(3) 激发附着，即 $e+A+B\longrightarrow A^-+B^*$，即一个分子附着电子，另一个被激发。

(4) 重粒子碰撞，无电子参与，即 $A+B\longrightarrow A^-+B^+$。

与附着相反的过程是脱附，即电子从负离子中分离。脱附一般是二体碰撞过程

$$A^-+M\longrightarrow A+e+M$$

脱附也是气体放电种子电子的来源之一，在电负性气体的击穿和放电中有时非常重要。

空气是最常见的电负性气体，其中含有电负性的氧(O_2)。电子的氧附着主要是通过三体碰撞反应实现

$$O_2+e+M\xrightarrow{k_M}O_2^-+M(M=O_2,\ N_2,\ H_2O)$$

其附着能量阈值较小，U_{att} 为 0.05eV 量级。在低温等离子体($T\approx T_e\approx300K$)中，反应参数 $k_M=2.5\times10^{-30}cm^6/s(O_2)$、$0.16\times10^{-30}cm^6/s(N_2)$、$14\times10^{-30}cm^6/s(H_2O)$。在干燥空气中，电子的附着频率为 $\nu_a=k_{O_2}N_{O_2}N_{O_2}+k_{N_2}N_{N_2}N_{O_2}=0.9\times10^8s^{-1}$。相应地，电子附着寿命为 $\tau_a=1/\nu_a=1.1\times10^{-8}s$。这也是空气放电等离子体中氧负离子

的主要来源。

二体附着碰撞$O_2+e\longrightarrow O_2^-$往往需要较高的电子能量，一般难以发生。

更可能的过程是氧分子的离解附着，形成氧原子负离子，$O_2+e\xrightarrow{U_{att}}O+O^-$ ($U_{att}=3.6eV$)。

负氧离子(O^-和O_2^-)可脱附产生电子，$O+O^-\longrightarrow O_2+e$，$O_2^-+O_2\longrightarrow O_2+O_2+e$，反应常数$k_{Det}=10^{-10}\sim10^{-8}cm^3/s$。

表 3.4 给出空气中部分负离子二体碰撞的脱附反应常数。

表 3.4　部分负离子二体碰撞的脱附反应常数(Smirnov, 1974)

反应	反应常数 k_{Det}/(cm^3/s)	释放能量/eV
$O^-+O\longrightarrow O_2+e$	2.0×10^{-10}	3.6
$O^-+N\longrightarrow NO+e$	2.0×10^{-10}	5.1
$O^-+NO\longrightarrow NO_2+e$	1.6×10^{-10}	1.4
$O^-+CO\longrightarrow CO_2+e$	4.0×10^{-10}	4.0
$O^-+O_2(^1\Delta_g)\longrightarrow O_3+e$	3.0×10^{-10}	0.5
$O_2^-+O_2\longrightarrow O_2+O_2+e$	2.2×10^{-8}(300K)； 3×10^{-4}(600K)；	−0.43
$O_2^-+O_2(^1\Delta_g)\longrightarrow O_2+O_2+e$	2.0×10^{-10}	0.6
$O_2^-+N_2\longrightarrow O_2+N_2+e$	1.8×10^{-6}(600K)	−0.43
$O_2^-+N\longrightarrow NO_2+e$	5.0×10^{-10}	4.1
$OH^-+O\longrightarrow HO_2+e$	2.0×10^{-10}	0.9
$OH^-+H\longrightarrow H_2O+e$	1.0×10^{-9}	3.2
$H^-+O_2\longrightarrow HO_2+e$	1.2×10^{-9}	1.25
$H^-+H\longrightarrow H_2+e$	1.3×10^{-9}	3.8

在电负性气体中，电子附着对击穿和放电过程都产生很大影响。电子附着系数η定义单位长度(1cm)上的电子附着次数。在不太强的电场中，电子附着系数一般也满足放电相似性。对二体碰撞，$\eta/p=f(E/p)$；对三体碰撞，$\eta/p^2=f(E/p)$。由于电子附着，有效电离系数α_{eff}($\alpha_{eff}=\alpha-\eta$)将减小。如果$\alpha_{eff}<0$(即

附着大于电离)，电子倍增过程将停止，放电不能继续。

3.6 等离子体辐射

等离子体辐射是指等离子体发射电磁波的过程。自然界和实验室里的等离子体大多数是发光的，如闪电、极光、霓虹灯、辉光放电、电弧放电等。除发射可见光外，还会有微波、红外线、紫外线、X 射线等，本质上都是电磁波。

等离子体辐射的主要来源是等离子体中带电粒子运动状态的变化，尤其是电子。其运动形式丰富多样，除束缚态电子外，还存在着动能可以连续变化的自由电子。电子与其他粒子发生碰撞或与外电磁场相互作用时，便发生运动状态改变，同时伴随能量状态的变化，必然会辐射出大量的电磁波。

等离子体辐射具有非常重要的意义，有很多实际应用。最常见的等离子体光源(如日光灯)就是利用 Hg 的激发辐射，等离子体显示则是利用了 Xe^*的发射光谱。等离子体辐射也包含丰富信息，在天文学中几乎完全依靠等离子体的辐射来获取知识；在实验室等离子体研究中，通过对辐射的测量可以给出等离子体的许多信息，如组分、电离状态、温度、密度等；辐射又是高温等离子体能量输运和耗散的一个重要途径，在聚变等离子体研究中，为了实现聚变反应的功率平衡，应该减少辐射损失。

3.6.1 等离子体辐射的主要形式

1. 激发辐射

当等离子体中存在原子或部分电离的离子时，原子或离子的外层轨道电子可能被激发到较高能级 U_n。除亚稳态外，激发态的寿命一般短于 10^{-8}s，所以电子很快就跳回到较低能级或基态 U_m，同时发生辐射，称为激发辐射

$$A^{**}(U_n) \longrightarrow A^*(U_m) + h\gamma$$

其中辐射能量 $h\gamma = U_n - U_m = \Delta U$($h$ 是普朗克常数，γ 为光子频率)。由于这是电子在束缚态之间跃迁而产生的辐射，也称为束缚-束缚跃迁过程。束缚态能量都是量子化的，所以此过程所发射的光子能量是分立的，形成线光谱。

各种原子或离子有其独特的线光谱系。利用这些特征谱线系不仅可以识别等离子体中的原子或离子种类，而且可以得到数密度、分布等信息。例如，在 Xe 等离子体中，最强的紫外谱线 147nm 和 173nm 分别来自 Xe 激发态和 Xe_2^*准分子激发态

$$Xe^*(^3P_l)Xe + h\gamma(147nm)$$

$$Xe_2^*({}^1\Sigma_u^+) \longrightarrow 2Xe + h\gamma(173nm)$$

$$Xe_2^*({}^3\Sigma_u^+) \longrightarrow 2Xe + h\gamma(173nm)$$

特征谱线强度由这些粒子的密度决定，$I_{ji}(X^*) \propto [X^*]$。

如果高能激发态粒子是电子碰撞产生的，则辐射强度与电子密度成正比。如果考虑激发动态是从基态或低能激发态的电子碰撞激发而来，则从激发态X^*的高能态j到低能态i辐射的谱线强度I_{ji}也可以表示

$$I_{ji}(X^*) = n_e K_{ji} A_{ji} \frac{hc}{\lambda_{ji}} \cdot \frac{[X]k_X^{dir} + [X_m]k_X^m}{1/\tau_j + [Q]k_X^Q} \tag{3.1}$$

其中，n_e是电子密度；A_{ji}是跃迁概率；c是真空光速；λ_{ji}是辐射波长；[X]和$[X_m]$是基态和亚稳态数密度(即包括所有能够被电子碰撞激发到高能态 X^*的粒子)；k_X^{dir}、k_X^m和k_X^Q是从电子碰撞基态直接激发、亚稳态激发和高能激发态淬灭的反应常数；τ_j是高能激发态的寿命；在实际测量过程中，各谱线在光谱仪的响应并不相同，因此还有一个是仪器响应系数K_{ji}。

谱线强度中的各种系数计算由粒子的电离态和激发态的分布决定，它涉及等离子体模型。理论上，根据等离子体的不同状态采用局部热平衡、日冕和碰撞辐射等模型。例如，反应系数与电子的能量分布函数(EEDF)有关。只有首先确定了EEDF，才能计算该系数。若电子能量是麦克斯韦分布的，很容易得到与电子温度T_e相关的激发反应系数

$$k_X = \int f(\varepsilon, T_e) v \sigma_{ex} d\varepsilon \tag{3.2}$$

计算的可靠性不仅取决于模型的选取，还取决于所采用的原子参量的精度，这包括激发、电离和复合等截面数据或半经验值的选择。

为了求得等离子体的激发辐射功率，原则上要计算出所有谱线的辐射功率之和，但实际上只能计算一些很强的线辐射。不同元素的激发辐射则与元素的原子序数及电子温度有很大关系。一般地，低温时低电离态的原子的激发辐射强；随着电子温度升高，高电离态的原子的激发辐射增强。

如果等离子体中含有少量原子序数较高的杂质时，则杂质的激发辐射反而可能是最主要的辐射源。例如，在日光灯中，氩气中掺入的微量汞齐的253.7nm紫外线是最强的；该谱线也是紫外线消毒灯的谱线。

2. 复合辐射

等离子体中的自由电子和离子碰撞时可发生复合，会释放光子，称为复合辐射。由于复合过程中电子从自由态(ε_e)到束缚态(U_{ion}，电离能级)，因此也称为自

由-束缚跃迁过程。自由电子有一个速度分布，在其被俘获时释放的能量构成一个连续谱。不过这种辐射谱实际上是跃变式的。自由电子可能被捕获到各个能级，其辐射的光子能量为 $h\gamma = \varepsilon_e - U_{ion}$(电离能级)。每一个连续谱相应于自由电子落入某一个能级。

与激发射辐射相似，电子复合到某阶离子的某个能级的复合辐射功率密度计算与模型有关，不同的原子以及不同的电离态具有不同的能级分布，情况是复杂的。通常在电子按麦克斯韦速度分布情况下，比较容易求解。

3. 韧致辐射

等离子体中的带电粒子在库仑碰撞过程中,电子的速度改变时所发出的辐射，称为韧致辐射(bremsstrahlung)。电子在韧致辐射过程前后都是自由的，所以这种辐射也称为自由-自由跃迁过程。韧致辐射是连续辐射，包括宽广的频率范围。韧致辐射的最大能量接近电子动能ε_e，$\lambda_0 = hc/\varepsilon_e$。对于$\varepsilon_e = 10$eV 电子产生的韧致辐射最短约在 100nm 处；对于$\varepsilon_e = 1000$eV 电子，约处于 1nm 处，亦即韧致辐射通常发生在 X 射线到紫外区域。

若考虑相对论效应，加速度为 a、速度为 v 的离子在 r 处的韧致辐射功率密度

$$S = \frac{a^2 q^2}{16\pi^2 \varepsilon_0 r^2 c^3} \frac{\sin^2\theta}{(1 - v\cos\theta / c)^6} e_r \tag{3.3}$$

4. 回旋辐射

在被磁场约束的等离子体中，电子和离子受到洛伦兹力作用而围绕磁力线以一定频率做螺旋运动，电荷的向心加速会引起辐射，称为回旋辐射(cyclotron radiation)，其辐射频率$\Omega_{e,i} = eB/m_{e,i}$($B$ 为磁感应强度)。电子的回旋辐射是主要的；离子由于质量较大而运动缓慢，其辐射可以忽略。回旋加速器辐射为线辐射，它主要包括回旋基频及其谐波，谐波频率小于 30 个基频。回旋加速器辐射强度的空间分布与磁场方向有关，一般为椭圆偏振波。在通常低于 10T 的磁场强度下，其发射频率在微波区。

当温度低于 5keV 时，回旋加速器辐射小于韧致辐射；在更高温度时前者增长较快，可能超过后者。但如果等离子体具有一定厚度时，回旋加速器辐射的基频和低频部分会部分地被吸收；如在器壁上安置反射器，使辐射多次通过等离子体，则可增强这种吸收。

回旋频率也可能发生改变，其原因有多普勒增宽、碰撞增宽、磁场非均匀性效应、相对论性效应和自吸收等。所以高温等离子体的回旋辐射表现为一系列增

宽的谱线的叠加，实际上为连续谱形式。

当高温等离子体内存在相对论性电子时，其加速机制属于同步回旋加速，相应的辐射也称为同步加速器辐射。这种辐射在天文学中有很大意义，例如，射电望远镜所接收到的来自宇宙空间的无线电波，即来源于气体星云中相对论性电子的回旋辐射(感兴趣的读者可参看“回旋加速器辐射”和“同步加速器辐射”的相关知识)。

除上述四种主要的辐射机制外，还有其他辐射过程。等离子体中有大量电子作集体运动时可能引起电磁辐射，例如，等离子体的各种振荡和波动，产生相应的电磁辐射；当磁约束等离子体中发生破裂不稳定性时，常会伴随有强烈的瞬变辐射；在等离子体中可能有一部分超热电子，这种电子逸出等离子体后与器壁发生作用时会产生硬 X 射线。在等离子体中，高能电子甚至会产生切连科夫辐射。在聚变反应区，当大量中子与物质相互作用时，也会产生各种射线，如 γ 射线等。

3.6.2 谱线增宽

谱线的自然宽度很窄，但实际辐射谱线都有一定展宽。谱线的波长、强度、轮廓和偏振度都包含等离子体某些性质。

引起其谱线增宽的因素主要有自然展宽、多普勒效应和碰撞效应等。在实际测量中，还有仪器展宽，即仪器响应函数产生的加宽，其线型与具体仪器有关，一般为 Gauss 或 Lorentz 或两者卷积。

1. 自然展宽

谱线具有一定宽度起因于测不准原理，$\Delta E \cdot \Delta t \geqslant h/2\pi$(其中$\Delta t$ 是粒子停留在某一能级上的时间，ΔE 是能级差)。由于量子效应，电子处于某个能级上的时间Δt 具有不确定性，跃迁能级具有不确定性。自然线宽由激发态原子的有限寿命(约 10^{-8}s)来决定。寿命越长，宽度越小。原子激发或吸收的过程，总受一定的外界条件影响，如温度、压力、电场、磁场等，均可使原子谱线的宽度变宽(达 10nm 左右)，属于 Lorentz 线型。

2. 压力展宽

来源于稠密气体中的压力效应，辐射粒子与其他粒子的相互作用，属于 Lorentz 线型。压力展宽包括多种机制，主要如下。

(1) 共振展宽：辐射粒子与同类中性粒子的作用。

(2) Lorentz 展宽：辐射粒子与非同类粒子的作用。

(3) Stark 展宽：辐射粒子与带电粒子的作用。其中与电子的相互作用导致的

Stark 展宽可以评估低温等离子体中的电子密度。

3. 多普勒展宽

多普勒展宽来自温度效应，是粒子的无规则运动造成的，高温下尤其显著，属于 Gauss 线型。

第 4 章　等离子体描述和模拟

对放电等离子体系统的描述，最基本的方法是通过以牛顿定律分析每个带电粒子的运动及以麦克斯韦方程组描述电磁场，来获得等离子体中粒子的输运和电磁场的变化，从而得到等离子体的行为规律。这种描述方法是从基本的物理原理和方程出发，以此为基础进行求解，原理上说可以获得对等离子体非常完整、精确的描述，但实际上，常见的等离子体系统中包含了大量的粒子，带电粒子在电磁场力(即洛伦兹力)作用下运动，对其产生电磁作用的场则与其他带电粒子的位置和运动有关，也就是受空间电荷和电流的影响。这造成各粒子的运动方程、场方程的相互耦合并呈现出非线性特性。因此要完全自洽地求解每个粒子的运动方程及相应的场方程，通常难以实现。

此外还有两种常用的描述等离子体的方法：一种基于动理学理论，另一种基于流体理论。动理学理论是从微观角度出发，结合统计物理学的方法来描述和研究放电等离子体。动理学对每种粒子的描述采用了速度分布函数$f(\boldsymbol{r},\boldsymbol{v},t)$，而所有粒子的分布函数在时空的演化上遵循玻尔兹曼方程。动理学理论有助于分析波-粒子的非线性相互作用和无碰撞现象(如无碰撞的随机加热机制)、等离子体中的非局域效应等。然而，基于动理学的计算仍非常复杂，无法较好地描述放电等离子体的宏观行为。流体理论则是对玻尔兹曼方程进行矩方法处理后，得到的一套描述宏观量(包括流体密度、流体速度、流体能量)的方程组。基于流体理论的计算相对简单，因此更易于用来研究结构复杂的放电等离子体，并可以较好地获得长时间尺度范围内等离子体的宏观特性。

以牛顿定律及麦克斯韦方程组描述等离子体，这样的系统只能通过计算的方法来进行求解。动理学和流体描述方法可以在较为简单的情况下以解析的方法研究放电等离子体的特性，更多情况也是以动理学和流体描述为基础，通过计算的方法对问题进行模拟分析。因此本章将对等离子体的一些描述理论及模拟方法进行简要介绍。

4.1　基于微观运动的粒子描述

由于等离子体中会形成多种相互作用，产生很多物理现象，对等离子体中的相互作用建立完整的模型需要做大量的工作。在等离子体中，构成系统的带电粒子(如带负电的电子和带正电的离子)通过电磁场发生长程相互作用占据重要地位，这是等离子体的特征之一。因此如果对等离子体系统中的相互作用进行简化，那么在建立模型时，首先应当考虑的是等离子体中最基本、最核心的相互作用，即带电粒子的长程电磁相互作用。

以下标α来标示某一粒子，其电荷相应表示为q_α，质量为m_α，位置$\boldsymbol{r}_\alpha$，速度为$\boldsymbol{v}_\alpha$，该粒子的运动及所受到的电磁作用力可描述为

$$\begin{aligned}&\frac{\mathrm{d}\boldsymbol{r}_\alpha}{\mathrm{d}t}=\boldsymbol{v}_\alpha\\&\frac{\mathrm{d}\boldsymbol{v}_\alpha}{\mathrm{d}t}=\frac{\boldsymbol{F}_\alpha}{m_\alpha}\\&\boldsymbol{F}_\alpha=q_\alpha[\boldsymbol{E}(r_\alpha)+\boldsymbol{v}_\alpha\times\boldsymbol{B}(\boldsymbol{r}_\alpha)]\end{aligned}\tag{4.1}$$

即粒子α所受作用力$\boldsymbol{F}_\alpha$是由粒子所处位置$\boldsymbol{r}_\alpha$处的电场$\boldsymbol{E}(\boldsymbol{r}_\alpha)$和磁场$\boldsymbol{B}(\boldsymbol{r}_\alpha)$来决定。

式(4.1)中的电磁场包括了系统中粒子产生的电磁场及系统外部源产生的电磁场(即等离子体外的电极或磁场源产生的场)。这些场通过麦克斯韦方程组来描述

$$\begin{aligned}&\nabla\cdot\boldsymbol{E}=\frac{\rho}{\varepsilon_0},\quad \nabla\times\boldsymbol{E}=-\frac{\partial\boldsymbol{B}}{\partial t}\\&\nabla\cdot\boldsymbol{B}=0,\qquad \nabla\times\boldsymbol{B}=\mu_0\boldsymbol{J}+\mu_0\varepsilon_0\frac{\partial\boldsymbol{E}}{\partial t}\end{aligned}\tag{4.2}$$

上述对等离子体系统的描述非常简洁，但当用上述方程来处理一个多粒子系统时，其理论求解只在非常简单的情况下才有可能实现。考虑低气压条件下典型的放电等离子体，其等离子体密度大约为10^{16}～$10^{18}\mathrm{m}^{-3}$量级，而放电腔室体积通常为$10^{-3}\mathrm{m}^3$量级，则仅带电粒子的数量即可达10^{13}，因此基于上述描述方法对这样一个系统内所有粒子的方程进行理论求解是非常困难的。采用数值方法，对于如此大量的粒子进行跟踪模拟，即使在大型计算平台上，也难以实现长时间、大尺度的研究。因此，很自然地人们对上述描述方法进行简化，形成等离子体的PIC(particle-in-cell)计算模拟方法。在后面有关模拟方面的小节中，我们将进一步介绍 PIC 方法。

4.2　基于统计力学的动理学描述

4.2.1　分布函数

等离子体的动理学，其基本出发点是气体动理论，它是以统计的方法对大量微观粒子进行描述。动理学的研究首先引入分布函数f。考虑位置($\boldsymbol{r}$)和速度($\boldsymbol{v}$)随机分布的N个α类粒子，在某一时刻这些粒子在相空间($\boldsymbol{r}, \boldsymbol{v}$)内的分布情况可以由

函数$f_\alpha(\boldsymbol{r}, \boldsymbol{v}, t)$描述，即如果已知了$f_\alpha(\boldsymbol{r}, \boldsymbol{v}, t)$，就可以确定给定时刻$t$位于相空间六维体积元$\mathrm{d}x\mathrm{d}y\mathrm{d}z \times \mathrm{d}v_x\mathrm{d}v_y\mathrm{d}v_z$内的粒子数$\mathrm{d}N_\alpha$，其等于分布函数$f_\alpha(\boldsymbol{r}, \boldsymbol{v}, t)$与体积元$\mathrm{d}x\mathrm{d}y\mathrm{d}z \times \mathrm{d}v_x\mathrm{d}v_y\mathrm{d}v_z$的乘积(气体动理论中通常将$f$与体积元的乘积视为粒子在相空间微元内出现的概率)(力伯曼等，2007)。

为了简洁，通常将$\mathrm{d}N_\alpha$表示

$$\mathrm{d}N_\alpha = f_\alpha(\boldsymbol{r},\boldsymbol{v},t)\mathrm{d}^3\boldsymbol{r}\mathrm{d}^3\boldsymbol{v} \tag{4.3}$$

其中，以$\mathrm{d}^3\boldsymbol{r}\mathrm{d}^3\boldsymbol{v}$来代表体积元$\mathrm{d}x\mathrm{d}y\mathrm{d}z\times\mathrm{d}v_x\mathrm{d}v_y\mathrm{d}v_z$，对应$\mathrm{d}^3\boldsymbol{r} = \mathrm{d}x\mathrm{d}y\mathrm{d}z$，$\mathrm{d}^3\boldsymbol{v} = \mathrm{d}v_x\mathrm{d}v_y\mathrm{d}v_z$。当然，总的粒子数

$$N_\alpha = \iint f_\alpha(\boldsymbol{r},\boldsymbol{v},t)\mathrm{d}^3\boldsymbol{r}\mathrm{d}^3\boldsymbol{v} \tag{4.4}$$

4.2.2　玻尔兹曼方程

分布函数服从具有连续性方程形式的守恒方程。粒子可能进入和离开一个体积微元，并可以由电离等碰撞在体积微元中产生，或因复合等过程而在这个体积微元内损失。控制分布函数演化的方程称为玻尔兹曼方程

$$\frac{\partial f_\alpha}{\partial t} + \boldsymbol{v}\cdot\nabla_r f_\alpha + \frac{\boldsymbol{F}}{m}\cdot\nabla_v f_\alpha = \left.\frac{\partial f_\alpha}{\partial t}\right|_c \tag{4.5}$$

这里，作用在带电粒子上的力仍是电磁力$\boldsymbol{F} = q(\boldsymbol{E} + \boldsymbol{v}\times\boldsymbol{B})$，$q$是粒子电荷，$\boldsymbol{E}$和$\boldsymbol{B}$分别是局部电场和磁场。式(4.5)的右边$\left.\frac{\partial f_\alpha}{\partial t}\right|_c$是碰撞过程的符号表示，实际上很难对该符号所表示的内容建立模型。如果忽略式(4.5)右边的碰撞项，则

$$\frac{\partial f_\alpha}{\partial t} + \boldsymbol{v}\cdot\nabla_r f_\alpha + \frac{\boldsymbol{F}}{m}\cdot\nabla_v f_\alpha = 0 \tag{4.6}$$

即为弗拉索夫(Vlasov)方程。

要求解实际问题的玻尔兹曼方程，其计算也较为困难。通常，在较为简单条件下，例如电场分布固定时，进行玻尔兹曼方程的求解。由玻尔兹曼方程得到的电子速度分布函数是计算等离子体中反应速率的基础。此外，玻尔兹曼方程的不同阶速度矩也是建立流体描述方程的基础。

4.2.3　宏观量

根据统计力学，某一分布下粒子任何量的平均值都是通过对该量按粒子的分布进行加权积分，然后除以分布中粒子的总数而得到。如果确定出了粒子所满足的速度分布函数，就可通过对任意量进行统计平均来获得相应的宏观量的表示。任意量$g(v)$的统计平均按如下计算：

$$\langle g(\boldsymbol{v})\rangle = \frac{\int_{-\infty}^{\infty}\int_{-\infty}^{\infty}\int_{-\infty}^{\infty} g(\boldsymbol{v}) f(\boldsymbol{r},\boldsymbol{v},t)\mathrm{d}^3\boldsymbol{v}}{\int_{-\infty}^{\infty}\int_{-\infty}^{\infty}\int_{-\infty}^{\infty} f(\boldsymbol{r},\boldsymbol{v},t)\mathrm{d}^3\boldsymbol{v}} = \frac{1}{n(\boldsymbol{r},t)}\int_{-\infty}^{\infty}\int_{-\infty}^{\infty}\int_{-\infty}^{\infty} g(\boldsymbol{v}) f(\boldsymbol{r},\boldsymbol{v},t)\mathrm{d}^3\boldsymbol{v} \tag{4.7}$$

其中的尖括号即表示这一统计运算。

首先可以获得的宏观量是粒子密度。取函数 $g(\boldsymbol{v})=1$，代入式(4.7)得到的统计平均为

$$n(\boldsymbol{r},t) = \int_{-\infty}^{\infty}\int_{-\infty}^{\infty}\int_{-\infty}^{\infty} f(\boldsymbol{r},\boldsymbol{v},t)\mathrm{d}^3\boldsymbol{v} \tag{4.8}$$

这也是速度的零阶矩结果。

如果取 $g(\boldsymbol{v})=\boldsymbol{v}$ 时，计算

$$\langle \boldsymbol{v}(\boldsymbol{r},t)\rangle = \frac{\int_{-\infty}^{\infty}\int_{-\infty}^{\infty}\int_{-\infty}^{\infty} \boldsymbol{v} f(\boldsymbol{r},\boldsymbol{v},t)\mathrm{d}^3\boldsymbol{v}}{\int_{-\infty}^{\infty}\int_{-\infty}^{\infty}\int_{-\infty}^{\infty} f(\boldsymbol{r},\boldsymbol{v},t)\mathrm{d}^3\boldsymbol{v}} \tag{4.9}$$

速度一阶矩结果 $\langle \boldsymbol{v}(\boldsymbol{r},t)\rangle$ 反映了粒子的平均速度，也称为定向漂移速度。漂移速度通常用更简洁的符号 $\boldsymbol{u}(\boldsymbol{r},t)$表示。而粒子的总速度 $\boldsymbol{v}$ 可以视为定向漂移速度 $\boldsymbol{u}$ 和无规则热运动速度 $\boldsymbol{w}$ 之和

$$\boldsymbol{v} = \boldsymbol{u} + \boldsymbol{w} \tag{4.10}$$

而无规则热运动速度的统计平均值为零，即 $\langle \boldsymbol{w}\rangle = 0$。

根据前面的结果，粒子总通量密度就可表示

$$\boldsymbol{\Gamma}(\boldsymbol{r},t) = n(\boldsymbol{r},t)\boldsymbol{u}(\boldsymbol{r},t) = \int_{-\infty}^{\infty}\int_{-\infty}^{\infty}\int_{-\infty}^{\infty} \boldsymbol{v} f(\boldsymbol{r},\boldsymbol{v},t)\mathrm{d}^3\boldsymbol{v} \tag{4.11}$$

当 $g(\boldsymbol{v}) = mv^2/2$ 时，所得的二阶矩给出了粒子系的平均动能密度

$$w(\boldsymbol{r},t) = n(\boldsymbol{r},t)\langle \frac{1}{2}mv^2\rangle = \frac{1}{2}m\int_{-\infty}^{\infty}\int_{-\infty}^{\infty}\int_{-\infty}^{\infty} v^2 f(\boldsymbol{r},\boldsymbol{v},t)\mathrm{d}^3\boldsymbol{v} \tag{4.12}$$

其中，m 是粒子质量。粒子的平均动能密度分成两个部分，一部分与粒子随机运动相关，另一部分与净漂移相关

$$w(\boldsymbol{r},t) = n(\boldsymbol{r},t)\frac{3}{2}k_{\mathrm{B}}T + n(\boldsymbol{r},t)\frac{1}{2}m\boldsymbol{u}(\boldsymbol{r},t)^2 = \frac{3}{2}p(\boldsymbol{r},t) + n(\boldsymbol{r},t)\frac{1}{2}m\boldsymbol{u}(\boldsymbol{r},t)^2 \tag{4.13}$$

其中，T 为粒子的温度。式(4.13)右侧第一项即内能密度，$p(\boldsymbol{r},t)$ 即是各向同性的

压力；第二项是由于粒子定向漂移运动所导致的。当漂移速度为零时，即分布函数关于坐标轴对称，净动量流量为零，动能密度仅与压力成正比。

4.2.4 热平衡分布及宏观量

等离子体中α类粒子将受到电磁力作用，因此分布函数 f_α在不断地演化。然而人们常考虑简化处理，认为粒子(特别是电子)的分布函数满足某一特定分布函数。最简化的情况是认为系统处于热平衡状态，粒子的分布满足麦克斯韦分布(也称为麦克斯韦-玻尔兹曼分布)。这是在无法获得粒子速度分布函数情况下的一个简单、有效的近似。对处于热平衡的系统，考虑分布函数不随时间及空间变化，则一维情况下粒子的速度分布函数表示为

$$f(v_x) = A\exp\left(-\frac{\frac{1}{2}mv_x^2}{k_\mathrm{B}T}\right) \tag{4.14}$$

其中，$\frac{1}{2}mv_x^2$ 为粒子在该维度上的动能。由粒子密度与分布函数的速度空间积分关系(4.8)

$$n = \int_{-\infty}^{\infty} f(v_x)\mathrm{d}v_x \tag{4.15}$$

得到系数 A

$$A = n\left(\frac{m}{2\pi k_\mathrm{B}T}\right)^{1/2} \tag{4.16}$$

图 4.1 为一维归一化麦克斯韦速度分布函数图。

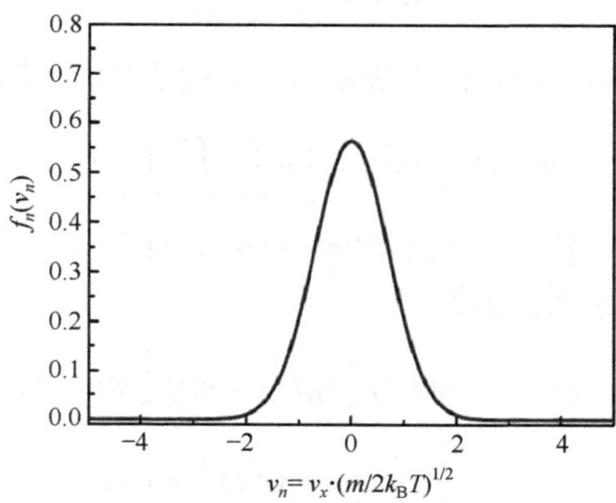

图 4.1 一维归一化麦克斯韦速度分布函数

相应三维的麦克斯韦速度分布如下：

$$f(\boldsymbol{v})=n\left(\frac{m}{2\pi k_{\mathrm{B}}T}\right)^{3/2}\exp\left[-\frac{m(v_x^2+v_y^2+v_z^2)}{2k_{\mathrm{B}}T}\right] \tag{4.17}$$

基于热平衡下的麦克斯韦分布及式(4.11)和式(4.12)，可以获得几个较为重要的平均量。首先考察处于热平衡下的粒子净通量，由于麦克斯韦速度分布具有对称性，粒子在任何特定方向上的净通量必须为零，也就是粒子漂移速度为零。此外可以利用麦克斯韦分布求$|\boldsymbol{v}|=v$的平均来获得特征速率

$$\begin{aligned}\langle v\rangle=&\left(\frac{m}{2\pi k_{\mathrm{B}}T}\right)^{3/2}\int_{-\infty}^{\infty}\int_{-\infty}^{\infty}\int_{-\infty}^{\infty}(v_x^2+v_y^2+v_z^2)^{1/2}\\&\times\exp\left[-\frac{m(v_x^2+v_y^2+v_z^2)}{2k_{\mathrm{B}}T}\right]\mathrm{d}v_x\mathrm{d}v_y\mathrm{d}v_z\end{aligned} \tag{4.18}$$

由于麦克斯韦速度分布是各向同性的(在所有方向上均相同)，该分布也可以完全用标量速度来表示，而不是用速度矢量$\boldsymbol{v}$及其分量v_x、v_y、v_z来表示。而且常常将速度分布函数转换为速率分布函数，这可以简化式(4.18)中的积分计算。与速度分布函数的意义类似，速率分布$f_{\mathrm{s}}(v)$给出速率在v和$v+\mathrm{d}v$之间的粒子数或粒子密度，其表达式为

$$f_{\mathrm{s}}(v)=n\left(\frac{m}{2\pi k_{\mathrm{B}}T}\right)^{3/2}4\pi v^2\exp\left(-\frac{mv^2}{2k_{\mathrm{B}}T}\right) \tag{4.19}$$

图 4.2 为归一化麦克斯韦速率分布函数曲线。通过在整个速率范围[0,+∞)积分仍得到粒子密度

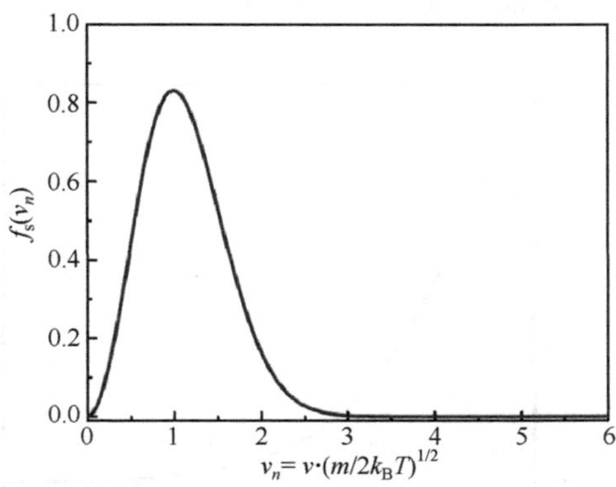

图 4.2　归一化麦克斯韦速率分布函数

$$n = \int_0^{\infty} f_s(v)\mathrm{d}v \tag{4.20}$$

由此，粒子的平均速率可表示为

$$\langle v \rangle = \left(\frac{m}{2\pi k_B T}\right)^{3/2} 4\pi \int_0^{\infty} v^3 \exp\left(-\frac{mv^2}{2k_B T}\right)\mathrm{d}v \tag{4.21}$$

这一平均速率$\langle v \rangle$也常记为$\bar{v}$。式(4.21)的积分给出麦克斯韦分布下的平均速率

$$\bar{v} = \sqrt{\frac{8k_B T}{\pi m}} \tag{4.22}$$

此外，为了方便，各向同性的粒子速度分布函数有时候也被改写为能量分布函数$f_e(\varepsilon)$，其表示能量在$\varepsilon \sim \varepsilon + \mathrm{d}\varepsilon$范围内的粒子数

$$f_e(\varepsilon) = \frac{2n}{\sqrt{\pi}}\left(\frac{1}{k_B T}\right)^{3/2} \varepsilon^{1/2} \exp\left(-\frac{\varepsilon}{k_B T}\right) \tag{4.23}$$

前面曾从粒子的速度分布函数得到了粒子的动能密度 w，也可通过将$\varepsilon = \frac{1}{2}mv^2$乘以能量分布函数并在整个能量范围内积分来得到$w$

$$w = \frac{2n}{\sqrt{\pi}}\left(\frac{1}{k_B T}\right)^{3/2} \int_0^{\infty} \varepsilon^{3/2} \exp\left(-\frac{\varepsilon}{k_B T}\right)\mathrm{d}\varepsilon = \frac{3}{2}nk_B T \tag{4.24}$$

由于$w = n\langle \varepsilon \rangle$，粒子的平均动能即为$\frac{3}{2}k_B T$。因为麦克斯韦分布为各向同性，粒子在三个独立的方向上自由运动，因此三个方向上，每一个自由度的平均能量为$\frac{1}{2}k_B T$。图 4.3 为归一化能量分布函数曲线。

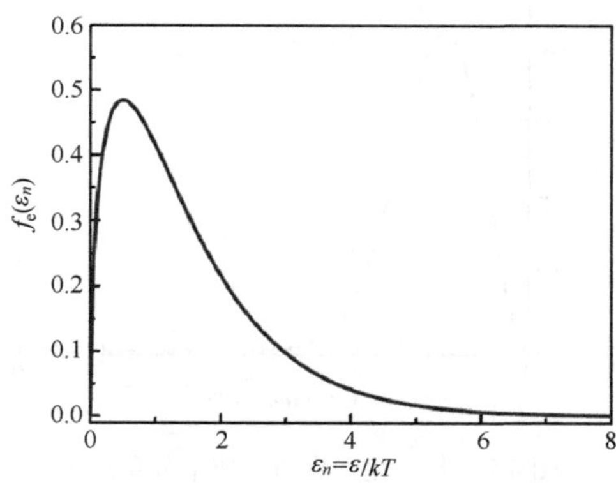

图 4.3　归一化能量分布函数

尽管对于麦克斯韦分布来说，热运动所对应的粒子通量密度为零，但是考察某时刻由于热运动，穿过某一特定平面的粒子通量密度是非常有意义的。要考察从 z 正方向穿过 x-y 平面的粒子通量密度，需要对所有 x 和 y 的速度分量积分，而对 z 方向，速度分量的积分范围仅限于正值

$$\Gamma_{\mathrm{random}}=n\left(\frac{m}{2\pi k_{\mathrm{B}}T}\right)^{3/2}\int_{-\infty}^{\infty}\mathrm{d}v_x\int_{-\infty}^{\infty}\mathrm{d}v_y\int_{0}^{\infty}v_z\exp\left(-\frac{mv^2}{2k_{\mathrm{B}}T}\right)\mathrm{d}v_z \tag{4.25}$$

计算这一积分

$$\Gamma_{\mathrm{random}}=n\left(\frac{k_{\mathrm{B}}T}{2\pi m}\right)^{1/2} \tag{4.26}$$

根据式(4.22)中平均速率 $\bar{v}$ 的表达式，这也可以写成

$$\Gamma_{\mathrm{random}}=\frac{n\bar{v}}{4} \tag{4.27}$$

即式(4.27)反映了粒子由于热运动穿过某界面或到达器壁的通量密度。

通常，低温放电等离子体中的电子与离子间未达到热平衡，电子温度高于离子温度，电子平均速率远大于离子平均速率，与离开等离子体的离子热运动通量密度相比，朝向等离子体边界的电子热运动通量密度要大得多。考虑离子和电子在等离子体内以相同的速率产生，且主要的损失机制通常是在容器壁上的复合过程，当系统达到稳态时，为了保持壁上的粒子通量平衡，等离子体中的电势必须高于壁上的电势。实际上，在壁附近，电势相对于等离子体下降 $\Delta\varphi$。在这种情况下，只有垂直于容器壁表面(考虑为 z 方向)的速度足够大的电子($v_z>\sqrt{2e\Delta\varphi/m}$)才能到达壁面。稳态时离开等离子体的粒子通量密度与到达容器壁的粒子通量密度相同，即

$$\Gamma_{\mathrm{wall}}=n\left(\frac{m}{2\pi k_{\mathrm{B}}T}\right)^{3/2}\int_{-\infty}^{\infty}\mathrm{d}v_x\int_{-\infty}^{\infty}\mathrm{d}v_y\int_{\sqrt{2e\Delta\varphi/m}}^{\infty}v_z\exp\left(-\frac{mv^2}{2k_{\mathrm{B}}T}\right)\mathrm{d}v_z \tag{4.28}$$

式(4.28)的积分结果为

$$\Gamma_{\mathrm{wall}}=\frac{n\bar{v}}{4}\exp\left(-\frac{e\Delta\varphi}{k_{\mathrm{B}}T}\right) \tag{4.29}$$

离开等离子体的能量通量密度 Q 也可通过类似方式表示

$$Q=n\left(\frac{m}{2\pi k_{\mathrm{B}}T}\right)^{3/2}\frac{m}{2}\int_{-\infty}^{\infty}\mathrm{d}v_x\int_{-\infty}^{\infty}\mathrm{d}v_y\int_{\sqrt{2e\Delta\varphi/m}}^{\infty}v^2v_z\exp\left(-\frac{mv^2}{2k_{\mathrm{B}}T}\right)\mathrm{d}v_z \tag{4.30}$$

式(4.30)的积分结果为

$$Q = \left[\frac{n\bar{v}}{4} \exp\left(-\frac{e\Delta\varphi}{k_B T} \right) \right] (2k_B T + e\Delta\varphi) \tag{4.31}$$

而离开等离子体的能量通量不等于到达壁的能量通量，因为一些能量沉积在等离子体边界的静电场中。到达边界壁的能量通量只有

$$Q = \left[\frac{n\bar{v}}{4} \exp\left(-\frac{e\Delta\varphi}{k_B T} \right) \right] 2k_B T \tag{4.32}$$

方括号中的项是单位时间内到达单位面积器壁上的粒子数，而每个逃逸的粒子所携带的平均动能为 $2k_B T$ 。

4.3　基于宏观量的流体描述

前面介绍了一些基本的等离子体动理学描述以及由该方法获得的一些宏观量。等离子体的流体描述模型实际上就是由粒子的密度、动量密度、能量密度等宏观量的相关方程构成的。对等离子体的某一组分粒子α，其流体模型方程是按前述方法对玻尔兹曼方程求各阶速度矩来得到。式(4.5)两边乘以任意函数 $g(\boldsymbol{v})$ 后对速度空间进行积分可以得到如下矩方程：

$$\frac{\partial n_\alpha \langle g(\boldsymbol{v}) \rangle}{\partial t} + \frac{\partial}{\partial \boldsymbol{r}} \cdot (n_\alpha \langle g(\boldsymbol{v})\boldsymbol{v} \rangle) - \frac{n_\alpha}{m_\alpha} \boldsymbol{F} \cdot \langle \frac{\partial g(\boldsymbol{v})}{\partial \boldsymbol{v}} \rangle = \frac{\delta (n_\alpha \langle g(\boldsymbol{v}) \rangle)}{\delta t} \tag{4.33}$$

计算玻尔兹曼方程的 0～2 阶速度矩就得到粒子连续性方程、动量转移方程及能量平衡方程，从而获得粒子宏观量如密度、速度、能量等相互之间的关系。

对于零阶矩 $g(\boldsymbol{v}_\alpha) = 1$ ，将式(4.8)、式(4.9)及

$$\langle \partial g / \partial v \rangle = 0 \tag{4.34}$$

代入式(4.33)，整理可得粒子连续性方程

$$\frac{\partial n_\alpha}{\partial t} + \nabla \cdot (n_\alpha \boldsymbol{u}_\alpha) = \frac{\delta n_\alpha}{\delta t} \tag{4.35}$$

式中，第一项与方程(4.5)中的第一项相关联，它反映了空间中特定位置处的粒子密度随时间的变化，第二项对应式(4.5)中的第二项，这一项描述了局部空间的密度变化与流入/流出量之间的关系。玻尔兹曼方程中的作用力相关项在零阶速度矩的积分中消失了(包括对带电粒子也是如此)，因为积分涉及 $v = \pm\infty$ 处的分布函数值，而在正负无穷处，分布函数的值都为零。

在式(4.5)右侧，与碰撞有关的项可以用 G 和 L 表示，并考虑某类粒子密度简记为 n，有

$$\frac{\partial n}{\partial t}+\nabla\cdot(n\boldsymbol{u})=G-L \tag{4.36}$$

这一方程也称为连续性方程。式中的 G 和 L 分别代表碰撞导致局部区域内粒子密度的增加和减少，分别对应该空间区域内的源项和损失项。如果考虑在低气压下原子为正电性的等离子体中，电子的源项是由空间电离所产生，且考虑空间内电子-离子的复合可忽略不计，电子的损失主要发生在反应器器壁。因此，在电子守恒方程中 $L=0$，而源项为 $G=n_e n_g K_{iz}(T_e)$，其中 n_e 即电子密度，n_g 为中性气体粒子密度,电离反应速率 K_{iz} 通常可表示为电子温度的函数 $K_{iz}(T_e)=K_{iz0}\exp\left(-\frac{e\varepsilon_{iz}}{k_B T_e}\right)$，其中 ε_{iz} 为中性粒子的电离能。注意，源项的这一表示方式实际上是在粒子满足热平衡的麦克斯韦分布假设下得到的。

对玻尔兹曼方程计算速度的一阶矩可以得到动量守恒方程。将玻尔兹曼方程乘以粒子的动量 mv，然后在速度空间内积分，得到包含漂移速度 u 的方程，如果不考虑磁场，有

$$nm\left[\frac{\partial \boldsymbol{u}}{\partial t}+(\boldsymbol{u}\cdot\nabla)\boldsymbol{u}\right]=nq\boldsymbol{E}-\nabla p-m\boldsymbol{u}\left[n\nu_m+G+L\right] \tag{4.37}$$

其中，p 仍是粒子的压力；ν_m 为粒子动量转移碰撞频率。方程(4.37)相当于中性流体中的 Navier-Stokes 方程，代表了作用在流体上的力的平衡，因此有时也被称为力平衡方程。方程的左侧为加速度和惯性项，在右侧有三种力：电驱动力、压力梯度力和摩擦力(夏伯特等，2015)。

在各向同性(非磁化)等离子体的情况下，压力是标量，其与密度、温度的关系由热力学状态方程给出

$$p=nk_B T \tag{4.38}$$

方程(4.36)～方程(4.38)描述了流体宏观量 $(n,\boldsymbol{u},p,T)$ 及电场 $(\boldsymbol{E})$ 之间的关系，但仅有这三个方程还不能形成封闭的方程组。即使将麦克斯韦方程考虑进来，给出上述方程中的电场 E，整个方程组的描述仍是不完整的。封闭方程组有不同的方法。一种方法是假设电子和离子温度不随时间和空间变化，即最简单的考虑是给出 T_e 和 T_i 的值。这种情况下式(4.38)中压力 p 的变化仅与密度 n 的变化有关，即

$$\nabla p=k_B T\nabla n \tag{4.39}$$

在此基础上可考虑进一步简化动量方程。记

$$\frac{\partial \boldsymbol{u}}{\partial t}\approx\frac{\boldsymbol{u}}{\tau} \tag{4.40}$$

其中，τ 为粒子漂移运动速度改变的宏观特征时间。并假定：

(1) 漂移速度 u 变化的特征时间 τ 远大于碰撞的弛豫时间，$\tau \gg 1/\bar{\nu}_{\mathrm{m}}$，即忽略方程(4.37)左侧第一项；

(2) 漂移速度梯度远小于粒子密度梯度，即忽略方程(4.37)左侧第二项；

(3) 忽略粒子产生 G 和损失 L 带来的影响。

则方程(4.37)可以简化

$$\boldsymbol{\Gamma} = n\boldsymbol{u} = \frac{q}{m\nu_{\mathrm{m}}} n\boldsymbol{E} - \frac{1}{m\nu_{\mathrm{m}}} \nabla p \tag{4.41}$$

定义迁移率 μ 和扩散系数 D

$$\begin{aligned} \mu &= \frac{|q|}{m\nu_{\mathrm{m}}} \\ D &= \frac{k_{\mathrm{B}}T}{m\nu_{\mathrm{m}}} \end{aligned} \tag{4.42}$$

即

$$\boldsymbol{\Gamma} = n\boldsymbol{u} = \mathrm{sgn}(q) n\mu \boldsymbol{E} - D\nabla n \tag{4.43}$$

由此简化了对动量方程的分析。式(4.38)、式(4.43)结合泊松方程，即构成简单的局域场近似模型(local field approximation)。

另一种方法是进一步考虑玻尔兹曼方程的二阶矩，从而考虑等离子体中的热量和能量的流动，将问题进一步与热力学联系起来，而且需要做出更复杂的假设以封闭方程组。用第二种方法来描述等离子体更为复杂和困难一些。

4.4 流体模拟方法

在给定了恰当的边界条件后，可以对前面流体描述所给出的宏观方程进行数值求解，以获得给定反应器结构下密度、流体速度和电场等物理量的时空分布。这就是所谓放电等离子体的流体模拟。这里仅就一维情况下的流体模拟进行简单介绍。

根据 4.3 节中介绍的模型，对于某类粒子的描述包括如下的连续性方程(省略了粒子标记α，并将粒子的产生 G 及损失 L 合并，以符号 S 表示)和通量密度表达式

$$\frac{\partial n}{\partial t} + \nabla \cdot \boldsymbol{\Gamma} = S \tag{4.44}$$

$$\boldsymbol{\Gamma} = n\boldsymbol{u} = \mathrm{sgn}(q) n\mu \boldsymbol{E} - D\nabla n \tag{4.45}$$

若不考虑磁场，即静电场情况下，电场由泊松方程来描述

$$\nabla \cdot \boldsymbol{E} = -\nabla^2 \varphi = \frac{\rho}{\varepsilon_0} \tag{4.46}$$

对微分方程进行数值计算，首先需要依据模型方程建立相应的离散计算格式。在微分方程的离散方面有许多可行的经典方法，如有限差分法(finite difference method，FDM)、有限容积法(finite volume method，FVM)及有限元法(finite element method，FEM)等。其中有限容积法是流体计算中广泛应用的一种方法，导出的离散方程能很好地反映微分方程所描述的物理本质，离散方程系数的物理意义明确，而且具有较好的守恒性。因此，研究中也常采用有限容积法来构造等离子体流体模拟的计算格式。

离散处理：考虑在一维情况下进行流体模型的计算。假定以均匀网格划分计算区域，所形成的子区域及控制容积如图 4.4 所示。图中点“●”形成主网格节点，它适用于粒子密度 n、电位 φ 等所有标量的控制方程。图 4.4 中，在两相邻主节点的中点作控制界面线(图中竖直虚线)，控制界面线与网格线的交点(“×”)构成如粒子通量 $\varGamma$、电场强度 E 等矢量数据的节点。主网格节点对应的控制容积为相邻“×”点确定的区域，如图 4.4 中交叉网格线填充区域所示；而“×”所对应的控制容积由相邻“●”点确定，如图 4.4 中点填充区域所示。

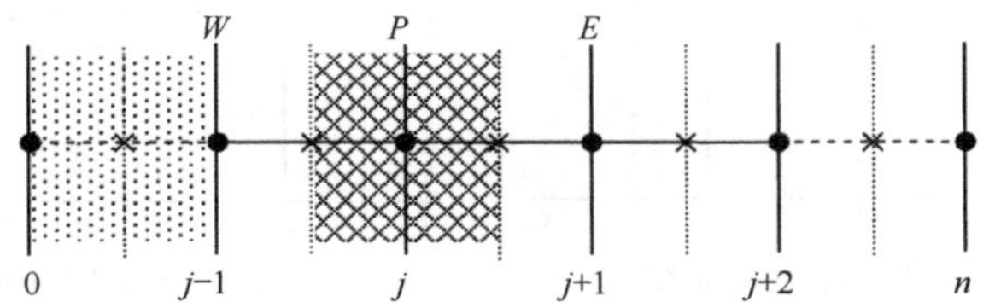

图 4.4　一维流体计算中的网格示意图

控制容积积分法(control volume integration)是有限容积法中建立离散方程的主要方式。它的主要步骤为：

(1) 对控制方程在时间和空间上进行积分；

(2) 选取恰当的未知量及其导数对时间和空间的分布曲线，即如何由相邻网格点未知量来表示控制界面的未知量值；

(3) 根据所选用的型线完成积分，整理得到离散格式。

例如，对方程(4.44)在点 $x = x_j$ 处进行积分，j 点控制容积对应的空间范围为 $(x_{j-\frac{1}{2}} \sim x_{j-\frac{1}{2}})$，时间的积分范围为 $(t \sim t+\Delta t)$，可以写成

$$\int_{x_{j-\frac{1}{2}}}^{x_{j+\frac{1}{2}}} \int_t^{t+\Delta t} \left.\frac{\partial n}{\partial t}\right|_{x=x_j} \mathrm{d}t\mathrm{d}V + \int_{x_{j-\frac{1}{2}}}^{x_{j+\frac{1}{2}}} \int_t^{t+\Delta t} \nabla \cdot \boldsymbol{\varGamma}|_{x=x_j} \mathrm{d}t\mathrm{d}V = \int_{x_{j-\frac{1}{2}}}^{x_{j+\frac{1}{2}}} \int_t^{t+\Delta t} S|_{x=x_j} \mathrm{d}t\mathrm{d}V \tag{4.47}$$

微分方程的未知量(如 $n(r,t), \varphi(r,t)$)及其导数在时间和空间上的实际分布可

能较为复杂，为了进行式(4.47)的计算，可以选择容易积分的曲线来近似表示这些未知量的实际分布。如果空间间隔或时间间隔非常小，简单的曲线也可以较好地近似物理量的实际分布。

近似曲线的不同选择将影响到所构成的计算格式。图 4.5 给出了控制容积法中使用的两种简单近似型线示例。其中图 4.5(a)是空间离散的阶梯型线，表示物理量 n 在控制容积内是均匀分布，由网格节点上的数据来表示，即格点所对应的整个控制容积内物理量 n 为常数。图 4.5(b)是时间离散的近似型线示例。对于式(4.47)，如果要计算 $\nabla\cdot\boldsymbol{\Gamma}$ 从 t 到 $t+\Delta t$ 的积分，$\boldsymbol{\Gamma}$ 表达式(4.45)中物理量 n 选取 t 时刻的数据 n^t，对应形成 t 时刻的 $\boldsymbol{\Gamma}^t$ (这里假设 μ、$\boldsymbol{E}$、D 已知)。类似地，式(4.44)右边 S 的积分也选取 t 时刻的数据 S^t，则构成显式(explicit)计算格式；如果在 t 到 $t+\Delta t$ 时刻的计算中选取物理量 $\boldsymbol{\Gamma}^{t+\Delta t}$ 及 $S^{t+\Delta t}$ 的数据，则构成隐式(implicit)计算格式；若在 t 到 $t+\Delta t$ 时刻的计算中选取物理量 $(\boldsymbol{\Gamma}^t,\boldsymbol{\Gamma}^{t+\Delta t})$ 与 $(S^t,S^{t+\Delta t})$ 的平均值，则构成平均隐式计算格式或 Crank-Nicholson 格式。

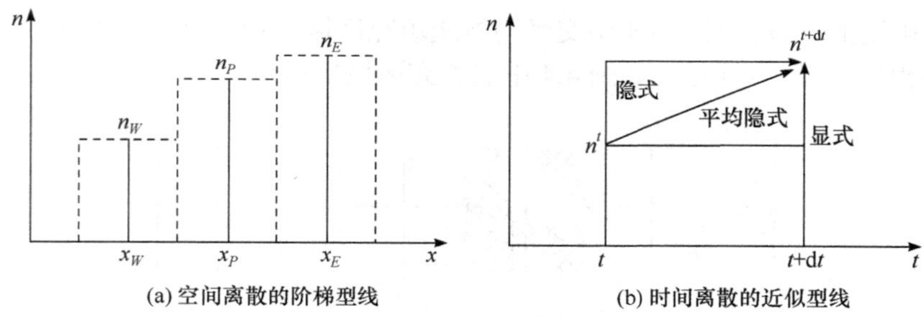

图 4.5　积分型线示意图

例如，利用上面介绍的方法处理式(4.47)，得到的显式格式为

$$(n_j^{t+1}-n_j^t)\Delta V_j+\left(\Gamma^t_{j+\frac{1}{2}}-\Gamma^t_{j-\frac{1}{2}}\right)\Delta t\Delta s_j=S_j^t\Delta t\Delta V_j \tag{4.48}$$

其中，ΔV_j 即格点 j 的控制容积体积；Δs_j 为格点 j 的控制容积在垂直于 x 方向的截面积。两者的关系有：$\Delta V_j=\Delta s_j\cdot\Delta x_j$，　$\Delta x_j=x_{j+\frac{1}{2}}-x_{j-\frac{1}{2}}$。式(4.48)也即

$$\begin{gathered}(n_j^{t+1}-n_j^t)+\frac{\Gamma^t_{j+\frac{1}{2}}-\Gamma^t_{j-\frac{1}{2}}}{\Delta x_j}\Delta t=S_j^t\Delta t\\ \frac{n_j^{t+1}-n_j^t}{\Delta t}+\frac{\Gamma^t_{j+\frac{1}{2}}-\Gamma^t_{j-\frac{1}{2}}}{\Delta x_j}=S_j^t\end{gathered} \tag{4.49}$$

应用有限差分法也能得到相同的结果。

上面的式子需要先确定 $\boldsymbol{\Gamma}$ 后才能进行计算，而这需要知道电场 $\boldsymbol{E}$ 。对式(4.46)进行类似处理，可以得到

$$\frac{E^t_{j+\frac{1}{2}} - E^t_{j-\frac{1}{2}}}{\Delta x_j} = \frac{\rho^t_j}{\varepsilon_0} \tag{4.50}$$

利用 $\boldsymbol{E} = -\nabla\varphi$ ，在网格均匀的条件下，式(4.50)可进一步写为

$$\frac{-\varphi^t_{j+1} + 2\varphi^t_j - \varphi^t_{j-1}}{(\Delta x_j)^2} = \frac{\rho^t_j}{\varepsilon_0} \tag{4.51}$$

根据前面介绍的步骤，可以用图 4.6 所示的一系列操作过程来完成流体模型的模拟循环。

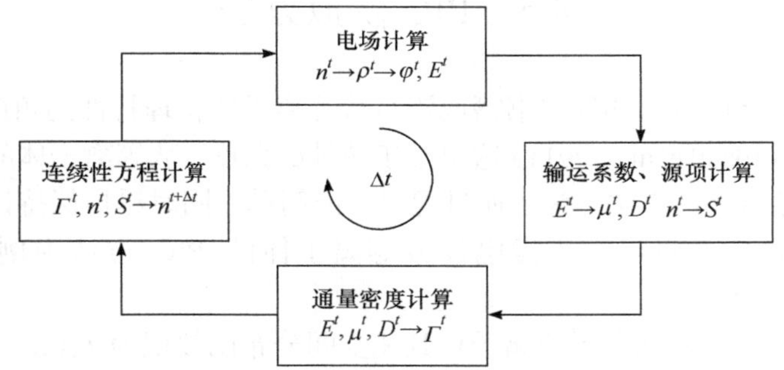

图 4.6　流体模拟的计算循环图

一维流体模型计算总结如下：

(1) 根据 t 时刻的粒子密度分布 n^t 得到电荷分布 ρ^t ，然后计算主网格点“●”上的电势 φ^t

$$\frac{-\varphi^t_{j+1} + 2\varphi^t_j - \varphi^t_{j-1}}{(\Delta x_j)^2} = \frac{\rho^t_j}{\varepsilon_0}$$

然后可计算出“×”格点上的电场 E^t ；

(2) 由电场 E 确定与之相关的一些输运系数 μ 、 D ，根据电子密度 n_{e} 等确定碰撞电离、复合等反应形成的源项 S^t ；

(3) 计算粒子的通量密度 Γ^t

$$\Gamma^t = \mathrm{sgn}(q) n^t \mu^t E^t - D^t \nabla n^t$$

(4) 根据所得 Γ^t 、 S^t 及已知的 n^t ，通过计算连续性方程，得到 $n^{t+\Delta t}$

$$n_j^{t+1} = n_j^t - \frac{\Gamma_{j+\frac{1}{2}}^t - \Gamma_{j-\frac{1}{2}}^t}{\Delta x_j}\Delta t + S_j^t \Delta t$$

(5) 回到第(1)步开始下一 Δt 的循环计算流程。

上面所给出的计算方案和流程非常简单，所采用的显式计算格式会带来非常严重的时间步长限制，不利于长时间尺度问题的分析。如果对方程(4.44)采用隐式格式进行处理，则各方程中的未知量存在相互耦合。因为式(4.44)计算 $t+\Delta t$ 时刻的 $n^{t+\Delta t}$ 时，即使 $\mu nE - D\nabla n$ 中考虑 μ 、D 仍取 t 时刻的值，n 取 $t+\Delta t$ 时刻的值也构成隐式格式。而如果考虑 E 取 $t+\Delta t$ 时刻的值将使式(4.44)与式(4.46)耦合，两个方程必须联立求解，将增加计算难度，好处是可以缓解时间步长的限制问题。

4.5　PIC 模拟方法

很多有关 PIC 方法的经典书籍或资料从等离子体物理特性的角度给出了 PIC 方法的起源(Birdsall et al., 1991)。这里基于统计的角度，从等离子体的弗拉索夫方程数值求解导出 PIC 方法。为了使过程尽可能简单，同时尽量保持计算模型建立的所有步骤，后面将以一维静电经典等离子体的 PIC 方法为例来进行介绍(Lapenta, 2012)。

对于某类粒子 α (如电子或离子)，其相空间分布函数记为 $f_\alpha(x,v,t)$ 。在不考虑碰撞的情况下，分布函数满足弗拉索夫方程

$$\frac{\partial f_\alpha}{\partial t} + v\frac{\partial f_\alpha}{\partial x} + \frac{q_\alpha E}{m_\alpha}\frac{\partial f_\alpha}{\partial v} = 0 \tag{4.52}$$

其中，q_α 和 m_α 是带电粒子的电荷和质量。

由于考虑的是静电问题，其中的电场由标量势 φ 来描述

$$\varepsilon_0 \frac{\partial^2 \varphi}{\partial x^2} = -\rho \tag{4.53}$$

这里的净电荷密度 ρ 可以从分布函数 f_α 得到

$$\rho(x,t) = \sum_\alpha q_\alpha \int f_\alpha(x,v,t)\mathrm{d}v \tag{4.54}$$

1. 基本处理

PIC 方法可以认为是一种有限元方法，而且这些有限单元可以移动和重叠。建立 PIC 方法采用了如下假定：每一类粒子的分布函数可以由多个单元的叠加来得到(这些单元即被称为计算粒子或宏粒子，下标 α 代表某类粒子，下标 p 表示这

类粒子的宏粒子)

$$f_\alpha(x,v,t)=\sum_p f_p(x,v,t) \tag{4.55}$$

每个有限单元代表大量的物理粒子，这些粒子在相空间的位置非常接近。因此，对单元的选择有其相应的物理意义(即代表一群非常相近的粒子)，同时也为了数学表示上的方便(即能够推导一套容易处理的方程)。

PIC 方法可以对计算粒子选择特定的函数 S(型函数)来描述其分布。这个函数带有多个自由参数，函数的时间演化将决定弗拉索夫方程的数值解。通常在每个空间维度上选择两个参数来作为型函数的自由参数，这两个参数的物理意义即宏粒子的坐标 x_p 和速度 v_p。并且假定各个维度上分布函数由位置型函数 S_x 及速度型函数 S_v 的张量积得到，因此有如下表达式：

$$f_p(x,v,t)=N_pS_x(x-x_p(t))S_v(v-v_p(t)) \tag{4.56}$$

其中，N_p 是计算粒子所代表的相空间内的物理粒子数。

从型函数的上述定义中可以得到一些相应的特性：

(1) 型函数是非常紧凑的，即型函数只描述相空间内很小的一块区域，在这一小区域之外型函数的值将为 0。

(2) 型函数的积分应等于 1

$$\int_{-\infty}^{+\infty}S_\xi(\xi-\xi_p)\mathrm{d}\xi=1 \tag{4.57}$$

其中，ξ 代表相空间某一坐标。

(3) 一些研究中建议(不是严格必须)选择对称形式的型函数

$$S_\xi(\xi-\xi_p)=S_\xi(\xi_p-\xi) \tag{4.58}$$

很多函数都能满足上述属性，因此原则上说选择型函数的自由度非常大，但传统的 PIC 中选用的型函数非常少。

2. 粒子型函数的选择

标准 PIC 方法首先是确定 S_v 型函数。通常选择 Dirac 函数 δ 作为速度型函数 S_v，即

$$S_v(v-v_p)=\delta(v-v_p) \tag{4.59}$$

如此选择速度型函数，最主要的优点就是一个计算粒子/宏粒子所代表的物理粒子都是相空间单元内具有相同速度的粒子，在随后的演化过程中也都保持这一特性。

在 20 世纪 50 年代，即 PIC 发展的早期，也采用 Dirac 函数 δ 作为空间型函

数。但现在常用的 PIC 方法都采用所谓的 B 样条函数作为空间型函数。B 样条函数是一系列连续的高次函数，其高阶函数可以由低阶函数积分得到。第一个 B 样条函数是平顶函数 $b_0(\xi)$ ，定义为

$$b_0(\xi)=\begin{cases}1, & |\xi|<\dfrac{1}{2}\\ 0, & 其他\end{cases} \tag{4.60}$$

后续的 B 样条曲线 b_l 是通过以下生成公式逐次积分：

$$b_l(\xi)=\int_{-\infty}^{+\infty}\mathrm{d}\xi' b_0(\xi-\xi')b_{l-1}(\xi') \tag{4.61}$$

图 4.7 显示了前三个 B 样条曲线。

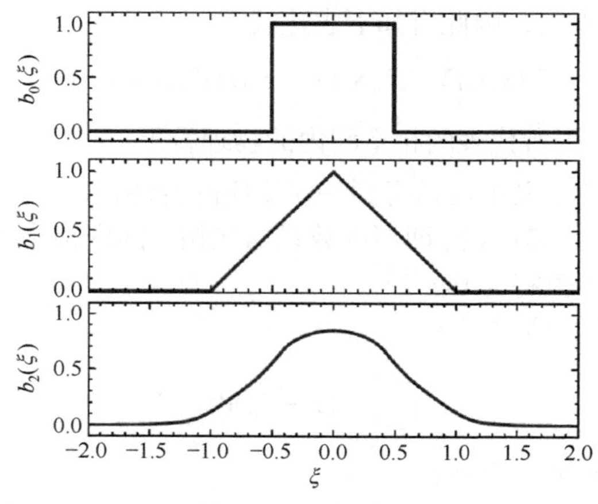

图 4.7　前三个 B 样条函数

根据 B 样条函数，PIC 方法的空间型函数选择

$$S_x(x-x_p)=\frac{1}{\Delta p}b_l\left(\frac{x-x_p}{\Delta p}\right) \tag{4.62}$$

其中，Δp 是宏粒子的尺度长度(即其大小)。一些 PIC 代码使用 1 阶 B 样条，但绝大多数使用 0 阶 B 样条。这种选择被称为粒子云，因为宏粒子代表了相空间网格中的均匀分布，而相空间网格在速度上的间隔极小，空间间隔的大小有限。

3. 运动方程的推导

为了导出自由参数 x_p 和 v_p 的演化方程，要求所选择的宏粒子型函数能够完全满足弗拉索夫方程的一阶矩方程。

这个过程需要一些解释：

(1) 弗拉索夫方程对 f_s 在形式上是线性的，各宏粒子所满足的方程仍然是弗拉索夫方程。宏粒子的分布函数进行线性叠加给出总分布函数，如果每个宏粒子的分布函数满足弗拉索夫方程，那么叠加后的结果也满足弗拉索夫方程。注意，电场实际上跟 f_s 有关，这使弗拉索夫方程实质上变成非线性。因此，在每个宏粒子满足的弗拉索夫方程中的电场必须是所有宏粒子形成的总电场(粒子 s 的分布函数 f_s 对应的弗拉索夫方程中的电场也是总电场)

$$\frac{\partial f_p}{\partial t}+v\frac{\partial f_p}{\partial x}+\frac{q_s E}{m_s}\frac{\partial f_p}{\partial v}=0 \tag{4.63}$$

(2) 实际上选择任何函数作为宏粒子的型函数，代入到弗拉索夫方程中都不可能使方程精确成立。有限元方法通常是要求型函数能使得方程的矩得到满足。

后面符号 $\langle\cdots\rangle\equiv\int\mathrm{d}x\int\mathrm{d}v$ 仍表示对空间和速度域的积分。

4. 零阶矩

零阶矩($\langle\text{Vlasov}\rangle$)给出

$$\frac{\partial\langle f_p\rangle}{\partial t}+\left\langle v\frac{\partial f_p}{\partial x}\right\rangle+\left\langle\frac{q_s E}{m_s}\frac{\partial f_p}{\partial v}\right\rangle=0 \tag{4.64}$$

其中利用了 $\mathrm{d}x\mathrm{d}v$ 积分的互换性以及与时间导数的互换性。式(4.64)的第二和第三项为零，因为

$$\int\frac{\partial f_p}{\partial x}\mathrm{d}x=f_p(x=+\infty)-f_p(x=-\infty)=0 \tag{4.65}$$

式(4.65)结果为 0 是由于型函数 f_p 的第一条属性。f_p 对速度的导数项，其计算后也有类似的结果。根据前面对分布函数的定义 $\langle f_p\rangle=N_p$ ，式(4.64)最终可写为

$$\frac{\partial\langle f_p\rangle}{\partial t}=\frac{\mathrm{d}N_p}{\mathrm{d}t}=0 \tag{4.66}$$

零阶矩所得结果反映了每个计算粒子所对应的物理粒子数的守恒。

5. 空间一阶矩 1_x

应用 x 的一阶矩($\langle x\cdot\text{Vlasov}\rangle$)，给出

$$\frac{\partial\langle f_p x\rangle}{\partial t}+\left\langle vx\frac{\partial f_p}{\partial x}\right\rangle+\left\langle x\frac{q_s E}{m_s}\frac{\partial f_p}{\partial v}\right\rangle=0 \tag{4.67}$$

最后一项由于是在速度空间的积分，仍等于 0(乘 x 积分与零阶矩没区别)，其余前面两项则与零阶矩不同。根据式(4.56)，式(4.67)第一项中

$$\langle f_p x\rangle = N_p \int S_v(v-v_p)\mathrm{d}v \int x S_x(x-x_p)\mathrm{d}x \tag{4.68}$$

其中，第一个积分 $\int S_v(v-v_p)\mathrm{d}v = 1$（由 S_v 的定义）；第二个积分则是函数 $S_x(x)$ 的一阶矩。在前面曾假定函数 $S_x(x)$ 具有对称性，所以式(4.68)可写为

$$\langle f_p x\rangle = N_p x_p \tag{4.69}$$

式(4.67)第二项的积分计算表示

$$\left\langle vx\frac{\partial f_p}{\partial x}\right\rangle = \int v\mathrm{d}v \int x\frac{\partial f_p}{\partial x}\mathrm{d}x = \int v\mathrm{d}v\int x\mathrm{d}f_p = -\left\langle f_p v\right\rangle \tag{4.70}$$

式(4.70)处理中使用了分部积分。式(4.70)右边项计算可以用 x 替换 v，因此与 $\langle f_p x\rangle$ 类似

$$\langle f_p v\rangle = N_p \int v S_v(v-v_p)\mathrm{d}v \int S_x(x-x_p)\mathrm{d}x = N_p v_p \tag{4.71}$$

这里同样利用了 S_v 具有对称性。对弗拉索夫方程乘以 x 后计算方程的矩得到的最终结果

$$\frac{\mathrm{d}x_p}{\mathrm{d}t} = v_p \tag{4.72}$$

6. 速度一阶矩 1_v

应用 v 的一阶矩（$\langle v\cdot \text{Vlasov}\rangle$），给出

$$\frac{\partial\langle f_p v\rangle}{\partial t} + \left\langle v^2\frac{\partial f_p}{\partial x}\right\rangle + \left\langle v\frac{q_s E}{m_s}\frac{\partial f_p}{\partial v}\right\rangle = 0 \tag{4.73}$$

如同零阶矩下的情况，第二项对 x 进行积分后其结果仍然为零。第一项已经在前面计算过了。剩下的一项需要重新计算

$$\int \frac{q_s E}{m_s}\mathrm{d}x \int v\frac{\partial f_p}{\partial v}\mathrm{d}v = -\int\frac{q_s E}{m_s}\mathrm{d}x\int f_p\mathrm{d}v = \left\langle \frac{q_s E}{m_s} f_p\right\rangle \tag{4.74}$$

这里再次使用了分部积分和计算单元有限的假定。

式(4.74)最后一项的计算定义了一个重要的物理量：作用在计算粒子上的平均电场

$$\left\langle \frac{q_s E}{m_s} f_p\right\rangle = -N_p\frac{q_s}{m_s}E_p \tag{4.75}$$

其中计算粒子上的电场是

$$E_p = \int S_v(v - v_p)\mathrm{d}v \int S_x(x - x_p)E(x)\mathrm{d}x \tag{4.76}$$

再次利用型函数积分为 1 的特性，E_p 的计算公式可以简化

$$E_p = \int S_x(x - x_p)E(x)\mathrm{d}x \tag{4.77}$$

速度一阶矩给出的最终方程

$$\frac{\mathrm{d}v_p}{\mathrm{d}t} = \frac{q_s}{m_s}E_p \tag{4.78}$$

7. 计算粒子的运动方程

前面介绍的结果给出了如下一套完整的演化方程，实际上是每个计算粒子的分布函数的自由参数(也即计算粒子的位置和速度)的方程

$$\begin{aligned} \frac{\mathrm{d}N_p}{\mathrm{d}t} &= 0 \\ \frac{\mathrm{d}x_p}{\mathrm{d}t} &= v_p \\ \frac{\mathrm{d}v_p}{\mathrm{d}t} &= \frac{q_s}{m_s}E_p \end{aligned} \tag{4.79}$$

PIC 方法的一个重要优点是它的演化方程与物理粒子的牛顿方程(4.1)完全相似。关键区别是计算粒子所受到的电场 E_p 是在整个计算粒子范围内按型函数 S_x 进行了平均，即 E_p 按式(4.77)的定义计算。

当然，电场 $E(x)$ 本身是由麦克斯韦方程给出，相应需要电荷密度(完整的模型还需要电流密度)来得到。根据上述 PIC 方法的思想，很容易知道电荷密度的计算可以采用对分布函数在速度空间上进行积分

$$\rho_s(x,t) = q_s \sum_p \int f_p(x,v,t)\mathrm{d}v \tag{4.80}$$

用每个计算元的型函数形式来表示分布函数，电荷密度计算式变为

$$\rho_s(x,t) = q_s \sum_p N_p S_x(x - x_p) \tag{4.81}$$

式(4.79)和式(4.81)构成了一套完备的方程组，用以求解弗拉索夫方程。一旦结合麦克斯韦方程组的求解算法，整个弗拉索夫-麦克斯韦系统就可求解。

8. 场方程的求解

场方程可以用很多方法来求解。大多数 PIC 方法采用有限差分或有限容积法。

下面以一个例子来说明泊松方程和弗拉索夫方程的求解。

假设采用有限容积法，引入一个边长与宏粒子尺寸 Δx 相一致的网格系统，网格的中心位置为 x_i，网格的顶点为 $x_{i+\frac{1}{2}}$。引入网格内标量势的平均值 φ_i。场方程的离散形式通过采用差分算符替代拉普拉斯算子(在一维情况下简化为二阶导数)

$$\varepsilon_0 \frac{\varphi_{i+1} - 2\varphi_i + \varphi_{i-1}}{\Delta x^2} = -\rho_i \tag{4.82}$$

其中，电荷密度也是通过在单元内平均

$$\rho_i = \frac{1}{x_{i+\frac{1}{2}} - x_{i-\frac{1}{2}}} \int_{x_{i-\frac{1}{2}}}^{x_{i+\frac{1}{2}}} \rho(x) \mathrm{d}x \tag{4.83}$$

根据前面介绍过的零阶 B 样条函数，可以得到一个非常简单的单元格密度平均值的计算式

$$\int_{x_{i-\frac{1}{2}}}^{x_{i+\frac{1}{2}}} \rho(x) \mathrm{d}x = \int_{-\infty}^{+\infty} b_0\left(\frac{x - x_i}{\Delta x}\right) \rho(x) \mathrm{d}x \tag{4.84}$$

再根据前面的电荷密度计算表达式(4.81)

$$\int_{x_{i-\frac{1}{2}}}^{x_{i+\frac{1}{2}}} \rho(x) \mathrm{d}x = \sum_p q_s N_p \cdot \int_{-\infty}^{+\infty} b_0\left(\frac{x - x_i}{\Delta x}\right) S_x(x - x_p) \mathrm{d}x \tag{4.85}$$

可以按 PIC 方法中的标准术语定义一个插值函数

$$W(x_i - x_p) = \int S_x(x - x_p) b_0\left(\frac{x - x_i}{\Delta x}\right) \mathrm{d}x \tag{4.86}$$

建立插值函数的用处是能够直接计算网格上的电荷密度而不需要积分。根据前面定义的网格平均密度 $\rho_i = \int_{x_{i-\frac{1}{2}}}^{x_{i+\frac{1}{2}}} \rho(x) \mathrm{d}x / \Delta x$，可以得到

$$\rho_i = \sum_p \frac{q_p}{\Delta x} W(x_i - x_p) \tag{4.87}$$

其中，$q_p = q_s N_p$。

根据型函数中 l 阶的 B 样条的定义，型函数为 $S_x = \frac{1}{\Delta p} b_l\left(\frac{x - x_p}{\Delta p}\right)$，当宏粒子的尺寸与网格相等时($\Delta p = \Delta x$)，代入到式(4.86)可以得到非常简单的插值函数

$$W(x_i - x_p)=\int \frac{1}{\Delta p} b_l\left(\frac{x-x_p}{\Delta p}\right) b_0\left(\frac{x-x_i}{\Delta x}\right) \mathrm{d}x = b_{l+1}\left(\frac{x-x_i}{\Delta p}\right) \tag{4.88}$$

这里利用了 B 样条的定义。

给出了适当的边界条件后，泊松方程的求解可采用差分法等来实现。一旦获得了泊松方程的解，每个网格中电势已知，实际上获得的是网格平均电势 φ_i 的离散值形式。而为了计算作用在粒子上的场力，需要连续分布的场。因此要用一个过程来重新构造场力。

首先，通过离散电位分布计算网格的中心电场

$$E_i = -\frac{\varphi_{i+1} - \varphi_{i-1}}{2\Delta x} \tag{4.89}$$

这里使用了中心差分。然后假定每个网格内电场为恒定值来重建连续电场，网格内的电场等于其电场在网格内的平均值

$$E(x) = \sum_i E_i b_0\left(\frac{x-x_i}{\Delta x}\right) \tag{4.90}$$

而 E_p 的定义为

$$E_p = \sum_i E_i \int b_0\left(\frac{x-x_i}{\Delta x}\right) S_x(x-x_p)\mathrm{d}x \tag{4.91}$$

再由插值函数 W 的定义，式(4.91)可简化为

$$E_p = \sum_i E_i W(x_i - x_p) \tag{4.92}$$

9. 运动方程的离散

前面导出的运动方程式(4.79)是形式上与牛顿方程完全相同的常微分方程。当然，现有文献中有很多算法可以实现对牛顿运动方程的求解。在 PIC 算法中，较好的选择是采用简单的计算方案：通常在模拟中要使用大量的宏粒子(现有文献中已经达到 10^{10} 个宏粒子)，如果对运动方程采用复杂的计算方案可能导致非常长的模拟时间。当然，如果计算方案允许使用大的时间步长，尽管其计算复杂，仍可以采用这样的计算方案，因为计算中能以更长的时间步长来补偿每个时间步长的额外时间消耗。

最简单也是目前用得最多的算法，是基于速度和位置计算时间相互交错的所谓蛙跳(leap-frog)算法，速度和位置的计算分别在半个时间步长进行：$x_p(t=n\Delta t)\equiv x_p^n$，而 $v_p\left(t=\left(n+\frac{1}{2}\right)\Delta t\right)\equiv v_p^{n+\frac{1}{2}}$。从时间 n 到 $n+1$ 进行位置的推进

使用了中间时刻点的速度 $v_p^{n+\frac{1}{2}}$，同样速度从时间 $n-\frac{1}{2}$ 到 $n+\frac{1}{2}$ 的推进使用了中间时刻的位置 x_p^n。速度与位置在时间上的交错推进就类似于儿童的蛙跳游戏(图 4.8)。

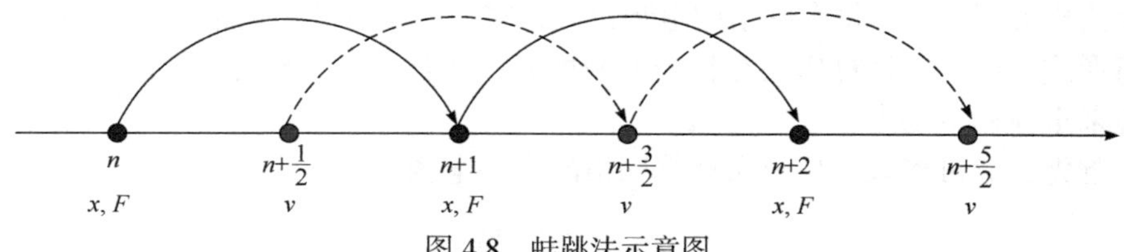

图 4.8　蛙跳法示意图

蛙跳算法总结如下：

$$\begin{aligned} x_p^{n+1} &= x_p^n + \Delta t v_p^{n+\frac{1}{2}} \\ v_p^{n+\frac{3}{2}} &= v_p^{n+\frac{1}{2}} + \Delta t \frac{q_s}{m_s} E_p(x_p^{n+1}) \end{aligned} \tag{4.93}$$

其中，E_p 是从在 n 时刻的粒子位置计算得到。

从算法形式上看，蛙跳算法与显式欧拉格式很相似，两者在实现上的不同只是蛙跳算法在速度和位置计算时相差了半个时间步长。而蛙跳算法具有二阶精度，因此通常以其取代只有一阶精度的显式欧拉格式。不过交错算法的启动需要通过在初始时刻(第一个时间步长 Δt)中使用显式格式将初始速度移动半个时间步长来实现

$$v_p^{\frac{1}{2}} = v_p^0 + \Delta t \frac{q_s}{m_s} E_p(x_p^0) \tag{4.94}$$

10. 总的计算流程

根据前面介绍的步骤，PIC 算法可以由图 4.9 所示的一系列操作过程来实现。

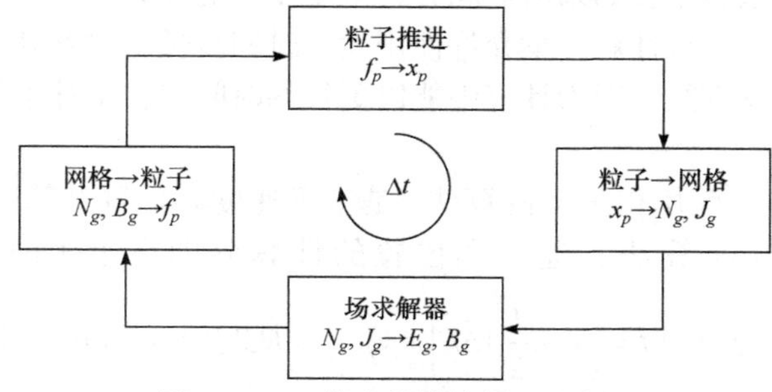

图 4.9　PIC 算法的计算循环示意图

PIC 算法总结(1 维静电模型)：

(1) 等离子体由一些位置记为 x_p，速度记为 v_p 的宏粒子来描述，每个宏粒子代表数量为 N_p 的实际物理粒子。

(2) 一个时间步 Δt 的粒子推进格式

$$x_p^{n+1} = x_p^n + \Delta t v_p^{n+\frac{1}{2}}$$

$$v_p^{n+\frac{3}{2}} = v_p^{n+\frac{1}{2}} + \Delta t \frac{q_s}{m_s} E_p(x_p^{n+1})$$

速度计算中所使用的电场在前一时间步得到。

(3) 每个网格中电荷密度由下式计算

$$\rho_i = \sum_p \frac{q_p}{\Delta x} W(x_i - x_p)$$

(4) 泊松方程的计算式

$$\varepsilon_0 \frac{\varphi_{i+1} - 2\varphi_i + \varphi_{i-1}}{\Delta x^2} = -\rho_i$$

每个单元内的电场由下式计算

$$E_i = -\frac{\varphi_{i+1} - \varphi_{i-1}}{2\Delta x}$$

(5) 从已获得的网格中电场，计算作用在粒子上的场力

$$E_p^{n+1} = \sum_i E_i W(x_i - x_p^{n+1})$$

这一结果在下一循环中使用。

(6) 回到第(1)步开始新的循环。

第 5 章　低温等离子体诊断

等离子体诊断对于等离子体实验和理论研究的重要性不言而喻，通过诊断可以确定有关等离子体参数、参量的大小及其与等离子体产生装置参数、放电参数等因素之间的关系；了解等离子体中的相关过程、相关物理量的大小及相互关系；发现、验证和发展相关理论和技术；发现和总结出有关定标律；为理论研究、工业应用及相关工程技术发展提供数据。等离子体诊断是等离子体科学和技术的重要部分，是与等离子体科学相伴随、相互促进而同时发展起来的一个特殊学科和科技领域(葛袁静等，2011)。高、低温等离子体的诊断既有“普适方法”，也有各自“独门手段”，在低温等离子体诊断中，需要针对低温等离子体参数特征和应用场景开展。

总体而言，低温等离子体诊断是一门涉及多个学科、多门技术的综合科学技术，涉及力、热、光、电等多领域的物理原理。它一方面力求将有关领域的最新科学技术应用到等离子体诊断中去，以获得对等离子体的更新认识和更好利用；同时日益提高的等离子体诊断要求也为其他学科和技术不断提出新要求，促进其他相关学科理论和技术的发展。

5.1　等离子体诊断概述

5.1.1　诊断对象

低温等离子体又包括热等离子体和冷等离子体,在不同的低温等离子体源中，气体温度可以从室温到几个电子伏特，等离子体密度横跨几个数量级(10^{10}～10^{19}cm^{-3})，电离度可以从 10^{-4} 到几乎完全电离。低温等离子体，特别是处于非平衡状态的低温等离子体，很难用理想、简单的物理模型进行描述。相应地，由于物理现象的复杂性，低温等离子体诊断需要尽可能全面、细致地获取物理量，主要包括：

(1) 等离子体中电子温度及其时空分布 T_e；

(2) 等离子体中电子密度及其时空分布 n_e；

(3) 等离子体中离子温度及其时空分布 T_i；

(4) 等离子体中离子密度及其时空分布 n_i；

(5) 等离子体中中性原子密度及其时空分布 n_0；

(6) 等离子体中反应物及其中间产物的种类、密度及其时空分布 n_{r}；

(7) 等离子体中杂质原子、离子种类密度及其时空分布；

(8) 等离子体平衡性与稳定性及其与放电参数和等离子体参数间的关系；

(9) 等离子体中其他微观量的测量。

5.1.2 主要诊断方法

根据不同场合、不同对象和不同要求，等离子体诊断手段有数十种之多。它们有的适用于高温等离子体，有的适用于低温等离子体，有的两者皆可使用。

根据其原理和特点，适用于低温等离子体的诊断手段可分为以下几类：

(1) 放电参数(包括电压、电流、电场、磁场等)诊断。

(2) 探针诊断，常用于非热等离子体，即将一特殊结构的探针送入等离子体中，以此获得探针所在区域一定范围内微观参数的信息的方法。这类诊断包括静电探针(朗缪尔探针)、马赫探针、磁探针等。

(3) 光辐射诊断，即对不同波段(X 射线、紫外、可见光、红外等)的光辐射进行探测或拍照，得到等离子体光辐射的时空分辨信息。

(4) 光谱诊断，即利用等离子体发射的光波(光谱)进行诊断。等离子体中粒子间相互碰撞，会产生电离、复合、激发、自发跃迁等物理过程，因此，等离子体实际是一个波长非常丰富的光源。通过测量它所发射的光谱，再经过一定的物理、数学模型处理，就可以得到等离子体参数。

(5) 激光与微波诊断，即利用电磁波与等离子体相互作用进行等离子体诊断。例如，激光和微波也是电磁波，而且是能量非常集中的电磁波，通过它们与等离子体相互作用，可以诱发新的电磁波(光波)发射，或引起光波和电磁波传播速度的变化，所诱发的这些现象的有无、大小及特性是随等离子体参数不同而不同的。因此，通过测量它们与等离子体相互作用所引发的新信号，就可以通过适当模型处理而获得等离子体相关参数的特性。这一类诊断手段包括 X 射线照相、激光散射测量、远红外激光干涉测量、微波干涉测量、激光诱导荧光光谱测量等。

(6) 粒子诊断，即测量等离子体中某些粒子(包括原子、离子、基团)的种类或含量，手段主要有质谱测量、离子能量测量等。

(7) 其他参数诊断，主要是放电过程中的力、声、热等参数测量，如推力(冲量)测量、冲击波与声波测量、温度测量、应变测量等。

在实际测量中，往往根据不同等离子体或环境而选用不同手段，也往往用不同手段测量同一物理量，结果互相验证，以保证诊断结果的可靠性。

5.1.3 诊断系统实现

诊断系统一般包含一个以上的诊断手段，通过不同诊断手段与探测器(记录设备)将不同的等离子体参量转化为模拟电信号，而后通过数据采集设备转化为数字信号进行存储。早期也有通过模拟示波器或胶片成像的记录设备，现已基本被数字设备替代。诊断系统的搭建是实验平台的重要环节，需要考虑很多因素。放电等离子体有一定的特殊性，由于驱动电源一般具备高电压或高功率的特点，需要考虑静电屏蔽、电磁兼容等问题；另外，如果有多个诊断手段相配合，则需要关注诊断系统的同步与触发问题。

1. 系统搭建的一些原则

在对某种放电等离子体源诊断时，应该对以下问题进行充足的思考(王龙，2018)：

1) 诊断手段

对于一个物理量，如电子密度 n_e，可以有一种以上的诊断方法。那么，我们如何在具体的实验安排中选择诊断方案呢？这要根据实际情况仔细考虑后决定。

2) 分辨率

(1) 时间分辨率。对于稳定放电，要求的时间分辨率不高，但是对于脉冲放电或击穿过程，等离子体状态随时间迅速变化，要求高的时间分辨，希望能达到纳秒甚至皮秒量级。

(2) 空间分辨率。空间分辨率则根据所研究的具体问题而定，如存在有细微的结构(微放电/射流)，要求发展高空间分辨的诊断方法。此外，很多测量是通过等离子体的弦积分量，须进行空间反演，也需要系统有较高的时空分辨率。

3) 测量精度

一般来说，等离子体诊断测量很难做到十分精确，有些测量如静电探针，仅提供一位有效数字也能用以分析很多物理问题。但是另一些诊断，如测量谱线轮廓或位移，希望尽可能精确。

4) 动态范围

动态范围即一种诊断项目所能测量物理量的量级范围。例如，金属丝电爆炸等离子体在爆炸过程中密度变化几个数量级，需要几种手段配合，如 X 射线诊断与激光诊断。

5) 空间覆盖度

空间覆盖度要求能探测等离子体内外尽量多的空间位置。

6) 信噪比

可用屏蔽、隔离或滤波等方法减少噪声，但信噪比始终是一个值得考虑的问题，尤其是很多诊断本身灵敏度不高。

7) 标定

测量设备在进行测量前需要用标准信号源进行标定，以获得其灵敏度，否则传感器输出的模拟电信号将失去意义。

8) 技术难度

诊断系统的实际运行要考虑到成本和研制周期，以及建成后掌握的难易。常规性的诊断要求设备的鲁棒性(robust)，即容易运行、无需特殊维护和专业知识背景。

9) 可视化

对物理过程的了解，特别是其时空关系，要求直观的图像显示。过去，一般采用分立的测量通道将数据采集处理后绘成图像。但是随着技术的进步、时空分辨率的提高，直接从测量系统输出二维图像成为发展趋势。

10) 集成化

对光或电磁信号的处理和探测，如滤波、接收、混频，过去都是用分立元件完成的。为提高时空分辨和可靠性、实现可视化，将其集成化，也是当前诊断技术的发展方向。

11) 适用性

适用性主要指置于真空室内诊断部件适宜高温等离子体的环境，以及燃烧等离子体的辐射环境。这些部件包括置于边界处的固体探针和探圈、天线、反射镜等。

2. 干扰与噪声的消除

在等离子体实验装置周围，必然会有许多电磁设备。它们所产生的电磁信号会对等离子体诊断设备产生影响，对诊断信号产生干扰。这种干扰会使待测信号失真，或因干扰太大而无法进行测量。诊断回路中的噪声往往来自诊断设备或关键部件，根据产生特点可分为热噪声、散粒噪声和闪烁噪声。其中前两种噪声是粒子或光子(主要是电子)的粒子性产生的统计性起伏的表现，如光电倍增管中的热噪声。闪烁噪声是指由于器件的某些缺陷或不均匀性而引起的信号闪动。在低温等离子体诊断中，热噪声是影响诊断的主要表现(葛袁静等，2011)。

排除干扰的有效办法可分为三类，即静电屏蔽、电磁屏蔽、静磁屏蔽。

静电屏蔽和电磁屏蔽都是用良导体，如铜、铝、铁等将被屏蔽物包围起来。它们往往是同时解决两种屏蔽，但屏蔽机理并不相同。静电屏蔽的理论根据是导体内部不存在电力线，因此可以将内外的电力线隔离。但是此时屏蔽导体必须接地，如图 5.1 所示。屏蔽导体接地以后，即可中断电力线的传播。

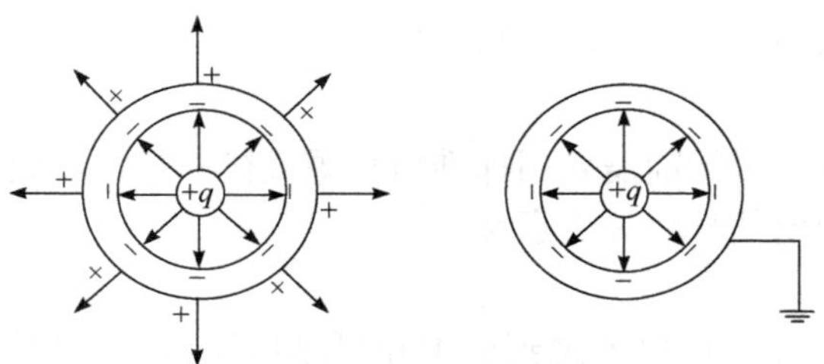

图 5.1　静电屏蔽原理

电磁屏蔽是利用交变磁场在导体表面引起涡流产生反向磁场的效应，用来清除互感式高频电磁声干扰。所以从原理上讲，单纯的电磁屏蔽可以不必接地，只要屏蔽导体就容易产生涡流。但是实际工作中很难保证屏蔽体是一个导电性能良好的封闭导体。比如屏蔽层上的开缝或采用栅网式屏蔽都会因不能形成完好的反向涡流而影响实际的屏蔽效果。因此实际应用中电磁屏蔽必须有良好的接地，并且保证测量系统电磁屏蔽地线与实验室供电系统地线严格分离。

除静电电磁屏蔽消除干扰外，还可以通过电子信号高频放大、滤波、降低器件温度减少热噪声等方式实现。

3. 时序与同步系统

时序(timing)与同步(synchronization)系统是实现等离子体参数时空分辨诊断的基础，特别是在大型等离子体装置中，如托克马克、激光聚变、Z 箍缩等(邱爱慈，2016)。这些设备要么具有复杂的电源系统，要么具有复杂的诊断设备(多套)。那么对于具有一定时空分布的等离子体，如果要获取不同时刻、不同位置的等离子体信息，就一定需要不同设备之间有先后动作的时序，实现配合，这个精度一般在纳秒甚至皮秒量级。以脉冲火花放电的激光阴影图像拍摄为例，这个简单的过程涉及放电回路和激光器的同步，如要获得想要的等离子体阶段的图像，需要调节放电回路闭合开关的电脉冲和激光器动作脉冲之间的时延，只有经过预先估计与调试，才能够获得想要的实验结果。对于更复杂的设备，时序与同步更需要考量。

5.1.4　数据采集与误差分析

在数字化技术发展之前，等离子体研究的数据采集和处理是件非常麻烦的事情。数字化技术的应用使得精密的物理实验研究成为可能，并用于复杂系统的运行和控制。多数探测器将所探测的物理量转变为模拟电信号，模拟电信号经模数转换为数字信号后输入到记录设备中。在数据的采集中，需要注意两个环节，即传感器的带宽和采集系统的采样频率。例如，对脉冲放电进行测量时，传感器的带宽要高于电脉冲的高频分量，对于方波信号，其频带可以按式(5.1)估算：

$$\mathrm{BW}=\frac{3.5}{t_{\mathrm{r}}}\times 100 \tag{5.1}$$

式中，BW 为带宽(MHz)；t_{r} 为方波脉冲的上升沿(ns)。例如，对于上升沿为 1ns 的方波电脉冲，如果要准确测量其电信号，传感器的带宽至少要有 350MHz，否则就会造成信号失真。

在采集数据的数字化处理中，最重要的是采样频率的选择。根据奈奎斯特(Nyquist)采样定理，采样频率应大于最大采集频率的两倍，最好为 5～10 倍。频率过低会发生混叠(aliasing)，造成信号失真。

在数据正确、有效采集的基础上，需要对实验数据的可靠性和误差进行讨论。只有对误差有合理的分析，才能保证实验结果的可靠性。实验误差可以分为两大类，即系统误差和偶然误差。

系统误差是指由于测量系统硬件设施的某种原因，如机械加工精度、系统部件安装精度不够而引起的测量结果对实际真值的偏差。这种偏差不随测量对象的变化而变化，而且可以校准出来并在实际测量中予以修正。比如一台单色仪由于某些硬件原因使得波长鼓轮读数与发光体实际波长有一定差别，这时可以通过用标准光源进行校准并给出校准曲线。

区别于其他物理量测量，等离子体诊断中的偶然误差由两个原因造成，称之为通常偶然误差和随机偶然误差。

通常偶然误差是指在各种已知条件(包括测试手段和测试条件)保持恒定不变的情况下，由于某些人为原因造成的读数误差。它不是确定的，是因人、因条件而随机变化的。

随机偶然误差是等离子体特有的一种偶然误差。由于等离子体的特殊性，即使其处于宏观稳定条件下，其中的粒子、能量输运等动力学过程仍处于不停的进行中。因此，我们所见到的等离子体处于一种统计平衡状态，某一个时刻所测量的某个物理量只是该时刻的瞬态值，过了这一时刻，该物理量又会变成另一个数值。测量数值变化不是由测量者造成的，而是由被测量对象，即等离子体特性所造成的。

所有物理量的随机误差都有一定的统计性，这种统计性的特点是当对同一物理量进行多次测量时，所得结果的平均值趋向于一个常数，称之为真值。在真值附近数值出现的概率最大，而偏离真值越大的数值出现的概率越小，并一般符合所谓正态分布，也叫高斯分布。因此，通常需要对一个物理量进行多次测量，以获得其平均值和标准差。实际工作中往往不是处理某一个物理量的单一问题，而是要处理两个或更多的相互依赖的物理量，需进行一系列的测量以便得到数据并对其进行处理。其目的或是验证某种理论推断的函数关系，或是通过实验求证出某些参数之间的函数关系或随某个物理量变化的规律。在这些工作中，图示法是最有效且常用的一种方法。图 5.2 给出了一种实验结果的典型表示方法。作图表示实际也是一种统计效果的表示方法，所以一条实验曲线应当有尽量多的数据点，特别是曲线拐点处，更要有足够多的数据点支撑。否则，曲线可能不能真实表现相应物理规律。

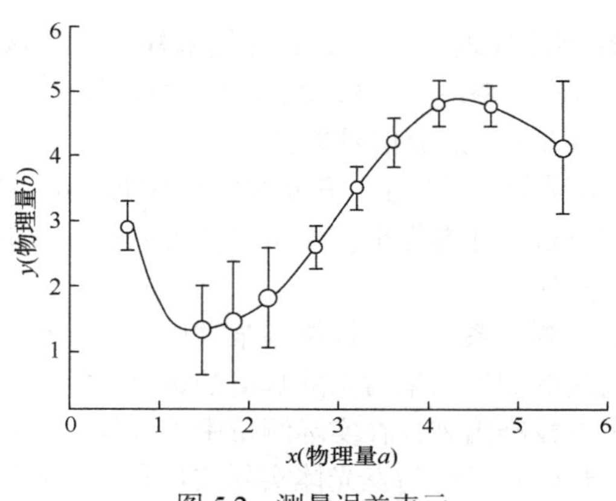

图 5.2　测量误差表示

5.2　放电参数诊断

低温等离子体的产生大多来源于气体放电技术，因此对于放电驱动的低温等离子体而言，放电参数诊断是最基础且重要的诊断手段，一方面可以通过放电参数监测等离子体源的运行状态，另一方面可以通过诊断获取等离子体电磁参数。

5.2.1　电压与电场

1. 高电压的测量

放电等离子体常用的高压电源可以分为交流、直流、脉冲三种形式，测量原理有所不同。以下分别针对不同情况进行介绍。

1) 交流高压的测量

这里的交流高压可以是工频的(50Hz/60Hz)，或者其他频率的正弦信号，但频率一般不太高，否则需要考虑电路的分布参数(传输线效应)，主要测量方法如下(张仁豫等，2009)：

(1) 电压互感器(一种变压器)变送电压波形；

(2) 利用测量球隙气体放电来测量未知电压的峰值；

(3) 利用高压静电电压表测量电压的有效值；

(4) 利用以分压器作为转换装置所组成的测量系统来测量交流电压；

(5) 利用整流电容电流测量交流高电压的峰值；

(6) 利用整流充电电压测量交流电压峰值；

(7) 以光电系统测量交流高电压。

电压互感器多用于电力系统；测量球间隙是构造标准球-球电极，利用气体放电推断电压的高低，操作麻烦，主要用于其他仪器的校准。目前应用较为广泛的还是静电电压表和分压器两类，以下做简单介绍。

加电压于两电极，由于两电极上充上了异性电荷，电极受到静电吸附力的作用，如图 5.3(a)所示。测量此静电吸附力的大小或是由静电吸附力产生的某一极板的偏移(或偏转)来反映所加电压大小的表称为静电电压表。静电电压表可以用来测量低电压，也可直接测量高电压。无论是在正弦交流还是直流下，平板电极的受力 f 的表达式都为

$$f = \frac{1}{2}u^2\frac{\mathrm{d}C}{\mathrm{d}l} \tag{5.2}$$

式中，u 为直流电压值或交流电压有效值；C 为极板电容值；l 为极板间距。静电电压表可以设计得很精密，不确定度可达 0.1%，为了测量方便，常应用构造简单的静电电压表，示意图如图 5.3(b)所示，此种电压表在测量电压时可动电极有位移(偏转)。可动电极移动(偏转)时，张丝所产生的扭矩或是弹簧的弹力等产生了反力矩，当反力矩与静电场力矩相平衡时，可动电极的位移达到一稳定值。一般采用灯泡等光源入射到反射镜上，反射镜会反射光标到刻度尺上，当可动电极扭转时，光标在刻度尺上移动，经过标定，反映出被测电压数值。静电电压表既可用作测量直流电压，也可用作测量交流电压，包括含交流分量的直流电压，用静电电压表还可以测量频率高达兆赫量级的电压。

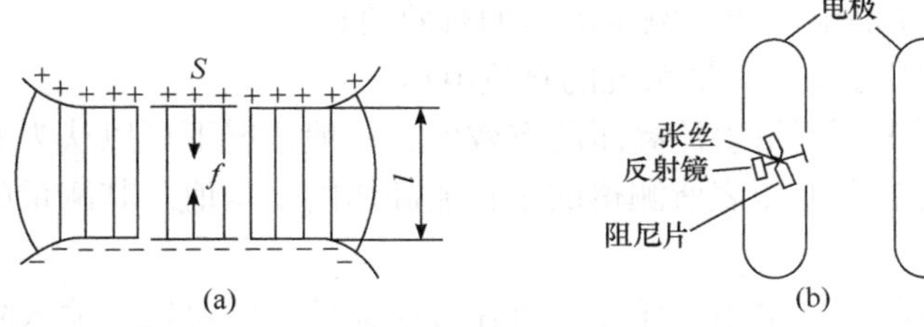

图 5.3　静电电压表原理图

(a) 平板电极之间的静电吸附力；(b) 典型静电电压表结构示意图

分压器是一种将高电压波形转换成低电压波形的装置，它由高压臂和低压臂组成。输入电压加到整个装置上，而输出电压则取自低压臂。通过分压器可解决

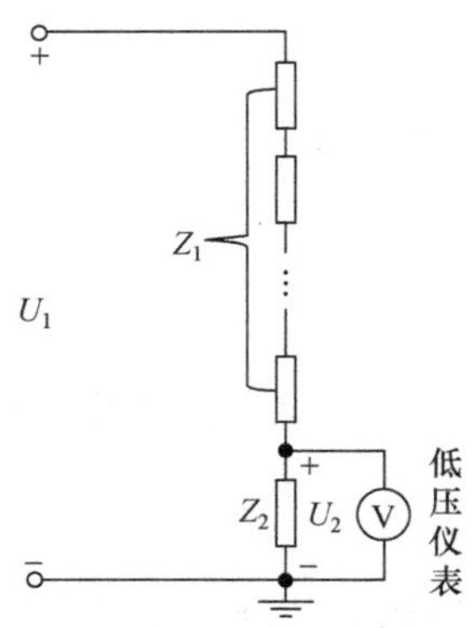

图 5.4　交流分压器测量原理

以低压仪表及仪器测量高压峰值与波形的问题。交流分压器可用来测量几千伏到几百万伏的交流电压。正弦交流情况下，分压器的原理如图 5.4 所示。

图 5.4 中，Z_1 为分压器高压臂的高阻抗，Z_2 为低压臂的低阻抗。测电压时，大部分电压降落在 Z_1 上，Z_2 上仅分到一小部分电压，该低压值乘上一个系数(称为刻度因数 k)即可获得被测的高压值

$$k = \frac{U_1}{U_2} = \frac{Z_1 + Z_2}{Z_2} \tag{5.3}$$

分压器的高低压臂可以由电阻制成，可以由电容制成，也可以由阻容元件制成。对于纯电阻分压器，分压比 $k = (R_1 + R_2)/R_2$；对于纯电容分压器，分压比 $k = (C_1 + C_2)/C_1$。对于放电等离子体系统中的高压探头，实际上也是一种分压器(多为阻容分压器)。分压器的存在不能对放电回路造成太大干扰，因此一般是高电阻、低电容，即总的阻抗较高。

实际上交流分压器主要采用的是电容式分压器(电阻分压器发热比较严重)，只有在电压不很高、频率不过高时才会采用电阻分压器。在工频电压下，电阻分压器可在电压低于 100kV 的情况下使用。无论是电阻分压器还是电容分压器，其高低压臂都应力图做成无感的，这是因为很难配置高低压元件的电感值，使之满足一定的分压比的要求。但是，需要指出，电容分压器无法直接测量直流电压。

2) 直流高压的测量

相对于交流电压测量，直流电压的测量手段较少，主要有(张仁豫等，2009)：

(1) 利用测量球隙气体放电来测量未知电压的峰值；

(2) 利用高压静电电压表测量电压的有效值；

(3) 利用电阻分压器测量系统的直流电压。

用静电电压表可测量直流高压的有效值，一般情况下可以认为有效值和平均值相等，即认为静电电压表所测得的是直流高压的平均值。其测量的不确定度一般为 1%～2.5%。

由高欧姆电阻组成电阻分压器，可在分压器低压臂跨接高输入阻抗的低压表来测量直流高压，根据所接低压表的型式可测量直流电压的算术平均值、有效值和最大值，也可用高欧姆电阻串联直流毫安表测量平均值。上述两种系统是比较方便而又常用的测量系统。但是，高压臂电阻 R_1 的选择也需要有一定考虑：①R_1 阻值的选择不能太小，否则会要求直流高压设备供给较大的电流，且 R_1 本身的热

损耗也会太大，以致阻值不稳定而出现测量误差；②R_1 的阻值也不能选得太大，否则由于电晕放电和绝缘支架漏电都会造成误差。一般选择流过高压臂的电流为 0.5～1mA。近年来国内外都倾向于将电阻分压器做成阻容分压器，即在电阻元件上并联相应的电容元件，使之在同一分压比下既可测量直流高压，也可测量交流高压，还可以测量脉冲电压。

3) 脉冲高压的测量

脉冲放电过程中电压变化很快，可达纳秒甚至皮秒量级，因此测量脉冲高电压的仪器和测量系统，必须具有良好的瞬态响应特性。一些适用于测量慢过程稳态(如直流和交流)电压的仪器和测量系统不一定适用于或根本不可能用来测量冲击高电压。冲击电压的测量包括峰值测量和波形记录两个方面，主要测量方法包括：

(1) 测量球隙；

(2) 分压器与数字存储示波器(或数字记录仪)为主要组件的测量系统；

(3) 微分积分环节与数字存储示波器为主要组件的测量系统；

(4) 光电测量系统。

一般间隙的脉冲放电电压高于交流和直流的放电电压，冲击比大于 1(即脉冲电压作用下击穿电压高于交流与直流情况)。因为球隙是个稍非均匀电场，其伏-时特性大体上是条水平线，冲击比等于 1。

冲击分压器可分为电阻分压器、电容分压器和阻容分压器。前两类分压器与前面讲述过的稳态电压下的分压器基本原理相似，但由于有动态特性的要求，它应尽可能做成接近无感的。电阻分压器的阻值也远比稳态电压下所应用的分压器为小，由于热容量的限制，它的极限电压是 2MV，而且只用它来测量雷电冲击电压。测量脉冲电压时，除了尽量减小测量系统杂散参数的影响之外，还需要考虑低压臂和测量回路的设计：

(1) 低压臂需要屏蔽，尽可能无感；

(2) 射频同轴电缆需要阻抗匹配，即测量电缆的首端或末端需要并联与电缆波阻抗相等的电阻，避免波的折反射带来的影响。

2. 电场与电位的测量

放电等离子体的内部会存在电场，同时由于等离子体本身是由大量带电粒子组成的非束缚态宏观体系，其周围也会存在电场，对于电场(电位)的测量也是等离子体放电参数测量的重要环节。

空间电场(电位)测量方法主要遵从静电电位测试的基本原理，静电电压是带电体表面某点的静电电位与某一指定参考点(通常是“地”)电位之间的差值。由于通常将地电位取为零，故带电体表面的静电电位值即代表了该处的电压水平(刘尚合，1999)。测量方法与原理主要有以下几种：

(1) 接触式测量。使被测物体与静电电压表直接接触，利用等电位原理进行测试的方法称为接触式测量，该类方法仅适用于对静电导体带电电位的测试。它实际上是金属箔验电器的变形，当静电电压表接触带电物体时，指针会偏离一个角度，经标定后可读取电位值。

(2) 非接触式测量。这种测试仪表不直接与带电体接触，而是运用静电感应或空气电离的原理，间接测试带电体的静电电位的。静电感应原理是将测试探头靠近带电体，利用探头与被测带电体之间产生的畸变电场测试带电体的表面电位。空气电离原理是利用放射性同位素电离空气，在带电体与测试仪表输入端、输入端与接地端之间分别产生电阻分压，测试带电体电位的。与接触式测量相比，非接触式测量结果受仪表输入电容、输入电阻的影响较小，但受测试距离、带电体几何尺寸的影响较大。根据工作原理的不同，该类仪表主要分为直接感应式、交流调制式和空气电离式等三类(刘尚合，1999)。图 5.5 给出了直接感应式仪表测试原理。

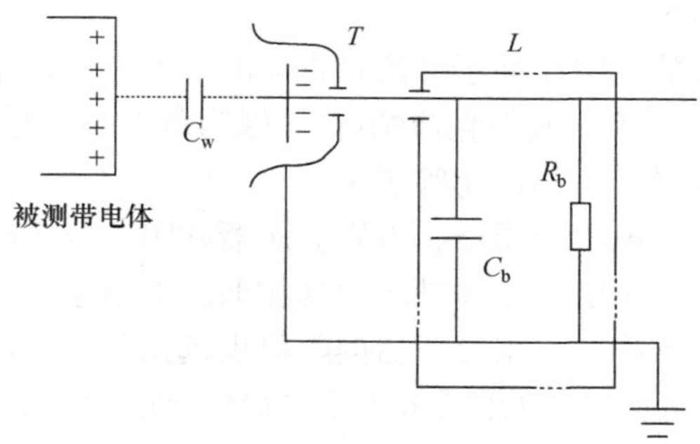

图 5.5　直接感应式静电电压表测试原理

如果被测带电体对地电压为 U_1，纳米仪表 L 内的电压 U_2 可以表示为

$$U_2 = \frac{C_1 U_1}{C_1 + C_2} e^{-\frac{t}{R_b C_b}} \tag{5.4}$$

这个方法的原理实际上类似于前述的电容分压器。用这种方法测试得到的数值，经过校准即可表示带电体的表面电位，但这一数值仅表示探头相对的局部面积上的电位平均值。对绝缘体而言，不同的位置，可以有不同的电位，不能用测试值代表被测体的电位。

对于等离子体中的电场和电位，也有两类方法，即接触式和非接触式方法。接触式一般采用静电探针，即朗缪尔探针进行测量，通过伏安特性推断等离子体电位。关于探针的具体内容会在下一节进行介绍。非接触测量方法主要包括激光诱导二次谐波法、氮谱线比法、四波混频法等。

5.2.2　电流与磁场

1. 放电电流的测量

放电等离子体的电流测量一般在回路中进行，一般采用电工学的方法，针对恒定电流和交变(脉冲)电流有不同的考量和策略。

(1) 恒定电流：串联取样电阻、霍尔效应等；

(2) 交变(脉冲)电流：串联无感取样电阻、罗戈夫斯基线圈(Rogowski coil)等。

对于高频交流或脉冲驱动的放电等离子体而言，可以通过一无感取样电阻接地，测量取样电阻两端电压信号，利用欧姆定律算出回路电流，如图 5.6 所示。但是对于实际应用，如快脉冲或大电流的情况，集肤效应、热效应、电磁力与干扰等因素也需要考虑。

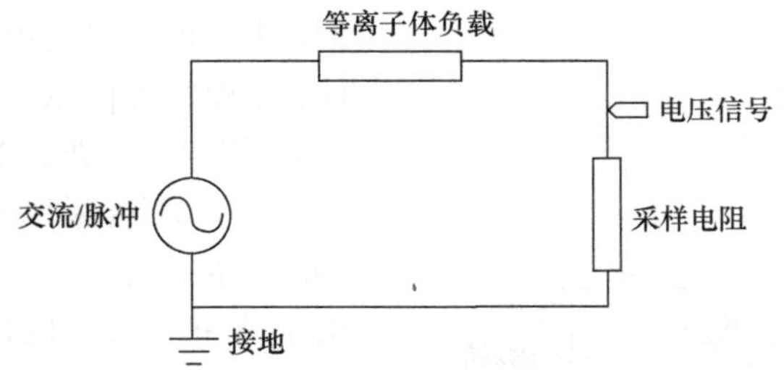

图 5.6　利用采样电阻获得回路电流的测试原理

实际上，对于高频信号，由于变化的电流可以产生变化的电磁场，出于测量的安全性和可靠性，人们更愿意采用非接触式测量，罗戈夫斯基线圈是 Rogowski 在 1912 年提出的一种利用线圈和导线之间互感测量导线中电流的一种结构，如图 5.7 所示。其原理很明确，变化的回路电流在罗戈夫斯基线圈的横截面上产生

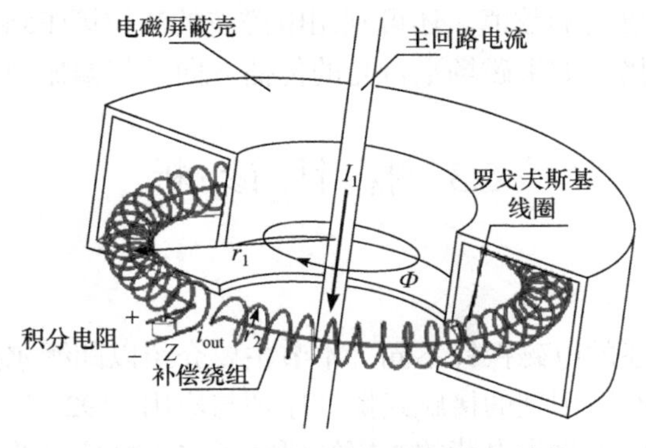

图 5.7　一种罗戈夫斯基线圈典型结构

变化的磁场，这个磁场在线圈中产生感应电动势，在末端的积分电阻上产生电压信号，反映主回路的电流信号，这种结构被称为自积分结构(张仁豫等，2009)。经过一百多年的发展，罗戈夫斯基线圈已经形成多种品类，除了在电工、电力行业用来测量冲击(脉冲)大电流外，在原子物理、加速器、激光等大功率脉冲技术中，也用来测量微秒及纳秒级的脉冲等离子体电流、电子束电流等。

2. 空间磁场测量

很显然，罗戈夫斯基线圈实质上是测量放电主回路周围磁场某积分路径上的平均值，但实际上等离子体周围磁场分布具有空间特性，所以空间分辨的磁场测量方法是必要的。一种直接的方法便是利用磁探针进行测量，其结构是单匝或多匝的线圈，也称为 B-dot，其基本结构如图 5.8 所示。通过不同的线圈设计与变形，既可以实现不同方向空间磁场的测量，也可以获得逆磁效应、等离子体位、模数等信息，多见于磁约束聚变装置的研究(王龙，2018)。

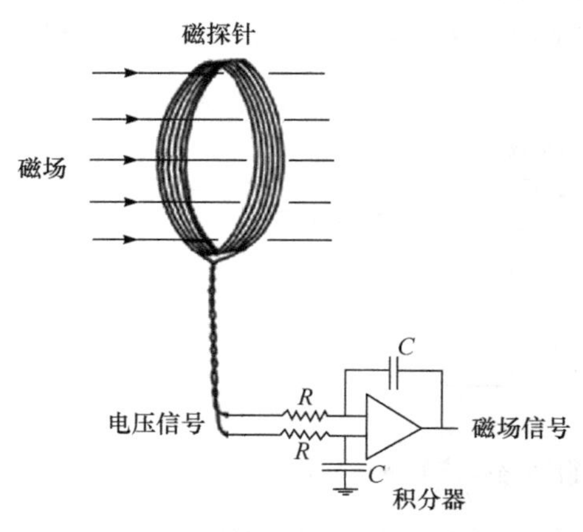

图 5.8　磁探针的基本结构

但是，磁探针所直接测量的是磁场的变化，而不是磁场本身，对缓变场很难测量。人们也在积极探寻其他磁场测量方法，一种选择是使用霍尔(Hall)元件制成探测器。霍尔元件是一种利用霍尔效应制造的半导体器件，使用时通过电流测量垂直方向的电动势，进而可以计算磁场的强度。其他方法还有使用核磁共振探针测量磁场，它利用核磁共振原理制成，用射频波(几个到几十个兆赫)扫描这个器件，测量共振频率，可以计算所处磁场的数值。还可利用电磁波的法拉第(Faraday)效应，使偏振光在光导纤维中传播，如果磁场平行光的传播方向，其偏振面会旋转。

5.3　探针诊断

5.3.1　探针的概念

与上一节中描述的电磁探针不同，本节主要介绍以朗缪尔探针为代表的，面向等离子体参数诊断所用到的接触式探针原理与应用。1924 年，Langmuir 首先使用一个置入等离子体中收集电荷的小探针研究了水银灯放电的电子温度分布，为朗缪尔探针数据分析方法奠定了基础。朗缪尔探针又称为静电探针。而后，Druyvesteyn 证明了探针的伏安特性曲线反映了等离子体中的电子的速度(能量)分布，并指出分布不一定是麦克斯韦分布，进一步发展完善了探针理论。Johnson 和 Malter 等发现的双探针技术(夏伯特等，2015)以及 Chen 和 Sekiguchi 等在 1965 年介绍的朗缪尔三探针方法及其修正理论基本形成了目前朗缪尔探针理论(Chen, 2003)。

经过近 100 年的发展，人们已经开发出了很多种类型的探针，部分探针是静电探针，其他的是电磁探针。广义上来讲，探针也包括上节所讲的用于测量空间磁场的磁探针，本节不再赘述。用于等离子体参数测量的探针如图 5.9 所示，大多数探针会吸收电子(电磁波)，也有一些会发射电子(电磁波)。

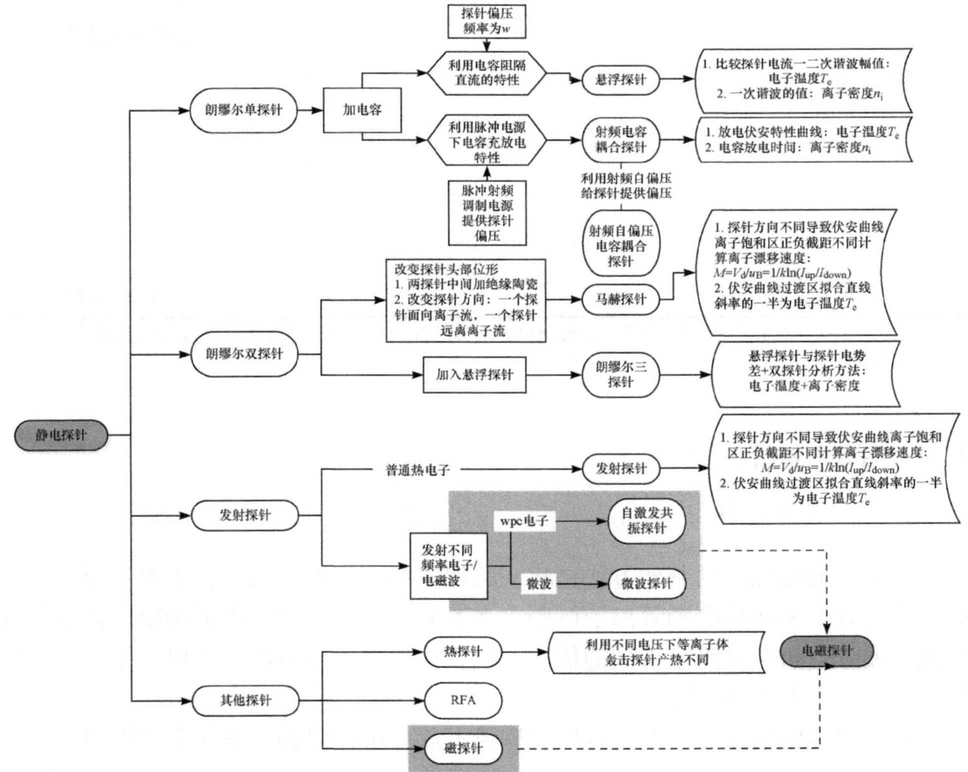

图 5.9　用于等离子体参数测量的探针

RFA(retarding field analyzer)：减速场分析仪

实际上，每一种探针诊断技术都存在一些假设，这些假设限制了各种诊断的应用条件；同时，这些假设也影响到了探针数据的分析方法，这些分析方法就是将测量到的各种电信号转换成我们需要的各种等离子体的参数，如等离子体电荷密度、空间电势、粒子流量密度、能量分布及碰撞频率等。表 5.1 为本节讨论的主要方法的比较(帕斯卡 · 夏伯特等，2010)。

表 5.1　探针电物理量测量功能小结

方法	n_i	$n_i u_B$	T_e	n_e	V_f	V_p	EEDF	IEDF	射频兼容性	说明
平面双探针		•	*	•	•				*	仅能测量尾部的温度
柱状单探针	*		•	•	•	•	•		*	对离子密度测量复杂需要射频补偿
发射探针							•		•	
自偏压探针		•	•		*				•	测量 $V_{f\text{-}RF}$ 及 $I_{f\text{-}RF}$
RFA		•	*			•		•	•	仅能测量尾部的温度
SEERS				•					•	也可以测量碰撞性参数
发卡共振探针				•					•	
多极共振探针				•					•	
平面双探针				•					•	
微波传输				•					•	
微波截止				•					•	
外部 I 及 V		*	*	*	*	*		*	*	仅能整体定量测量

注：• 表示有效性和适用性的程度较高，而*则表示程度较低。EEDF 表示电子能量分布函数；IEDF 表示离子能量分布函数。

5.3.2　朗缪尔探针

1. 朗缪尔单探针

简单的静电探针的制作方法是将一段裸露的高熔点金属丝置于绝缘保护套前端，直接置入需要诊断的等离子体中，在不同探针偏压的条件下测量探针收集的电流。通过分析探针测量得到的伏安曲线获得等离子体参数。其典型结构与测量系统示意图如图 5.10 所示。

通过改变施加在探针上的电压并测量电流，可以得到一条伏安特性曲线，这条曲线反映了等离子体的信息。这涉及探针的基本工作原理——鞘层理论(详见 1.4 节)，把一个带电的金属探针插入由自由电子和正离子组成的等离子体：①若 $V_s < V_p$(即电极电位相对等离子体电势为负值)，等离子体中正离子都被引向探针，而电子则被探针所排斥，最终形成正离子空间电荷层。当探针电位足够低时，它排斥所有的电子，几乎只有正离子才能到达探针，这时相应的探针电流即为正离子的饱和电流。②此时提高探针电位，会有部分高能的电子有足够的能量去克

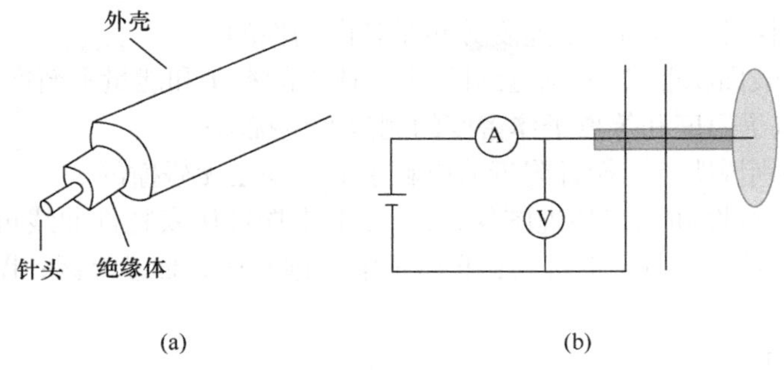

图 5.10　朗缪尔单探针典型结构(a)与测量系统示意图(b)

服探针表面空间电荷层的电场而达到探针，这时探针电流 I 为正离子电流 I_i 和部分电子电流 I_e 的代数和。当探针电位增加到某一定值 V_f 时，探针电流为零，即 $I=0$，这时探针好像悬浮在等离子体中一样，这个电位 V_f 称为悬浮电位。③继续增加探针电位使得 $V_s > V_p$(即电极电位相对于等离子体电势为正值)，将有更多的电子到达探针，同时探针也开始排斥离子。当探针电位 V 等于等离子体空间电位 V_p，所有电子将不受电场力的作用而依靠它们自己的热运动能量到达探针，这时探针的电流趋向于另一种饱和，即电子的饱和电流。④以后若再继续提高探针的电位，电子将向探针加速运动。可见，上述微观物理过程的宏观表现便是探针的伏安特性曲线，如图 5.11 所示。

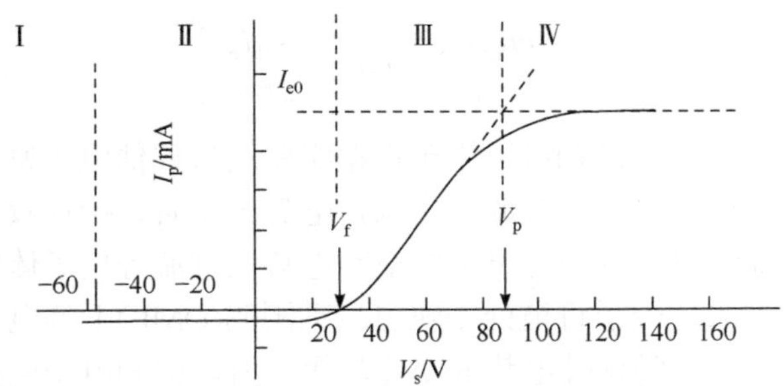

图 5.11　单探针的伏安特性曲线

图 5.11 中 I_p 为探针电流，V 为探针对地的偏置电压，V_p 为等离子体的空间电位即等离子体电势，V_f 为等离子体悬浮电势。定义电子电流的方向为正方向，假设：

(1) 电子群在电场中达到平衡分布(玻尔兹曼分布，满足玻姆判据)；

(2) 可以采用与处理外部边界相同的方法，确定进入平面探针附近鞘层中的离子通量；

(3) 等离子体中的离子都是单电荷离子；

(4) 远离探针表面的粒子速度分布是各向同性的；

(5) 探针表面积非常小，不会对等离子体中的粒子和能量平衡产生显著影响，因此不会对电子温度和等离子体密度的测量产生扰动；

(6) 除特别说明外，探针附近荷电粒子的运动是无碰撞的。

根据曲线特性和上述物理图像，图 5.11 中探针伏安特性曲线可以分为四个区域：Ⅰ高压异常放电，不讨论；Ⅱ离子电流饱和区；Ⅲ过渡区；Ⅳ电子电流饱和区。

1) 离子电流饱和区

当探针偏压远比等离子体电势低，即 $V_s \ll V_p$，探针表面形成离子鞘，离子被吸收，而附近绝大多数电子被排斥，探针实际上收集不到电子。此时探针收集到的电流称为“离子饱和电流”，可以先简单地按玻姆判据吸收：

$$I_B = \alpha n_i e A u_B, u_B = \left(k_B T_e / m_i\right)^{1/2}, \quad \alpha \approx 0.5 \tag{5.5}$$

式中，A 为暴露在等离子体中的探针面积；α 为形状修正系数，$\alpha_{平面探针}=1$，$\alpha_{圆柱探针} \approx 0.5$；$m_i$ 为离子质量。根据式(5.5)，可以根据实验结果求取离子密度。

2) 电子电流饱和区

当探针偏压等于或高于等离子体电势时，离子被排斥，探针上收集到的主要是电子电流，此时探针收集到的电流即“电子饱和电流”I_{es}：

$$I_{es} = \frac{e n_e A \bar{v}_e}{4} = e n_e A \left(\frac{k_B T_e}{2\pi m_e}\right)^{1/2} \tag{5.6}$$

式中，m_e 为电子质量。式(5.6)可以用于根据实验结果评估电子密度。对于非平面探针，电子饱和电流通常不是常数。当探针电势为正时，探针收集的电子电流会迅速增加，直到探针电势等于等离子体空间电势及直流等离子体电势。对于非平面探针而言，指数减速因子将被处于轨道运动限制(OML)下的电子收集所取代，此时探针收集电子电流随探针电势的变化趋缓，所以饱和电子电流通常不是一个常数。

3) 过渡区

过渡区探针偏压比等离子体电势低，等离子体中的正离子还能到达探针表面，而电子被探针偏压阻隔，即此时探针净电流由电子电流和离子电流组成。探针收集到的净电流

$$I = eA\left[-\frac{n_e \bar{v}_e}{4} e^{\frac{e(V-V_p)}{k_B T_e}} + \alpha n_i u_B\right] \tag{5.7}$$

假设电子为麦克斯韦-玻尔兹曼分布，过渡区的电子电流 I_e 与探针偏压呈现指

数关系

$$I_{\mathrm{e}} = I_{\mathrm{es}} \mathrm{e}^{\frac{e(V - V_{\mathrm{p}})}{k_{\mathrm{B}} T_{\mathrm{e}}}} \tag{5.8}$$

过渡区的电子电流 I_{e} 与探针偏压转换成半对数坐标后将会出现一个线性区，其斜率为

$$k_1 = \frac{1}{k_{\mathrm{B}} T_{\mathrm{e}}} \tag{5.9}$$

当探针电子电流与离子电流相等，即探针静电流为零时，探针的电压即为等离子体的悬浮电势 V_{f}。等离子体悬浮电势可以用浮置探针来获得。上述关系可用于评估电子温度。

特别地，使用 Druyvesteyn 法获得等离子体电子能量分布函数和电子能量概率函数：电子无需满足麦克斯韦-玻尔兹曼分布，探针在过渡区收集的电子电流可以沿着减速表面积分，直接通过探针特性曲线电流对扫描电压求二阶导数得到等离子体中电子能量分布函数

$$\frac{\mathrm{d}^2 I_{\mathrm{e}}}{\mathrm{d}V^2} = -\frac{1}{4} e^2 A \left(\frac{2}{m_{\mathrm{e}}}\right)^{1/2} (-e) \varepsilon_{\min}^{-1/2} f_{\varepsilon}(\varepsilon_{\min}) = \frac{1}{4} e^3 A \left(\frac{2}{m_{\mathrm{e}}}\right)^{1/2} \left[\frac{f_{\varepsilon}(\varepsilon_{\min})}{\varepsilon_{\min}^{-1/2}}\right] \tag{5.10}$$

式中，$\varepsilon_{\min} = e(V_{\mathrm{p}} - V)$ 为电子被探针收集时的能量。式(5.10)右边方括号内的值通常被称为电子能量概率函数(EEPF)。

射频环境下的传统探针：空间电荷鞘层中的射频容性耦合会引起等离子体电势相对于实验室“接地电势”的射频及其高次谐波振荡。一般需要做多次扫描对特征曲线取平均值来获得平滑曲线，这种取平均值的方法会使伏安曲线过渡区展宽和电子温度偏大。为了避免探针伏安曲线的形变，需要采用射频补偿来消除测量误差。目前常用的两种方法分别是：通过最大限度增加探针与地之间的射频阻抗进行被动补偿，如在探针电路中加装射频滤波器或者使用辅助的浮置探针收集射频电压，反馈到测量探针，降低鞘层上的射频电压降来实现；第二种方法是使用一个能输出等离子体电势射频振荡的射频源驱动探针对探针进行主动补偿，如使用射频等离子体振荡的基频电源驱动探针。

2. 朗缪尔双探针

当单探针扫描电压高于等离子体电势 V_{p} 时，探针只从等离子体中吸收电子，则等离子体电势会升高。双探针由于两个探针被施加一个固定电势差，探针外电路同时通过两个不同途径从等离子体吸收电子电流和离子电流，使等离子维持原

电势，则探针电流和电压关系如图 5.12 所示。

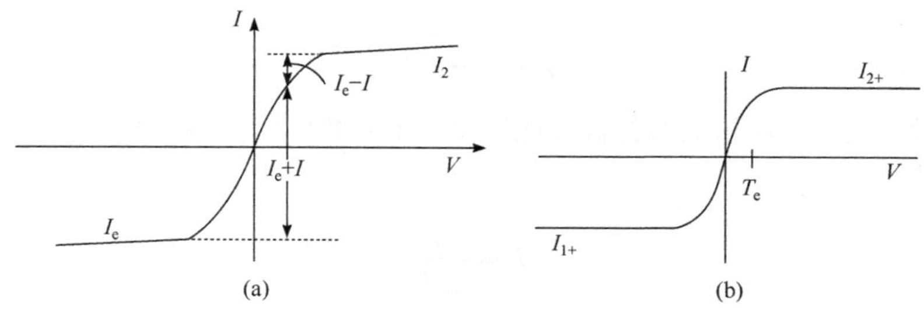

图 5.12　双探针的结构与伏安特性曲线

(a) 平板型双探针伏安曲线；(b) 非平面型双探针曲线

如果两个收集探针的表面完全相同，即 $A_1 = A_2 = A$ ，两个探针并排置入同一等离子体中，彼此相距几十倍的德拜长度，即形成了所谓的对称双探针，其净电流为

$$I = I_{\mathrm{i}} \tanh\left(\frac{eV}{2k_{\mathrm{B}}T_{\mathrm{e}}}\right) \tag{5.11}$$

对于非平板型探针(如圆柱形)，离子饱和电流 I_i 都是由延长线得到。

综上可知，与单探针相比，虽然利用朗缪尔双探针方法对等离子体进行诊断测量时产生的扰动影响较小，但是能够得到的等离子体参数较少，即只能得到两个等离子体参数：电子温度 T_e、离子浓度 n_i。

3. 朗缪尔三探针

由上述可知，朗缪尔单探针和双探针的方法都需要给探针提供不同扫描偏压，记录探针伏安曲线图，而后对它们的曲线图进行合理的拟合、分析才能估算获得等离子体参数。探针高速扫描的偏压不仅很容易带来寄生电容，同时探针伏安曲线的响应时间(秒量级)极大限制了脉冲式或准稳态推力器中探针的测量能力。与之不同的是，三探针无需进行电压扫描，可以实时显示电子温度的值，间接显示测量点的电子密度。同时三探针电路还兼具双探针电路的悬浮于地的优点，因此在测量射频和快速变化的等离子体时有其独特的优势。目前该方法已成功应用于 MPD 推力器、Arcjet 推力器、Hall 推力器、PPT 等推力器，并取得了较好的结果。

4. 探针测量中的几点问题

探针是一种简单、方便的诊断手段，但有以下几个问题在使用时须注意(葛袁静等，2011)：

(1) 探针温升问题。由于探针置于等离子体中，再加上有探针电压，它必然会受到带电粒子的轰击。如果等离子体出现瞬间局部不稳定性，这种轰击作用会加剧，引起剧烈温升。温升的结果会影响探针的电导和二次电子发射系数变化，这些变化常常会影响测量精度。为避免这种情况的发生，应注意选取适当的金属作为探针材料，通常采用钨丝。

(2) 磁场影响。根据前面介绍，对双探针而言，应满足的条件为：$\lambda \gg a \gg h$，其中 λ 是电子自由程，a 是探针半径，h 是探针表面空间电荷鞘厚度。当无磁场时，λ 与粒子碰撞截面有关，且与粒子密度成反比。例如，当气压为 13.3Pa 时，带电粒子自由程在厘米量级，而通常探针半径为 0.5～1mm，所以是满足要求的。但是，当有磁场存在(或有交变电磁场)时，带电粒子在磁场中要围绕磁力线做拉莫尔回旋运动，磁场越强，回旋半径越小。因此当在与探针轴向相同方向有一定强度磁场时，磁场会对探针电流有一定影响。具体分三种情况：①弱磁场，满足上述条件，对测量结果无影响；②中等磁场，探针半径 a 大于电子回旋半径小于离子回旋半径，这时饱和电子流会大大降低，而饱和离子流基本不变；③强磁场，a 大于离子回旋半径，这时包括饱和离子流的整个伏安曲线将受影响，会严重影响测量结果。

(3) 其他因素，如射频干扰、时间响应、空间分辨率等问题，亦应当在实际应用中予以重视并采取相应措施防范或补充。

5.3.3　其他探针

1. 悬浮探针与射频电容耦合探针

悬浮探针技术和射频电容耦合探针都是在一个单探针系统中引入电容将探针与测量网络隔开。悬浮探针利用电容隔离直流的特性，给探针提供频率为ω的扫描偏压，通过测量探针电流谐波的信息获得离子密度和电子温度。而射频电容耦合探针是利用调制脉冲电源下电容的充放电特性获取等离子体的离子密度和电子温度。悬浮探针结构如图 5.13 所示。

给探针施加角频率为 ω 的偏压 $V_{\mathrm{B}} = \overline{V} + V_0 \cos\omega t$，探针中的电流交流部分

$$\begin{aligned} i_{\mathrm{pr}} &= -2i^{-} \mathrm{e}^{e(\overline{V} - V_P)/T_{\mathrm{e}}} \left[I_1 \cos(\omega t) + I_2 \cos(2\omega t) + \cdots \right] \\ &= -2i^{-} \mathrm{e}^{e(\overline{V} - V_P)/T_{\mathrm{e}}} \left[i_{1\omega} + i_{2\omega} + \cdots \right] \end{aligned} \tag{5.12}$$

比较任意两个谐波的幅度，将可以获得等离子体的电子温度。其中一次、二次谐波幅度的比

$$\left| i_{1\omega} \right| / \left| i_{2\omega} \right| = I_1(eV_0 / T_{\mathrm{e}}) / I_2(eV_0 / T_{\mathrm{e}}) \tag{5.13}$$

根据电流交流部分的表达式，可以获得探针电流的一次谐波

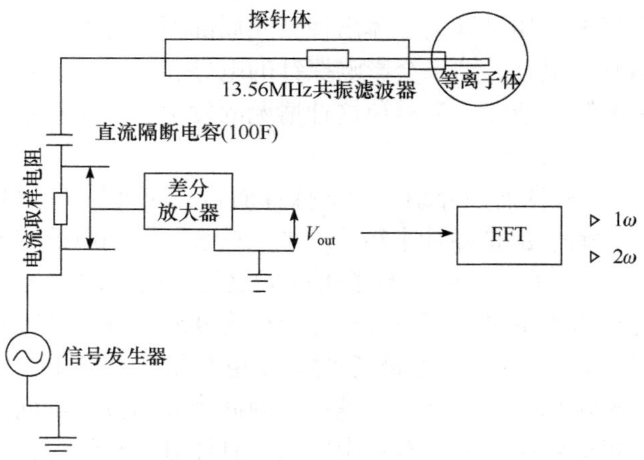

图 5.13　悬浮探针结构示意图

$$
\begin{aligned}
i_{1\omega} &= -2i^{-}(I_1/I_0)\cos\omega t \\
&= -2(0.61en_i u_B A)(I_1/I_0)\cos\omega t
\end{aligned}
\tag{5.14}
$$

式中，n_i 为离子密度；μ_B 为波姆速度；A 为探针面积。因此，通过测量电流一次谐波的幅值，可以计算离子密度

$$
n_i = \frac{|i_{1\omega}|}{2(0.61eu_B A)} \frac{i_0(eV_0/T_e)}{i_1(eV_0/T_e)} \tag{5.15}
$$

悬浮探针的优势：悬浮探针采用较高的工作频率，基本不受探针表面膜沉积污染的影响，因此可以用于等离子体加工过程，如薄膜沉积和刻蚀过程的诊断。

2. 马赫探针

马赫探针的结构可以视为一个加入陶瓷介质的相互绝缘的双探针，其伏安曲线也与双探针的伏安曲线类似。与普通双探针不同的是其中一个探针面对等离子体流，另一个探针背对等离子体流，离子的漂移速度会使前者获得更大的电流，因此伏安曲线呈现不对称性，利用探针不同的离子体饱和电流可以计算离子漂移速度。

3. 发射探针

普通发射探针是依靠一根能发射热电子的金属丝来测量等离子体空间电位的技术。传统上，使用悬浮电源单元对金属丝加热，或者聚焦激光束加热。其结构如图 5.14 所示。

根据探针的材料，加热后的发射探针，其温度达到红热和白热之间，即 1000～

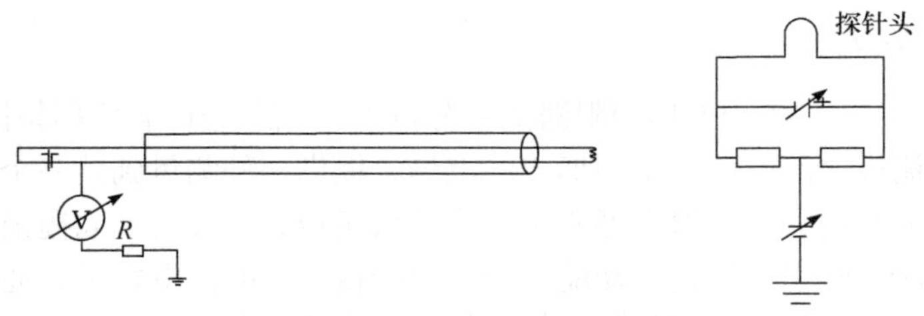

图 5.14　发射探针结构示意图

2000K，就能发射足够多的热电子。加热后的探针表面会形成一个富热电子鞘层，随着探针温度的升高，悬浮电位会越来越趋近于测量区域的等离子体电势。当探针偏压低于等离子体电势，负电荷会从探针周围的电子鞘流向等离子体(发射电子)，从而抬高探针电位。相反，当探针电势高于等离子体电势时，探针就会从周围等离子体中吸收负电荷(吸收电子)，降低自身电势。发射探针的这种天然直流悬浮的自适应特点，很容易与等离子体处于同一电势，对测量等离子体电势有独特优势。

4. 等离子体振荡探针

等离子体振荡探针是一种基于小振幅且接近等离子体频率的电子波与等离子体的相互作用来测量等离子体密度的探针技术，一般可分为两种。第一种探针技术通过给发射探针加适当偏压，产生频率为 ω_{pe} 的电子束，发射电子束进入等离子体中，激发频率在 ω_{pe} 附近的等离子体波，后续使用小天线(探针)或高频频谱仪测量该等离子体波的频率，以此获得等离子体密度。第二种为微波探针，利用等离子体与微波的相互作用测量等离子体密度，其结构如图 5.15 所示。

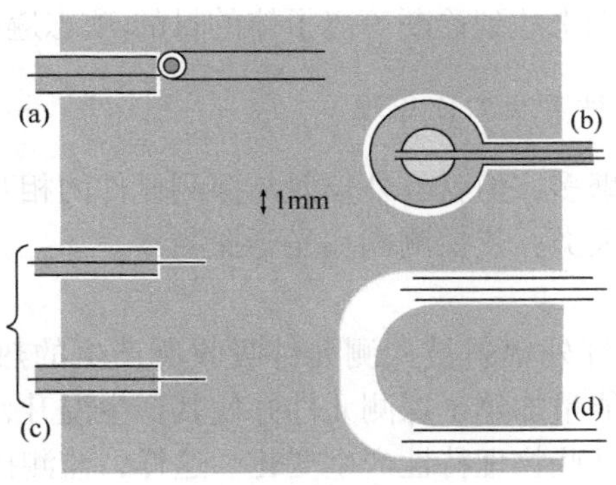

图 5.15　微波探针结构示意图

(a) 发卡共振器(发卡探针安装在紧靠线圈后面的平面上，这个平面起到直流绝缘的作用)；(b) 多极共振器；(c) 传输截止探针；(d) 表面波导

5. 减速场分析仪

减速场分析仪(RFA)也称为阻滞能量分析仪，在低气压等离子体中，使用处于不同电势的栅极之间的狭小空间形成的电场，提供一种测量到达一个平面的离子能量和速度分布的方法。RFA 通常由多个栅极组成，通过给不同栅极施加特定电势产生静电场，吸引那些初始动能大于一定能量阈值的荷电粒子，通常使用皮安表测量收集极的电流。分析收集极伏安特性曲线可以获得等离子体参数。

5.4 辐 射 测 量

5.4.1 基本概念

等离子体是一个辐射源，从其表面可以辐射出各种波长的电磁波及不同种类的粒子。本节主要关注低温等离子体可能涉及的电磁辐射，包括光辐射和高能电磁辐射，并且通过对这些辐射能量的测量，可以获得等离子体内部许多有关的参数。因此，等离子体辐射能量的测量，是一种非常直观且重要的诊断手段。所以本节将围绕不同波段(红外及远红外、可见光、紫外、X 射线和 γ 射线测量)探测器的种类及其测量原理和特性参数等内容展开，并单独介绍可以诊断等离子体演变过程的高速摄影(项志遴等，1982)。

5.4.2 红外光测量

红外光的波段一般指从可见光的红端到毫米波的宽广波长范围。在等离子体的韧致辐射和电子回旋辐射中，就包含有大量的近红外和远红外成分的辐射，可以通过测量这些红外光来达到诊断等离子体的目的(项志遴等，1982)。

1. 红外探测器的种类及工作原理

红外探测器种类繁多，但就红外辐射与探测元件的相互作用机制而言，红探测器大体上可分为两大类：热探测器和光子探测器。

1) 热探测器

热探测器是利用红外辐射被探测元件吸收所产生的热效应来探测红外辐射的，即被吸收的辐射能量加热了探测元件并使其产生温升，这个温度变化将使探测器中与温度有关的某些物理特性产生变化。这样，监测探测元件中该特性的变化，就可测量被吸收的辐射功率。由于这类热效应与入射的光子波长无关，它只与被吸收的辐射功率有关，因而这类探测的谱响应率及探测率与波长无关。但是，由于探测元件的加热和冷却过程是比较慢的，因而这类探测器的时间响应比较慢，其响应时间常数至少为毫秒量级。具体而言，热探测器类型包括热辐射电偶和热电偶、动型电测器、热敏电阻式测辐射热计、热释电探测器等。

2) 光子探测器

光子探测器是利用入射的红外辐射光子与探测元件(基本上都是半导体材料)中束缚于晶体原子或杂质原子中的电子直接相互作用而产生的光电效应来探测红外辐射的。由于不依赖于探测元件的辐射加热过程，因而这类探测器的时间响应均比热探测器快，它的响应时间常数可以在微秒量级以下。但是，由于这种光子效应所产生的信号与入射光子数有关，而当入射辐射功率一定时，入射光子数与入射辐射波长成正比，因而光子探测器的谱响应率与波长有关(在响应波长范围内大致与波长成正比)，而且存在一个长波限。具体来分，光子探测器包括光电导型探测器、光伏型探测器、光电磁效应探测器等。

2. 远红外探测器的不同种类及工作原理

上面所介绍的光子探测器最长截止波为 180μm，而有的热探测器的长波限虽然可达毫米波段，但它们的灵敏度(即探测率)还比较低，而且时间响应也较慢，它们都不能适应于远红外诊断的需要。以下我们简单地介绍几种重要的远红外探测器，它们的工作原理与上述探测器有重大的差别：

(1) 梯化铝 Putley 型远红外探测器。利用半导体中自由载流子与入射辐射光子相互作用引起自由载流子的迁移率变化的效应来探测光子。

(2) 约瑟夫逊结探测器。利用两个超导体弱耦合在一起时所发生的量子力学隧道效应制作而成，可以用来探测远红外和毫米波辐射的探测器，它具有灵敏度高、响应速度快的特点。

(3) 高纯 GaAs 光电导探测器。利用在半导体掺入更低的杂质能级，从而使探测器的长波限能扩展到更长的波长。

(4) GaAs 肖特基势垒二极管。利用由它组成的准光学肖特基势垒二极管混频器，用来外差探测毫米波段的远红外辐射，其等效噪声功率可低达 1×10^{-10}W/Hz，是一种很有前途的远红外探测器，国际上已开始广泛使用。

明确红外及远红外探测器的原理，才能深刻认识每一种探测器的优势及缺陷。之后才能根据自己实验的具体要求来选择最优的红外探测器，才能实现较为准确的诊断。

5.4.3 可见光测量

1. 可见光探测器的不同种类及原理

照片底片是一种应用十分广泛的光探测器(现在大部分场合使用 CCD 或

CMOS 等感光元件代替底片)，它的主要优点是能够永久性地记录入射光，而且有极好的空间分辨能力，最好的分辨率可达到 1000 条/mm，而且它可以存储极大的数据量。它不仅可以用来记录可见光(包括近红外和近紫外)，而且还可以用来记录高能光子(X 射线、γ 射线)以及其他高能粒子等。照相底片的主要缺点是没有时间分辨能力，只能记录入射光的积分光通量；而且，它的测量数据的处理比较复杂，特别是用于定量绝对测量时，不能即时获得所需的数据。此外，它的测量灵敏度及精度也不如光电探测器(项志遴等，1982)。

(1) 光电二极管和光电倍增管。利用金属或半导体表面的光电子发射效应来探测光子。

(2) 光电二极管。结构很简单，主要由光阴极和阳极所组成，并装在抽真空的玻璃管中。在使用时，阳极和光阴极之间加有一定的正偏压。由于光阴极是由脱出功较低的金属或半导体材料制成，故当有一束光射到光阴极表面上，并且其光子能量大于阴极的脱出功时，其表面就会向周围空间发射出数目与入射光通量成正比的光电子，这些光电子在阳-阴极间电场作用下向阳极运动，并被阳极所收集。而且只要阳极对阴极的电压足够高，阳极就能完全收集光电子，从而阳极输出电流与阳极电压无关，而与入射的光子通量成正比。

(3) 光电倍增管。除了有光阴极和阳极外，在它们之间还加了一组二次电子倍增极(简称为倍增极，亦称为打拿极)，这些倍增极是由具有二次电子发射特性的材料所组成的。图 5.16 给出了常用的两种光电倍增管的结构示意图，在使用时，在各个电极上加上从光阴极到各个倍增极再到阳极依次递增的不同电位。当光束入射在光阴极上时，光阴极发射的光电子在阴极和第一倍增极 D_1 间的电场作用下加速并打到 D_1 上，每个电子在其上产生 δ_1 个二次电子；这些电子又在 D_1 和第二个倍增极 D_2 间的电场作用下加速并打到 D_2 极上，并又产生 δ_2 个的倍增电子。这样，电子在每个倍增极上不断地倍增下去，最后在阳极上就收集到大大倍增了的电子电流。其放大倍数

$$M = \delta_1 \cdot \delta_2 \cdots \delta_n \simeq \delta^n \tag{5.16}$$

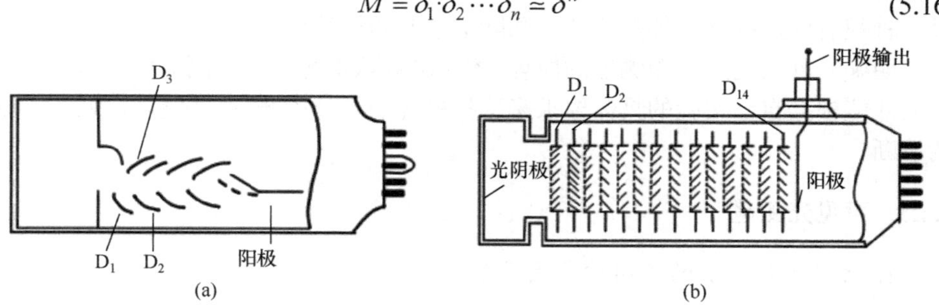

图 5.16　光电倍增管结构示意图

(a) 聚焦结构；(b) 百叶窗式(非聚焦结构)

式中，n 为倍增极的数目；δ 为倍增极的二次电子倍增系数，在后一近似式中已假定每个倍增极的二次倍增系数近似相等。显然，δ 必须大于 1 才能得到电子倍增，而且 δ 和 n 越大，放大倍数也越大。

2. 特性参数

照相底片(感光元件)的主要技术指标有感光度、解像力、曝光特性和光谱响应特性。

相底片曝光后，经显影加工，曝光的卤化银被还原为不透光的银颗粒，与未经曝光的底片相比，其透光度明显地降低了。因此我们可以用下述透明度或光学密度(或称黑度)D 来衡量底片的曝光量

$$T=\frac{\text{透过底片的光通量}\varPhi_t}{\text{入射的光通量}\varPhi_0},\quad D=\log\frac{1}{T} \tag{5.17}$$

1) 底片的感光度

底片(或 CCD 等光电器件)的感光度是表示底片感光灵敏度或感光速度的参数，它用使底片达到某一光学密度 D 所需要的曝光量的大小来量度。目前，国际上对底片的感光度有不同的标度方法，我国是采用“定(DIN)”制，它定义为

$$s=10\log\left(\frac{1}{H_{D_0+0.1}}\right) \tag{5.18}$$

其中，$H_{D_0+0.1}$ 代表要使底片密度达 D_0+0.1 所需的曝光量(单位为 lx·s)。根据这个定义，定数越高，底片的感光度越高，即底片越灵敏。由上述定义也可看到，感光度每增加 3 定，底片的感光速度就提高一倍，或达到同样密度所需曝光量减少一半。

2) 解像力

解像力表示底片记录景物细部的能力，即底片的空间分辨能力。它通常用底片能分辨 1mm 范围内等宽的黑白线条数来表示，一般的光谱干板的分辨率为 50～100 条/mm，超高分辨的干板可达 1000 条/mm。

3) 光谱响应

照相底片对不同波长的光的曝光特性和感光度是不同的，此现象称为底片的光谱响应。目前，国内外均已生产出具有不同光谱灵敏度的底片，以适应不同光谱范围使用的要求。

光电管和光电倍增管的主要技术指标有：阴极灵敏度 S 和量子效率 Q、阴极暗电流、噪声、时间响应等。

1) 阴极灵敏度 S 和量子效率 Q

量子效率 Q 表示每一个光子入射到光阴极上所平均产生的光电子数；而阴极

灵敏度 S 表示每一瓦光能照射到光阴极上时所平均产生的光电子电流，它通常是以 A/W 为单位。对于频率为 f 的单色光，S 与 Q 的关系为

$$S = \frac{Q_e}{hf} = 2.56 \times 10^{14} Qf^{-1} (\mathrm{A/W}) \tag{5.19}$$

S 和 Q 一般都与波长有关。

2) 阴极暗电流

阴极暗电流指在完全没有光入射的情况下，光阴极所发射的电流，它主要来自光阴板的热电子发射(对于光电倍增管还应包括倍增极的热电子发射，这时暗电流是折合的阴极暗电流)。降低其温度可以减小这种暗电流。此外，管内绝缘材料的漏电，管壳和管座由于潮湿、不清洁而引起的漏电，宇宙线辐射，玻璃中天然放射性同位素(如 K 等)产生的射线等，都会引起暗电流。所以，使用时应注意保持管座干燥、清洁，以免漏电，并选用不含放射性同位素的材料做管壳。

3) 噪声

光电管的噪声源主要是负载电阻 R_L 的噪声，它是一种白噪声(即噪声频谱分布与频率无关)，其噪声电流

$$i_j = \left(\frac{4KT\Delta f}{R_L}\right)^{1/2} \tag{5.20}$$

这里，f 为频带宽度。

4) 时间响应

真空光电管和光电倍增管的信号都是由阳极收集光电子或者二次倍增电子形成的，因而它们的时间分辨率主要取决于电子渡越时间(从阴极到阳极)的涨落，这是由电子初速度的大小和方向，以及运动轨迹的不同所造成的。真空光电管由于电子飞行路程短，而且有加速电场，故其电子渡越时间的涨落可以很小，因而其响应时间快，特制的快速光电管的时间分辨率可达亚毫微秒量级。光电倍增管中虽然电子的飞行路程较长，造成阳极输出脉冲相对于输入光脉冲有一定的滞后时间(一般约为 80～60ns)，但它使用电压比较高，且采取特殊的电子光学设计，使其时间分辨率也很好，其分辨时间与管子的结构和使用电压有关。

光电倍增管各电极间的电压是用串联电阻分压的办法供给的，总的电源电压一般为 1000～2000V，由所用光电倍增管的型号及所需增益决定；由于各倍增极的倍增系数与所加电压有关，因而可以通过改变总的外加电压来调节总放大倍数。图 5.17 是光电倍增管的放大倍数 M 随高压 V 的变化曲线。若假定各倍增极的倍增系数都相同，且与 V 成正比，则可得

$$\frac{\mathrm{d}M}{M} = n\frac{\mathrm{d}\delta}{\delta} = n\frac{\mathrm{d}V}{V} \tag{5.21}$$

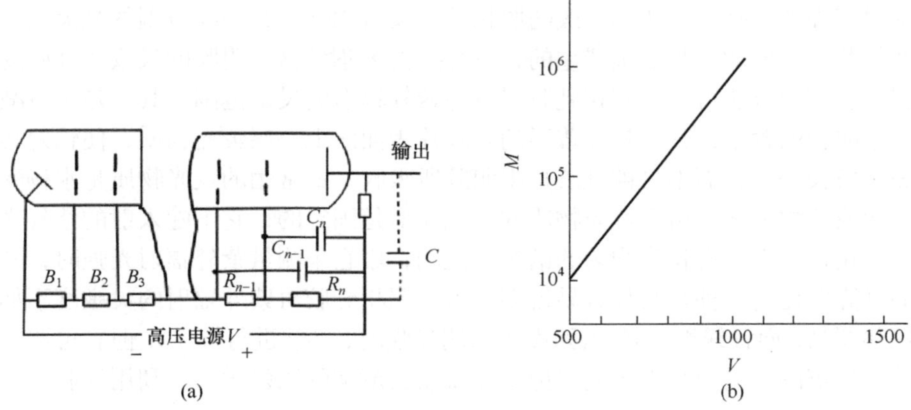

图 5.17　光电倍增管的放大倍数 M 随高压 V 的变化曲线

(a) 光电倍增管的供电电路；(b) 光电倍增管放大倍数与工作电压的关系

由此可见，放大倍数相对变化是工作电压相对变化的几倍。如果我们要求放大倍数的稳定性好于 1%，光电倍增管供电用的高压电源要求是高稳定的。高压电源流经分压电阻的工作电流主要由倍增管的输出信号电流决定，由于信号电流也流经分压电阻，则为了避免它对倍增极工作电压的影响，一般要求流经分压电阻的工作电流大于阳极最大输出信号的平均电流的十倍以上。当然，工作电流也不宜过大，因为过大的工作电流要求高压电源输出功率也较大，而且分压电阻耗散的功率也会较大，从而使光电倍增管加热(因这些分压电阻通常就焊在管座上)，这会引起暗电流的增加，并可能改变放大性能，这也是不利的。最后，还必须注意磁场对光电倍增管的工作性能有很大的影响，尤其是聚焦结构的光电倍增管，磁场的影响更显著，因此在有磁场的环境中使用时，必须采取磁屏蔽措施。

5.4.4　紫外光测量

由于紫外辐射的光子能量大于可见光，所以可见光的探测器在紫外区都能应用，而且还更灵敏些。但与此相应也产生新的困难，即由于紫外辐射与物质的相互作用比可见光强烈，致使紫外辐射的透射材料及光的传输成为紫外辐射测量的主要问题(项志遴等，1982)。

紫外光探测器的种类及其原理如下：

各种紫外辐射探测器都是利用紫外辐射与物质相互作用的各种效应作为其基本原理的，这些相互作用效应包括光电子发射、化学变化、光电导、荧光、气体光电离和热效应等。以下我们介绍几种重要的紫外探测器。

1) 照相乳胶

照相乳胶中的卤化银对紫外辐射是灵敏的，但由于其中的明胶对 240nm 以下的辐射有强烈的吸收，使得一般的照相乳胶仅对 48.5～240nm 范围的光灵敏，对短波的紫外辐射的吸收是很严重的，一直到软 X 射线区，明胶的吸收才开始逐渐减弱。有两种方法可扩大照相乳胶对真空紫外辐射的灵敏范围：其一是尽量减少乳胶中明胶的含量，其二是在普通的乳胶片表面涂上一层荧光物质，使辐射转换成波长较长的光，而不易被乳胶片中明胶所吸收。最常用的荧光物质是水杨酸钠的甲醇或乙醇溶液。由于荧光物质的荧光光谱是固定的，它不随入射的紫外光波长而变化，因而它有相当均匀的谱响应范围，用它来测量紫外辐射光强时，其光强的推算要比前一种乳胶片容易得多。虽然照相乳胶对紫外辐射的灵敏度不如光电探测器高，而且线性也较差(因而用它测光强时，必须进行标定)，但它可覆盖较宽的波长范围，因而当需要同时记录较宽波长范围的辐射谱时，利用乳胶片是最有效的。

2) 光电倍增管

如上所说，光电倍增管短波特性主要取决于窗口材料，如果将普通的对可见光灵敏的光电倍增管的窗口材料换成透紫外光的材料(如熔融石英、蓝宝石、LiF 等)，则它们就可以在远紫外，甚至真空紫外区使用。例如，利用 LiF 做窗口材料，并用普通的光阴极材料做成的光电倍增管，其可探测的短波限可扩展到 106.5nm。

3) 通道式电子倍增器

通道式电子倍增器是一种具有连续的打拿极(二次极)的电子倍增器。它是用特殊配制的铅玻璃或陶瓷($ZnTiO_3$)材料制成的，经过适当处理后，这些材料具有大于 1 的二次电子发射系数，且电阻十分高(可达 10^8～$10^9\Omega$)，它可以做成细管状，如图 5.18 所示。当在其两端加一高压时(约 1000～4500V，取决于工作方式和材料)，其内表面就形成连续的打拿极。当具有足够大能量的带电粒子或光子入射在倍增器入射孔的内表面(位于倍增管的低电位端)时，它可能使管壁发射一个或一个以上的二次电子。这些二次电子被倍增管内静电场沿轴向加速，从电场中获得足够大能量后，又再次与管壁相碰，而产生更多的二次电子。这一电子倍增过程在管内将重复多次(可达几十次)，最后在其输出端将得到经多次倍增了的二次

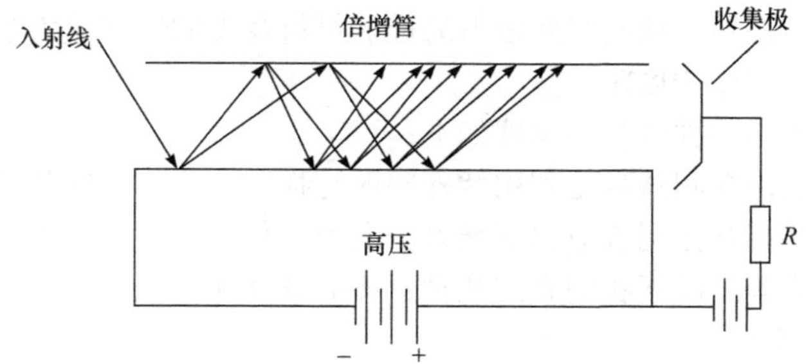

图 5.18 通道式电子倍增管示意图

电子电流。这种通道式电子倍增器增益的大小，只取决于所加的电压和倍增管的长径比(即倍增管长与直径之比)，而与倍增管的绝对尺寸无关，因此，原则上讲，其增益可做得很高。但直管型倍增管由于存在离子反馈效应，其增益不可能很高(一般不超过 10^4)。

5.4.5　X 射线和 γ 射线测量

X 射线和 γ 射线，这种具有很高能量射线，一般出现在具有很高电子温度的高温等离子体中，低温等离子体中并不常见。X 射线的探测和谱分析，也是若干等离子体参数和特性诊断的重要基础。例如，通过 X 射线的测量，可以测定等离子体电子温度、等离子体离子温度，可用来诊断等离子体的杂质并用来研究杂质的空间分布及其输运过程等。因此，X 射线测量在高温等离子体诊断中将起到日益重要的作用。γ 射线也是高能电磁辐射射线，一般 γ 射线的能量大于 X 射线的能量，其分界线大致在 100keV 左右。X 射线和 γ 射线对人体都是有害的，对它们的监测和防护，也是高温等离子体实验必须注意的一个问题。由于它们的探测方法是类似的，所以在这里一起讨论(项志遴等，1982)。

X 射线和 γ 射线探测器种类及原理如下：

1) 气体探测器

气体探测器包括电离室、正比计数管和盖革计数管三种，它们都是利用 X 射线、γ 射线在气体中所形成的电离电荷来记录的。X 射线、γ 射线光子通过气体时，与气体相互作用而产生电子，它的能量将全部(光电效应)或部分转变为电子的动能。这些初始电子(即通过光电效应获得的)在气体中飞行的过程中又会与中性气体分子发生多次碰撞、电离、激发、复合等过程。这个过程形成很多新的正负粒子，在电场的作用下，正负粒子分别向正负极移动。施加电场的强度决定了气体探测器的三种不同工作方式：

(1) 当施加的电压位于图 5.19 所示第一阶段(饱和区)，即既产生了一定数目的带电粒子又没有复合掉。同时，新产生的带电粒子也没发生次级电离，这个电压范围是电离室的工作范围。

(2) 继续升高电压，新产生的带电粒子发生次级电离，与外加电压的关系是每个原始电子一般只发生一次雪崩过程，每次雪崩过程所产生的次级电离粒子的数目基本相同，因此电极所收集的总电离电荷的数目与电压成正比，它是正比计数管的工作区域(正比区)。

(3) 当外加电压继续增加时，每个初始电离电子在电场中运动可以产生多次雪崩过程，它与气体或阴极作用产生新的光电子，并引起新的雪崩，所以，这时电极所收集的带电粒子数目完全与初始带电粒子(即与入射光子能量)无关，这个区域为盖革计数管的工作区(盖革计数区)。

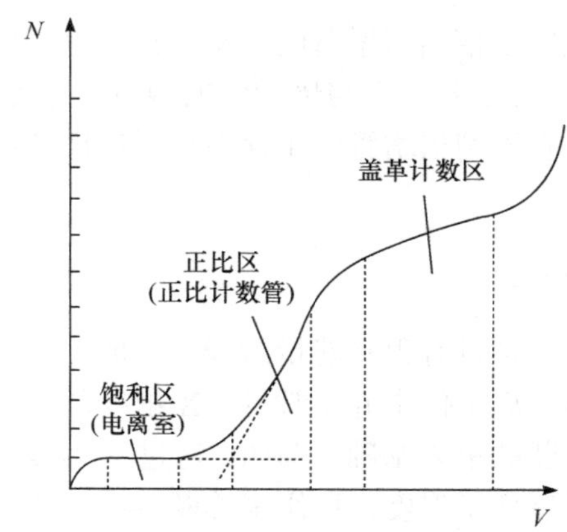

图 5.19　气体探测器收集的电荷数与外加电压的关系

2) 闪烁探测器

闪烁探测器是由闪烁体和光电倍增管所组成，入射的 X 射线、γ 射线与闪烁体相互作用，在上述相互作用过程中会使原子激发产生荧光，这些荧光可被光电倍增管所探测从而实现 X 射线、γ 射线。因此，闪烁体是闪烁探测器很重要的部件，闪烁探测器的性能在很大程度上取决于闪烁体的性能。

3) 半导体探测器

半导体探测器本质是营造一个固体电离室，即必须存在一个绝缘的介质空间，它在电离事件发生之前不存在能够自由运动的带电粒子；其次是该空间中必须存在一个强电场，用来分离并收集介质电离产生的正负带电粒子。半导体的 PN 结就具备这些条件。工作时，在 PN 结上加上反向电压，即 P 端加负压，N 端加正压，使阻挡层增厚，这就相应地增大了阻挡层的电阻，此时的电流很小，称为反向电流。这时，外加电压基本上降落于阻挡层上，使阻挡层内存在一强电场。当光子射入该阻挡层时，在这个灵敏区内就会发生电离，形成一定数量(它与入射光子能量成正比)的电子-空穴对。由于阻挡层内存在强电场，这些电子、空穴就能够在电场的作用下分别向两极运动，并被电极收集，从而产生电信号。

5.4.6　高速摄影

在等离子体诊断的过程中，我们很多时候更希望获得等离子体随时间演化的过程，而不是积分化的物理图像。但放电的过程时间尺度是亚毫微秒量级甚至更低，为了能够观测和记录这些短暂存在的等离子体形态的发展和变化过程，要求摄影机的分辨时间必须相应地短，达到毫秒至皮秒量级，这就必须采用特殊的高速摄影技术。因此，作为独立的一节，专门介绍具有光学分辨的诊断技术(项志遴等，1982)。

高速摄影种类及工作原理如下：

1) 光学机械高速摄影机

光学机械高速摄影机的种类很多,就所拍摄的对象和目的不同可分成两大类：一类是分幅摄影机，它可取得一系列相继曝光的像幅，其时间间隔由快门来分开。若要取得多幅图像,可有两种方法,一种是移动感光底片(当前多用 CCD 或 CMOS 元件替代,但原理类似),另一种则是将图像相继转到底片的不同位置而使之曝光。另一类是扫描摄影机，它是将被摄物体的一部分图像聚焦到一个狭缝，通过狭缝的光被聚焦到照相底片上，并使像在底片上沿垂直于狭缝的方向扫描，从而获得该拍摄对象随时间变化的图像。

另一类高速摄影机是狭缝扫描摄影机，在这类摄影机中，被狭缝所截取的被摄物体的一部分的像和感光材料表面，在垂直于狭缝方向上，以很高的速度做相对运动，这样，在底片上就可以得到被狭缝所截取的物体元随时间变化的像。与分幅摄影机相类似，也可以采用两种方法实现扫描摄影。一种是转鼓式扫描摄影机，它的特点是狭缝的像固定不动，而使底片相对于像高速移动，如图 5.20 所示。在这种摄影机中，底片装在鼓轮上，被狭缝所限制的物体或它的像的光经物镜再成像在鼓轮表面上，使其上的底片曝光。当鼓轮旋转时，底片就连续地记录物体随时间连续变化的像。这种摄影机的拍摄速度也是受机械强度的限制，其极限拍摄速度约为 100～200m/s。

另一种是转镜式扫描摄影机，如图 5.21 所示。物体在这种摄影机中也是两次成像的。物体通过透镜 1 第一次成像在宽度可调的狭缝 P 上，由狭缝选取物像的一个窄条，通过透镜 2 和旋转反射镜再成像于底片 P''上。由此可见，要提高拍摄速度必须提高转镜的转速和增大光程长度 D。但加大 D 不仅会使摄影机的体积过

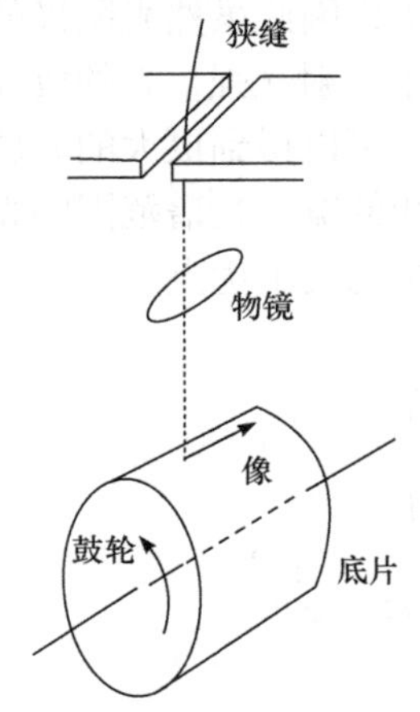

图 5.20　转鼓式扫描摄影机

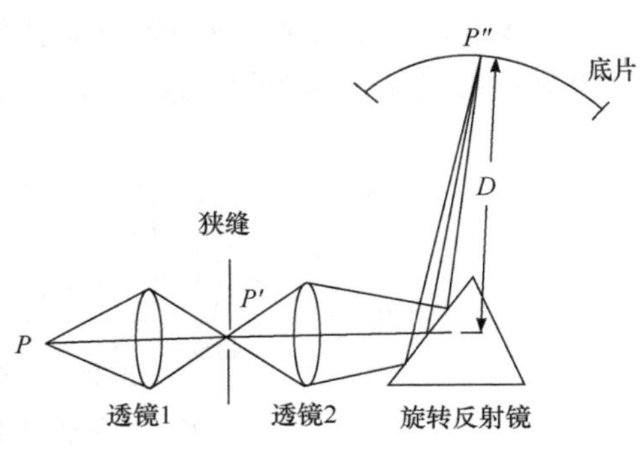

图 5.21　转镜式扫描摄影机

分庞大，而且会使像的宽度加大，从而使底片上所接收的照度减小，所以 D 不宜过大。故提高拍摄速度的关键是提高转速 N，它也受到材料抗张强度、摩擦力等因素的限制，也不能无限提高。目前转镜的最高转速可达到 10^4r/s 左右，故其最高拍摄速度能达到 4cm/μs 左右。与分幅摄影机相比，虽然扫描摄影机不能同时记录两维物体随时间的变化，但它结构比较简单，在某些情况，特别是只需要研究物体在一个方向上随时间的连续变化时，应用扫描摄影机记录还是十分方便的。

2) 变像管高速摄影机

利用变像管制作的高速摄影机与上述的光学机械高速摄影机有本质的区别，它不需要高速的机械运动部件，是通过光电子变换，并利用电子光学系统来实现电子图像的快速扫描或分幅，因而它可以有极高的拍摄速度。用变像管做成的分幅摄影机的曝光时间已达 125ps，而扫描摄影机的时间分辨率已达 5×10^{-13}s。但是，由于它成像于荧光屏上，所以一次能拍摄的总幅数很少，一般在 10 幅左右；而且其空间分辨率低，一般不超过 10～25 线/mm。它是等离子体瞬态过程超高时空形貌/光谱测量的重要工具。

图 5.22 是变像管摄影机原理图。如图所示，发光体 AB 经物镜成像于变像管的光阴极(A′B′)，光阴极会释放出光电子，且释放的光电子数与其所接受的光子数成正比，从而将入射的光图像转换成光电子图像。这些光电子图像通过电子光学系统焦聚和加速后，射到荧光屏上。由于它们经加速后获得足够高的能量，从而可以激发荧光物质，并在荧光屏上再次形成一幅可见光的图像(A″B″)。这个可见光的图像再经过透镜成像于底片上，从而把物体的像记录下来。通过改变电子光学系统的偏转系统电压或电流，就可以使像在荧光屏上顺序移动，从而实现分幅或扫描摄影。在变像管中，由于可以用高压(如数万伏的高压)加速光阴极发射的光电子，使每个光电子打在荧光屏上可产生上千个光子，因此虽然光阴极的量子效率一般不到 10%，但荧光屏上光图像的亮度可以大于入射光强，光的放大作用可达到几百倍；如果采用多级串联的光电变换系统，还可以得到更大的光放大倍数。此外，变像管的光阴极对从近红外到紫外或 X 射线的宽广光谱范围的光都能响应，并转变成可见光的图像，这些都是变像管摄影机的突出优点。

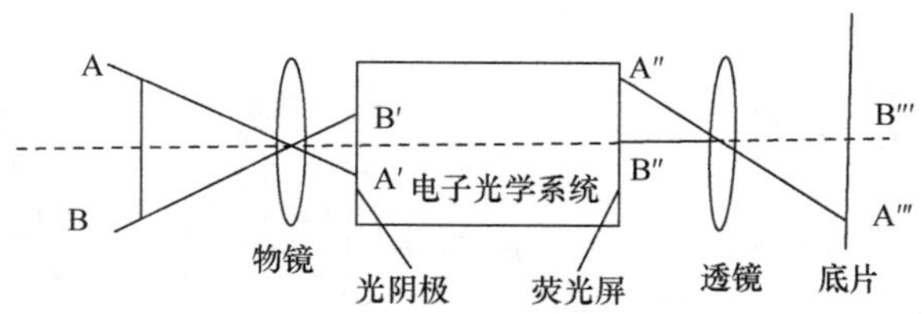

图 5.22　变像管摄影机原理图

5.5　光谱诊断

光谱方法是对等离子体中发生的复杂物理和化学过程进行诊断及测量等离子体温度的重要手段。由于光谱诊断是非侵入式的，它对等离子体没有干扰。目前用于等离子体诊断的光谱技术多种多样，主要包括：发射光谱(optical emission spectroscopy，OES)、吸收光谱(absorption spectroscopy，AS)、激光诱导荧光光谱(laser induced fluorescence spectroscopy，LIFS)和光腔衰荡光谱(cavity ring down spectroscopy，CRDS)等。发射光谱诊断技术主要用于薄膜材料的沉积与制备、材料的表面刻蚀、处于不稳定状态下的等离子体参数诊断及与等离子体相关的类似于开关等其他器件的研究中；吸收光谱诊断技术主要用于非发光物质成分含量的定量检测；激光诱导荧光光谱诊断技术主要用于绝对密度、速度分布的定量探测以及判断物质的种类等。虽然光谱诊断有很多种方法，并且每种方法都各具优点，但是发射光谱法因具有其他方法无法比拟的优点，如仪器构造简单、使用范围宽、对诊断环境要求低、便于携带等而受到更多研究者的青睐与关注。

5.5.1　发射光谱

发射光谱是对等离子体过程进行监测与诊断最常用的方法。发射光谱的谱特征提供了等离子体中的化学和物理过程丰富的信息，通过测量谱线的波长和强度，就能够识别等离子体中存在的各种离子和中性基团，并且谱线的强度取决于发射该谱线的粒子的密度、电子能量分布函数，以及电子激发该种粒子到达发光的激发态的碰撞激发截面。另外，通过复杂的高分辨率的光谱测量还可以确定离子和中性粒子的能量，并可以用具有时间分辨功能的发射光谱测定体反应和表面反应的速率系数。因此，发射光谱诊断在实验室科学研究和工业生产中得到广泛应用。

1. 等离子体发射光谱的原理

等离子体光谱与等离子体中粒子的辐射跃迁过程有关(Zambrano et al., 2003；Thomas et al., 2001)。当原子、分子或离子受到电子的碰撞时，会发生激发、激发解离、激发电离、复合激发等过程，如式(5.22)所示，从而产生激发基团 A^*。

$$
\begin{aligned}
&A + e \longrightarrow A^* + e \\
&AB + e \longrightarrow A^* + B + e \\
&A^* + e(+M) \longrightarrow A^* + (+M)
\end{aligned}
\tag{5.22}
$$

由于处于激发态的基团 A^* 是不稳定的，其寿命一般小于 10^{-8}s，激发基团 A^*

随即通过如图 5.23 所示的过程发射频率为ν的光子并且跃迁到较低的另一个能量低于 A^*的态 A_f，形成发射光谱，$A^* \to A_f + h\nu$。

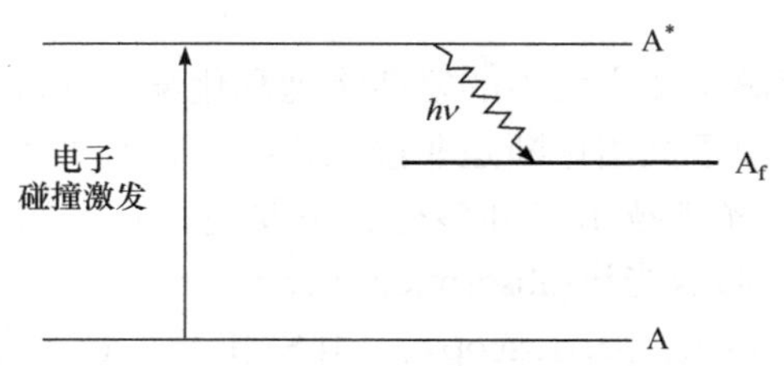

图 5.23　激发态发射光子过程的能级图

设高能级的能量为 E_2，低能级的能量为 E_1，发射光谱的波长为 λ(或频率 ν)，则释放出的能量 ΔE 与发射光谱的波长的关系为

$$\Delta E = E_2 - E_1 = \frac{hc}{\lambda} = h\nu \tag{5.23}$$

或

$$\lambda = \frac{hc}{E_2 - E_1} \tag{5.24}$$

其中，h 为普朗克常量；c 为光速。每个粒子(原子、分子、离子)均具有精确的能级，因此，每条发射谱线均具有特定的频率ν和波长 λ。通常，等离子体中最强的发射谱线来源于粒子的第一激发态 E_1 到基态 E_0之间的跃迁，其对应的频率ν_{10}和波长 λ_{10} 为

$$\nu_{10} = \frac{E_1 - E_0}{h} \tag{5.25}$$

$$\lambda_{10} = \frac{hc}{E_1 - E_0} \tag{5.26}$$

由于放电等离子体中存在的基团都有其特定的本征发射谱线，通过对探测到的光信号进行比率和强度的分析，就能够推断出基团的组成，从而得到等离子体的特性。

2. 发射光谱的光化线强度测定法

发射光谱的谱线强度取决于发射该谱线的基团密度、电子能量分布函数以及电子碰撞该基团到达激发态的激发截面，因此，通过在待测气体中加入示踪气体(如氩)，然后同时测量并比较放电等离子体的待测基团和示踪气体原子的发射谱线强度，可以定量测量待测基团的相对浓度，这种广泛应用的基团相对浓度测定方法称

为光化线强度测定法(optical actinometry)(Kholodkov et al., 2003；Dony et al., 1995)。

设 n_A 为自由基 A 的浓度，I_λ 为发射谱线的强度，由 A 的基态激发的光发射强度为

$$I_\lambda = \alpha_{\lambda A} n_A \tag{5.27}$$

其中

$$\alpha_{\lambda A} = k_D(\lambda)\int_0^\infty 4\pi v^2 dv Q_{A^*}\sigma_{\lambda A}(v) v f_e(v) \tag{5.28}$$

式中，$f_e(v)$ 为电子能量分布函数；$\sigma_{\lambda A}$ 为由电子碰撞激发基团 A 生成发射波长为 λ 的光子的截面；Q_{A^*} 为激发态发射光子的量子效率($0 \leqslant Q_{A^*} \leqslant 1$)；$k_D$ 为光探测器的响应系数。在低气压等离子体中，短寿命激发态的 $Q_{A^*} \approx 1$；亚稳态的 Q_{A^*} 通常小于 1，这是由于发生了碰撞退激、场致退激、电离或其他减少亚稳态粒子数但不发射光子的过程。由于 $\sigma_{\lambda A}$ 通常是已知的，而 $f_e(v)$ 会随着放电参数(气压、功率、驱动频率、反应器尺寸)的改变而发生变化，同时由于在激发能 E_{A^*} 附近的高能带尾分布函数随放电参数剧烈变化，使 $\sigma_{\lambda A}$ 发生变化，即不是一个常数。因此，式(5.27)中 I_λ 不再正比于 n_A，不能定量反映基团密度 n_A。

将某种已知浓度的示踪气体加到原料气体中，可以定量地测量自由基的浓度 n_A。选择示踪气体 T 的某个激发态 T*，使其激发阈值满足 $\varepsilon_{T^*} \approx \varepsilon_{A^*} \approx \varepsilon_*$。图 5.24 粗略地画出了波长为 λ(来自原料气体 A)和 λ'(来自 T)的两条谱线的电子碰撞激发截面 $\sigma_{\lambda A}(v)$ 和 $\sigma_{\lambda' T}(v)$，并画出了式(5.28)中的积分因子 $v^3 f_e(v)$ 的典型形状，阴影表示它们的重叠区域。

对示踪气体 T 有

$$I_{\lambda'} = \alpha_{\lambda' T} n_T \tag{5.29}$$

而

$$\alpha_{\lambda' T} = k_D(\lambda^8)\int_0^\infty 4\pi v^2 dv Q_{T^*}(p, n_e)\sigma_{\lambda' T}(v) v f_e(v) \tag{5.30}$$

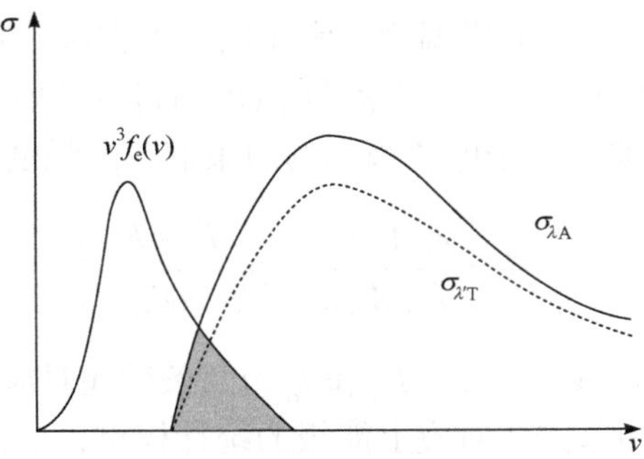

图 5.24　激发截面和电子速度分布函数的重叠情况的示意图

如图 5.24 所示，f_e 和 σ 的重叠部分很小，因此可以用 $\sigma_{\lambda'\mathrm{T}} \approx C_{\lambda'\mathrm{T}}(v - v_{\mathrm{thr}})$ 和 $\sigma_{\lambda\mathrm{A}} \approx C_{\lambda\mathrm{A}}(v - v_{\mathrm{thr}})$ 表示阈能附近的截面，这里 C 是比例常量。取式(5.27)和式(5.29)的比值得到

$$n_{\mathrm{A}} = C_{\mathrm{AT}} n_{\mathrm{T}} \frac{I_{\lambda}}{I_{\lambda'}} \tag{5.31}$$

这里

$$C_{\mathrm{AT}} = \frac{k_{\mathrm{D}}(\lambda') Q_{\mathrm{T}^*} C_{\lambda'\mathrm{T}}}{k_{\mathrm{D}}(\lambda) Q_{\mathrm{A}^*} C_{\lambda\mathrm{A}}} \tag{5.32}$$

通常可以选取谱线满足 $\lambda' \approx \lambda$，这样 $k_{\mathrm{D}}(\lambda) \approx k_{\mathrm{D}}(\lambda')$，并且选 $Q_{\mathrm{A}^*} \approx Q_{\mathrm{T}^*}$。由此，比例常量 $C_{\mathrm{AT}} \approx C_{\lambda'\mathrm{T}} / C_{\lambda\mathrm{A}}$，其中 $C_{\lambda'\mathrm{T}}$ 和 $C_{\lambda\mathrm{A}}$ 分别反映了两种截面在阈能附近的性质。如果 n_{T} 已知并且测量得到了 I_{λ} 和 $I_{\lambda'}$，就可以得到 n_{A} 的绝对值。即使 C_{AT} 未知，也可以得到 n_{A} 随放电参数的相对变化。

3. 等离子体温度的光谱测量

低气压、高密度等离子体是微电子器件加工的重要手段，等离子体温度(电子温度和气体温度)是非常重要的加工工艺参数。电子温度控制着工作气体离化、激发和分解的概率，也就决定着等离子体电位和带电粒子到达基片的通量和能量。气体温度则与等离子体化学反应的速率系数相关，通常它们之间呈指数关系。

测量电子温度的传统方法是朗缪尔探针法，但是朗缪尔探针技术是一种侵入式测量技术，它对等离子体会产生一定的干扰，同时还需要解决射频干扰、磁场影响、绝缘介质的沉积等问题，因此，朗缪尔探针技术在用于测量化学活性等离子体中的电子温度时往往存在一定的困难。相对于前面介绍的其他诊断方法来说，光谱法因诊断范围广、对待测等离子体所处的环境要求低、便于携带等优点成为低温等离子体中电子激发温度探测的重要手段之一。

光强比值法是计算电子激发温度最常用的一种方法，其采用等离子体局部热平衡近似，并且等离子体在光学上是稀薄的(即与自发发射相比，受激发射和吸收可以忽略)，属于相同原子一个电离级别的两条谱线的强度比值，由式(5.33)给出

$$\frac{I_{pq}}{I_{ij}} = \frac{\lambda_{ij} A_{pq} g_p}{\lambda_{pq} A_{ij} g_i} \exp\left(\frac{E_i - E_p}{k T_{\mathrm{ex}}}\right) \tag{5.33}$$

其中，λ_{pq} 和 λ_{ij} 为两条谱线的波长；I_{pq} 和 I_{ij} 为两条谱线对应的谱线强度；k 为玻尔兹曼常量；g_p 和 g_i 为两条谱线对应上能级的统计权重；A_{pq} 和 A_{ij} 为两条谱线的爱因斯坦系数；E_p 和 E_i 为谱线相应能级的激发能；T_{ex} 为电子激发温度。将式(5.33)

取对数并作变换后最终得到

$$kT_{\text{ex}} = (E_i - E_p)\left[\ln\left(\frac{I_{pq}\lambda_{ij}A_{pq}g_p}{I_{ij}\lambda_{pq}A_{ij}g_i}\right)\right]^{-1} \tag{5.34}$$

因此，通过测量氩原子谱线中两条谱线的相对强度的比值变化，即可得出电子激发温度。对应谱线的激发能 E_p 和 E_i、统计权重 g_p 和 g_i、自发辐射的爱因斯坦系数 A_{pq} 和 A_{ij} 等相关因子均可从相关文献中查得。

采用式(5.33)测量电子温度需要满足的条件是：①两条光谱线的光发射均与基态布居数成正比；②两个激发态经历已知的电子碰撞激发过程；③跃迁没有辐射俘获；④两个激发能近似相等；⑤两条谱线的跃迁概率和其他激活步骤不随等离子体的改变而变化；⑥两条谱线的激发过程与电子能量的关系是相同的。

4. 发射光谱方法的优点与缺点

发射光谱分析的主要优点为：①采用非侵入式方法，光谱仪安装在沉积室和真空系统的外部，不干扰等离子体；②对待测的等离子体设备只需做很少或不做改动就可以完成测量；③能够对空间和瞬态进行分辨，获得的信息量大，可以得到等离子体的许多信息；④设备相对便宜，可以在实验室的多台仪器上使用。但是，发射光谱分析也存在一些缺点：①光谱极其复杂，较难精确解释，因此，通常只用原子谱线来分析等离子体加工过程；②用作等离子体刻蚀工艺终点探测的分子谱线，有时并不清楚其来源；③作为工艺诊断工具，发射光谱的最大制约因素是光学窗口的清洁保持，因为窗口上薄膜沉积或刻蚀能够大大改变或减弱发射光谱信号。

5.5.2　吸收光谱

虽然发射光谱已成为等离子体诊断的重要工具，但是通过发射光谱只能获得激发态基团的信息，这些基团在等离子体中只是较少的部分。为了得到在等离子体中大量存在的基态和亚稳态基团的信息，吸收光谱成为重要的等离子体诊断工具。吸收光谱可用来测量等离子体中分子、中性基团和原子亚稳态等的绝对浓度(Granier et al., 2003)。

吸收光谱原理如下：

当一束光穿过厚度为 dl 的均匀等离子体后，光强度的变化 dI_ν 由在 dl 厚度内的光吸收和光发射之间的净平衡给出

$$\mathrm{d}I_\nu = (\varepsilon(\nu) - k(\nu)I_\nu)\mathrm{d}l \tag{5.35}$$

式中，$\varepsilon(\nu)$ 为单位长度的发射系数；$k(\nu)$ 为单位长度的吸收系数。吸收系数 $k(\nu)$

描述的是无限薄的等离子体区中的光吸收，由式(5.36)给出

$$k(\nu)=\sum_i N_i\sigma_i(\nu) \tag{5.36}$$

式中，求和是针对所有吸收基团的吸收态；N_i 为基团的布居数；$\sigma_i(\nu)$ 为基团在频率 ν 时的吸收截面。将谱线分布 P_ν 进行归一

$$\int p_\nu \mathrm{d}\nu=1 \tag{5.37}$$

假定上能级没有粒子布居，从式(5.38)可以得到绝对的 $k(\nu)$

$$\int_{\text{line}} k(\nu)\mathrm{d}\nu=\frac{h\nu}{c_0}N_iB_{ik} \tag{5.38}$$

因此，谱线的吸收系数

$$k_\nu=\frac{h\nu}{c_0}N_i(\alpha,\beta,\gamma,\cdots)B_{ik}P_\nu \tag{5.39}$$

式中，$N_i(\alpha,\beta,\gamma,\cdots)$ 为第 i 能级上粒子布居数，取决于等离子体参数 $(\alpha,\beta,\gamma,\cdots)$；$B_{ik}$ 为在 i 能级与 k 能级之间跃迁的爱因斯坦系数。

当外光源的强度远大于等离子体自身发光强度时，辐射的吸收可以用比尔-朗伯(Beer-Lambert)定律给出

$$I_\nu(l)=I_0(l)\exp(-k(\nu)l) \tag{5.40}$$

式中，$I_\nu(0)$、$I_\nu(l)$ 分别为入射等离子体和出射等离子体的光强度；l 为等离子体空间的吸收光程。如果已知不同基团的吸收截面，根据出射光的强度就可以计算该基团的绝对浓度。

5.5.3　激光诱导荧光光谱

处于基态或低能态的粒子吸收光能后被激发，随后会发生辐射跃迁。当跃迁出现在同一个多重态时，会发出荧光辐射。荧光辐射的强度正比于粒子密度，因此，通过测量荧光的强度，可以确定处于基态的分子、原子、离子以及亚稳态或不稳定激发态的密度。由于发射荧光的时间远小于微秒量级，必须用脉冲宽度为纳秒量级的激光脉冲来激发荧光，这种诊断技术称为激光诱导荧光(LIF)技术。激光诱导荧光技术可以测量自由基和离子的相对密度、速度分布函数、气体温度和电场分布等。

1. 激光诱导荧光原理

激光诱导荧光技术(Kiss et al., 1992)可用于探测非辐射的原子密度。在这种方

法中，原子的密度与原子散射的光子通量有关。假设处于初态 1 的原子散射了激光辐射场的光子，激光辐射场的光频率与散射原子从初态 1 到中间态 2 的跃迁产生共振。在散射后，原子通过发射能量为 $h\nu_{23}$ 的荧光光子而停留在终态 3 上，能量 $h\nu_{23}$ 对应于态 2 和态 3 之间的能量差。初态原子的密度 N_1 与激发激光每个脉冲中探测器接收到的荧光光子数 F_f 有关，如式(5.41)所示：

$$F_{\mathrm{f}} = C\frac{F_{\mathrm{e}}}{a\delta}N_1\phi V_{\mathrm{f}}\Omega \tag{5.41}$$

式中，C 为对于共振散射依据微分截面给出的系数；F_e 为激发激光每个脉冲的光子数；α 和 δ 分别为截面和激光束的谱线宽度，假定谱线宽度和激光脉冲的持续满足宽带和准静态激发条件；V_f 为由激光激发的并由光学系统监测的等离子体体积；ϕ 为透射系数；Ω 为立体角。

激光诱导荧光技术还可以直接测量等离子体中的离子温度(Samukawa et al., 1993)，方法如下。

根据激光诱导荧光光谱的谱线宽度，如图 5.25 所示，依据式(5.42)可以得到离子温度

$$T_{\mathrm{i}} = \frac{m_{\mathrm{i}}c^2}{8\ln 2}\left(\frac{\lambda}{\lambda_0}\right)^2 \tag{5.42}$$

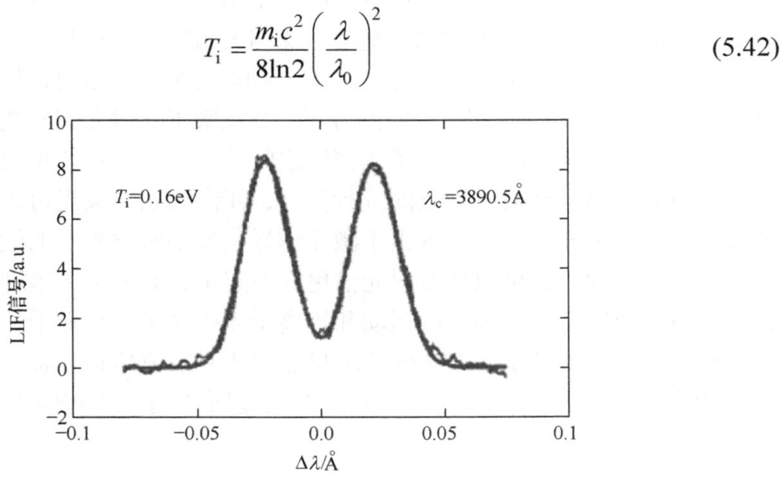

图 5.25　激光诱导荧光光谱谱线

最广泛使用的激光诱导荧光技术与双光子激发过程相关，用准分子激光或 Nd-YAG 激光来诱导双光子或多光子激发，以帮助辨别原子基团。例如，波长为 226nm 的入射激光可以诱导氧原子在 $2p(^3P)\rightarrow 3p(^3P)$之间的双光子激发光学跃迁，然后由于 $2p(^3P)\rightarrow 3s(^3S)$之间的退激跃迁，出现 845nm 的荧光，如图 5.26 所示。

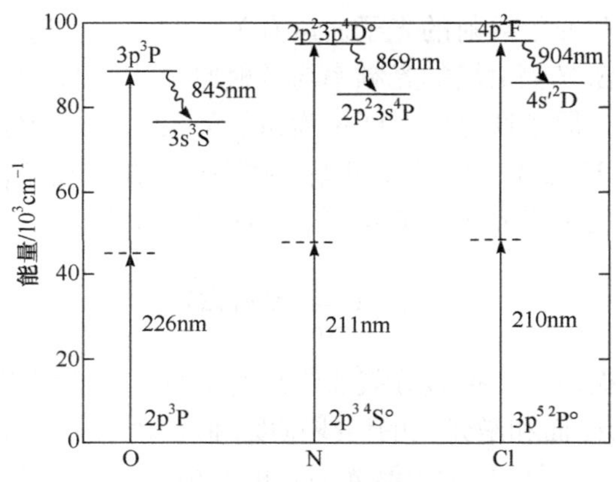

图 5.26　原子的双光子激发跃迁与退激跃迁

2. 激光诱导荧光优缺点

使用激光诱导荧光技术的前提是，被测定基团发出的荧光必须具有一定的量子效率，并且可调谐激光必须能够与被测定基团的跃迁相匹配。激光诱导荧光测量具有非常高的灵敏度，可以探测密度低至 10^6～10^7cm^{-3} 的分子基团。对于激发时需要同时吸收两个光子的原子基团，探测灵敏度最低可降至 10^{13}cm^{-3}。

激光诱导荧光技术的优点为：①高灵敏度、高选择性(通常探测不到来自其他基团的干扰)，可对时间和三维空间分辨；②克服了发射光谱不能确定发光基团来源、不能确定谱线强度与等离子体密度之间关系的问题；③可对三维空间进行分辨，而发射光谱只能对二维空间进行分辨；④激光诱导荧光可用于没有等离子体的场合，但发射光谱不行；⑤由于激光诱导荧光中激发光子的能量和数目是可控制的，激光诱导荧光可以比发射光谱更好地定量；⑥因为灵敏度高，激光诱导荧光技术可以研究低密度离子的运动和等离子体中原子和小分子的速度分布。激光诱导荧光技术的缺点为：①这种技术只能用于具有确定的受激电子态的基团，这些受激态只能从基态通过光学上允许的跃迁所达到；②实验需要的仪器复杂和昂贵。

5.5.4　光腔衰荡光谱

自 O’Keefe 和 Deacon 于 1988 年提出吸收测量的光腔衰荡光谱(CRDS)以来，光腔衰荡光谱作为测量低密度或弱激发气相基团绝对浓度的高灵敏度技术，得到广泛关注(Ikegami et al., 2007)。从脉冲激光光源的光腔衰荡光谱到连续波光源的光腔衰荡光谱，该技术得到快速发展，并衍生出光腔增强吸收光谱(CEAS)、积分光腔输出光谱(ICOS)等新技术。

光腔衰荡光谱原理如下：

脉冲激光光腔衰荡光谱是将脉冲激光束从线性共振腔的入射镜射入共振腔，探测从出射镜射出的光束。由于共振腔内光经过反射镜的透射 T、散射 S 和吸收 A 等损耗和共振腔内气相基团的光吸收，射入光腔的光强度随时间呈指数衰减，通过测量衰减时间与频率的关系，就可以得到共振腔内气相基团的吸收谱。若入射光的脉冲持续时间比光在光腔内的往返时间短，并且激光线宽小于基团的吸收特性，脉冲光腔衰荡光谱是一种获得低浓度或弱吸收气相基团吸收谱的非常灵敏的技术。

但是脉冲光腔衰荡光谱技术存在一些缺点：①数据的采集速率受几百赫兹的激光脉冲重复速率的制约；②在光腔中入射或出射的光强度很小，结果衰减的光谱在光腔模式与激光线宽(高光腔反射率)之间发生交叠，并且光腔内缺少足够的自建光；③对于绝大多数实用的脉冲激光系统，振荡光腔内的干涉效应排除了用简单模型来描述光腔内光衰减。因此，Lehmann 于 1996 年提出用连续波激光光源替代脉冲激光光源，发展了连续波激光光腔衰荡光谱。例如，二极管激光光源光腔衰荡光谱。采用连续波激光光源可以解决脉冲激光光源产生的问题，如单模式的二极管激光可以以兆赫的频率重复速率开关，并且有窄的线宽(<100MHz)；窄线宽增加了与振荡光腔线宽的交叠，使振荡光腔内的自建能量提高；光腔内较高的能量直接转变为高强度的光输出，结果提高了衰减波形的信噪比和探测灵敏度。

另外，在采用光腔衰荡光谱对放电等离子体的基团进行诊断时，应根据待测的分子对实验装置作适当设计，对采用的光学器件作正确选择。对于使用光腔衰荡光谱需要考虑一些问题。对于由于不同分子的吸收处于不同频率，但是在不同频率范围内使用的激光光源、反射镜和透镜是不同的；同时，为了改善入射光的质量，需要采用光束成形透镜将激光器产生的发散光束进行整形，并需要采用透镜将光束直径缩小以便与光腔通光孔径相匹配；并且，对于不同尺寸的实验装置，反射镜的反射率和曲率半径、透镜的焦距等均不同。因此，在采用光腔衰荡光谱对放电等离子体的基团进行诊断时，应根据待测分子对实验装置作适当设计，对采用的光学器件作正确选择。

5.5.5　碰撞辐射模型

所谓的碰撞辐射模型指的是以粒子密度的演化过程为基本研究对象，以含有各种碰撞和辐射过程的速率平衡方程为基本研究内容的模型。它会为每一种粒子列出一个速率平衡方程，这个方程中除了含有粒子的时空演化项，还要包括其涉及的各类碰撞反应和辐射过程。

碰撞辐射模型能够把激发态粒子的辐射过程和等离子体的重要参数联系起来，是发射光谱诊断方法的基础。

如图 5.27 所示，等离子体的放电条件可以决定等离子体的各种关键参数，如电子温度 T_e、电子密度 n_e、气体温度 T_g、气体密度 n_g 和放电尺度 d。这些参数又决定了激发态粒子的速率方程中各项反应的速率。举例来说，图 5.27 中心的示意图表示的是一个最基本的碰撞辐射模型——日冕模型。这个模型只考虑了两种过程，即基态粒子被电子碰撞激发的过程和激发态粒子辐射退激的过程。其中激发过程的速率就依赖于电子和基态粒子的密度和能量，而辐射过程则取决于激发态的密度。所以，通过在图 5.27 下方的“碰撞辐射模型”中，激发态辐射的光强就与等离子体参数联系起来。各个激发态的辐射强度的集合就能给出发射光谱。基于上述过程，研究者可以通过测量某一放电条件下的发射光谱推测激发态的密度，结合粒子数平衡方程，推测等离子体参数，这就是低温等离子体的发射光谱诊断。由此可见，碰撞辐射模型在发射光谱诊断方法中有着关键的作用。

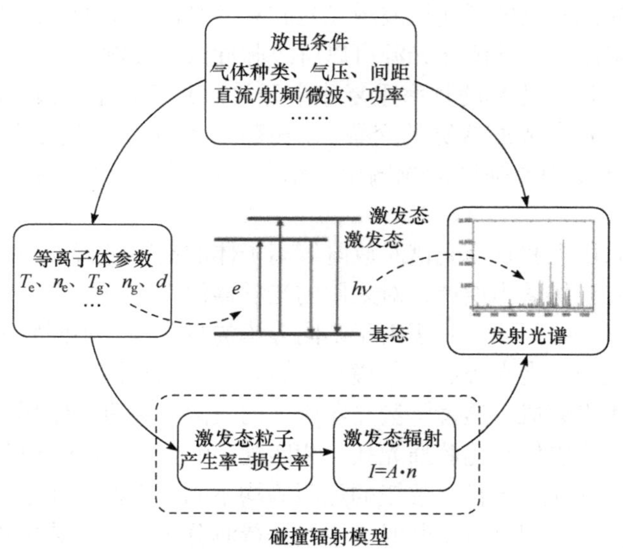

图 5.27　碰撞辐射模型和发射光谱诊断

然而，日冕模型的使用条件是比较苛刻的，要求有很高的电子能量和比较低的气压，才能保证电子碰撞激发基态粒子的过程是唯一重要的产生过程，而自发辐射是唯一重要的损失过程(Zhu et al., 2005)。我们研究发现，有很多低温等离子体放电都难以满足日冕模型要求的条件(Bogaerts et al., 1998；Vlcek, 1989)，由此，这些低温等离子体需要考虑一些简单的碰撞辐射模型来支持发射光谱诊断。

1. 碰撞辐射模型的物理过程

等离子体中会发生电子碰撞、离子碰撞、自发辐射等多种物理过程。碰撞辐射模型将这一系列的物理过程都纳入考量，通过求解激发态粒子在这些物理过程的作用下产生和损失的速率平衡方程，得到激发态粒子的密度分布信息，继而从中推测出激发态辐射谱线的强度。以下将从所包含激发态能级和所考虑物理过程的角度就某中性原子碰撞辐射模型的基本结构进行了阐述。

对于一个中性原子 X 来说，以下的电离激发机制应该被考虑：

电子和原子 X 的基态碰撞直接激发

$$\mathrm{e}+\mathrm{X}\longrightarrow \mathrm{e}+\mathrm{X}_j^*(k_{\mathrm{X}}^{\mathrm{dir}}) \tag{5.43}$$

电子和原子 X 的激发态(通常为亚稳态)碰撞间接激发

$$\mathrm{e}+\mathrm{X}_{\mathrm{m}}^*\longrightarrow \mathrm{e}+\mathrm{X}_j^*(k_{\mathrm{X}}^{\mathrm{dir}}) \tag{5.44}$$

从更高能级 k 的退激发的级联辐射

$$\mathrm{X}_k^*\longrightarrow \mathrm{X}_j^*(k>j)+h\nu \tag{5.45}$$

该激发态的猝灭反应考虑有以下机制：

从激发态向下态能级 s 的辐射退激发

$$\mathrm{X}_j^*\longrightarrow \mathrm{X}_i^*+h\nu(k>j) \tag{5.46}$$

与中性原子的碰撞猝灭

$$\mathrm{X}_j^*+\mathrm{Q}\longrightarrow \mathrm{X}_j^*+\mathrm{Q}^*(k_{\mathrm{X}}^{\mathrm{Q}}) \tag{5.47}$$

2. 碰撞辐射模型的谱线强度

在稳态下激发态粒子的产生和猝灭最终达到相等以维持平衡，由此我们可以得到激发态 X^*的密度

$$\left[\mathrm{X}_j^*\right]=\frac{n_{\mathrm{e}}\left\{[\mathrm{X}]k_{\mathrm{X}}^{\mathrm{dir}}+\left[\mathrm{X}^*\right]k_{\mathrm{X}}^*\right\}}{\left(1/\tau_{\mathrm{X}j}\right)+k_{\mathrm{X}}^{\mathrm{Q}}[\mathrm{Q}]} \tag{5.48}$$

通过公式

$$I_{ji}\left[\mathrm{X}^*\right]=K_{ji}h\nu_{ji}A_{ji}n_2\left\{\frac{[\mathrm{X}]k_{\mathrm{X}}^{\mathrm{dir}}+\left[\mathrm{X}^*\right]k_{\mathrm{X}}^*}{\left(1/\tau_{\mathrm{X}j}\right)+k_{\mathrm{X}}^{\mathrm{Q}}[\mathrm{Q}]}\right\} \tag{5.49}$$

其中，n_e 为电子密度；$[X]$和$[X^*]$分别为 X 粒子的基态和亚稳态的密度；k_X^{dir}、k_X^*、k_X^Q 分别为所考虑的激发态从对应的基态直接电子激发的速率系数，以及通过亚稳态的电子激发的速率系数、激发态猝灭的速率系数；τ_{Xj} 为激发态的寿命。

由式(5.49)可见，谱线的强度和激发反应的物种密度及其反应速率系数有关，反应速率系数可由电子能量分布函数计算而来。反应物种中电子密度和氩原子基态密度可通过检测手段获得，然而亚稳态原子密度仍需通过其碰撞辐射模型得到(Czerwiec et al., 2004)。如果读者想要对上述问题有更详细的了解，可参阅 Czerwiec 近几年的文献。

5.6 激光诊断与微波诊断

5.6.1 激光诊断技术

激光技术的发展，使等离子体诊断工作获得了一种十分强有力的探针。由于激光辐射可以产生在空间和时间上都十分集中的巨大的能量流密度，而且激光辐射具有高度的单色性和相干性，它的频率范围可以包括从紫外到远红外的宽广频区，而且某些激光器还是可调谐(可连续变频)的。这些特点使得激光成为十分理想的等离子体探针，利用它来进行等离子体诊断实验，可以测量各种等离子体及其各种参数(电子和离子密度、温度、磁场等)，而且还可以具有十分好的空间和时间分辨能力，对所研究的等离子体也不会造成严重的干扰(除非是利用功率密度非常大的激光束)。因而，以激光为探针的各种诊断方法在等离子体实验研究中已获得了广泛的应用，成为实验等离子体物理和聚变实验研究的重要工具。

以激光为探针的等离子体诊断方法是多种多样的，但主要包括三个方面：①荧光共振散射测量(称为激光诱导荧光(LIP))，它可以获得等离子体外围中性的杂质成分分布的数据。②激光散射，这是最成功的一种方法，短波激光散射可以测定等离子体的电子密度、电子温度、磁场、有效电荷数等参数的空间、时间分布；长波激光散射可以测定等离子体的离子温度和等离子体的某些集体效应(超热涨落和不稳定性等)，如拉曼散射、相干反斯托克斯拉曼光谱(CARS)。③激光干涉，由于激光器是一种十分理想的相干光源，它使古老的干涉测量技术获得了新的发展。在等离子体诊断中，由于激光辐射可以覆盖十分宽广的频率范围，使得各种激光干涉仪可以测定的电子密度范围很宽。

1. 激光基本原理

物体发射光或吸收光是物体中的原子或分子发生能级跃迁的结果。原子或分子状态的跃迁主要有三种过程，激光的产生与它们密切相关，图 5.28 所示为激光器的基本结构示意图。这三种过程如下所述。

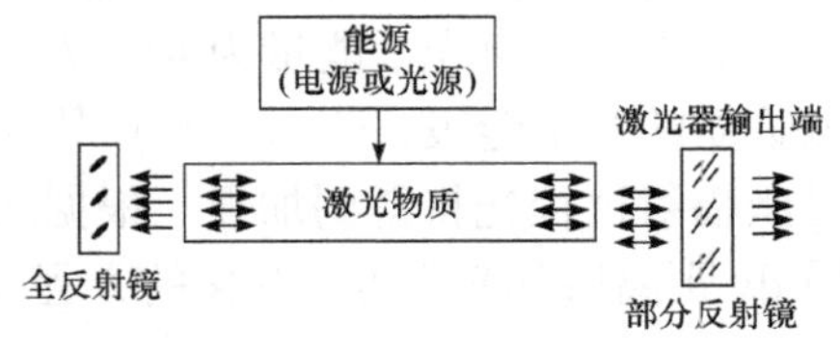

图 5.28　激光器的基本结构示意图

1) 自发辐射跃迁

自发辐射跃迁，即处于高能级 E_2 的原子，在没有受到外来光子作用的情况下，自发地从较高能级 E_2 向较低的能级 E_1 跃迁，同时发射出能量为 $h\nu = E_2 - E_1$ 的一个光子。这种自发辐射的光子间是互不相干的，并不参与激光的形成。在普通的光源中，就是这一过程起主要作用。在单位时间内，自发辐射的光子密度或能级的原子密度 N 的变化与 N_2 成正比，即

$$\frac{\mathrm{d}N}{\mathrm{d}t} = -A_{21}N_2 \tag{5.50}$$

式中，A_{21} 为爱因斯坦自发辐射系数(这里仅考虑两个能级间的自发辐射)。

2) 受激吸收跃迁

受激吸收跃迁，即处于较低能级 E_1 的原子，在能量恰为 $h\nu = E_2 - E_1$ 的光子作用下，吸收一个光子而跃迁到较高能级 E_2 上。单位时间内吸收的光子密度，即单位时间内 E_2 能级上的粒子密度 N_2 的增加，与 E_1 能态上的粒子数 N_1 及入射的光能密度成 μ_f 正比，即

$$\frac{\mathrm{d}N_2}{\mathrm{d}t} = N_1B_{12}\mu_f \tag{5.51}$$

式中，B_{12} 为爱因斯坦吸收系数。

3) 受激辐射跃迁

受激辐射跃迁，即处于较高能级 E_2 上的原子，在能量恰为 $h\nu = E_2 - E_1$ 的光子激励下，向较低能级 E_1 跃迁，并发射一个能量和激励光子能量相同的光子。这个过程的一个重要特点：激励光子和辐射光子不但频率完全相同，而且方向相位和偏振态也相同，也就是说它们是高度相干的。单位时间内，受激辐射的光子密度，即单位时间内 E_2 能级上的粒子密度 N_2 的减少，与 E_2 能级入射的光能密度 μ_f 成正比，即

$$\frac{\mathrm{d}N_2}{\mathrm{d}t} = -N_2B_{21}\mu_f \tag{5.52}$$

式中，B_{21} 为爱因斯坦受激辐射系数。

在一般情况下，受激辐射过程在光辐射中起不了明显的作用，因此在讨论等离子体辐射时被忽略了。但是在激光的产生中，它却是一个最重要的过程。在光

物体相互作用时，上述三种过程是同时存在的，因此，要产生强的相干性激光，就必须创造条件，使受激辐射过程占主要地位。现在就来看看应具备什么样的条件才能使受激辐射过程占主导地位。

假设有一束光子能量为 $h\nu = E_2 - E_1$，光强度为 I 的光经过某一物质(E_1、E_2 为该物质的两个能级，且 $E_2 > E_1$)，则由于吸收过程使入射光的强度将减弱，而由于受激辐射过程光将得到加强。根据式(5.51)、式(5.52)可以写出入射光在通过该物质 $\mathrm{d}x$ 距离后其光强度 I 变化的方程式

$$\begin{aligned}\mathrm{d}I &= h\nu\left(-\frac{\mathrm{d}N_2}{\mathrm{d}t}\right)\mathrm{d}x = \left(N_2B_{21} - N_1B_{12}\right)h\nu\mu_\mathrm{f}\frac{c}{n}\mathrm{d}t \\ &= \left(N_2B_{21} - N_1B_{12}\right)h\nu I\mathrm{d}t\end{aligned} \tag{5.53}$$

其中，$\frac{c}{n}$ 代表光在折射率为 n 的介质中的光速；$I = \mu_\mathrm{f}\frac{c}{n}$。

由热力学可以证明，爱因斯坦受激辐射系数 B_{21}、受激吸收系数 B_{12} 与自发辐射系数 A_{21} 间的关系如下：

$$B_{21} = \frac{g_1}{g_2}B_{12} = \frac{c^3A_{21}}{8\pi h\nu} \tag{5.54}$$

式中，g_1、g_2 分别为能级 E_1、E_2 的统计权重。因此式(5.53)可改为

$$\mathrm{d}I = \left(N_2\frac{g_1}{g_2} - N_1\right)B_{12}Ih\nu\mathrm{d}t \tag{5.55}$$

由此可见，当 $N_2\frac{g_1}{g_2} > N_1$ 时，$\frac{\mathrm{d}I}{\mathrm{d}t} > 0$，也就是说，光得到了加强或放大。在热平衡状态下，能级分布遵从玻尔兹曼分布为

$$\frac{N_2}{N_1} = \frac{g_2}{g_1}\exp\left(-\frac{E_2 - E_1}{KT}\right) \tag{5.56}$$

式(5.56)的条件通常是不能达到的。只有某些特殊的物质，在一定的激励条件下，才能达到式(5.56)的条件，这个条件就称为粒子数反转条件，能够满足这个条件的物质称为激光工作物质。光线通过激光工作物质 $\mathrm{d}x$ 距离后，由式(5.56)可求出光强的变化

$$\frac{\mathrm{d}I}{I} = -h\nu\left(N_1 - N_2\frac{g_1}{g_2}\right)B_{12}\frac{\mathrm{d}x}{\frac{c}{n}} \tag{5.57}$$

2. *汤姆孙散射*

精确测量等离子体的状态参数是深入研究等离子体物理过程的基本前提之

一。对于高温高密度的等离子体，由于受到可接近性的限制，实验室常用的主动诊断手段(如探针)是无法接近需要探测的等离子体的。当然，也有其他被动诊断方式可以提供众多等离子体参数的测量手段，如 X 射线能谱测量。相对被动诊断手段，汤姆孙散射作为一种主动诊断手段有其独特的一面：它可以高时空分辨地测量等离子体参数，且实验结果的解释相对简单，即散射光谱以比较直接的方式与等离子体参数有关。后者特别重要，因为有些诊断方法严重依赖于对实验数据的解释和处理，导致获得的等离子体参数的置信度较低。经过多年的发展，特别是由于激光技术及高速高灵敏度探测器的进步，汤姆孙散射已经逐渐演化成为惯性约束聚变等离子体的标准诊断手段，成为精确研究等离子体行为的强大工具。

汤姆孙散射的基本原理如下：

汤姆孙散射是低能光子(光子能量远远小于 0.511MeV)与低能电子之间的弹性散射。该过程的经典物理图像是，在入射电磁波场中振荡的电子发射电磁波——散射电磁波。若电子有一运动速度 v，散射电磁波的频率将不同于入射电磁波的频率，其差别

$$\Delta w = k - v \tag{5.58}$$

这里，$k = k_{\mathrm{s}} - k_0$ 是散射波波矢与入射电磁波波矢之差，称为散射差矢。由这个简单的公式可以看到，散射电磁波携带了电子运动信息，这就是汤姆孙散射可以用来诊断等离子体的基本原因。当然，当我们采用汤姆孙散射诊断等离子体时，测量到的散射光谱来自许多电子产生的散射电磁波的相干叠加。叠加的结果是，散射光谱与电子密度涨落功率谱成正比

$$\frac{\mathrm{d}^2 p}{\mathrm{d}w\mathrm{d}\Omega} = N_{\mathrm{e}} I_0 r_{\mathrm{e}}^2 \sin^2\theta S(k,w) \tag{5.59}$$

其中，$S(k,w)$就是所谓的动力学形状因子，它是电子密度涨落自相关函数的谱密度；I_0 是入射电磁波的功率密度；N_{e} 是发生汤姆孙散射的电子束；r 是经典电子半径；θ 是入射电磁波的极化方向与散射矢之间的夹角。若电子彼此之间是完全无关的，那么散射光谱就是各个电子散射光谱的简单相加，此时散射光谱反映了电子在散射差矢方向上的速度分布。若等离子体中存在集体运动，电子之间不是彼此完全相互无关的，干涉效应会导致散射光谱在相应于等离子体集体运动模式的频率和波矢处出现尖锐的极大值。对于无磁化的等离子体，我们知道等离子体中的集体运动模式有两个：高频的电子等离子体波和低频的离子声波。这两种集体运动模式的色散关系

$$\omega_{\mathrm{epw}}^2 = \omega_{\mathrm{pe}}^2\left(1 + 3k^2\lambda_{\mathrm{De}}^2\right) \tag{5.60}$$

$$\omega_{\mathrm{ia}}^2 = \frac{1}{1 + k^2\lambda_{\mathrm{De}}^2}\frac{ZT_{\mathrm{e}}}{m_{\mathrm{i}}} + 3\frac{T_{\mathrm{i}}}{m_{\mathrm{i}}} \tag{5.61}$$

其中，ω_{pe} 是朗缪尔振荡频率；λ_{De} 是电子德拜长度；T_e、T_i 是电子、离子温度；Z 是离子电荷数；m_i 是离子质量。经过适当的实验安排，以满足 $k^2\lambda_{De}^2 \ll 1$，那么我们就能够从散射光谱中获得电子密度 n_e，以及电子密度与离化态乘积 ZT_e 的信息。此外，散射光谱的宽度与集体运动模式的阻尼有关，而阻尼也取决于等离子体的状态参数，因此通过散射光谱的宽度，原则上也可以推断出等离子体的参数，例如，通过电子等离子体波的散射光谱的宽度，可以测量电子温度 T_e。

3. 激光倍频

激光倍频技术非线性晶体在强激光作用下的二次非线性效应，使频率为 ω 的激光通过晶体后变为频率为 2ω 的倍频光，它也称为二次谐波(SHG)技术。倍频技术扩大了激光的波段，可获得更短波长的激光，是最先在实验上发现的非线性光学效应。1961 年由 Franken 等进行的红宝石激光倍频的实验，标志着对非线性光学进行广泛实验和理论研究的开端。激光倍频是将激光向短波长方向变换的主要方法，已达到实用化的程度，并且有商品化的器件和装置，目前获得非常广泛的应用。

二次谐波技术测量电场的原理如下：

一般在经典的线性光学中，介质的感生极化，即介质的单位体积的偶极矩和外加电场是呈线性的关系；当在强场环境下，例如强电场或者使用高功率的激光，这时的极化是非线性，就是这里提到的非线性光学效应，其中二次谐波即是三阶非线性对应的波长的光信号。可以表达为

$$P = \varepsilon_0 X_1^E + \varepsilon_0 X_2^{E^2} + \varepsilon_0 X_3^{E^3} + \cdots \tag{5.62}$$

其中，X_1 是介质的磁化率；E 是场强；P 是极化率。

对于脉冲放电中测量时空分辨的电场，近年有学者提出了一种利用电场中介质极化产生二阶非线性光学效应的电场测量方法，由于激光的非侵入式以及脉冲激光的窄脉宽的特性，极端电磁条件下二次谐波法，在不干扰本身电场分布和放电条件下就能够测得真实的电场强度，且可以较好地测量时空分辨的电场强度，并且通过测量不同偏振方向上的电场强度可以得出不同方向分量上的电场强度。在不同的测量环境下都有着良好的测量性能，包括单纯等离子体环境以及燃烧中的电场测量。

二次谐波的产生可以由以下的非线性极化耦合波方程给出说明

$$P_i^{(2\omega)} = \frac{3}{2} N \chi_{ijkl}^{(3)}\left(-2\omega, 0, \omega, \omega\right) E_j^{(F)} E_k^{(\omega)} E_i^{(\omega)} \tag{5.63}$$

式中，$P_i^{(2\omega)}$ 是在 2ω 的感生极化；$E_k^{(\omega)}$ 是入射激光的电场；$E_j^{(F)}$ 是施加电场；N

是分子气体的密度；$\chi_{ijkl}^{(3)}$ 是非线性极化率，取决于分子偶极矩和电场方向。二次谐波产生机理如图 5.29 所示。

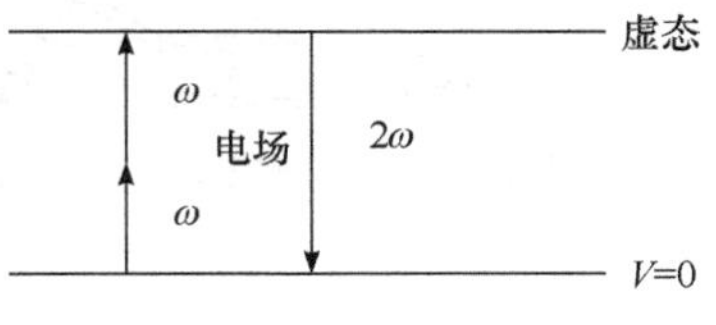

图 5.29　二次谐波产生机理

外加电场 $E_j^{(F)}$ 引发非极性分子产生偶极矩，就像在 CARS 的电场中一样。来自高强度的泵浦激光的强电场 $E^{(\omega)}$，在倍频 2ω 驱动相干振荡极化，因为成正比的驱动力与 $[E^{(\omega)}]^2$ 成正比。振荡分子在外部场的作用下在倍频 2ω 产生偶极矩辐射。结果是一个相干的信号束，其强度与外部电场的平方相关。倍频光信号与这些因素的关系可以表达为

$$I_i^{(2\omega)} = \left[N_{\chi_{ijkl}}^{(3)}(2\omega,0,\omega,\omega) E_j^{(F)} E_k^{(\omega)} E_i^{(\omega)} \right]^2 L^2 \left[\frac{\sin(\Delta kl/2)}{\Delta kl/2} \right]^2 \tag{5.64}$$

式中，L 是电场作用长度；i、j、k、l 是激光、外加场、二次谐波信号的偏振面。所以在进行标定测定时，需要将上述影响信号强度的因素考虑进去。

5.6.2　微波诊断技术

1. 微波技术简介

实物探针在诊断过程中往往会与等离子体发生相互作用，对等离子体的状态产生一定的干扰。基于微波的等离子体诊断技术是非侵入的，在一定条件下，它们与等离子体的相互作用很微弱，对等离子体干扰较小。根据电磁波在等离子体中的传播特性可用来获悉等离子体的部分参数信息。目前最为常用的诊断手法有微波干涉诊断、等离子体的微腔诊断、等离子体的辐射诊断等(项志遴等，1982)。

微波是指波长在 1m～1mm 范围的电磁波，通常可将微波划分为分米波、厘米波、毫米波，频率范围 300MHz～300GHz。在这么高的频率下，电磁波的波长与传输线的尺寸可相比拟，甚至更小，此时就不能忽略电磁场沿传输线的空间分布，电路的分布参数效应也不容忽略，而且电磁波沿导线传输过程中的辐射、反射效应和趋肤效应也愈显著；这时若仍用低频传输线来传输微波，微波的能量就会很快地被消耗掉。因此，为了低损耗地传输微波能量和信息，必须采用特殊形式的微波传输线。微波传输线的种类很多，按在其上传播的电磁波的特征划分，主要有两大类：①TEM 波传输线，如同轴线、带状线、微带线；②波导传输线，如矩形波导、圆波导等。常见的微波传输线如图 5.30 所示。

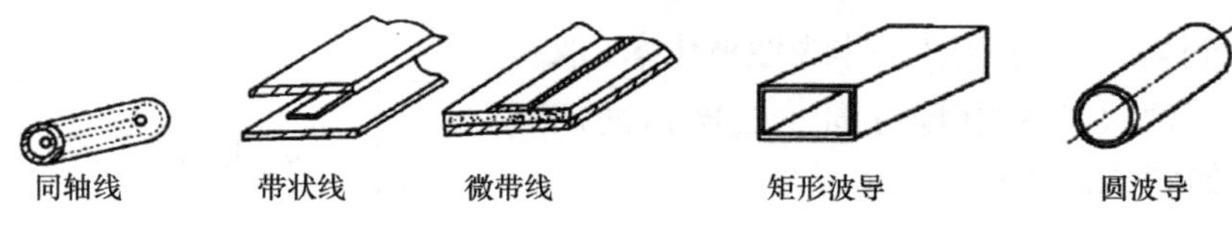

图 5.30　常见微波传输线

2. 微波探针诊断技术

当电磁波传播途径中遇上等离子体时，会像其他电介质一样，或允许电磁波在其中传播，或会使电磁波反射，或者两者兼而有之。正好利用等离子体对电磁波的反射和传输特性来对等离子体进行诊断。

透射测量和反射测量原理如下：

透射测量是最简单的一种等离子体诊断的微波方法。在无磁场条件下，当电磁波的频率 ω 小于 ω_{pe}(截止频率)，或者电子密度 N_e 大于临界密度 N_{ec} 时，电磁波就完全不能通过等离子体；反之，则电磁波就能在等离子体中传播。此时，用已知频率的电磁波经天线聚束后向等离子体发射，电磁波穿过等离子体后再由天线接收并送入相应各种接收机或测量装置。根据接收机有无输出信号，就可判断该等离子体的电子密度是低于还是高于相应的临界电子密度。

电磁波通过等离子体的反射、透射信号测试波形示意图如图 5.31 所示。从测试的透射率和反射率的图形可以看出，在 t_1 和 t_2 处透射率趋于零，反射率相当大，表示相应时刻的电子密度应当等于临界电子密度。如果能用多个频率作透射测量，就可以得到较多的电子密度信息，有可能获得大致的等离子体密度变化情况。如

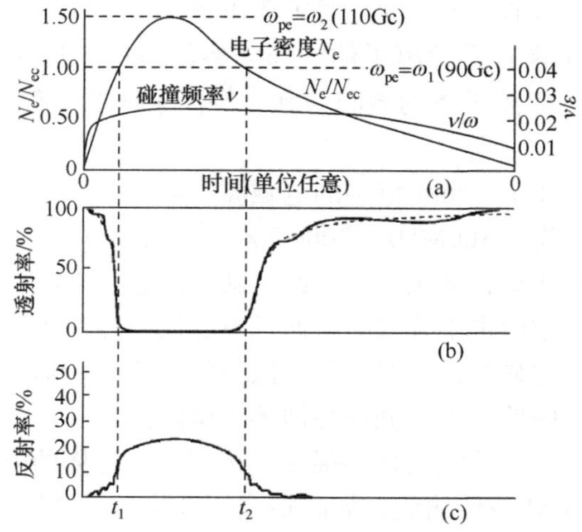

图 5.31　电磁波通过等离子体的反射、透射信号测试波形示意图

(a) 等离子体密度表示；(b) 透射波波形；(c) 反射波波形

果能用频率源作微波源的话，其数据可以得到更多。当然，这要求等离子体是稳定的，如果是非稳定状态的，则要求频率改变及信号处理速度都要跟得上等离子体密度的变化速率。

虽然这种方法有一定的不足之处，但简单易行，结果的物理意义清晰，是一种有用的诊断方法。当然，测量装置的安装应当非常讲究，如果是用于磁约束等离子体装置的话，应当注意磁场约束等离子体装置必须真空密封。为了减少喇叭天线受密封窗影响，方向性受到破坏，要将喇叭伸入真空中去，并要在喇叭末端的法兰连接处用极薄的(如几十微米)的云母、人造云母或者聚四氟乙烯、Mylar 等薄膜或者其他密封措施加以密封。

在接近喇叭口的管壁上要有防止电磁波反射的涂层，以避免散杂反射波的干扰，其材料可以是铁氧体涂敷型吸波材料，并要求耐高热而牢固，也可以是碳粉和碳化硼粉掺入到瓷漆中。

反射信号测试装置如图 5.32 所示，由定向耦合器组成反射计来测量反射波，整个系统可以同时进行透射和反射的测量。当等离子体密度大于该入射电磁波频率下的电子临界密度时，就会有大的反射波出现，其波形如图 5.31(c)所示。

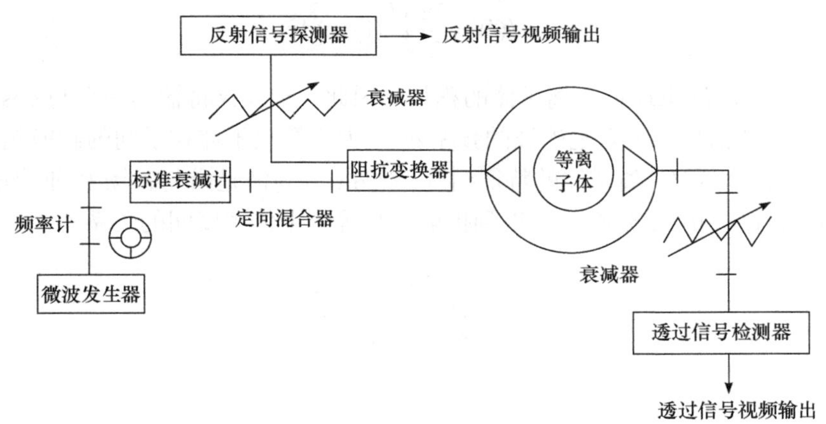

图 5.32　反射信号测试装置示意图

3. 微波干涉诊断技术

微波诊断技术中最有效的方法是利用微波干涉法测量等离子体引起的电磁波相位的变化，其实质就是测出任意来源的两个同频率相关信号之间的相位差。微波干涉测量的基本设计思路如图 5.33 所示。

微波发生器输出的微波被 T 形分支分成两路，一路作为探测波通过待测的等离子体，另一路作为参考波通过可变衰减器和相移器，然后这两路微波再通过一个 T 形分支相混合，其输出的合成波经检波器检测后输出一个视频信号，它经过

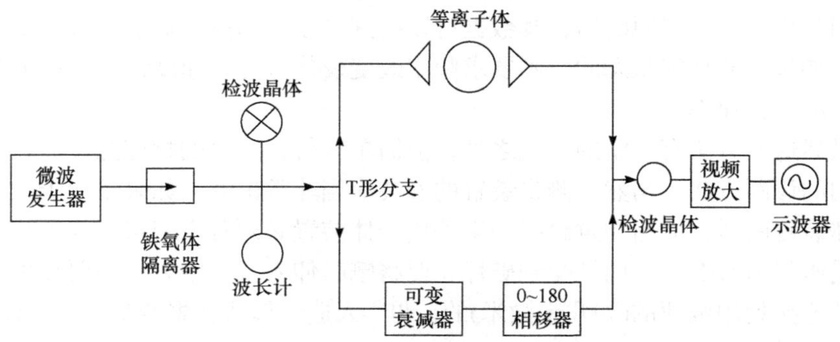

图 5.33　微波干涉测量的基本设计思路

视频放大器后送至示波器显示。我们知道，T 形分支的输出与两路输入波的相位差有关。例如，对于 E-T 分支，当两路输入波的相位和幅度均相同时，其输出功率为零。我们就可以利用这一特性，在没有等离子体时，调节参考支路上的可变衰减器和相移器，使干涉仪的输出为零。当产生等离子体后，随着等离子体密度 N_e 的变化，将使通过等离子体的探测波束的相位发生相应的变化

$$\Delta\phi(l)=\frac{2\pi}{\lambda_0}\int_0^L(1-n)\mathrm{d}x \tag{5.65}$$

式中，L 是探测波束通过等离子体的程长。因此，干涉仪将输出一个与 $\cos\Delta\varphi(t)$ 成正比的干涉信号。入射电磁波的频率 ω_0 远大于等离子体粒子间的碰撞频率 ν，且其波长 λ_0 远小于等离子体的特征线度；此外，入射波是沿与磁场 B_0 垂直的方向传播的寻常波。由式(5.66)可以得到折射率与等离子体密度间的关系

$$n=\left(1-\frac{\omega_{\mathrm{pe}}^2}{\omega^2}\right)^{\frac{1}{2}}=\left(1-\frac{N_{\mathrm{e}}}{N_{\mathrm{c}}}\right)^{\frac{1}{2}} \tag{5.66}$$

其中

$$N_{\mathrm{c}}=\frac{4\pi^2\varepsilon_0 m_{\mathrm{e}}}{e^2}f_0^2-1.24\times10^{-2}f_0^2 \tag{5.67}$$

是与电磁波频率相对应的临界密度。因此，干涉仪输出信号幅度变化的波形与等离子体密度随时间变化的波形之间有如图 5.34 所示的对应关系。这样，只要从干涉仪的输出信号波形中测出每一时刻的相位移动值，就可以求出 N_e 随时间变化的数值。这就是微波干涉法用以测定等离子体电子密度的基本原理。

4. 谐振腔诊断等离子体技术

谐振腔诊断方法是最早的等离子体诊断技术之一。腔中等离子体的存在会引

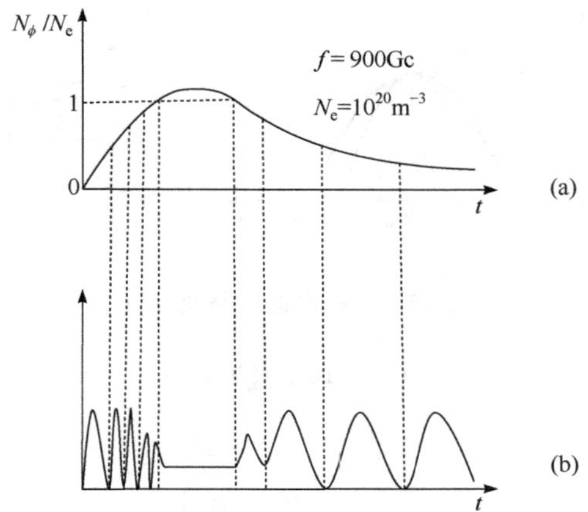

图 5.34　干涉仪输出信号幅度(b)与等离子体密度变化波形(a)

起腔的谐振频率和 Q 值的改变。谐振频率和 Q 值的改变与等离子体频率(等离子体的电子密度)及电子同其他等离子体或中性粒子的碰撞频率 ν 有关。其基本的理论依据就是腔的微扰理论，也正因为这样，该方法的应用范围会受到某些限制，但又是一种很重要的等离子体诊断方法，如在弹道靶尾迹的诊断中就有很好的应用。

采用谐振腔方法可诊断等离子体，即测量谐振腔有无等离子体时的频率差，或者两者之间的相位变化。显然，若要有效地采用谐振腔方法的诊断技术，等离子体在谐振腔中形成的影响必然要满足微扰理论的要求。微扰理论在以下情况下成立。首先等离子体频率 ω_{pe} 要远远小于工作频率 ω，碰撞频率 ν 远远小于工作频率 ω。其次是等离子体外加有直流磁场时，电子回旋频率 ω_{ce} 远远小于工作频率 ω，即所谓弱磁场条件。最后是等离子体柱的半径 $r_0 = \dfrac{D_{\mathrm{p}}}{2}$ 比腔体半径 r_{c} 小得多。

根据一阶微扰理论有

$$\frac{\Delta\omega}{\omega_0} = \frac{\Delta f}{f_0} = \frac{\int_{V扰} \Delta\varepsilon(r) \left|E(r)\right|^2 \mathrm{d}v}{2\int_V \left|E(r)\right|^2 \mathrm{d}v} \tag{5.68}$$

式中，$\Delta f = f - f_0$ 或 $\Delta\omega$ 为谐振腔谐振频率的变化量；$\Delta\varepsilon(r)$ 为介质的介电常数与自由空间的变化量；$E(r)$ 为未微扰腔的场量。

由式(5.68)可知，一旦确定了具体谐振腔形式及其模式，那么就可以导出相应的具体的微扰公式。只要能测出 $\Delta f = f - f_0$ 来，就有可能测量出等离子体的电子密度。

并联谐振回路及其特性如图 5.35 所示，其数学关系可表示为

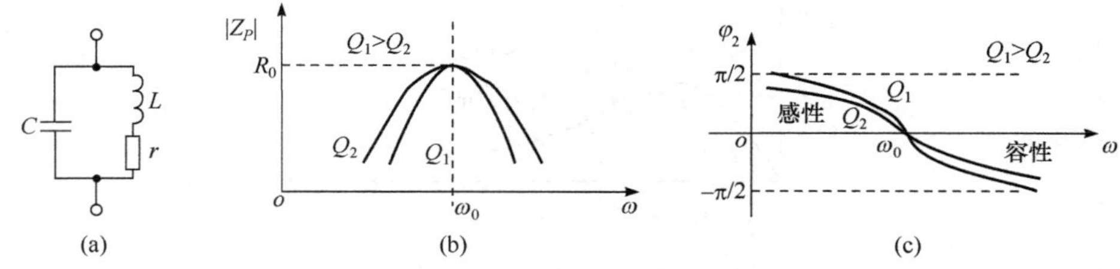

图 5.35　并联谐振回路及其特性

$$\varphi = -\arctan Q(\Delta\omega) \tag{5.69}$$

其中

$$\Delta\omega = \left(\frac{\omega}{\omega_0} - \frac{\omega_0}{\omega}\right) \tag{5.70}$$

因此，式(5.68)可以改写为

$$\frac{\Delta f}{f_0} = \frac{1}{2Q}\tan\varphi \tag{5.71}$$

这样，等离子体对腔的微扰的频率变化量也可以等效成对相位变化的测量。

第二部分　气体放电理论

实际应用的低温等离子体大多是由气体放电产生的。电流通过气体的现象称为气体放电或气体导电。气体放电可以按维持放电是否必须有外部电离源而分为非自持放电和自持放电。非自持放电是指在外加电压建立的电场作用下，要使电流通过气体，必须有外部电离源，如紫外光或放射源照射气体，使之产生足够的带电粒子，它在电场作用下形成电流；若撤去外部电离源，电流就会很快减小，最后消失。而自持放电则是在撤去外部电离源后，气体仍处于导电状态，能够继续维持电流的放电。由非自持放电转变为自持放电的过程称为气体击穿或着火。描述气体击穿过程的理论就是气体放电理论。

本部分介绍气体击穿的三种描述理论，包括汤森放电理论、流注放电理论和高频放电理论。

第 6 章　汤森放电理论

汤森放电理论是第一个气体放电的定量理论，它是气体放电最基本、最经典的基础理论，由汤森(Townsend)1903 年首先提出，汤森判据则于 1910 年提出。其核心是电子雪崩理论，包括三个汤森过程和气体击穿判据，由此分析非自持放电、自持暗放电及过渡区，得到气体放电的各种定量关系和规律。

6.1　电子崩和汤森电离系数

汤森认为，电子在电场运动并获得能量，它们与原子碰撞引起电离但失去能量，在平衡状态下，这两部分的能量相等。新的电子在电场中又引起新的碰撞电离，结果向阳极运动的电子越来越多，像雪崩一样增长，这种现象称为“电子雪崩”(简称电子崩)，如图 6.1 所示。由于电子的扩散，电子崩的形状类似一个头部为球形的火炬，电子集中在头部，离子在后面的拖尾处。

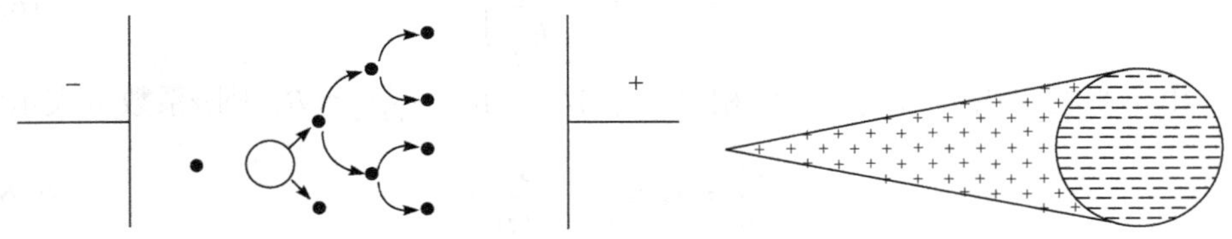

图 6.1　电子崩发展过程和电子崩形状

电子崩理论适用于电子沿电场的定向运动(迁移运动)占优势、热运动占次要地位的情况。

为了描述气体放电中的电离现象，汤森提出三种电离过程，并引出三个对应的电离系数，称为汤森电离系数。

6.1.1　汤森第一电离系数——α 系数

气体中的电子碰撞电离过程α过程，相应的α系数即汤森第一电离系数，定义为每个电子在沿电场反方向运动 1cm 距离的过程中，与气体原子发生碰撞电离产生的电子-离子对的数目。α过程导致电子崩的形成和发展。

在均匀电场中，若单位时间内在空间某处 x_0 的初始电子数为 n_{e0}(来源于阴极表面发射或空间中的光电离等)，由于电子碰撞电离，x 处的电子密度和电流密度为

$$n_e(x)=n_{e0}e^{\alpha(x-x_0)}，\ J_e(x)=en_e(x)v_e=J_{e0}e^{\alpha(x-x_0)} \tag{6.1}$$

在放电空间新产生的电子-离子数

$$\Delta n_e(x)=n_e(x)-n_{e0}=n_{e0}(e^{\alpha x}-1) \tag{6.2}$$

为计算方便，汤森假定：

(1) 电子发生电离碰撞后失去全部动能；

(2) 电子的迁移速度大于热运动速度，即沿电场反方向运动为主；

(3) 碰撞时，电子能量大于或等于电离能则电离概率 P_i 为 1，否则为 0。

设电子的平均自由程为 l_e，则α系数可表示

$$\alpha=\frac{1}{l_e}\times P_i \tag{6.3}$$

电子在电场中获得的能量为 eEl_e，满足碰撞电离条件(即 $eEl_e > eV_i$)的最小自由程为$l_{min} \geqslant V_i / E$。根据自由程分布律，$l \geqslant l_{min}$的概率为

$$P(l \geqslant l_{min})=\exp\left(-\frac{l_{min}}{l_e}\right)=\exp\left(-\frac{V_i}{El_e}\right) \tag{6.4}$$

这一概率也就是电离碰撞概率。根据定义，α系数表示为

$$\alpha=\frac{1}{l_e}\exp\left(-\frac{V_i}{El_e}\right) \tag{6.5}$$

电子平均自由程与气体气压相关。令 $1/l_e = Ap$，$V_i/pl_e = B$，则α系数可表示为

$$\frac{\alpha}{p}=A\exp\left(-\frac{B}{E/p}\right) \tag{6.6a}$$

这表明，α/p 同时与电场强度和气压有关，实际上是折合电场 E/p 的函数。其中 A、B 是与气体种类有关的常数。这一结果与实验惊人相似。在一定范围内，大多数气体的 A、B 值基本确定，如表 6.1 所示。但对于惰性气体，实验值也可用另一个关系来拟合

$$\frac{\alpha}{p}=C\exp\left[-\frac{D}{(E/p)^{1/2}}\right] \tag{6.6b}$$

表 6.1　几种常用气体的 *A*、*B* 值

气体	A/(1/(cm · Torr))	B/(V/(cm · Torr))	E/p 范围/(V/(cm · Torr))	C/(1/(cm · Torr))	D/(V/(cm · Torr))	E/p/(V/(cm · Torr))
He	3	34	20～150	4.4	14	100
Ne	4	100	100～400	8.2	17	250

续表

气体	A/ (1/(cm · Torr))	B/ (V/(cm · Torr))	E/p 范围/ (V/(cm · Torr))	C/ (1/(cm · Torr))	D/ (V/(cm · Torr))	E/p/ (V/(cm · Torr))
Ar	12	180	100～600	29.2	26.6	700
Kr	17	240	100～1000	35.7	28.2	900
Xe	26	350	200～800	65.3	36.1	1200
H_2	5	130	150～600			
O_2	8.8	275	27～200			
N_2	12	342	100～600			
空气	15	365	100～800			
CO_2	20	466	500～1000			
H_2O	13	290	150～1000			
Hg	20	370	200～600			

6.1.2　汤森第二电离系数——β系数

正离子沿电场方向运动所产生的碰撞电离过程称为β过程，运动 1cm 路程产生的电离次数称为β系数，即汤森第二电离系数。

通常，$\beta \ll \alpha$。因此，实际计算中经常忽略β过程。

6.1.3　汤森第三电离系数——γ系数

正离子轰击阴极表面时产生次级电子发射的过程称为γ过程，即正离子表面二次电子过程。一个正离子产生的次级电子个数定义为γ系数，即汤森第三电离系数。它与金属电极的逃逸功、气体电离电位、阴极表面附近电场和离子的动能等因素有关。

但实际上，能够产生次级电子的不仅仅是正离子，还有其他过程，包括正离子二次电子过程γ_i、亚稳态原子二次电子过程γ_m和光子二次电子过程γ_{ph}等，即

$$\gamma=\gamma_i+\gamma_m+\gamma_{ph}+\cdots$$

6.2　汤 森 判 据

气体自持放电的条件是“放电空间单位时间内产生的带电粒子数目等于各种消电离因素引起的带电粒子损失的数目”。这就是气体击穿判据，也称为汤森判据。

若n_{e0}个电子从阴极出发，在电场作用下向阳极运动。那么，到达阳极时的新

产生的电子数目

$$\Delta n_{\mathrm{a}} = n_{\mathrm{ea}} - n_{\mathrm{e0}} = n_{\mathrm{e0}}(\mathrm{e}^{\alpha d} - 1) \tag{6.7}$$

而新产生的正离子则向阴极迁移，在运动过程中也可能发生电离碰撞，但因离子碰撞气体原子的电离概率很小，可近似认为$\beta = 0$。这样空间新产生的离子数也就是达到阴极的离子数。再根据γ系数的定义，这些正离子打到阴极产生的二次电子发射数为$\gamma n_{\mathrm{e0}}(\mathrm{e}^{\alpha d}-1)$。经过多个周期后，到达阳极的电子数

$$\begin{aligned} n_{\mathrm{a}} &= n_{\mathrm{e0}}\mathrm{e}^{\alpha d}\{1 + \gamma(\mathrm{e}^{\alpha d} - 1) + [\gamma(\mathrm{e}^{\alpha d} - 1)]^2 + \cdots\} \\ &= \frac{n_{\mathrm{e0}}\mathrm{e}^{\alpha d}}{1 - \gamma(\mathrm{e}^{\alpha d} - 1)} \end{aligned} \tag{6.8}$$

相应的阳极电流密度

$$j_{\mathrm{a}} = \frac{j_0 \mathrm{e}^{\alpha d}}{1 - \gamma(\mathrm{e}^{\alpha d} - 1)} \tag{6.9}$$

当式(6.9)中分母趋于零时，j_{a}将趋于无穷大，放电转变为自持放电。由此得到自持放电的条件是电离增长率μ为 1，即汤森判据可写成

$$\mu = \gamma(\mathrm{e}^{\alpha d} - 1) = 1 \tag{6.10}$$

它表示，在没有其他外部电离源时，消失在阳极上的电子必须由阴极二次电子及时补充，消失多少就得补充多少。

6.3　帕邢定律

根据汤森判据式(6.10)可得

$$\alpha d = \ln(1 + 1/\gamma) \tag{6.11}$$

对于无限大平板电极(即不考虑电极边沿效应)，若不考虑空间电荷影响，则击穿时的电场强度 $E_{\mathrm{br}} = V_{\mathrm{br}}/d$(其中 V_{br} 为击穿电压)。结合α系数的表达式(6.6)，可得到击穿电压的表达式

$$V_{\mathrm{br}} = \frac{B \cdot pd}{\ln(pd) - \ln\left[\dfrac{1}{A}\ln\left(1 + \dfrac{1}{\gamma}\right)\right]} \tag{6.12}$$

即击穿电压 V_{br} 仅是 pd 的函数，$V_{\mathrm{br}} = f(pd)$。这就是著名的帕邢(Paschen)定律。由 $V_{\mathrm{br}} = f(pd)$ 绘制的曲线也称为帕邢曲线，如图 6.2 所示。

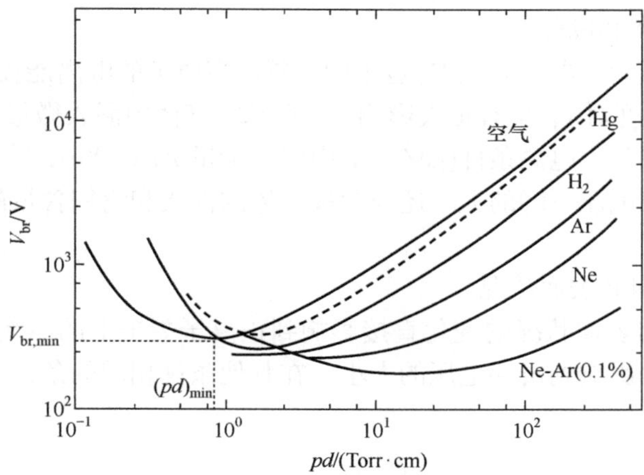

图 6.2　几种常用气体的帕邢曲线

从式(6.12)可以得到帕邢曲线的最小击穿电压($V_{br,min}$)和最小 pd 值($(pd)_{min}$)

$$V_{br,min} = 2.718\frac{B}{A}\ln\left(1+\frac{1}{\gamma}\right),\quad (pd)_{min} = \frac{2.718}{A}\ln\left(1+\frac{1}{\gamma}\right) \tag{6.13}$$

表 6.2 给出部分气体和阴极材料时的最小击穿电压和最小 pd 值。

表 6.2　几种常用气体在阴极材料时的最小击穿电压

气体	阴极	$V_{br,min}$/V	$(pd)_{min}$/(Torr · cm)
He	Fe	150	2.5
Ne	Fe	244	3.0
Ar	Fe	265	1.5
N_2	Fe	275	0.75
O_2	Fe	330	0.57
空气	Fe	450	0.7
H_2	Pt	295	1.25
CO_2	—	420	0.5
Hg	Fe	520	1.8
Hg	W	425	1.8

影响气体击穿电压的因素主要如下。

1) pd 值

帕邢定律式(6.12)表明，当其他因素不变时，pd 值的变化对击穿电压 V_{br} 的变化起决定性的作用。

2) 气体种类和成分

气体种类不同，击穿电压 V_{br} 也不同。通常当原子的电离能较低时，其 V_{br} 值偏低。气体的纯度对 V_{br} 也有很大影响。当在基本气体中混入微量杂质气体时，若两种气体间满足彭宁电离条件(如在 Ne 中混入少量 Ar 或 Xe)，则可使气体的击穿电压下降。击穿电压下降的大小还与两种气体的性质和它们含量的比有非常密切的关系。

3) 阴极材料和表面状况

阴极材料与表面状况的变化直接影响到正离子轰击下的二次电子发射系数γ值的大小，从而影响到击穿电压的大小。在其他条件相同的条件下，γ系数越高，击穿电压越低。

4) 预电离

在没有外加电压时，由于外部电离源的作用，放电管内初始带电粒子的状态称为预电离。预电离越强，初始电子(也称为种子电子)密度越大，击穿电压越低。例如，加强紫外光照射阴极、放电管周围微量放射性元素、加辅助电极等方式产生预电离可以有效降低击穿电压。

5) 电场的空间分布

电极结构和极性决定击穿前电极间隙的电场空间分布。电场分布对α系数和γ系数的数值和分布都起重要作用，影响气体中电子与离子的运动轨迹及电子崩过程，从而对击穿电压产生很大影响。在非均匀电场中，击穿条件要复杂得多，这时的汤森击穿判据应写成

$$\gamma\left(e^{\int \alpha(x)\mathrm{d}x}-1\right)=1 \tag{6.14}$$

6.4 气体放电的相似定律

帕邢定律表明，在两平行板电极放电管中，气体的击穿电压仅是 pd 的函数。也就是说，当放电管的阴极材料、结构相同且气体相同时，只要 pd 相同，击穿电压就相同，与电极间距无直接关系。在此基础上，1924 年 Holm 提出气体放电的“相似定律”，即两个 pd 相同的相似放电空间具有相同的击穿电压和伏安特性。1934 年，von Engel 在 *Ionized Gases* 一书中又进行了完善。

具体地说，对于两个相似放电系统，若空间尺度相差因子为 a(即 $d_1 = ad_2$，其中 d_1、d_2 是两个系统的空间尺度)，则在相同的电压下，放电物理量的相似关系如下。

1) 相同量

pd 值：$p_1d_1 = p_2d_2$

折合电场：$E_1 / p_1 = E_2 / p_2$

电流：$I_1 = I_2$

离子/电子温度：$T_1 = T_2$

2) a 倍量

空间线度：$x_1 = ax_2$

粒子的平均自由程：$l_1 = al_2$

时间尺度：$t_1 = at_2$

电场强度：$E_1 = E_2 / a$

气压：$p_1 = p_2 / a$

3) a^2 倍量

面积：$A_1 = a^2 A_2$

粒子密度：$n_1 = n_2 / a^2$

空间电荷密度：$\rho_1 = \rho_2 / a^2$

放电电流密度：$j_1 = j_2 / a^2$

也就是说，如果使用折合放电参数(折合电场、折合电流、折合离子密度等)来描述系统，则相似放电系统的物理量将是相同的。或者放电电压与电流的关系表示为

$$V = V(pd, j / p^2)$$

值得一提的是，折合电场 E/p 也经常用 E/N(N 为气体分子密度)表示，二者通过热力学方程 $p = Nk_{\mathrm{B}}T$ 关联。E/N 的单位为汤森(Td)，$1\mathrm{Td} = 10^{-17}\mathrm{V \cdot cm^2}$。

注意，在气体放电过程中，并非所有物理过程都是相似的。表 6.3 给出气体放电中满足和不满足相似定律的部分物理过程。

表 6.3　气体放电中满足和不满足相似定律的部分物理过程

满足	不满足
电子一次碰撞电离	所有多级电离
彭宁电离	除彭宁电离外的第二类非弹性碰撞
电子吸附	光致电离
离子/电子的迁移与扩散	热电离
离子→快中性粒子的电荷转移	快中性粒子→离子的电荷转移
高气压下的离子复合	除高气压外的所有复合过程

实际上，气体放电相似定律并不仅限于无限大平板电极(均匀电场)，也适用于其他有限尺度电极结构的非均匀电场，只要结构具有几何相似性即可。

值得注意的是，放电相似性中的空间尺度 d 应该严格地指“放电所经过的途径”。在气体击穿过程中，它就是电极间距。但在已经形成放电通道的系统中，若存在非汤森机制所控制的区域，则它可能并不是整个放电通道或电极间距。例如，在辉光放电(见第 9 章)中，相似距离仅包括阴极位降区，法拉第暗区和负辉区一般也不计算在内，而正柱区等离子体则也不能包括在内。

6.5　电负性气体的击穿

如果气体是电负性的,则电子附着和负离子对击穿和放电过程都有重大影响。

以空气放电为例，若电极间距不是很大，而且电场均匀，汤森电子崩机制(α 过程)是主要的。但电子附着使电子的有效电离系数 $\alpha_{\mathrm{eff}} = \alpha - \eta$ 减小，平行板电极之间均匀电场中的击穿判据变成

$$\gamma(\mathrm{e}^{\int(\alpha(x)-\eta(x))\mathrm{d}x} - 1) = \gamma(\mathrm{e}^{(\alpha-\eta)d} - 1) = 1 \tag{6.15}$$

通常，附着频率 ν_{a} 在低电场下比较大，但随电场增大变化也较慢，电离频率 ν_{i} 在弱电场下很小，但随电场增大的增长也很快。只有当有效电离系数大于 0 时，击穿才可以发生。在大气压空气的电离频率和附着频率如图 6.3 所示，交叉点在 $E/N \approx 125\mathrm{Td}$ 处，对应大气压下的电场为 $E \approx 31.2\mathrm{kV/cm}$。

当电极间隙较小(<5cm)时，一般是汤森机制占优。如果电极间隙比较大(>6cm)，则将形成火花放电，此时流注机制占优。

另一方面，总的电子附着强度与电子的运行距离有关系，因此空气击穿场强并不完全满足相似定律，它随电极间距的变化并不是线性的，如图 6.4 所示。

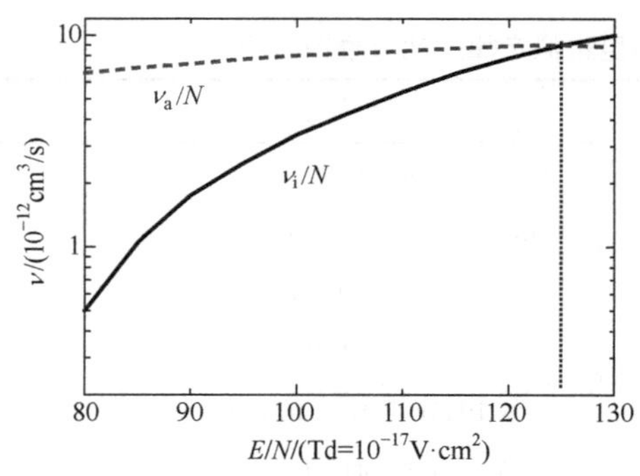

图 6.3　空气的电离和附着频率(p = 1atm，交叉点 $E/N \approx 125\mathrm{Td}$)

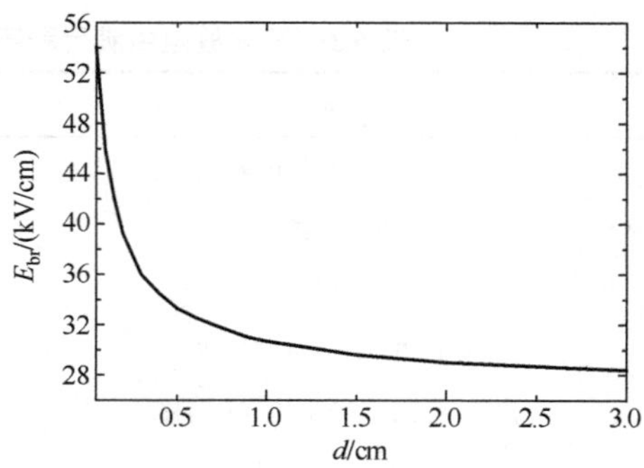

图 6.4　大气压空气平板电极间隙的击穿电场(p = 1atm)

电子附着使电负性气体的击穿电场相比无附着时有所增大。表 6.4 给出部分

电负性气体高气压时的击穿阈值(气压约 760Torr，电极间隙 5cm 或以下)。

表 6.4　电负性气体的击穿阈值($p\approx 760$Torr，$d=5$cm 或以下)

气体	稳定场中的击穿阈值(E/p，kV/(cm · Torr))	
	无附着	正常附着
H_2	20	26
O_2	30	40
空气	32	42
Cl_2	76	100
CCl_2F_2	150	200
CCl_4	180	230
SF_6	89	117

6.6　帕邢曲线的适用条件和偏离

理想帕邢定律是在严格的汤森条件得到的，即两平行板电极可视为无限大平板(均匀电场)、阴极表面二次电子是离子γ过程。如果这些条件不能同时满足，则击穿曲线将偏离帕邢曲线。最常见的情形包括：①有限电极长度下的边沿效应；②微电极间隙的场致发射；③非均匀电场。

6.6.1　有限电极

有限电极是指电极的尺度(面积)有限，存在边界效应。电极长度 L(或圆电极半径 r)的大小是相对于电极间距 d 而言的。当 L/d(或 r/d)有限或比较小时，电极边沿效应变得重要，使得电极间的电场不能简单按照 $E=V/d$ 计算。此时，$V_{\text{br}}=f\left(pd,\dfrac{r}{d}\right)$，如图 6.5 所示。

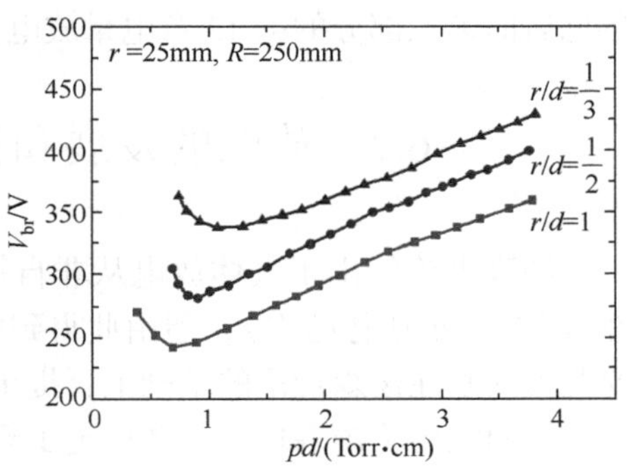

图 6.5　有限电极下帕邢曲线的偏离

另外，如果电极边界存在介质，表面效应(如表面电荷吸附)不仅可以使电场畸变，甚至可以使空间中的电离过程(如α过程)和电子损失机制发生变化，从而导致帕邢曲线偏离理想状态。

6.6.2 微电极间隙

微电极间隙指当电极间隙 d 减小到 5μm 或更小时的情形。由于阴极表面电场非常强，表面电子的场致发射明显增强，甚至起主要作用。此时，击穿电压将随电极间隙减小而线性下降，如图 6.6 所示。

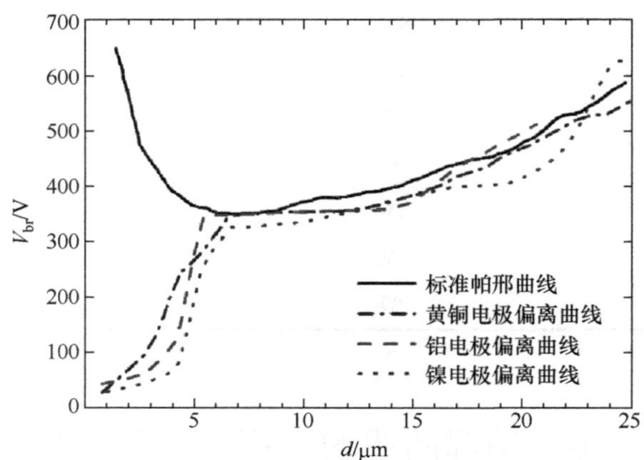

图 6.6　微间隙放电的击穿曲线和帕邢曲线偏离(大气压空气)

6.6.3 非均匀电场

在非均匀电场(典型的如针-板或线-板电晕结构)的情形下，其电子在运动路径上的倍增系数不能直接写成 $M_\mathrm{e} = \mathrm{e}^{\alpha d}$ ，而是 $M_\mathrm{e} = \exp(\int \alpha(E(x))\mathrm{d}x)$ 。此时，击穿电压 V_{br} 与 pd 的关系并不是简单的帕邢定律，还与电极的几何尺寸和配置有关。而对于电负性气体，还要考虑电子附着系数 η，α 应替换为 $\alpha_{\mathrm{eff}} = \alpha - \eta$ 。详细情况参见后面第三部分的第 12 章电晕放电。

6.7 放电的发展和稳定：罗戈夫斯基理论

汤森理论给出了气体放电从非自持转变为自持的判据 $\gamma(\mathrm{e}^{\alpha d} - 1) = 1$ (非电负性气体、均匀电场中)，但由此得到的放电电流将趋于无穷大。这显然不合理。罗戈夫斯基在汤森理论的基础上，提出在气体击穿中应考虑空间电荷对放电的影响，从而完善了汤森理论，并奠定了辉光放电的理论基础。

6.7.1 空间电荷对放电的影响

在放电过程中，电子-离子对是成对产生的。稳定状态下，到达阳极的电子数与到达阴极的正离子数一定相等。但由于离子的迁移率远小于电子，靠近阴极附近的离子就会积聚，直至远大于电子空间电荷。而阳极上的传导电流是电子电流，阳极附近的电子密度却应该远小于阴极附近的正离子密度，只有这样才能使空间电荷产生、消除平衡。在整个空间中将是正离子占优，它使空间的均匀电场发生畸变。空间电荷的电场由泊松方程得到，即

$$\frac{\mathrm{d}E}{\mathrm{d}x} = -\rho / \varepsilon_0$$

当电极间加上足够电压后，气体击穿，电极间电位在击穿过程中的变化如图 6.7 所示。

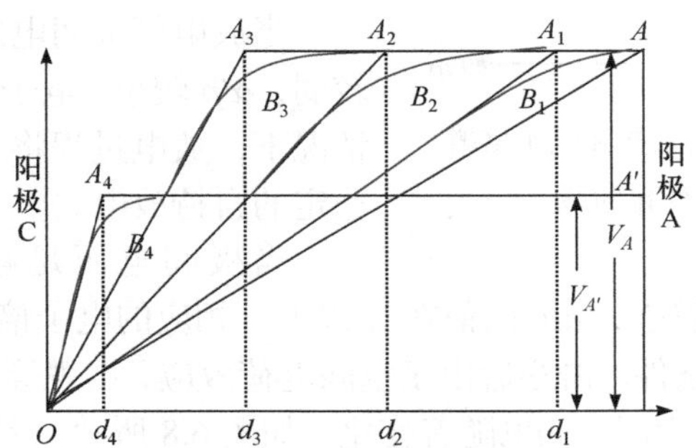

图 6.7　电极间电位在击穿过程中的变化

开始时没有空间电荷，电位分布为直线，如直线 OA。

放电开始后，阳极附近开始积累净的正电荷，电位分布变成曲线 OB_1A。

随着放电的发展，这种净的正电荷逐步增多，使电位曲线向左推移，$OB_1A \to OB_2A \to OB_2A_1A \to \cdots$

为分析方便，罗戈夫斯基用折线代替电位分布。例如，图中 OA_1A 代替了 OB_1A 等。由于 A_1 和 A(即阳极)等电位，可以用“等效阳极”的概念来处理空间电荷的电场畸变问题。空间电荷引起的电位畸变分布 $OB_1A \to OA_1A$，在空间 OA_1 为线形分布，相当于把阳极从 A 移至 A_1，有效极间距从 $d_{CA} = d$ 减小到 $d_{CA1} = d_1$；OA_2A 段相当于把阳极从 A 等效移至 A_2，有效极间距从 $d_{CA} = d$ 减小到 $d_{CA2} = d_2$……而在阴极与等效阳极 $A_i(i = 1,2,\cdots)$之间的空间电场仍然均匀，为 $E = V_A/d_i$。显然，在空间电荷的作用下，由于等效阳极向阴极推移，等效极间距减小，阴极附近的电场大大加强。随着放电电流的增大，外电路的电阻压降增大，放电管上的电压减小。放电管击穿后，由汤森放电转化为正常的辉光放电。这时放电电流达到比较大的值，放电管间的压降也下降到 $V_{A'}$，即图中出现的电位分布 OA_4A'，使放电得以稳定。由此可见，由于空间电荷的形成和影响，阴极表面附近的电场大大增强了。

那么，在电场向阴极集中的过程中，放电又如何稳定呢？

6.7.2 自持放电的稳定过程

从上面的讨论可知，当放电管两极加上电压时，放电空间形成电子崩，空间电荷增多，在空间积聚净的正电荷，使空间电场发生畸变，出现等效阳极，管内压降向阴极集中。阴极附近的电场增强，但放电空间的距离减小。电子碰撞电离系数α和电子倍增系数μ都随放电过程变化，变化曲线大致如图 6.8 所示。

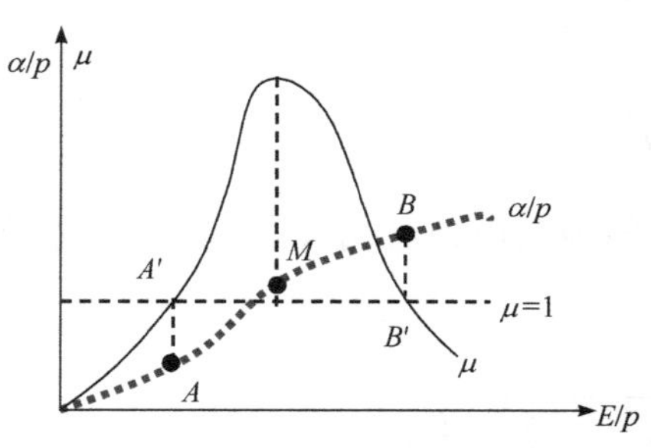

图 6.8 电子碰撞电离系数和电子倍增系数随电场的变化曲线

当放电管极间电压较小时，空间电场较弱，α/p 较小，电子倍增系数$\mu<1$。这种情况下，放电过程将不能持续，不能形成稳定的自持放电。

当极间电压足够大(达到击穿电压 V_{br})，空间电场较足够强，α/p 的值在 A 以上，相应的电子倍增系数μ在 A'处，可以满足$\mu=1$ 的击穿条件。击穿后由于空间电荷效应，出现等效阳极，有效极间距减小，E/p 增强，α/p 增大，μ也随着变化，如图 6.8 所示。但曲线上 A(或 A')以上的$\mu>1$，放电状态不稳定。随着 E/p 的增强，$A\to M$，μ不断增大并达到峰值，放电继续发展；$M\to B$，μ虽然在减小，但仍然大于 1，放电仍将继续发展。直到 B' 点，满足$\mu=1$，放电不再继续增强，而是达到稳定状态。这时，有效极间距远小于放电管极间距，压降大部分集中在阴极附近，使阴极附近空间的电场强度大大增强。

上述分析清晰地说明了放电在空间的发展过程，由于空间电荷的积累效应使放电发展有限化，从而解决了汤森理论的困境。

实际上，空间电荷影响的结果就是最终将形成阴极离子鞘。这也是辉光放电形成和稳定的理论基础。当然，如果极间电压正好使电子倍增系数一直维持在$\mu=1$ 左右，则空间电荷的积累将不是很强烈，电场也可以不集中在阴极附近。这时，放电并不进入辉光放电模式，而是进入汤森暗放电模式。

6.8 汤森放电理论的局限性

汤森放电理论从物理概念上清晰解释了中低气压的气体导电现象，并建立了击穿判据和击穿电压的基本理论公式；它也适用于高气压辉光放电，但对高气压下出现的火花放电现象，它却无法解释。这包括：

(1) 放电形成时间(放电时滞)。当电极间加上击穿电压，从非自持放电到自持放电需要一定的时间。按汤森放电理论，击穿与电子崩、阴极二次电子有关，该放电时滞为 10～100μs，而实际上在大气压 760Torr(约 10^5Pa)下放电时滞仅为 0.01μs 量级。在这么短的时间内，正离子基本来不及运动，也不可能轰击阴极。

(2) 汤森放电理论认为击穿的原因是电流增长率 $\mu = \gamma(e^{\alpha d} - 1)$ 的增长，这必然与阴极上的γ过程有关，阴极材料和表面状态对击穿有重要影响。但实际上在高气压火花放电中，阴极性质对击穿没有明显影响，γ 过程对击穿几乎是无关紧要的。

(3) 在汤森机制下，均匀电场中的放电过程是一致的，放电通道因此均匀，呈“一维”模式。但在高气压下，放电不均匀，电离通道是线状和分枝的。

高气压火花放电必须用其他的理论来描述，即流注放电理论。

第 7 章　流注放电理论

1940 年 Loeb、Meek 和 Raether 建立了流注放电理论(或流光放电理论)，它是以汤森电子崩理论为基础，并考虑空间电荷电场的影响和电子崩中的光致电离效应(Raether, 1964)。其电离通道的形成与汤森过程明显不同，呈现线状和分枝，可以发展到很长距离(即流注)，由流注转化为火花击穿，称为“流注击穿机制”(streamer breakdown mechanism)。它与汤森放电理论并不是对立的，而是互补的。

7.1　流注放电理论的定性说明

高气压下，气体击穿过程中除带电粒子产生电子崩外，还有其他形式的电离过程，使空间电离度大大增大，并伴有强的光辐射，即流注(或流光)。流注可以在空间任何区域形成，并向电极扩展。流注与电压的极性有关，由阳极向阴极发展的流注称为正流注，由阴极向阳极发展的流注称为负流注。

1. 正流注

如图 7.1 所示，若放电空间初始电子出现在任意点，如阳极附近，则在阳极空间首先形成主电子崩，同时在电子崩中辐射出大量的光电子，当电子崩头部的电子接触阳极时，由于离子运动速度较慢，在它还来不及离开原来的空间时，阳极前就积累了大量的正离子，导致空间电场畸变，使靠近阴极空间的电场增强。

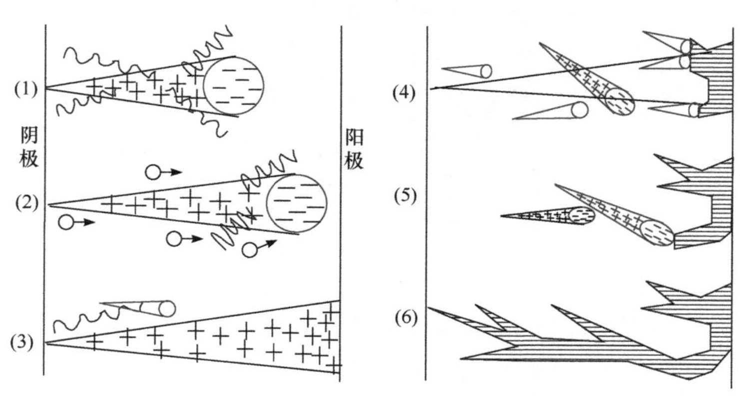

图 7.1　正流注发展过程

在强电场作用下，光电子产生次电子崩，次电子崩头部的电子进入主电子崩的空间电荷区，使流注向阴极方向发展，由于次电子崩的不断汇入，流注迅速发展到阴极。

2. 负流注

如图 7.2 所示，从阴极发出的初始电子形成主电子崩Ⅰ，在电子崩过程中形成的激发态原子辐射出大量光子，在光子的辐射路径上(由波浪线表示)，气体原子产生光电离，由大量光电子形成大量的次电子崩Ⅱ、Ⅲ、Ⅳ等，当主电子崩与次电子崩汇合时便形成流注，形成迅速向阳极发展的负流注。

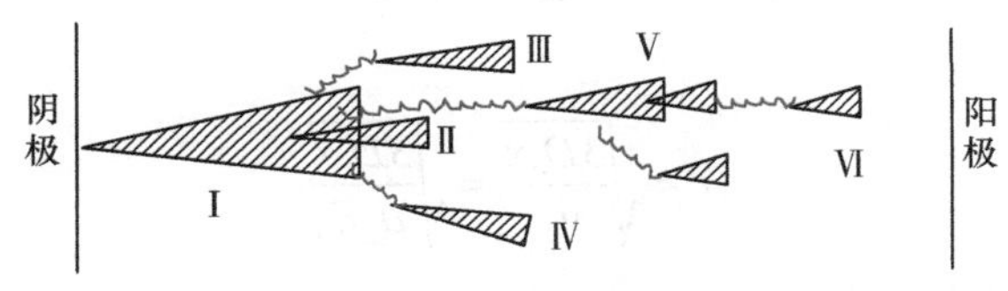

图 7.2　负流注发展过程

由此可见，在流注形成的过程中，光电离起着决定性的作用，而光电离可以在任意点产生，次电子崩的形成位置也是随机的，因而流注的扩展路径是曲折、分叉的。火花击穿是主、次电子崩汇合的结果，所以形成时间很短，约 10^{-8}s(10ns)量级。

显然，流注击穿并不需要电极的帮忙，因此与电极材料关系不大。

而在均匀电场中，一个流注就能导致整个间隙的击穿。因此，流注模式下的电离通道可以是线状、分枝的。

7.2　雷特判据和米克判据

流注形成的主要因素是强电离，它取决于电子崩中不均匀分布的空间电荷所形成的强电场。显然这是一个很复杂的问题。流注理论模型也因此并不简单。Raether 和 Meek 分别从不同模型建立了空气流注击穿的判据，分别称为雷特判据和米克判据。

7.2.1　雷特判据

雷特假设：由一个电子在空间形成电子崩，电子崩中产生的电子都集中在其最前部的一个球体内。在这种简化模型下可以根据泊松方程得到空间电场。

若外电场均匀，强度为 E，电子碰撞电离系数为α，电子沿电场反方向运动 x(即电子崩的长度为 x 时)的电子增长为 $e^{\alpha x}$。根据雷特假设，它在电子崩头部半径

为 r 的球体面上的电场强度为

$$E_r = \frac{e\mathrm{e}^{\alpha x}}{4\pi\varepsilon_0 r^2} \tag{7.1}$$

考虑电子在 x 路径上的迁移，同时向外扩散，为简化问题，取电子的扩散长度等于电荷球体的半径，即有

$$r \approx \sqrt{3D_{\mathrm{e}}t} \tag{7.2}$$

在这段时间内电子的迁移距离

$$x = v_{\mathrm{de}}t = \mu_{\mathrm{e}}E_0 t \tag{7.3}$$

由此

$$r \approx \sqrt{\frac{3D_{\mathrm{e}}x}{v_{\mathrm{de}}}} = \sqrt{\frac{3D_{\mathrm{e}}x}{\mu_{\mathrm{e}}E_0}} \tag{7.4}$$

球体表面电场强度为

$$E_r = \frac{e\mathrm{e}^{\alpha x}}{4\pi\varepsilon_0(3D_{\mathrm{e}}x / \mu_{\mathrm{e}}E_0)} \tag{7.5}$$

令电子温度为 T_{e}(或用 eV 表示的能量为 eV，$3kT_{\mathrm{e}} / 2 = eV$)，利用爱因斯坦关系

$$\frac{D_{\mathrm{e}}}{\mu_{\mathrm{e}}} = \frac{kT_{\mathrm{e}}}{e} = \frac{2V}{3} \tag{7.6}$$

代入电子崩半径表达式(7.4)得

$$r = \sqrt{\frac{2Vx}{E_0}} \tag{7.7}$$

因此，电子崩头部球体表面的电场强度又可以表示为

$$E_r = \frac{e\mathrm{e}^{\alpha x}}{4\pi\varepsilon_0(2Vx)}E_0 \tag{7.8}$$

令比例系数 $K = \dfrac{e\mathrm{e}^{\alpha x}}{4\pi\varepsilon_0(2Vx)}$，当 $K \geqslant 0.1$ 时电场出现明显畸变；当 $K=1$ 时畸变很强。假定形成流注的临界距离(即电场严重畸变的距离)为 x_{c}，可以得到

$$\exp(\alpha x_{\mathrm{c}}) = \frac{E_r}{E}\frac{4\pi\varepsilon_0}{e}(2Vx_{\mathrm{c}}) \quad 或 \quad \alpha x_{\mathrm{c}} = \ln\left(\frac{8\pi\varepsilon_0 V}{e}\right) + \ln x_{\mathrm{c}} + \ln\frac{E_r}{E} \tag{7.9}$$

由于电子质量远小于离子，电子迁移率为 $\mu_{\mathrm{e}} = 0.89el_{\mathrm{e}}/m_{\mathrm{e}}v_{\mathrm{e}}$，再结合 $eV = m_{\mathrm{e}}v^2/2$

$$V = \frac{1}{2}(0.89)^2 \frac{e}{m_e} \frac{E^2 l_e^{\,2}}{v_d^{\,2}} \tag{7.10}$$

用“伏特/V”表示的电子能量 V 一般为 1～6。对于空气，$V = 1.6\text{V}$，代入式(7.9)得

$$\alpha x_c = \ln\left(\frac{8\pi\varepsilon_0 V}{e}\right) + \ln x_c + \ln\frac{E_r}{E} \tag{7.11a}$$

而对空气，代入各参数

$$\alpha x_c = 17.7 + \ln x_c + \ln(E_r / E) \tag{7.11b}$$

流注形成的判据是 $K = 0.1$～1，但计算表明，K 值的变化对 x_c 的影响并不十分明显。例如，若放电空间距为 2cm，K 取 0.1 和 1 时，临界距离 $x_c = 1.42\text{cm}$ 和 1.6cm；若放电空间距为 1cm，K 取 0.1 和 1 时，$x_c = 1.03\text{cm}$ 和 1.2cm。为简化计算，通常可以取 $K = 1$，于是

$$\alpha x_c = 17.7 + \ln x_c \tag{7.12}$$

这就是雷特判据。它给出了击穿临界距离 x_c(亦即流注的最小行程)，该距离和电极间距 d 没有固定的关系。

在均匀电场中，如果电子迁移临界距离后形成流注并导致间隙击穿形成火花放电，则 x_c 正比于 d，于是有

$$\frac{\alpha}{p} \cdot (pd) = 17.7 + \ln d \tag{7.13}$$

若击穿瞬间的电压为 V_{br}，则有

$$f\left(\frac{V_{br}}{pd}\right) \cdot (pd) = 17.7 + \ln d \tag{7.14}$$

雷特判据表明，火花放电的击穿电压与帕邢定律有明显偏差，它同时是 pd 和 d 的函数。

7.2.2　米克判据

米克采用了另一种计算雪崩电场的方法，他也假设雪崩前部的电子分布呈球体，但一次电子崩产生的电子并不集中在球体内，而只有电子运行 dx 路程所产生的电子 dn_e 集中在 $\mathrm{d}V = \pi r^2 \mathrm{d}x$ 的球壳内，密度为 n_e'，$\mathrm{d}n_e = n_e' \mathrm{d}V = n_0 \alpha \mathrm{e}^{\alpha x} \mathrm{d}x$。取 $n_0 = 1$(即一个电子产生的电子崩)，它在空间产生的电场强度

$$E_r = \frac{e}{4\pi\varepsilon_0 r^2} n_e' \frac{4}{3}\pi r^3 = \frac{e n_e' r}{3\varepsilon_0} = \frac{e\alpha \mathrm{e}^{\alpha x}}{3\pi\varepsilon_0 r} \tag{7.15}$$

以 s 表示电子热运动和迁移速度之比，它同时也是平均自由程 $\bar{l}$ 与在迁移方

向(即自由程在电场方向)的分量$\bar{l}_{\mathrm{E}}$的比，$s=v/v_{\mathrm{d}}=\bar{l}/\bar{l}_{\mathrm{E}}$。

假定电子在电场中能够达到稳定，即碰撞的能量损失等于从电场中获得的能量(即能量局域平衡假设)。设电子碰撞的能量损失率为f，则

$$eE=f\frac{1}{\bar{l}_{\mathrm{E}}}\cdot\frac{1}{2}m_{\mathrm{e}}v^2=f\frac{s}{\bar{l}}\frac{1}{2}m_{\mathrm{e}}v^2 \tag{7.16}$$

将自由程$\bar{l}=(1/0.815)m_{\mathrm{e}}/e\bar{v}\mu_{\mathrm{e}}$代入式(7.16)得

$$eE\bar{l}=\frac{1}{0.815}m_{\mathrm{e}}\bar{v}\mu_{\mathrm{e}}E=1.225m_{\mathrm{e}}\bar{v}v_{\mathrm{d}} \tag{7.17}$$

因此

$$\frac{v}{v_{\mathrm{d}}}=\sqrt{2.45/f} \tag{7.18}$$

若电子速度是麦克斯韦分布，则$\bar{v}=(8/3\pi)^{1/2}v$，因此

$$\frac{\bar{v}}{v_{\mathrm{d}}}=\sqrt{\frac{8}{3\pi}}\cdot\sqrt{\frac{2.45}{f}}=1.44\sqrt{1/f}=s \tag{7.19}$$

一般地，高E/p值(强电场)时，$v_{\mathrm{d}}\gg\bar{v}$，s很小，f很大，每次碰撞电子失去大部分能量；低E/p值(弱电场)时，$v_{\mathrm{d}}\ll\bar{v}$，s很大，而f很小，碰撞时能量损失可以忽略。

比较以上公式得到

$$\frac{\frac{1}{2}m_{\mathrm{e}}v^2}{eE}=\bar{l}\frac{1}{f}\frac{\sqrt{f}}{1.44}=\frac{\bar{l}_{\mathrm{e}}}{1.44\sqrt{f}}\quad 及\quad \frac{V}{E}=\frac{\bar{l}_{\mathrm{e}}}{1.44\sqrt{f}} \tag{7.20}$$

所以电子崩头部的半径(与雷特的计算相似)

$$R=\left(\frac{2x\bar{l}_{\mathrm{e}}}{1.44\sqrt{f}}\right)^{1/2} \tag{7.21}$$

球面上的电场强度

$$E_r=\frac{e}{3\pi\varepsilon_0(1.39\bar{l}_0/\sqrt{f})^{1/2}}\left(\frac{p}{x}\right)^{1/2}\alpha\mathrm{e}^{\alpha x} \tag{7.22a}$$

取经验值$f=0.03$并代入其他常数

$$E_r=5.27\times10^{-7}\left(\frac{p}{x}\right)^{1/2}\alpha\mathrm{e}^{\alpha x}\ [\mathrm{V/cm}] \tag{7.22b}$$

击穿时，x达到临界值x_{c}，$E=V_{\mathrm{br}}/d$，$K=E_r/E=0.1\sim1$，对式(7.22)取对数

$$\alpha x_c + \ln\frac{\alpha}{p} = 14.46 + \ln\frac{KV_{br}}{pd} - 0.5\ln px_c + \ln x_c \tag{7.23}$$

这就是米克判据。形式上，它比雷特判据要复杂得多，可以通过逐次逼近方法求解，即先假定一定间隙的一个 E 值，α和α/p 的值都可以从试验表格查出，代入式(7.23)，得到 E_r 及 K，如果 $K<1$，就取更大的 E 值；一直到 $K=0.1$(当然也可以取 1)。实际上在 0.1～1 区间，K 的确切值对 E_{br} 的影响并不大。

表 7.1 给出根据两个判据计算的击穿场强与相同情况下实验值的比较。注意，E_{br} 不是常数，当 $d<10$cm 时，间距 d 增大，E_{br} 下降较快；$d>10$cm 后，E_{br} 的减小变缓。同时可以看到，理论值和实验值非常接近，两个模型的偏差也不大。

表 7.1　雷特判据和米克判据计算的击穿场强与实验值的比较

电极间隙 d /cm	击穿场强 E_{br} /(kV/cm)		
	实验值	雷特判据	米克判据
2	29.8	28.9	29.0
6	27.4	25.7	25.8
10	26.4	24.9	24.9
16	25.8	24.1	23.8

7.3　流注击穿的一般公式

雷特-米克判据认为，当电子崩产生的电荷建立的空间电场强度到达外加电场的数量级时，气体发生击穿。而击穿状态是初始电子的消失必须有一个后续电子的补充，因此对雷特-米克判据，可以近似认为，形成流注的阈值也就是击穿的阈值。

设半径为 R 的电荷球的离子密度为 n_i'，离子数为 N_i，在 r 处产生的电场强度

$$E_r = eN_i / 4\pi\varepsilon_0 r^2\,,\quad N_i = n_i' 4\pi R^3/3\,,\quad n_i' = \alpha e^{\alpha x}/\pi R^2 \tag{7.24}$$

将米克判据得到的电子密度公式应用于离子，得到电荷球的电场强度

$$E_r = \frac{en_i'}{4\pi\varepsilon_0 r^2}\left(\frac{4}{3}\pi R^3\right) = \frac{e\alpha R e^{\alpha x}}{3\pi\varepsilon_0 r^2} \tag{7.25}$$

电荷电场从电荷球中心指向四周，它使阴极一侧的电场增强到 E_0+E_r。电子碰撞电离系数α强烈依赖于空间电场 E，电场强度越大，电离越强，光辐射也越激烈，光子被气体原子吸收又产生光电离，而光电子在电场作用下又可形成次电子崩。

如图 7.3 所示，假定主电子崩向各方向辐射的电子数与产生的激发态粒子数

相等，电子碰撞产生的激发态粒子数 n_{ex} 与 α 成正比，令 $g = n_{ex}/\alpha$，则在球荷中心 r 处，激发态粒子数和光子数为

$$n_{ex} = n_p = gN_e == g\frac{4}{3}n_e'\pi R^3 = g\frac{4}{3}\alpha R e^{\alpha x} \tag{7.26}$$

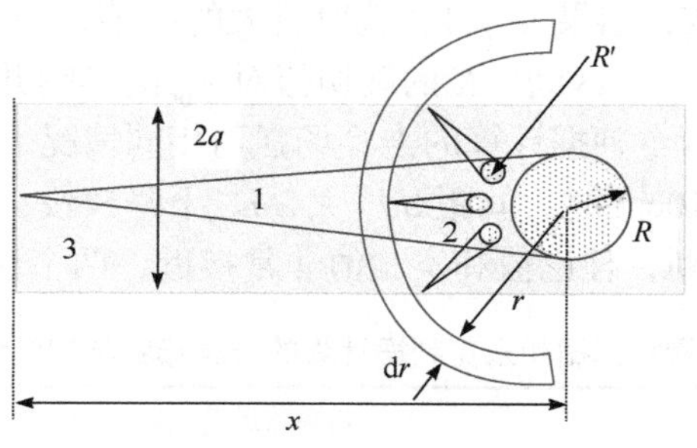

图 7.3　流注形成示意图

1-阴极表面的主电子崩；2-光电子形成的次电子崩；3-有效光子圆柱体空间

只有以半径为 a 的圆柱体内的光电子产生的次电子崩才能汇入主电子崩，形成流注向阴极发展。柱外的光电子对流注发展影响很小(不在空间电荷电场的强电场中)。由电子崩头部球体中心发射到半径为 r 的球面和半径为 a 的圆柱体面之间的光子数

$$Ph = gN_e \frac{\pi a^2}{4\pi r^2} \tag{7.27}$$

令气体对光子的吸收系数为 η，则圆柱体限制的球壳 dr 内被吸收的光子数

$$Ph' = gN_e \frac{\pi a^2}{4\pi r^2} e^{-\eta r} \eta dr \tag{7.28}$$

为简化计算，假设放电过程辐射的光子具有相同频率，它们被气体吸收的概率为 p，则有效球壳内产生的光电子数

$$N_\nu = pgN_e \frac{\pi a^2}{4\pi r^2} e^{-\eta r} \eta dr \tag{7.29}$$

这些光电子处于强电场中，分别形成次电子崩。其头部电荷密度

$$n_e' = \frac{1}{\pi R'^2}\alpha(r)\exp\left(\int_R^r \alpha(r')dr'\right) \tag{7.30}$$

根据扩散半径公式 $\left(\frac{R'}{R}\right)^2 = \frac{r}{x} = \frac{r}{d}$，代入式(7.30)得到次电子崩内的离子数

$$N_{\mathrm{i}}' = \frac{4}{3}R\sqrt{\frac{r}{d}}\alpha(r)\exp\left(\int_R^r \alpha(r')\mathrm{d}r'\right) \tag{7.31}$$

因此产生的总离子数

$$N_{\mathrm{i}}'' = N_\nu \times N_{\mathrm{i}}' = \int_R^r pgN_{\mathrm{e}}\frac{a^2}{4r^2}\mathrm{e}^{-\eta r'} \times \eta\frac{4}{3}R\sqrt{\frac{r}{d}}\alpha(r)\exp\left(\int_R^r \alpha(r')\mathrm{d}r'\right)\mathrm{d}r' \tag{7.32}$$

当所有次电子崩产生的空间电荷数等于主电子崩空间产生的空间电荷数，即当主电子崩中 N_{e} 个电子迁移到阳极，而次电子崩产生 N_{e} 个电子时，就可认为发生了流注击穿。即流注击穿的判据(式中已取 $a = R$)为

$$\frac{1}{3}pgR^3\eta\frac{1}{\sqrt{d}}\int_R^r \alpha(r')r'^{-3/2}\mathrm{e}^{-\eta r'} \times \exp\left(\int_R^r \alpha(r')\mathrm{d}r'\right)\mathrm{d}r' = 1 \tag{7.33}$$

从式(7.33)可见，流注击穿判据具有与汤森击穿判据(即式(6.14))相似的形式，但要复杂得多。

7.4　流注形成的概率

流注击穿判据(7.33)中包含多个不定参量，它们并不恒定，而是在平均值附近作统计性变化，因此流注击穿具有统计性。

事实上，即使在一定的 E/p 值时，电子崩的倍增也是有统计性的。每一个电子崩的电子数 n 并不相同。以 N 表示处于 $(n-\Delta n/2) < n < (n+\Delta n/2)$ 的电子崩数，可以画出 N 随 n 变化的直方图，如图 7.4 所示。其中气体是乙醚，$p = 400\text{Torr}$，$E/p = 66.83\text{V/(cm · Torr)}$，电子数从 $n = 10^8$ 到 6×10^9 个。

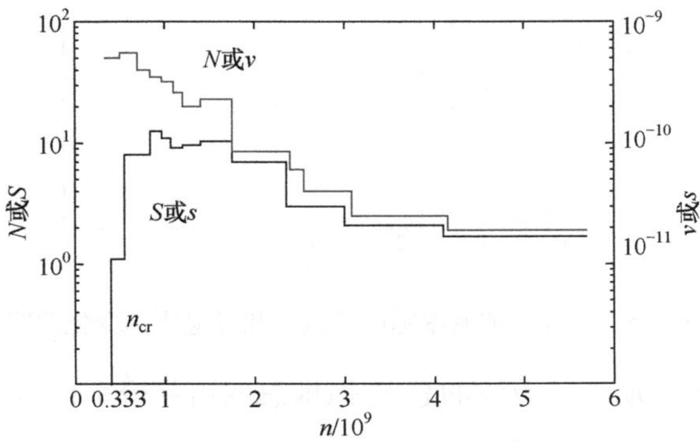

图 7.4　电子崩的数目随电子数的变化曲线

随着电子数目的增大，电子崩数 N 实际是逐渐下降的。

一个电子崩的电子数达到 n 的概率定义

$$v(n)=\frac{N(n)}{\int_0^{\infty}N(n)\mathrm{d}n} \tag{7.34}$$

实验研究可以决定电子崩转化为流注的次数。以 S 表示处于$(n-\Delta n/2)<n<(n+\Delta n/2)$之间产生流注的次数，同样可以画出 S 的直方图，如图 7.4 所示。电子数大小为 n 的电子崩转化为流注的概率定义

$$s=\frac{S(n)}{\int_0^{\infty}N(n)\mathrm{d}n} \tag{7.35}$$

图 7.4 也给出了该概率随电子数的变化曲线。它表明，存在一个形成流注的最小电子崩大小，$n_{cr}\approx3.33\times10^8$(通常简单记为 10^8)。低于该临界值，电子崩将不能形成流注。这和云雾室中所得到的实验结果吻合得很好。在更高的电子数 n 值下，v 和 s 趋于一致，其所代表的电子崩将能够发展成流注。因此，流注形成的判据为

$$\mathrm{e}^{\int_0^{x_c}\alpha\mathrm{d}x}\geqslant n_{cr}\approx10^8 \tag{7.36}$$

以 P 表示一个电子从阴极出发，产生流注(或击穿)的概率，$P=S/N$。对不同的外加电压，这一概率是不同的。图 7.5 给出了 $pd=320\text{cm}\cdot\text{Torr}$、$d=0.8\text{cm}$ 放电时的流注形成概率，图中，1%、2%和 3%表示过电压。很明显，随着过电压的提高，n_{cr} 将减小，即较少电子的电流也将迅速上升，最终形成流注。

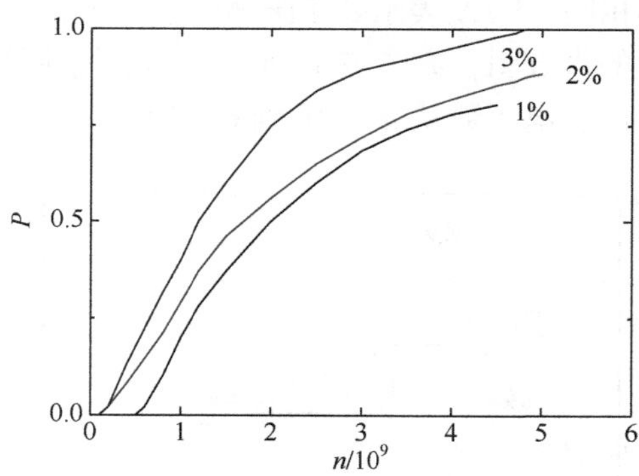

图 7.5　流注形成概率随电子数目和过电压的变化曲线

各种大小的电子崩形成流注的总概率(即总的击穿概率)

$$P_{br}=\frac{S_{total}}{N_{total}}=\frac{\int S(n)\mathrm{d}n}{\int N(n)\mathrm{d}n}=\frac{\sum S\Delta n}{\sum N\Delta n}\quad 或\quad P_{br}=\frac{\int s(n)\mathrm{d}n}{\int v(n)\mathrm{d}n} \tag{7.37}$$

以 E/p 为横坐标，可以计算得到 P_{br}，如图 7.6 所示，气体仍是乙醚。

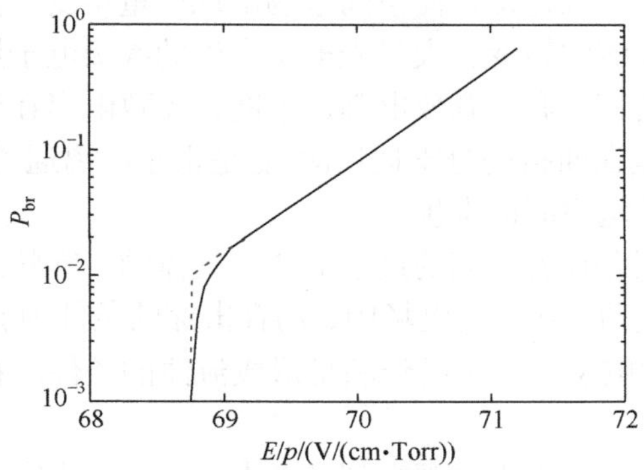

图 7.6　流注形成(击穿)概率随电场的变化曲线

可见，击穿概率 P_{br} 对电场强度非常敏感。当 E/p 超过一定值后，P_{br} 随着 E/p 指数上升。可以表示为

$$\begin{aligned}\ln P_{br} &= \ln P_0 + A(E/p - E_{br}/p) \\ &= \ln P_0 + \frac{A}{p} E_{br} \frac{\Delta V}{V_{br}}\end{aligned} \tag{7.38}$$

其中，V_{br} 为击穿电压；E_{br} 为击穿电场强度；ΔV 为过电压；A 为曲线的斜率，是一个常数。击穿概率也可以表示为

$$P_{br} = P_0 \exp\left(\frac{AE}{p} \cdot \frac{\Delta V}{V_{br}}\right) \tag{7.39}$$

因此，P_{br} 也随过电压指数上升，即击穿概率对过电压很敏感。

7.5　汤森放电与流注击穿之间的过渡

汤森放电理论和流注放电理论是公认的两种典型的气体击穿理论，它们并不是对立和独立分开的。事实上，流注放电理论是在汤森放电理论基础上建立起来的。

相对于流注放电机制，汤森放电机制比较慢，其击穿过程是：电子从阴极出发，在气体中迁移并多次碰撞产生雪崩(即 α 过程)，电离产生的大量离子打在阴极上引起二次电子(即 γ 过程)。阴极发射的二次电子又重复 α 过程和正离子 γ 过程，如此反复。经过多个周期，直到阴极的二次电子数与前次发射的电子数相等，即满足 $\gamma[\exp(\alpha d)-1]=1$ 的条件时，就发生击穿。这个过程可能需要很长时间。

流注放电理论的击穿是从一个电子崩直接发展起来的，它可以在非常短的时

间内完成。电子崩使空间电荷的积累达到某一临界值时，它们在空间产生足够大的电场，与外加电场可以比拟，使空间电场出现严重畸变，使空间产生强电离与强光辐射，电子崩向流注转变，大量光电子产生的次级电子崩不断汇合，流注不断发展，从而形成击穿。和汤森放电理论不同，光致电离在流注的发展中起重要作用。流注的发展是在曲折的分支通道(可能是很小电离通道)中进行的，而汤森击穿则是在较大的放电空间内发生。

这两种机制之间存在着它们的过渡形式。气体的击穿状态意味着放电空间积累了足够高的离子电荷。在均匀电场中，汤森击穿的条件为$\gamma[\exp(\alpha d)-1]=1$；但若$\exp(\alpha d)\geqslant n_{\mathrm{cr}}$，则电子崩大小已经满足形成流注的条件。在这种情况下，两种机制可以相互转化。

虽然，在一般的实验中很难观察到汤森击穿和流注击穿的突然转变，但它们是可以过渡的。通常，放电是从汤森机制开始的，当电子崩内的电子数达到临界值时，在阳极空间出现流注，并迅速向阴极传播，最终导致气体的击穿。其过渡的过程如图 7.7 所示。其中图 7.7 (a) 表示阴极发射的初始电子，在电极间形成一个电子崩，辐射出大量光子，使阴极产生光发射。图 7.7 (b) 表示由阴极发射的大量电子产生大小不等的次电子崩，电子崩中电子的迁移速度大，积聚在崩头，其他地方则形成正离子云。图 7.7(c) 表示电子跑到阳极，在阳极空间积聚大量的正电荷，使电场发生畸变，阳极附近的电场降低，而阴极附近的电场加强。由于α过程随电场指数增长，空间产生强烈的电离，电子崩中的电子数猛增，电子崩的电子数 n 达到向流注过渡的临界值n_{cr}，电子崩便转化为流注。图 7.7 (d) 表示从阴极方向来的次电子崩不断汇入主电子崩，使流注向阴极方向控制，当流注到达阴极时，气体被击穿。

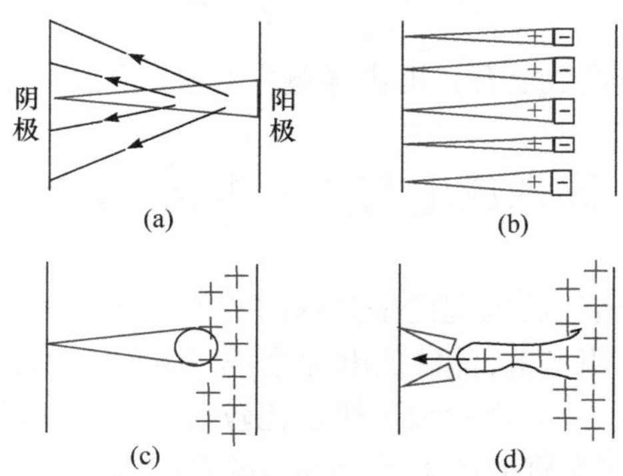

图 7.7　汤森放电与流注放电的过渡

从这个意义上，在放电模式转换的临界状态下，开始形成流注的临界电子崩可以仅由汤森机制的α过程提供，并不一定需要光电离。只有后续的流注击穿和流注通道的形成才可能需要光电离的参与。

第 8 章　高频放电理论

前面介绍的汤森放电理论和流注放电理论都是在直流或低频电压驱动下的气体击穿，电极之间击穿或导通不受电源频率的影响。但在高频交变电压作用下，带电离子在电极间的运动出现新的特点和现象，击穿过程也不同于直流情况。下面介绍高频放电的基本理论及其物理图像。

8.1　电场频率对气体击穿的影响

当气隙间的外加电压(电场)频率较低时，击穿的发展与直流稳恒电场相似，击穿过程通常在 $10^{-8}\sim10^{-6}$s 内完成，在此期间，电场很少变化。

在交变电场中，频率和间隙长度将会对放电产生影响。假定电压是正弦(或余弦)波，根据汤森放电理论，若要激励电压的频率不对放电产生影响，那么正离子必须在 $T/4$ 周期内完全进入电极，而不在间隙形成空间电荷。因此，对于给定的间隙长度，频率是有限制的；反之，若频率给定，电极间隙也有限制。

放电模式可能变得很不相同，其根本原因是离子和电子在交变电场中的行为不同于直流电场。仍以平板电极为例，设电极间距为 d，极间交变电场为 $E=E_0\cos\omega t$，那么正离子的运动方程

$$m\frac{\mathrm{d}^2r}{\mathrm{d}t^2}=eE_0\cos\omega t \tag{8.1}$$

令正离子的迁移率为μ_i，正离子在电压达到峰值时的移动距离

$$x=\int_0^{\omega t}\frac{\mu_\mathrm{i}}{\omega'}E_0\cos(\omega't)\cdot\mathrm{d}(\omega't)=\frac{\mu_\mathrm{i}E_0}{\omega}\sin(\omega t) \tag{8.2}$$

为保证正离子在 $T/4$ 周期(或$\omega t=\pi/2$)内可以消除，在给定间距 d，电场允许的最高频率

$$f_\mathrm{max}=\frac{\omega}{2\pi}=\frac{\mu_\mathrm{i}E_0}{2\pi d} \tag{8.3}$$

类似地，对于给定的电场频率 f，相应的最大电极间距

$$d_\mathrm{max}=\frac{\mu_\mathrm{i}E_0}{2\pi f} \tag{8.4}$$

如果满足$f \leqslant f_{max}$、$d \leqslant d_{max}$，在电场变化的一个周期内，电离产生的正离子全部能够进入阴极消失，空间正离子有足够的时间从间隙中移去，放电过程不受前半个周期空间电荷的影响。

在临界状态时，正离子在半个周期($T/2$)内刚好走完电极间距，对应的电场频率应为$f_{ci} = 2f_{max}$。这也是正离子不能残留在空间的极限频率，所以

$$f_{ci} = 2f_{max} = \frac{\mu_i E_0}{\pi d} \tag{8.5}$$

如果$f_{max} < f \leqslant f_{ci}$，则在半个周期内产生的正离子在电场改变极性之前不能全部进入阴极而消失。电场每次变换极性时，空间都还存在部分正离子。这些离子可以加强电极间隙电场。

在临界状态时，半个周期内产生的正离子直到下一个半周期才能完全消失。

如果$f > f_{ci}$，正离子将无法到达阴极，而只能在空间积累。

正离子在交变电场中的运动可以用图 8.1 来示意，分别是$f = f_{max}$、$f_{max} < f < f_{ci}$和$f = f_{ci}$的情形。

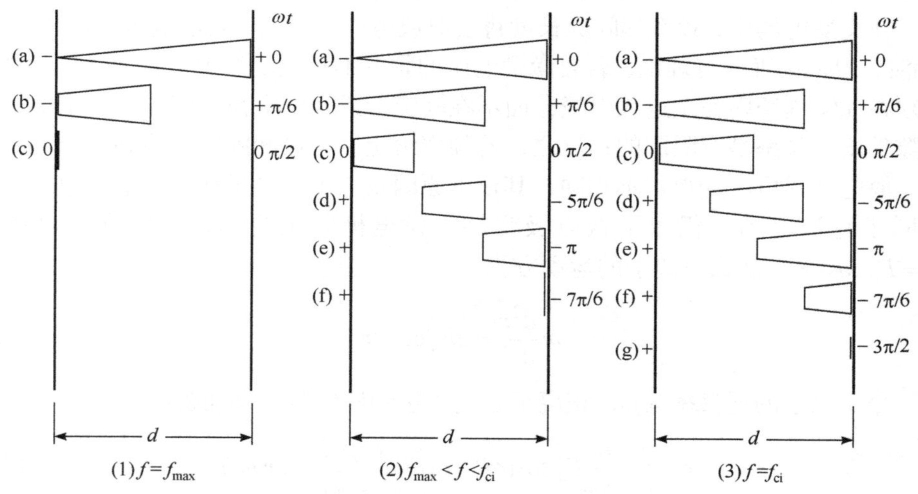

图 8.1　交变电场中正离子运动示意图

图 8.1 所示的三种情形中，(a)表示$\omega t = 0$ 时电子崩已进入阳极，间隙中剩下正离子，它们开始以迁移速度 $v_i = \mu_i E$ 向阴极移动；(b)表示$\omega t = \pi/6$(场强 $3^{1/2}E_0/2$)时，正离子移动 $d/3$；(c)表示$\omega t = \pi/2$ 时，正离子又移动了 $d/3$，此时场强为 0，电场开始转换方向；(e)表示$\omega t = \pi$时，正离子达到新阴极，移动 $d/3$，此时场强为$-E_0$；(f)和(g)表示$\omega t = 7\pi/6$和$\omega t = 3\pi/2$ 时，正离子达到电极，间隙中所有离子消失。

可以看到，临界频率f_{ci}给出了正离子在空间积累与否的界限。

(1) 如果电场频率 f 低于 f_{max}，每次电场改变极性，空间都没有剩余的正离子积累，击穿条件与静电场相似。

(2) 如果 $f_{max}<f<f_{ci}$，间隙中存在部分正离子，如图 8.1 中(e)所示。此时，新阴极(右边电极)产生新的电子崩，它将加强空间电荷，击穿机制可能有所改变。引起击穿的电子崩的电场可能比静态场低一些，因此在 $f_{max}<f<f_{ci}$ 时，击穿电压可能比静态时略低。

(3) 如果 $f>f_{ci}$，正离子将在电极间振荡，新的电子崩使它不断生长，出现明显的正离子空间电荷积累效应，直到击穿或不稳定发生。$f=f_{ci}$ 是两种击穿机制的临界频率。频率高于 f_{ci} 时的击穿机制表现在正离子的积累加强了空间电荷和电场。离子在电极间来回振荡，不能迁移达到电极，阴极上 γ 过程的作用大大减小，气体中的过程起决定作用。

如果电场频率进一步提高，气体中电离产生的电子也将没有足够时间达到电极，电子将在电极间隙振荡，并与气体分子碰撞。当电场足够强时，碰撞可以产生足够的电离和电子-离子对，直至击穿。在这种情况下，即使没有电极(或电极被绝缘介质覆盖)，气体击穿也可以发生。

与离子移动相似，要使电子在 1/4 周期内从电极消失，电场最高允许频率

$$f_{max,e}=\frac{\mu_e E_0}{2\pi d} \tag{8.6}$$

电子在电极间振荡的临界频率

$$f_{ce}=2f_{max,e}=\frac{\mu_e E_0}{\pi d} \tag{8.7}$$

电子的迁移率比离子高 2 个数量级，因此电子临界频率也比离子高 2 个数量级，$f_{ce}\sim 10^2 f_{ci}$。

如果电子不能达到阳极被吸收，那么它们只能通过复合、附着或扩散等过程而消失，气体击穿机制也因此发生变化。一般地，击穿机制取决于电子的损失机制。如果 $f<f_{ce}$，则电子可以迁移达到电极，则击穿时电子受迁移机制控制。如果 $f>f_{ce}$，则电子不能迁移达到电极，只能靠扩散、复合或附着而消失，则击穿时电子受扩散机制控制。

电子平均自由程与碰撞频率有关，因此放电机制实际上也是与电子的碰撞频率相关的。如果气压很低，以致电子的平均自由程大于电极间隙(即 $l_e>d$)，电子将没有足够的碰撞次数，这种情形下的气体击穿属于真空放电。

按照电场频率 f 与两个临界频率(f_{ci}、f_{ce})和平均碰撞电离频率 ν_i 的关系，可以把放电分为以下 4 种情形：

(1) $f<f_{ci}\ll \nu_i$，低频放电。电子在电场的半周期内可以产生大量电离；同时，

正离子能够到达阴极；此时的击穿机制与静电场相同。

(2) $f_{ci}<f<f_{ce}$，较高频放电。正离子不能到达阴极，它在空间积累，从而加强空间电场并影响气体中α过程。电子可到达电极，运动受迁移过程的约束，这就是迁移决定的击穿机制。

(3) $f_{ce}<f<\nu_i$，甚高频放电。离子、电子都不能到达电极，电子主要靠扩散过程消失，击穿将发生在新产生的电子正好等于因扩散而损失的电子的条件下。这就是扩散过程决定的击穿机制。

(4) $f>\nu_i$，极高频放电。电子处于电磁场振荡的驻波影响下，电极间隙实际上是电磁腔，是微波波导的一部分。电子的分布由电场频率、腔尺寸和激励方式决定。通常，微波放电、激光诱导放电就处于这一频率范围。

8.2　迁移决定的击穿

当$f>f_{ci}$时，击穿不同于静态机制。f_{ci}因离子迁移率、电场和极间距的不同而不同($f_{ci}=\mu_i E_0/\pi d$)。频率对击穿电压产生影响，如图 8.2 所示，是在大气放电、1cm 间隙的均匀场中得到的实验结果，其中电压坐标用静态击穿电压($V_{br,DC}$约为 35kV)进行归一化。

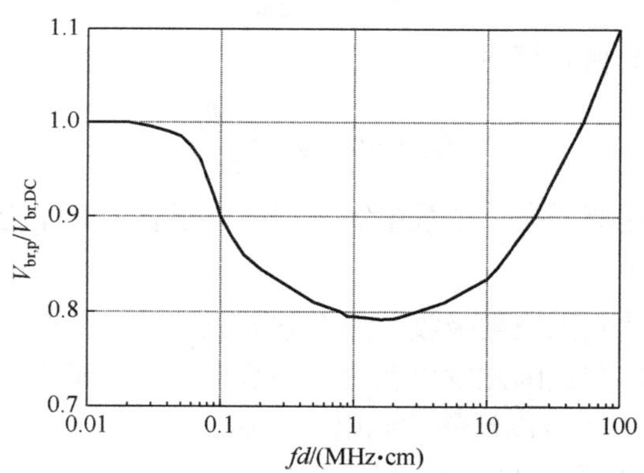

图 8.2　相对击穿电压随频率和间距乘积的变化

在 20kHz 以下，击穿与静态相似；从f约 20kHz 开始，击穿电压V_{br}逐渐下降，出现了新的击穿机制，这是正离子不能达到阴极而在空间积累、加强空间电场所致，直到f约 200kHz 趋于平缓；1～3MHz 之间V_{br}基本不变；3MHz 后开始升高，又出现了新的击穿机制，这是因为电子不能达到阳极而在极间振荡，减弱了正离子空间电荷的作用。只有提高击穿电压才能补偿正离子空间电荷减弱的作用。更高的频率下，越来越多的电子积累于空间，正离子空间电荷效应越来越弱，

V_{br}将进一步升高，甚至可以超过静态击穿电压。

高频场中的电子运动方程

$$m\frac{\mathrm{d}v}{\mathrm{d}t}=eE-mv\nu_{\mathrm{m}}=eE_0\mathrm{e}^{\mathrm{i}\omega t}-mv\nu_{\mathrm{m}} \tag{8.8}$$

这一方程的解为$v=\left(\dfrac{e}{m}\right)\dfrac{1}{\nu_{\mathrm{m}}+\mathrm{i}\omega}E$，由此可得电子电流密度

$$j_{\mathrm{e}}=n_{\mathrm{e}}ev=\frac{n_{\mathrm{e}}e^2}{m}\frac{1}{\nu_{\mathrm{m}}+\mathrm{i}\omega}E \tag{8.9}$$

如果没有动量传递的碰撞($\nu_{\mathrm{m}}=0$)，则电流将滞后于电压 90°，没有能量传递给电子。

相应地，高频电导率为

$$\sigma=\frac{j_{\mathrm{e}}}{E}=\frac{n_{\mathrm{e}}e^2}{m}\frac{1}{\nu_{\mathrm{m}}+\mathrm{i}\omega}=n_{\mathrm{e}}e^2\frac{\nu_{\mathrm{m}}-\mathrm{i}\omega}{m\left(\nu_{\mathrm{m}}^2+\omega^2\right)}$$

其中电子迁移率$\mu_{\mathrm{e}}=\dfrac{\nu_{\mathrm{e}}}{E}=\dfrac{e/m}{\nu_{\mathrm{m}}+\mathrm{i}\omega}$。

击穿判据可表示为

$$x_{\mathrm{m}}=\frac{eE_0}{m\omega\left(\nu_{\mathrm{m}}^2+\omega^2\right)^{1/2}}\geqslant\frac{d}{2} \tag{8.10}$$

在高气压下，电子-中性分子的碰撞频率很高，$\omega\ll\nu_{\mathrm{m}}$，因此$x_{\mathrm{m}}=\dfrac{eE_0}{m\omega\nu_{\mathrm{m}}}$。

8.3　扩散决定的击穿

当电场频率足够高时，电极对电离过程的建立将不起作用。

假设电子的消失是由于扩散引起，不计复合和附着。电子密度的变化包括扩散和碰撞电离两方面：

$$\frac{\partial n}{\partial t}=\nu_{\mathrm{i}}n+\nabla^2 Dn \tag{8.11}$$

击穿时$\partial n/\partial t=0$，即有

$$\nu_{\mathrm{i}}n+\nabla^2 Dn=0 \tag{8.12}$$

对于一维均匀场，D 为常数，式(8.12)写成

$$\nu_{\mathrm{i}} n + D\frac{\partial^2 n}{\partial x^2} = 0 \tag{8.13}$$

引入高频电离系数：$\xi = -\frac{\nu_{\mathrm{i}}}{DE^2}$，则

$$\xi E^2 n + \frac{\partial^2 n}{\partial x^2} = 0 \tag{8.14}$$

假设平行板电极间的电子密度为正弦分布，$n = n_{\mathrm{m}}\sin(\pi x/d)$，可得击穿电场

$$E_{\mathrm{br}} = \frac{\pi}{d\xi^{1/2}} \tag{8.15}$$

从能量平衡的角度来讲，电场提供给放电中单位体积的功率应该等于电流密度乘电场强度(即电子能量局域平衡)

$$W = \boldsymbol{j}\cdot\boldsymbol{E} = \frac{n_{\mathrm{e}} e^2 E_0^2}{m\left(\nu_{\mathrm{m}}^2 + \omega^2\right)}\nu_{\mathrm{m}} \mathrm{e}^{\mathrm{i}(2\omega t - \phi)} \tag{8.16}$$

一个周期内的平均功率为

$$W_{\mathrm{av}} = \frac{n_{\mathrm{e}} e^2 E_0^2}{m}\frac{\nu_{\mathrm{m}}}{\nu_{\mathrm{m}}^2 + \omega^2} \tag{8.17}$$

在高气压状态下，$\nu_{\mathrm{m}}^2 \gg \omega^2$，$E_{\mathrm{br}} = \nu_{\mathrm{m}}\left(\frac{m^2 v^2}{e^2 M}\right)^{1/2}$。

在低气压状态下，$\nu_{\mathrm{m}}^2 \ll \omega^2$，$E_{\mathrm{br}} = \frac{\omega}{\Lambda \nu_{\mathrm{m}}}\left(\frac{m\overline{v}^2}{3e}\nu_{\mathrm{i}}\right)^{1/2}$，其中特征扩散长度 $\Lambda = \left(\frac{D}{\nu_{\mathrm{i}}}\right)^{1/2}$。

8.4　高频电场的电离增强效应

高频电场的击穿场强与电离电位、放电腔大小、高频场频率(波长)和气压有关。

高频击穿电场的降低与电子在高频场中的振荡行为有关。仍以平行板电极为例，电子在电极之间的运动方程由方程式(8.8)描述。显然，

(1) 在无碰撞条件下(低气压情形)，电子将做角频率为ω的谐振运动。相应的电子运动速度和位移的幅值为 $u_{\max} = \frac{eE_0}{m_{\mathrm{e}}\omega}$ 和 $r_{\max} = \frac{eE_0}{m_{\mathrm{e}}\omega^2}$，动能为 $W_{\mathrm{ek}} =$

$W_{ek}(E_0,\omega)=\frac{1}{2}m_e v^2$。

(2) 强碰条件下(高气压情形)，电子与迁移几乎同步，$u=\mu_e E=\mu_e E_0\cos\omega t$。

(3) 一般地，电子运动介于二者之间，则电子运动的最大速度和位移

$$u_{max}=\frac{\mu_e E_0}{\sqrt{1+(\omega/\nu_m)^2}} \tag{8.18}$$

$$x_{max}=\frac{\mu_e E_0}{\omega\sqrt{1+(\omega/\nu_m)^2}} \tag{8.19}$$

可见，在高频场中的电子速度和位移都是很小的，且随频率增大而减小；但电子仍可以获得很大的能量。

作为一个例子，设射频频率f= 13.56MHz，在低气压Ar(约1Torr)中，E_0 = 14V/cm时电子获得的最大动能为 W_{ek} = 15.8eV，可达到击穿阈值(V_{ion} = 15.76eV)。

但在实际情况中，电子-原子的碰撞不可避免。一般地，电子与原子的弹性碰撞截面约为 10^{-15}cm^2，而电离截面仅约为 10^{-17}cm^2，低两个数量级。因此要产生放电，实际上需要电场 $E_0\gg$ 14V/cm，一般约 100V/cm 或以上量级。

在高频电场作用下，电离被增强的机制主要有 3 种。

(1) 共振效应。若电子发生弹性碰撞的时间能与电场的相位适当配合，电子就能与电场“共振”而被持续加速。最为理想的情况是：就在电子与原子发生弹性碰撞并改变其运动方向的瞬间，恰好电场也变换方向。

(2) 冲浪效应。高频电场使电极处的鞘层忽增忽减，鞘电压和鞘层发生“涨落”。鞘界面以速度 v_W 振荡。电子从鞘界面被弹回，可以从振荡的鞘层获得能量，$v_e\to(v_e+2v_W)$。

(3) 波加热模式。由于射频的频率较高，电磁波可以在适当密度的等离子体中传播，使波与电子的耦合成为可能，从而形成波加热模式。这是一种高效加热和电离机制，在螺旋波放电、微波放电中非常重要。

第三部分　典型的低温等离子体产生形式

低温等离子体的产生方法很多，但最重要和最普遍的是气体放电法。形式上，气体放电分为自持和非自持放电。非自持放电由于需要外来源提供种子电子，只有极特殊的场合才会应用。自持放电具有非常丰富的形式。按气体气压高低，放电等离子体可分为低气压(＜10Torr)、中等气压(10～100Torr)和高气压放电等离子体。按击穿模式，可分为辉光(汤森)放电、流注放电、高频放电和光波等离子体。按照放电机理，可分为汤森放电、辉光放电、电弧放电和高频放电。按照激励方式，又可以分为直流(或准直流)放电(直流电源或低频 $f< 1000$Hz)、脉冲放电(脉宽1ns～10μs)、中高频放电($f= 10^3$～10^4Hz)、射频放电($f= 10^5$～10^8Hz)、微波放电($f= 10^9$～10^{11}Hz)和光学放电(远红外～紫外)等。根据放电电极结构，还有电晕放电(极不均匀电场中的放电)、空心阴极放电(具有中空结构的阴极)、介质阻挡放电(导电电极被介质覆盖、电极之间没有传导电流)、毛细管放电(通道尺度接近电子平均自由程)等形式。

下表给出一些常见的驱动方式和等离子体类型。

激励电场	典型击穿方式	非平衡等离子体	平衡等离子体
直流电场	放电管中的辉光放电	辉光放电正柱区	高气压弧正柱区
射频场	惰性气体射频击穿	容性耦合等离子体	感性耦合等离子体炬
微波场	波导管或共振腔击穿	微波放电等离子体	等离子体流管
光波激励	激光击穿	光击穿后等离子体	连续光学放电

这一部分介绍几种典型产生低温等离子体的气体放电形式。

第 9 章　直流辉光放电和汤森放电

直流辉光放电是气体导电中最基本、最重要的放电形式之一，由放电管内两电极间出现特有的辉光而得名。通常低气压冷阴极放电管击穿后形成稳定的辉光放电，其特点是电流密度小、放电维持电压较高。但辉光放电本身并不只限于低气压，在中高气压或大气压下也能够实现。辉光放电可以分为正常辉光放电、亚辉光放电和反常辉光放电等几种。如果电流很小，辉光放电将过渡到汤森暗放电。

本章介绍直流辉光放电和汤森放电等离子体的物理特性。

9.1　正常辉光放电的基本特征和分区

一个典型的冷阴极放电管在正常辉光放电时，发光区和电参量分布如图 9.1 所示。正常辉光放电从阴极到阳极方向，可以划分为四个区域：阴极区、过渡区、正柱区和阳极区。

9.1.1　阴极区

从阴极表面开始长度 d_c 之内的区域为阴极区。它是管压的主要降落区，也称为阴极位降区，这是维持放电必不可少的区域。阴极区的电场分布很不均匀，阴极表面最强，然后下降，至 d_c 处最低。阴极区的光层又可分为几个小区，包括：

(1) 阿斯顿暗区，是紧靠阴极表面的一层很薄的暗区。从阴极发射出的电子初速度很低，这些电子在很小的区域从电场获得的能量很小($<1\text{eV}$)，很难产生激发和电离过程，因此也不可能有辐射过程，所以该区是暗区。

(2) 阴极辉区，是紧接着阿斯顿暗区的发光区。初始电子运动的距离增大，从电场中获得的能量积累也增大，电子具有足够的能量激发原子，所以发光。

(3) 阴极暗区，又称为克罗克斯暗区。从阴极辉区迁移来的电子有部分没有经过非弹性碰撞，其能量积累达到原子的电离能，使原子电离产生雪崩，从而在该处产生大量离子。由于阴极表面电场很强，离子在电场作用下获得很大能量而轰击阴极表面，产生显著的过程，使阴极发射大量的二次电子，以维持放电。但该区的激发过程比较弱，光强很小，故也为暗区。

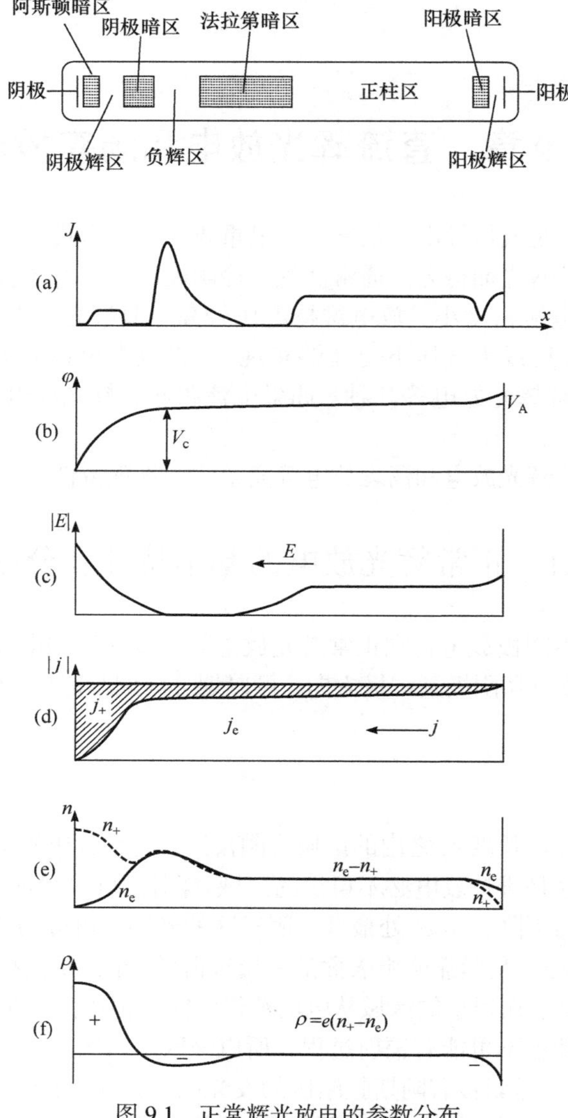

图 9.1　正常辉光放电的参数分布

(a) 发光强度；(b) 电位；(c) 轴向电场；(d) 电流密度；(e) 离子和电子电荷；(f) 空间净电荷 $\rho = e(n_i - n_e)$

9.1.2　过渡区

在阴极区之后到正柱区之间的区域称为过渡区。它又可以分为两个区：负辉区和法拉第暗区。

(1) 负辉区，紧邻阴极区之后，是整个空间放电最强的区，也是正负电荷密度最大，而且接近相等的区域，即“等离子体区”。但负辉区等离子体与后面的正柱区在机理上有明显区别。负辉区是电子束维持的等离子区。负辉区的径向范围取决于阴极发射电子的面积，而与放电管的管径关系不大，不像正柱区充满整个空间。从阴极区进入负辉区的电子分为两组：一组是快电子，它们从阴极发射后经阴极区获得足够高的能量，而又没有经过非弹性碰撞；另一组是低能电子，它们是在阴极区经非弹性碰撞损失能量或新产生的电子。尽管负辉区的电场弱，但由于快电子的进入，仍可继续产生强烈的激发和电离，使带电粒子的浓度增大，辐射增强；而慢电子与正离子的复合也很强，并伴有辐射。因此，负辉区的发光最强，带电粒子密度最大，是正柱区的约 20 倍。

(2) 法拉第暗区，经过负辉区，电子受大量非弹性碰撞而丧失能量，使定向运动速度大大减慢。到负辉区结束之处，电子能量很小，电离和激发概率很小；另外，正离子浓度也很小，复合很弱。因此该区是一个暗区。

9.1.3 正柱区

过渡区之后紧接着就是正柱区。正柱区的长度由放电管的极距和电压/电流决定。极距越大，正柱区越长；反之越短。就辉光放电的本质而言，正柱区是可有可无的，它并不是维持放电的主要区域，在某些条件下甚至不出现正柱区。但正柱区是实际应用中一个很重要的区域。

实验表明，正柱区的电位分布是线性的，轴向电场分布几乎均匀且很弱，正离子与电子的浓度基本相等($10^{10}\sim10^{12}\text{cm}^{-3}$)，但二者温度不同，是典型的非平衡等离子体区。电子能量呈麦克斯韦分布，大部分电子能量较小(小于 5eV)。主要的传导电流是电子的迁移电流，离子迁移电流只有电子电流的千分之几，一般可以忽略，即

$$j = j_e + j_i = \rho(\mu_e + \mu_i)E \approx \rho\mu_e E \tag{9.1}$$

虽然正柱区的电子电流远大于正离子电流，但离子数与电子数是基本平衡的，因为电子从阴极漂移到阳极，电子电流在正柱区只起传导电流的作用。正柱区的带电粒子由于复合、双极扩散等使空间电荷密度降低。为维持辉光放电稳定，必须不断有新产生的电子-离子来补充和平衡。这要求正柱区内建立一定的空间电场(轴向电场)，使电子能够从电场获得能量而电离原子，以产生所需要的电离次数。可见，正柱区的轴向电场是电子能量平衡条件决定的，电子能量大小又是所需产生的电离数决定的，而需产生的电离数则是带电粒子的损失(平衡条件)决定的。因此，正柱区的电场强度由带电粒子的损失决定，即损失越大，场强越大；反之越弱。

9.1.4　阳极区

阳极区是阳极表面附近的区域，包括阳极辉区和阳极暗区。它不是辉光放电的主要区，可能出现也可能不出现。阳极区是正柱区与阳极间的电流通道，其作用是保证阳极收到足够的电子并形成外电路电流。由于电子迅速向阳极运动，阳极区具有比正柱区更高的电场强度。另外，阳极区也与外电路的电流有关。

设正柱区等离子体的电子分布是麦克斯韦分布的。由于热运动，单位时间进入阳极的电子数为$n_a = n_e\overline{v}_e S_a / 4$，它们形成的电流为

$$I_a = en_a = en_e\overline{v}_e S_a / 4$$

但实际上，电流I决定于外电路，并不一定与上式相等。若$I > I_a$，由热运动到达阳极的电子不能满足外电路的要求，这时从阳极进入外电路的电子数将大于从等离子区过来的电子数。这样一来，阳极电位比等离子区高些，使电子加速。当I_a没有达到I时，I_a将一直增大。反之，若$I < I_a$，就有部分电子受阳极电位的拒斥而不能到达阳极，这时将出现负的阳极电位。若$I = I_a$，则阳极区位降也正好为0。

以上四个区域(包括七个小区)在辉光放电管中并非一定全部出现，这与气体种类及压强、放电管尺寸、电极材料及形状大小、极间距离等诸多因素有关。只有阴极位降区是维持正常辉光放电必不可少的区域。辉光放电的各发光区中，发光强度以负辉区最强，正柱区居中，而阴极辉光和阳极辉光最弱。虽然正柱区的强度不如负辉区强，但它的发光区域最大，因此对光通量的贡献也最大。例如，日光灯就是利用正柱区发光，光效高达80lm/W。

每种气体都有其特有的辉光放电颜色，如表9.1所示。实际观察到的颜色与之有一些差异，主要是由气体掺杂引起的。

表9.1　不同气体辉光放电的颜色

气体	阴极区	负辉区	正柱区
氦 He	红	粉红	红
氖 Ne	黄	橙	棕红
氩 Ar	粉红	深蓝	深红
氪 Kr	—	绿	蓝紫
氙 Xe	—	橙绿	淡绿
氢气 H_2	棕红	淡蓝	粉红
氮气 N_2	粉红	蓝	红黄
氧气 O_2	红	淡黄	红黄
空气	粉红	蓝	红黄

9.2　稳定阴极位降区分析

实验表明，当阳极移至阴极区边界附近，放电仍能维持；但移到阴极区后，放电就会熄灭。阴极位降区是维持辉光放电最关键的区域，它实际上是阴极表面附近的离子鞘层(即阴极鞘)。下面介绍阴极位降区的电流、位降和厚度的理论关系。

阴极鞘内物理过程比较复杂。为简单起见，一般假定：

(1) 从阴极发射的电子在阴极区漂移过程中不断从电场获得能量，高能电子与气体原子发生碰撞电离，产生电子崩，即α过程；

(2) 正离子轰击阴极表面产生二次电子，即γ过程；

(3) 在稳定条件下，阴极区的电离增长率为 1。

9.2.1　伏安特性

阴极位降区的电场 E 和电子碰撞电离系数α都是随位置变化的。鞘内电场不均匀，从表面开始沿 d_c 逐渐下降，近似为线性变化的。考虑一维情况，在 $x=0$ 和 d_c之间的电场

$$E(x)=E_0(x/d_c-1) \tag{9.2}$$

其中表面处的电场强度为 E_0，边界处($x=0$)的电场为 0，位降区长度是 d_c，如图 9.2 所示。

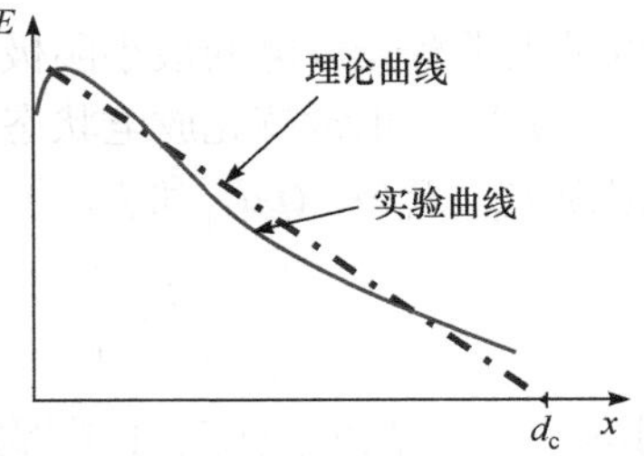

图 9.2　阴极位降区的电场分布示意图

根据泊松方程 $\mathrm{d}E(x)/\mathrm{d}x=-\rho(x)/\varepsilon$ ，可得到空间净电荷浓度

$$\rho(x)=-\varepsilon_0\frac{\mathrm{d}E(x)}{\mathrm{d}x}=\varepsilon_0\frac{E_0}{d_c} \tag{9.3}$$

在给定条件下，空间净电荷是均匀分布的。

积分得到阴极位降区的位降

$$V_c=\int_0^{d_c}(-E(x))\mathrm{d}x=\int_0^{d_c}E_0(1-x/d_c)\mathrm{d}x=E_0d_c/2 \tag{9.4}$$

由此得到阴极表面场强

$$E_0=2V_c/d_c \tag{9.5}$$

均匀分布的空间净电荷也可表示为

$$\rho(x)=2\varepsilon_0V_c/d_c^2 \tag{9.6}$$

在阴极表面，电流由电子电流和离子电流组成，分别为 $j_{e0}=\rho_{e0}v_{ei}$ ， $j_{i0}=\rho_{i0}v_{di}$ 。其

中，电子电流是表面二次电子形成的，即 $j_{e0}=\gamma j_{i0}$。因此

$$j_c=j_{i0}+j_{e0}=j_{i0}(1+\gamma) \tag{9.7}$$

因为绝大多数情况下的二次电子系数很小，即$\gamma\ll 1$，所以$j_{e0}\ll j_{i0}$；又因为电子漂移速度大得多，$v_{de}\gg v_{di}$，所以$\rho_{i0}\gg\rho_{e0}$，即阴极位降区的空间电荷主要是正离子。而离子漂移速度为 $v_{di}=\mu_i E_0=2\mu_i V_c/d_c$，所以，阴极表面的电流密度

$$j_c=\frac{\mu_i V_c^2}{\pi\varepsilon_0 d_c^3}(1+\gamma) \tag{9.8}$$

这就是阴极位降区的伏安特性,实际上是离子鞘的蔡尔德-朗缪尔(Child-Langmuir)定律。它给出了阴极位降 V_c(或表面场强 E_0)、电流密度j_c和阴极区长度 d_c之间的约束关系。

由于汤森理论得到的击穿电压 $V_c=V_c(pd)$具有一个极小值，式(9.8)也给另一种意义上的帕邢曲线，其极小电压等于帕邢曲线在$(pd)_{min}$处的最小值 V_{min}，而这也是正常辉光放电的最小阴极位降。

分别将正常辉光放电状态下的阴极位降、表面场强、位降区长度和电流密度记为 V_n、E_n/p、$(pd)_n$和j_n，可以引入无量纲参数

$$\widetilde{V}=\frac{V_c}{V_n},\quad \widetilde{E}=\frac{E_c/p}{E_n/p},\quad \widetilde{d}=\frac{d_c}{d_n},\quad \widetilde{j}=\frac{j_c}{j_n}$$

其中，V_n、E_n/p、$(pd)_n$由帕邢定律(第 6 章式(6.13))的最小值给出，而电流密度由放电相似定律和蔡尔德-朗缪尔定律给出，即

$$\frac{j_n}{p^2}=\frac{(1+\gamma)(\mu_i p)V_n^2}{4\pi(pd)_n^3} \tag{9.9}$$

这样，无量纲位降、电场、电流密度都可以通过无量纲位降长度来表示，即

$$\widetilde{V}=\frac{\widetilde{d}}{1+\ln\widetilde{d}},\quad \widetilde{E}=\frac{1}{1+\ln\widetilde{d}},\quad \widetilde{j}=\frac{1}{\widetilde{d}(1+\ln\widetilde{d})^2} \tag{9.10}$$

图 9.3 给出这些无量纲量随电流密度的变化曲线。

式(9.10)和图 9.3 表明，阴极电流密度从正常辉光值j_n开始降低时，阴极位降 V_c和阴极区长度 d_c将增大，而阴极表面场强 E_0将下降。而当阴极区长度 d_c增大到电极间隙 d 时，放电退化到汤森暗放电，电流也变为暗放电电流。

但是，实际的辉光放电与图 9.3 的左支并不相同，左支的放电模式是不能实现的，表现在辉光放电的电流 I 并非完全覆盖整个阴极表面，而是只存在于某一区域能够满足电流密度$j_n\sim I/S$ 及位降为 V_n。当电流 I 增大时，阴极表面有效放电面积 S 相应增大，从而保持电流密度 j_n 和电压的恒定。外加管压可能有所增加，

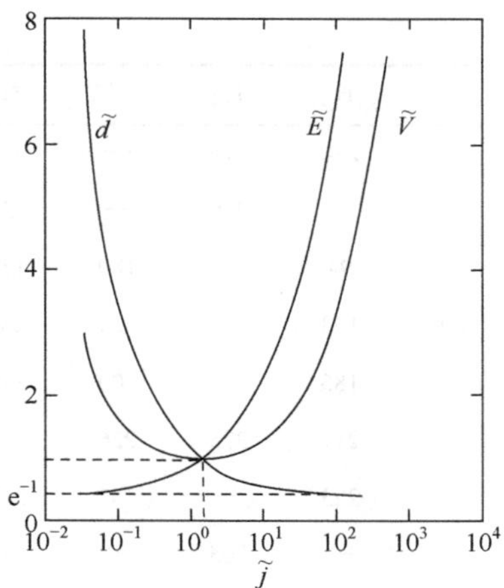

图 9.3　阴极位降、表面场强和位降区长度随电流密度的变化(无量纲坐标)

但超出 V_n 的电压将降落在正柱区。如果这个电压可以忽略(如很短的放电管)，那么管压几乎就等于 V_n。这就是所谓的“正常辉光放电”，相应的阴极位降、电流密度都是正常的。

当电流密度达到 j_n 时，整个阴极表面都处于正常辉光放电状态。此后，随着电流密度增大，阴极位降 V_c 和表面场强 E_0 将随之增大，而阴极区长度 d_c 随之减小，放电进入“反常辉光放电”阶段，对应图 9.3 的右支。此时，电流完全覆盖整个阴极表面，并都达到正常辉光放电电流密度 j_n。进一步增大放电电流不再是增大放电面积，而只能是增大电流密度，后者依靠放电电压的提高。

9.2.2　阴极位降和电流密度

理论上，V_n、j_n 和 $(pd)_n$ 与位降区电场分布的选取有关，如果利用式(9.2)的线性近似，那么 $V_n = 1.1V_{min}$，$(pd)_n = 1.4(pd)_{min}$，而 j_n 是式(9.9)的 1.8 倍。

表 9.2～表 9.4 给出部分气体和阴极材料 V_n、$(pd)_n$ 和 j_n/p^2 的实验值。

表 9.2　室温下几种气体和阴极材料的正常阴极位降 V_n　　(单位：V)

阴极	He	Ne	Ar	H_2	Hg	空气	N_2	O_2	CO	CO_2
Al	140	120	100	170	245	229	180	311	—	—
Cu	177	220	130	214	447	370	208	—	484	460
Fe	150	150	165	250	298	269	215	290	—	—
Ag	162	150	130	216	318	280	233	—	—	—
Au	165	158	130	247	—	285	233	—	—	—
Bi	137	—	136	140	—	272	210	—	—	—

续表

阴极	He	Ne	Ar	H_2	Hg	空气	N_2	O_2	CO	CO_2
C	—	—	—	240	475	—	—	—	526	—
Hg	142	—	—	—	340	—	226	—	—	—
K	59	68	64	94	—	180	170	—	484	460
Mg	125	94	119	153	—	224	188	310	—	—
Na	80	75	—	185	—	200	178	—	—	—
Ni	158	140	131	211	275	226	197	—	—	—
Pb	177	172	124	223	—	207	210	—	—	—
W	—	125	—	—	305	—	—	—	—	—
Zn	143	—	219	184	—	277	216	354	480	410
玻璃	—	—	—	260	—	310	—	—	—	—

表 9.3　室温下正常阴极位降厚度$(pd)_n$　　(单位：Torr · cm)

阴极	He	Ne	Ar	H_2	Hg	空气	N_2	O_2
Al	1.32	0.64	0.29	0.27	0.33	0.25	0.31	0.24
C	—	—	—	0.90	0.69	—	—	—
Fe	1.30	0.72	0.33	0.90	0.34	0.52	0.42	0.31
Cu	—	—	—	0.80	0.60	0.23	—	—
Mg	1.45	—	—	0.61	—	—	0.35	0.25
Hg	—	—	—	0.90	—	—	—	—
Ni	—	—	—	0.90	—	—	—	—
Pb	—	—	—	0.84	—	—	—	—
Pt	—	—	—	1.00	—	—	—	—
Zn	—	—	—	0.80	—	—	—	—
玻璃	—	—	—	0.80	—	0.30	—	—

表 9.4　室温下正常辉光电流密度 j_n/p^2　　(单位：μA/(Torr^2 · cm^2))

阴极	Ne	He	Ar	H_2	Hg	空气	N_2	O_2
Al	—	—	—	90	4	330	—	—
Au	—	—	—	110	—	570	—	—
Cu	—	—	—	64	15	240	—	—

续表

阴极	Ne	He	Ar	H_2	Hg	空气	N_2	O_2
Fe,Ni	6	2.2	160	72	8	—	400	—
Mg	5	3	20	—	—	—	—	—
Pt	18	5	150	90	—	—	380	550
玻璃	—	—	—	80	—	40	—	—

9.2.3　正常辉光放电电流密度的稳定机制

正常辉光放电的电流密度又如何稳定或阴极位降如何稳定呢?

实际上，在进入反常辉光放电之前，整个阴极表面并不是均匀放电。设电极是一个圆面，则中心区放电是均匀的，而边界上或放电或还没有放电。阴极表面距中心 r 处上方的阴极位降区终止于 $d(r)$处，在电子运动路径上的电场可能不均匀，则汤森判据(即$\int_0^L \alpha(E(x))\mathrm{d}x = \ln(1+1/\gamma)$)可写成

$$\mu = \gamma\left[\exp\left(\int_0^{d(r)} \alpha(E(l))\mathrm{d}l\right) - 1\right] = 1$$

亦即电子倍增系数为$\mu = 1$。如果不考虑电荷的扩散，而且电场 $E(l)$是恒定的，则阴极位降 V_C 就是帕邢定律所决定的形式。即使电场不均匀，阴极层压降随距离的线性率也基本是合理的。那么，阴极位降与电流密度 j 和 pd 值的关系就可以示意如图 9.4 所示。理想状态下，定态电流模式对应于电子倍增系数$\mu = 1$ 的情形(即保持消失一个电子，就有一个电子补充)。高于该电流时，$\mu > 1$；低于该电流时，$\mu < 1$。

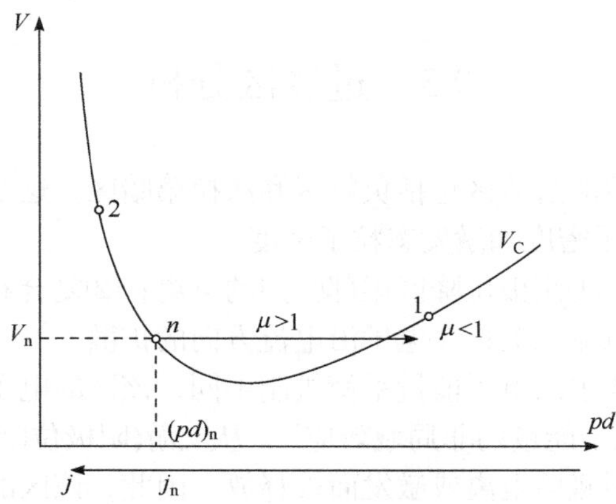

图 9.4　阴极位降 V_C 与电流密度 j 和 pd 值的关系

如果电流密度$j < j_n$，则$d > d_n$，此时放电是正常的，但曲线上的“定态”并不稳定。在电极中心附近(电流均匀区)，电荷扰动将破坏阴极位降区。但在电极边界处，即使没有扰动，阴极区也可能衰减。电荷因扩散而减少，等势线将从阴极表面偏离。离中心越远，偏离越大，如图 9.4 所示。在非中心区，等效pd增大，相对于在图 9.4 上移至点“1”。此时$\mu < 1$，因此电流将趋于减弱甚至消失。总电流减小，使外电路电阻上的压降减小，而阴极层压降增大，最终又导致阴极层均匀区的电流增大，直至j_n达到稳定。

如果处于异常放电状态，如图 9.4 所示的点“2”，中心附近的准均匀区的放电状态也是稳定的。但如果是在边界处，等效pd将增大，即点“2”向外扩展，等势面也偏离阴极表面，如图 9.5 所示。此时，$\mu > 1$，进入电子倍增系数高于 1 的状态，击穿也将在边界发生，相当于有效放电(即正常辉光放电)的面积增大。这使总电流也随之增大，外电路的压降也因此增大，从而使阴极层位降减小，最终导致阴极均匀区的放电电流减小，直至j_n后达到稳定。

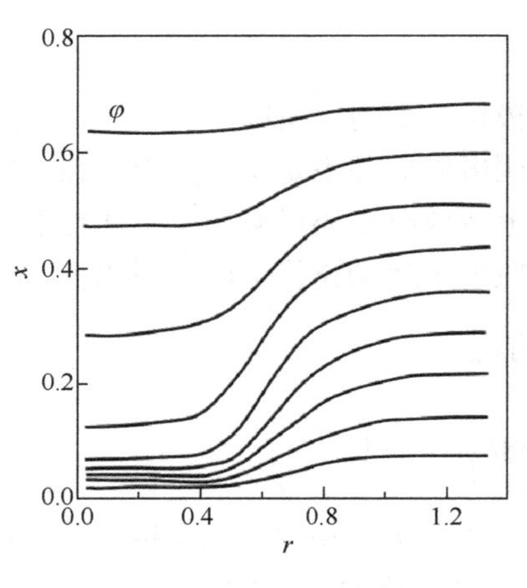

图 9.5　阴极表面的等势线

一般地，正常辉光放电对应于图 9.4 中的点“n”，阴极位降略高于异常分支的最小值。这是因为电荷向阴极边界的扩散损失不可避免，使那里的电子倍增系数有所减小，$\mu < 1$。如果没有电荷扩散损失，则正常辉光放电的阴极位降应该下移至曲线的最低点，此时边界的电势线必须是突变的。但实际上不可能，因为电极的边界效应无法避免，那里的电场是渐变的。

9.3　过渡区分析

阴极位降区之后的过渡区包括负辉区和法拉第暗区。这是一个等离子体区，具有很高的电子/离子密度和激发态粒子密度。

过渡区起源于：①阴极位降区尾部强烈的电离；②复合和双极扩散引起的局域电荷损失与放电电流无关；③电子沿电流方向的扩散。

与一般等离子体中的电子能量平衡机制不同，该区的电子能量显然不是局域平衡的，即所谓“电子能量的非局域效应”。从上游(阴极位降区)来的电子具有很高能量，在负辉区因碰撞电离或激发而被释放。因此，该区的电子能谱分布也比较广。一般地，大量存在的是麦克斯韦化的慢电子群，平均能量ε_e为 0.1eV 量级。

此时高密度电子之间的碰撞频率超过电子-分子碰撞的能量损失频率，使这部分电子能量趋于热平衡状态。还有部分中等能量的电子，数目约为慢电子的 1%，平均能量ε_e为 3～4eV。另有少数高能电子，能量$\varepsilon_e \sim eV_C > 100$eV，是来自阴极位降区未发生碰撞电离或激发的电子。这种电子能量的非局域效应可以引起辉光放电的某些非线性现象，如正柱条纹等。

慢电子密度从负辉区头部到法拉第暗区尾部是先增大再减小的，如图 9.6 所示。密度变化约 2 个量级，从负辉区中央的最高约 10^{10}cm^{-3}到暗区的约 10^9cm^{-3}，直至正柱区的约 10^8cm^{-3}。

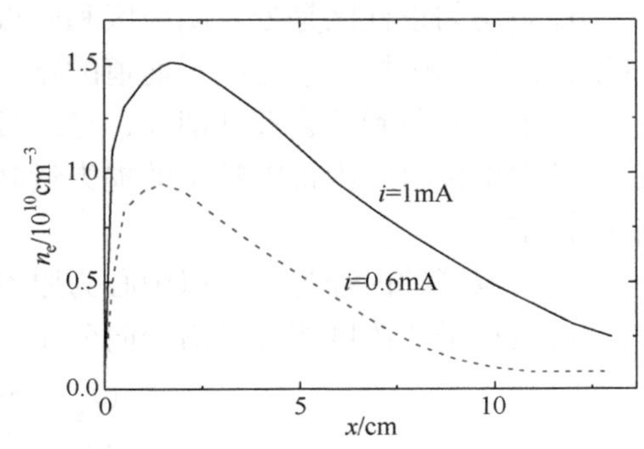

图 9.6　负辉区和法拉第暗区的低能电子分布
He，1.5Torr，$x = 0$ 对应负辉区起点

负辉区和法拉第暗区的电场强度很小，一般 E/p 约为 0.1V/(cm·Torr)，而从负辉区的最大电子密度处向外(阳极方向)电子密度迅速下降，因此维持通道中电流的主要机制是电子扩散，而非迁移；暗区的电子密度不能通过电离过程得到补充。同时电子也将向管壁扩散而损失，但由于密度较大，双极扩散将是主要机制。此外，等离子体复合及电负性气体中的电子附着是扩散之外的另一个重要的电子损失机制。

随着电子密度梯度下降，电场也略有增强，电子迁移的影响逐渐增大，最后超过了扩散，则法拉第暗区过渡到正柱区。

9.4　正柱区分析

正柱区是等离子体区，包含大量的各种粒子(中性粒子、激发态粒子、亚稳态粒子、电子、正负离子、光子等)，相互作用也很复杂，建立严格的理论很困难。下面介绍一种近似的理论——肖特基(Schottky)正柱理论。原则上它适用于气压 $p = 13.3 \sim 13.3 \times 10^3$Pa，电流 $I = 10^{-4} \sim 1$A，长放电管半径 $R = 1 \sim 10$cm 的直流辉光放电。但实际放电中，对大多数辉光放电的正柱区分析，肖特基正柱理论也是合理的。

肖特基理论的基本假设是：

(1) 正柱区净电荷浓度近似为 0；

(2) 电子的平均自由程远小于管径；

(3) 带电粒子的产生主要来自电子-原子碰撞，其他电离过程可以忽略，电子是麦克斯韦分布的；

(4) 带电粒子的损失主要是管壁上的复合，其余过程可以忽略。

根据肖特基正柱理论，可以得到辉光放电正柱区的一些物理特性，包括电子、离子浓度分布，电子温度，电场分布等。

9.4.1 带电粒子的径向分布

稳态均匀正柱区是处于阴极区和阳极区之间的区域，由阴极区进入的电子通过正柱区到达阳极，它是电子通道的路径。在向阳极漂移的过程中，由于双极扩散，电子将不断到达管壁并消失，导致带电粒子的浓度下降。为维持正柱区的稳定，其中单位时间内带电粒子的损失量必须由带电粒子的产生量来补充，使粒子浓度恒定。

设放电管的内径为 R，以中心为原点，沿径向向外，在 $r \sim r+\mathrm{d}r$ 小圆筒范围内，带电粒子的浓度相等且沿径向分布均匀，即

$$\frac{\mathrm{d}n_\mathrm{e}}{\mathrm{d}r}=\frac{\mathrm{d}n_\mathrm{i}}{\mathrm{d}r}=\frac{\mathrm{d}n}{\mathrm{d}r} \tag{9.11}$$

单位时间双极扩散到管壁的带电粒子数

$$\left.\left(\frac{\mathrm{d}N}{\mathrm{d}r}\right)\right|_r=-2\pi rD_\mathrm{a}\left.\left(\frac{\mathrm{d}n}{\mathrm{d}r}\right)\right|_r \tag{9.12}$$

可对 $r+\mathrm{d}r$ 处的粒子数作泰勒级数展开，$\left.\left(\frac{\mathrm{d}n}{\mathrm{d}r}\right)\right|_{r+\mathrm{d}r}=\left.\left(\frac{\mathrm{d}n}{\mathrm{d}r}\right)\right|_r+\frac{\mathrm{d}^2n}{\mathrm{d}r^2}\mathrm{d}r+\cdots$，并取一阶近似，得到从小圆筒扩散到管壁的带电粒子数

$$\begin{aligned}\frac{\mathrm{d}Z}{\mathrm{d}r}&=\left.\left(\frac{\mathrm{d}Z}{\mathrm{d}r}\right)\right|_{r+\mathrm{d}r}-\left.\left(\frac{\mathrm{d}N}{\mathrm{d}r}\right)\right|_r\\&=2\pi(r+\mathrm{d}r)D_\mathrm{a}\left.\left(\frac{\mathrm{d}n}{\mathrm{d}r}\right)\right|_{r+\mathrm{d}r}-2\pi rD_\mathrm{a}\left.\left(\frac{\mathrm{d}n}{\mathrm{d}r}\right)\right|_r\\&\approx 2\pi rD_\mathrm{a}\left(\frac{1}{r}\frac{\mathrm{d}n}{\mathrm{d}r}+\frac{\mathrm{d}^2n}{\mathrm{d}r^2}\right)\mathrm{d}r\end{aligned} \tag{9.13}$$

另一方面，在小圆筒碰撞单位时间内电离产生的带电粒子数为 Z_i，则

$$\mathrm{d}Z_\mathrm{ioni}=Z_\mathrm{i}n2\pi r\mathrm{d}r \tag{9.14}$$

稳定状态下，产生和消失的离子数应该相等。由式(9.13)和式(9.14)即得到

$$\frac{\mathrm{d}^2n}{\mathrm{d}r^2}+\frac{1}{r}\frac{\mathrm{d}n}{\mathrm{d}r}+\frac{Z_\mathrm{i}}{D_\mathrm{a}}n=0 \tag{9.15}$$

它的解是零级贝塞尔函数 $J_0(x)$

$$n(r)=n_0J_0\left(\sqrt{\frac{Z_\mathrm{i}}{D_\mathrm{a}}}r\right) \tag{9.16}$$

取第一个正值部分的曲线，其第一个零点的宗量为 2.405，在管壁 $r=R$ 处，$n(R)=0$。因此

$$\sqrt{\frac{Z_\mathrm{i}}{D_\mathrm{a}}}R=2.405\,,\quad Z_\mathrm{i}=2.405^2\frac{D_\mathrm{a}}{R^2} \tag{9.17}$$

由此

$$n(r)=n_0J_0\left(2.405\frac{r}{R}\right) \tag{9.18}$$

显然，空间带电粒子浓度的径向分布是零级贝塞尔函数 J_0，近似于抛物线型，管轴中心处最大，而管壁处 $n(R)=0$。电离强度 Z_i 是 D_a/R^2 的函数。双极扩散系数 D_a 越大，管径 R 越小，带电粒子扩散到管壁的损失越大，与之相平衡的电离强度 Z_i 越大；反之亦然。

根据贝塞尔函数的性质，$n(r)$的平均值是最大值的 0.43 倍，因此

$$\overline{n}=\langle n(r)\rangle=0.43n_0 \tag{9.19}$$

由此得到轴向电流

$$j=j_\mathrm{e}+j_\mathrm{i}=e\overline{n}_\mathrm{e}v_\mathrm{e}+e\overline{n}_\mathrm{i}v_\mathrm{i}=e\overline{n}(\mu_\mathrm{e}+\mu_\mathrm{i})E \tag{9.20}$$

相应的放电电流

$$I=\pi R^2j=\pi R^2e\overline{n}(\mu_\mathrm{e}+\mu_\mathrm{i})E \tag{9.21}$$

可见，在电场一定的条件下，放电电流与带电粒子密度成正比。

9.4.2　电子温度

假定正柱区的电子速率符合麦克斯韦分布，电子温度(或平均能量)为 $\varepsilon=\frac{1}{2}m_\mathrm{e}v^2=\frac{3}{2}kT_\mathrm{e}=eV$。在稳定放电状态下，正柱区必须维持一定的电离强度来弥补带电粒子的损失。而一定的电离强度由相应的电子能量决定，因此正柱区必须维持一定的电子温度。

假定一种单一组分气体，原子电离电位为 V_i，则能量为 eV 的电子的微分电离系数为 $s_\mathrm{e}=a(V-eV_\mathrm{i})$(其中 a 是与气体有关的常数)。正柱区的电子速度符合麦克斯韦分布，且 $T_\mathrm{e}\gg T_\mathrm{i}$，可以得到电子的温度方程

$$(pD)^2 C^2 \left(1+\frac{1}{2}\frac{eV_i}{kT_e}\right)\exp\left(-\frac{eV_i}{kT_e}\right)\cdot\left(\frac{eV_i}{kT_e}\right)^{-1/2} = 2.405^2\left(\frac{\pi m_e}{2e}\right)^{1/2} = 1.72\times10^{-7} \quad (9.22)$$

其中，$D=2R$ 是圆柱体的直径；$C^2 = a\sqrt{V_i}/\mu_i p$。

在低气压辉光放电中，$kT_e < eV_i$，式(9.22)简化为

$$\exp\left(\frac{eV_i}{kT_e}\right)\bigg/\left(\frac{eV_i}{kT_e}\right)^{1/2} = 7.07\times10^6 (CpD)^2 \quad (9.23)$$

此时，电子温度 T_e 是 CpD 的函数，如图 9.7 所示。几种常见气体的常数 C 如表 9.5 所示。

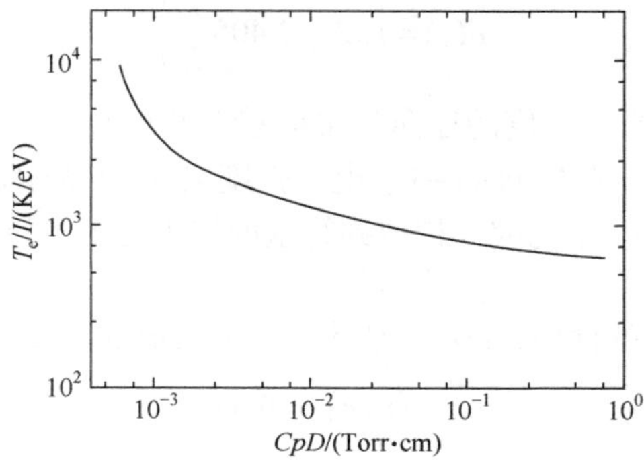

图 9.7　正柱区电子温度随 CpD 的变化

表 9.5　几种常见气体的常数 C　(单位：$(V\cdot s/(cm^2\cdot Torr^2))^{1/2}$)

气体	He	Ne	Ar	Hg	N_2	H_2
C	3×10^{-5}	4.5×10^{-5}	3×10^{-4}	5.2×10^{-4}	3×10^{-5}	7.5×10^{-5}

式(9.23)和图 9.7 表明，在一定范围内，T_e 随 CpD 的增大而减小。当 CpD 较大时，T_e 的变化比较小，并趋于恒定；当 CpD 较小时，带电粒子的管壁扩散复合损失比较大，为维持空间带电粒子浓度，必须增大电离，因此要求有较高的电子温度。所以，管径较小时，电子温度较高；反之，电子温度较低。

9.4.3　轴向电场强度

在稳定放电状态下，为产生足够的电离强度，必须有一定的电子能量来维持，而电子能量是靠电子在电场中获得的，因此，必须在空间建立一定轴向的电场 E 以维持放电空间的电子所需能量。另一方面，电子在气体中运动时不断与分子碰撞而损失能量，二者之间必须是平衡的，才能使放电稳定。若电子漂移速度为 v_d，

每次碰撞的能量损失率为 f，频率为 $\nu_m = \bar{v}_e / \bar{l}_e$，则平衡方程

$$eEv_d = f \cdot \frac{3}{2} kT_e \cdot \frac{\bar{v}_e}{\bar{l}_e} \tag{9.24}$$

根据前面的计算，漂移速度与热速度之比为 $v_d / \bar{v}_e = \sqrt{f/2}$，由此得到电子温度为

$$T_e = \frac{E\bar{l}_e}{\sqrt{2f}} \tag{9.25}$$

在一般辉光放电中，T_e 不太高(0.1～5eV)，可取 T_e 为 1eV($\approx 10^4$K)；f 可取弹性碰撞的损失率。由式可见，当 f 一定时，T_e 随 $E\bar{l}_e$ 成正比增加。$E\bar{l}_e$ 较大时，非弹性碰撞增多，f 随之增大，T_e 相应减小。取 $\bar{l}_e = \bar{l}_0 / p$($l_0$ 是 $p = 1$Torr 时的平均自由程)

$$\frac{E}{p} = \frac{T_e \sqrt{2f}}{133\bar{l}_0} \tag{9.26}$$

当正柱区是扩散机制主导时，电荷的平衡由径向扩散、电离和复合过程决定

$$D_a \nabla_\perp^2 n + \nu_i(E) n - \beta n^2 = 0 \tag{9.27}$$

若不考虑复合 βn^2，并令边界 $r = R$ 处的电荷密度为 $n = 0$，根据上面径向电荷分布的贝塞尔函数关系 $n \propto J_0(2.405r/R)$，电离速率 ν_i 与扩散损失的关系

$$\nu_i(E) = D_a / \Lambda^2 \equiv \nu_{da} \tag{9.28}$$

其中，$\Lambda = R/2.405$ 是扩散特征长度。这一条件在低气压、小管径和电流不大时很容易满足。

据此，轴向电场强度 E 与电子密度 n(或电流 I)没有关系，电子的产生和消失速率都与 n 成正比。此时，辉光放电的伏安特性曲线

$$V(i) = V_n + EL = \text{常数} \tag{9.29}$$

正柱区电场满足相似率 $E/p = f(pR)$，如图 9.8 所示。

9.4.4　放电电流对电子温度和电场强度的影响

在上面的理论分析中，通常认为放电电流对电子温度 T_e 和电场 E 没有影响。但实际上，实验发现电流对 T_e 和 E 是有影响的。图 9.9 所示是 Ne 在 $D = 25$mm 的放电管中放电时，电子温度随放电电流的变化。三条曲线对应于 $pD = 0.13$Torr · cm、2.5Torr · cm 和 3.8Torr · cm 的情形。可以看出，电子温度随放电电流的增大而下降。

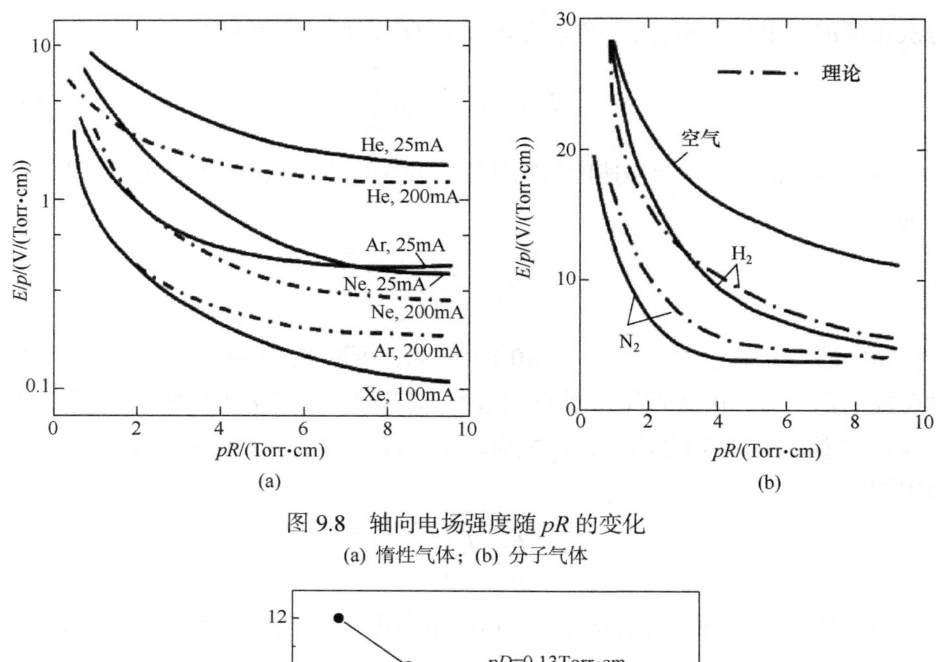

图 9.8　轴向电场强度随 pR 的变化

(a) 惰性气体；(b) 分子气体

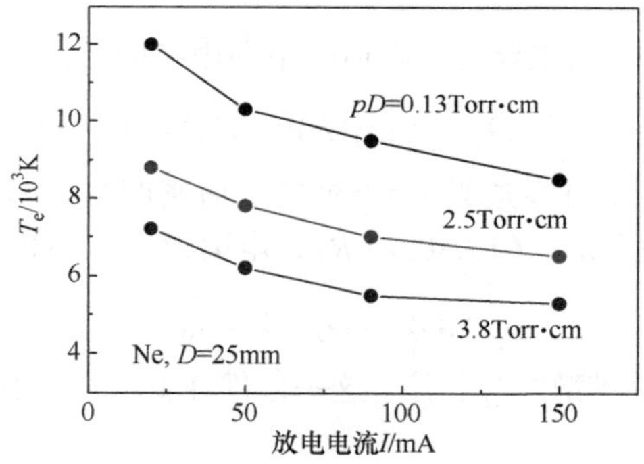

图 9.9　正柱区电子温度随放电电流的变化

轴向电场强度 E 也随电流增大而先下降后增大，如图 9.10 所示(其中气体为 He，$p = 10$Torr，$D = 24$cm，图中实线是电子-原子仅发生一次电离时的放电状态，虚线是可以发生一次和两次电离的放电状态)。

图 9.10 中的电场强度随电流下降反映了正柱区具有负阻抗特性，可能有三方面的原因：

(1) 当电流密度较小时，正柱区的电子以扩散为主而不是双极扩散，因为 $D_e \gg D_i$，显然电子自扩散的管壁损失多，要求 E 比较大，以达到较高的电子温度来产生足够多的带电粒子。

(2) 电流密度较大时，电子对原子碰撞的动量转移增多，气体温度随之升高。实验结果也是如此，如图 9.11 所示。

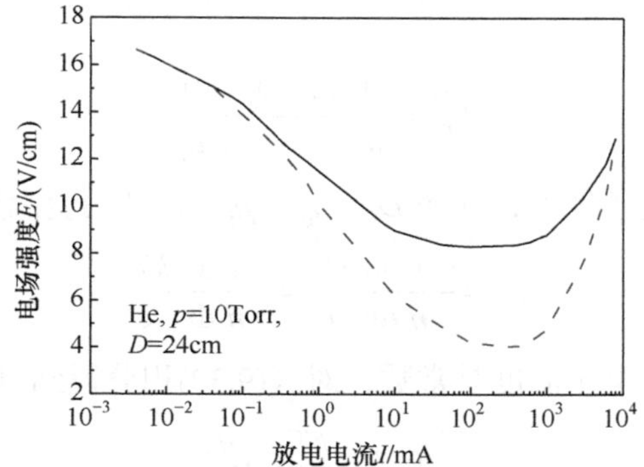

图 9.10 正柱区电场强度随放电电流的变化

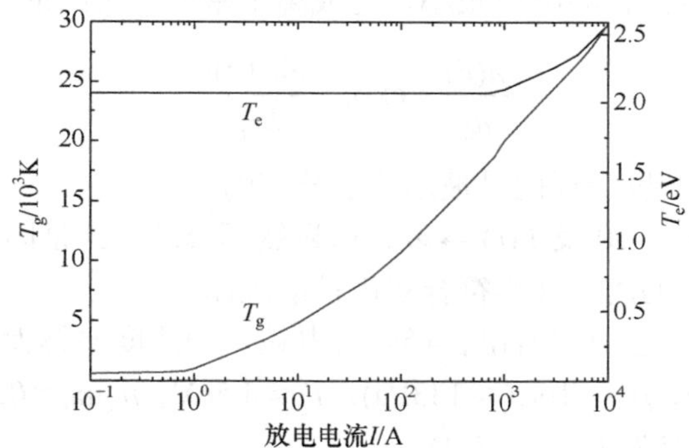

图 9.11 正柱区气体温度、电子温度随放电电流的变化

(3) 在理论分析中，一般假设正柱区的电离是电子-基态原子的一次碰撞电离过程。但实际上，随着电流的增大和带电粒子浓度的增高，分级电离过程也将增加。显然分级电离降低了电离能，它随着电流的增大而加强，因此电子温度和电场强度随电流的增大而下降。

但是正柱区的这种负阻抗伏安特性与亚辉光放电(即从汤森放电转变为正常辉光放电的过渡阶段)的机理完全不同，它只在一定的电流范围内出现，当电流增大后就消失了。而亚辉光放电的负阻抗则是气体击穿导致的气体导电性质的变化。

9.4.5 径向电场分布

在正柱区，管壁带有净负电荷，而在轴心线上相对带有净正电荷，带电粒子浓度沿径向呈递减分布，因此将在空间建立径向电场。在这种情况下，带电粒子的径向运动符合双极扩散的规律。由此得到电子、离子的双极扩散速度

$$v_a = -\frac{D_i}{n}\frac{dn}{dr} + \mu_i E_r = -\frac{D_e}{n}\frac{dn}{dr} - \mu_e E_r \tag{9.30}$$

径向电场

$$E_r = -\frac{1}{n}\frac{\mathrm{d}n}{\mathrm{d}r}\cdot\frac{D_\mathrm{e} - D_\mathrm{i}}{\mu_\mathrm{e} + \mu_\mathrm{i}} \tag{9.31}$$

在通常辉光放电条件下，$D_\mathrm{e} \gg D_\mathrm{i}$，$\mu_\mathrm{e} \gg \mu_\mathrm{i}$，再利用爱因斯坦关系可以得到

$$E_r = -\frac{1}{n}\frac{\mathrm{d}n}{\mathrm{d}r}\frac{D_\mathrm{e}}{\mu_\mathrm{e}} = -\frac{1}{n}\frac{\mathrm{d}n}{\mathrm{d}r}\frac{kT_\mathrm{e}}{e} \tag{9.32}$$

在稳定放电条件下，电子温度是常数，对式(9.32)积分得到电位分布

$$-V_r = -\frac{kT_\mathrm{e}}{e}\ln\frac{n_r}{n_0} \tag{9.33}$$

其中，“–”号表示沿径向电位减小。写成离子密度分布的形式

$$\frac{n(r)}{n_0} = \exp\left(-\frac{e|V(r)|}{kT_\mathrm{e}}\right) \tag{9.34}$$

这表明，带电粒子密度沿径向是玻尔兹曼分布的。

当 $r \to R$ 时，$n(r) \to 0$ 及 $V(r) \to \infty$，这显然不合理。这是因为在管壁处会出现“鞘层”，而鞘层中的离子并不符合双极扩散规律。

从上面的公式中也可以看出，径向带电粒子的浓度差越大，径向电位差也越大。例如，对于 Ne，$p = 1\mathrm{Torr}(\approx 133\mathrm{Pa})$，$T_\mathrm{e} \approx 4.5\mathrm{eV}$，$n_\mathrm{R}/n_0 \approx 0.17$，可得到从轴心到“鞘层”的电位差为 $V|_{r=R} = 5.4\mathrm{V}$。

设“鞘层”的电位为 V_0，在稳定状态下，等离子体中的电子与离子经过“鞘层”达到管壁的数目应该是相等的，因此径向电子电流密度和离子电流密度相等。受“鞘层”作用的影响，电子和离子电流密度分别为 $j_\mathrm{e} = \left(\frac{1}{4}en_\mathrm{e}\bar{v}_\mathrm{e}\right)\cdot\exp\left(-\frac{eV_0}{kT_\mathrm{e}}\right)$ 和 $j_\mathrm{i} = \frac{1}{4}en_\mathrm{i}\bar{v}_\mathrm{i}$，由此得到“鞘层”的电位

$$V_0 = \frac{kT_\mathrm{e}}{e}\ln\frac{v_\mathrm{e}}{v_\mathrm{i}} \approx \frac{kT_\mathrm{e}}{2e}\ln\left(\frac{T_\mathrm{e}m_\mathrm{i}}{T_\mathrm{i}m_\mathrm{e}}\right) \tag{9.35}$$

同样对于 Ne，$p = 1\mathrm{Torr}$，$T_\mathrm{e} \approx 4.5\mathrm{eV}$，若取气体温度 $T_\mathrm{i} \approx T_\mathrm{g}$ = 室温，则可得到 $V_0 \approx 22\mathrm{V}$。该值与实验结果也比较一致。

9.5 汤森暗放电

如果放电电流比较小，放电也可能达不到正常辉光放电阶段，而是停留在较弱的汤森暗放电阶段。此时，外加电场几乎没有畸变。

9.5.1　电流和电荷分布

考虑在(0, L)区间的一维放电(即假定径向放电均匀，无径向电荷扩散)，同时扩散流相对很小(即电荷流主要是迁移流)，离子复合也很小。那么，放电管中的电荷变化仅与电离相关，即 $q = v_{\text{ioni}} n_{\text{e}} = \alpha n_{\text{e}} v_{\text{ed}}$。放电通道中的电流包括电子电流和离子电流，分别为 $j_{\text{e}} = e n_{\text{e}} v_{\text{ed}}$ 和 $j_{\text{i}} = e n_{\text{i}} v_{\text{id}}$。这样，在稳态条件下

$$\begin{cases} \mathrm{d}j_{\text{e}} / \mathrm{d}x = \alpha j_{\text{e}} \\ \mathrm{d}j_{\text{i}} / \mathrm{d}x = \alpha j_{\text{i}} \\ j_{\text{e}} + j_{\text{i}} = j = \text{常数} \end{cases} \tag{9.36}$$

其边界条件是：在阴极表面($x = 0$)处离子轰击产生二次电子，而阳极表面($x = L$)无离子电流，即

$$\begin{cases} j_{\text{eC}} = \gamma j_{\text{iC}} = \dfrac{\gamma}{1+\gamma} j \\ j_{\text{iA}} = 0, \quad j_{\text{eA}} = j \end{cases}$$

对式(9.36)的电流从阴极($x = 0$)开始积分到 x 处，并假定电场均匀(未畸变)

$$\begin{cases} j_{\text{e}}(x) = \dfrac{\gamma}{1+\gamma} \mathrm{e}^{\alpha x} j \\ j_{\text{i}}(x) = \left(1 - \dfrac{\gamma}{1+\gamma} \mathrm{e}^{\alpha x}\right) j \end{cases} \tag{9.37}$$

在整个通道(0, L)中满足自持放电条件，即汤森判据

$$\mathrm{e}^{\alpha L} - 1 = 1/\gamma \quad \text{或} \quad \alpha L = \ln(1 + 1/\gamma)$$

结合式(9.36)与式(9.37)

$$\begin{cases} j_{\text{e}} / j = \mathrm{e}^{-\alpha(L-x)} \\ j_{\text{i}} / j = 1 - \mathrm{e}^{-\alpha(L-x)} \\ j_{\text{i}} / j_{\text{e}} = \mathrm{e}^{\alpha(L-x)} - 1 \end{cases} \tag{9.38}$$

可见，从阴极开始到阳极的很长距离内，离子电流 j_{i} 都超过电子电流 j_{e}，如图 9.12 所示。例如，若$\gamma = 0.01$，$\alpha L = 4.6$，则只有当 $x \geqslant 0.85L$ 后，电子电流才达到或超过离子电流的水平。

正、负电荷分布的差异更大。假定电子、离子的迁移率之比$\mu_{\text{e}}/\mu_{\text{i}} = 100$，则直至 $x = 0.998L$，$n_{\text{i}} / n_{\text{e}} = (\mu_{\text{e}}/\mu_{\text{i}})(j_{\text{i}}/j_{\text{e}}) = 1$，电荷达到中性。在放电管的绝大部分空间，离子密度远超电子密度，$n_{\text{i}} \gg n_{\text{e}}$，如图 9.12 所示。也就是说，对于汤森暗放电，通道上几乎都是正离子空间电荷占优；只有在阳极附近很小的区域才呈现负的空间电荷。但是因为电流很小，所以电荷密度都比较低。

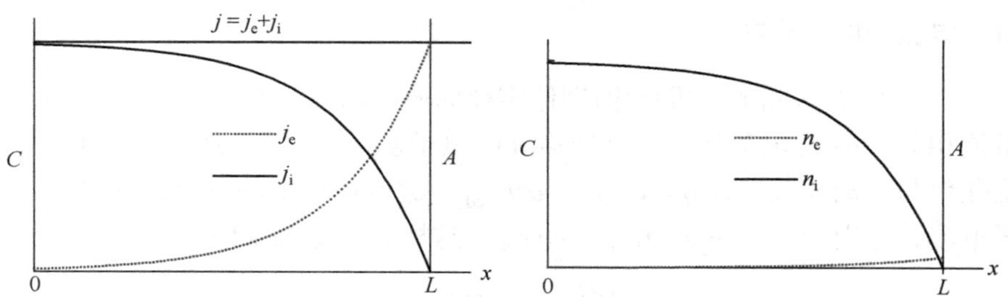

图 9.12　汤森暗放电的电荷、电流分布

9.5.2　电场分布

尽管我们假定外电场没有严重畸变，但是由于空间电荷的存在，电场必然受到影响，其分布并不均匀。在零级近似下，令电场 $E(x)$为常数，其空间分布只受到微扰，由泊松方程确定，即

$$\mathrm{d}E/\mathrm{d}x=e(n_i-n_e)$$

在绝大部分空间，$n_i \gg n_e$，$|j_i| \gg |j_e|$，那么

$$j_i \approx j/ev_{id} \approx j/e\mu_i E \tag{9.39}$$

积分泊松方程，并用阴极表面电场 E_C 表示，得到电场和临界距离

$$E=E_C\sqrt{1-x/d_{cr}}$$
$$d_{cr}=\mu_i E_C^2/2j \tag{9.40}$$

显然，在阴极表面，电场将增强；而在阳极表面，电场将减弱。

如果电流 j 很小，外延电场 $E(d_{cr})\to 0$ 的临界线 $x=d_{cr}$ 将远离放电区(即 $d_{cr} \gg L$)，则放电管区间的电场几乎为常数。但随着电流 j 增大，d_{cr} 值将逐渐缩小，并达到阳极($x=L$)。此时，$d_{cr}=L=\mu_i E_C^2/2j_L$ 或 $j_L=\mu_i E_C^2/2L$。如果电流进一步增大，则 $d_{cr}<L$，式(9.40)所得到的管内临界线处的电场趋于 0；而在 $x=(d_{cr}, L)$的区间，电场最初的假定已经没有意义。如图 9.13 所示，实际上，此时已经进入正常辉光放电，电荷和电流分布将变为正常辉光的情形。

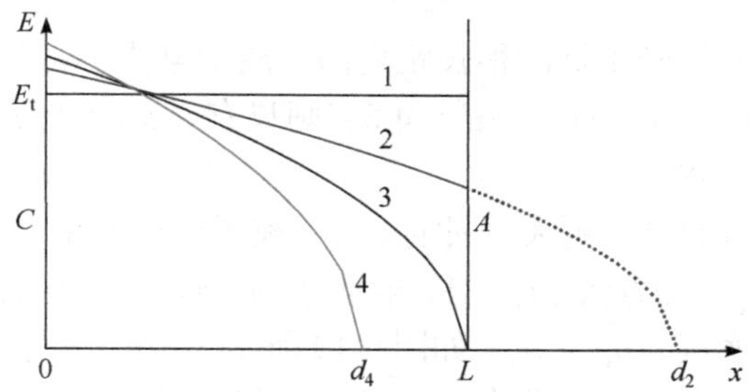

图 9.13　暗放电的电场空间分布

1：$j=0$(未畸变电场)；2：$j<j_L$，微小放电电流；3：$j=j_L$；4：$j>j_L$，转化为辉光放电

9.5.3 汤森暗放电的电流极限

从上面的分析可知，暗放电能够维持的条件是微小放电电流，即 $j<j_L$，而 $d_{cr}>L$。因此，暗放电与辉光放电转换的临界电流就是 $j=j_L$，相应的电场记为 E_{TS}、维持电压记为 V_{TS}，则折合电流密度

$$\frac{j_L}{p^2}\approx\frac{(\mu_i\cdot p)(E_{TS}/p)^2}{2pL}=\frac{(\mu_i\cdot p)V_{TS}^2}{2(pL)^3} \tag{9.41}$$

折合电流是折合参数的函数，这一关系也符合放电的相似律。

以氮气为例，电离率 $\alpha/p=12\mathrm{e}^{-342/(E/p)}$，阴极二次电子系数 $\gamma=0.01$，$\mu_i/p=1.5\times10^{-3}\mathrm{cm}^2\cdot\mathrm{Torr/(V\cdot s)}$，$pL=100\mathrm{cm\cdot Torr}$，由边界电流条件得到 $E_{TS}/p=62\mathrm{V/(cm\cdot Torr)}$，$V_{TS}=6200\mathrm{V}$，则 $j_L/p^2=2.5\times10^{-9}\mathrm{A/(cm\cdot Torr)^2}$。这一电流密度远小于正常辉光放电的值，$j_n/p^2=400\times10^{-6}\mathrm{A/(cm\cdot Torr)^2}$(见表 9.4)。若气压 $p=10\mathrm{Torr}$，管长 $L=10\mathrm{cm}$，可得到 $j_L=2.5\times10^{-7}\mathrm{A/cm^2}$；若电极面积为 $100\mathrm{cm}^2$，则维持汤森暗放电的上限电流为 $I_L=2.5\times10^{-5}\mathrm{A}$。

9.6 稳定辉光放电和汤森放电的形成过程

9.6.1 辉光放电的形成过程

在汤森机制下，典型辉光放电的形成过程很好地体现了罗戈夫斯基理论(见第 6 章 6.7 节)。以在氮气中放电为例，从击穿到放电稳定过程如图 9.14 所示(其中，气压 $p=228\mathrm{Torr}(0.3\mathrm{atm})$，间隙 $d=1\mathrm{cm}$，二次电子系数 $\gamma=0.01$，$V_s=3500\mathrm{V}$)。

电子自阴极出发，在电场作用下加速获得能量，与中性分子碰撞电离，电子崩逐渐增大，至阳极附近最大。电子因为迁移速度快，很快被阳极吸收，在空间的电子密度很小；而离子的速度慢，滞留在空间，在阳极附近形成较高的离子密度。如果电子崩还不能导致电极击穿，则正离子移向阴极，并产生二次电子发射。这些二次电子重复上述过程，使阳极附近的离子密度越来越高。直至某一时刻，达到电极击穿，电极间开始出现明显的放电电流。此时距离电压的加载有一定时间 t_1，即击穿(或放电)时延。此时电流很小，但已经远远超过本底离子的迁移电流；而空间电荷密度也比较小，对整个外电场的畸变也不大。但阳极附近的正离子密度明显高于其他区域，可以在阳极附近形成“等效阳极”，使阳极附近的电场有所减弱。

随着放电发展，电流增大，阳极附近的正离子密度进一步增大，但电子密度依然很小，如 t_2 时刻的情形。阳极附近区域的电场减弱，弱电场区的范围增大，亦即强电场区向阴极移动，这就是所谓的“阴极鞘收缩”现象。

电流达到比较显著的量级时，阳极附近的电子密度明显增大，正离子密度峰值进一步移向阳极，出现明显的阴极强电场区(准阴极位降区)和阳极弱电场区(等离子体区)，如时刻 t_3 的情形。达到电流峰值时，这个分区更加明显，电子/正离子密度也达到最大，如 t_4 时刻的情形。此时电极之间已经完全导通。

极间导通后，电流很大，通道电阻减小。为维持稳定放电，极间电压(即管压)必须减小，这可通过外电路电阻分压增大或电源电压减小来实现。此时，电流将有所减小，阴极区的位降也有所减小，电场减弱，直至放电稳定，进入正常辉光放电状态。

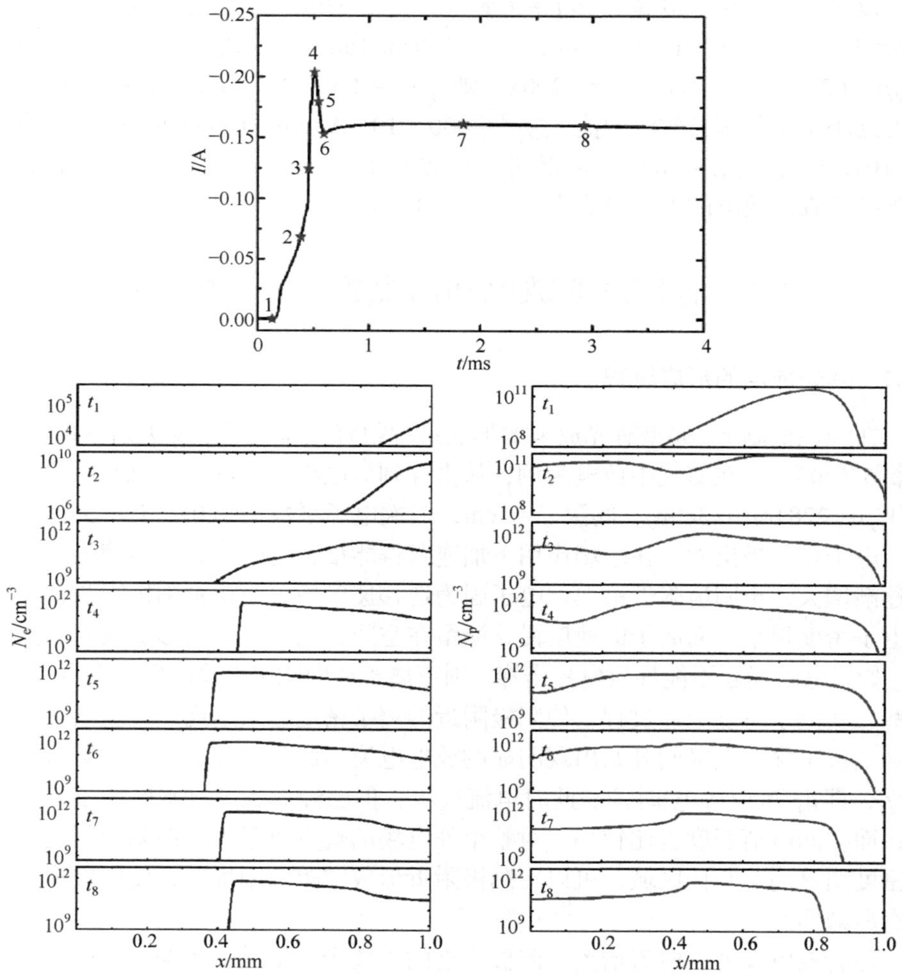

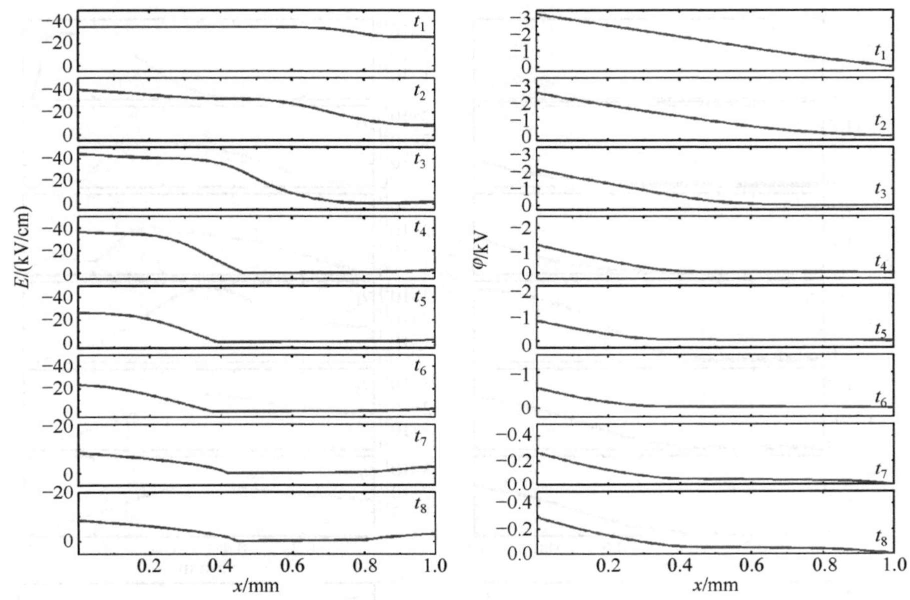

图 9.14　辉光放电形成过程(电流、电子/离子和电场/电势空间分布随时间的变化)

9.6.2　汤森放电的形成过程

如果外加电压不是太大但足够气体击穿，最终放电电流达不到辉光放电状态，则将形成汤森放电，如 $V_S = 3150\text{V}$ 的情形。

汤森放电的形成过程与辉光放电基本相同，如图 9.15 所示。所不同的是：其放电电流相比辉光放电要小至少一个量级。因此，电极间导通后，外加电压(管压)几乎没有降低，放电电流也没有显著减小的阶段。从电流上升到稳定几乎是平稳过渡的，如时刻 t_3～t_4，这与辉光放电非常不同。

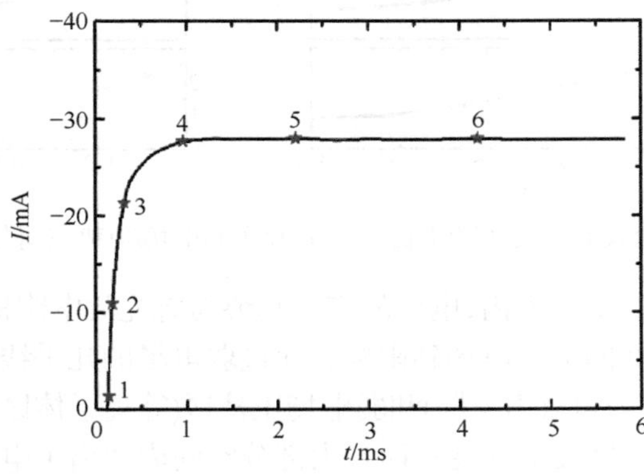

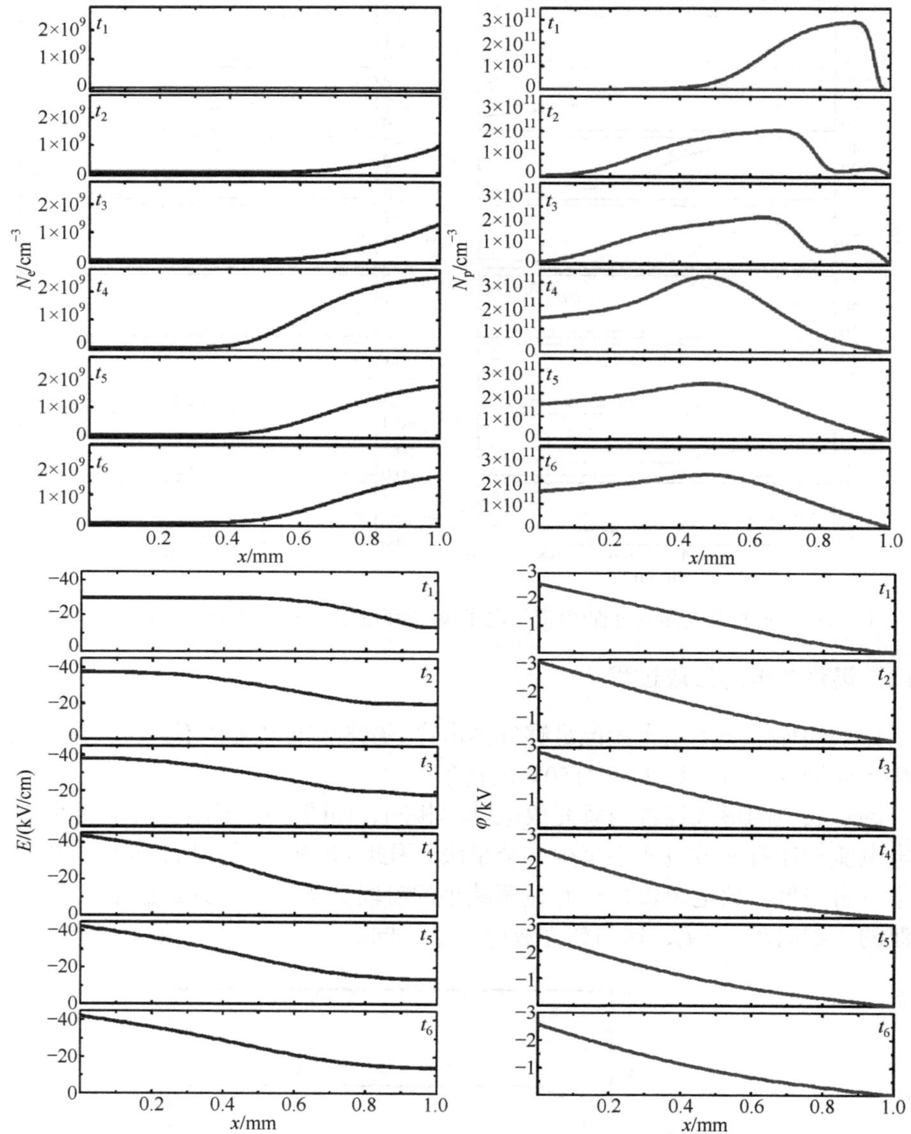

图 9.15　汤森放电形成过程(电流、电子/离子和电场/电势空间分布随时间的变化)

汤森放电的整个通道内，电压的变化趋势与辉光放电阴极区的电场非常相似，是一个自阴极表面的最强电场到阳极表面最弱电场的几乎线性下降的趋势，不存在明显的强电场阴极区(离子鞘)和弱电场正柱区(等离子体区)的分别，离子空间分布基本均匀，没有密度的突变；而且大部分空间内的离子电荷占优，只有阳极附近区域的离子密度小于电子。

9.6.3　亚辉光放电和脉冲放电

如果控制放电条件(电流和电压)，稳定汤森放电的电流可以逐渐增大，并可以出现电流峰值，再逐渐出现回落的情形，即呈现与正常辉光放电相似的状态。但是，稳定放电电流要小于正常辉光放电，而且管压也略高于正常辉光放电的管压。这实际上就是亚辉光放电阶段。此时，放电依然是稳定的。从电流大小看，这正好是从汤森放电到辉光放电的过渡。亚辉光放电的伏安曲线具有负的微分电阻特性，是不稳定的，很容易发生电流振荡。

亚辉光放电并非总能够观察到。在很多电极结构和气压下，无论怎样精细地控制电压或电流，从汤森放电到辉光放电过渡时的电流并不能连续变化，此时伏安曲线将不再连续。此阶段的放电也不再稳定，取而代之的是不稳定的脉冲放电。

平均而言，脉冲放电阶段的电压与平均电流也具有负的微分电阻特性，与亚辉光放电相似。但由于放电本身不稳定，“电阻”并无实际意义。

在不能出现亚辉光放电阶段的情形下，放电系统汤森放电的最大维持电流(记为 $I_{\mathrm{TD,max}}$)一般远小于正常辉光放电的最小维持电流(记为 $I_{\mathrm{GD,min}}$)，即稳定的汤森放电和正常辉光放电之间无法通过“亚辉光放电”连续过渡，使电流处于汤森放电和辉光放电之间(即 $I_{\mathrm{TD,max}} < I < I_{\mathrm{GD,min}}$)时的放电无法稳定在汤森或辉光的任何一个阶段，因此出现瞬态辉光放电，即周期性的电流脉冲或振荡。

9.7　辉光放电的不稳定性

9.7.1　不稳定性的一般机制

辉光放电有时是不稳定的，尤其是在高气压或大体积范围内。最普遍的形式是发生阳极辉纹(条纹)或者辉光塌陷。前者是电子纵向(即沿放电通道的)不稳定性，表现为明暗相间的发光薄层；后者是横向(即沿电极表面的)不稳定性，表现为很细的丝状放电，此时电流很大，焦耳热很高。

1. 放电不稳定性的物理原因

放电稳定与否取决于电子密度的变化情况，即产生、消除和空间转移。电子密度变化方程

$$\mathrm{d}n_{\mathrm{e}}/\mathrm{d}t = Z_{+} - Z_{-} \tag{9.42}$$

放电稳定时，电子产生率与消除率相等，即 $Z_{+} = Z_{-}$。电子的产生率和消除率取决于电子密度、电子温度、电场、负离子和激发态原子密度等诸多因素。

如果 n_{e} 增大、Z_{+}减小(即负反馈)，则放电是稳定的，如图 9.16(a)所示；若 n_{e}

增大、Z_+反而增大(即正反馈)，则放电是不稳定的，如图 9.16(b)所示。

在线性近似下，轴向存在的电子涨落可表示为电子密度波的形式，即

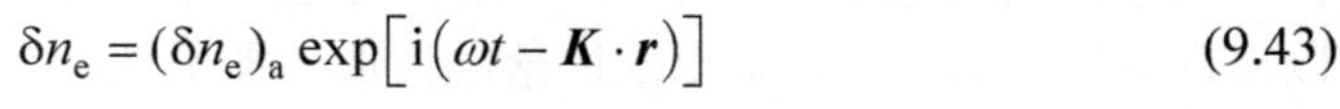

$$\delta n_e = (\delta n_e)_a \exp\left[i\left(\omega t - \boldsymbol{K}\cdot\boldsymbol{r}\right)\right] \tag{9.43}$$

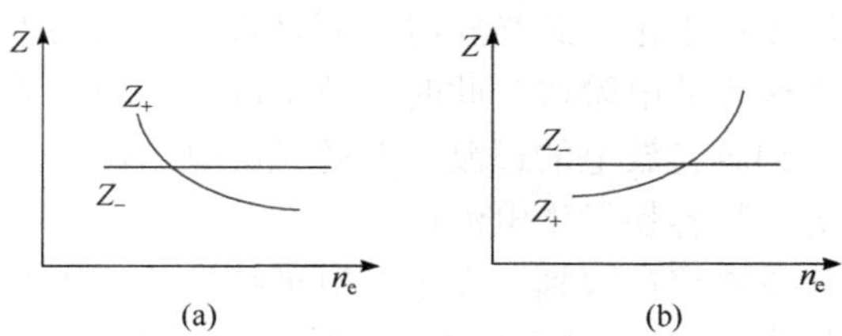

图 9.16　离子密度稳定(a)或不稳定(b)现象

2. 几种典型的不稳定性因素

1) 热不稳定性

局部的发热导致气体密度的下降，虽然它不直接影响电场强度，但引起折合电场 E/N 和电子温度的增大。结果是电离增强，局部电导、电流密度和焦耳热都增大，因此气体越发被加热，导致不稳定性，称为“热不稳定性”。其过程可以表示为

$$\delta n_e \uparrow \to \delta(jE)\uparrow \to \delta T\uparrow \to \delta N\downarrow \to \delta(E/N)\uparrow \to \delta T_e\uparrow \to \delta n_e\uparrow \tag{9.44}$$

2) 电子附着不稳定性

在负电性气体放电中，$\partial n_e/\partial t = (\nu_i - \nu_a)n_e$。通常，附着$\nu_a$不导致不稳定。但当脱附对电子附着$\nu_a$的补偿达到足够高的值时，就可以形成不稳定。其过程可以表示为

$$\delta n_e \uparrow \to \delta T_e\downarrow \to \nu_a\downarrow \to (Z_+ - Z_-)\uparrow \to \delta n_e\uparrow \tag{9.45}$$

3) 分步电离不稳定性

这种机制发生在扩散机制控制的放电中。如果亚稳态粒子产生的电离(不稳定机制)足够大，超过了密度变化对电子温度(稳定机制)的影响，就会导致分步电离不稳定性。

4) 麦克斯韦化不稳定性

电子的“麦克斯韦化”是指电子在碰撞后失去能量，导致电子能谱的变化和电离效率的减小。如果电子的密度很高，电子之间的相互作用变得重要，而且相互交换能量，使电子能谱趋于麦克斯韦化。若电子只与原子碰撞，但并不从中获得能量，则能谱中的高能电子成分增大，从而导致电离率和电子密度增大，能谱更麦克斯韦化。如果电子密度足够大，就可以引起不稳定。

5) 电子能量的非局域效应

在弱电场中，电子能量一般是局域平衡的，即在局域电场中获得的能量与由于碰撞电离和激发失去的能量相等。但强电场或非均匀电场中，电子从电场中获得的能量并一定在当地(或局域)被耗散，而是在电子运动的下游区被耗散，这就是电子能量的非局域效应。非局域效应强烈影响放电通道中电子的能量和密度分布，从而可以导致辉光放电的不稳定和不均匀。

3. 不稳定性的后果

不稳定性的发展是一个非稳态过程，最终必然达到：①新的更高级的稳定状态，或②周期性变化状态。

不稳定性的后果取决于不稳定因素本身。直流辉光放电等离子体典型的不稳定性包括辉光条纹和正柱区收缩等两种。如果不稳定参数(如电子密度)沿电场方向变化，那么将出现条纹现象，如图 9.17(a)所示。如果不稳定参数是垂直于电场方向变化，那么将出现丝状放电通道的收缩和斑图化现象，如图 9.17(b)所示。

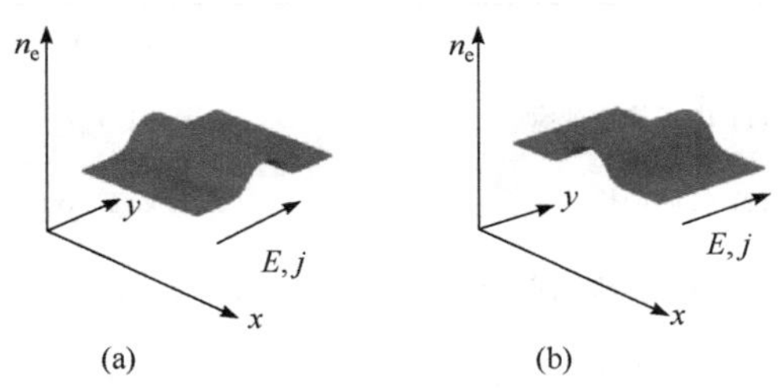

图 9.17　不稳定性的类型

(a) 纵向；(b) 横向

4. 准稳定参数分析

等离子体通常用电子/粒子流的密度和温度(如 n_e、n_i、T_e、T_i、T_V 等参数)描述，但各参数变化过程的时间尺度并不相同，据此可以把这些过程简单地分为快过程和慢过程。如果所考虑的某个不稳定过程的变化时间超过了参数变化的特征时间 τ, 我们称之为“慢过程”，在实际分析中可以不予考虑，可将其作为准稳态处理。因此，我们只需考虑快过程即可。

以空间电荷密度ρ为例，假定等离子体的电导σ是常数，其变化由连续性方程、泊松方程和欧姆定律决定，即

$$\frac{\partial\rho}{\partial t}+\nabla\cdot j=\frac{\partial\rho}{\partial t}+\sigma\nabla\cdot E=\frac{\partial\rho}{\partial t}+4\pi\sigma\rho=0$$

$$\rho(t)=\rho(0)\exp(-t/\tau_\sigma)\,,\quad \tau_\sigma=1/4\pi\sigma \tag{9.46}$$

其中，τ_σ是等离子体电荷的弛豫时间(或麦克斯韦化的时间)。

一般来说，空间电荷的衰减(或弛豫)时间常数τ_σ要比其他物理过程小得多，是一个典型的快过程。如果由于不稳定性导致电荷和电导变化而重新分布，在时间尺度上$\tau \gg \tau_\sigma$时，

$$\partial\rho / \partial\tau + 4\pi\sigma\rho + \boldsymbol{E}\cdot\nabla\sigma = 0 \tag{9.47}$$

其中，第一项电荷的变化率ρ/τ远小于后两项(即其他电荷变化率ρ/τ_σ)。这样，第一项就可以忽略掉。由式(9.46)即可得到$\nabla\cdot\boldsymbol{j}=0$。

等离子体中的不稳定性主要与电子的产生和消失过程有关，它们随气体温度、电离或激发能量等参数的变化而变化。

表 9.6 给出 CO_2 激光器中等离子体放电主要物理过程的时间常数(工作条件：$p\approx 10\sim 100$Torr, $N\approx 10^{18}$cm^{-3}, $T\approx 300\sim 500$K, $E/p\approx 10$V/(cm · Torr), $T_e\approx 1$eV, $T_V\approx 2000\sim 5000$K, $n_e\approx 10^{10}$cm^{-3}, $\Lambda\approx 1$cm (Haas, 1973))。

表 9.6　CO_2 激光器中等离子体放电主要物理过程的时间常数

物理过程		特征时间表达式	时间量级/s
1. 空间电荷弛豫		$\tau_\sigma = 1/4\pi\sigma$	$10^{-10}\sim10^{-9}$
2. 碰撞能量转移	(1) 电子能量弛豫	$\tau_u = 1/\nu_m\delta_1$	$10^{-9}\sim10^{-8}$
	(2) 气体加热	$\tau_T = Nc_pT/\sigma E^2$	$10^{-3}\sim10^{-2}$
	(3) 分子振动泵浦	$\tau_V = N_M c_V T_V/\sigma E^2$	$10^{-3}\sim10^{-2}$
	(4) 振动弛豫	$\tau_{V,T}$	$10^{-4}\sim10^{-2}$
3. 碰撞动力学	(1) 电离	$\tau_i = 1/k_iN$	$10^{-5}\sim10^{-4}$
	(2) 附着	$\tau_a = 1/k_aN$	$10^{-6}\sim10^{-5}$
	(3) 脱附	$\tau_{da} = 1/k_{da}N$	$10^{-6}\sim10^{-5}$
	(4) 电子激发	$\tau^* = 1/k^*N$	$10^{-6}\sim10^{-4}$
	(5) 电子-离子复合	$\tau_{rec}^e = 1/\beta_e n_+$	$10^{-4}\sim10^{-3}$
	(6) 离子-离子复合	$\tau_{rec}^- = 1/\beta_- n_+$	$10^{-4}\sim10^{-3}$
4. 输运过程	(1) 气压平衡(声速)	$\tau_s = \Lambda/c_s$	$10^{-5}\sim10^{-4}$
	(2) 气体热传导	$\tau_\chi = \Lambda^2/\chi$	10^{-2}
	(3) 双极扩散	$\tau_{ad} = \Lambda^2/D_a$	10^{-2}
	(4) 电子热传导	$\tau_\chi^e = \Lambda^2/\chi_e$	10^{-5}

9.7.2 条纹现象

1. 一般特征

辉光放电正柱区通常可以产生肉眼可见的条纹(辉纹)，最早由 Faraday 于 1830 年发现，包括稳定条纹和游动条纹两种。1843 年 Abria 首次详细描述了稳定条纹。Wullner 在 1874 年和 Spottiswood 在 1876 年分别描述了在 H_2 和多种气体中的游动条纹。游动条纹一般是由阳极向阴极的游动，速度为 100m/s($p = 0.1$～10Torr)的量级，肉眼难以分辨。条纹现象的综述可以参看 Kolobov(2006)的文章和其他文献。

正柱区条纹通常与等离子体中的电子能量弛豫长度 $\Lambda_u = v_d\tau_d \approx l/\sqrt{\delta}$ 有关。如果电子密度波的波长较短(或波数 K 较大)，$K\Lambda_u > 1$，就可以产生条纹。但如果波长太短，不稳定机制将被抑制，不能发挥作用，条纹也可以不产生。

放电管径的影响也是不可忽略的。较小的管径中，电荷的双极扩散等因素可以抑制电子的电离不稳定，使条纹不能产生。产生条纹的合适条件是

$$K\Lambda_u \sim (5 \sim 10),\quad KR \sim 1$$

条纹可以出现在很大的气压($p = 10^{-3}$～10^3Torr)、电流($I = 10^{-4}$～10A)和放电管径(R)范围。条纹间距 ΔS 通常满足 Novak 定律，即 $E^{//}\cdot\Delta S = U_{ex}/e$ (或 $(E^{//}/p)\cdot(p\Delta S) = U_{ex}/e$，其中 U_{ex} 为气体最小激发态能级，$E^{//}$ 为通道平均轴向电场强度)。利用放电相似性，可以按照参数 pR 和 I/R 把 Ne 辉光放电正柱区的状态进行很好地划分，如图 9.18 所示。

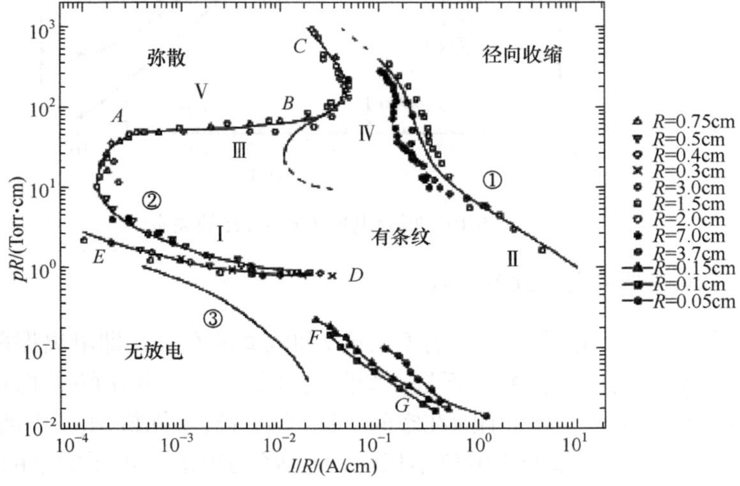

图 9.18　Ne 直流放电正柱区的不同状态

条纹存在于上限电流边界(曲线①，pupp 边界)和下限电流边界(曲线②和③)之间。

Ⅰ区：pR 和 I/R 都较小，存在几种类型的条纹，特点是条纹间的电压各不相同。例如在 Ne 中，在 0.4Torr · cm < pR < 5Torr · cm、I/R≈0.1A/cm 范围内，p-、r-和 s-型条纹对应的激发能量为 U_{ex} = 9.8eV, 13.5eV 和 20eV。但在 AD 和 ED 之间很窄的区域(pR≈1Torr · cm)对应无条纹的均匀等离子体。

Ⅱ区：pR 较小、I/R 较大，存在从阳极到阴极的逆行电离波，其色散关系为 ωk=常数。

Ⅲ区：过渡区(pR=4～50Torr · cm)，条纹间电压随 pR 增大；条纹状态依赖于放电条件和管长，可以是规则的或不稳定的。

Ⅳ区：pR 和 I/R 都较大(BC 和曲线①之间)，正柱区可以同时出现轴向条纹化和径向收缩；电流增大时条纹将消失，形成无条纹收缩正柱区。

Ⅴ区：pR 很大(pR>60Torr · cm，AB 线以上)、I/R 较小，是无条纹的弥散放电等离子体。

正柱区的折合电场 E/p 与参数 pR 一般呈对数负线性关系，如图 9.19 所示。

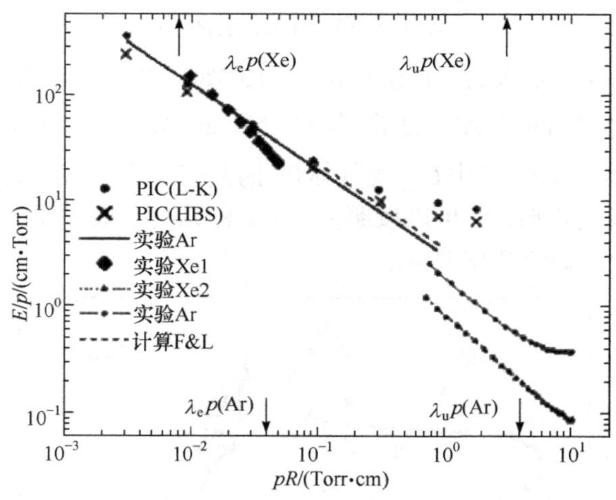

图 9.19　折合电场 E/p 与 pR 的关系

2. 直流辉光放电条纹的形成

一般认为，稳定正柱条纹与离子声波和电离波有关，即电离振荡和电离波的游动。电子密度的周期性变化不是一个固定电子密度的再分布(就像在等离子体波中那样)，而是电子产生和消除在空间不同区域具有不同机制(或电离不均匀)造成的。不稳定机制一般来源于电离不稳定，包括分步电离、电子能谱的麦克斯韦化、电子能量非局域效应或其他一切引起轴向电离不均匀的因素。在辉光放电中，电子非局域效应经常是条纹产生的主要原因。

条纹现象是一种动理学不稳定，而非流体不稳定，一般只有在 PIC-MCC 模拟才能重现，流体模拟不能重现条纹现象。

下面以 Ar 放电予以说明。其中放电管(电极间隙)长 15cm，管径 1cm，p = 0.3Torr，Ar^+阴极二次电子系数γ = 0.1，极间电压 V_s = 1200V。

施加电压后，放电电流和 Ar^+粒子的时空分布随时间的变化如图 9.20 所示。

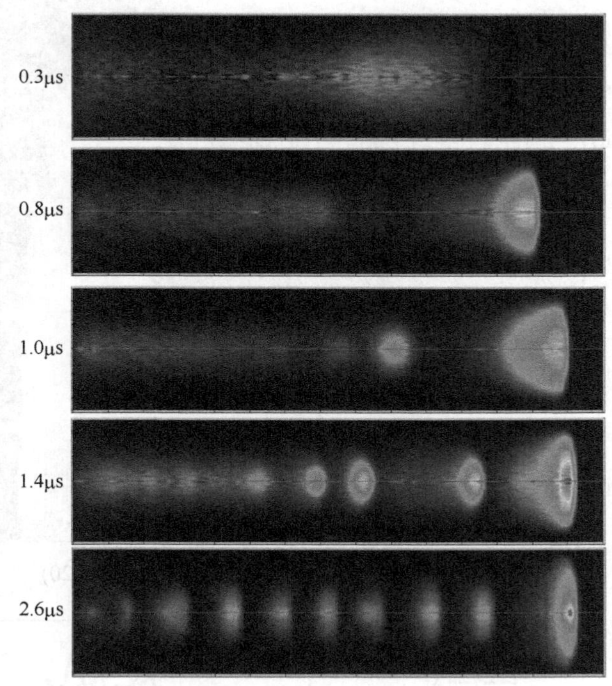

图 9.20　Ar 辉光放电中的条纹形成过程(Ar^+粒子分布，p = 0.3Torr，d = 15cm，V_s = 1200V)

电压加载一定时间后，气体间隙击穿，电极上开始出现明显电流，设定此时为初始时间。

放电初期，电子在电场作用下向阳极漂移，从电场获得能量，并电离和激发 Ar 原子。电子则很快进入阳极，但 Ar^+速度远低于电子，被滞留在空间，空间形成电势阱(如图 9.21 中 0.3μs 时刻)。从 0μs 到 0.8μs，电流维持在较低水平(0.1mA 左右)，没有显著增长。

随着放电发展，等势区向阴极扩展，形成电场较弱的正柱区和电场较强的阴极位降区(鞘层)，负辉区也明显可见(如 t = 0.8μs 时刻)。其中鞘层厚度约 1.8cm，鞘层中正离子密度明显高于电子，但电势较低；负辉区和正柱区的电势则相对较高。

不同时刻轴向电子和离子密度分布如图 9.22 所示。

随着阴极位降区(鞘层)继续收缩，电离增强，电流增大到 0.3mA 左右，电子密度和离子密度都有显著增加。此时，在距阳极 9cm 处出现了一个电势阱(如

图 9.21 中 0.8μs 时刻)，并出现第一激发态和离子密度峰明条纹(如图 9.20 中 0.8μs 时刻)。条纹处的电子密度和离子密度基本相同，但等势区外有一个轴向电场较强的区域，从负辉区出来的电子在该电场中获得能量。

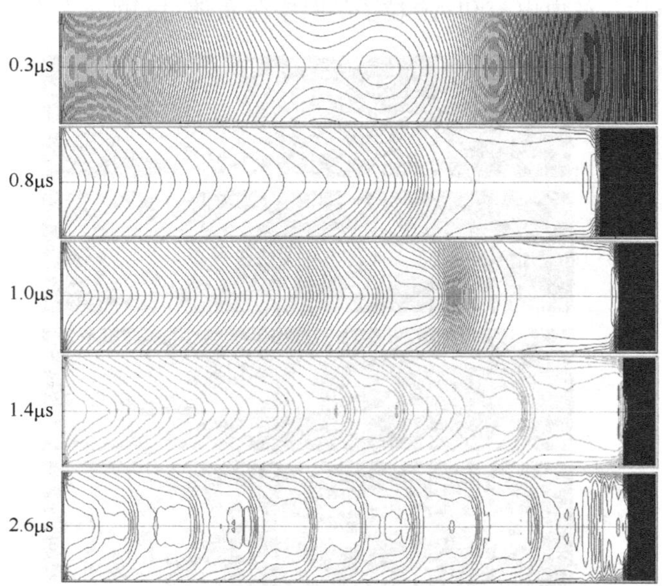

图 9.21　电势分布随时间的变化(放电条件同图 9.20)

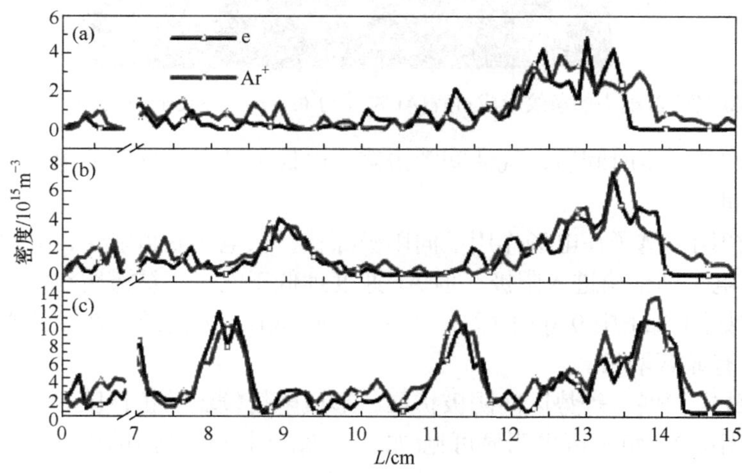

图 9.22　不同时刻轴向电子和离子密度分布

(a) 0.8μs；(b) 1.0μs；(c) 1.4μs

此后，阴极位降区进一步收缩，放电进一步增强，电子和离子密度继续增加。负辉区和正柱区的电势进一步被抬高。鞘层厚度缩小到 0.8cm，第一个条纹向阴极方向移动 2cm 左右，正柱区出现更多的电势阱(如图 9.21 中 1.4μs 时刻)，电子和离子也出现了更多密度峰(如图 9.20 中 1.4μs 时刻)，与明条纹位置对应。这一过程在实验中也可以观察到。

放电通道完全形成后($t \geqslant 2.6\mu s$)，正柱条纹位置也相对稳定，平均间距为 1.5cm。此时，正柱区($L = 0 \sim 14.2$cm)总的电势降落为 146V，平均电场约为 10V/cm。由于周期分布的电势阱的存在，正柱区的电场也呈现出周期分布，如图 9.23 所示。

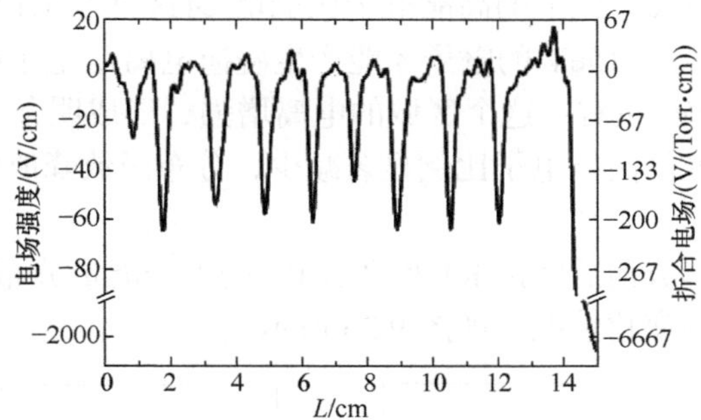

图 9.23　条纹完全形成时的空间电场分布和折合电场分布($t = 2.6\mu s$)

电子能量分布和非局域效应：在放电通道中，条纹形成前后的电子能量分布发生重大变化。考察第一条纹前的暗区 R1(负辉区与第一条纹之间)和第一条纹亮区 R2，如图 9.24 所示，$t = 1.0\mu s$。

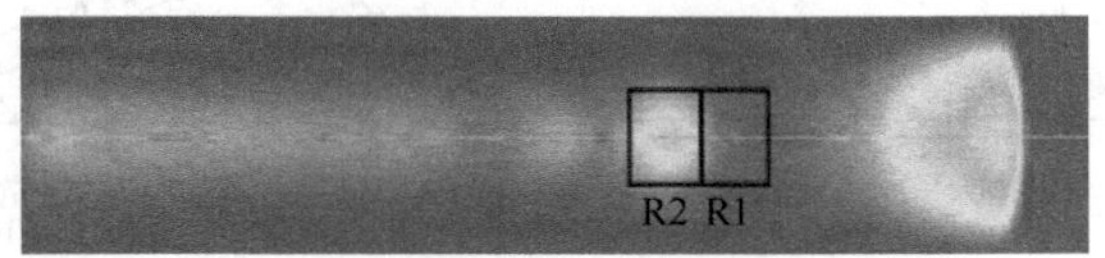

图 9.24　第一条纹的明暗区域划分

两个区域的电子分布函数的变化如图 9.25 所示。

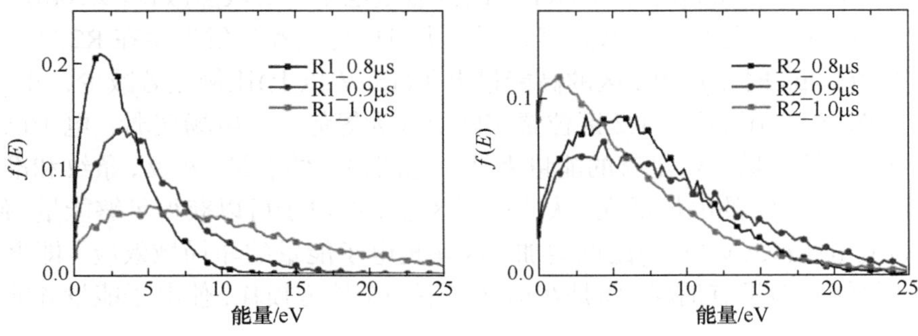

图 9.25　条纹形成前后暗区 R1 和亮区 R2 的电子能量分布

暗区 R1：条纹形成之前(0.8μs 时刻)，R1 区的电子能量普遍较低，电子能量分布函数的峰值在 2eV 左右，15eV 以上的电子所占比例极小；随着放电发展(到 0.9μs 时刻)，电子能量分布函数的峰值移动到 4eV 左右，10eV 以上的电子有了一定的数量。而当条纹形成之后(1.0μs 时刻)，R1 区出现了大量的 10eV 以上的电子，平均能量比条纹形成之前有很明显的增大。

亮区 R2：条纹形成前后的电子能量分布函数与暗区非常不同。条纹形成前(0.8～0.9μs 时刻)，15eV 以上的高能电子比例增多(这里考虑到 Ar 的电离能级为 15.76eV，只有能量高于 15eV 的电子才能产生碰撞电离)，电子能量分布函数的峰值位于电子能量 4eV 左右；这个区域的电离增强，形成明条纹。条纹形成之后(≥1.0μs 时刻)，该处的高能电子比例显著减少，分布函数峰值的电子能量也下降到 2eV 左右。

直接对比条纹形成前后暗区 R1 和亮区 R2 的电子能量分布函数，可以更加清楚地看到电子能量的变化情况，如图 9.26 所示。

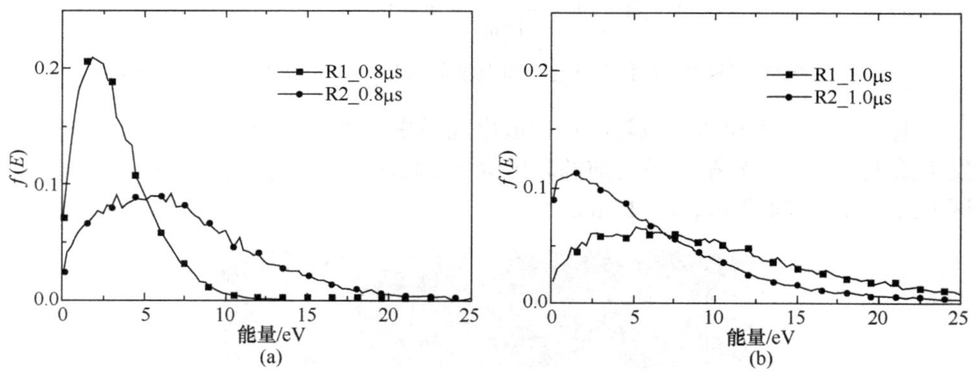

图 9.26　R1 和 R2 区的电子能量分布函数的对比

(a) 条纹形成前；(b) 条纹形成后

条纹形成之前(0.8μs 时刻)，R1 区的低能量电子数目较多(如图 9.26(a)所示)，而 R2 区域则是高能量电子数较多，因此大量的电离和激发发生在 R2 区。条纹形成之后(1.0μs 时刻)，R2 区的高能量电子(15eV 以上)比例显著减少，小于 R1 暗区(如图 9.26(b)所示)。R2 区位置实际上成为等势区，电场变弱，电子已无法从这个区域的电场获得足够的能量来补充电离损失的能量。相反，条纹和准负辉区之间的暗区 R1 的电场增强，从准负辉区过来的电子可以获得足够能量，使 R1 区的高能电子(15eV 以上)比例增加。这就是电子能量的非局域效应，即电子在某地获得能量但没有消耗，而是在运动到下一个地方损耗，使电子能量并非局域平衡。

直流放电正柱条纹的产生经常与电子能量的这种非局域效应有关，它最初来自于阴极鞘或负辉区的特殊电场结构和非局域电离特性，最终形成沿通道的周期性电场，从而形成阳极条纹。尽管不同放电等离子体中的条纹形成可能存在不同机制，但电子能量的非局域效应经常起着重要甚至支配作用。

9.7.3　放电通道收缩和自组织

辉光放电在电极表面并不总是均匀分布的，特别是当较大电流或高气压下，辉光放电在空间可能不再是均匀的，而将产生许多半径为 0.01～1.0mm 的微电流细丝，微电流 $I \approx 1\text{mA}$。电流很大时，将过渡到弧光放电。放电丝可以是游动的，也可以稳定，并形成自组织斑图。

关于电极表面放电丝的自组织现象，这里不再详述。

9.8　几种非正常辉光放电

1. 亚辉光放电

当辉光放电的电流很小，以致阴极辉光覆盖的阴极表面有效面积变得很小，而其边界尺寸与阴极区的厚度可以相比时，阴极位降的数值不再维持常数，而是随电流的减小而增大，称为亚辉光放电。这时需要较高的阴极位降才能维持放电。

亚辉光放电是汤森放电到正常辉光放电的过渡，具有负的微分电阻。

2. 反常辉光放电

当辉光放电的电流很大，以致整个阴极表面都成为有效发射面时，若要增大电流，则必须增大电流密度，以增强阴极表面的电子发射强度和空间电离强度。随着电流的增大，管压也不断提高，称为反常辉光放电。反常辉光放电需要较高的阴极位降和电场来维持。

反常辉光放电的伏安特性曲线具有正的微分电阻。

3. 阻碍放电

若电极距小到可以和阴极区长度相比，或者 $d < d_c$ 时，放电被限制在很小的范围内，使电子崩增大困难。为了维持放电，必须增强空间电场和电离强度，因此需要很高的管压。此时放电状态处于帕邢曲线的左支，击穿电压很高，称为阻碍放电，也称为困难放电。

在电极间隙极小的情况下，放电更可能另辟蹊径，寻找更低电压的放电路径，更容易发生长路击穿和长路放电。

4. 真空放电

如果气压足够低，以致电子的平均自由程与放电空间尺寸相当，此时电子难以形成有效的气体碰撞电离，就像气体分子不存在一样，即形成“真空放电”。真空放电形式并不一定是在真空或低气压环境，关键是电子的平均自由程与电极间隙或放电空间尺度的比拟。在微间隙或微腔结构的微放电中，也经常出现这种真空放电机制。

5. 空心阴极放电

这是一种特殊中空阴极结构的辉光放电形式，将在下一章专门介绍。

第 10 章　空心阴极放电

空心阴极放电(hollow cathode discharge, HCD)是一种特殊的辉光放电，特点在于其阴极是中空结构或空腔，有时也称为中空阴极放电或空腔放电(cavity discharge)。由于这种特殊阴极结构，空心阴极放电与一般辉光放电模式不同，它产生的等离子体密度更高、放电维持电压更低。空心阴极放电已非常广泛地应用于工业和实验室研究中。

10.1　空心阴极放电的基本结构和形成

空心阴极放电的设计理念最早由帕邢(F. Paschen)于 1916 年提出，后来作为一种低气压、高密度等离子体放电装置得到广泛应用。图 10.1 所示是典型的平行板空心阴极放电结构，它包含两个平行的阴极板(或圆筒型空心阴极)和一个任意形状的阳极。其中，p 是放电气压(0.1～10Torr)，D 是阴极间距(厘米量级)，d 是阴极和阳极之间的距离。但实际上，HCD 并不限于低气压，其关键参数是气压 p 与阴极间距 D 的乘积 pD 值。在合适的 pD 值下，都可能实现 HCD。

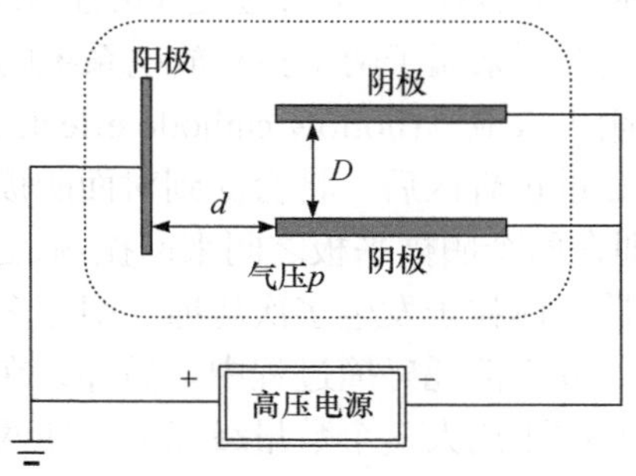

图 10.1　空心阴极放电的基本结构

空心阴极(HC)并不限于两个相对的平板阴极或空心圆筒，一端带底的 U 型槽、半封闭空心圆筒、空心球等都可以形成空心阴极。空心阴极放电通常由直流或脉冲电源驱动，阴极接负高压、阳极接地。有时为实际应用之需，也可以阴极接地、阳极接正高压。只要保持阴极对阳极的负电位即可。

从正常辉光放电到空心阴极放电的转换，可以利用两个平板阴极辉光放电的结构变化予以说明，如图 10.2 所示。

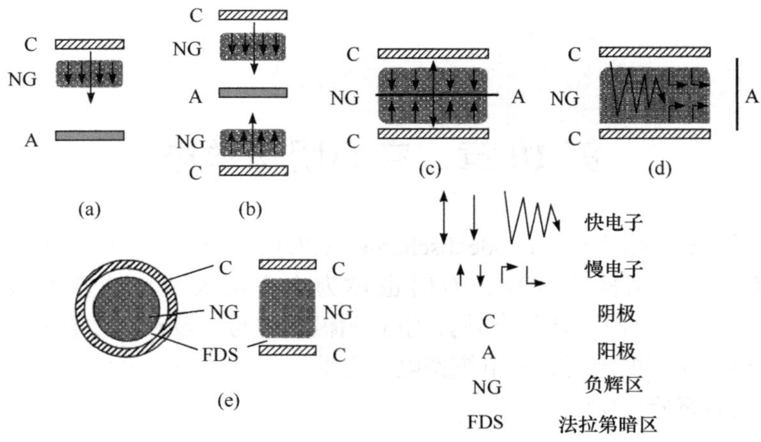

图 10.2　从正常辉光放电到空心阴极放电

(1) 如图 10.2(a)所示，普通的平板电极辉光放电发生在阳极 A 和阴极 C 之间。稳定后，出现明显的负辉区(NG)。处于热运动状态的慢电子整体有向阳极 A 运动的趋势，而快电子会在经历少数几次碰撞后直接向阳极 A 运动。

(2) 如图 10.2(b)所示，在普通平板电极放电的基础上增加一个阴极 C，其位置与原有的阴极相对，施加相同的电压，并将平板阳极改为薄片(或细丝状)。这就等同于两个独立的平板阴极放电系统在工作，其放电性质实际上与普通平板电极放电没有区别。

(3) 如图 10.2(c)所示，缩小两个阴极平板之间的距离或者降低气压(也就是使得负辉区的厚度变大)，直至原来属于两个独立放电系统的负辉区(NG)相互交叠在一起，即所谓的“空心阴极效应”(hollow cathode effect, HCE)。这时从一侧阴极平板上发射的快电子在穿过负辉区后，将会受到对面阴极电场的排斥，速度减至零后反向加速折回，亦即在两个阴极平板之间来回振荡，这就是所谓“钟摆电子”。振荡的快电子可以与中性气体粒子发生多次碰撞，引起多次激发或电离，使电子在电场中获得的能量大部分都消耗碰撞过程中。另外，在此放电配置中，保证阴极平板的线度比两阴极间的距离大一个数量级以上，使两个阴极平板之间形成狭长的相对封闭的区间，从而可以有效地减少带电粒子的逃逸，大部分正离子最终都会撞击阴极表面，产生二次电子。

(4) 如图 10.2(d)所示，在上述图 10.2(c)所示过程的基础上，将阳极从阴极之间移至阴极空间之外，阴极之间的放电状态并不发生明显变化，同时阴极空间内的快电子和慢电子都会呈现出向阴极空间之外(阳极)的整体运动趋势。此时，阳极的形状和位置对放电性质的影响不大。

(5) 如图 10.2(e)所示，把上面图 10.2(d)中的两个阴极平板改为其他结构(如一个阴极圆筒)，则可把平板型空心阴极放电改变成其他形式的空心阴极放电(如圆筒型空心阴极放电)。

由此可以看出，产生空心阴极效应是空心阴极放电的基本特征，它与几种机制有关，包括钟摆电子、二次电子、多级电离过程、光子与亚稳粒子、阴极溅射等。其中导致放电电流增加的主要机制是由钟摆电子产生的“钟摆效应”(pendulum effect)，即高能电子在穿越负辉区后会被相对的阴极区反射回去，从而两个阴极区之间来回振荡，直至把能量耗尽于与气体粒子的碰撞过程之中；相应的高能电子称为钟摆电子。如果电子与气体原子发生非弹性碰撞，电子必然会消耗部分能量，使气体电离或激发。一次电离或激发碰撞，电子损失的能量约为几个或十几个电子伏特，而空心阴极放电的位降一般为 250～500V，因此在两个阴极之间摆动的电子，理论上可以引起几十个原子的激发或电离。于是，阴极区的发光强度和电离度剧增。钟摆电子提高了负辉区内放电的电离效率，并影响空心阴极放电产生的等离子体中的电子能量的分布。空心阴极的阴极区比普通平板的小很多，使得在该区发生电离和转移碰撞的可能大大减小，而阴极表面更高的离子平均速度增大了二次电子发射系数。阴极空腔结构的存在增加了负辉区中产生的光子和亚稳粒子轰击阴极表面的可能性，从而增大了二次电子发射系数。空心阴极内等离子体的密度比较高，多级激发和电离同样提高了放电效率，使负辉区的发光强度和电流密度与正常辉光放电相比大大增加。而且阴极空腔结构增强了阴极溅射机制，在阴极内表面形成一层金属蒸气，从而也增加该区域的粒子密度。

空心阴极放电是一种增强型的辉光放电。由于其特殊的“空心阴极效应”，空心阴极放电具有非常明显的特征：

(1) 两个阴极的负辉区交叠，其间没有法拉第暗区和正柱区；负辉区的总长度加上 2 倍的阴极暗区长度正好等于阴极之间的间隙 D。

(2) 放电管压一般略高于正常辉光放电，但电流密度很大，比正常辉光放电高出 1～3 个量级。

(3) 负辉区等离子体的电子密度高，可达 10^{13}～$10^{14}cm^{-3}$，比正常辉光放电高 2～3 个量级。

(4) 负辉区的电子含有更多高能电子，能量分布偏离麦克斯韦分布。

(5) 阴极位降区存在大量的高能离子，易产生强烈的阴极溅射。

空心阴极放电并非只限于阴阳极间距 d 很小的情况，它主要与两个阴极板间距或内径 D 和气体气压 p(即 pD 值)有关。只要 pD 合适，即使 d 很大、气压很高，也可以产生空心阴极效应和空心阴极放电。

10.2　空心阴极放电的特征

10.2.1　腔内电位和电场分布

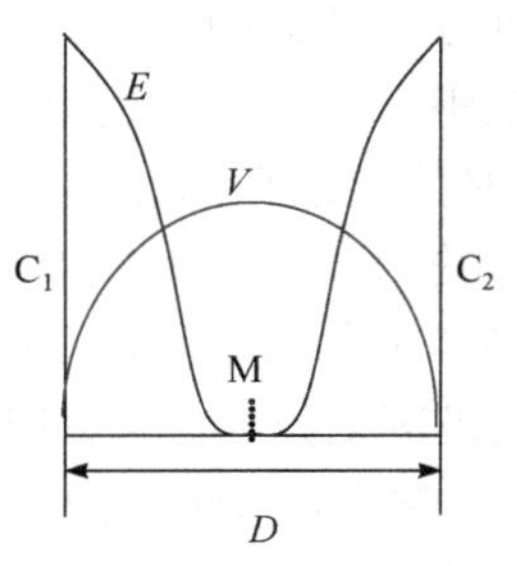

图 10.3　空心阴极放电的电势和电场分布

空心阴极放电形成后，阴极内将出现与正常辉光放电不同的电位分布。阴极表面的电位最负、电场强度最大(可达到 1kV/cm)，而负辉区交叠区近于等势区、电场很弱(近于 0)，因此阴极之间的电势 V 分布呈现“凸”字形，而电场强度 E 分布呈“凹”字形，如图 10.3 所示。

由阴极 C_1 逸出的电子可以进入 C_2 的阴极位降区，但运动到 C_2M 段时，又受到电场的排斥而减速，受到 C_2 电场的排斥而返回 C_1；对于 C_2 逸出的电子同样可以入射到 C_1 的阴极位降区；但运动到 C_1M 段时，受到电场的排斥而减速，最后可以返回 C_2 的阴极位降区。因此，在 C_1 和 C_2 之间运动的电子位能也呈“凸”字形。如果这一段时间内，电子不与其他粒子发生碰撞，它就会原路返回，并具有与从阴极出发时相同的能量。如果没有发生碰撞，电子便在 C_1 和 C_2 之间作幅度为 $D/2$ 的振动，即“电子钟摆”。

10.2.2　负辉区的电子能量分布

空心阴极之间的钟摆电子来回振荡，一方面使部分电子的能量提高；另一方面也使电子崩增长明显加快，碰撞电离概率提高。这些电子实际上穿越了两个阴极共同的负辉区(即交叠的负辉区)。

正常辉光放电的负辉区既是电子和离子浓度最高、辐射最强的区域，又是电场最弱、漂移速度最小的区域。在空心阴极放电中，负辉区的交叠增强了负辉区的这些特征，使带电粒子的浓度更高、辐射更强、高能离子更多。由于高能电子的振荡效应，使重叠负辉区中的高能电子比例增高，其他高能粒子也相应增加，这些因素也有助于提高电离系数。

在交叠的负辉区，空心阴极放电电子的能量分布明显偏离麦克斯韦分布，如图 10.4 所示(其中实线代表空心阴极放电负辉区的电子能量分布，虚线是相应条件下的麦克斯韦分布曲线)。很明显，相比正常辉光放电正柱区的近麦克斯韦分布，空心阴极放电交叠负辉区的低能电子份额更大，同时具有更多的高能拖尾。亦即，空心阴极放电的负辉区同时具有更高的低能电子密度和更多的高能电子。

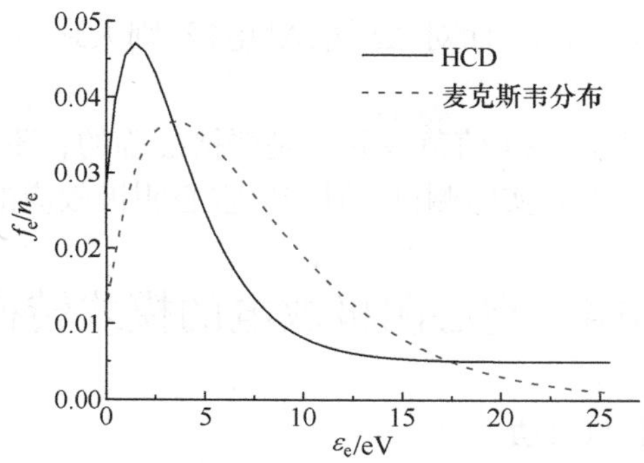

图 10.4　空心阴极放电负辉区的电子能量分布

10.2.3　阴极溅射

由于负辉区的正离子密度大，同时阴极位降区电场强，大量正离子可以穿越位降区，高速移向阴极而轰击阴极，这就产生了空心阴极放电的另一个基本特征，即强烈的阴极溅射。而由于阴极间隙的限制，负辉区辐射的大量光子可以照射到阴极表面的概率大大增加，使阴极表面产生较强的光电子发射；同时其他高能离子、亚稳态粒子、高能原子等也更容易达到阴极上，从而使阴极二次电子系数γ也显著增大。此外，由于较多的高能粒子轰击阴极表面，使阴极金属的溅射增强，从而阴极表面附近出现较高的金属蒸气压。金属原子的电离电位一般都低于惰性气体原子的电离电位，而且它们很容易与气体原子发生彭宁效应，从而也大大提高阴极区的电离系数。

10.3　空心阴极放电的产生条件

给定气压下的空心阴极效应产生主要决定于空心阴极的间距 D。若距离太大，负辉区不能重叠，电子难以穿越两个阴极区，空心阴极效应不明显；若间距太小，使负辉区不可能出现在阴极之间的空间，钟摆电子也无法产生，阴极区内的电离也比较困难。考虑到电子运动与气压p(或中性分子的密度)相关，因此，只有在一定的pD范围内，辉光放电才能在阴极之间形成负辉区的交叠，产生空心阴极效应。

对给定气压p的相对平行板阴极或空心圆筒型阴极来说，间距或直径D必须大于正常辉光放电阴极区的 2 倍(即存在一个下限$(pD)_{min}$，保证两个负辉区能够重叠)，同时小于阴极区与过渡区之和的 2 倍(即存在一个上限$(pD)_{max}$，保证负辉区能够处于两个阴极之间)。只有这样，才能在两个相对的阴极之间产生钟摆电子。

一般地，对于不同气体和阴极材料，产生空心阴极放电的pD值具有不同的范围。例如，在 Ne 气、Mo 空心阴极的放电管中，产生空心阴极效应的条件是

1cm · Torr < pD < 10cm · Torr。而对 Ar 气、Al 电极，则大致满足 0.2cm · Torr < pD < 4cm · Torr。

值得注意的是，上述 pD 值范围并不是严格准确的；不同的实验结果数值上可能存在一定的差异，需要实际测试。但产生空心阴极效应的原则条件是相同的。

10.4 空心阴极放电的模式转换

10.4.1 空心阴极放电的启动

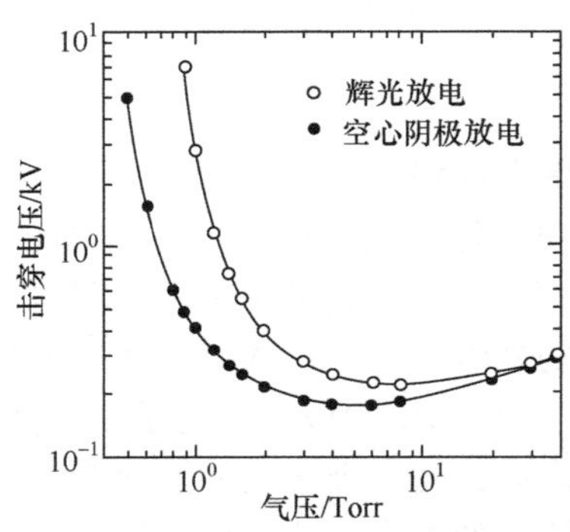

图 10.5 空心阴极放电和辉光放电的击穿特性

氦气 $p = 1$ Torr, $D = 2$cm，$d = 1$cm, $\gamma = 0.3$

空心阴极放电本身是一种增强的辉光放电，它的实现首先要经历正常辉光放电阶段，亦即其启动与普通辉光放电相同，是汤森机制的，亦即①需要在一定电极间加载足够的电压，②具有阴极电子源(二次电子或热电子发射)；然后，当阴极之间钟摆电子增加到一定数量，就进入空心阴极放电阶段。正常辉光放电的形成过程这里不再详述，请参看第 9 章。

但是由于特殊的中空阴极结构，其击穿特性与正常辉光放电略有区别，表现在帕邢曲线的最小电压减小，同时最小 pd 值左移，如图 10.5 所示。当 pd 值较大(气压超过 20Torr)时，HCD 与普通辉光放电的击穿特性趋于一致。此时，电子的钟摆效应基本被抑制。

10.4.2 伏安特性曲线

空心阴极放电的伏安特性曲线与电极结构和布局有关。理想 HCD 的伏安特性如图 10.6 所示。一般地，HCD 首先经历一般平板放电的几个阶段，即气体击穿、汤森放电(TD)、亚辉光放电、正常辉光放电(NGD)和反常辉光放电(AGD)，然后是 HCD 或混合模式(反常辉光和空心阴极放电)阶段。适当条件下，也可以进入增强型辉光放电(EGD，也是空心阴极放电的一种)。其中，正常辉光放电和空心阴极放电阶段的管压都是基本恒定的，即“稳压过程”。

但在实际放电试验中，具有微分负阻特性的亚辉光区并不是总能够看到，而经常表现为不稳定的自脉冲放电。其机制与一般与辉光放电的自脉冲阶段相似(详见第 9 章辉光放电)，实际上是汤森放电与辉光放电模式之间的转换。

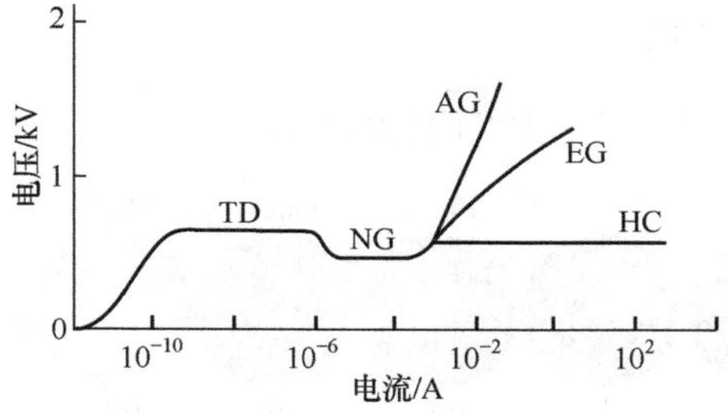

图 10.6　理想 HCD 的伏安曲线和放电模式

另外，如果电极间隙 d 很大，在正常辉光放电和 HCD 阶段，管压可能是缓慢上升的，这是因为放电通道有电阻，存在一定的电压降。正常辉光放电有时与反常辉光放电混在一起，并不能够清楚区分，如图 10.7 所示的例子。其中，圆柱形空心阴极(材料为铜)内径 $D = 1\text{cm}$，长度 $L = 2\text{cm}$，电极间距 $d = 10\text{cm}$，氩气气压为 $p = 0.2\text{Torr}$。

此时的放电是一种局域化的 HCD，即放电几乎被约束在空腔内。空腔外存在的负辉区很短，阴阳电极之间也没有正柱区。这种局域 HCD 的伏安特性曲线由 a～f 点分为几个区域。①预放电(汤森放电)区：a 以前，电压随电流迅速升高，但电流值很小；②负阻区：a～b 段，此时放电不稳定，可出现有规律的自脉冲；③正常辉光放电区：b 点附近，非常短暂，实验中也可能看不到，直接进入 AGD 区；④AGD 区：b～c 段，电压随电流非线性升高；⑤HCD 区：c～d～e 段，电压随电流线性增大；⑥混合模式区：e～f 段，电压随电流线性增大，但比 HCD 区更快。模式变化的两个拐点分别是 TP1 和 TP2。

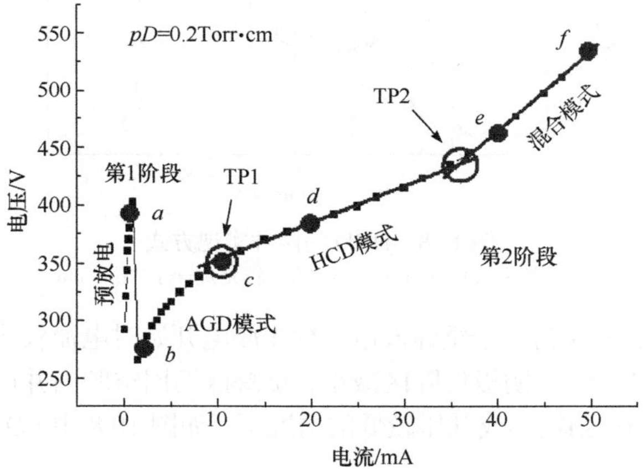

图 10.7　较大间隙($d = 10\text{cm}$)HCD 的伏安特性曲线

10.4.3　HCD 的实现方式

HCD 的实现有两种方式，如图 10.8 所示。

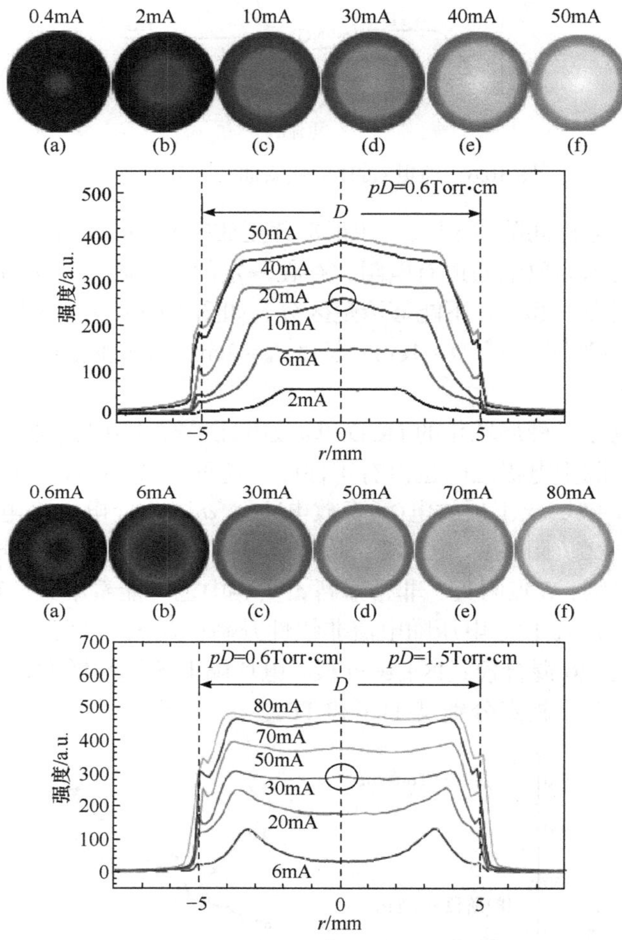

图 10.8　HCD 的两种实现方式

左：较小 $pD = 0.6\text{Torr}\cdot\text{cm}$；右：较大 $pD = 1.5\text{Torr}\cdot\text{cm}$

其一，阴极表面作为一个整体放电，辉光放电开始时电流较小，负辉区被推出空腔外。随着电流增大，阴极位降区减小，负辉区缩回空腔内并产生交叠。一般发生在阴极间距(或孔径)较小或气压较低的情况下，如图 10.8 中 $pD = 0.6\text{Torr}\cdot\text{cm}$ 所示的情形。

其二，阴极独立开始辉光放电，负辉区明显分离，阴极间存在明显的暗区。随着电流增大，暗区减小并被推出腔外，负辉区逐渐增长，最终在腔内交叠。这通常发生在阴极间距(或孔径)较大或气压较高的情况下，如图 10.8 中 $pD = 1.5\text{Torr}\cdot\text{cm}$ 所示的情形。

10.5　增强空心阴极放电

上面所述的空心阴极放电主要关注阴极空腔内部的放电状态。事实上，在适当条件下，高密度的等离子体也可以被推到中空阴极腔外，在腔外与阳极之间形成强烈的辉光放电，通常称为“增强空心阴极放电”(EGD)，也称为“增强型辉光放电”。

增强空心阴极放电主要得益于空心阴极底部的电场作用。也就是说，底部电极电场必须能够对电子产生明显作用，使电子获得足够的轴向速度而移向空腔外。因此，空心阴极的深度不能太大，以避免底部电场被侧向电场(横向或径向)完全屏蔽。空腔太深，HCD 直接过渡到反常空心辉光放电。但深度也不能太小，否则侧面阴极之间的空心阴极效应减弱，无法形成 HCD。一般地，形成增强空心阴极放电的条件是：空心阴极的深度 L 与间距(直径)D 之比大致在 0.25 左右($L/D\approx 0.25$)。

深孔和浅孔空心阴极的放电模式和形态有所不同，可以形象地表示为图 10.9。深孔一般具有 HCD 和 AGD 模式，而浅孔则具有 EGD 和 AGD 模式，其鞘电位(或电场线)分布也不相同。

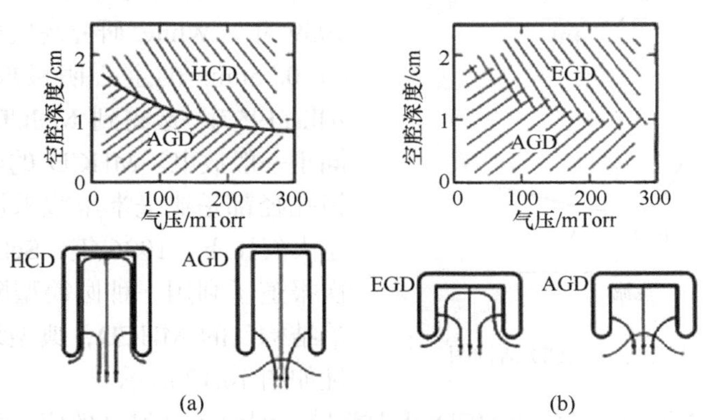

图 10.9　不同深度空心阴极的放电模式(上)和鞘结构(下)

(a)深孔；(b)浅孔

轴向磁场有利于增强空心阴极放电的实现。此时，电子的钟摆路径与无磁场有所不同，如图 10.10 所示。轴向磁场使电子钟摆运动变得非常复杂，电子的有效碰撞增强。

在 AGD 和 EGD 模式下，空心阴极放电可以在空外形成高能电子束流，但普通 HCD 不会产生这种效应，如图 10.11 所示。

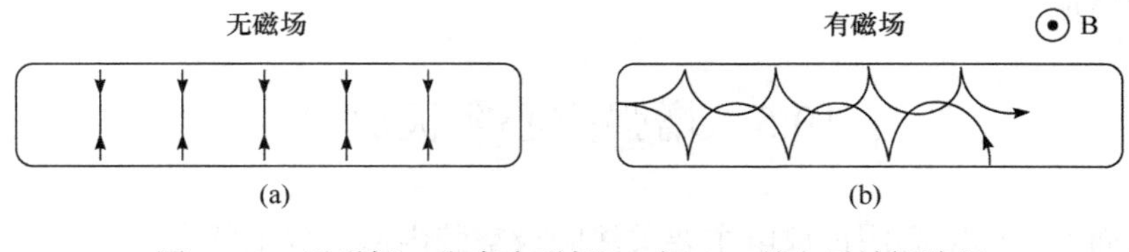

图 10.10　无磁场(a)和存在磁场(b)时 HCD 的电子钟摆路径

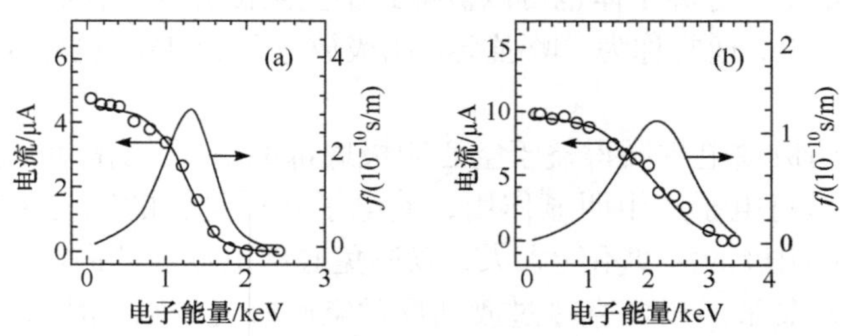

图 10.11　AGD(a)和 EGD(b)模式下的电子束流(HCD 模式无电子束流)

10.6　微空心阴极放电

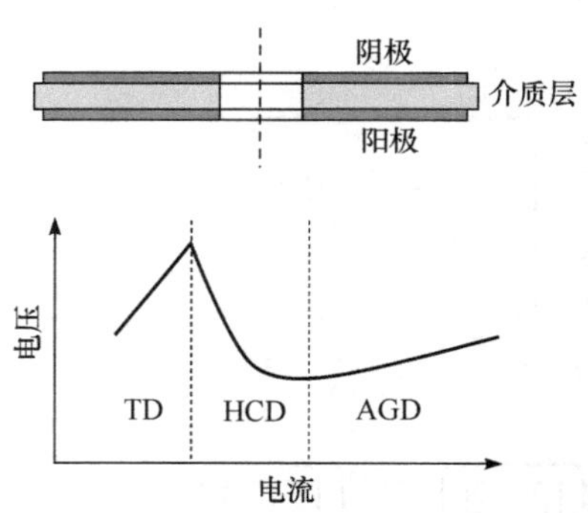

图 10.12　三明治 MHCD 结构图

如果阴极尺寸减小到毫米以下，则将出现形成“微空心阴极放电”(MHCD)。1959 年，White 研究高气压下电极尺寸为 0.75mm 的空心阴极放电，与早期 Allis(1957)一起得到 MHCD 的相似性不同于一般放电。MHCD 的电极间隙、阴极孔径都是亚毫米至微米量级，可工作于大气压下。1996 年，Scheonbach 等首次报道了利用一种圆筒型阴极的“三明治结构”的 MHCD，典型结构和伏安特性如图 10.12 所示。

原理上，MHCD 与普通 HCD 并无差异，但由于微尺度效应，表现出一些独特的现象。一是受到介质夹层的影响，实际上可能发生沿面击穿。二是微电极间隙使正常辉光放电的几个区可能不同时出现，如图 10.12 所以，TD 后直接进入 HCD，然后是 AGD。三是其伏安曲线有变化，虽然存在电流相似性，但与正常辉光放电(或汤森放电)的汤森相似率(即 $U=J(pd,j/p^2)$ 不同，满足所谓“Ellis-White”定律，$U=J(pd,j/p)$，即电流密度参数不是正常的折合电流密度 j/p^2，

而是 j/p。

对于三明治 MHCD 结构，除正常的电极间辉光放电外，放电还有可能从阴极内表面扩展到外表面(如果外表面是裸露的)，由此也可能产生放电不稳定性。但这种不稳定脉冲与汤森放电-辉光放电的过渡阶段自脉冲不同，其放电模式并没有发生变化。

第 11 章　电弧放电

电弧放电(arc discharge)是低温等离子体产生的重要方式之一，其特点是电流密度大(可达 100A/cm^2 或更高)、阴极位降低(典型值 10～15V)、放电通道温度较高(典型值 10^{4}K)，并伴随较强的光辐射。由于其高温特征，电弧放电一般被归为低温等离子体中的热等离子体。人们对于电弧放电现象的研究已有 200 余年，最早的记录可以追溯到英国化学家戴维(David)1808 年利用伏特电池组在两个碳电极之间(水平放置)产生的放电，放电时电极间产生了耀眼的白光并呈现向上弯曲的拱形(arc)形貌，这是放电通道温度高，热空气向上运动产生的对流导致的(武占成等，2012)。

电弧放电的用途很广。根据电弧放电的高温特性，可用于对难熔金属进行切割、焊接和喷涂；利用其发光特性，可用来制造高亮度、高光效的放电灯，如高压汞灯、高压钠灯、金属卤化物灯等；利用其电流密度大、阴极位降低的特性，可制造热阴极充气管(如闸流管、整流管)和汞弧整流器；在固体和气体激光器中，可应用电弧放电作为泵浦源；还可用电弧放电法原位清洗光学元件。在某些场合，电弧是有害的，需采取措施灭弧，如高气压脉冲激光器中要求大体积的均匀辉光放电，不允许产生电弧放电。

11.1　电弧放电的特点和类型

11.1.1　电弧放电的特点

电弧放电是基本的放电形式之一，典型电弧放电的伏安曲线如 11.1 所示。

在放电管中，如果减小外电路的电阻来增大辉光放电的电流，开始只是阴极发射的面积增大，而电极电压保持不变(正常辉光放电)，整个阴极表面都产生电子发射后(放电区覆盖整个阴极表面)，极间电压将随电流增大而增大(反常辉光放电)。进一步增大电流，电极间电压经过一个峰值后急剧下降，过渡到低电压、大电流放电，这就是电弧放电。需要指出，对于单独被加热的热电子阴极或被反常辉光放电加热到高温的难熔材料的电极(钨、钼等)，由辉光到电弧的过渡可能是逐渐过渡的(平滑曲线)。对于大部分像铜、铁这种非难熔金属组成的冷阴极材料，这种过渡一般为突发的(细线表示的阴影部分)。这是由于非难熔冷阴极材料达到出现电弧所需要的电流值是由许多“阴极斑点”提供的，而不是由均匀的热电子发射提供的(Lafferty, 1980)。

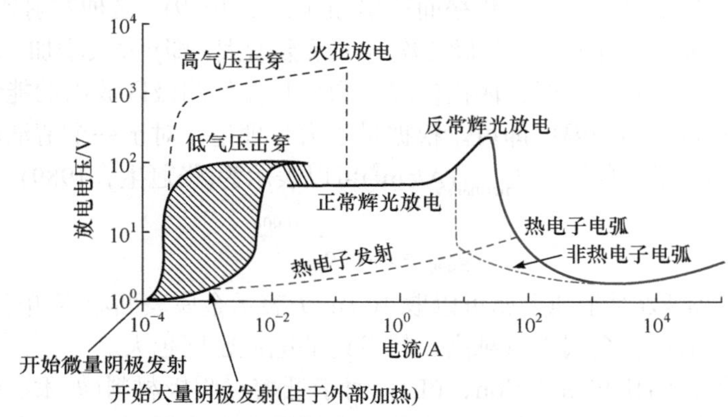

图 11.1　直流电压作用下放电管的伏安特性曲线

相应地，上述过程中放电管的阴极位降和放电电流密度的变化如图 11.2 所示。一般地，电弧放电的阴极位降量级约为 10V，远小于辉光放电的阴极位降(量级为 100V)。不过也有例外，如高气压的长弧放电管，其总压降可高达千伏以上；电弧放电正柱区的电流密度可达 10^2A/cm^2 或更高，阴极位降区的电流密度为 10^2～10^6A/cm^2，而辉光放电的电流密度为 1～10A/cm^2 (Raizer, 1991)。

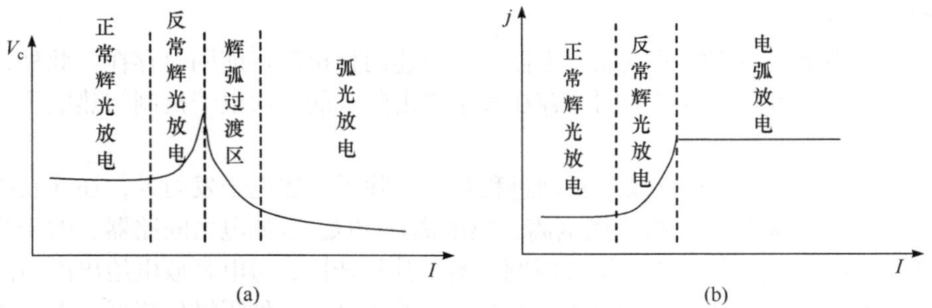

图 11.2　放电管从辉光过程到电弧过程中阴极位降和电流密度的变化
(a) 阴极位降的变化；(b) 电流密度的变化

电弧放电具有低阴极位降、高电流密度的特征，其阴极附近电子发射与倍增过程与辉光放电并不相同，即单靠正离子对阴极轰击产生二次电子不足以维持如此高的电子发射，需要考虑新的电子发射机制(阴极表面附近)，即热电子发射和场致发射。

(1) 热电子发射：对于高熔点阴极材料(石墨、钨、钼、锆、钽等)而言，其熔点一般在 3500K 以上(石墨在 3800K 直接升华)，放电过程中阴极由于受大量高速离子的轰击而被加热到很高的温度(3000K 或更高)，因而产生显著的热电子发射。

热电子发射是指当金属温度升高时，其表面的自由电子可以获得足够的动能，以超越金属表面晶格电场造成的势垒而逸出(张冠生，1989)。这种发射比正离子的γ_i过程要有效得多，相当于有效阴极二次电子系数增大，即γ大大增加，从而使阴极电位降低、管压下降。此时，阴极位降的数值只需使阴极区放出的能量足够维持阴极热电子发射所需的温度即可。根据量子力学理论，对于一个清洁而均匀的表面，其饱和热电子发射密度j_{thermal}(A/cm^2)可以表示为(张冠生，1989)

$$j_{\text{thermal}} = A_0 T^2 \mathrm{e}^{-\frac{11600\varphi_0}{T}} \tag{11.1}$$

式中，A_0表示常数(对于纯金属可以取100)；T表示金属表面温度(单位K)；φ_0表示阴极材料逸出功，金属沸点越高，热发射的电流密度越大。

(2) 场致发射(field emission，FE)：对于低熔点阴极材料(如汞、铜等)而言，情况会有所不同。此时大量高速正离子打在阴极上使之蒸发，阴极表面温度不能升得很高，但附近的金属蒸气压可以很大，该处的电子平均自由程很小，使绝大部分电离发生在离阴极表面10^{-4}～10^{-5}cm的范围内，由于电离产生的大量正离子，在阴极表面建立起10^3kV/cm或更强的电场，使阴极表面产生强烈的场致发射。这时，阴极表面形成一个或几个微小、明亮的阴极弧点，即阴极斑点，其电流密度可达10^6A/cm^2。这种电弧放电是靠场致发射而不是热电子发射来维持的。不考虑温度影响时，在电场作用下阴极的电子发射电流服从Fowler-Nordheim方程。

需要指出，在实际的电弧发生器中，上述两种机制可能同时存在。此外，在辉光-电弧的过渡区，也可能同时存在离子轰击阴极的二次电子机制与热电子发射机制。

实际上，电弧过程涉及到物理过程众多，除了上述电子发射外，还涉及阴极材料相变、弧道空间电离(碰撞电离、热电离)、电磁力(如电力断路器、航天推力器)等问题，是电、热、力的综合问题。鉴于其复杂性，对电弧放电给出严格的定义是很困难的，但是从放电特性上来看，电弧放电是一种阴极位降低、电流密度大、温度和发光度高的气体放电现象(武占成，2012)。相应地，电弧放电的特征可归纳如下。

(1) 高电流密度：正柱区的电流密度通常可达100A/cm^{2}以上(辉光放电为1～10A/cm^2)；作为电弧放电的必要条件之一，放电电流必须大于1A。

(2) 低阴极位降：一般为10V左右，而辉光放电为100V以上。一般情况下，弧光的阴极位降总是远小于辉光放电。

(3) 高发光度：在足够高的气压(p > 1000Pa)下，可利用正柱区的发光度来区分弧光和其他类型的放电。

11.1.2 电弧放电的分类

满足电弧放电特征(阴极位降低、电流密度大)的放电形式有很多种，可以依据阴极过程、正柱状态、介质类型等特性对电弧放电进行分类。

(1) 根据阴极电子发射机理进行划分，包括：①自持热阴极电弧放电，主要依靠阴极表面(某块区域或整体)高温热电子发射维持，常见于高熔点材料电极上，这类设备要求电极寿命长、耐烧蚀，如高气压下焊接设备、等离子体管、电弧炉等(Raizer, 1991)；②非自持热阴极电弧放电，主要依靠外部热源(人工)加热阴极产生热电子发射，当热源撤去后，热电子发射系数降低，放电不能维持(非自持)，如高压蒸气电弧灯、低气压水银整流器中的热电阻丝(Lafferty, 1980)；③自持冷阴极电弧放电，主要依靠阴极表面局部场致发射引起(表现为阴极斑点)，常见于低熔点材料，放电时阴极斑点以外的地方一般温度较低，故称为冷阴极。

(2) 根据介质氛围气压划分，包括：①真空电弧放电，具有明显的阴极斑点，电弧依靠电极表面烧蚀的金属蒸气维持，在电力系统真空断路器中受广泛关注(Beilis, 2001)；②低气压电弧放电，即在典型值 10^{-3}～1Torr 气压下的电弧，这时电弧的正柱区处于热力学非平衡态(电子温度远高于重粒子温度)；③高气压电弧放电，即在典型值 0.1atm(1atm = 760Torr)以上的电弧，由于粒子间的碰撞频繁，电弧正柱区处于局域热平衡状态，典型温度为 6000～12000K；④超高气压电弧放电，一般指 10atm 以上的放电，在这个区域中，正柱区等离子体光辐射占据了能量焦耳热损失的大部分(80%～90%)，如高气压氙灯。

(3) 按照电弧长度划分，包括：①长电弧，电弧正柱区起主要作用；②短电弧，一般长度在毫米量级及以下，这时阴极区和阳极区的作用不可忽略。

(4) 其他分类方式，还可以通过电弧工作气体种类(氩弧、氢弧等)、电极材料种类(碳弧、铜弧等)、建立方式(转移型、非转移型等)、稳定形式(自由电弧、管壁稳定电弧)、驱动电源形式(直流电弧、交流电弧、脉冲/暂态电弧等)。

11.1.3 几点问题

在本章继续深入之前，需要对几点概念进行澄清。

(1) 电弧放电与火花放电的异同。两者都会伴随热等离子体的产生，容易造成混淆。实际上，电弧放电是一种基本放电形式，一般是直流或交流电源驱动的一种稳定放电状态，放电声音微弱；而火花放电则是指一种高气压(1atm 或更高)、长间隙(1cm 或更长)下的过电压击穿现象，它是一个瞬态的动态过程，早期过程是流注(长间隙是先导，如雷电)引发的间隙击穿，在流注沟通两电极后，通道电流突增，火花通道被迅速加热并膨胀产生冲击波(shock wave)，表现为爆炸声(如雷声)(Raizer, 1991)。因此，前者是放电形式的概念，后者是放电现象的描述，不宜并列而谈。

火花放电通道在瞬间能够达到温度 20000K 以上、电子密度 $10^{17}cm^{-3}$ 的状态，电流密度可达 10^4～$10^5A/cm^2$，比稳态电弧参数更高。对于系统储能不足或外电路限流电阻较大的情况，火花放电发生后能量注入不足，放电通道很快冷却熄灭；对于系统储能充足的放电，如高压大电容器或电力系统，火花放电发生后放电能够继续维持，电极也会产生阴极斑点，放电形式转为电弧放电。实际上，火花通道的状态与电弧柱的状态十分相似，故后期充分发展的火花一般也被称为脉冲电弧(Raizer, 1991)。

(2) 低气压电弧放电与辉光放电的异同。在低气压下，电弧放电处于非热平衡状态，正柱区等离子体也严重偏离热平衡，电离程度不高，这点与辉光放电没有本质区别。但是，低气压电弧放电的电离度要高于辉光放电，毕竟放电电流更高。

(3) 液相电弧放电，如水中放电或变压器油中放电，这种放电一般是在电极间的气泡中进行(气泡来源于电场或焦耳加热作用)(孙冰，2013)，而液相介质中稳定燃烧的电弧在气泡中进行，属于一种特殊的气体放电。

11.2　电弧放电的结构与特性

11.2.1　电弧放电的结构

典型稳定燃烧的直流电弧放电结构如图 11.3 所示，图中也标出了电位、温度、

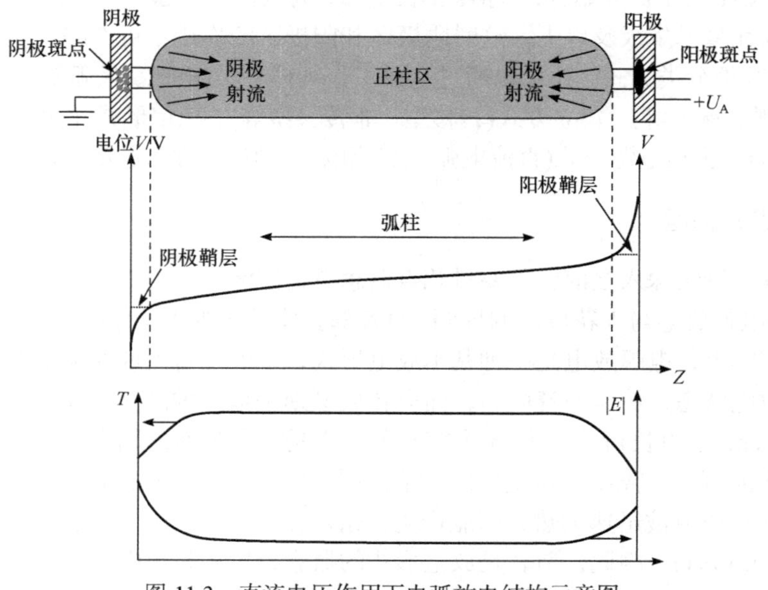

图 11.3　直流电压作用下电弧放电结构示意图

电场分布，其总压降为 U_A，仔细观察可以发现电弧压降沿弧长方向并非均匀分布，而是分成三个区域：阴极区(阴极、阴极斑点、阴极鞘层)、阳极区(阳极、阳极斑点、阳极鞘层)和正柱区。

11.2.2 阴极区物理过程与特性

1. 阴极区基本结构

阴极区是维持放电必不可少的区域，它包括阴极、阴极斑点和阴极鞘层。

(1) 阴极是负电极，依靠热电子发射或场致发射产生电子，维持放电电流。

(2) 阴极斑点是电极上一个或多个高电流密度、高温的电子发射区域，斑点内电流密度达 10^4～10^7A/cm^2(如铜可达 10^8A/cm^2)，尺寸在 10^{-4}～10^{-2}cm^2 量级，阴极斑点在阴极表面随机运动(10^3～10^4cm/s)，合并、分裂、产生或消失。阴极斑点的运动轨迹一般是连续的，有清晰的边界，单个斑点承受的电流有上限和下限，电流增加时，斑点数会增加。阴极斑点常见于非难熔材料制成的电极上(场致发射)，但是对于低气压或真空环境下的难熔电极，为了有效蒸发电极材料补充至弧道中，也会出现弥散的阴极斑点(较高气压下为固定的一块区域，用于热电子发射)。阴极斑点的高电流密度会造成电极材料的烧蚀，影响电极寿命。

(3) 阴极鞘层又叫阴极位降区，是非热平衡的区域，约为一个电子平均自由程(小于 10^{-4}cm)，在此区域内聚集着大量正离子，形成正空间电荷，因而电位有急剧的改变——即阴极压降。此处电场强度很高(可达 10^3kV/cm)，这对于加速正离子向阴极运动、轰击阴极表面产生二次电子发射和场致发射。阴极压降的数值随阴极材料和气体介质而有所不同，但大致在 10～15V，与阴极材料蒸气的电离电位相当。

2. 阴极电子发射

如前所述，除了阴极表面二次电子发射(γ 过程)外，电弧放电还存在热电子发射、场致发射机制，但是对于不同电极类型，电子发射的主导过程是不同的，需要进一步讨论。实际上，电弧电子发射机制不是单一或绝对的，如对于稳态电弧，存在热电子发射、场增强的热电子发射、场致发射、热-场发射(Anders, 2008)，本书仅讨论典型情况。

1) 自持热阴极电弧

自持热阴极电弧是高熔点材料阴极的情况，如钨、碳等，阴极发射集中在阴极部分区域，该区域被加热到白炽化的程度。温度高的地方容易发射电子，因此弧点是固定的，并具有明显的界限。

实验发现，电弧阴极位降的大小和电离电位差不多，阴极区的长度大致等于电子的平均自由程。因此，从辉光放电过渡到电弧放电时，阴极附近的电场强度越来越大，阴极发射的电流密度也越来越大。因此，从阴极发射出的电子一般经过一个自由程就可以获得足够大的能量，使原子或分子发生电离。同时，也可以引发大量的激发态原子或分子，产生大量次级(或分步)电离。

在阴极位降区，电流大部分是电子流，但为了维持阴极的高温，必须有一定数量的离子流，即正离子在阴极位降的加速下撞击阴极传递能量。但由于电子的速度远大于离子，阴极区中主要还是正离子空间电荷的作用。这一点与辉光放电的阴极区(鞘层)很相似。

为了维持足够热电子发射的高温，正离子流的密度 j_{ion} 需要满足蔡尔德-朗缪尔定律

$$j_{\text{ion}} = \frac{4\varepsilon_0}{9}\sqrt{\frac{2q}{m_{\text{ion}}}}\frac{V_{\text{c}}^{3/2}}{d_{\text{c}}^2} \tag{11.2}$$

式中，ε_0 表示真空介电常数；q 表示离子电荷量；m_{ion} 表示离子质量；V_{c} 表示阴极压降；d_{c} 表示阴极位降区的厚度。式(11.2)给出了位降区受空间电荷效应影响而能获得的最大电流。

2) 非自持热阴极电弧

非自持热阴极电弧是靠外电源加热阴极来维持的热电子发射类型。电子从整个阴极表面发射而不形成阴极斑点。如果将加热源除去，放电会立即停止，所以放电是非自持的。它不需要大量正离子轰击阴极，而管内必须产生的正离子主要用来补偿电子空间电荷，以使放电管能在很低的电压下通过很大的电流。

此时，阴极位降的数值大致等于气体的有效电离电位。这样从阴极发出的电子在获得有效电离电位数值的能量后就可以产生一定的碰撞电离，从而维持管内的正离子数目。当阴极本身的热电子发射满足外电路要求时，阴极表面的电场强度接近于零，这种放电阴极区的情况与自持热阴极不同，它的正空间电荷效应更弱，甚至需要考虑负空间电荷的影响。当热电子发射不能满足外电路要求时，阴极表面前就会出现正电场，从而使正离子轰击的二次电子发射过程加强。

3) 冷阴极电弧

冷阴极电弧往往发生在用汞、锌、铜等材料作阴极的情况。最典型的就是汞阴极，通常称为汞弧，是在汞蒸气中以汞作阴极的自持弧光放电。汞阴极的机理基本上是静电性质的，即电子从阴极表面发射是由于强电场(10^3kV/cm 或更高)的作用或场致发射。这个强电场是靠近阴极表面的正离子层产生的，正离子可以自由地接近或沉积在汞阴极表面的介质或半导体微层上。它们距汞表面约 10^{-5}～10^{-6}cm。只要阴极表面的电场足够强，就会有电子发射，它们一部分在汞表面与正离子中和，但大部分电子受阴极区的电场加速，获得能量后使汞蒸气激发和电

离，以维持放电。

汞阴极电子发射与自持热阴极电弧一样，也是集中在面积很小的阴极弧点上，阴极发射电流密度可达 10^6A/cm^2。当电流小于 30～50A 时，阴极表面通常出现一个群集的弧点，实际上是由很多弧点组成的，每个弧点的电流为 3～5A，电流密度为 10^2～10^4A/cm^2。当电流很大时，会出现几个群聚弧点。

一般情况下，汞阴极弧点不像自持热阴极电弧的弧点那样相对固定，而是做无规则运动。弧点运动的平均速度为 10～100cm/s 的量级。运动的原因是正离子打击阴极表面使之发热并使汞蒸发，汞蒸气逸出后的位置与正离子并不相同，结果每次弧点的位置都在改变。

如果使用弧点固定器，可以使弧点稳定。在这种情况下，对阴极发射起主要作用的是从等离子体区扩散和漂移到阴极表面的正离子。此时，维持放电的最小电流为 3～5A，电流太小则不能维持足够的电场和空间电荷密度。

阴极位降的数值约等于汞的逸出功(4.5eV)或逐次电离的汞亚稳态电位(4.7eV)，约 10V，它与电流大小无关，因为电流增大后弧点数也增加。另外，阴极位降数值与放电管内的蒸气压大小也没有关系，因为电离决定于阴极弧点上局部蒸气压而不是总压力。阴极位降区的厚度很小，约为 10^{-4}cm 量级。汞蒸气的弧点温度为 200～300℃，温度虽然不高，但由于表面的蒸气压很低，在弧点处也会发生强烈的蒸发。

3. 几类特殊现象

1) 空心阴极

在低气压下($p < 1$Torr)，即使是钨电极，也会形成阴极斑点(如前所述)，此时电极烧蚀甚至比高气压下热电子发射模式更为剧烈。类似空心阴极辉光放电的原理，采用空心阴极方式的电弧放电能够增加电弧与电极的接触面积，减小电极烧蚀。类似地，对于大功率的低气压脉冲放电，也可通过类似设计减小烧蚀，被称为伪(赝)火花放电。

2) 爆炸发射(explosive emission)

如果将一个高幅值、陡前沿(纳秒或更陡)的电脉冲施加在一个真空间隙上，阴极表面局部微突起(金属晶须)瞬时电场强度可达 10^6～10^8V/cm，在阴极上会产生“爆炸”形式的等离子体喷射流，这些喷射点的电流密度可达 10^8～10^9A/cm^2，阴极等离子体爆炸发射是获得强流脉冲电子束的唯一手段，可用于 X 射线-力学效应研究，电子束泵浦气体准分子激光等(邱爱慈，2016)。

3) 阴极斑点理论

迄今为止，仍然没有一个针对阴极斑点的广泛、统一的认识，阴极斑点涉及电子发射、阴极材料相变、等离子体形成等过程耦合。特别地，在外施磁场作用下，阴极斑点表现出与洛伦兹力相反的方向 $-\boldsymbol{j}\times\boldsymbol{B}$ ，部分学者认为爆炸发射过程可能最接近阴极斑点行为的物理图像，但仍存在争议(Anders, 2008)。

11.2.3　阳极区物理过程与特性

阳极区是靠近阳极表面很短的区域，一般只有一个电子平均自由程的大小。与阴极区不同，阳极区起着被动作用，用以调节阳极位降的大小，以使阳极接收的电子流满足外电路的要求。阳极区的行为主要受电弧电流、阳极几何形状、电极间距的影响(Keidar et al., 2013)。

与阴极区类似，阳极区的物理过程同样十分复杂，在此区域内聚集了大量电子，形成负的空间电荷。相应地，电位也有一急剧的改变，即阳极压降(与材料有关)。从实验结果来看，阳极压降大小与阴极压降大小相近，一般在 10V 左右，但尺寸一般长于阴极区，因而区域内电场强度低于阳极区。Keidar 等(2013)给出了一个鞘层阳极压降 ΔU_{a} 的估算公式

$$\Delta U_{\mathrm{a}}=-\frac{k_{\mathrm{B}}T_{\mathrm{e}}}{e}\ln\left(\frac{en_{\mathrm{e}}(k_{\mathrm{B}}T/2\pi m_{\mathrm{e}})^{0.5}}{j_{\mathrm{a}}}\right) \tag{11.3}$$

式中，k_{B} 表示玻尔兹曼常数；T_{e} 表示电子温度；e 表示基本电荷量；n_{e} 表示电子密度；m_{e} 表示电子质量；j_{a} 表示阴极附近电流密度。式(11.3)没有考虑阳极斑点的影响。

阳极表面的温度略高于阴极温度，这是由于电子轰击造成的(阳极位降的动能与电子凝结能)。在阴极上，正离子流比相同电流下轰击阳极的电子流少(电子电流远高于离子电流)，同时高额的电子发射带走阴极表面的能量，降低了阴极温度。

图 11.4 给出了阳极模式随电弧电流和电极间距的变化关系。

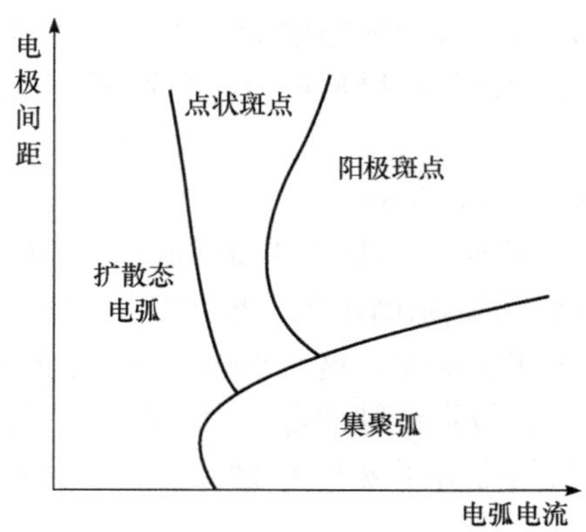

图 11.4　阳极模式随电弧电流和电极间距的变化关系

电弧与阳极的接触主要有两种方式，弥散型和阳极斑点。对于弥散型方式，

电流较为均匀地注入阳极，电流密度不高(10^2A/cm^2)。当阳极(面积)较小或电流较大时，阳极表面会形成阳极斑点，其电流密度较大(10^4～10^5A/cm^2)，有时会沿一定轨迹移动(Raizer, 1991)。在阳极斑点形成前，电弧弧柱主要受阴极过程影响(阳极作为弧柱等离子体接收器)，阳极斑点形成后，斑点伴随相变、等离子体射流等过程，将对弧柱等离子体行为产生重要影响(Keidar et al., 2013)。一般而言，稳定的阳极斑点只有一个，面积比阴极斑点大，电流密度比阴极斑点低。

11.2.4 正柱区物理过程与特性

正柱区起传导电流的作用，其长度决定于电极间距和气压，在正柱区中电位沿电弧方向几乎呈线性变化(场强近似恒定值)。极间距越大，正柱区越长，反之亦然。正柱区是等离子体区，低气压弧光放电的正柱区与辉光放电相似，但高气压下情况大不相同，基本是平衡等离子体($T_e \approx T_g$)，气体温度(T_g)接近电子温度(T_e)，电弧正柱的发光也很亮。图 11.5 给出了电弧状态随气压的变化关系。由于电子质量较低，电子能从电场中获得较多的能量，同时依靠碰撞将能量传给其他粒子。增加介质氛围气压，电子平均自由程降低，更加频繁的碰撞使得电子与重粒子之间的能量传递更加有效。在 100Torr 以上时，电子、离子和气体分子之间的温差已经变得很小，可以认为弧柱达到了近似局域热平衡(LTE)的状态。

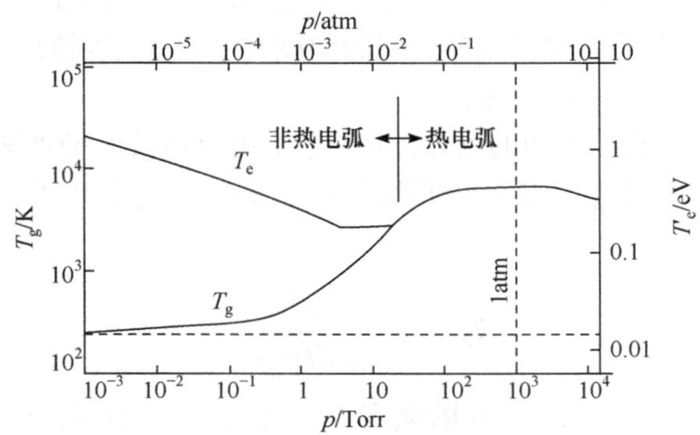

图 11.5 电弧状态随气压的变化关系

高低气压下电弧不仅形貌不同，发光效率也有所不同。图 11.6 给出了汞蒸气放电光辐射效率 η(可见光)随气压的变化关系，在 A 点处，光辐射效率不高，更多能量被用于产生汞的紫外共振线，随着气压增加，共振线的吸收引起了共振辐射的减少和高能级激发态粒子的增加。由于这些高能级包括汞可见光辐射谱线的起始能级，这些激发态粒子数的增加导致光辐射的增强。当汞蒸气的压强在 0.1Torr 左右时(图 11.6 中 B 点)，发光效率达到最大值。进一步增加气压，导致弹性碰撞引起的能量损耗增加，使得发光效率下降，热损失加剧。从 C 点开始，由高温引起的辐射开始增加，光辐射强度逐渐上升(徐学基等，1996)。

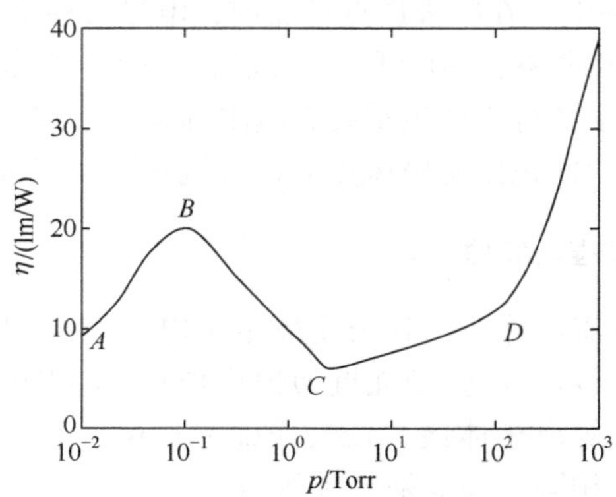

图 11.6　电弧发光效率随气压的变化关系

1. 弧柱的等离子体特征

为了给出直观的电弧温度分布特征，图 11.7 给出了空气中的碳电极电弧放电(200A)的温度分布情况(Raizer, 1991)。从图中可以看出，弧柱中心温度约为 10000～12000K，离中心越远，温度越低。应该指出，随着电弧电流、介质参数、气流场、磁场、电极参数与结构的不同，温度场的分布将受到很大影响。

如前所述，等离子体中各成分之间的温度并不总是相同的，关于正柱区等离子体热平衡特性需要进一步讨论：

(1) 电子与气体原子之间的温差。由于电子更容易被电场加速，而气体原子则依靠电子的碰撞获得能量，那么电子温度 T_e 总是高于气体温度 T_g，其差值可以被粗略描述为

$$T_e - T_g = \frac{2}{3}\frac{e^2E^2}{\delta k m_e \nu^2} \tag{11.4}$$

式中，e 是单元电荷量；E 是电场强度；δ 是电子与气体原子碰撞能量损失比例；ν 是碰撞频率。可以看出，随着气压的提高(碰撞频率 ν 升高)，粒子间温差降低。

(2) 局部热平衡(LTE)近似的条件。在真实的电弧中，由于存在电场强度、温度梯度等，会出现能质量和能量的定向流动，因此电弧不是严格的热力学平衡状态。实验表明，自由燃弧要达到近似 LTE 状态需要有足够大的电流维持，以使得电弧弧柱的电压不致太高、电子密度不致太低，有足够频繁的碰撞过程。对于典型的满足 LTE 近似电弧，空气中要求电流不小于 1A(武占成等, 2012)。

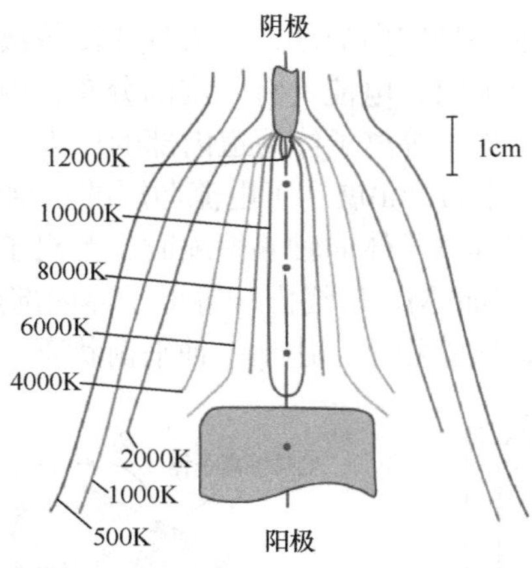

图 11.7　碳电极电弧放电的温度分布

(3) 如果电弧等离子体达到 LTE 状态(光学薄的)，即满足以下假设：①各种粒子的速率分布符合麦克斯韦分布，当然，不同组分之间的温度分布允许不同，如双温等离子体模型，管壁和鞘层区不考虑；②E/p 足够小，温度足够高；③碰撞过程对激发和电离过程起主导作用，即各激发态粒子密度须满足玻尔兹曼分布，电离满足萨哈方程；④等离子体特性空间分布的变化足够小(Boulos et al., 1994)。

2. 弧柱的形貌

对于一定大小的电弧电流，弧柱区有一明亮的发光区，具有明亮的圆柱形边界的直径(特别是高气压条件下)，其直径受到很多因素，如电极材料、电流大小、介质种类、气流、磁场等的影响。通过试验，人们可以得到一些经验性规律，如对于大气条件下自由燃弧，在弧长为 0.5～2cm、电弧电流 I_{arc} 为 2～20A 时，电弧直径 d_{arc} 存在如下规律(张冠生，1989)：

$$d_{arc} = 0.27\sqrt{I_{arc}} \tag{11.5}$$

当然，弧柱并非任何情况下都呈现圆柱形，当电弧垂直放置时，由于对流作用，弧柱直径上部变粗而呈现倒置的圆锥状。当利用壁面对电弧进行约束时，如狭缝中的电弧燃烧，此时弧柱的截面会呈现椭圆形，而灭弧装置或热等离子体炬中的电弧形貌则更为复杂。

3. 电弧中的等离子体射流

电弧在放电过程中，如果细心观察可以发现，电弧阴极区与阳极区的尺寸(直径)要小于正柱区，也就是说电弧在电极附近会出现收缩，并伴随指向弧柱区域的等离子体射流，如图 11.3 所示的阴极射流与阳极射流。需要指出，这里的射流仅表示电极附近等离子体的一种定向流动，与大气压冷等离子体射流无关。

实际上当电流流过电弧时，电流具有一定的分布，内层电流产生的磁场会对外层电流产生作用，产生指向等离子体通道内部的压力，如图 11.8 所示，也称为箍缩效应(pinch effect)。图 11.8(a)展示了电流薄层的示意图，图 11.8(b)展示了这种电磁力的产生机制。当等离子体向轴心箍缩时，等离子体的体积缩小，密度增加，温度也不断增加(欧姆加热)。最终由于等离子体内部热效应产生的压力 p_k 与轴心处洛伦兹力相等时，箍缩停止，达到一种平衡状态。

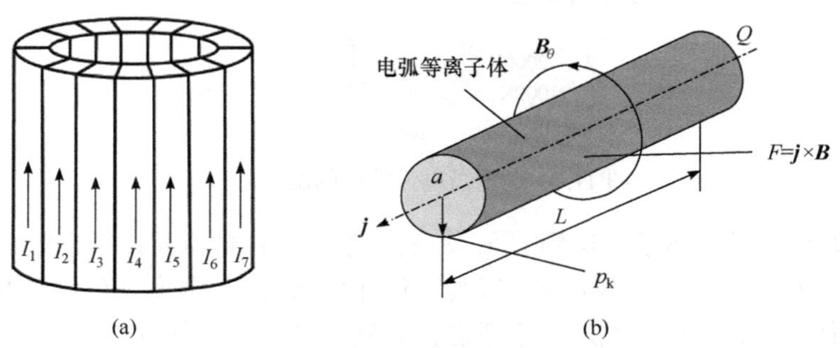

图 11.8 电弧等离子体中的电流薄层

(a) 箍缩效应；(b) 体积力

对于一个轴对称的圆柱形电弧(半径为 a)，假设电弧边界处压强为 0，当 $r\leqslant a$ 时，电弧内部径向压强分布满足

$$p(r)=\frac{\mu_0 I^2}{4\pi^2 a^4}(a^2-r^2) \tag{11.6}$$

式中，μ_0 是真空磁导率；I 是电弧电流。根据式(11.6)，电弧轴心处($r=0$)压强最大

$$p_{\text{axis}}=p(0)=\frac{\mu_0 I^2}{4\pi^2 a^2} \tag{11.7}$$

因此，在达到平衡的情况下(稳定燃弧)，轴心处的动力学压力 p_k 与电磁力造成的弧压 p_{axis} 相等。可以看出，电弧直径越小，压力越大。在电弧自由燃烧时，通常弧根处(电弧靠近电极的区域)直径小，因此压力更大，会造成等离子体向弧柱区域的流动。此外，弧根处电极材料迅速气化，也形成一股垂直于电极表面的金属蒸气流，这两种气体实际上是合在一起的，统称为等离子体射流。

11.3 电弧放电的电极电位分布和伏安特性

11.3.1 电位分布

对自持热阴极电弧(如空气中的碳电极电弧)，电位分布如图 11.9(a)所示，放电电流为 2～20A 时，$V_C = 9～11V$，$V_A = 11～12V$。对非自持热阴极电弧，电位分布如图 11.9(b)所示。当阴极热电子发射满足外电路要求时，阴极表面的电场强度为 0 或负值，若阴极发射不能满足外电路要求，则会出现正的电场。正柱区长度也主要取决于电极间距。而对阳极区，与自持热阴极电弧不同的是，阳极位降的数值可正，可负或零。这与辉光放电相似。

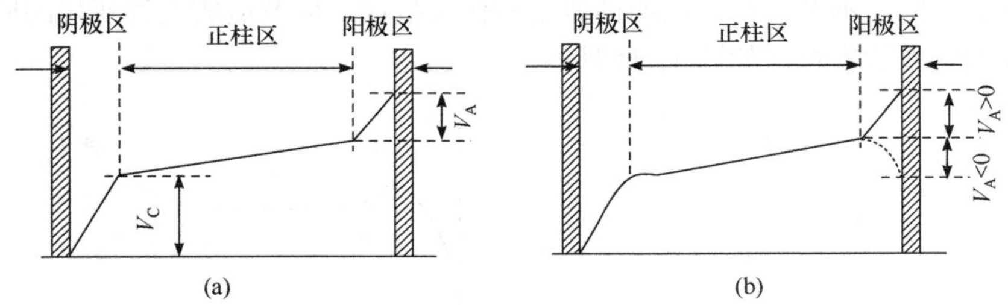

图 11.9 电弧放电沿放电通道的电位分布

(a) 自持热阴极电弧电位分布；(b) 非自持热阴极电弧电位分布

冷阴极电弧(如汞阴极)的电位分布基本与非自持热阴极电弧相同，其阴极区的厚度很小，为 $10^{-4}～10^{-5}$cm，而表面电场很强。

11.3.2 伏安特性

1. 电弧伏安特性定义与测量方法

以直流电源下的电弧放电为例，解释说明电弧伏安特性。电弧伏安特性的测量方法如图 11.10(a)所示，回路电源电动势为 E，放电时电弧在电极 a 与 b 间燃烧，通过改变可变电阻 R 的大小，改变流过电弧的电流 I，每次改变回路电流后，等待电弧传热达到平衡(大约几百微秒)，测量电极之间的电压 U。不断改变电流值，重复这一过程，则可以获得 U 与 I 之间的对应关系，典型情况如图 11.10(b)所示，这一关系叫做电弧的伏安特性，确切地讲叫做直流电弧的静态伏安特性。

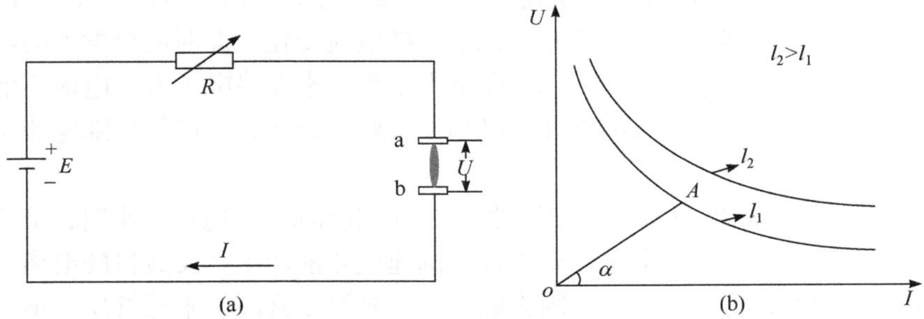

图 11.10 电弧伏安特性的测量方法与不同弧长的影响

(a) 直流电弧伏安特性测量方法；(b) 不同长度电弧的伏安特性

调节电弧长度从 l_1 至 l_2，可以得到另外一个电弧的伏安特性曲线。可以看出，电弧的伏安特性与一般金属导体不同，这与电弧本身的传热、电离等过程密切相关。

2. 典型情况下电弧的伏安特性

影响电弧放电伏安特性的因素有很多，随着电流增加，电弧中物理过程的演化也不尽相同。本节主要讨论四种典型的伏安特性，以及造成这种变化的原因。

典型电弧伏安特性如图 11.11 所示。

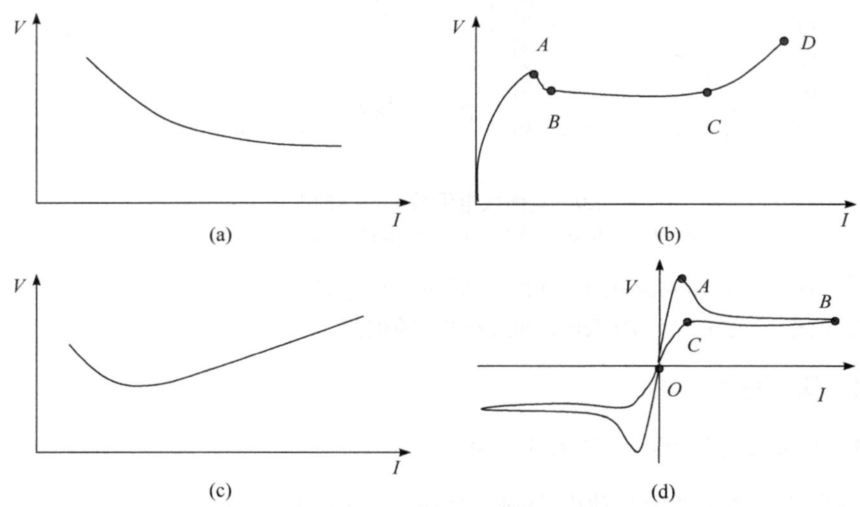

图 11.11　典型情况下电弧的伏安特性

(a) 自持热阴极电弧；(b) 非自持热阴极电弧；(c) 低气压冷阴极汞弧；(d) 交流电弧

(1) 一般自持热阴极电弧的伏安特性大致如图 11.11(a)所示，即负伏安特性。这是因为随着放电电流的增大，带电粒子产生的速率超过了损失的速率。为使放电稳定，有时要使用镇流器。

(2) 非自持热阴极电弧往往电流不大，电极距小，其伏安特性如图 11.11(b)所示。放电在 A 点着火，BC 段的管压几乎不随电流变化，此时阴极发射的电流大于或等于外电路所要求的电流。CD 段是由于阴极本身热电子发射电流不能满足外电路的要求，为使阴极发射增加，必须增大阴极位降，因此管压随电流增大而增加。

(3) 低气压冷阴极汞弧的伏安特性如图 11.11(c)所示，电流较小时，呈负伏安特性，因为较小电流下，电子需要比较大的速度才能产生必要数目的电离次数。随着电流的增大，管压又上升，因为此时汞阴极温度升高、汞蒸气压力增大、电子平均自由程减小，使电离较难发生，结果电弧电压增加。

(4) 交流放电的情况与直流弧有很大的区别，由于电流极性的周期性变化，电弧(重燃和熄灭)将周期性变化，放电区域也随之周期性变化。如果两个电极是对称的，阴极区在两个电极附近，正柱区在中间，则伏安特性如图 11.11(d)所示。*OA* 相当于非自持放电，*A* 点开始着火，并过渡到自持放电。*AB* 段放电电流随电源电压增大而很快增加，伏安特性是负的。之后，即 *BC* 段，又随电源电压增大而减小，在 *C* 点熄灭。再以后，到 *O* 点，非自持放电的电流随电压减小而减小，一直到 0。经过电压 0 点后，原来的阴阳极交换，伏安特性曲线在相反方向重复。

11.4　电弧放电的启动、稳定燃烧与熄灭

11.4.1　电弧放电的启动

非自持热阴极电弧，阴极由外电路加热来维持电子发射。对于这类电弧，第一步是预加热阴极，第二步是在阳极和阴极间加上几十伏的直流电压。

自持热阴极电弧，阴极电子发射的热量由放电本身维持，但启动时需要达到很高的温度。而对冷阴极电弧，阴极发射由场致发射来维持，阴极表面需要建立很强的电场。这两个问题都与如何启动电弧有关。

启动电弧通常有以下几种方法：

1) 直接加高压使气体击穿

在两电极之间施加一个足够高的电压，产生一个火花放电，火花放电稳定后形成电弧。电弧启动时，阴极温度不断升高或表面电场迅速增强，但由于在空气中的击穿场强为 30kV/cm，而且击穿电压随间距的增大而增大。实际上，这种方法很难在实际中应用。

2) 改变辉光放电的条件

这种方法是由辉光放电过渡到电弧放电，可以增加辉光放电的气压或者增加放电电流(可以采用减小回路电阻的方法)。从图 11.1 的伏安特性曲线可以清晰地看出，增加放电电流可以使得放电从反常辉光过渡到电弧区域。

3) 应用预电离使气体击穿

在气体击穿前，利用辅助电离源产生一定的带电粒子，可以明显降低击穿电压。产生预电离的方法可以是紫外照射、脉冲激光汇聚击穿，或利用放射性物质，或用高频火花，也可以使用辅助电极。

4) 用电极接触然后迅速分离

当两个电极接触后，如果是高熔点材料，则短路时的大电流使接触点的温度升高，在电极分离的瞬间，两个电极间既存在电场，又能使阴极发射电子，因而形成电弧。如果是低熔点材料(如汞)，则短路时的大电流使阴极材料发热而强烈蒸发，阴极表面附近产生较高密度的蒸气压，在电极分离的瞬间，就可由于场致

发射形成电弧。

11.4.2 电弧放电的稳定燃烧

由于电弧放电具有负的伏安特性，单独在电网中是不稳定的，要么电流不断增大而使电器毁坏，要么电流不断减小而熄灭。与电阻 R 串联后，其伏安特性发生变化，如图 11.12(a)所示。电弧放电的回路包括电弧、回路电阻 R、回路电感 L，放电时满足

$$V_0 = L\frac{\mathrm{d}I}{\mathrm{d}t} + RI + V \tag{11.8}$$

其中，V_0 表示电源电动势；V 表示电弧之间的电压。电弧稳定即回路电流几乎不随时间变化，因此电感分量为零，可以得到

$$V = V_0 - RI \tag{11.9}$$

将电弧伏安特性与式(11.9)做在同一张图中，可以得到满足电阻镇流后的稳定工作点，如图 11.12(b)中的 A、D 点所示。然而，实际上 D 点并不稳定，假设在 D 点有一个小的扰动，使得电流稍稍增长一些，那么在此区域中

$$V_0 - RI = L\frac{\mathrm{d}I}{\mathrm{d}t} + V > V \tag{11.10}$$

式(11.10)表明，电感分量实际上是大于零的，即 $\mathrm{d}I/\mathrm{d}t > 0$，那么电流会一直增大直到 D 点。

电弧稳定的判据是：$\mathrm{d}V/\mathrm{d}I + R > 0$ 或 $|\mathrm{d}V/\mathrm{d}I| > R$，称为考夫曼(Kaufman)判据。其中 $\mathrm{d}V/\mathrm{d}I$ 是电弧伏安特性曲线与电阻线交点处的斜率，一般是负值。

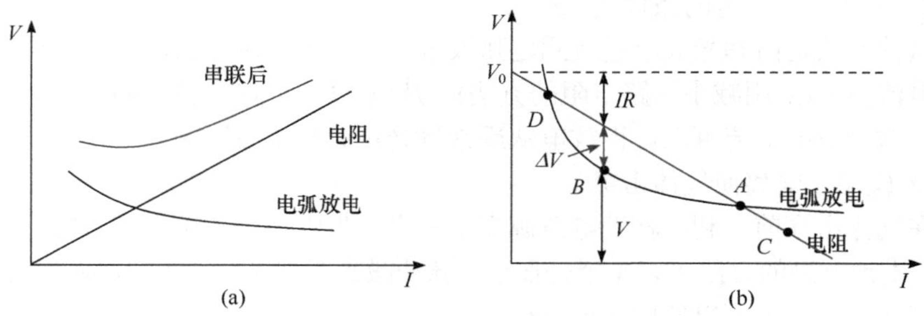

图 11.12 典型情况下电弧的伏安特性

11.4.3 电弧放电的熄灭

在电力系统运行过程中，人们希望对各类负载进行灵活的投运或切换，中间涉及大功率(大电流)回路的切断，在这个过程中很容易伴随电弧放电的发生。为了使电弧迅速熄灭，需要避开电弧稳定燃烧点 A(图 11.12(b))。

从图 11.12 中看出，可以从两个方面采取措施：一方面是增加电阻，例如熄弧过程中在回路串入一大电阻，使得图 11.12(b)中直线 DC 的斜率增加，与电弧伏安特性不相交，这样 A 点不存在，电弧很快熄灭；另一方面是改变电弧的伏安特性，例如拉长电弧，使得其伏安特性曲线抬高(图 11.10)，使得交点 A 消失。除此之外，还可以采用电弧与绝缘材料密切接触，增加对电弧的冷却以及表面对带电粒子复合能力的增强。

11.5　不同气压电弧放电的特点

11.5.1　真空电弧放电(p < 7.5mTorr)

大多数真空电弧存在于真空开关、真空断路器或触发真空间隙中。在真空开关及真空断路器中，因为真空的击穿强度很高(即帕邢曲线左支)，只有当电流通过而分开触头时才产生电弧。而在触发真空间隙中，则由等离子体射入主触头间隙而产生电弧，如辅助电极之间的放电。

与气体介质中的电弧不同，对于稳态的真空电弧而言，其电弧通道主要是电极材料的金属蒸气，阴极斑点以高达 1000m/s 的速度发射金属蒸气流。这一射流是真空电弧中蒸气的主要来源，其中大约每发射 10 个电子就可能射出一个金属原子。在真空电弧中，这些原子中的一部分可被电离而成为能量十分高的正离子，甚至能抵抗相反电场的作用而达到阳极。如果阴极斑点在外加磁场的作用下保持移动，除非电流非常大，阴极的总烧蚀则不明显。不过，用显微镜观察斑点留下的痕迹表明，有熔化、蒸发以及可能由于升华引起的金属损耗。热电子发射及场致发射无疑起了重要作用，因为热电子轰击及空间电荷效应在阴极表面上移动的微小发射区产生了极强的局部加热及甚高的电场强度(Lafferty, 1980)。

电弧发生之后，电极间的空间很快为扩散的、由部分电离的金属蒸气组成的等离子体所充满。大电流时，等离子体扩展到电极周围及其支持物的周围。小电流时，阳极表面均匀地接受来自等离子体的电子流。屏蔽罩及绝缘表面也收集来自等离子体的电荷，并具有浮动电位。电流大时产生了明显的阳极斑点，这些斑点通常多发生在面对阴极的阳极端面上。电弧阴极上的过程是非常复杂的，因为这些现象对维持全部放电是必须的，电极附近的过程是真空电弧研究的重要课题。

11.5.2　低气压电弧放电(7.5mTorr ⩽ p < 76Torr)

低气压放电正柱里，电子是放电电流的主要承担者，而正离子只起着中和电子空间电荷的作用。在汞气压强一定的条件下，放电正柱的电子温度随迁移电流的增加而降低，电子流密度和离子流密度随迁移电流的增加而增加，电子密度也随迁移电流的增加而增加。另外电弧的纵向电位梯度是很低的，这是由于等离子体必须维持电中性的结果。然而，这种电位梯度又必须足够高，以使单位长度上新产生的电子数和离子数能补偿管壁的损失数(武占成等, 2012)。

在低电流时，由于电子、离子能够迅速地向管壁扩散，汞弧完全充满放电管；当电流增加时，弧柱会径向收缩，而且在轴上的弧柱发光更强。这是因为电流的增加即增加了输入放电的能量，使放电轴上的气体温度增加到高于管壁处的气体温度。由于在放电管里气压是一定的，所以在管轴上气体浓度低于管壁处的浓度。因此在管轴上气体被电离得更加有效，那里的气体容易受激发光。

整体而言，低气压电弧能够产生弥散、更大体积的弧等离子体，近年来在航天、化工等领域的应用越来越多，如电弧等离子体推力器、等离子体协同催化等。

11.5.3　高气压电弧放电(76Torr ≤ p ≤ 760Torr)

随着气压的增高，电子与气体分子的碰撞频率增大，重离子的温度升高并接近电子温度，基本属于等温等离子体。其状态可用四个方程来描述：

(1) 各种粒子的速度分布符合麦克斯韦-玻尔兹曼分布

$$f(v)=\frac{4v^2}{\sqrt{\pi(2kT/m)^3}}\exp\left(-\frac{mv^2}{2kT}\right)$$

(2) 各激发态粒子浓度符合玻尔兹曼分布

$$\frac{n_{\rm m}}{n_1}=\frac{g_{\rm m}}{g_1}\exp\left(-\frac{eV_{\rm ex}}{kT}\right)$$

式中，$n_{\rm m}$ 和 n_1 是激发态和基态原子的浓度；$g_{\rm m}$ 和 g_1 是它们的统计权重。

(3) 电离度由萨哈方程决定

$$\frac{\alpha^2}{1-\alpha^2}=\frac{(2\pi m_{\rm e})^{3/2}}{ph^3}(kT)^{5/2}\exp\left(-\frac{eV_{\rm i}}{kT}\right)$$

(4) 电磁辐射近似为黑体辐射，单位体积频率的辐射功率由普朗克公式计算

$$I_v=\frac{2\pi hv^3}{c^2}\frac{1}{\exp(hv/kT)-1}$$

当然，实际电弧放电会偏离上述条件，特别是在等离子体边缘处。因此，通常需要引入局域热力学平衡的方法(见 2.4.1 节)。高气压电弧放电应用最为广泛，除了作为等离子体源，较高的温度和光辐射特性也是这类等离子体得以应用的重要原因。

11.5.4 超高气压电弧放电(p > 760Torr)

关于超高气压电弧放电的研究主要针对电弧形成前的击穿过程，如流注放电的形成与发展等，而对于稳态的超高气压电弧放电的机制与高气压电弧放电没有太多本质上的区别。在应用方面，主要是光源(高发光效率)，如氙灯(Laboratories, Siemens Lamp Research, 1953)。

第 12 章　电 晕 放 电

电晕放电(corona discharge)是极不均匀电场中一种放电形式，高压电极的尺寸一般远小于电极间隙，电极附近的电场强度远高于电极间隙的其他区域。电晕放电多发生于电极尖端、边缘或丝电极附近的高电场区。即使出现强烈的局部电离和激发过程，电极之间也可能并未击穿或导通，因此电晕放电可以是“单电极放电”。

电晕放电的应用很广，如电除尘器、高压带电体静电释放、计数器、臭氧产生、静电喷涂、离子风及废气处理等。但有些场合又需要避免它的发生，如电力传输线上电晕放电损耗、放电电磁辐射及其干扰等。

电晕放电是以电极结构，而不是以放电机理命名的放电形式，它具有汤森、辉光和火花(电弧)等多种放电模式。

12.1　电晕放电的基本结构和击穿特性

12.1.1　电极结构

电晕放电的基本结构是针-板或线-线电极，如图 12.1(a)、(b)所示。

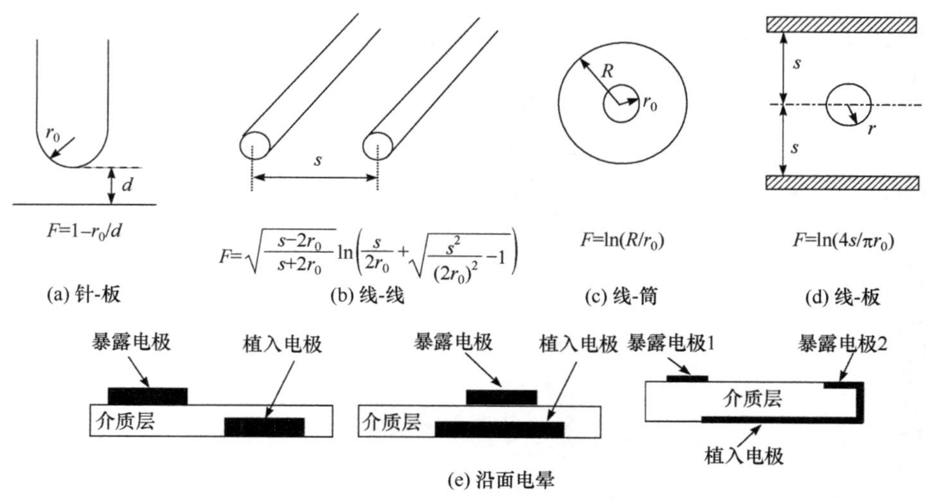

图 12.1　电晕放电的电极结构

根据实际需要，针-板结构的接地电极也可以是环、线或网等；而线-线结构的地电极可以是板、圆筒等，如图 12.1(c)、(d)所示。这些结构下的电场可以解析计算。通常针头或细丝的曲率很大，在理论分析时经常用半球来近似。在多数电晕结构中，尖端或细丝附近的电场强度 E_s 与电极电位 V_0 和针(丝)曲率半径 r_0 之间具有如下关系：

$$E_s = \frac{V_0}{r_0 F} \tag{12.1}$$

其中，F 为电晕结构的形状因子，如图 12.1(c)、(d)所示。图 12.1(d)匣中若有 n 根电晕线排成相距 d 的阵列，则形状因子为 $F = \ln\left(\frac{4s}{\pi r}\right) + \sum_{k=1}^{n} \frac{\text{ch}(k\pi\delta/2)+1}{\text{ch}(k\pi\delta/2)-1}$ (其中 $\delta = d/s$)。实际应用中，也有其他形式的电晕结构，如沿面电晕(图 12.1(e))等，其电场计算比较复杂，不能简单用上述解析式表示。

12.1.2　电晕击穿

在击穿电压以下，电晕放电是非自持的，电路中的电流很小，一般为 10^{-14}A 量级。达到电晕击穿电压后，放电转化为自持放电，电流也出现一个跃变，达到 10^{-9}～10^{-6}A 量级。发生电晕击穿时，电子崩的发展和大小满足汤森自持放电的阈值。但电子崩的发展机制依赖于电晕电压的极性，正、负电晕的放电现象存在差异。

1. 击穿判据

对于负电晕(或称为阴极电晕)，电子从高压电极向外移动，即从强场区向弱场区运动。由于阴极附近的电场很强，阴极表面的二次电子过程非常重要。二次电子自阴极表面向外加速迁移、不断倍增，经过一定距离后达到击穿阈值，放电是汤森机制的。但电场强度 $E(x)$和电离率$\alpha(E(x))$都随离开阴极表面的距离而迅速下降。一般地，负电晕的击穿判据

$$\int_0^{x_c} [\alpha(x) - \eta(x)]\mathrm{d}x = \ln(1 + 1/\gamma) \tag{12.2}$$

其中，α和η分别是电子的电离系数和附着系数。在电负性气体中，积分区间$(0, x_c)$是从阴极表面 $x = 0$ 到电子倍增停止处 $x = x_c$ 的电离区域，此时电离和附着达到平衡，即$\alpha(x_c) = \eta(x_c)$。在非电负性气体中，附着系数$\eta = 0$，相应的临界距离 $x = x_c$ 是电场显著降低，使$\alpha(E(x)) \approx 0$ 的位置。在电离区，气体分子也将激发，出现明显辉光，也称为电晕区。负电晕放电的电子是从电极向外运动，同时径向扩散，形成前端粗大、均匀的电晕辉光，形如“负羽毛”。在电晕区以外，电离和激发都非常弱，因此是不发光的暗区。此外，在电负性气体中，电晕外区的电子将附

着到分子上形成负离子，电子密度非常低，甚至近乎为 0。

对于正电晕(或称为阳极电晕)，电子从远处朝向高压电极移动，即从弱场区向强场区运动。由于强电场区在阳极附近，远处的阴极及其二次电子发射不起作用，种子电子主要来源于高压正电极附近背景气体中的电子或光电离二次电子。其击穿判据是流注的

$$M_{\mathrm{e}} = \exp\left[\int_0^{x_{\mathrm{c}}} (\alpha - \eta)\mathrm{d}x\right] \geqslant n_{\mathrm{cr}} \sim 10^8 \quad \text{或} \quad \int_0^{x_{\mathrm{c}}} (\alpha - \eta)\mathrm{d}x = 18 \sim 20 \tag{12.3}$$

正电晕也可以形成稳定辉光，但往往需要负离子的参与。在多数情况下，正电晕是始于电晕阳极表面的多通道流光丝。如果它们很好地耦合，可以形成貌似均匀的弥散放电。

2. Peek 定律

1915 年，Peek 证实：无论正电晕还是负电晕，空气击穿电场(电压)并不满足均匀场中经典帕邢定律，还与针尖半径(或线径)和电极间距有关，即

$$E_{\mathrm{c}} = E_0 \zeta_{\mathrm{s}} \delta r_0 \left(1 + \frac{0.308}{\sqrt{\delta r_0}}\right) \ln\left(\frac{2d}{r_0}\right) \tag{12.4}$$

其中，E_0是 760Torr/25℃空气在均匀电场中的临界击穿场强(即帕邢曲线预测的击穿电场)；ζ_{s} 是衡量电极表面平整度的参数(一般 $0.6<\zeta_{\mathrm{s}}<1$)；δ是空气相对于 760Torr/25℃的密度比($\delta = 0.392p/(273+T)$，p 为环境气压(Torr)，T 为环境温度(单位：℃))；r_0为线电极曲率半径(单位：cm)；d 为电极间距(单位：cm)。这就是著名的 Peek 定律。

在 1atm 下，$E_0 = 31\mathrm{kV/cm}$，接近火花放电的场强。由此可得到同轴结构电晕电极表面的临界击穿电场强度

$$E_{\mathrm{c}} = 31\delta(1 + 0.308 / \sqrt{\delta r_0})(\mathrm{kV/cm}) \tag{12.5a}$$

以及线-线结构电晕电极表面的临界击穿电场强度

$$E_{\mathrm{c}} = 29.8\delta(1 + 0.301 / \sqrt{\delta r_0})(\mathrm{kV/cm}) \tag{12.5b}$$

不过，现在也经常用另外一个解析式来表示线-线电晕的临界击穿电场强度

$$E_{\mathrm{c}} = 24.5\delta(1 + 0.65(\delta r_0)^{-0.38})(\mathrm{kV/cm}) \tag{12.5c}$$

一般地，线-线电极电晕放电的击穿电场强度小于线-板电极结构。

12.1.3 极性效应

如上所述，对相同电晕电极结构，正、负电晕的放电击穿和发展过程也很不

相同。一般地，正电晕放电的击穿电压高于负电晕，这是由电晕本身的特点造成的。由于电晕电场的极不均匀性，电子崩在非均匀电场中的行为与均匀电场不同，其中一个特征表现就是电子能量的“非局域效应”，即电子从当地电场中获得能量，但并不与当地电场平衡，而是在运动的下游区域消耗能量，不能达到局域能量平衡状态。

电子在非均匀电场中的倍增特性不同于均匀电场，如图 12.2 氧气环境下非均匀电场放电情形所示。

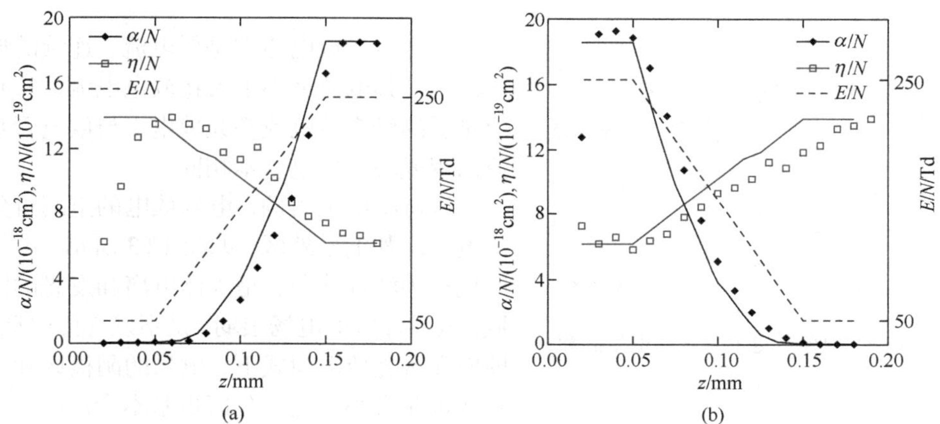

图 12.2　在渐增(a)和渐减(b)电场中电子电离系数和附着系数变化(氧气环境)

在渐增电场中(图 12.2(a))，电子的电离系数总是小于局域平衡时的电离系数，而电子附着系数高于局域平衡时的值；而在渐减电场中(图 12.2(b))，电子的电离系数总是高于局域平衡时的系数，而电子附着系数小于局域平衡时的值。

在负电晕中，电子正是从高电场区(阴极表面)向低电场区运动的。相比均匀电场，电子在高电场区中获得能量较多，而在下游区发生电离和激发的概率也更高，击穿电压将低于均匀电场中的值。而正电晕中，电子则是从低电场区向高电场区(阳极表面)运动的。电子在低电场区中获得能量较少，而在下游区发生电离和激发的概率也更低，因此击穿电压将高于均匀电场中的值。

12.1.4　击穿时延

在空气中，电晕放电的击穿时延包括种子电子的形成时间和电子崩或流注形成时间，大致为 10ns～1μs。但实际上，只有正电晕中击穿时延的测量才能得到有用的结果；负电晕由于阴极表面状态导致其时延非常离散，仅具有统计意义。

正电晕的击穿时延主要包括两部分：种子电子的形成时间和流注形成时间。

流注形成时间 $t_\mathrm{f}=\int_l \mathrm{d}l/v_\mathrm{e}$ 是电子崩发展到 l 的时间。对于较小距离 $l\approx 1\mathrm{cm}$(大致等于电晕电极间距)，$t_\mathrm{f}\leqslant 10^{-9}\mathrm{s}$，远小于电晕击穿的测量时延 $10^{-8}\sim 10^{-6}\mathrm{s}$。因此，正电晕的击穿时延主要来自种子电子的形成时间，包括宇宙射线电离、辐射/光电离，以及从负氧离子(电负性气体离子)脱附形成的种子电子。

12.2　稳定电晕及伏安特性

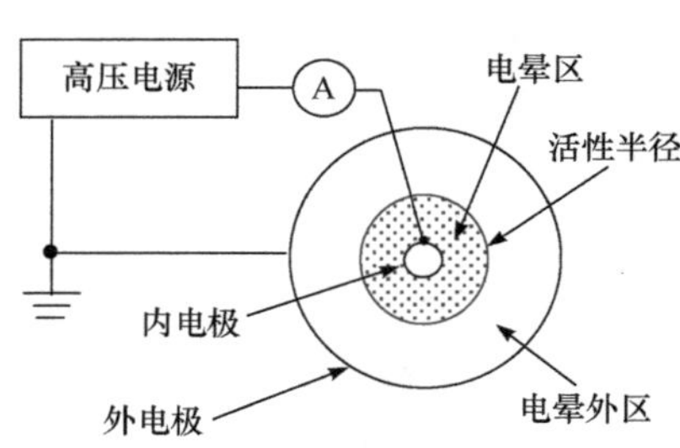

图 12.3　电晕放电的分区：电晕区和电晕外区

稳定电晕放电通常是低电流、连续的放电形式，其电流远小于火花放电电流，实际上是弱的汤森放电或辉光放电，与放电管直流汤森或辉光放电基本相同。

以丝状电极为例，电晕放电的空间可分为电晕区和电晕外区，如图 12.3 所示。电晕区也称为活性体积，是气体电离和发光的区域，电晕外区的电场很弱，是不发光的暗区。即使在辉光放电模式下，电晕的阴极区和负辉区也非常小，这一分区也基本合理。

电晕既可以是正极性的，也可以是负极性的，它们引发的电压或电流差别很小，但形成机理不同：正电晕主要由正离子载流完成，负电晕主要由负离子(电子)载流完成。只有在负电晕区的内侧(即电晕电极附近很小的区域)，在辉光放电阶段存在一个很薄的离子鞘，那里的正离子密度很高，在载流中将起主要作用，与在正常辉光放电鞘层中的角色相同。

12.2.1　稳态电晕的离子和电场分布

尖锐尖端、细丝、尖锐边缘、表面粗糙处、刻痕或任何局部电场大于周围的介质击穿电场的地方，都是产生电晕放电的电晕源。

1. 尖针电晕

在低电晕电流条件下，考虑尖端半径为 r_0，电位为 V_0，位于内径为 R 的接地球体中心，如图 12.4 所示。

假定电极结构是球对称的，其电位和电场都只是半径的函数。根据泊松方程

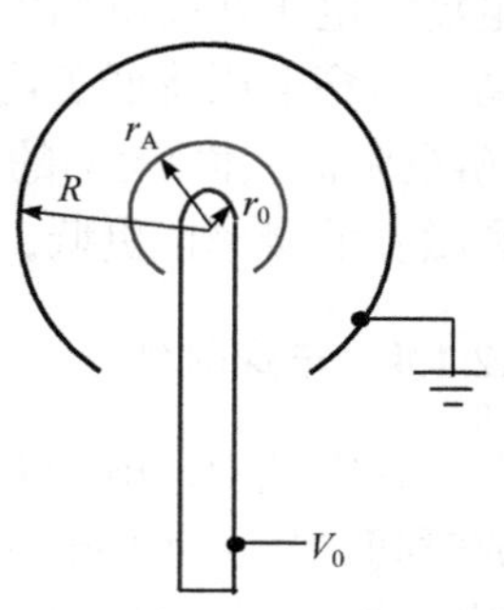

图 12.4　尖针电晕放电分布

$$\nabla \cdot E = \frac{1}{r^2}\frac{\mathrm{d}}{\mathrm{d}r}(r^2 E) = -\frac{\rho}{\varepsilon_0} \approx 0 \tag{12.6}$$

由此

$$r^2 E = r_0^2 E_{\mathrm{S}} = r_{\mathrm{A}}^2 E_{\mathrm{A}} = R^2 E_{\mathrm{R}} \tag{12.7}$$

其中，E_{S}、E_{A} 和 E_{R} 分别是尖端表面、活性半径和球腔上的电场。也可以写成

$$E = -\mathrm{d}V/\mathrm{d}r = r_0^2 E_{\mathrm{S}}/r^2 \tag{12.8}$$

从而得到静电位分布

$$V(r) = V_0 + r_0^2 E_{\mathrm{S}}(1/r - 1/r_0) \tag{12.9}$$

又 $r = R$ 处的电位为 $V(R) = 0$，所以

$$V_0 = r_0 E_{\mathrm{S}}(1 - r_0/R) \tag{12.10}$$

及

$$E_{\mathrm{S}} = \frac{V_0}{r_0} \cdot \frac{1}{1 - r_0/R} \tag{12.11}$$

这样得到径向电场

$$E(r) = \frac{r_0 R V_0}{r^2 (R - r_0)} \tag{12.12}$$

在较小电晕电流情况下，径向电位分布

$$V(r) = V_0\left[1 - \frac{R(r - r_0)}{r(R - r_0)}\right] = V_0 \frac{r_0(R - r)}{r(R - r_0)} \tag{12.13}$$

如果电晕电流明显，则电荷密度将不能忽略。总电流与电流密度的关系

$$I_{\mathrm{C}} = 4\pi r^2 J(r) = \text{常数} \tag{12.14}$$

其中，r 处的电流密度

$$J(r) = \rho(r) v_{\mathrm{d}}(r) \tag{12.15}$$

由此可以得到 r 处的电荷密度

$$\rho(r) = \frac{I_{\mathrm{C}}}{4\pi r^2 \mu_{\mathrm{i}} E(r)} \tag{12.16}$$

2. 细丝或边棱产生的电晕

考虑如图 12.4 所示的同轴线结构，细丝和外筒的半径分别为 r_0 和 R，活性区的半径为 r_{A}。若等离子体区的净电荷为 0，则对轴对称的圆柱体，泊松方程表示

$$\nabla \cdot E = \frac{1}{r}\frac{\mathrm{d}}{\mathrm{d}r}(rE) = -\frac{\rho}{\varepsilon_0} = 0 \tag{12.17}$$

因此

$$rE = r_0 E_\mathrm{S} = r_\mathrm{A} E_\mathrm{A} = R E_\mathrm{R} = 常数 \tag{12.18}$$

可以得到电场的分布

$$E(r) = -\frac{\mathrm{d}V(r)}{\mathrm{d}r} = \frac{E_\mathrm{S}}{r} \tag{12.19}$$

电位分布随 r 的变化

$$V(r) = V_0 - E_\mathrm{S} r_0 \ln\left(\frac{r}{r_0}\right) \tag{12.20}$$

细丝表面($r = r_0$)的电场强度

$$E_\mathrm{S} = \frac{V_0}{r_0}\ln\left(\frac{R}{r_0}\right) \tag{12.21}$$

从而，电场强度和电位的分布也表示

$$E(r) = \frac{E_\mathrm{S} r_0}{r} = \frac{V_0}{r}\ln\left(\frac{R}{r_0}\right) \tag{12.22}$$

$$V(r) = V_0 \frac{\ln(r/R)}{\ln(r_0/R)} \tag{12.23}$$

同样可写出电晕电流

$$I_\mathrm{C} = 2\pi r L J(r) = 2\pi r L \rho(r) v(r) = 常数 \tag{12.24}$$

把离子的径向漂移速度代入，得到的准恒定电流

$$I_\mathrm{C} = 2\pi r L \rho(r) \mu_\mathrm{i} E(r) \tag{12.25}$$

以及单位长度上的准恒定电流密度

$$j_\mathrm{C} = I_\mathrm{C}/L = 2\pi r \rho(r) \mu_\mathrm{i} E(r) \tag{12.26}$$

还可以得到 r 处的电荷密度

$$\rho(r) = \frac{I_\mathrm{C}}{4\pi r^2 \mu_\mathrm{i} E(r)} \tag{12.27}$$

12.2.2　稳态电晕的伏安特性

以线-筒电极结构为例，放电分布如图 12.5 所示。距中心 r 处和电极表面的电场由式(12.22)表示。由于电流密度保持不变，离子密度也为恒定，即

$$n = \frac{j_{\mathrm{C}}}{2\pi e r \mu_{\mathrm{i}} E(r)} = \frac{j_{\mathrm{C}} \ln\left(\dfrac{R}{r_0}\right)}{2\pi e \mu_{\mathrm{i}} V_0} = \text{常数} \tag{12.28}$$

考虑柱坐标泊松方程 $r^{-1}\mathrm{d}(rE)\mathrm{d}r = en/\varepsilon_0$，并积分，再利用式(12.22)，得到

$$rE = \frac{j_{\mathrm{C}} \ln(R/r_0)(r^2 - r_0^2)}{\mu_{\mathrm{i}} V_0} + V_{\mathrm{br}} \ln(R/r_0) \tag{12.29}$$

再结合 $\int_{r_0}^{R} E\mathrm{d}r = V_0$，得到电流密度与电压的关系

$$j_{\mathrm{C}} = \frac{2\mu_{\mathrm{i}} V_0 (V_0 - V_{\mathrm{br}})}{R^2 \ln(R/r_0)} \tag{12.30}$$

一般地，电晕放电的电流-电压关系(伏安特性)可写成

$$j_{\mathrm{C}} = kV_0(V_0 - V_{\mathrm{br}}) \tag{12.31}$$

其中比例因子 k 是与电极结构和气体有关的常数。

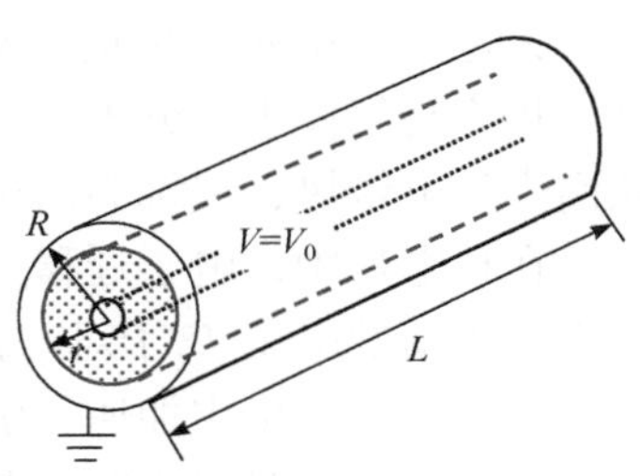

图 12.5　线-筒电晕放电分布

这就是经典的汤森关系，1914 年首先由汤森导出。它表明，电晕放电通道的电导 j_{C}/V_0 正比于过电压($V_0 - V_{\mathrm{br}}$)。汤森关系对其他结构的空气电晕放电也是成立的，只是比例系数 k 有所不同。但注意，这是在“空间电荷对外电场的畸变和对电晕电流的影响几乎可以忽略”的情况下才成立。如果空间电荷的影响比较大，则经典汤森关系将不再满足。

12.2.3　稳定电晕的阈值条件

要在极不均匀电场中形成稳定电晕放电，对电场的不均匀性是有一定要求的。以同轴线-圆筒形电极为例，其极间电场分布为 $E(r) = \dfrac{V_0}{r\ln(R/r_0)}$，电晕(高压)电极表面的电场为 $E(r_0) = \dfrac{V_0}{r_0 \ln(R/r_0)}$(式(12.22))。若线径 r_0 变化，则电场对线径的变化率

$$\frac{\mathrm{d}E_{r_0}}{\mathrm{d}r_0} = \frac{V_0}{r_0^2 \ln(R/r_0)} \left(\frac{1}{\ln(R/r_0)} - 1 \right) \tag{12.32}$$

若 $R/r_0 > 2.72$，电场变化率 $\mathrm{d}E_{r_0}/\mathrm{d}r_0 < 0$，即若 r_0 增加，则电场减小。当电晕电流增加时，要求更多的电离碰撞，即极间距应增大；而为了维持放电，必须增大外加电压。也就是说，电压将随电流增大而增大。此时伏安曲线具有正的微分

电阻，电晕放电是稳定的。即同轴型线-筒电极的稳定电晕条件是 $R/r_0 > 2.72$ 。

若 $R/r_0 < 2.72$ ，电场变化率 $\mathrm{d}E_{r_0}/\mathrm{d}r_0 > 0$ ，即若 r_0 增加，则电场也增大。当电晕电流增加时，要求更多的电离碰撞而增大极间距时，为了维持放电，反而应减小外加电压，以维持电场稳定。此时伏安曲线具有负的微分电阻，电晕放电是不稳定的。实际上此时不存在稳定电晕，放电将从汤森放电直接过渡到火花。

不同电极结构的稳定电晕阈值并不相同，但算法相似。例如，对于线径为 r_0、距离为 d 的线-线结构，稳定电晕的阈值为 $d/r_0 > 5.85$ 。

12.3　电晕离子风

无论是正电晕还是负电晕，放电产生的离子均具有一定速度(或动量)，在运动过程中与气体中性分子碰撞而将动量传递给它们，引起中性分子的定向移动，从而产生电晕风，或称为离子风。

在负电晕中，电子迁移方向是从高电场区移向低电场区，在此过程中引发电子崩产生新的电子-离子对。正离子速度远小于电子，因而主要在阴极附近积累；而新生电子在电场中加速，引发新的电离，使放电逐渐向地电极发展。电子沿着电场反方向运动时将横向扩散，因此新的电子崩也将彼此发散，形成“负羽毛”(或发散形的放电通道)。在迁移区，电场较弱，电子与电负性气体分子结合为负离子，继续沿着电场反方向运动，推动气体分子向前形成离子风。因此，负电晕离子风具有较大的有效半径。负电晕离子风形成过程如图 12.6 所示。

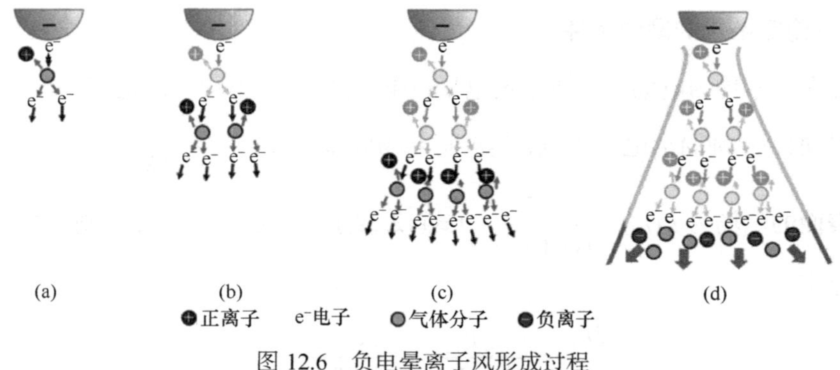

图 12.6　负电晕离子风形成过程

在正电晕中，放电是流注机制的。电子运动从低电场区向高电场区迁移，电子崩首先在电场最强的阳极针尖附近形成，产生电子-离子对。电子进入阳极区，而正离子则滞留于电子崩后部，使新的电子受其吸引而汇入，并在迁移路径上形成新一代电子崩，在局域空间留下更多正离子电荷。这一过程的重复使放电向外(地电极)发展。当空间电场足够强时，侧翼的电子也可以在汇入正离子团、引起雪崩过程，使放电产生分岔现象。当然，轴向依然是放电的主要发展方向(即放电主干通道)。电子运动是“汇聚”的，因此正电晕的放电通道要比负电晕狭窄很多，并会表现为“主干”加“分支”的枝状形貌。相应地，正电晕离子风在中心处的风速更大，但有效半径较小。正电晕离子风形成过程如图 12.7 所示。

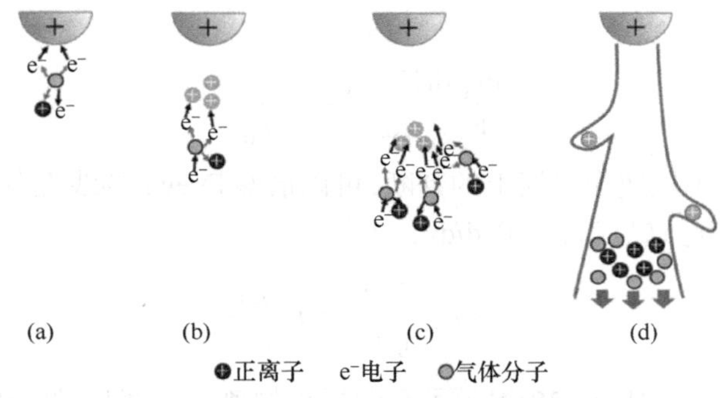

图 12.7 正电晕离子风形成过程

利用近似估算可以得到离子风的大小。

在电晕迁移区中，离子流密度 $\boldsymbol{\Gamma}_i$ 由离子的三种运动行为构成，即迁移、扩散和外力流

$$\boldsymbol{\Gamma}_i = n_i \mu_i \boldsymbol{E} - D_i \nabla n_i + \boldsymbol{v} n_i \tag{12.33}$$

式(12.33)右边第一项为离子迁移项，第二项为离子浓度差导致的扩散项，第三项则为外界气流导致的离子运动项；其中，n_i 为离子密度；μ_i 离子迁移率；$\boldsymbol{E}$ 为迁移区电场；D_i 为粒子扩散系数；$\boldsymbol{v}$ 为外界气流速度。尽管迁移区电场并不是很强，但离子在场作用下的迁移速度仍远大于扩散速度；同时离子风形成过程中，外界气流速度仅为几米每秒的量级，所导致的离子运动也远远弱于迁移运动。则离子流仅包含迁移项，即

$$\boldsymbol{\Gamma}_i \approx \rho_i \mu_i \boldsymbol{E} \tag{12.34}$$

考虑到迁移区中几乎没有电离过程，即 $\partial n_i / \partial t = 0$，又在离子流稳定的情况下，应满足离子连续性方程，因此

$$\partial n_i / \partial t + \nabla \cdot \boldsymbol{\Gamma}_i = 0, \quad \mu_i (\nabla n_i) \boldsymbol{E} + \mu_i n_i (\nabla \cdot \boldsymbol{E}) = 0 \tag{12.35}$$

迁移区电场分布满足 $\boldsymbol{E} = -\nabla(V - V_{br})$，联立泊松方程 $\nabla \cdot \boldsymbol{E} = q n_i / \varepsilon_0$，式(12.35)可以变为

$$\nabla n_{\mathrm{i}} \nabla (V - V_{\mathrm{br}}) = \frac{n_{\mathrm{i}}^2 q}{\varepsilon_0} \tag{12.36}$$

注意：在柱坐标系中　$\nabla = \frac{\partial}{\partial \boldsymbol{r}} e_r + \frac{1}{r}\frac{\partial}{\partial \phi} e_\phi + \frac{\partial}{\partial x} e_x$。

考虑在迁移区的电场主要沿着放电纵向方向，横向分量相对要小，故对离子分布、电场分布作一维近似，即 $n_{\mathrm{i}} = n_{\mathrm{i}}(x)$，$E = E(x)$，则式(12.31)进一步简化

$$\frac{\mathrm{d}n_{\mathrm{i}}}{\mathrm{d}x}\frac{\mathrm{d}(V - V_{\mathrm{br}})}{\mathrm{d}x} = \frac{n_{\mathrm{i}}^2 q}{\varepsilon_0} \tag{12.37}$$

如果仅对离子风速作量级上的判断，可以借鉴 Drews 的线性分布化近似方法，即以空间平均尺度 $1/d$ 代替微分 $\mathrm{d}/\mathrm{d}x$，可得

$$n_{\mathrm{i}} \approx \varepsilon_0 \frac{V - V_{\mathrm{c}}}{qd^2} = \varepsilon_0 \frac{\Delta U}{qd^2} \tag{12.38}$$

在一维近似模型下，式(12.38)揭示了空间迁移的离子密度与过电压的数量关系。

做迁移运动的离子将动量传递给中心气体分子，其动力学过程可以由纳维-斯托克斯(Navier-Stokes，N-S)方程来描述

$$\rho \frac{\mathrm{d}\boldsymbol{v}}{\mathrm{d}t} = \rho\left(\frac{\partial}{\partial t} + \boldsymbol{v}\cdot\nabla\right)\boldsymbol{v} = -\nabla P + \nabla \cdot \overline{\overline{\kappa}} + f(E) \tag{12.39}$$

式中，ρ 为空气密度；$\boldsymbol{v}$ 离子风风速；P 为环境静态气压；$\overline{\overline{\kappa}}$ 为气体黏滞量；$f(E)$ 为单位体积上所受的库仑力。考虑稳定离子风的情况，$\partial v / \partial t = 0$ 、$\nabla P = 0$ ，同时气体黏滞量作用远小于库仑力，则

$$\rho v \frac{\mathrm{d}v}{\mathrm{d}x} \approx f(E) = E n_{\mathrm{i}} q \tag{12.40}$$

将式(12.39)代入式(12.40)并积分，即得到

$$v \approx \sqrt{\frac{2\varepsilon_0}{\rho}} \frac{\Delta V}{d} \tag{12.41}$$

式(12.41)表明，过电压是决定迁移区中离子运动的关键参量，对离子风速起决定作用。不同电极间距下空气电晕的离子风速的计算值如图 12.8 所示。离子风速随过电压的增加而线性增大；而 v–ΔV 斜率与电极距 d 有关，增大电极距使斜率减小。这与实验结果也非常吻合。

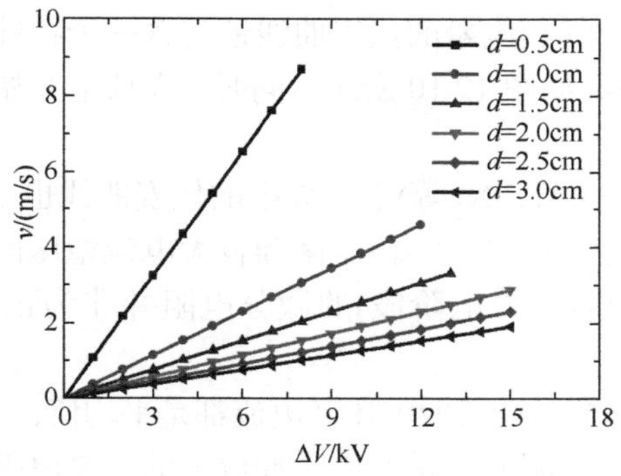

图 12.8　电晕离子风速的理论预测

12.4　电晕放电的模式转换

12.4.1　伏安特性

实验表明，在稳定正常辉光放电之前，大气压空气电晕放电的电流随电压有近似二次关系，大气压空气电晕放电的伏安曲线如图 12.9 所示。即满足经典汤森关系(式(12.31))，$I = kV(V - V_{br})$，其微分电阻总是呈现正的特性。这种电流-电压的汤森关系在交流电晕放电中也成立，但此时的电流是平均电流，电压为峰值(或均方根值)。

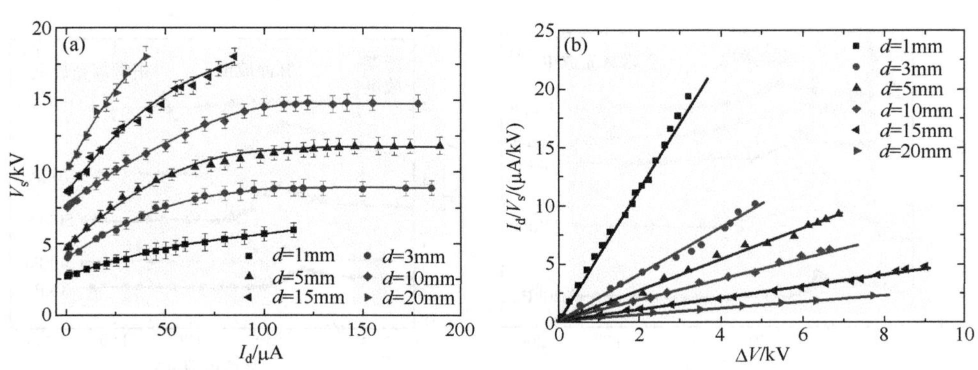

图 12.9　大气压空气电晕放电的伏安曲线，曲率半径 $\sigma = 250\mu m$

空气电晕放电的伏安特性曲线一般都经历 3 个阶段：微小电流稳定区(即汤森放电阶段)、不稳定区(即脉冲放电阶段)和较大电流稳压区(即辉光放电阶段)。当气压降低时，不稳定区会发生变化，也可能出现负的微分电阻特性。此时汤森关系将不再成立。

精细研究表明，空气负电晕的伏安曲线还包含一个特殊的脉冲放电阶段——特里切尔(Trichel)阶段，如图 12.10 所示。同时，在放电开始阶段的微小电流与电压也不呈现二次关系。

在非电负性气体(如 Ar，N_2等)中，放电的伏安曲线也不遵循经典汤森关系，但也包括微小电流稳定放电区、不稳定区和较大电流稳压区。在非电负性气体负电晕中，第二阶段(即脉冲放电阶段)的微分电阻并非为正，而是先正后负，如图 12.11 所示。

实际上，由于脉冲放电阶段的电压和电流都是平均值，“微分电阻”的物理意义并不准确，负的微分电阻并不是产生脉冲放电的直接原因，这与亚辉光放电阶段(具有负的微分电阻)产生不稳定脉冲的机制可能并不相同。

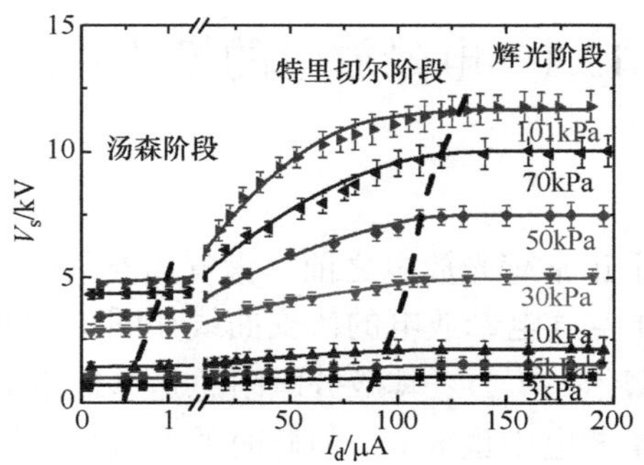

图 12.10　不同气压下空气负电晕的伏安曲线，曲率半径 $\sigma = 250\mu m$，电极间距 $d = 5mm$

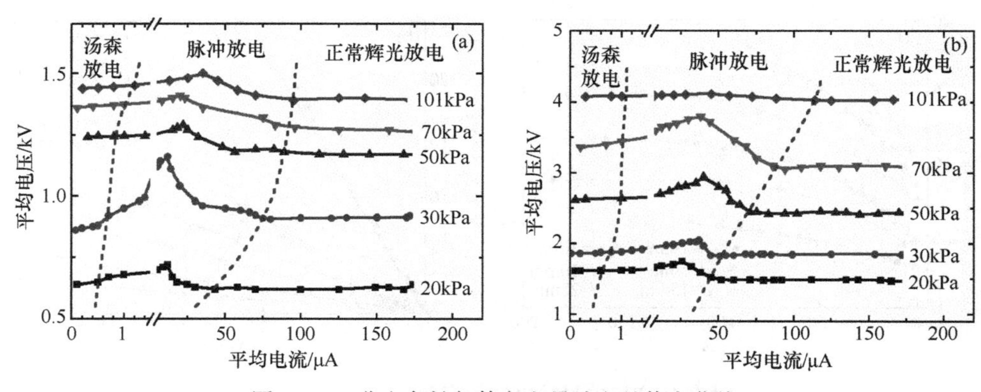

图 12.11　非电负性气体负电晕放电的伏安曲线

(a)Ar；(b)N_2

另外，在正电晕中，经常看不到稳定辉光放电阶段。多数情况下，电晕放电可直接从汤森放电经过不稳定区过渡到火花放电。

12.4.2 电晕放电的模式转换过程

电晕放电自击穿开始，随着电压和电流的增大，一般都会经历起始汤森暗放电、起始流注、辉光、击穿流注和火花放电的几个阶段。但正、负电晕放电的模式转换过程并不完全相同。

下面以大气压针-板电极结构为例加以说明，其中针尖用半圆球近似。

1. 正电晕

首先考虑冲击电压(如纳秒脉冲)激励的情形。

在电晕电极上加上正的冲击电压时，空间电荷没有足够的时间迁移或积累，其作用可以忽略。在冲击电压作用下，从针尖发出一个或几个流注，随着时间发展，流注伸长并增多，形成若干分支流注。分支流注的面长度较短，而且彼此相互排斥而不相交。

如果提高电压，流注仍是唯一的放电形式，一直过渡到火花放电。

当正流注强烈冲击阴极时，流注头部空间电荷之前的电场很强，阴极将发射二次电子。如果时间和长度足够长，将有许多电子崩产生，它们使电极间隙的电导率增加。此时，极间放电电流将出现一个跳跃。

阴极受正流注的强烈作用，将产生一个返回的电离电位波，称为“逆行波”。逆行波沿着一个或几个流注途径流动，加强了通道中的正离子密度。这一过程只需要约 1μs 或以下量级的时间，在长间隙中更容易观察到。如果电离波足够强烈，通道中的电流将大大加强，它非常不稳定并导致电极间隙完全击穿。

正流光发展可以示意如图 12.12，大致过程如下：流光头在 $x=0$、头部半径 r_0、正离子数 N_0 时，向外移动；一个光电子从 x_1 开始(在空气中，该处电场为 $E_{br}=30\text{kV/cm}$)，运动到 x_2 时，电子崩应正好达到流光击穿阈值(约 10^8)，而且电子与离子密度近似相等，$n_e \approx n_i \approx N_0$，横向尺寸由于扩散变为 $r_D = r_0$。

$$\mathrm{d}r_D^2 / \mathrm{d}t \approx 4D_e, \quad r_D(x_2) = \left[\int_{x_1}^{x_2} 4\frac{D_e / \mu_e}{E(x)}\mathrm{d}x\right]^{1/2} \tag{12.42}$$

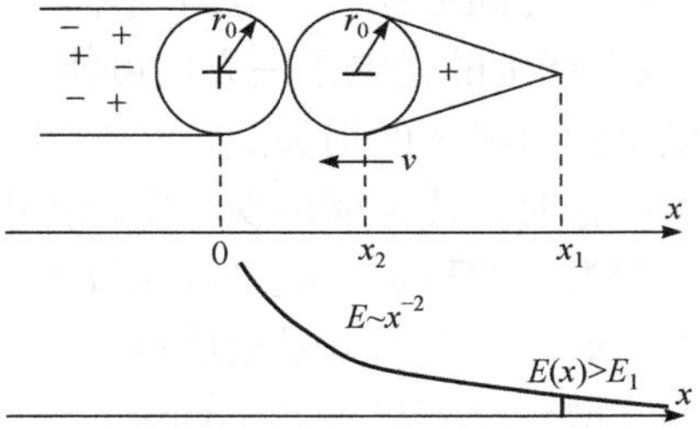

图 12.12　正流光发展过程示意图

当参数满足如下值时，空气中自持放电过程就可能发生：光子路径长 $x_1 = 2\times10^{-2}$cm，流光头部离子数 $N_0 = 10^8$，头部半径 $r_0 = 2.7\times10^{-3}$cm，则流光发展速度 $v = x_2/t$(其中 t 是电子崩从 x_1 到 x_2 的时间)。

但这一过程实际上难以发生，因为电子崩的尺寸太小，使其密度过高，$n_e = n_i = 3N_0/4\pi r_0^3 = 2.6\times10^{15}\text{cm}^{-3}$。电子相互排斥将使电子崩的半径增大，因而电场($E \approx eN_0/r_0^2$)减小，电离率也将显著减小，使自持放电过程不能维持，即出现放电不稳定。

其次，考虑直流电压(静电场)作用的情形。此时由于空间电荷的作用，气体击穿的物理图像发生变化。

1) 汤森放电

与其他放电形式相似，刚达到击穿电压时，初始电晕也是不稳定的，表现为随机脉冲，此时电流很小，实验中经常看不到这一过程。随即进入汤森放电阶段，电流也不大，但它是稳定的，可以看到明显的发光区，但没有辉光放电那样严格的发光分区。

2) 起始流注

当电压达到一定值后，会突然出现电流脉冲(即流注)，它是随机的，断断续续的。它的初始频率与外在电离因子的强度有关。流注频率的增加使平均电流迅速上升。这时的电流对外加电压非常敏感。流注脉冲电流的上升时间 20～40ns，半峰约 100ns，频率 3000～4000s^{-1}。

一个流注发展后，电极间隙的离子电荷将使外电场畸变。在没有清除这些空间电荷之前，不能发展新的流注。由于清除空间电荷所需的时间不同，新流注的产生也因此具有随机性和不规则性，从而导致脉冲的随机性。

3) 电晕辉光

如果阳极周围积累了相当多的负离子空间电荷，断续的流注将向稳定的辉光过渡。在负空间电荷与阳极之间出现近似均匀的电场。如果负空间电荷的密度不大，它们将在阳极被中和，为产生新的流注扫清道路。如果密度很大，局部电场足够高，在该处产生近均匀电场的汤森击穿，气体中的光电离是二次电子的主要来源。负离子空间电荷与阳极之间形成一个电离气体薄层。

这一过程是稳定的，放电产生的光电子一方面可能附着在气体原子或分子上，向阳极漂移，同时也补偿空间负离子的损失。

通常，只有当负离子存在时，才可能出现稳定的正电晕辉光。这也是通常在空气电晕放电中经常可以观察到的稳定正电晕辉光放电。在电正性气体中难以实现空间均匀、稳定的正电晕辉光，但当电晕通道良好耦合时也能获得貌似类辉光的准均匀放电，一般称为弥散放电(diffuse discharge)。

电晕放电的转换区域与电极配置相关。一般地，只有当间隙与针尖半径之比

或间隙与线径之比 d/r_0 达到一定值时，才能看到稳定辉光；否则电晕将直接过渡到火花放电。例如，空气线-线电晕放电的稳定辉光只有在 $d/r_0 > 5.85$ 时才能看到稳定辉光；负电晕亦然。不同气体、电极配置下的 d/r_0 值有所不同，需要具体测试。

4) 击穿流注

如果电场足够不均匀，放电将从电晕辉光发展到这种断续的方式。对一定的电晕阳极，电极间隙要足够大才能实现这样的流注。击穿流注的频率起始为 10^3s^{-1}，电火花之前为 10^4s^{-1}。击穿流注发出的辐射与冲击流注的性质相同。流注可以到达低电场区域，传播速度为 2.3×10^8cm/s，向阴极移动过程中基本不变，这与冲击流注明显不同。冲击流注在移向阴极时速度将减缓，但二者的速度具有相同量级。

这种击穿流注的电晕是引人注目的，比较亮而且长，并能够引起大量的电磁噪声和无线电干扰。

5) 电晕过渡到电火花

如果间隙电压到达一定数值，将发生火花击穿。在很长的间隙由击穿流注来实现电火花，它的机制与冲击流注相同。可以有两种可能性：一是阴极的作用，二是发展新的更强的电离波，由阳极向阴极传播。

从正电晕到电火花的击穿，汤森机制不是击穿的主要原因，它是流光击穿机制，即需要电子崩的尺寸足够大，与大 pd 值时所发生的情况一样。

2. 负电晕

如果棒上加负的高电压，放电将和正电晕的情形有很大的差异。

在冲击电压作用下，没有空间电荷的影响，从阴极开始向外形成羽毛状的分支，它在较高的电压下开始，数量不多(8～10 支，而正电晕的流注可达 300～400 支)，典型的传播速度为 $2.2\times10^8 \sim 14\times10^8$cm/s。负羽毛有时也称为“刷状放电”。由于电场很不均匀，只有在大的间隙或很高的电压下才能发生负羽毛；在短间隙中(即电极间隙与电晕尖端或线径之比 d/r_0 比较小)，电晕很不稳定，有时突然发生火花击穿而掩盖了“负羽毛”现象。

在直流电压(即静电场)作用下，负电晕放电有所不同。

1) 击穿和汤森放电

当静电电压达到一定值时，开始出现放电电流。与正流注相同，初始放电也是突然发生的，表现出气体击穿初期的不稳定性，它是无规则的统计不稳定。但电流增大到微安量级后，放电可以进入稳定阶段，即汤森暗放电。

2) 起始流注

提高电压达到一定幅值时，将再次发生脉冲电流。与正流注不同，负电晕产生的电流脉冲无论是幅值还波形都是规则的，称为“特里切尔脉冲”，由 Trichel

于 1938 年首先观察到并命名。其平均电流为 $I = 10^{-6} \sim 10^{-4}$A，特里切尔重复频率一般为 1kHz～1MHz。针尖电晕阴极的特里切尔脉冲放电一般都具有明显的球形负辉区、法拉第暗区和正柱区。

3) 辉光放电

电压提高到一定程度，特里切尔脉冲将突然消失，放电将过渡到电压恒定的辉光阶段。这种电晕辉光是稳定的，它一般固定在中心处，但放电区域和特里切尔脉冲相似，可以分成球形负辉光区、不太亮的正柱区和中间薄的法拉第暗区。发亮的电离区的直径比较小，电流密度 10～30A/cm^2，属于正常辉光放电，形成向外的负羽毛。电晕辉光的起始电压不能完全确定，它有一定的变化范围。电压提高，稳定辉光仍将继续，一直发展到电火花。

4) 击穿流注和火花放电

当负羽毛接近阳极时，就会产生逆向的正流注，它们向“负羽毛”前进，有时过渡到全电离通道，形成电极间的电火花。如果不能实现电火花，“羽毛”就退回到原来的辉光，而电流并不中断。

与正电晕不同，负电晕从辉光到火花击穿是汤森机制的。电子崩从阴极出发，按指数($M_e = \exp(\int \alpha \mathrm{d}x)$)增长，电子运动到弱电场区域，电离系数$\alpha$减小。此外，沿电场的电子崩路径是发散的，这也与正流注相反(正流注中的电子运动是彼此会聚的)。离电晕电极(如针尖)较远的地方，如果电场太弱，不能维持有效电离，则电晕放电过程被破坏。

12.5　特里切尔脉冲

12.5.1　特里切尔脉冲的特征

负电晕的特里切尔脉冲是稳定、规则的电流脉冲。从 Trichel 发现到 2018 年的约 80 年间，特里切尔脉冲一直被认为是电负性气体中的特有现象，其形成与负离子的产生和消失有关，如 Raizer 的经典书籍《气体放电物理》(*Gas Discharge Physics*)中写道：“特里切尔脉冲只发生在电负性气体中”。虽然其间 Akishev 等于 2001 年发现在 N_2 中也存在特里切尔脉冲，但也没有引起人们的注意。2016 年后，欧阳吉庭等对特里切尔脉冲进行了系统的研究，发现特里切尔脉冲实际上可以发生在几乎所有气体中。特里切尔脉冲本质上是电晕放电从汤森放电到辉光放电的模式转换，它与很多其他结构中辉光放电(如空心阴极放电、平板电极辉光放电)的自脉冲现象具有相似的物理机制。

特里切尔脉冲电流波形非常稳定，几乎与放电电流无关，只是脉冲幅值随电流有所减小。典型特里切尔脉冲电流和电压波形如图 12.13 所示。

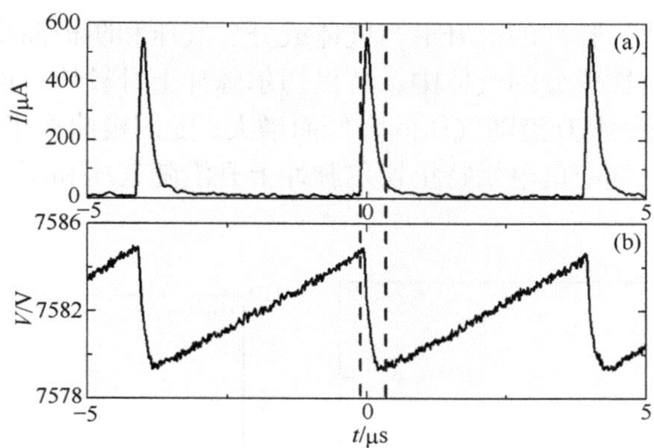

图 12.13 典型特里切尔脉冲波形(空气：大气压/25℃)

但在不同气体中，特里切尔脉冲的波形有所不同，而且也随环境气压的降低而展宽，如图 12.14 所示。

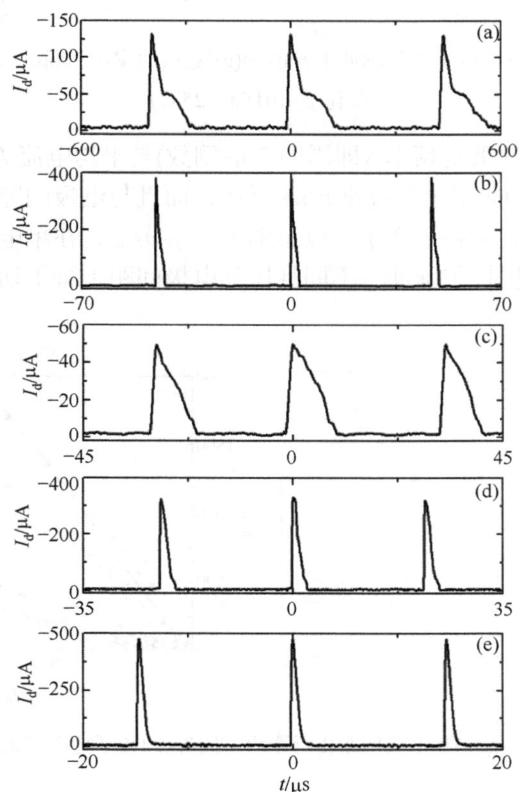

图 12.14 不同气体中的特里切尔脉冲(30kPa，(a)～(e)气体分别为 N_2、N_2+1%O_2、Ar、Ar+1%O_2、空气)

负电晕特里切尔脉冲的上升沿与气体成分、气压和阴极曲率等因素有关。一般地，在含有电负性成分的气体中，特里切尔脉冲上升较快；而在非电负性气体中，脉冲上升较慢。上升沿随气压的降低而增大；随阴极曲率半径的减小而减小。图 12.15 给出了空气中负电晕特里切尔脉冲上升沿随气压和阴极曲率半径变化的情况。

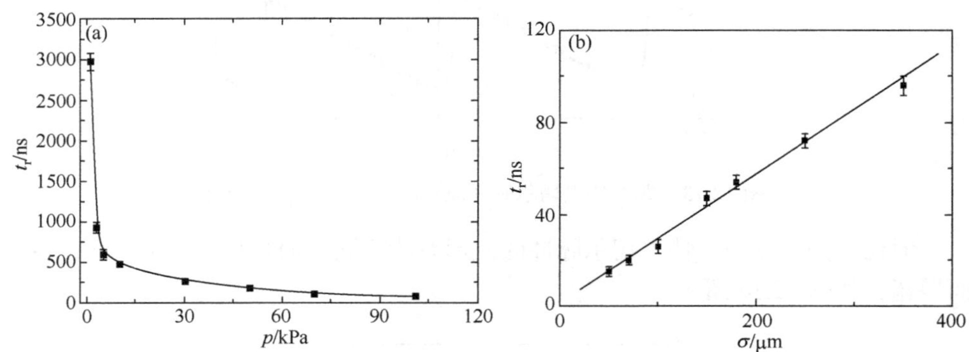

图 12.15　空气中负电晕特里切尔脉冲上升沿随(a)气压(曲率σ=200μm)和(b)阴极曲率半径的变化(p=101Pa，25℃)

特里切尔脉冲的重复频率f(即周期 T 的倒数)与平均电流 I 成正比，与气体气压 p 和针尖(电晕丝)曲率半径σ(或 r_0)成反比，而且与电极间隙有关。但当电极间隙很大时，间隙的影响趋于变小，以至消失。事实上，在单电极负电晕放电中，同样可以观察到特里切尔脉冲。不同气压和电极间距下特里切尔脉冲频率随电流的变化如图 12.16 所示。

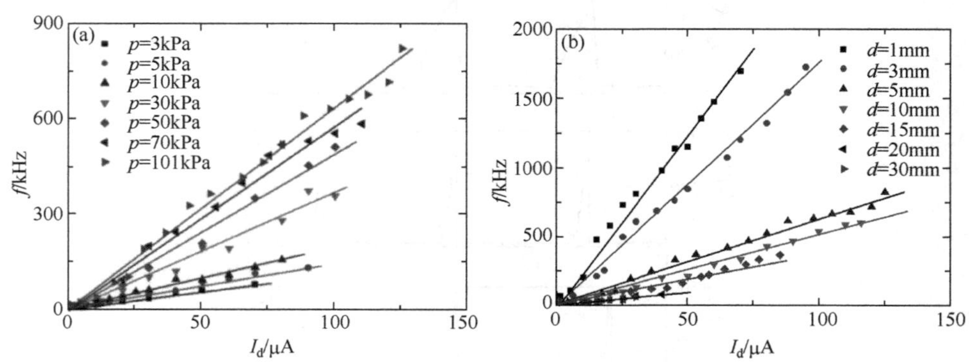

图 12.16　不同气压(a)和电极间距(b)下特里切尔脉冲频率随电流的变化(σ = 70μm)

12.5.2　特里切尔脉冲的形成过程和机理

物理上，特里切尔脉冲是电晕放电从汤森模式到辉光模式的转换。这两种稳定放电状态的维持条件非常不同，不能连续过渡，因此模式转换时形成不稳定的脉冲放电。

特里切尔脉冲的形成和发展过程就是一个瞬态辉光放电，即表现为一个从汤森放电到辉光击穿、发展、再衰减回到汤森放电的完整过程。其时间分辨图像如图 12.17 所示。

脉冲开始时刻(图 12.17(a)，$t_0 = -70$ns)，放电还只是在阴极针尖的前端，光晕模糊(即汤森放电状态)。随着电流上升，光晕区域随之增大，如图 12.17(b)、(c)所示。随着电流进一步增大，电离过程产生越来越多的正离子，它们在阴极附近积累，形成正的空间电荷区。这些电荷对空间电场产生强烈的畸变，并大大促进了气体中的电离与激发过程。一个明亮的放电区域因此形成，并随电流的提高而扩展，如图 12.17(d)、(e)所示，这实际上就是辉光放电的负辉区。如图 12.17(f)所示，在 $t = 0$ns 时刻，脉冲电流达到峰值，放电也达到了最强。此后，脉冲电流开始衰减，发光强度也随之减弱，如图 12.17(g)～(k)所示。在下降沿末端(如图 12.17(l)所示)，放电回到初始弱放电状态(即汤森放电)，并一直维持到下一个脉冲来临(如图 12.17(m)～(o)所示的间隔期间)。

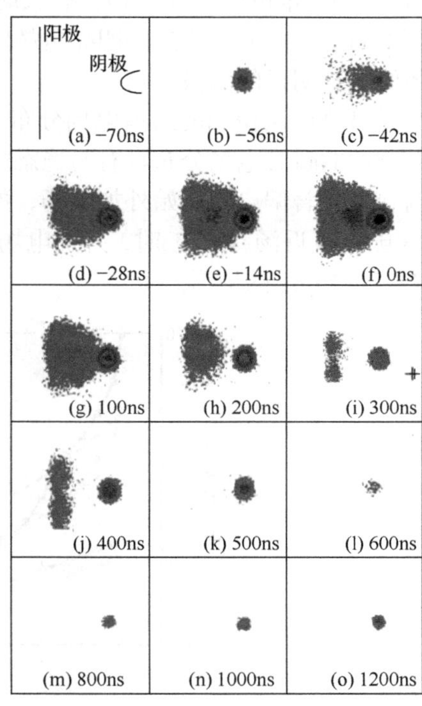

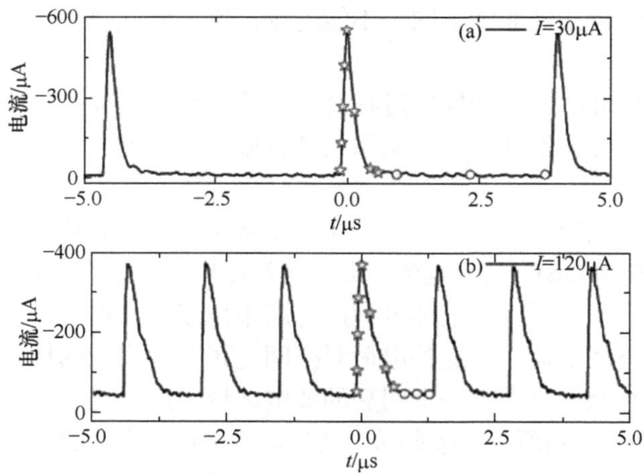

图 12.17　特里切尔脉冲的形成过程

大气压空气，针尖曲率 70μm。左：平均电流 30μA；右：平均电流 120μA

不同平均电流下的放电过程基本相同，如图 12.17 中电流为 30μA 和 120μA 的情形。所不同的是，平均电流较大时(120μA，右图)，脉冲在峰值时刻的辉光特性更加明显，除阴极附近的明亮负辉区外，阳极一侧形成发光显著的正柱区，有时还能看到明显的阳极条纹。

光谱测试法得到的通道电场分布也表明，较大电流(接近辉光放电)时，特里切尔脉冲的瞬态电场分布具有与稳态辉光放电相似的结构，在阴极附近区被强烈地畸变，显著偏离了初始外加电场，如图 12.18 中 $I=120\sim130\mu A$ 的情形；而在较小电流(接近汤森放电)时，外加电场几乎不被正离子空间电荷畸变，如图 12.18 中 $I=1\sim10\mu A$ 的情形。

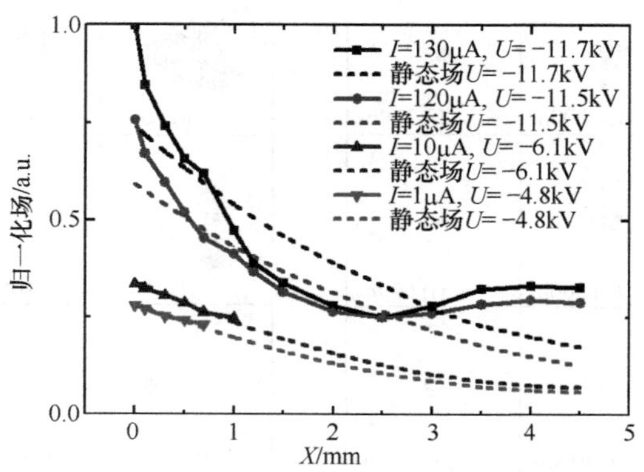

图 12.18　电晕放电不同模式下电场分布与静态值的比较

大气压空气，$\sigma=70\mu m$

如果关注脉冲电流的峰值和基底电流，将会发现特里切尔脉冲总是存在一定基底电流 I_{min}(汤森放电)，它随平均电流的增大而有所增加；而同时峰值电流 I_{max} 有所减小，如图 12.19 所示。当二者达到相同数值(约 92μA)时，脉冲突然消失，电晕放电从特里切尔脉冲阶段进入到稳定的正常辉光阶段。由此可见，特里切尔脉冲是较小稳定电流的汤森放电和较大稳定电流的正常辉光放电之间的模式转换。电流脉冲波形本身就是典型的瞬态辉光放电电流。其上升沿是辉光放电的形成和发展过程；下降沿是辉光放电衰减，回到汤森放电的过程；而脉冲间隔是正离子电荷在空间重新积累，直至达到辉光击穿的等待过程。

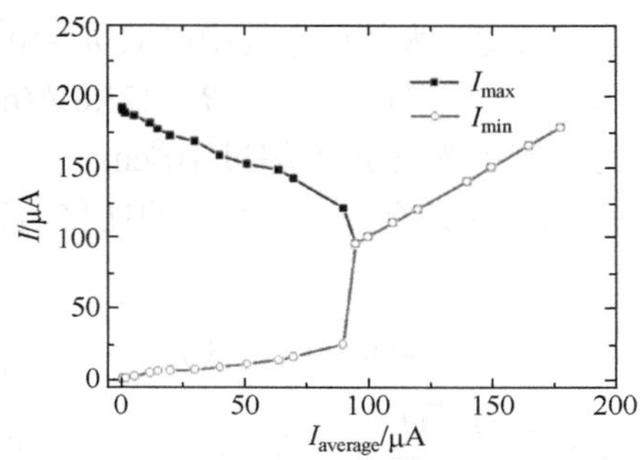

图 12.19　特里切尔脉冲电流峰值与基底电流随平均电流的变化
空气 $p = 2.6\text{kPa}$、$\sigma = 250\mu\text{m}$、$d = 6\text{mm}$

从稳定放电模式的角度看，产生特里切尔脉冲的原因是维持稳定弱电流汤森放电的最大电流与维持稳定强电流辉光放电的最小电流差异太大，两种放电模式之间不能连续过渡。可以利用简单的模型进行分析。

在汤森阶段中，负电晕放电强度相对较弱，且放电空间十分有限，基本局限在针尖阴极附近。此时，放电空间的正离子浓度很小，因而电场几乎没有被畸化。放电空间的电场分布 $E(x)$可以用外加静电场来描述，即

$$E(x) = \frac{2V}{(\sigma + 2x)\ln(2d/\sigma + 1)} \tag{12.43}$$

其中为方便计算，在电场表达式中将针尖形状近似为椭球形。以大气压空气为例，直流负电晕放电汤森阶段的电压上限约为 5kV，如实验参数 $\sigma = 250\mu\text{m}$，$d = 5\text{mm}$ 代入式(12.43)，可以得到阴极表面电场 $E(0) \approx 101\text{kV/cm}$。在两电极之间的放电空间中，电场强度将随着与阴极距离的增大而衰减，从式(12.43)中可以进一步推导出空间距离与电场强度的比例关系

$$\frac{E(x_1)}{E(x_2)} = \frac{\sigma + 2x_2}{\sigma + 2x_1} \tag{12.44}$$

空间电场衰减至维持电离过程(α 过程)所需下限阈值 E_{min} 的位置，就是汤森放电

阶段所能发展到的最远边界，其位置可利用式(12.44)中的比例关系计算得到，即

$$x_{\mathrm{TD}}=\frac{\sigma E(0)}{2E_{\min}}-\frac{\sigma}{2} \tag{12.45}$$

对于大气压空气，维持电离过程的电场强度下限 $E_{\min}$ 可取 24kV/cm，则 $x_{\mathrm{TD}}\approx 1.2\mathrm{mm}$，即汤森阶段的放电范围约为 1.2mm(这一值与实验非常吻合)。在此区域中，正离子浓度 n_{i} 可以利用电离雪崩过程的电子倍增系数得到，即

$$n_{\mathrm{i}}=n_0\exp\left(\int_0^{x_{\mathrm{TD}}}\alpha\mathrm{d}x\right) \tag{12.46}$$

其中，n_0 为初始正离子/电子浓度，大气压空气中可取 $n_0=10^7\mathrm{cm}^{-3}$；而电子电离系数为 $\alpha=AP\exp(-BP/E)$(空气取 $A=11\mathrm{m}^{-1}\mathrm{Pa}^{-1}$，$B=273.8\mathrm{V}/(\mathrm{m}\cdot\mathrm{Pa})$)。代入式(12.46)，可得汤森阶段放电区域的正离子浓度 n_{i} 不超过 $10^9\mathrm{cm}^{-3}$。

考虑到针尖附近区域电场强度较大，正离子的迁移运动要远强于扩散运动，则阴极处的正离子流可以表示为

$$\varGamma_{\mathrm{i}}=n_{\mathrm{i}}\mu_{\mathrm{i}}E(x=0) \tag{12.47}$$

其中，离子迁移率 $\mu_{\mathrm{i}}=36\dfrac{\sqrt{1+M/M_{\mathrm{i}}}}{P\sqrt{(\alpha/a_0^3)N}}$ (M 和 M_{i} 分别为分子与离子的分子量，N 为背景气体的分子量，$\alpha/a_0{}^3$ 为气体参量)。如果考虑空气特里切尔脉冲的正离子以氮离子 N_2^+ 为主，可取 $\mu_{\mathrm{i}}\approx 3\mathrm{cm}^2/(\mathrm{V}\cdot\mathrm{s})$。由此即可得到稳定负电晕汤森放电的离子流上限大致为 $\varGamma_{\max,\mathrm{TD}}=10^{15}\mathrm{cm}^{-2}\cdot\mathrm{s}^{-1}$。

当电晕进入稳定的正常辉光阶段时，针尖前端必须稳定存在由正离子云构成的阴极鞘层，如图 12.20 所示。对针-板结构，离子鞘基本上以半球壳的形状包裹住阴极针尖。它的存在极大地加强了鞘层内的空间电场，使得电场偏离了原激励电场的分布形式，从而促使放电在很大程度上得到增强。理论上，阴极鞘层的电场分布可以由阴极位降 V_{n} 及鞘层厚度 d_{c} 估算。在同心球壳模型下，鞘层内的电场分布

$$E(x)=\frac{V_{\mathrm{n}}\sigma(\sigma+d_{\mathrm{c}})}{(\sigma+x)^2d_{\mathrm{c}}} \tag{12.48}$$

其中，V_{n} 在阴极材质与放电气体给定的情况下为常数，由式(12.49)给出

$$d_{\mathrm{c}}=3.77\frac{\ln(1+1/\gamma)}{AP} \tag{12.49}$$

其中，γ 为二次电子系数。则鞘层的畸化电场(即正离子所产生电场)为鞘层电场与原激励电场的差值

$$E_{\mathrm{i}}(x)=E(x)-E_0(x)=\frac{V_{\mathrm{n}}r_0(r_0+d_{\mathrm{c}})}{(r_0+x)^2d_{\mathrm{c}}}-\frac{2V}{(r_0+2x)\ln\left(\dfrac{2d}{r_0}+1\right)} \tag{12.50}$$

由泊松方程 $\nabla\cdot\boldsymbol{E}_{\mathrm{i}}=qn_{\mathrm{i}}/\varepsilon_0$，可以得到鞘层中的正离子分布

$$n_{\mathrm{i}}(x)=\left|\frac{\varepsilon_0}{q}\nabla\cdot\boldsymbol{E}\right|=\left|\frac{2V_{\mathrm{n}}r_0(r_0+d_{\mathrm{c}})\varepsilon_0}{(r_0+x)^3d_{\mathrm{c}}q}-\frac{4V\varepsilon_0}{(r_0+2x)^2\ln\left(\dfrac{2d}{r_0}+1\right)q}\right| \tag{12.51}$$

大气压空气负电晕辉光放电的电压下限可取 $V\approx 10\mathrm{kV}$，则此阈值时鞘层中$(0<x<d_{\mathrm{c}})$的正离子浓度范围为 $n_{\mathrm{i}}=5.5\times10^{12}\sim8.0\times10^{12}\mathrm{cm}^{-3}$。在此情况下，阴极处的电场强度 $E(0)\approx 220\mathrm{kV/cm}$(实验值)。因此，辉光阶段的离子流下限大致为 $\Gamma_{\mathrm{min,GD}}\approx10^{17}\sim10^{18}\mathrm{cm}^{-2}\cdot\mathrm{s}^{-1}$。

可见，负电晕稳定辉光的离子流下限 $\Gamma_{\mathrm{min,GD}}$ 要比稳定汤森放电的离子流上限 $\Gamma_{\mathrm{max,TD}}$ 高出 2～3 个量级。在直流负电晕演化过程中，当阴极离子流 $\Gamma_{\mathrm{i}}<\Gamma_{\mathrm{max,TD}}$ 时，电晕即以汤森放电模式稳定地维持，但电流很小。当 $\Gamma_{\mathrm{i}}>\Gamma_{\mathrm{min,GD}}$ 时，放电就会进入稳定的正常辉光放电阶段，电流较大。而当 $\Gamma_{\mathrm{max,TD}}<\Gamma_{\mathrm{i}}<\Gamma_{\mathrm{min,GD}}$ 时，放电不能稳定地维持。此时，放电将起始于汤森模式，但由于放电离子流始终大于该模式上限，离子的产生概率高于消散，导致放电空间正离子不断积累并形成正离子云。当正离子电场将局域电场畸化，增强到一定程度，就会引发辉光击穿过程，形成瞬时的阴极鞘层及瞬态辉光。然而，此时的放电离子流尚未达到稳定辉光模式的下限，尚不足以稳定维持正常辉光所需要的高浓度正离子云，因而瞬时鞘层被破坏，瞬态辉光衰减，放电重新回到汤森模式。此过程的重复发生在放电电流的波形上即体现为周期性的特里切尔脉冲电流。

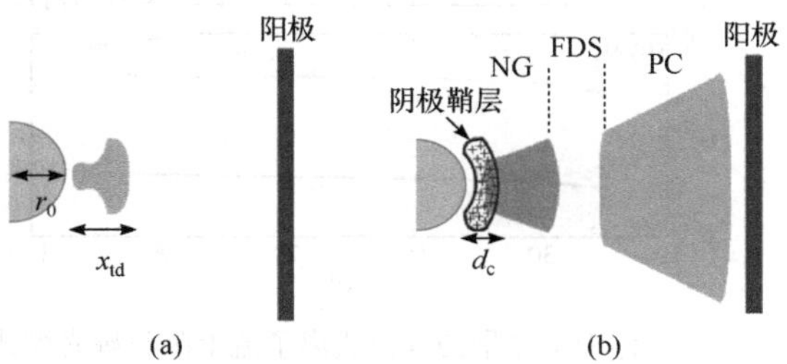

图 12.20 直流负电晕放电的理论模型

(a) 汤森模式；(b) 辉光模式

负电晕汤森和辉光两种稳定放电模式的离子流阈值的差异在不同气压下普遍存在。图 12.21 给出了气压在 1～101kPa 范围空气中的 $\Gamma_{\mathrm{max,TD}}$ 与 $\Gamma_{\mathrm{min,GD}}$ 数值。可以看到，在实验涉及的气压范围内，两阈值均随气压的增高而增大，但始终存在

两个量级以上的差异，因而特里切尔脉冲也普遍存在。

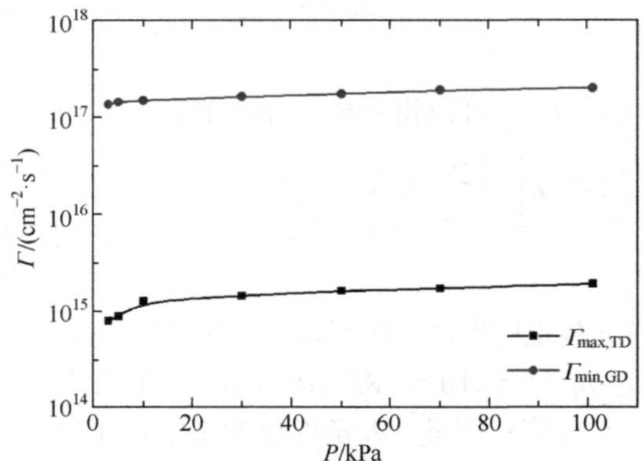

图 12.21　不同气压下空气负电晕汤森模式离子流上限与辉光模式离子流下限

在非电负性气体中，情况也是一样的，汤森模式与辉光模式同样不能直接转换，如图 12.22 所示。相比空气，氩气、氮气中的特里切尔脉冲阶段范围有所减小，因而实验中有时检测困难，但精细调节电流/电压，还是可以实现的。这也再次说明，脉冲形成与发展的主要原因是正离子积累与消散的空间行为；负离子所起到的作用是促进脉冲下降沿阶段的离子鞘破坏与瞬时辉光的衰减、脉冲间隔阶段的电场恢复更慢，使得脉冲过程更容易发生。

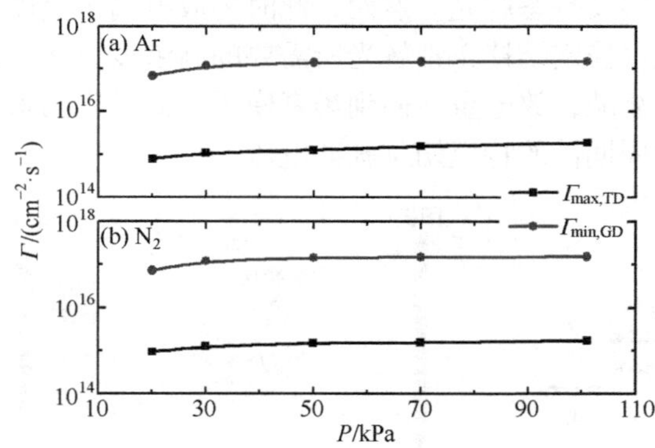

图 12.22　非电负性气体中负电晕汤森模式离子流上限与辉光模式离子流下限

实验结果也是如此，如图 12.23 所示的纯氩气和氮气中的负电晕放电伏安曲线。特里切尔脉冲阶段同样位于汤森与辉光这两个稳定放电阶段之间，脉冲特性对阴极电压的敏感程度相对于空气中要高得多。例如，在大气压氩气中，阴极电压由 1.45kV 增至 1.5kV 再降至 1.39kV 的过程中，平均电流由 1.2μA 迅速增至 95μA，放电模式完成由低电流的稳定汤森阶段至脉冲电流阶段再至稳定辉光阶段的发展过程；脉冲的电压变化幅度 $\Delta V \approx 110\text{V}$。而在大气压氮气中，脉冲阶段的阴极激励电压由 4.08kV 升至 4.11kV(微分正阻区)再降至 4.05kV(微分负阻区)，但放电电流从 1μA 激增至 114μA，电压变化幅度仅有 $\Delta V \approx 60\text{V}$。必须对激励电压严格、精细地调节，否则就会错过这一现象。这也是早期实验中在氩气、氮气等非电负性气体中很少检测到特里切尔脉冲阶段的主要原因。

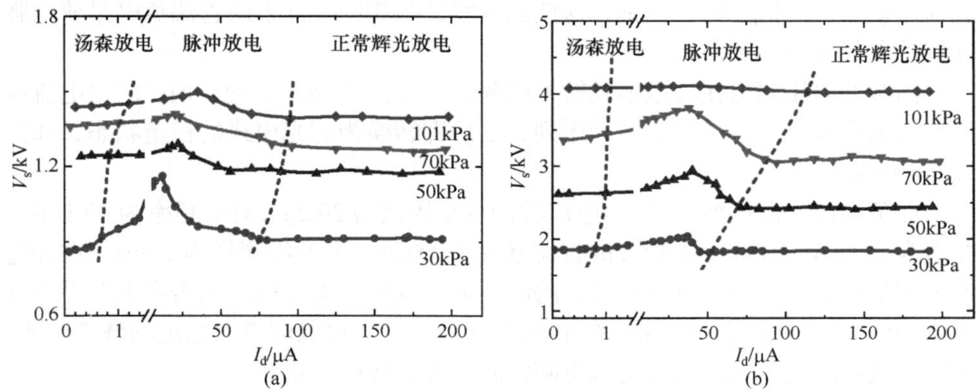

图 12.23 纯氩气(a)和氮气(b)中负电晕放电的伏安曲线(针尖曲率 $\sigma = 250\mu\text{m}$，电极间距 $d = 5\text{mm}$)

特里切尔脉冲的辉光放电过程可通过方波脉冲电压激励实验而细致验证。以 $p = 1\text{kPa}$ 的空气为工作气体，电极与上述相同。方波脉冲电压在 0V 与负高压之间转换，重复频率为 500Hz(远小于特里切尔脉冲的频率)，占空比为 1∶1，上升沿约 50ns，幅值可连续调节。通过改变电压幅值，电晕放电在负高压的半周期可以以脉冲模式或稳定辉光模式维持，示波器则可以非常方便地检测到特里切尔脉冲上升沿与脉冲辉光上升沿的周期性信号，如图 12.24 所示。

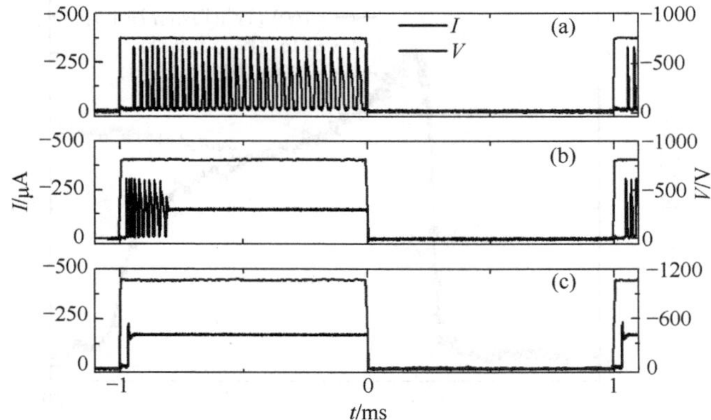

图 12.24 不同幅值方波脉冲激励的电晕放电的电压、电流波形

(a) 760V；(b) 816V；(c) 1000V

当方波脉冲电压幅值相对较低时，电晕放电在负高压半周期以脉冲形式存在。图 12.24(a)所示为脉冲幅值 760V 时的脉冲电压、放电电流在一个周期内的波形数据。此时电晕放电体现为周期性的特里切尔脉冲模式。电压信号转换至负高压半周期后再经过一小段弛豫时间，脉冲序列即开始发生，直至电压跳转至零。脉冲重复周期为 33.8μs，对应频率为 29.6kHz，幅值为 320μA，脉冲间隔阶段的直流基底为 12μA，上升沿约为 2.9μs；这些脉冲特性与相同条件下的直流负电晕放电脉冲特性参数完全一致。

当脉冲电压幅值在放电模式转换的阈值(实验中约 816V)附近时，放电电流波形首先出现规整的特里切尔脉冲序列，之后即转换为辉光模式的稳定状态，如图 12.24(b)所示。

在负高压半周期前半部分，电流脉冲重复周期为 20.2μs，对应频率为 49.5kHz，幅值为 298μA，脉冲间隔阶段的直流基底为 15μA，上升沿同样为 2.9μs。在经过 9 个完整特里切尔脉冲过程以后，瞬时电流从基底电流经过辉光击穿上升沿上升至 214μA 后，回落并最终保持在 150μA 保持不变，放电即进入稳定的辉光模式。在脉冲电压降为零时，放电电流也随之降至零，放电停止。

进一步增大方波脉冲幅值至 1000V，放电会在负高压的半周期直接以辉光模式进行，而在零电压的半周期停止，如图 12.24(c)所示。放电电流在负高压半周期经过一个上升沿直接由零迅速增长至 223μA，然后回落并最终稳定在 166μA。

如果将图 12.24 中的三个电流做归一化比较，可以看到，方波脉冲幅值 760V 时的特里切尔脉冲上升沿、816V 及 1000V 时的脉冲辉光上升沿均为 2.9μs，且三者的归一化波形完全重合，如图 12.25 所示。这也进一步确认，特里切尔脉冲上升沿实质上就是辉光放电的击穿和形成过程。在较大的电压与放电电流下，辉

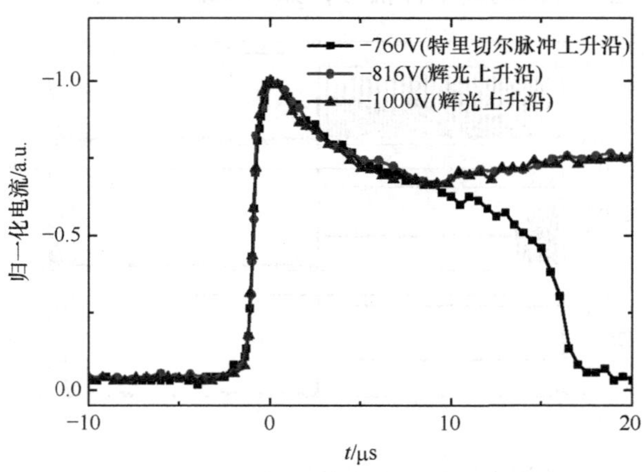

图 12.25　特里切尔脉冲与辉光电流的归一化比较

光模式可以稳定地维持，因而放电电流经过辉光击穿上升沿后最终将维持在一个比较大的数值。而在特里切尔脉冲过程中，放电经过上升沿形成一个瞬时的辉光模式；但此时激励电压较小，放电强度相对偏弱，空间电荷堆积程度与电场畸化程度尚不足以维持这一模式，因而放电模式将向更弱的汤森模式衰减。这种模式转换过程的重复进行，在电流波形上即体现为周期性的特里切尔脉冲序列。

12.5.3 特里切尔脉冲的电磁辐射特性

脉冲阶段的电晕放电可以产生强烈的电磁辐射。

对于负电晕特里切尔脉冲，由于脉冲电流波形非常稳定，因而具有稳定的电磁特征辐射谱，频率一般为 10M～200MHz。典型特里切尔脉冲辐射谱如图 12.26 所示。

特里切尔脉冲的特征电磁辐射谱主要是电流上升沿造成的，即来自电流变化 dI/dt，它仅与气压和阴极曲率有关，而与电极间距、放电电流、电压等没有直接关系。傅里叶分析表明，辐射特征频谱与特里切尔脉冲的上升沿有很好的对应关系，如图 12.27 所示。对于一定的上升沿，其电场辐射的基频、2 倍频和 3 倍频都几乎是确定的。

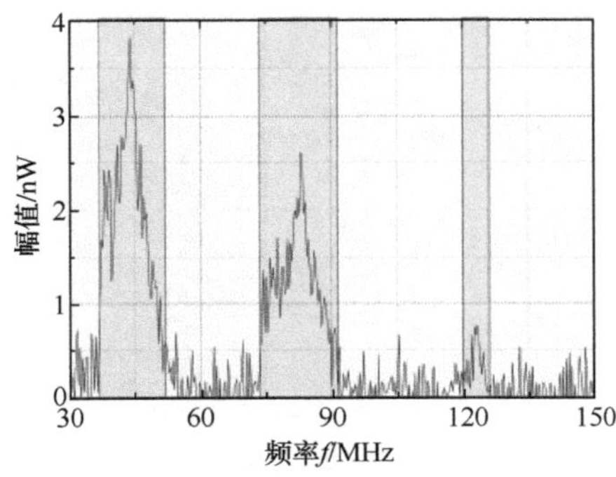

图 12.26 典型特里切尔脉冲的特征辐射谱

空气：大气压/25℃；线-板电极，曲率半径 200μm

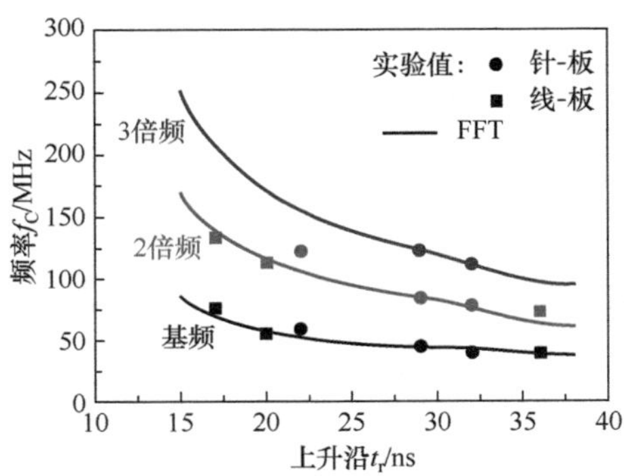

图 12.27 特里切尔脉冲特征辐射谱与上升沿的关系

12.5.4 一般电晕放电的电磁辐射

对于一般的电晕脉冲，其电流是随机而非规则的，因此其频谱分布比较广，一般为 1M～1GHz 的连续谱。典型电晕放电的电磁辐射谱如图 12.28 所示。正负电晕放电的电磁辐射谱大致相同。

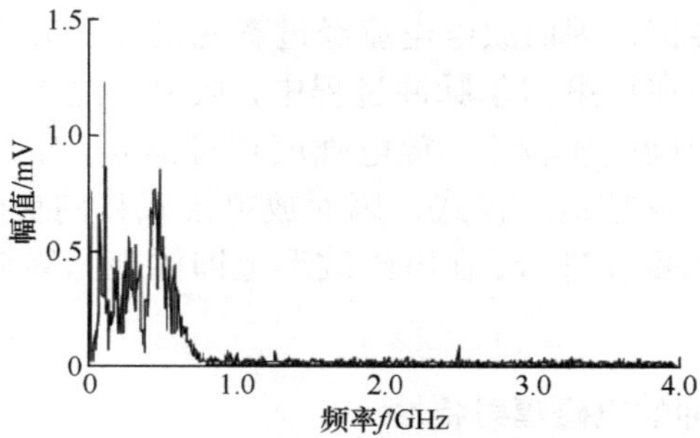

图 12.28　典型电晕放电的电磁辐射谱

第 13 章　介质阻挡放电

介质阻挡放电(dielectric barrier discharge, DBD)是一种广泛应用的产生低温等离子体的放电形式，其基本特征是至少有一个导电电极被介质覆盖或阻挡，放电发生在介质表面空间，电导电流(离子和电子)被介质层阻挡而不能直接进入外电路，因此放电是脉冲的，不能发展成电弧。由于介质的阻挡作用，只有在交变电场或脉冲电压驱动下才能形成 DBD，激励电压频率一般可以从低频(几十赫兹)到中高频(几十千赫)甚至射频(兆赫)。

DBD 可以在各种气压下产生，不仅在光源、材料制备、表面处理、环保等许多方面有广泛应用，同时也是一种非常理想的非线性系统，可以用于观察丰富的自组织斑图、阳极辉纹和时间混沌等非线性物理现象。

DBD 是一种以电极结构命名的放电形式，本身并不是一种放电机制。DBD 一般有两种放电模式，即辉光(汤森)模式和流注模式，取决于气体性质、*pd* 值和外加电压。

本章介绍 DBD 的基本特性、放电过程和非线性现象。

13.1　DBD 的基本结构和原理

1. 电极结构

最早的 DBD 应用是 1857 年西门子(von Siemens)研制的臭氧发生器，其放电基本结构是两个同轴玻璃管之间形成气隙，内外管外放置导电电极，该结构一直沿用至今。但 DBD 结构并不限于此。根据电极配置的不同，可以将 DBD 分为以下 3 种，分别如图 13.1 所示。对面型 DBD：电极板-板相对，放电发生两电极间的空间，也称为体放电 DBD。沿面型 DBD：非对称结构电极，位于介质两个表面，放电发生在高压电极一侧的介质表面。共面型 DBD：电极在介质层的同一侧，放电发生在介质另一侧表面、电极间和电极上的表面附近。

其中，研究和应用最广的是对面型 DBD，其平板介质层在电极之间的位置也有多种，除平板电极外，也经常采用同轴管、同轴线-管或线-板电极结构，如图 13.2 所示。

(c)
电压
介质
等离子体
电极
(a)
(b)

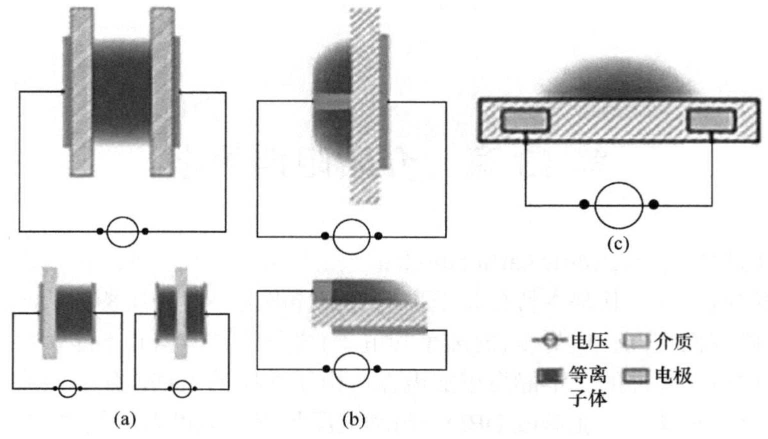

图 13.1　介质阻挡放电的基本电极结构
(a) 对面型；(b) 沿面型；(c) 共面型

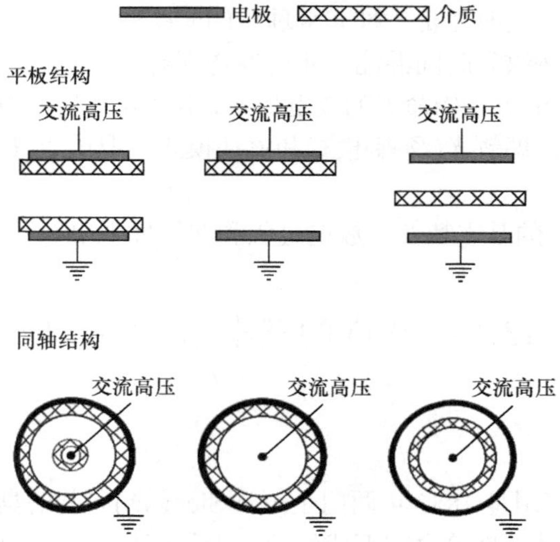

电极
介质
平板结构
交流高压
交流高压
交流高压
同轴结构
交流高压
交流高压
交流高压

图 13.2　对面型介质阻挡放电的电极结构

2. 静态电场、击穿和放电过程

以典型双层介质平板 DBD 结构为例，当施加电压 V_0 时，电极气隙间的电场强度

$$E = \frac{V_0}{d + e_1 / \varepsilon_{r1} + e_2 / \varepsilon_{r2}}, \tag{13.1}$$

其中，d 是气体间隙；e_1 和 e_2 分别是两个介质层厚度；ε_{r1} 和 ε_{r2} 是介质层的相对介电常数。

显然，在加电压 V_0 后，由于介质的存在，相对于导体裸电极，电极间的电场强度降低了。当气隙间电场 E 达到气体的击穿场强 E_{br} 时，间隙气体被击穿而开始放电。但由于介质的阻挡作用，放电中形成的电荷(电子和离子)到达电极后不能直接进入外电路，而是吸附在介质表面，形成壁电荷 Q_w(亦称为表面电荷)，并建立起壁电压 V_w(亦称为表面电势)和表面电场 E_w。电路中的电流连续性由电荷感应形成的位移电流来实现。附着在介质表面电荷将产生两个效应：其一是这些表面电荷产生与外加电场相反的壁电压 V_w 和电场 E_w，抵消部分外加电场，使电极间的总电场(有效电场)减小，$E_T = E_0 - E_w$。当总电场低于击穿电场时，放电即终止。因此，DBD 电流是脉冲的。其二是在下半周期，当外加电压极性反向时，将产生一个与外加电压同向的壁电压叠加在外加电压上，从而加强间隙有效电场($E_T = E_0 + E_w$)；当总电场高于击穿阈值时，放电就发生了。放电产生的电荷附着在电极表面将形成新的壁电荷和壁电压，最终使放电脉冲停止。DBD 就是这样周而复始进行的。壁电荷和壁电压的存在是 DBD 的重要特征。由于这些壁电荷的衰减时间很长，不会在放电结束后马上消失，因此也称为“记忆电荷”。

3. 电压转移曲线

DBD 形成后，由于壁电荷 Q_w 和壁电压 V_w 的作用，即使外加电压降低至击穿电压以下，外加电压反向时，电极间的总电场($E_T = E_0 + E_w$)仍然可以高于击穿场强 E_{br}，从而维持放电。击穿电压与最小维持电压之间的差($\Delta V = V_{br} - V_{min}$)一般称为“余度”(margin)，这是 DBD 的重要特征之一。

对于稳定 DBD，每个放电脉冲的电荷量是确定的，相应的壁电荷及壁电压也是确定的，它们与外加电压有关。壁电压与外加电压的关系称为电压转移曲线或电荷转移曲线。

考虑对称电极结构对面 DBD，令静态时总介质电容为 C_D，气体电容为 C_g，则介质电容与总电容之比为 $K = C_D/(C_D + C_g)$。若介质壁的总电压为 V_D，外加电压为 V_s，则电压转移曲线的两个变量分别为

$$
\begin{aligned}
V_c &= \frac{V_g}{K} = V_s + V_w \\
V_w &= \frac{V_D}{K} - \frac{V_s(1-K)}{K} = \frac{Q}{C_D}
\end{aligned}
\tag{13.2}
$$

稳定时，放电开始时的壁电压等于外加电压(亦即气隙电压必须等于 $2V_s$)；放电后壁电压的变化也必须是 $2V_s$(即$\Delta V_w = 2V_s$)。相应地，每个电流脉冲的电荷转移量是稳定时每次放电开始时(静态)壁电荷 Q_w 的 2 倍，$\Delta Q_w = 2Q_w = CV_s$。由此可以得到脉冲开始和结束时壁电荷、壁电压变化随外加电压变化，称为电荷(或电压)转移曲线。典型表面过程和电压转移曲线如图 13.3 所示(其中气体为 Xe10%-Ne

混合气，气压 5Torr，间隙 $d = 0.8$cm)。

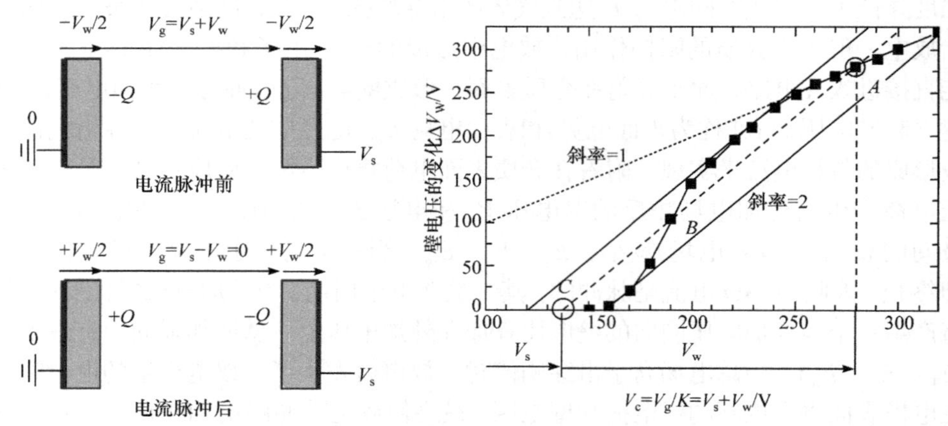

图 13.3 稳定 DBD 的壁电荷和电压转移曲线(Xe10%-Ne)

在电压转移曲线上，两条斜率为 2 的直线给出稳定放电范围。它们与横轴、斜率为 1 直线的交点给出两个稳定点，即最小和最大维持电压，如图 13.3 中 *A*、*C* 是两个稳定点，分别代表 ON 和 OFF 状态。若初始壁电压在 *A*～*B* 之间，则经过若干周期后，达到 *A* 点，对应 ON 状态，即正常 DBD 状态。若初始壁电压在 *B*～*C* 之间，则经过若干周期后，达到 *C* 点，对应 OFF 状态，即熄灭状态。

13.2 辉光 DBD

当气压较低或 *pd* 值较小时，DBD 一般处于辉光放电模式。辉光 DBD 的电流是脉冲的，一般持续时间为 10n～100μs。辉光 DBD 满足放电的相似率，即在保持 *pd* 值相同的情况下，相同电压下的不同 DBD 系统具有相似的放电过程。

13.2.1 对面型 DBD

1. 放电形成和发展过程

辉光 DBD 的形成与直流辉光的形成过程非常相似。由于 DBD 是脉冲的，它实际上包含一个完整的气体击穿、电流发展和衰减的全过程。

下面以正弦电压驱动的 Ne 气对面型 DBD 为例进行说明。图 13.4 所示是稳定 DBD 各物理量的时空分布。模拟中，气压为 25Torr，气隙 $d = 1$mm，介质厚度 $e = 1$mm，介电常数$\varepsilon_r = 10$，电压 $V_s = 600$V/20kHz，介质表面 Ne^+的二次电子发射系数为 0.5，初始离子浓度为 10^6cm^{-3}。

在 DBD 中，由于介质层介电常数相对于气体介电常数较大，电压主要加载在放电空间。空间背景电荷(离子和电子)在电场作用下，分别向阴极和阳极移动，电子自阴极到阳极移动中电离碰撞产生的电子-离子对，并形成弱电流。电子沉积于阳极表面，形成负的壁电荷；离子沉积于阴极表面，产生二次电子发射，并形成正的壁电荷。当正弦电压上升到一定高度，极间电场超过 Ne 的击穿场强约 2kV/cm，气隙击穿，开始出现明显电流，如 t = 4.12μs 时刻。由于空间电荷浓度较小，在放电形成初期，空间电荷分布对外加空间电场的分布几乎没有影响；而激发态粒子密度也比较小。由于电子的迁移率远大于离子，在放电开始的一段时间，电子崩中的电子在电场作用下很快到达阳极介质层表面，所以放电空间中的离子浓度明显高于电子，高 2～3 个数量级。

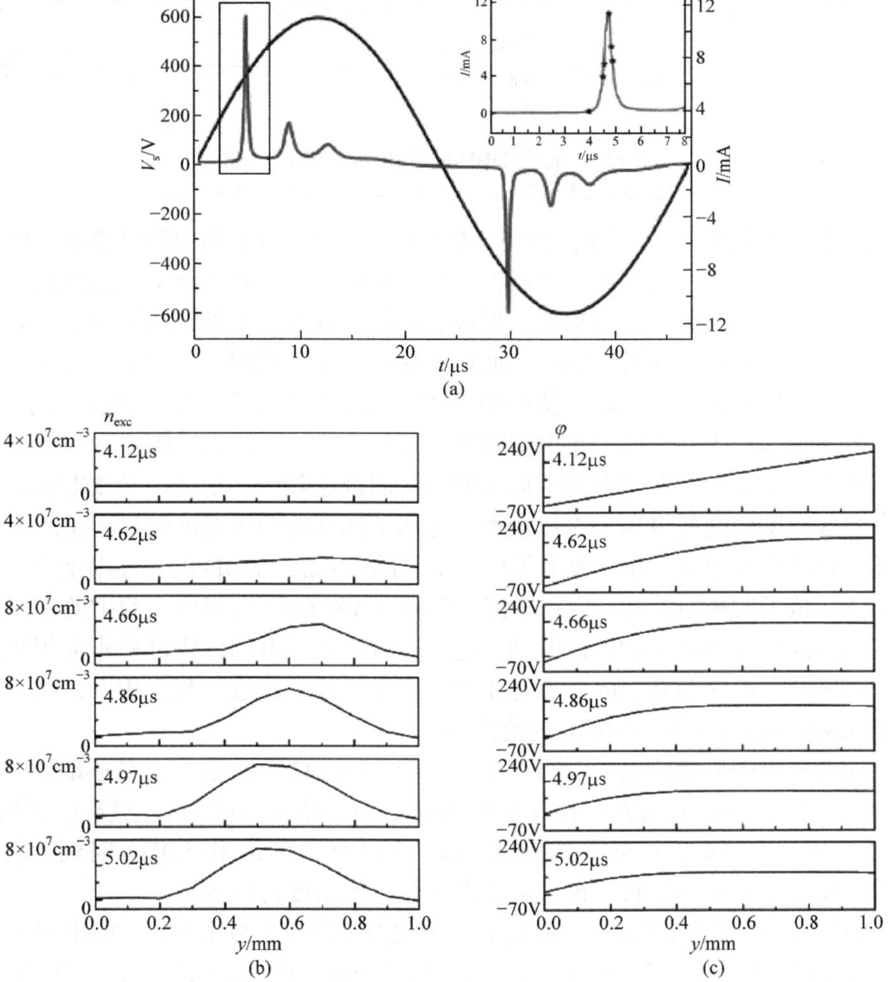

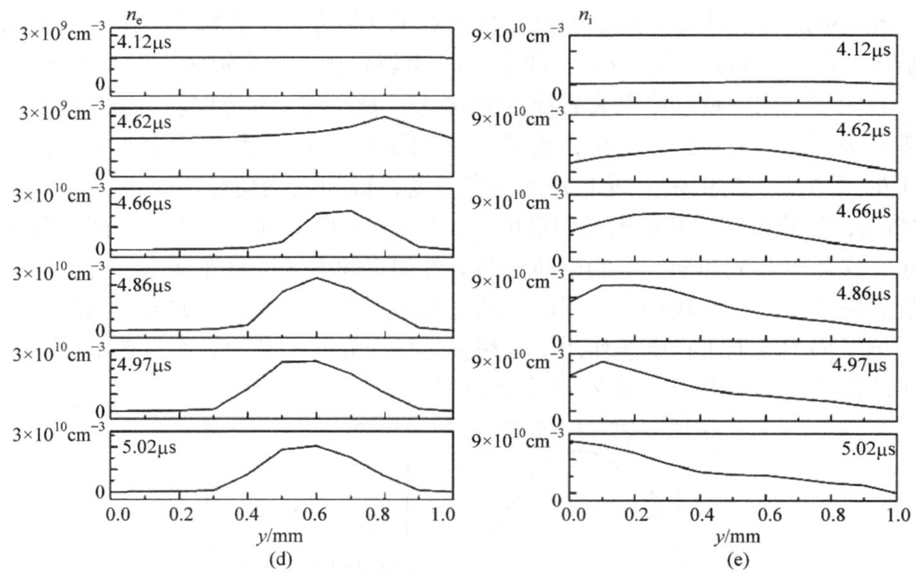

图 13.4　稳定 DBD 的各物理量的时空分布

(a) 电流；(b) 激发态粒子；(c) 电势；(d) 电子密度；(e) 离子密度

随着放电的发展，空间电荷浓度逐渐增加。由于电子崩向阳极发展，使得在放电初期电子及离子的高密度区域都出现在阳极一侧。随着放电电流逐渐增大，阳极一侧的空间正电荷大量集聚，形成虚阳极，其电位接近于阳极介质层表面的电位，使阳极附近电场明显减弱，如 $t=4.66\mu s$ 时刻。此时，外加电压几乎都加载在阴极介质层和虚阳极之间，使虚阳极和阴极之间的电场增大，放电变得更加剧烈，电流迅速增大。空间中正电荷密度也进一步增加，使得虚阳极和等离子体迅速向阴极一侧移动，在阴极附近形成明显的阴极位降区，呈现辉光放电状态。由于虚阳极与阴极间的电压一直比较大，等离子体区向阴极发展的过程实际上是一个离子鞘的收缩过程。随着放电等离子体向阴极发展，DBD 电流逐渐增大。当等离子体区接近阴极时，电流达到峰值，相应的激发态粒子(对应实验中的光辐射强度)也达到峰值，如 $t = 4.86\mu s$ 时刻。这与直流辉光放电的形成过程非常相似。阴极位降区的宽度大约 0.3mm，也是正离子密度最高的区域。与之相反，电子主要分布在阴极区外，0.3～0.9mm 的范围内。

随着放电中形成的电子-离子不断在介质层表面集聚，表面电荷逐渐增多，产生一个与初始外加电场方向相反的壁电荷电场，使电极间的总电场逐渐降低，DBD 电流相应减小，直至完全消失，如下降沿 $t = 4.97\mu s$ 和 $5.02\mu s$ 时刻的情形。此时，粒子、电子的分布不再发生太多变化，但密度将减小。

DBD 发展到阴极附近时，放电通道呈现典型的辉光放电特征，即出现明显的阴极位降区(CF)、负辉区(NG)、法拉第暗区(FDS)和正柱区(PC)，这也可以从电势

(图 13.4(c))、电子(图 13.4(d))和离子(图 13.4(e))分布清楚看到。阴极附近(0～0.3mm)有一个高密度的离子电荷区，即阴极位降区，其中的电场很强($E = 4$～15kV/cm)；然后是一个高密度等离子体区(0.3～0.5mm)，其电场几乎为 0，是负辉区和法拉第暗区；而 0.5～0.9cm 还有一个电场相对较弱的区域($E \approx 2$kV/cm)，对应正柱区。

但辉光 DBD 的放电电流密度一般很小，峰值约 10mA/cm^2(相应的折合电流 j/p^2 约 15×10^{-3}μA/(cm^2 · Torr^2))，远低于正常辉光放电的折合电流密度 $j_n/p^2 = 6$～20μA/(cm^2 · Torr^2)(氖气，见第 9 章表 9.4)，即放电处于亚辉光，而不是正常辉光放电阶段。

放电熄灭后一段时间，空间电荷由于扩散作用会逐渐积累到介质层上。如果时间足够长，表面电荷电场将完全抵消外电场，放电结束以后的空间电位降几乎为 0，外加电压全部施加在介质层上。同时，空间电荷密度由于双极扩散和复合作用逐渐衰减，密度逐渐降低。

在正弦电压驱动下，辉光 DBD 可以出现多脉冲放电，如图 13.4 出现 3 个电流脉冲。这种情况下，当壁电荷电压使间隙电场减小到击穿值以下时，放电停止；而随着外加电压继续增加，间隙电压(电场)将可以再次超过击穿值阈值，因此再次发生放电，即出现多次 DBD 现象，直至到外加电压达峰值。

多峰或多脉冲放电现象与电压的上升沿有关。一般地，只有电压上升沿较慢的条件下，才能产生这种放电。如果电压脉冲上升非常快，超过放电击穿时间，往往只有一个 DBD 放电脉冲。在方波电压驱动下，也只有一个放电脉冲。

2. 汤森放电模式

当电压较低时，放电电流很小，貌似均匀辉光的 DBD 也可能是汤森模式，如图 13.5 所示，放电电压为 300V/5kHz。

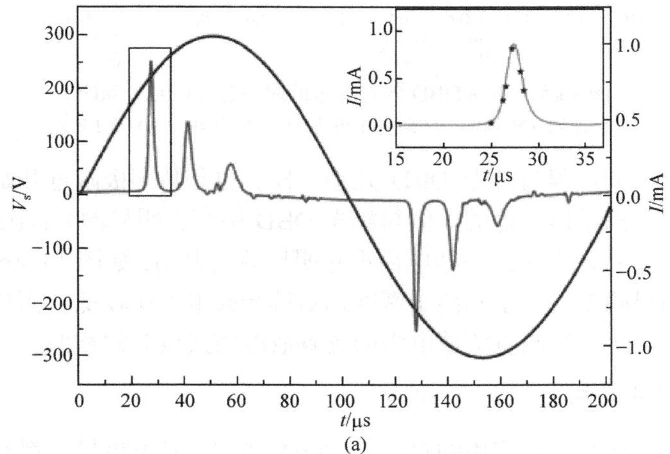

(a)

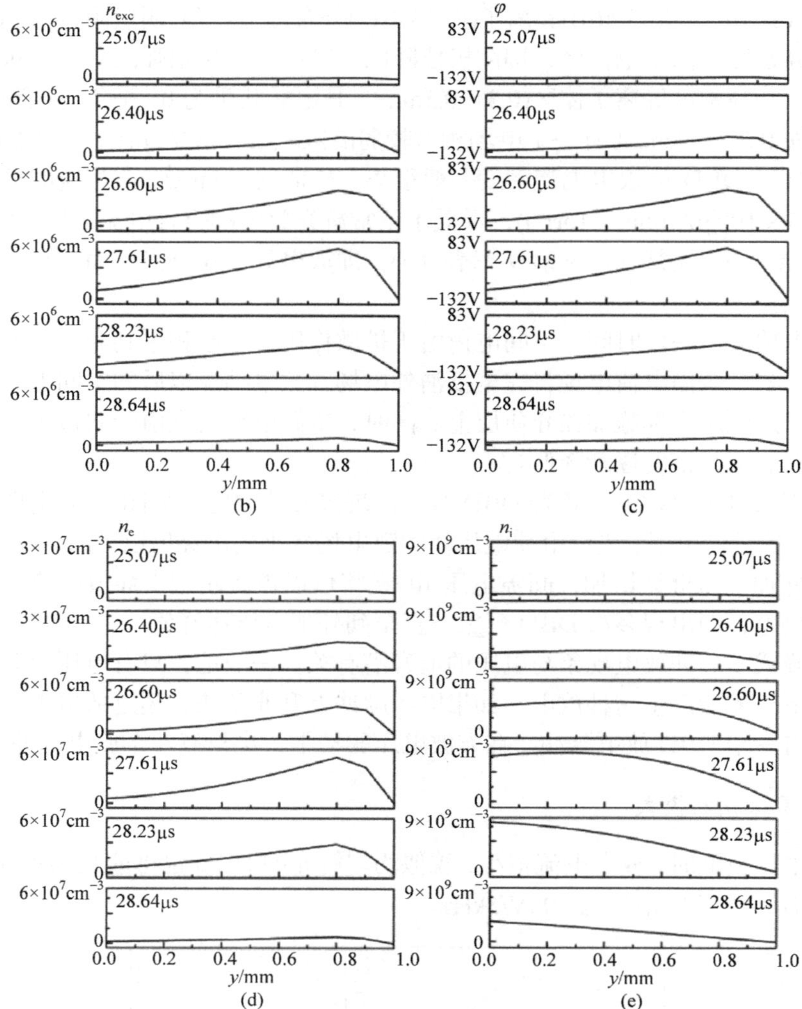

图 13.5 汤森 DBD 各物理量的时空分布(300V/5kHz)

(a) 电流；(b) 激发态粒子；(c) 电势；(d) 电子密度；(e) 离子密度

汤森 DBD 的过程与辉光 DBD 几乎一样，也是从阳极附近开始，向阴极发展，最后形成等离子体通道的。但与辉光 DBD 中存在明显的分区(CF、NG、PC 等)有所不同，汤森放电中的空间电荷没有明显畸变电场，如图 13.5(c)所示的电势分布未发生明显畸变。电子和离子密度相对辉光放电也比较低，而且空间的离子密度明显高于电子。这与直流放电中的汤森放电模式也非常相似。

3. 电极尺寸效应

无论实验室还是工业应用的对面型 DBD 结构，其电极尺寸都是有限的，因此沿电极表面并不是类似一维结构的均匀放电，尽管时间积分的放电图像看起来非常均匀。

图 13.6 所示是电极直径 2cm 的 Ne 气 DBD 实验发光图像(从电极方向看)和发展过程，其中 $p=25\text{Torr}$，$d=1\text{mm}$，$V_s=150\text{V/400Hz}$，方波。

在这种情况下，放电通常从电极中央位置开始的，如 $t=0\sim2.92\mu s$。随着电流增大，放电向边界扩展(即横向扩展)，如 $t=3.40\sim3.64\mu s$。到达边界后，中心区域的放电减弱，但边界放电持续，呈现明显的“环带”发光，但低于中心区域开始放电的强度，直到放电停止。

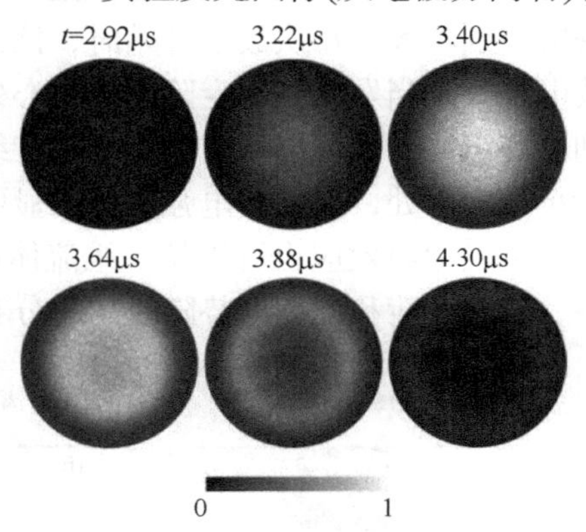

图 13.6　有限电极对面型 DBD 的发展过程(沿电极表面方向的俯视图)

从时间积分图像看，这种放电貌似很均匀，只是边界的放电一般弱于中心处。无论外加电压高或低，在边界处的这一弱放电区总是存在，这就是所谓的 DBD“边界效应”。中心均匀区域的放电发展过程与“一维”形式完全相同。

利用分割电极(4 段)，可以清楚地看到电流沿电极的发展，图 13.7 所示为 $V_s=150\text{V/400Hz}$ 的情形。很明显，4 段电极上的电流并不是同步发展。首先，每块段电极上的电流峰值出现的时间不同，其中阴极 S1～S4 峰值分别在 $t=3.32\mu s$、$3.37\mu s$、$3.47\mu s$ 和 $3.70\mu s$，阳极峰值分别出现在 $t=3.40\mu s$、$3.40\mu s$、$3.51\mu s$ 和 $3.70\mu s$。其次，电流峰值的大小不同，中心极板(S1)的电流峰值较大，边界处(S4)较小，说明中心放电较强，而边缘放电较弱。再次，电流流沿极表面的分布并不均匀，从中心(S1)向边界(S4)扩展时，边界处的电流相对于中心有一定延迟，这种延迟与外电路无关(即并非 RC 电路引起)。最后，虽然各段电流的上升沿时间相差不大，但

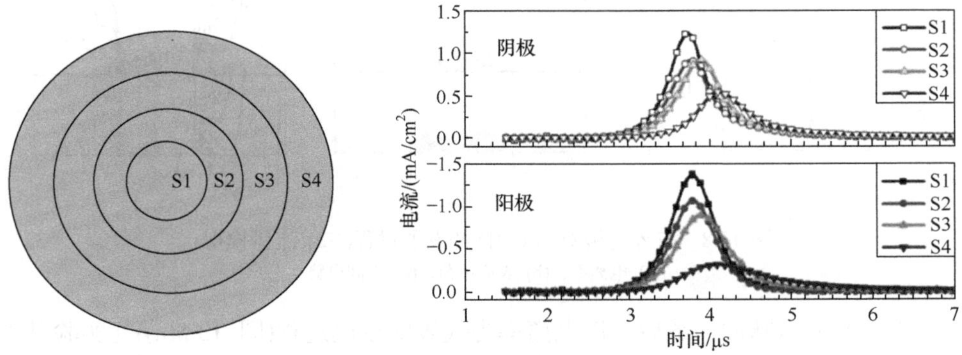

图 13.7　有限电极 DBD 的电流发展顺序(4 段分割电极上的电流)

是下降却不尽相同，尤其边界电极 S4 上的下降沿更长(约 3.7μs)，明显高于内部区域，说明边界电极的放电持续时间更长。

产生边界效应的原因是电极边沿的电场畸变。开始时，空间电子(种子电子)密度差别不大，每次放电开始时，该处的电场相对较低，不能与中间位置处同时放电。只有当发展到一定阶段，中心处的电场减弱，此处的电场相对增强，并达到击穿电场，则可以形成放电，并持续至电场减弱到击穿电场以下。这里电场一般小于中心处，因此放电强度也明显弱于中心处。

电极边界效应也可以从二维流体模拟中清楚看到，图 13.8 所示为空间电离率、表面电荷和空间电势随时间的分布。

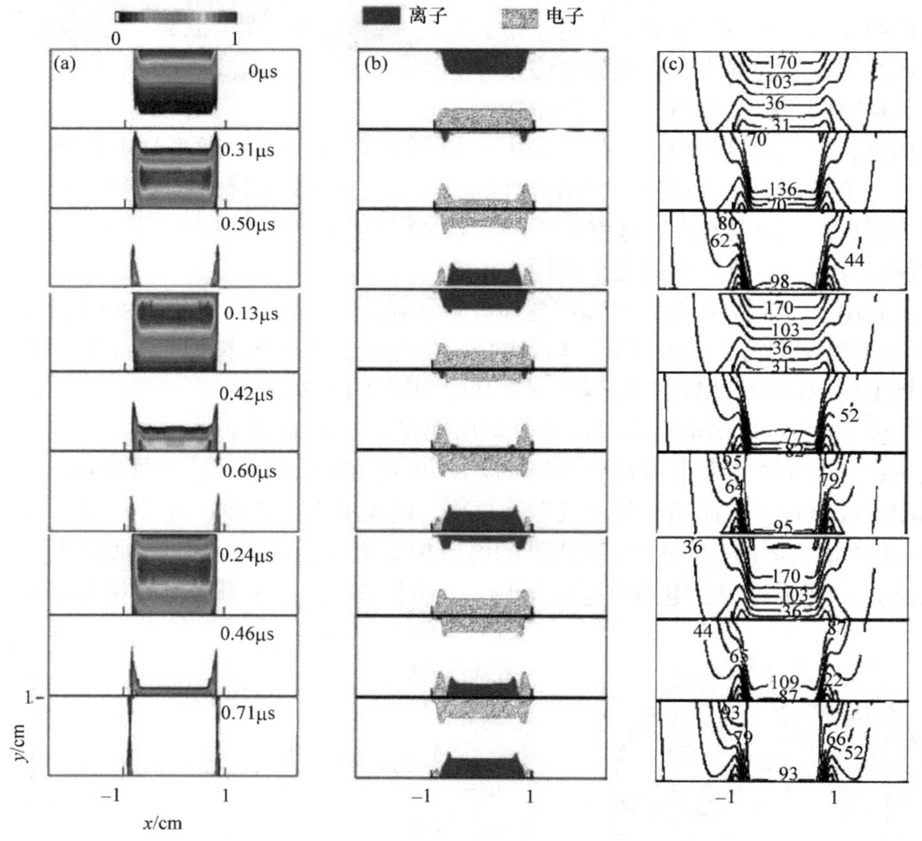

图 13.8 有界电极对面 DBD 的发展过程(二维流体模拟)

(a) 电离率；(b) 表面电荷；(c) 空间电势

当新的电压脉冲加载后，以电离率为代表的放电过程(图 13.8(a))与实验基本相似。放电电流开始时，高电离率的区域(对应实验中高光强区域)出现在阳极的介质表面的中间区域(宽度约为 1.66cm)。在电极中心区域的放电基本均匀，但边界处放电很弱。随着电流的发展，高电离率区域从阳极一侧向阴极运动，对应了阴极位降区的形成过程。当电流达到峰值(t=0.42μs)以后，电离率在中心区域逐渐减弱。与此同时，高电离率区域向电极边界处扩展，并保持较强的电离，形成了一个反相的放电图像，随着电流的减弱，放电最终在边界处熄灭。

从电场角度，初始空间电荷的分布几乎均匀，而表面电荷密度在边界处较小(如图 13.8(b)所示)。从电势的分布来看，边界处的电场变化较大，不仅存在轴向电场，而且还有一个场强为 0.4kV/cm 的径向电场(如图 13.8(c)所示)。与之相反，电极中心处为一个均匀的轴向电场，场强为 2.8kV/cm。这个较强的轴向电场使得放电首先从电极中心处开始，随着电流的发展，中心区域充满了电荷，电场随之急剧减小。同时，边界处因为径向电场的存在及电子的扩散作用，一些电子向电极边界处移动，电流达到峰值时(0.42μs 时刻)，积累在介质表面的电荷进一步加强了放电通道边缘处的径向电场。在这个电场的作用下，空间电荷持续向边界处移动。这就导致边界处的电场得到加强，当场强高于气体的击穿场强时，放电便会在边界处持续发展。如图 13.8 所示，$t=0.60$μs 以后，中心处的放电已停止，但边界处的放电仍在继续。这就出现了一个径向的放电结构和一个反转的放电图像。与中心区域相比，边界处的放电比较弱，等离子体浓度和电离率也相对较小。当电场小于击穿场强时，放电在边界处结束。

有限电极 DBD 的起始放电位置与初始条件有关，包括电场和初始电荷密度。如果电压脉冲开始时，边界处的初始电子密度超过中心处，虽然这里的电场较弱，但放电仍可以开始，条件是空间电子电荷对电子崩发展的贡献超过电场强度的贡献。在这种情况下，放电是非均匀的，强的放电从边界到中心，可以发展至整个电极表面，最终形成斑图放电结构。这一现象在较高频率和适当电压驱动下更容易发生。我们将在后面的斑图现象一节中详细介绍。

13.2.2　共面型 DBD

稳定共面型 DBD 的形成和发展过程如图 13.9 所示。

共面型 DBD 首先在阳极一侧，靠近电极间隙的地方发生，这里正好处于静态最短击穿电场线上。气体间隙击穿后，放电等离子体同时向阴、阳两边发展，但发展的机制不同。

向阴极方向：等离子体形成后，它与阴极(表面)之间存在很强的电场，使正离子电荷移向阴极表面，产生二次电子发射，同时形成正的表面电荷。电子向阳极方向移动，在空间与气体分子碰撞产生电离和激发，并使等离子体区向阴极发展。这一过程与对面型 DBD 很相似，也是阴极鞘向介质表面收缩的过程。只是在这一过程中，等离子体达到阴极内侧表面后并不会停止发展。由于等离子体与阴极

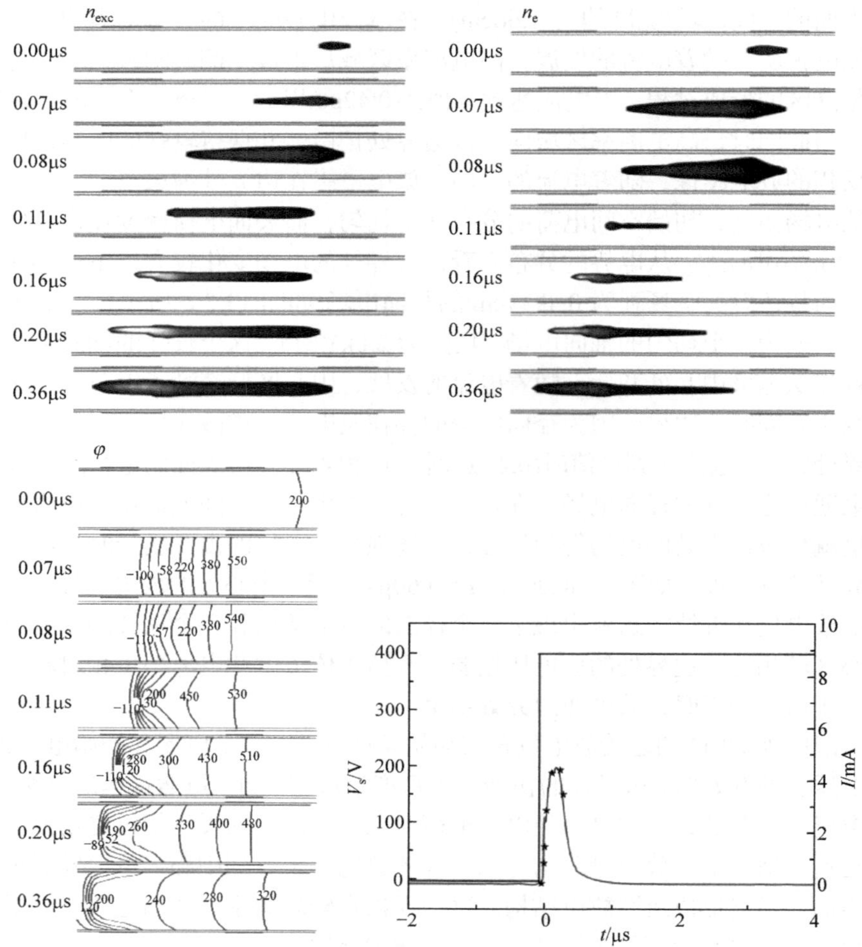

图 13.9　稳定共面型 DBD 形成和发展过程(Ne，25Torr，d = 1cm)

外侧表面的电势差依然较大，电场较强，引导离子继续向阴极的外侧表面运动，从而使等离子体区向阴极外侧发展。只要电场足够强，等离子体就会一直扩展至阴极外侧远端，直至电场减弱到击穿电场以下。

向阳极方向：等离子体中的电子快速向阳极方向移动，由于阳极表面电位比较高，部分电子将附着在阳极介质表面，形成表面负电荷。表面负电荷产生的电场屏蔽了垂直于表面方向电场(即横向电场)，并诱导一个沿表面的电场(即纵向电场)，使电子可以沿表面方向，向阳极外侧远端迁移。其间，较高能量电子与气体分子碰撞产生电离和激发。这个过程将一直持续到空间电场不足以维持放电为止。因此，等离子体在阳极表面的扩展过程与阴极表面的鞘收缩过程不同，电子碰撞产生的电离/激发也有差别。其沿面电场一般较弱，电子能量也较低，具有辉光放电正柱区的特征。

伴随等离子体在阳极表面扩展，通常会出现阳极条纹。但一般只有 PIC-MCC 模拟才能重现条纹现象，流体模型难以重现。我们将在后面进一步阐述这种非线性现象。

共面型 DBD 能否发展到电极的外边界取决于电极长度和外加电压高低。若电极较长、电压较低，放电将在有限距离内终止，向阴极和阳极两边都不会到达电极外边界。此时，边界处电极对放电的贡献很小，放电电流产生的电荷转移和壁电荷都较小，相应的壁电压也低于外加电压值。图 13.10 给出的共面型 DBD 电极表面的电荷密度和壁电压随放电电压的变化。在外加电压小于 240V 时，最边界处的放电很弱；当电压为 190V 时，边界几乎没有放电，相应的电荷转移量和壁电压也都很小。

如果电极较短、放电电压较高，等离子体将可以发展到电极边沿甚至电极外侧，产生所谓“外溢”现象，如图 13.10 电压为 260V 时的情形。

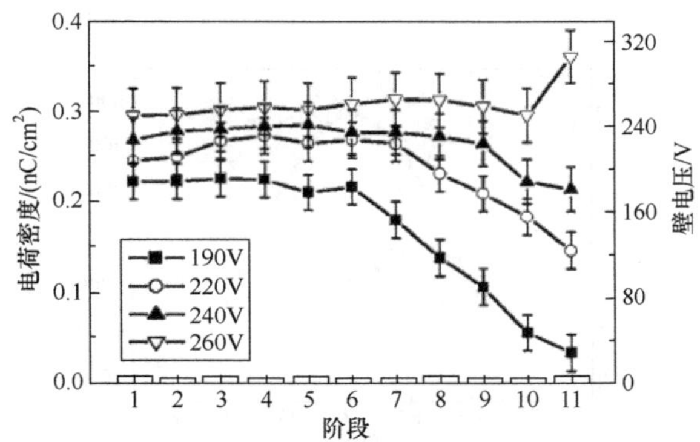

图 13.10　稳定共面型 DBD 电极表面的壁电荷和壁电压随放电电压的变化

实验，Ne-4%Xe，5Torr，$d=0.8$cm；11 个分割电极宽 0.3cm，间隔 0.1cm

此时，电荷沉积于电极外侧的介质表面，有效放电面积大于实际导体电极，使折合到实际电极上的有效壁电荷和电压高于理论值(外加电压)。若电压足够高，外溢将继续加强，阴极表面的空间离子电荷保持很高的密度，它可以产生高强电场，使放电扩展到电极以外空间。这也是共面型 DBD 产生射流的基本原理。

如果电极间距非常大，则气体击穿和放电一般从共面电极的内边缘开始，但放电过程与上面基本相同，如图 13.11 所示。

13.2.3　沿面型 DBD

稳定沿面型 DBD 的形成和发展过程如图 13.12 所示(实验：空气放电，气压 20Torr，线-线沿面型 DBD，高压电极宽 10mm，地电极宽 46mm)。

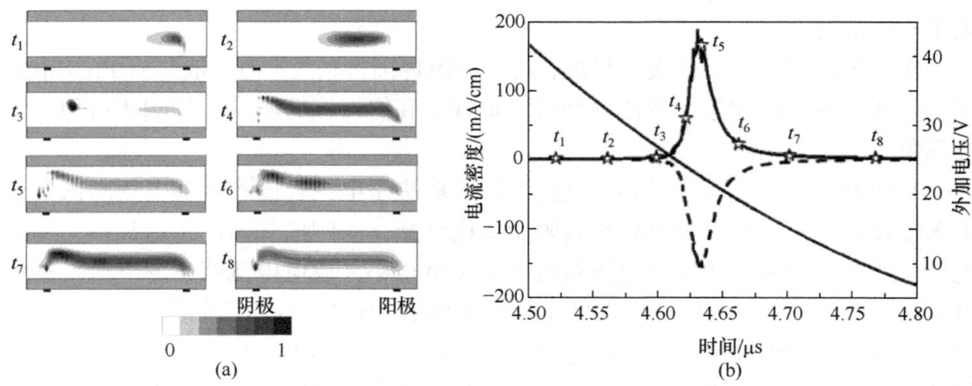

图 13.11　较大间隙共面型 DBD 的发展过程

Ne-4%Xe，500Torr，间隙 $d = 3$cm，电极宽 0.25cm

由于裸露电极的存在，沿面型 DBD 一般从高压导体电极的边缘开始，实际上是一个电晕放电过程，放电图像与电压极性有关。这一点与对面型或共面型 DBD 都不同。

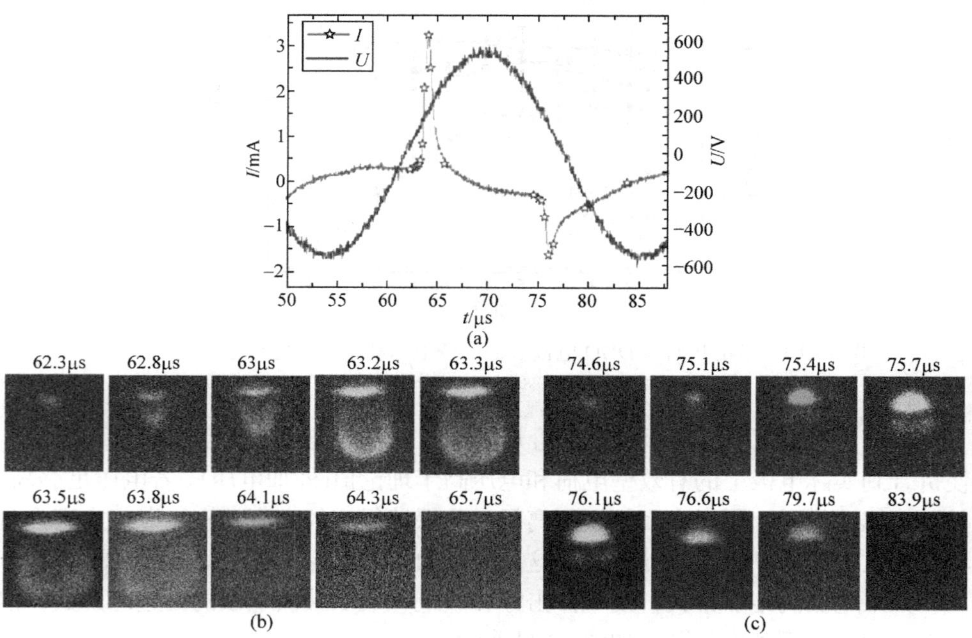

图 13.12　稳定沿面型 DBD 形成和发展过程(演化图像)

(a) 电流波形；(b) 正半周；(c) 负半周

在正半周，放电持续大概 3.5μs。其中 62.3～64.1μs 是电流脉冲上升沿所对应的放电随时间演化图像，持续时间为 1.8μs，该阶段是放电发展阶段；64.1～65.7μs 是电流脉冲下降沿所对应的放电随时间演化图像，持续时间为 1.6μs，该阶段放电处于衰减阶段。

放电开始于高压电极附近($t = 62.3\mu s$)，这时沿面型 DBD 的结构类似于电晕结构，电极附近的电场最强，电子获得足够能量向高压电极移动，产生很强的电离，气体击穿首先在这里发生。随着放电的继续，发光区逐渐沿地电极介质表面向外发展。同时，正的高压电极处发光很强，而且向电极外移动，表明放电等离子体实际上是向阴极(地电极)和阳极(高压电极)两边发展的。这一过程持续到电流峰值($t = 63.7\mu s$)。这是因为气体在高压电极边沿处击穿后，形成的等离子体与地电极的电场逐渐高于击穿电场，使得电子能够被加速而维持放电。由于电子流向高压电极，它在运动过程产生的离子风沿地电极向内；而正离子则在高电场下加速向外(地电极方向)运动，可以形成正的离子风，沿地电极向外。其中部分正离子将附着于介质表面形成表面电荷。两种离子风的总效果取决于电极边沿的电荷运动情况。在正电压条件下，电子移向电极而正离子远离电极，故将产生正的离子风。

同时，由于高压电极具有一定宽度，电子在高压电极外侧的高电位作用下被加速和运动到电极，使等离子体也向高压电极(阳极)外侧发展。此时，由于等离子体与高压正电极间的电压不大，电场不是很强，故质量较大的正离子产生的离子风较弱，而电子运动导致的离子风较强。因此，高压正电极表面上将可以产生一个与地电极表面相反的离子风。

当外电场不能维持放电所需要的电场时，放电就会停止，这一过程出现在峰值电流以后。

在电流衰减期间，由于介质表面的电场低于击穿阈值，电子电离停止，放电随之衰减，发光也逐渐减弱。至 $t = 65.7\mu s$ 时，放电发光完全消失。

在负半周，放电发展图像如图 13.12(c)所示，其各时刻与图 13.12(a)中的电流时刻相应。整个放电过程持续 9.3μs 左右，其中 $t = 74.6 \sim 76.1\mu s$ 是放电上升沿的图像，持续时间 1.5μs 左右，是放电发展阶段；$t = 76.1 \sim 83.9\mu s$ 是下降沿的放电图像，持续时间 7.8μs，是放电衰减阶段。

负半周的放电也是从高压电极边沿开始的($t = 74.6\mu s$)。这是因为负高压电极(阴极)附近产生很强的电场，正离子轰击其表面产生电子发射，这些电子在强电场下加速，移向地电极(阳极)外侧及其表面，并产生大量电离和激发。这一过程持续到电流峰值，地电极远端处的介质表面电场不足以维持电离为止。在电子向地电极外移动过程中，电子流将产生负的离子风。

同时，在阴极表面附近将形成离子鞘，当电极具有一定宽度时，阴极的离子鞘向表面收缩，使放电也向高压电极(阴极)的外侧发展，这从 $t = 75.4 \sim 76.1\mu s$ 的图像可以看出。

与正半周放电发展过程不同，负半周的放电是一个典型的负电晕辉光放电形成和发展过程，是汤森机制的，放电过程中形成典型的辉光放电特征发光区。其中，高压电极上的明亮区域为负辉区，高压电极边沿和地电极之间的暗区为法拉第暗区，而地电极表面上的较亮区域为等离子体正柱区。

等离子体在电晕电极外介质表面的扩展长度与电压有关，一般与电压正相关或正比。

13.2.4 基于 DBD 的等离子体射流

当 DBD 接地电极的尺寸较小时，若其表面上空的空间电荷密度很大，产生的沿面向外电场超过气体的击穿阈值，则放电可以在电极外继续，形成电极外放电和等离子体，一般称为“等离子体射流”(plasma jet)，是一种由离子运动，而非气流造成的等离子体喷射。在大气压下，又称为“大气压等离子体射流”(atmospheric pressure plasma jet，APPJ)。

在共面型 DBD 下，等离子体射流一般只在正半周产生，即“正的射流”。图 13.13 所示的是共面型 DBD 正半周期的激发态 He*和电子密度的分布(其中，驱动电压 $V_s = 8$kV/30kHz，$d = 9$mm，电极宽度 3mm)。

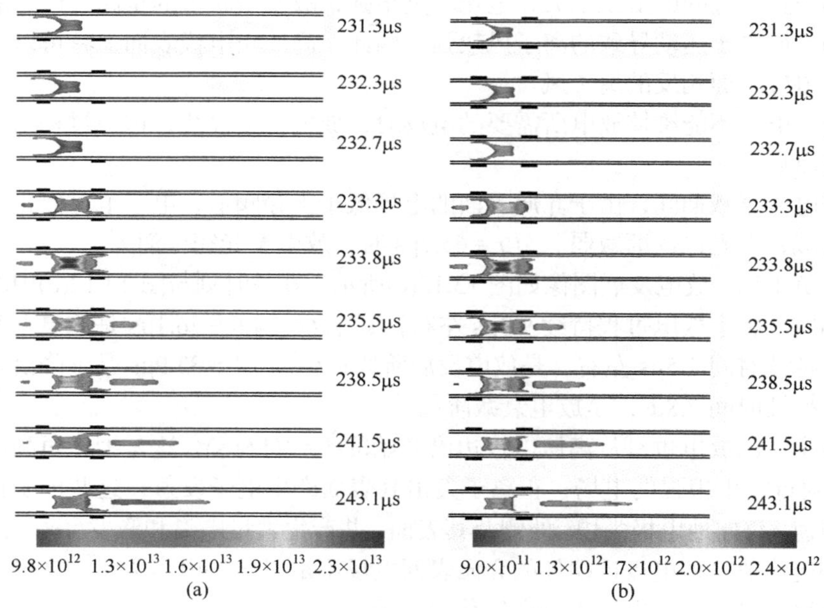

图 13.13 共面型 DBD 正半周期的激发态 He*(a)和电子密度(b)分布变化(单位：cm^{-3})

可以看到，第一步是共面型 DBD 的形成。He*(或电子)首先产生在瞬时阳极附近，然后向瞬时阴极发展，这与前面 DBD 过程相同。激发态离子和电子密度的发展是同步的，发展过程相同。

第二步是射流形成。当等离子体发展到阴极外边沿时，放电并不停止，而是继续发展(如 $t = 235.5\mu s$ 时刻)，形成射流。

考察等离子体射流推进过程中的电势分布，可以看到空间电场的变化情况，如图 13.14 所示。阴极表面的二次电子在电场中加速并向阳极漂移，其间与 He 原子发生碰撞，引起 He 电离或激发，产生 He^*、He^+和 He_2^+等粒子。在阳极附近密度达到足够高，形成击穿和放电。电子将沉积在阳极表面上的电介质，使当地电势降低，而正离子迁移速度慢($\mu_{He+} \approx 14.82cm^2/(V \cdot s) \ll \mu_e \approx 1.13\times10\ cm^2/(V \cdot s)$)，滞留在放电通道的空间，强烈畸变局部电场。等离子体迅速向阴极发展，表现为离子鞘收缩(如 $t = 231.3 \sim 233.8\mu s$ 的图像)。当鞘收缩推进到阴极时，两个电极之间形成放电通道，此时 DBD 电流也达到最大值($t = 235.5\mu s$)。随后，离子鞘收缩在阴极表面上继续向外发展，同时正离子沉积在电介质表面上形成正的表面电荷。

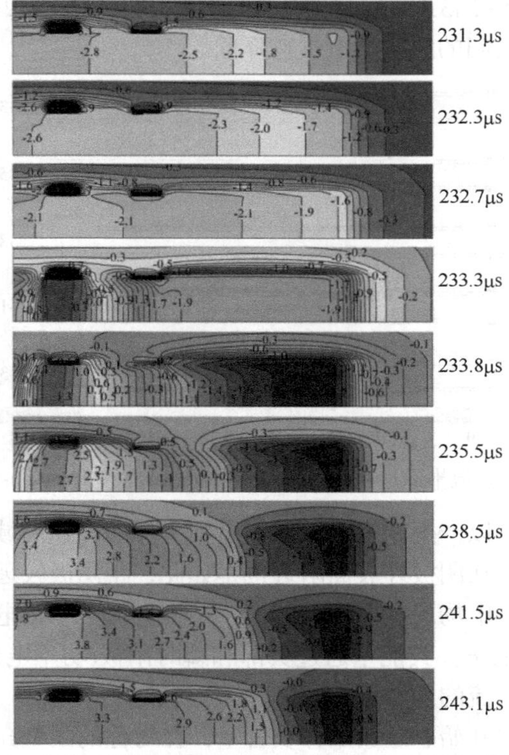

图 13.14　电流正半周期射流推进过程中的电势变化(单位：kV)

由于阴极长度有限，离子鞘收缩在阴极的外边沿处停止，阴极外侧边沿附近的空间中将留有足够多的正离子，产生一个指向介质外侧的轴向(沿面)电场。该轴向电场足够强时，放电继续在阴极外发展并形成等离子体射流。具有高电势和强电场的射流头部向外移动，留下几乎是等电位的等离子体通道(238.5～243.1μs 的图像)。因此，DBD 中功率电极的能量能够通过放电通道传到射流的头部。这个过程将一直持续，直到射流头部的电场小于临界电场值(He 中约 3 kV/cm)。

由于形成的等离子体通道是导电的，能量可以从功率电极传输到等离子体前端、地电极或者射流的头部，从而形成 DBD 和射流电流。但是等离子体通道的电导率有限，放电通道存在电势的下降，因此等离子体射流将在有限的长度内发展。当等离子体射流头部的电场低于 3kV/cm 时，等离子体射流将停止发展。

与此同时，DBD 阴极表面的正离子积累形成的壁电荷电场也逐渐屏蔽外电场，使得两电极之间的电场减弱，也将导致 DBD 的衰减、熄灭。

等离子体射流发展过程，净空间电荷为正离子电荷，并且从瞬时阴极逐渐向外发展，如图 13.15 所示。在初始 t = 233.8μs 时刻，净空间电荷在阴极附近密度达到最大，约为 38nC/cm^3。然后随着等离子体射流的发展，等离子体头部的电荷密度逐渐增加。在 t=243.1μs 时，射流头部的电荷密度达到 22nC/cm^3。随后，射流头部和瞬时阴极之间的空间电荷迅速降低。

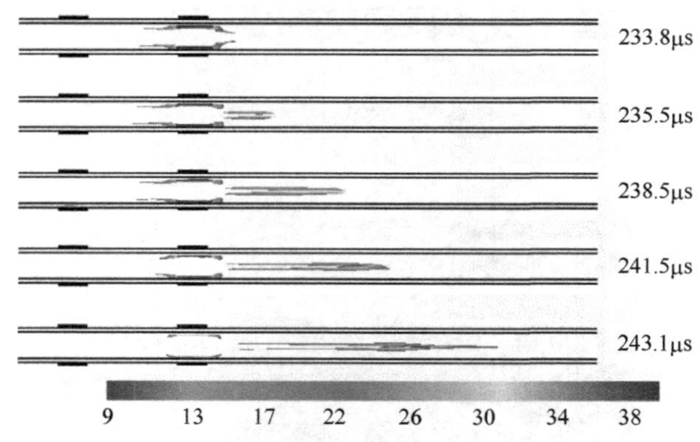

图 13.15 射流推进过程中的净空间电荷分布的变化(单位：nC/cm^3)

很明显，射流得以产生和推进的原因是其头部的高强局域电场，主要来自正离子空间电荷；即使在阴极外表面附近也是如此，距阴极较远处的壁电荷几乎为零，空间电荷是产生电场的主要因素。这一过程类似于“正电晕放电”，是一种电晕头部移动的正电晕。其能量通过头部和瞬时阳极(功率电极)之间的等离子体通道加载，以维持射流的发展。

射流的发展一般开始总是紧贴介质管壁，在对称的圆型介质管中经常表现为“空心”射流结构。但由于电荷的扩散，在表面上空存在一定范围。如果该范围正好超过管径，则形成“实心”射流。

需要强调的是，无论实验还是模拟，不考虑光发射或光电离的情况下也是可以形成和发展的，亦即射流完全可以在汤森机制发展，流光(光电离)机制并非必要，尽管可能对射流发展可以起促进作用。

此外，在沿面电晕 DBD 结构下，射流形成过程和机制也是如此。但在电晕电极结构下，负半周也可以形成电晕射流，它是高压电极(阴极)电子直接向外发展而成，与正电晕射流有所不同。

13.3　流注 DBD

在较大 *pd* 值，特别是高气压下，DBD 通常是流注的，放电通道是许多随机“细丝”，直径 10～100μm。这也是传统意义上的介质阻挡放电。这些“细丝”有时是稳定的，空间位置不随放电改变。但在适当条件下，“细丝”也可以有序排列，形成六方、四方结构或其他规则图样，即“自组织斑图”。当电压和频率较低时，“细丝”数量较少，也可以沿电极表面游走，并不形成确定形态的图案。

流注 DBD 的单个放电呈现“塔型”结构，阴极端较小，直径约 10μm；阳极端较大，约 100μm，尺寸增大源于电子在移动过程中的横向扩散，如图 13.16 所示。

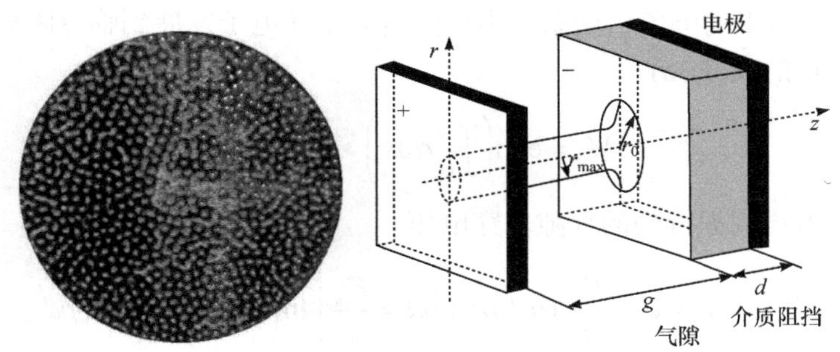

图 13.16　典型流注 DBD 图像(1atm 空气)和单丝形态

流注 DBD 的发展过程与辉光模式相似，但一个电子崩就可以使电极气隙击穿，因此放电丝在时间、空间上都是随机的，持续时间很短，约 10ns 量级。

理论上，流注模式一般需要“光致电离”机制。对于单根 DBD 流注丝来说，其形成和发展过程与辉光放电基本相似，而由于“光致电离”的作用，其发展过程很快。

但实际上，“光致电离”也并非是必须的。由于流注放电开始于汤森过程，当电子崩的尺寸达到临界大小，空间电荷电场与外电场可以比拟时，放电向流注机制过渡。若此时气隙正好能够击穿，则光致电离并不会发挥重大作用。流注形成条件依然是雷特-米克判据，即电子崩从阴极发展到阳极的过程中，尺寸能够达到临界阈值(约 10^8)。大致可以这样理解，单根 DBD 流注丝的形成过程就是一个电子崩的自阴极到阳极的发展过程，并导致电极间电流通道的形成。

流注 DBD 的发展过程这里不再详述。

13.4 DBD 的模式转换

DBD 的两种主要放电模式——辉光模式和流注模式(辉光模式包括汤森机制下的辉光放电和汤森放电)，与气体性质、气压 p 和电极间隙 d(即 pd 值)有关。从放电空间分布来看，汤森机制下的汤森放电或辉光放电一般具有较好的均匀性；而当放电从汤森机制过渡到流注机制以后，放电空间中将出现大量的放电流注，表现为明显的空间非均匀结构。从击穿机理上来看，辉光与流注 DBD 之间的转换取决于电流形成过程中电子崩的发展程度。根据雷特-米克判据，当单个初始电子的电子崩发展到临界阈值 n_{cr}(或电子倍增系数约 10^8)时，空间电荷电场将达到与加电场相同的量级，放电击穿将从汤森机制过渡到流注机制。这时光致电离和光发射过程将开始起主导作用，使电子崩快速发展并迅速形成具有高电导率的流注放电通道。这里的电子倍增系数由空间电离率在电子发展到临界距离 x_c 时的积分，即第 7 章的式(7.36)

$$M_e = \exp\left(\int_0^{x_c} \alpha \mathrm{d}x\right) \geqslant n_{cr} \approx 10^8$$

由汤森击穿判据得到的气隙击穿电压

$$V_{g,br} = E_{g,br} d = \frac{E_{br}}{p}(\alpha / p) \times pd = \frac{E_{br}}{p}\left[\ln\left(\frac{1}{\gamma}+1\right) / pd\right] \times pd \tag{13.3}$$

对应的电极击穿电压为 $V_{s,br} = V_{g,br} / K = V_{g,br}(1 + C_g / C_d)$。其中折合电离系数 α/p 是折合电场 E/p 的函数，可从相关数据库得到 $\alpha/p = f(E/p)$。

辉光和流注 DBD 之间的转换与气体性质直接相关，特别是电子倍增特性对电场变化的敏感程度。由于气体中的电子倍增系数强烈依赖于电场强度，即与 DBD 电极之间的过电压(电压超过击穿电压的值)相关，可以引入过电压比率 h(即过电压与击穿电压的比值)来描述

$$h = (V_s - V_{br}) / V_{br} \tag{13.4}$$

以大气压对面型 DBD 为例，设气体间隙 $d = 1$mm，双层介质层厚度 $e = 0.25$mm，相对介电常数 $\varepsilon_r = 10$。放电气体分别为 He、Ar 和 N_2，气压为 $p = 760$Torr(相应的 $pd = 76$Torr · cm)，介质表面正离子的二次电子发射系数统一设为 $\gamma = 0.01$，初始电子、离子浓度为 $10^7 \mathrm{cm}^{-3}$。考虑一维情况(即只考虑垂直于电极方向上的放电参数变化)，利用式(13.3)计算得到在不同气体中的击穿电压 V_{br} 分别为 812V(He)、1030V(Ar)和 4452V(N_2)；利用流体模型可得到电子倍增系数与外加脉冲电压之间的关系。

在不同过电压下，在不同气体中的电子倍增系数(M_e)随时间的变化明显不同。

在 He 中(图 13.17)，当 $h = 20\%$时，电子倍增系数 M_e 较小(小于 10^3)，并且随着放电的发展逐渐减小。在此条件下，脉冲电流上升沿持续时间很长(约 3.2μs)，峰值电流时刻的电场分布只有较小的弯曲，从阳极到阴极线性增加，从 4.5kV/cm 增加到 13.3kV/cm，表现为典型的汤森放电过程。当 $h = 40\%$，电子倍增系数随着电流的发展从初始的 6.8×10^3 增加到 10^5。在此条件下，电流形成速度较快(上升沿约 0.11μs)，峰值时刻的电场分布在阴极一侧有明显的弯曲，形成明显的阴极位降区，为典型的汤森机制下的辉光放电。在 $h = 80\%$时，得到的结果和 $h = 40\%$时相似，只是电流的发展速度更快，电子倍增系数更大，从 2.0×10^6 增加到 2.4×10^7。只有在更高的过电压条件下(如 $h = 100\%$)，电子倍增系数才能达到临界阈值($n_{cr} \approx 10^8$)，形成流注放电。

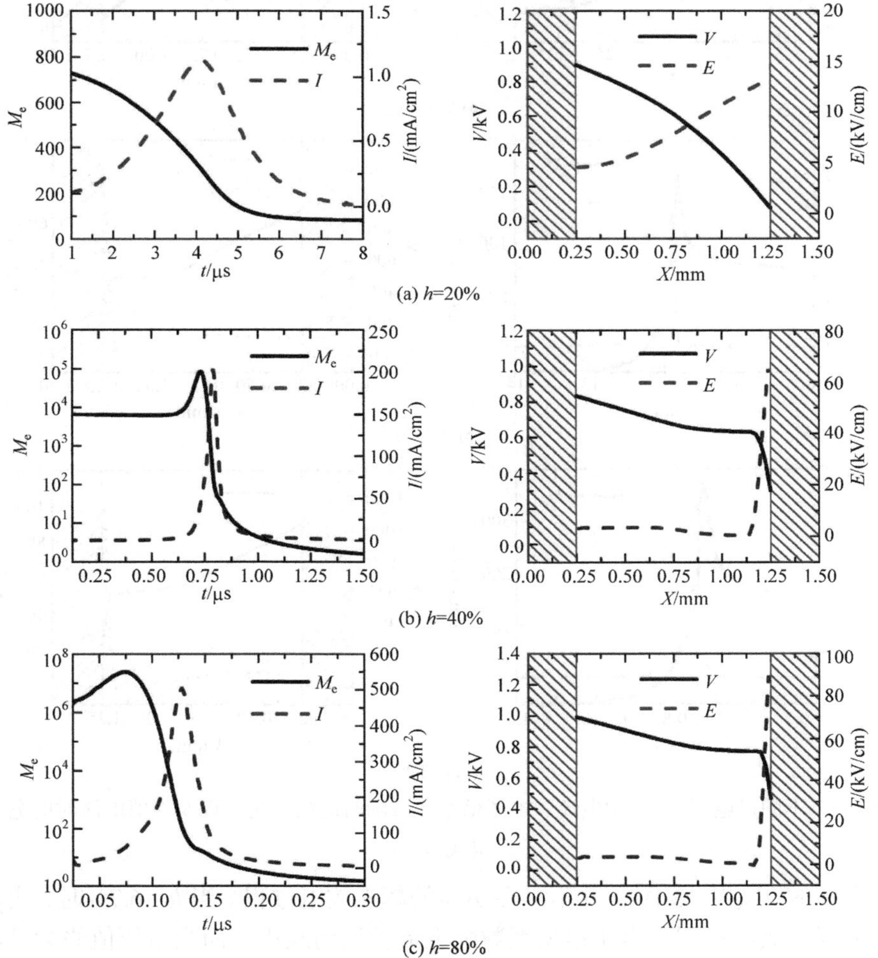

图 13.17 不同过电压下 He 中电流、电子倍增系数随时间的变化，以及峰值电流时的电势、电场分布

在 Ar 中(图 13.18)，其结果与在 He 中基本相似，但辉光放电存在的电压范围要小一些。当过电压比率 $h<15\%$时，放电表现为典型的汤森放电；当 $h=15\%\sim30\%$，放电处于辉光放电状态；当 $h>30\%$时，电子倍增系数超过 10^8，放电将发展到流注模式。

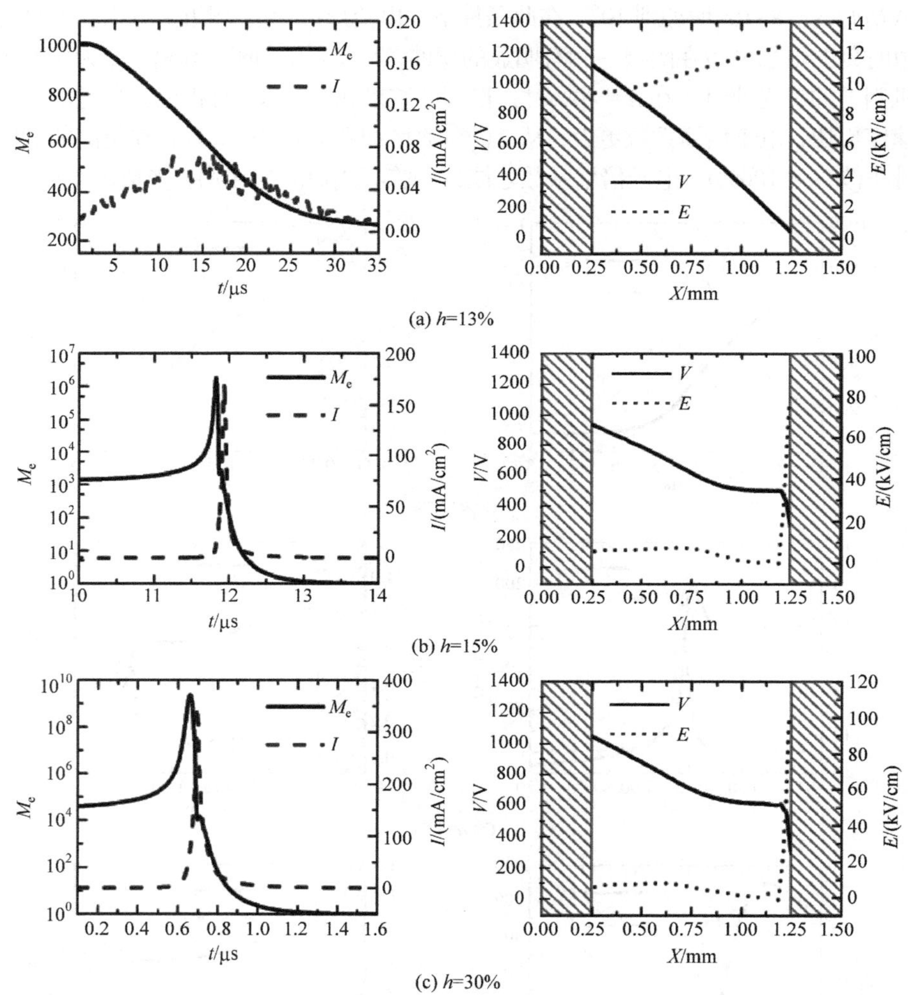

图 13.18　不同过电压下 Ar 中电流、电子倍增系数随时间的变化，以及峰值电流时的电势、电场分布

而在 N_2 中(图 13.19)，并不存在明显的辉光放电过程。当 $h=6.7\%$时，表现为典型的汤森放电过程，电子倍增系数随电流发展而减小。而当电压值略为升高，达到 $h=6.9\%$时，电子倍增系数在电流脉冲形成时急剧增加，从 10^3 猛增到 10^{11}，远高于临界值 $n_{cr}\approx10^8$。即过电压的变化仅为 0.2%，就将导致放电模式的剧烈变

化。由于实际 DBD 采用正弦波或脉冲电压驱动，放电期间电压总是有一定变化，对于电子倍增对外加电压极度敏感的气体 N_2 来说，很小的电压变化就可能使得放电迅速从汤森放电直接过渡到流注放电，而不能形成稳定的辉光放电。

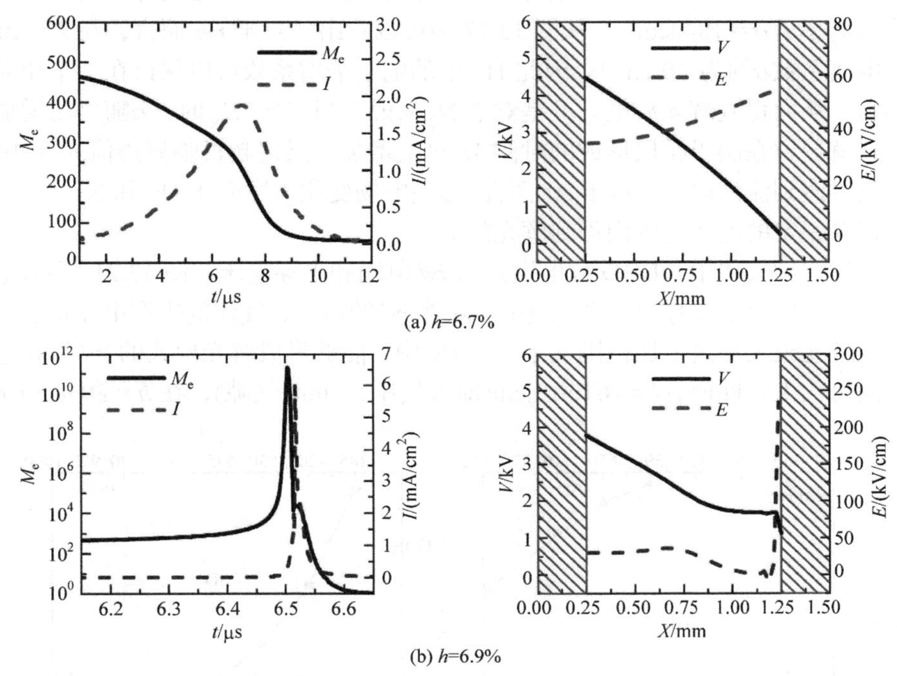

图 13.19　不同过电压下 N_2 中电流、电子倍增系数随时间的变化，以及峰值电流时的电势、电场分布

在大气压条件下，不同气体的电子倍增特性明显不同，也决定了各自形成辉光 DBD 的电压范围有所不同。电子倍增特性的区别是不同气体的汤森第一电离系数 α 随电压的变化关系不同所致。在汤森放电模式下，空间电场在整个放电空间中都较弱，大约在击穿电场 E_{br} 量级。在此条件下，电子倍增系数 $M_e = \exp\left(\int \alpha \mathrm{d}x\right)$ 一般来说小于临界判据值。当放电从汤森放电过渡到辉光放电时，由于阴极鞘层的形成，空间中的电压大部分加在鞘层区域，使得阴极附近的电场急剧增加，汤森第一电离系数 α 和阴极电场的强度的关系将决定电子倍增的发展以及放电模式。图 13.20 给

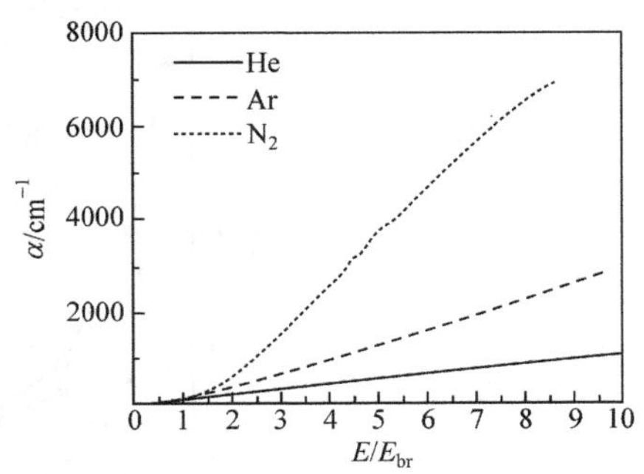

图 13.20　不同气体的电子电离系数与电场强度(α-E)的关系

出了大气压条件下三种气体电离系数和电场强度之间的关系。

如果放电处于流注模式，则电离率的空间积分超过阈值 $\int \alpha \mathrm{d}x \geqslant 18.4$ 。假设阴极位降区的长度是整个放电区域的 1/10，并且在阴极位降区电场分布均匀，临界平均电离率为 $\alpha = 1840\text{cm}^{-1}$。从图 13.17 中可以看出，对于 He 而言，在 $E = 10E_{\text{br}}$ 时，电离系数 α 约为 10^3cm^{-1}。因此 He 中的电子倍增系数可以保持在一个相对较低的值，从而得到辉光放电。但是对于 N_2 来说，当 $E > 2E_{\text{br}}$ 时，α 随电场增加很快，这就导致在阴极鞘层形成的时候 M_{e} 迅速增加，最终超过临界阈值 $n_{\text{cr}} \approx 10^8$，使放电过渡到流注阶段。对于 Ar 而言，$\alpha$ 随电场变化速度介于 He 和 N_2 之间，因此可以在一定的电压范围内得到辉光放电。

上述三种气体中，DBD 放电模式的 *pd* 范围和击穿电压如图 13.21 所示(上下两个横轴分别表示击穿电压和 *pd* 值)。随着 *pd* 的增大，气体的击穿电压增加，能够形成辉光模式的过电压范围减小。在 He 中，能够形成辉光模式的 *pd* 值和过电压范围比较大，即使 $pd \approx 76\text{Torr} \cdot \text{cm}$(即大气压，1mm 气隙)，在 $h = 30\%$～100%

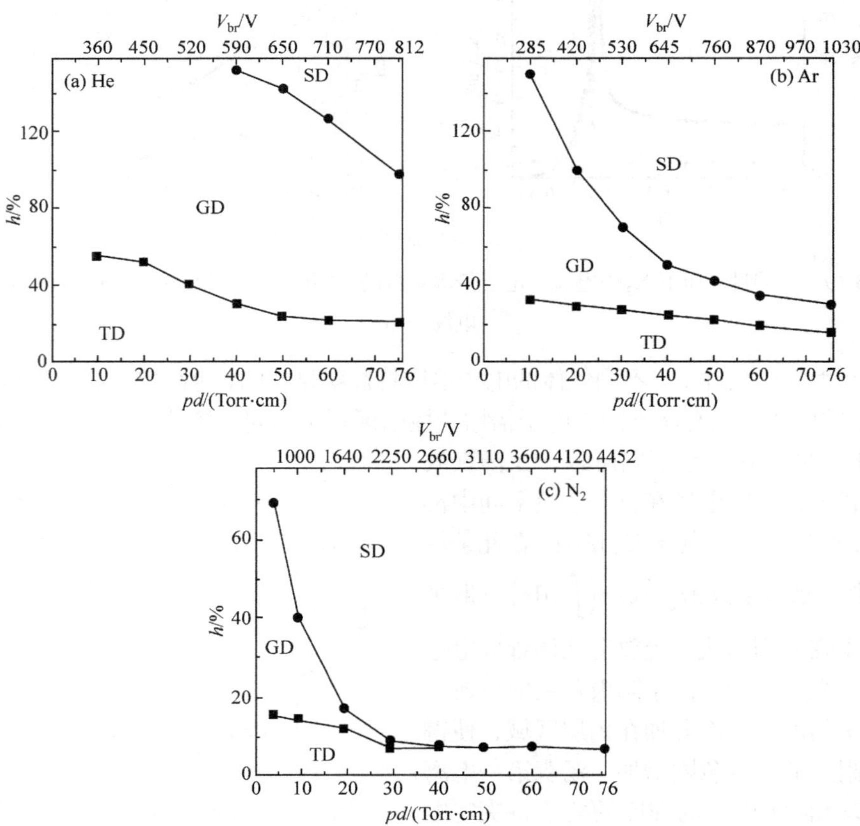

图 13.21　He、Ar 和 N_2 中 DBD 各种模式的 *pd* 范围和击穿电压

的过电压比率下依然可以形成辉光放电。在 Ar 中，形成辉光放电区域变小，pd= 10～30Torr · cm。而在 N_2 中，能够形成辉光模式的 pd 值和过电压范围很小。一般只有当 $pd \leqslant$ 10Torr · cm 时，才可能形成到辉光放电；较高 pd 值(≥20Torr · cm)时，很小的电压变化就会使得放电从汤森模式直接过渡到流注放电。大气压下，这实际达到了微放电(即微米间隙)模式。

增大介质表面的二次电子系数有利于辉光 DBD 的实现。较大的二次电子发射系数使气隙击穿电压减小，形成辉光放电的过电压区域增大，如图 13.22 所示(N_2 大气压，1mm 气隙，pd = 76Torr · cm)。当二次电子系数γ增大到 0.5 时，辉光 DBD 的过电压范围 h = 14%～26%，远大于γ= 0.01 时的 h = 6.7%～6.9%。

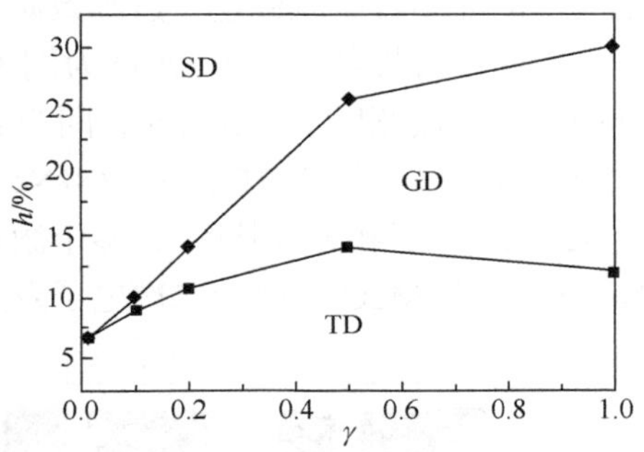

图 13.22　N_2 中放电模式转化与二次电子发射系数的关系

对于其他惰性气体(如 Ne、Xe)，由于其α-E 关系与 He 相似，同样可以在较大的过电压范围内实现辉光放电。而对于 O_2、CO_2、空气等气体，其电子倍增系数对电场变化比较敏感，只有在较小 pd 值下才能得到辉光放电；当 pd 值较大时，一个很小的电压变化就会使放电从汤森模式直接过渡到流注放电，很难在空气(O_2、N_2)中实现辉光放电。这也是实际应用中经常需要使用惰性气体来实现大气压辉光 DBD 的原因。

抑制流注(火花)DBD 的另一个措施是使用上升很快(纳秒量级)、脉宽短(纳秒量级)的脉冲电压驱动。一方面，纳秒上升沿使电压很快加载在电极之间，产生很高的电场，有利于放电的发生；另一方面，纳秒短脉宽使放电来不及发展到大电流火花放电之前就停止，不能过渡到流注模式。关于脉冲放电的机制，这里不再赘述。

13.5　DBD 的非线性现象

DBD 是一个非常好的非线性系统，至少有三种典型的非线性现象，即条纹、斑图和时间混沌。

13.5.1　条纹

条纹(亦即阳极辉纹)是传统低气压直流辉光放电中沿放电通道(或纵向)常见的非线性现象，但 1999 年在一种共面型 DBD 结构——等离子体显示屏(PDP)的研究中，也观察到了条纹现象，出现在等离子体沿瞬时阳极表面扩展过程中。DBD 中的条纹可以出现在低气压(<1Torr)或高气压(大气压，760Torr)下；相似电极结构

下，DBD 条纹也满足气体放电的相似率。DBD 条纹可以在共面型 DBD、沿面型 DBD 和非对称对面型 DBD 中产生，只要等离子体沿瞬时阳极表面扩展。图 13.23 给出各种条纹形态。

条纹是一种动理学，而非流体不稳定性，一般只有 PIC-MCC 模拟可以重现条纹现象。与脉冲直流辉光放电中的条纹形成相似，DBD 条纹是电子能量的非局域效应的结果，起源于阴极鞘和类负辉区的电子能量的非局域行为特征。北京理工大学的欧阳吉庭就此进行过细致研究。

下面以常规共面电极 DBD 为例予以说明。图 13.24 是 PIC-MCC 模拟结果，其中共面电极宽度 $w = 300\mu m$，间距 $d = 80\mu m$，介质层厚度 $e = 30\mu m$，相对介电常数 $\varepsilon_r = 8$，气体是 500Torr 的 96%Ne + 4%Xe 混合气体。模拟中只考虑四种粒子：e、Ne^+、Xe^+、Ne^*和 Xe^*(其中 Xe 多个激发态被简化为一种 Xe^*，激发能级为 12.9eV)。Ne^+和 Xe^+在 MgO 表面的二次电子发射系数分别设为 0.5 和 0.05。e、Ne^+和 Xe^+的

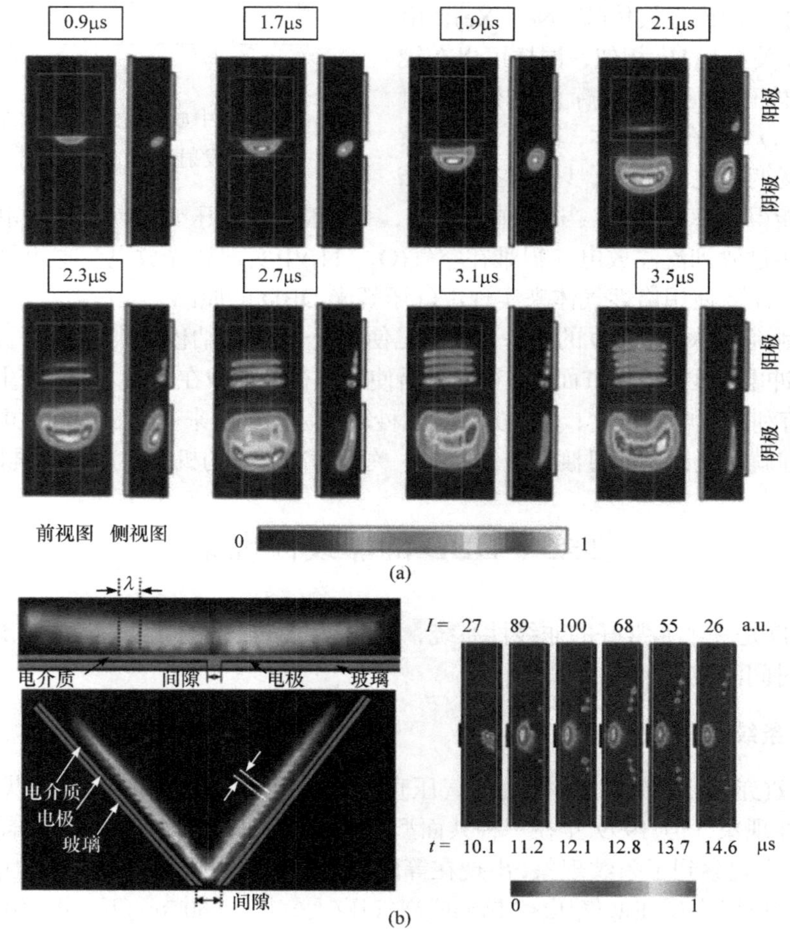

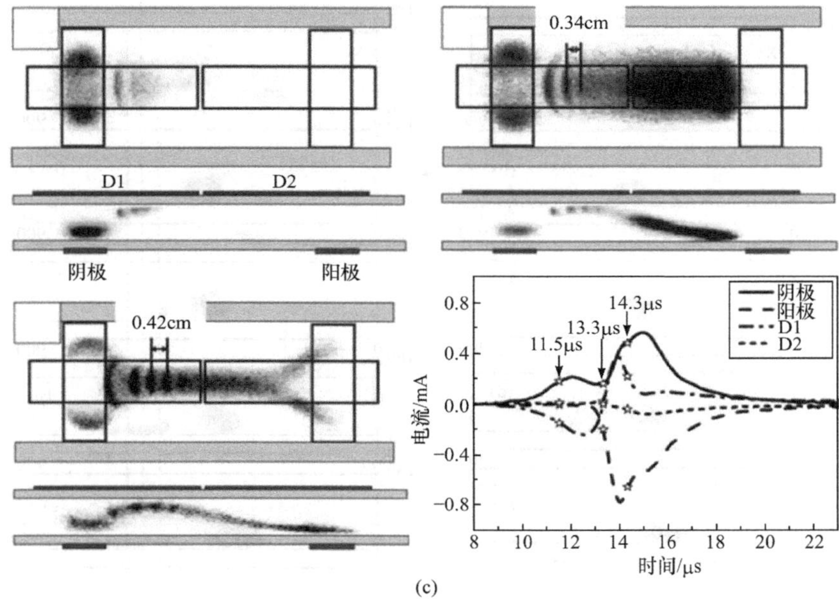

(c)

图 13.23　DBD 的条纹现象

(a) 共面型 DBD；(b) 沿面型 DBD 和非对称对面型 DBD；(c) 大间隙

初始密度分别为 $10^7 cm^{-3}$、$0.96\times10^7 cm^{-3}$ 和 $0.04\times10^7 cm^{-3}$，计算的时间步长为 10^{-14}s。

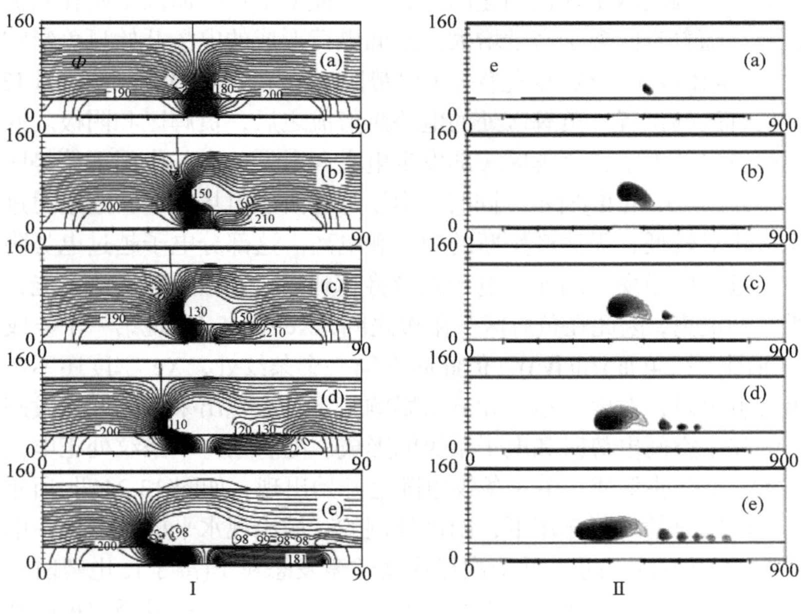

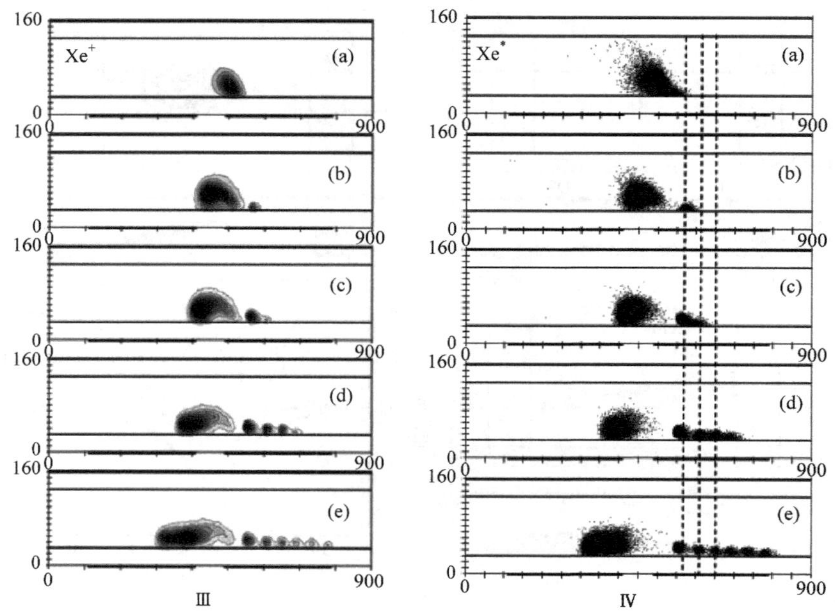

图 13.24　空间电势(Ⅰ)、电子密度(Ⅱ)和 Xe^+(Ⅲ)和激发态 Xe^*粒子(Ⅳ)在不同时刻的分布
(a) 125ns；(b) 139ns；(c) 144ns；(d) 151ns；(e)163ns

开始放电时($t=125$ns)，在电场作用下，阴极发射的二次电子向阳极漂移并产生电离和激发，带电粒子密度随电子运动距离呈指数增加。离子质量较大，迁移率远小于电子，因此电子很快到达阳极表面形成壁电荷，而离子则在阳极介质层表面前积累。随着空间离子密度增大，空间电荷形成的电场开始显著影响总空间电场的分布，阳极表面介质形成第一个电势阱(potential well)，对应于图 13.24(Ⅰ)中看到的负辉区的位置。负辉区处的电势阱形成之后，负辉区和阴极之间的电场增强，因此更多的电子在负辉区头部发生电离和激发，在其作用下等势区持续向左侧发展，如图 13.24(Ⅱ)所示。同时，由于电势阱中电场较弱，刚刚通过该区域的电子能量相对较低，无法产生新的激发和电离。这部分电子越过电势阱之后，在电场中经过一段距离的加速，电子能量将达到或超过激发能或电离能，能够产生新的激发和电离，因此在负辉区和阳极之间，Xe^+和 Xe^*出现第一个条纹状分布(高密度区)(图 13.24(Ⅲ)和(Ⅳ))。但此时在第一个条纹处，Xe^+密度还不足以使空间电场出现电势阱，对电子运动和分布影响来不及表现出来，因此激发态粒子和离子的条纹先于空间电势阱和电子条纹的形成。随着第一个条纹处正电荷逐渐积累增多，新的电势阱形成，电子条纹也随之开始出现，如图 13.24(Ⅱ)所示。在空间电荷、表面电荷的共同作用下，阳极外侧的区域出现水平横向电场，电子进一步向外迁移，放电向外发展，并依次形成新的激发态粒子(离子)、电势阱和电子条纹。也就是说，条纹的形成依赖于经过电势阱之后，电子在电场中再次被加速从

而产生新的电离和激发过程。

阳极表面条纹形成后，在放电通道上也就形成了一个条纹化的纵向电场，电子在这种非均匀电场中保持能量非局域效应，从而使条纹放电得以保持，一直到放电完全衰减为止。这一过程与 DC 辉光放电正柱区条纹机制相同(见第 9 章 9.7.2 节)。

虽然介质表面和壁电荷对条纹的形成起很大作用，尤其是对非均匀化局域电场的形成非常重要，但是壁电荷并非条纹形成的原因。相反，壁电荷分布是条纹化放电形成的结果。条纹的形成主要与空间电荷和电势有关。如图 13.25 所示，条纹的变化与空间电场密切相关，但并不与介质表面电荷的变化对应。

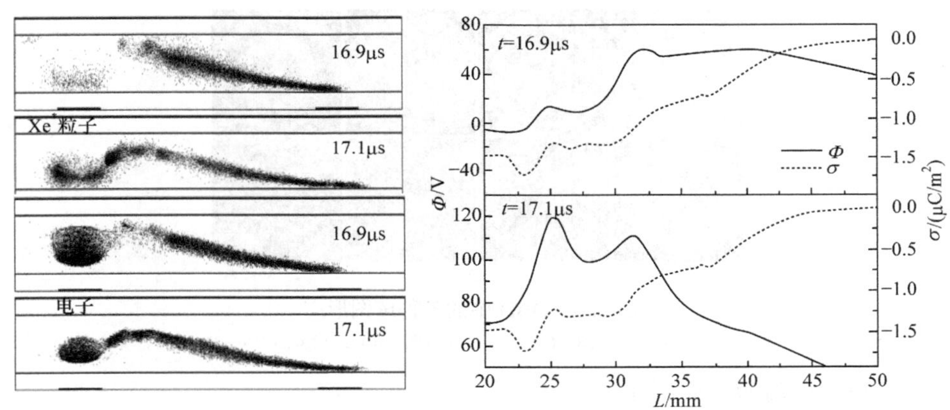

图 13.25　大间隙 DBD 条纹变化前后的 Xe^*粒子、电子的电势Φ和壁电荷σ分布

模拟条件：Ne-4%Xe，5Torr，5cm，290V/100Hz

介质表面实际上提供了一个等离子体中电荷运动的约束边界。在辉光放电模式下，约束通道内一般都会形成条纹，无论这种约束是介质或是气流边界，DC 或脉冲辉光放电、收缩放电通道(如大气压射流、RF 放电等离子体等)中的条纹现象都是普遍存在的。

然而，约束边界对条纹形成的作用机制依然是一个需要深入研究的问题。

13.5.2　自组织斑图

斑图是沿电极方向的非线性现象，表现为放电沿电极方向的横向非均匀性，在直流放电、DBD、射频放电中都可以观察到。德国的 Purwins、法国的 Boeuf、河北大学的董丽芳和北京理工大学的欧阳吉庭等在斑图研究中都有很好的工作。

1. 斑图的多样性及影响因素

影响斑图的因素很多，只有适当情况下才能出现规则的斑图形态，而几乎所有放电条件都可能导致斑图形态的变化，包括气体成分和气压、电压/频率、外加电磁场、放电模式等。DBD 中各种斑图形态如图 13.26 所示。

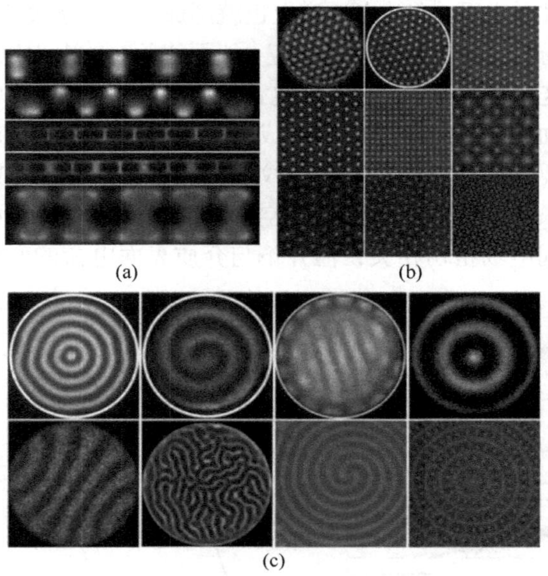

图 13.26　DBD 中的各种斑图形态

(a) 一维斑图；(b) 二维点状斑图；(c) 线状斑图

2. DBD 斑图的形成机理

1) 辉光 DBD 中的增强-抑制效应

在均匀空间电荷、表面电荷的背景下，如果没有扰动，DBD 将一直是均匀放电，与一维放电相同。但存在空间电荷扰动时，放电会变得不均匀。下面以空间电荷的扰动为例予以说明。

令双介质层对面型 DBD 的电极长度为 4cm，并覆盖介质表面。介质厚度 $e=0.1$cm，介电常数$\varepsilon_r=10.5$，放电间隙 $d=0.1$cm。气体为 Ne，气压 $p=25$Torr，二次电子发射系数为 0.5。模拟外加电压 $V_s=170$V，脉冲时间 $\tau=30\mu$s。初始的表面电荷均匀分布，并且其引发的表面电场与外电压等效。空间电荷中存在扰动，沿介质表面分布为一个高斯型函数 $n_e(x)=n_0+\Delta n\exp[-(x-2)^2/G]$ (其中空间电荷背景浓度 $n_0=10^6\text{cm}^{-3}$，扰动强度$\Delta n/n_0=0.1$；而参数 $G=0.04$ 决定高斯分布的宽度)。模拟中使用电离率来表征放电强度。

由于是辉光 DBD，其放电过程与前面所述相同。在无扰动时放电是均匀的；有扰动时，电流也差别很小。该模拟条件下，放电在 0.01μs 后开始，持续 1.5μs，峰值在 0.77μs 处。

在中心处($x=2$cm)有空间电子电荷扰动时，电子浓度最高，因此这里放电发展更快、更强。随着放电发展到靠近阴极一侧时，中心位置的放电进一步增强，空间中产生大量电荷。电子的迁移速度快，很快到达表面形成壁电荷，空间中留有大量的正电荷，使得中心处局域电场增强，并产生一个向外的横向电场。在其作用下，部分电子从两侧向中心处迁移，导致中心处的放电进一步加强，而两侧的放电被减弱，形成所谓“增强-抑制效应”，它实际上是一种侧向抑制。这一过程一直持续到放电达到峰值。

在电流下降阶段，电离率下降得非常快。中心处的放电首先停止，但两侧放电将持续一段时间，只是强度大大减弱。结果是侧向附近的电子密度增加，使得其与中心处的密度差异减小。但由于中心附近的横向电场一直存在，电子依然从侧向向中心迁移，使中心密度增大，直到横向电场消失。中心处的电子密度总是大于侧向附近。此后，在扩散和复合作用下，空间电荷开始衰减，并趋于空间均匀化，直到下一次放电的来临。

如果把整个电流脉冲时间内的电离率进行积分，可以更清楚地看出增强-抑制效应的存在，如图 13.27 所示。在径向分布上，电极中心处($x=2$cm，$y=0.015$cm)的放电要强于其他位置，而在其附近区域(箭头标示处)，电离率要小于其他位置，说明此处放电被抑制或减弱。增强-抑制效应在靠近阴极区(即 $y=0.005$～0.025cm 的区域)表现得更为明显。

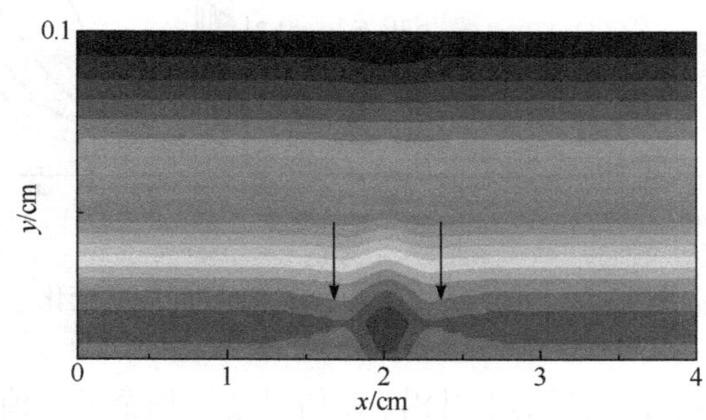

图 13.27　时间积分电离率(积分时间 $\tau=1.0\mu s$)

电子非均匀分布的时间发展可以利用沿电极垂直方向积分的电离率来描述，如图 13.28 所示。可以看出，在电流的上升阶段，中心处($x=2$cm)的电子相对浓度增长的非常快，高于初始值 $n_e(x)/n_0=1.1$，且远高于其他位置。当 $t=0.68\mu s$ 时，达到最大值 $n_e(x)/n_0=1.46$；而其附近区域($x=1.65$cm 和 2.35cm)，$n_e(x)/n_0=1.03$，低于当地初始值 1.06。在电流的下降阶段，随着放电的停止，中心处的电子相对浓度开

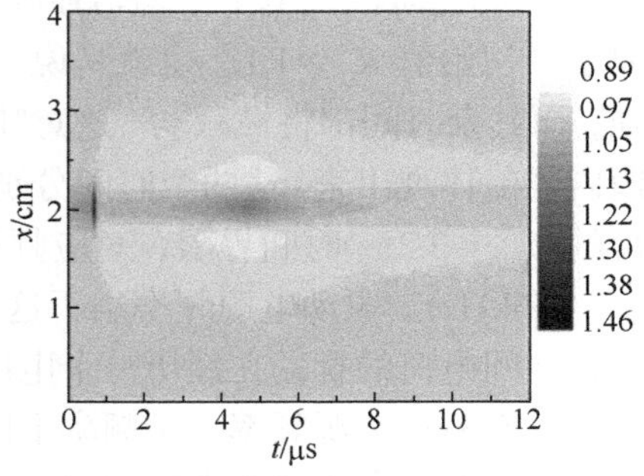

图 13.28　电子相对浓度的分布随时间的变化

始减弱，但仍高于其他位置，这说明中心处的放电得到加强。另一方面，在电流的下降阶段和后辉光阶段，中心两侧的区域(x = 1.65cm 和 2.35cm)，电子的相对浓度要小于其他位置，说明这个位置的放电被减弱。电子分布的不均匀程度在后辉光阶段得到加强，并且在 t=4.73μs 时达到最大，即在 x=2cm 处，电子的相对浓度为 $n_e(x)/n_0$ = 1.15，而其附近区域(x = 1.65cm 和 2.35cm)，电子相对浓度达到最小值 $n_e(x)/n_0$ = 0.94。此后，空间电子的不均匀程度随着时间的推移逐渐减弱，并在 10μs 后达到均匀。

由于中心处(x = 2cm)电子浓度最高，而其两侧区域(x = 1.65cm 和 2.35cm)电子浓度最低，可以定义一个电子非均匀度 $K = \dfrac{n_e / n_0 |_{x=2\text{cm}}}{n_e / n_0 |_{x=1.65\text{cm}}}$ (即电子相对浓度最大处与最小处的比值)来表示空间电子不均匀强度的变化。K 值越大，意味着电子沿介质表面分布的非均匀性越强。图 13.29 给出了 K 值随时间变化的曲线。

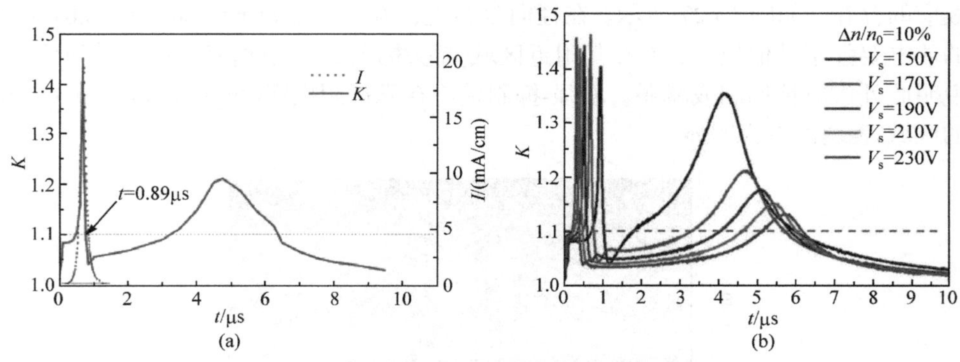

图 13.29　电子不均匀强度(K 值)随时间的变化

(a) 170V 时的 K 值和电流；(b) 不同电压下的 K 值

图 13.29(a)显示，在电流的上升沿，K 值迅速增加至最大值 1.46，但是在电流峰值附近，K 值快速下降。在电流的下降沿和后辉光阶段，电子不均匀强度经历了一个先增大后减小的发展过程。并且在 t=4.73μs 时，达到它的第二个峰值 K=1.2。在后辉光阶段，电子不均匀强度在时间小于 3.2μs 和大于 5.7μs 的时间段内是要小于初始值 K_0 = 1.1。也就是说，空间电子的扰动只有在 t = 3.2～5.7μs 时被加强，而其余时间都将被减弱。这意味着空间电荷的增强-抑制效应只有在这个时间段内才能体现出来。这两个时间分别定义了一个长的(模拟条件下为 τ_{max} = 5.7μs)和短的(τ_{min} = 3.2μs)时间界限，对应频率的下限(模拟条件下为 f_{min} = 87kHz)和上限(f_{max} = 156kHz)。驱动电源频率小于这个频率下限 f_{min} 时，空间电荷的不均匀性被减弱，空间电荷的扰动在经历一个电压脉冲后得不到加强，放电最终将会呈现均匀结构。而驱动电源频率大于频率上限 f_{max} 时，电子的非均匀性同样会被削弱。只有当驱动频率介于这两者之间($f_{min} < f < f_{max}$)时，非均匀空间电荷导致的增强-抑

制效应才会显现处理，电子不均匀强度可以得到持续的增强和发展，并最终形成斑图放电结构。

外加电压越高，增强-抑制效应将越弱，如图 13.29(b)所示。在很高电压下，增强-抑制效应将不能使初始扰动加强，放电最终于均匀化。

模拟多脉冲放电结果显示，只有当条件合适时(即适当频率、适当电压)，放电才能最终发展成斑图。在 170V/100kHz 驱动，中心处 10%电子密度扰动时，放电不均匀开始于电荷扰动处(前 4 个脉冲)，并逐渐向两边发展(8 个脉冲后)，最后形成稳定斑图(56 个脉冲后)，如图 13.30 所示。

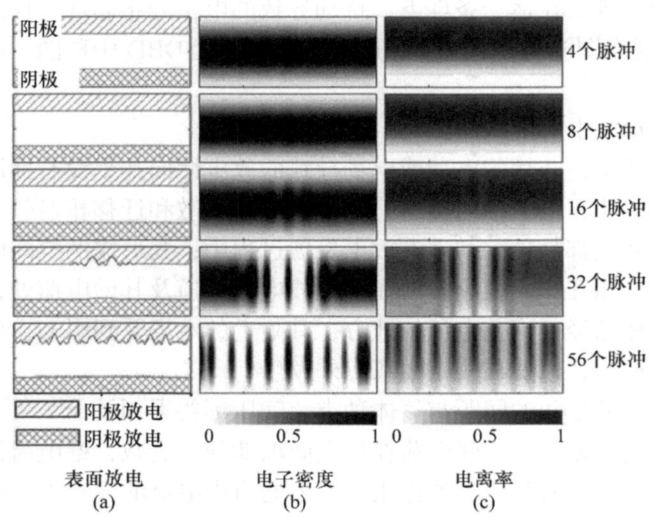

图 13.30　中心扰动时的斑图形成过程(170V/100kHz、中心处 10%电子密度扰动)

即使模拟中将每次电压脉冲开始时的表面空间电荷均匀化，DBD 也将最终发展成斑图模式，只是稳定脉冲数稍微增加(上述模拟条件下增大至 60 个脉冲以后)。而在形成斑图后，如果将每次电压脉冲开始时的空间电荷均匀化，斑图将在 10 个脉冲后变得均匀。这也证实，空间电荷分布是辉光 DBD 斑图形成的根本原因，而表面电荷是斑图化的结果，对斑图形成只是起到正反馈的作用。

几个相关的结论包括：

(1) 如果频率太高或太低(上述模拟条件下高于 156kHz 或者低于 87kHz)，放电仅在开始 2～3 个脉冲内存在非均匀性，此后将均匀化。这是因为电子的增强-抑制效应作用的时间尺度不合适。

(2) 如果电压太高(上述模拟条件下高于 260V)，放电也仅在开始 2～3 个脉冲内不均匀，此后将均匀化。这是因为高电压下的增强-抑制效应减弱。

(3) 如果在放电空间引入外部电离源，使空间电荷趋于均匀化，当 DBD 空间存在外加电场时，空间电荷的分布也受到干扰而趋于均匀化，那么 DBD 也将均匀化。

(4) 如果存在纵向磁场，则在洛伦兹力作用下，电子的侧向迁移将被约束，使放电中的非增强-抑制效应减弱，DBD 趋于均匀化。但如果磁场很强，可能出现另外的机制。

这些结论与实验观测结果非常吻合，也为实现 DBD 均匀化或特种斑图提供了思路。

增强-抑制效应也可以来源于局域电场的扰动，如表面电荷扰动，或者电极边界处的电场跃变等。在适当条件下，扰动导致的电子分布非均匀性能够被加强，则 DBD 将呈现斑图放电模式。这也是在实验中辉光 DBD 中斑图一般开始于电极边界的原因。

2) 流注 DBD 中的壁电荷影响

在流注模式下，非均匀电荷或电场导致的放电侧向几乎没有抑制效应。由于放电过程发展很快，电子径向运动速度快，侧向扩散和迁移相对较小，各放电通道在时间和空间上都是独立的。在放电发展过程中，其形成的空间电荷和表面电荷也相互独立，相互作用很小。但在已经放电的通道及其壁电荷处，附近不会连续发生放电。在已经集聚壁电荷的地方，其附近的电场受到影响，放电通道难以在很近的地方形成，只能在一定距离以外发生。

最小放电通道之间的间距与气体种类、气压等要素相关。

考虑到流注通道内的空间电荷在放电间歇期间的衰减，壁电荷往往在继续保持流注模式下的斑图时起更大的作用。放电通道中电荷的库仑力、电流的安培力影响不大。这也与流注 DBD 放电丝的随机性有关。事实上，流注 DBD 放电通道并不同步，同时在相邻处产生两个放电丝的可能性很小。

流注 DBD 的斑图机制还需要更精细的研究。

13.5.3 时间混沌和分岔

对于对称平板电极的对面型 DBD，典型的电流周期与外加电压是一致的，而且两个半周期的正、负脉冲电流也具有对称性，这种正常形态可称为对称周期一(symmetrical period-1)放电，简记为 SP1 放电。

但有时 DBD 并非是正常形态。从非线性动力学角度来看，DBD 系统是一个复杂的耗散型非线性动力学时空系统，并且其动力学行为受到多个内、外部参数的影响，如电极和介质层的材料、结构和配置，工作气体和气压，外加电压的类型、频率和幅值等。即使“最正常”的 SP1 放电也不是一个简单线性过程的结果，而是在一系列内部因素和外部条件下形成的精细的动力学平衡态。当系统参数不能满足 SP1 放电的维持条件时，就可以出现其他非线性动力学过程和行为，包括不对称 SP1 放电、倍周期分岔、准周期态放电和混沌态放电等。大连理工大学的王德真、华南理工大学的戴栋等在 DBD 时间混沌方面做了非常出色的工作。

下面以正弦波电压驱动的大气压 DBD 为例予以说明。其中，电极为直径 60mm 的铝和氧化铟锡(ITO)，间距 $d = 1 \sim 10$mm；介质为 100mm × 100mm × 1mm 石英玻璃(相对介电常数为 3.6)；工作气体是大气压纯氦；电源电压 0～30kV，频率 5～50kHz。

1. 不对称周期一放电

大气压 DBD 在一定条件下还存在另一种类似的放电形式，其放电电流的周期依然与外加正弦电压周期相同，但电流波形在正负半周期内不对称，称之为不对称周期一(asymmetrical period-1，AP1)放电，图 13.31 分别给出了 SP1 放电与 AP1 放电的波形图及其快速傅里叶变换(FFT)。一般地，SP1 放电电流的频谱中只有奇次谐波(基波 f_0 等于外加电压频率)，而 AP1 放电电流的频谱中不仅含有奇次谐波，在高频区域还含有明显的偶次谐波。与常规、稳定的 SP1 放电相比，AP1 放电更类似于一种高频的不稳定放电。

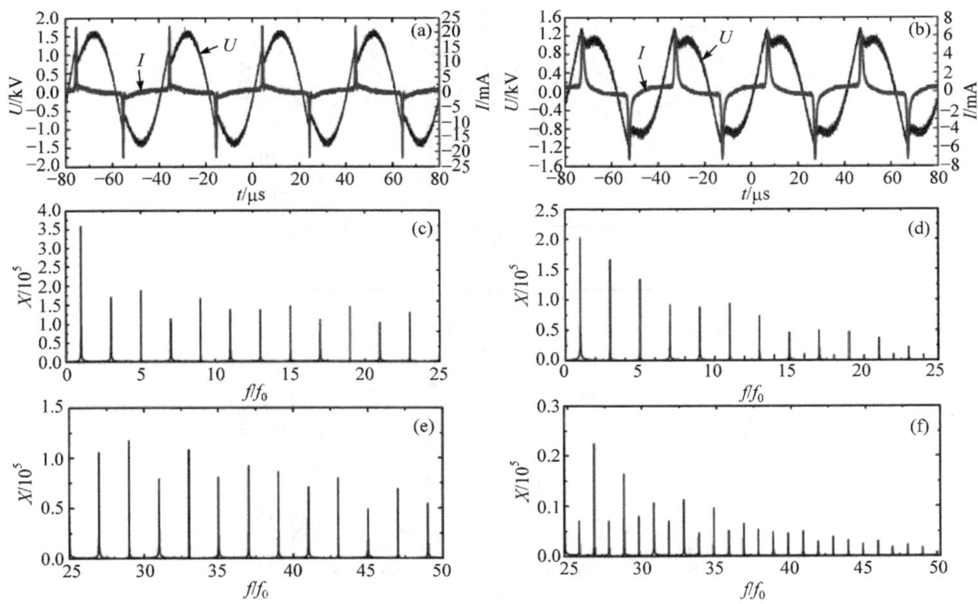

图 13.31　SP1 放电与 AP1 放电的波形图及其频谱图

(a) SP1 放电波形图；(b) AP1 放电波形图；(c) SP1 放电电流 0～$25f_0$ 频谱图(频率分辨率 250Hz)；(d) SP1 放电电流 $25f_0$～$50f_0$ 频谱图；(e) AP1 放电电流 0～$25f_0$ 频谱图(频率分辨率 250Hz)；(f) AP1 放电电流 $25f_0$～$50f_0$ 频谱图

2. 放电状态随放电参数的变化

DBD 在适当条件下将出现非正常放电。例如，在小气隙 $d = 1$mm，$f = 14$kHz

时，在不同电压幅值下，放电都保持为 SP1 放电。但当频率较高 $f = 18\text{kHz}$，放电模式将随电压变化，如图 13.32 所示。U_{pp} 升高到 1864V 时，出现 AP1 放电，放电电流的负脉冲幅值大于正脉冲幅值(记为 AP1N 放电，图 13.32(b))；但进一步升高 U_{pp} 至 2007V 及以后，一直保持 SP1 放电。

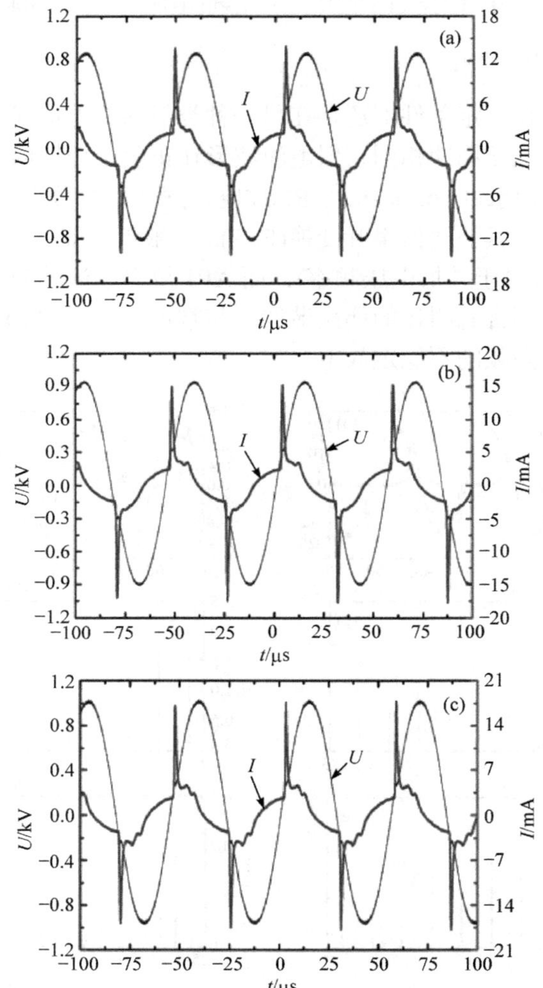

图 13.32　$d = 1\text{mm}$，$f = 18\text{kHz}$ 时的放电波形图

(a) $U_{pp} = 1706\text{V}$，SP1 放电；(b) $U_{pp} = 1864\text{V}$，AP1N 放电；(c) $U_{pp} = 2007\text{V}$，SP1 放电

气隙增大至 $d = 4\text{mm}$，更容易出现 AP1 放电现象，如图 13.33 所示($f = 22\text{ kHz}$)。当 $U_{pp} \geqslant 1498\text{V}$ 时，气隙击穿并发生 SP1 放电(图 13.33(a))。当 $U_{pp} \geqslant 1612\text{V}$ 时，SP1 放电消失，放电呈现为正脉冲电流幅值大于负脉冲电流幅值的 AP1 放电(记

为 AP1P 放电，图 13.33(b))。$U_{pp} \geqslant 3358V$ 时，放电又进入了 SP1 放电(图 13.33(c))。$U_{pp} \geqslant 3574V$ 时，SP1 放电消失，放电变为 AP1N 放电(图 13.33(d))。$U_{pp} \geqslant 4044V$ 时，气隙再次进入 SP1 放电(图 13.33(e))。此后继续升高电压，将一直保持为 SP1 放电。亦即，放电呈现出 SP1→AP1P→SP1→AP1N→SP1 的变化。

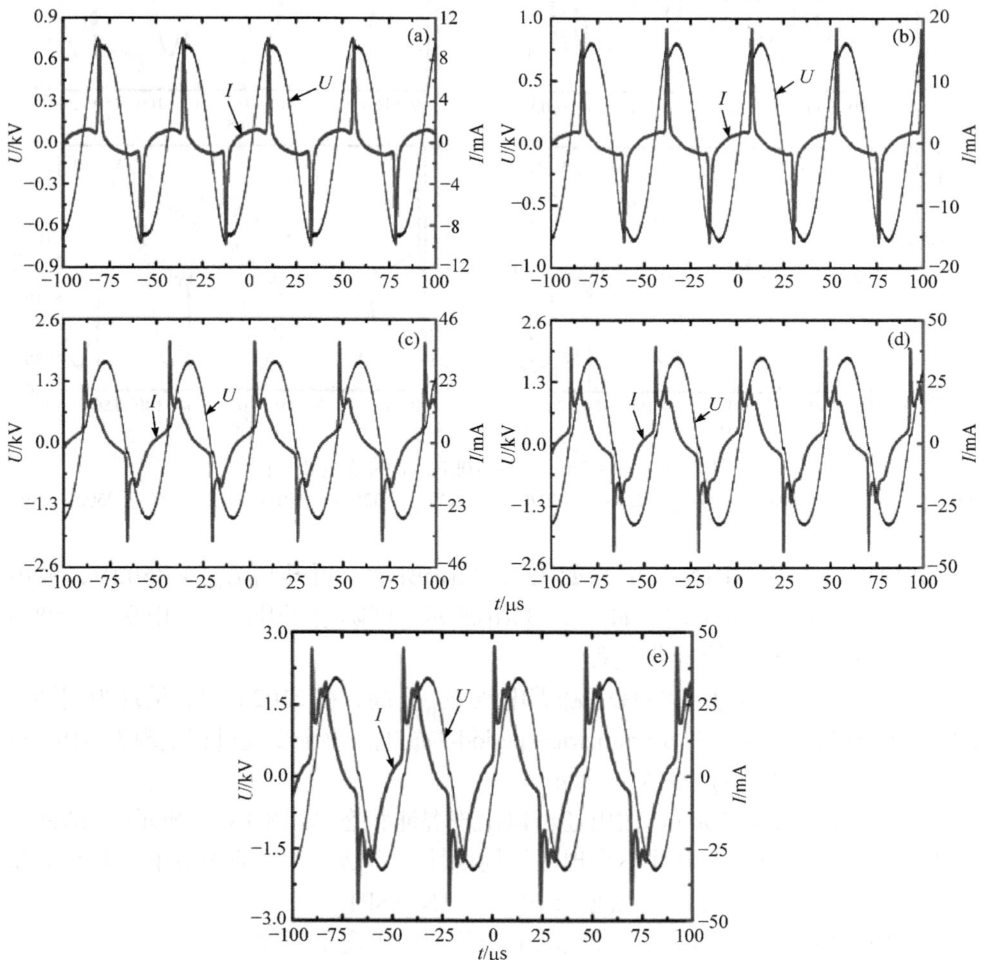

图 13.33　$d = 4mm$，$f = 22kHz$ 下的 DBD 放电波形图

(a) $U_{pp} = 1498V$，SP1 放电；(b) $U_{pp} = 1612V$，AP1P 放电；(c) $U_{pp} = 3358V$，SP1 放电；(d) $U_{pp} = 3574V$，AP1N 放电；(e) $U_{pp} = 4044V$，SP1 放电

进一步增大气隙至 $d = 7mm$ 时，又出现新的放电形式，如图 13.34 所示($f = 10kHz$)。当 $U_{pp} = 1775V$ 时，放电电流周期为电压周期的 8 倍，正负半周期放电脉冲对称，记为 SP8(symmetrical period-8)放电，如图 13.34(a)所示。$U_{pp} = 2398V$ 时，SP8 放电转变为 AP1P 放电，如图 13.34(b)所示。继续升高 U_{pp} 至 3256V，

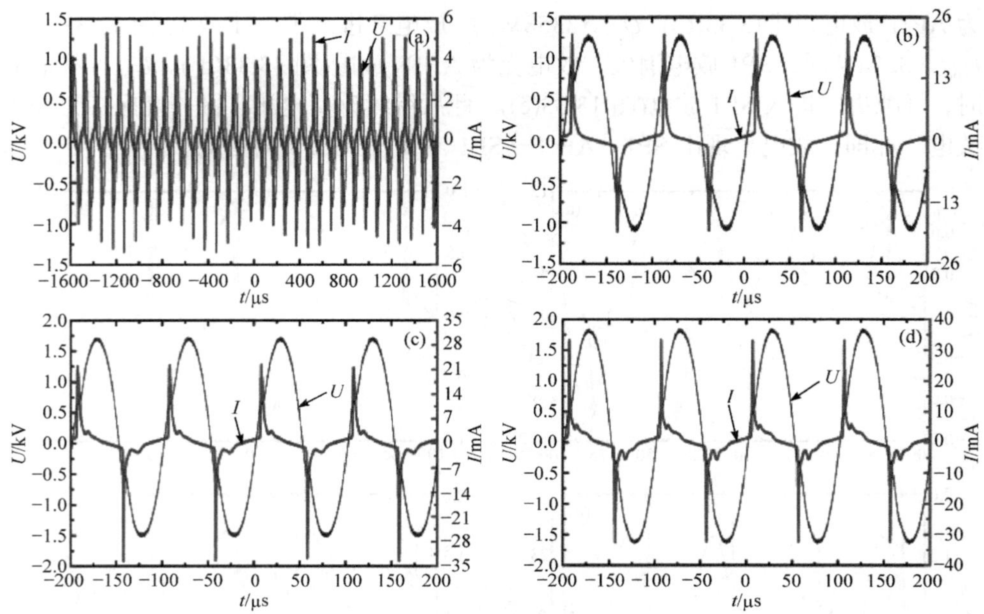

图 13.34 $d = 7\text{mm}$，$f = 10\text{kHz}$ 下的放电波形图

(a) $U_{pp} = 1775\text{V}$，SP8 放电；(b) $U_{pp} = 2398\text{V}$，AP1P 放电；(c) $U_{pp} = 3256\text{V}$，AP1N 放电；(d) $U_{pp} = 3502\text{V}$，SP1 放电

AP1P 放电转变为 AP1N 放电，如图 13.34(c)所示。再升高 $U_{pp} \geqslant 3502\text{V}$，放电变为 SP1 放电并一直维持，如图 13.34(d)所示。即随电压升高，放电呈现 SP8→AP1P→AP1N→SP1 的变化过程。

如果升高频率至 $f = 28\text{ kHz}$，随着电压 U_{pp} 升高，在 2102V 时，呈现为周期二的不对称放电，记为 AP2(asymmetrical period-2)放电。整个变化过程呈现为 AP1N→AP2→AP1N→SP1，如图 13.35 所示。

更大气隙下，d=10mm，放电还可以出现混沌状态，如图 13.36 所示($f = 6\text{kHz}$)。当 $U_{pp} = 2429\text{V}$ 时，放电并不呈现任何周期性，而是一种混沌态放电。升高电压过程中，放电状态变化为“混沌→SP1→AP1N→SP1”。

如果提高频率，则可以在较宽的电压范围内出现不对称放电。

3. 机理分析

在 DBD 中，空间电荷，特别是相对较长的正柱区对整个放电状态的影响非常大。如果正柱区等离子体在放电间隔期间不能有效衰减，则放电容易出现不稳定。这在长间隙情形下更加明显。

频率放电状态的影响，也是通过等离子体的衰减来实现的。频率越高，电压换向越快，等离子体衰减时间越短，会使正柱区更不易消散，因而也会更容易出

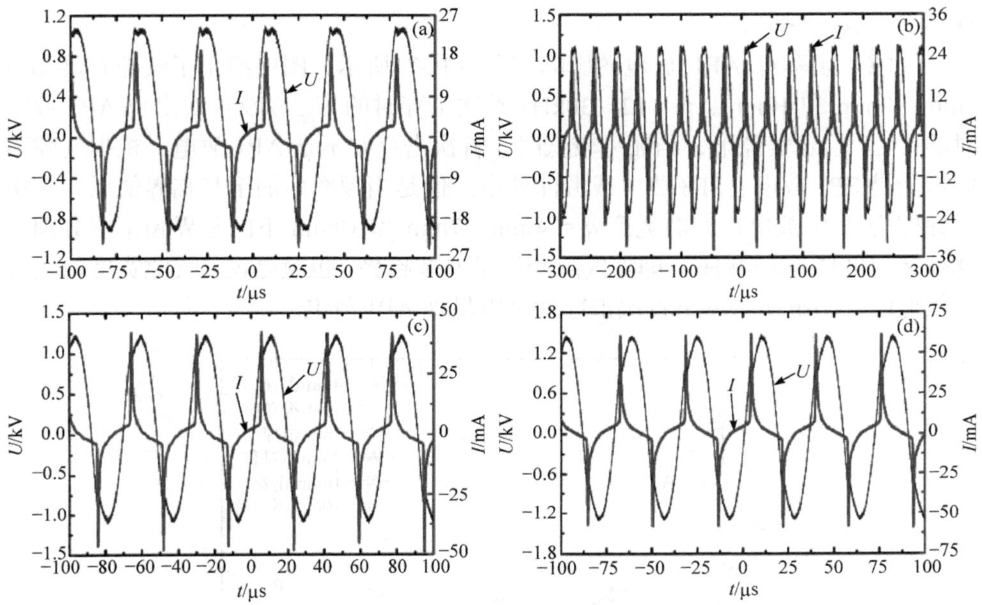

图 13.35　$d=7\text{mm}$，$f=28\text{kHz}$ 下的放电波形图

(a) $U_{pp}=2039\text{V}$，AP1N 放电；(b) $U_{pp}=2102\text{V}$，AP2 放电；(c) $U_{pp}=2358\text{V}$，AP1N 放电；(d) $U_{pp}=2786\text{V}$，SP1 放电

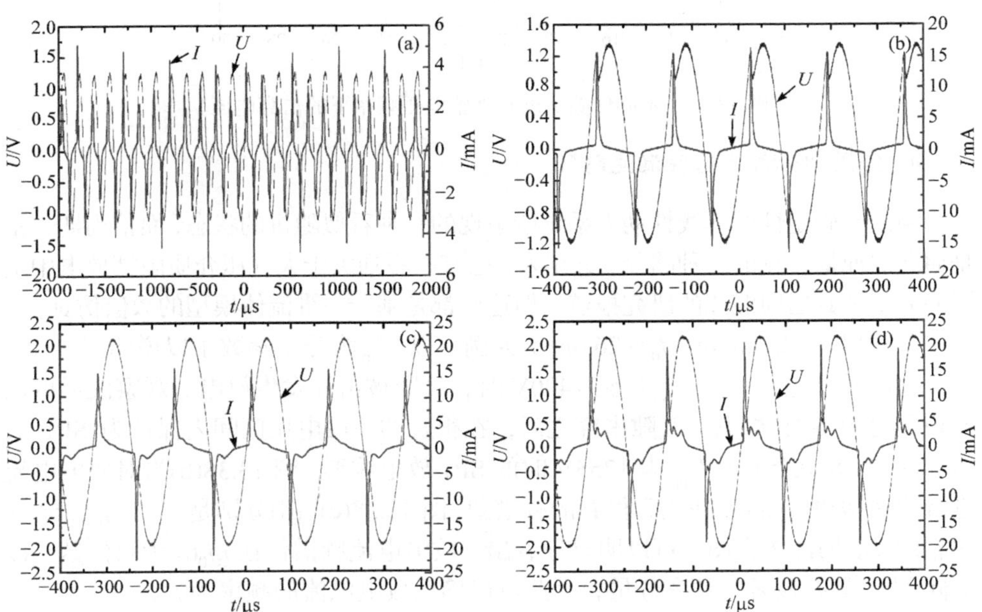

图 13.36　$d=10\text{mm}$，$f=6\text{kHz}$ 下的放电波形图

(a) $U_{pp}=2429\text{V}$，混沌；(b) $U_{pp}=2599\text{V}$，SP1 放电；(c) $U_{pp}=4163\text{V}$，AP1N 放电；(d) $U_{pp}=4256\text{V}$，SP1 放电

现不稳定放电现象。

气隙和频率对 AP1 放电的影响如图 13.37 所示，图中给出了气隙宽度 d = 4mm、7mm 和 10mm，f = 12～30kHz 首次击穿时的 U_{pp} 以及首次出现 AP1 放电时的 U_{pp}。给定气隙下，当频率较低时，首次击穿并不是 AP1 放电，根据气隙不同可能是 SP1 放电、SP8 放电或混沌放电。但是当频率增加至某临界值后，首次击穿即为 AP1 放电；气隙宽度 d = 4mm、7mm 和 10mm 下的临界频率值分别为 28kHz、18kHz 和 14kHz，即随气隙增加呈递减趋势。也就是说，气隙宽度较大时在较低的外施电压频率下首次击穿就可以呈现 AP1 放电。

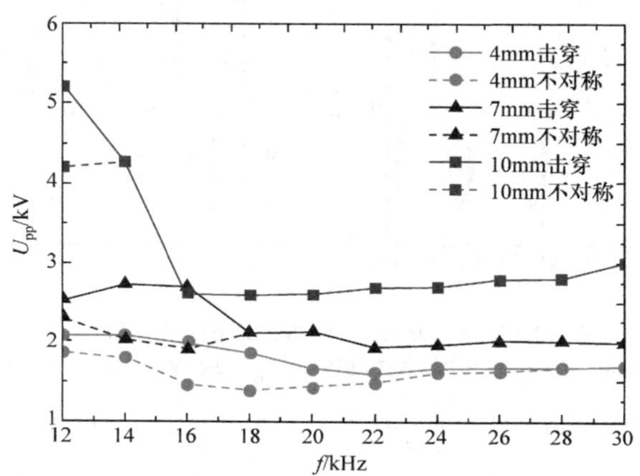

图 13.37　不同气隙宽度和外施电压频率下的击穿电压

4. 倍周期分岔及通往混沌路径

混沌是确定性的非线性动力系统所呈现的一种看似随机的状态，而倍周期分岔是通向混沌最常见的一种路径。近年来，已有一系列关于大气压介质阻挡放电中倍周期分岔及其通向混沌的研究报道，但这些都是基于一维流体模型的数值仿真。

下面以 d = 2.08mm、f_0 = 26.6kHz 为例，以 U_{pp} 为分岔参数予以说明。

逐渐升高电压，当 U_{pp} 达到 1400V 时，气隙被击穿发生放电。观察波形可以发现此时为 SP1 放电。气隙击穿之后，在很长的一段电压区间内保持为 SP1 放电。图 13.38(a)给出了 U_{pp} 为 1755V 时的 SP1 放电波形。图 13.38(b)为对放电电流进行快速傅里叶变换(FFT)后得到的频谱图，图 13.38(c)、(d)分别是 0～25f_0、25f_0～50f_0 的频谱局部放大图。可以明显地看出，放电电流频谱仅在 nf_0(n 为自然数，以下同)处才具有显著的频率分量，因此可以确认放电电流的频率为 f_0。

当电压增加到 1800V 时，SP1 放电无法维持，这时放电电流周期为外施电压的二倍，放电进入周期二(period-2，简记为 P2)态，图 13.39(a)给出了 U_{pp} 为 1800V 时的 P2 放电波形。图 13.39(b)为放电电流的频谱图，图 13.39(c)、(d)、(e)和(f)则

分别是 $0\sim10f_0$、$10f_0\sim20f_0$、$30f_0\sim40f_0$ 和 $90f_0\sim100f_0$ 的频谱局部放大图。可以明显看出，放电电流的谱线仅在频率 $nf_0/2$ 处比较明显，因而可以确认放电电流的频率为 $f_0/2$。

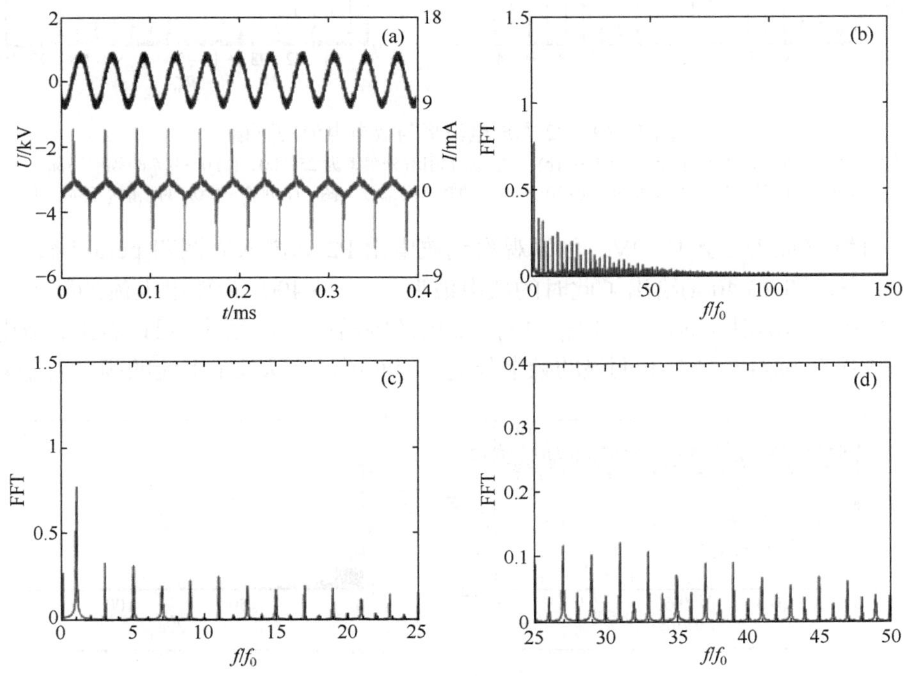

图 13.38　SP1 放电波形与放电电流的频谱

(a) 电源电压波形(上)与放电电流波形(下)；(b) 放电电流频谱(分辨率为 1kHz)；(c) $0\sim25f_0$ 的频谱局部放大图；(d) $25f_0\sim50f_0$ 的频谱局部放大图

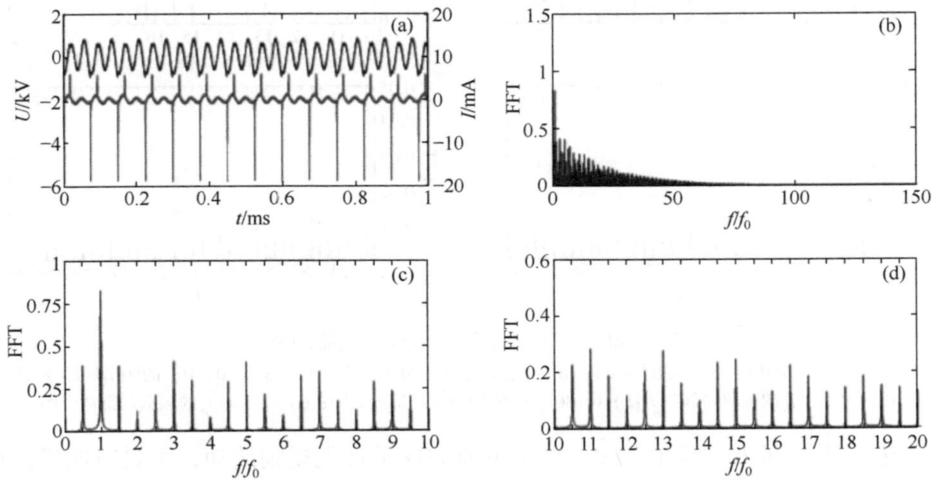

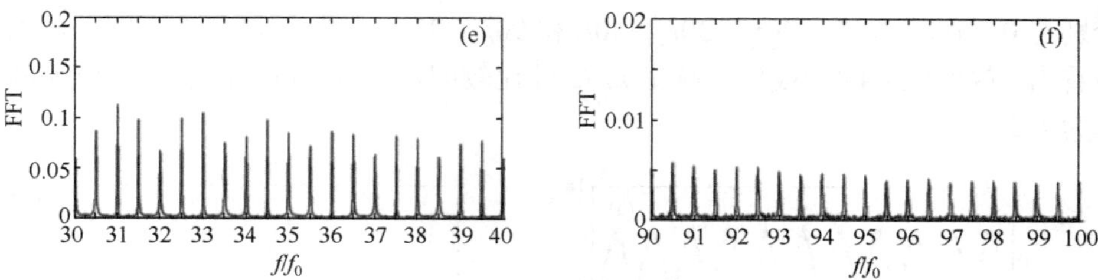

图 13.39 P2 态放电波形与放电电流的频谱

(a) 电源电压波形(上)与放电电流波形(下)；(b) 放电电流频谱(分辨率为 250Hz)；(c) 0～10f_0 的频谱局部放大图；(d) 10f_0～20f_0 的频谱局部放大图；(e) 30f_0～40f_0 的频谱局部放大图；(f) 90f_0～100f_0 的频谱局部放大图

继续增加 U_{pp} 至 1830V，可以观察到放电由 P2 态进入周期四(period-4，简记为 P4)态，图 13.40(a)给出了此时的放电波形。图 13.40(b)为放电电流的频谱图，图 13.40(c)、(d)则分别是 0～10f_0、10f_0～20f_0 的频谱局部放大图。可以看出，放电电流频谱仅在 $nf_0/4$ 处才具有明显的频率分量，因而可以确认放电电流的频率为 $f_0/4$。

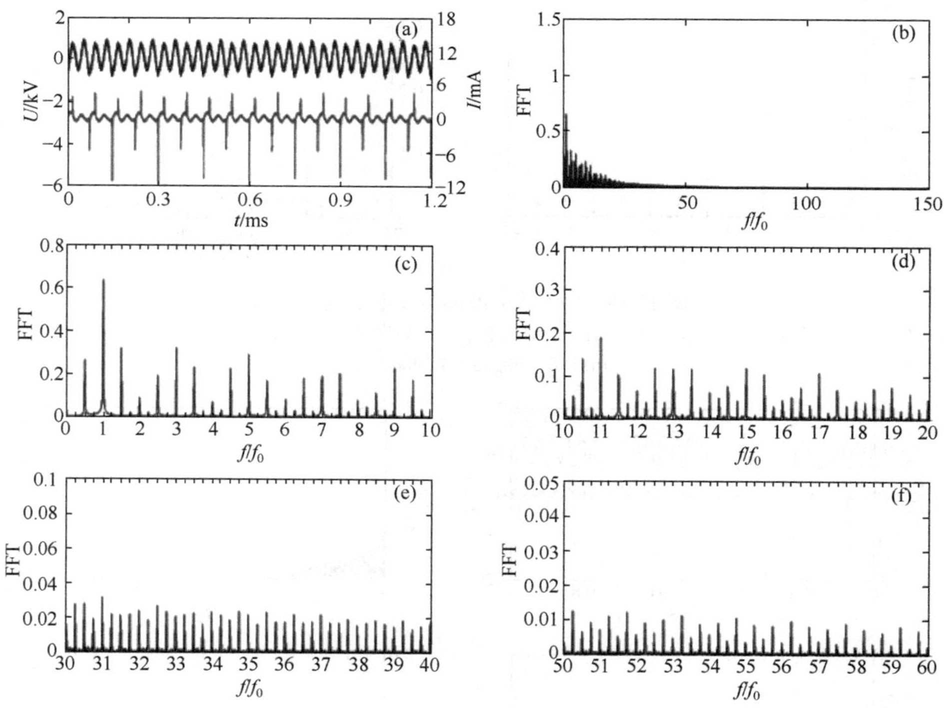

图 13.40 P4 态放电波形与放电电流的频谱

(a) 电源电压波形(上)与放电电流波形(下)；(b) 放电电流频谱(分辨率为 250Hz)；(c) 0～10f_0 的频谱局部放大图；(d) 10f_0～20f_0 的频谱局部放大图；(e) 30f_0～40f_0 的频谱局部放大图；(f) 50f_0～60f_0 的频谱局部放大图

进一步升高 U_{pp} 至 1847V，放电电流波形呈现无规则波动，不具有明显的周期性，放电进入混沌态，图 13.41(a)为此时的放电波形。图 13.41(b)为放电电流的频谱图，图 13.41(c)、(d)则分别是 0～$25f_0$、$25f_0$～$50f_0$ 的频谱局部放大图。可以发现，在 f_0 的整数倍频率与非整数倍频率下均有一定的频率分量存在。在低频处，谱线分布稀疏且不均匀；在高频处，谱线密集近似呈连续状。总之，此时放电电流的频谱与周期态放电电流的频谱存在显著差异，并具有一定的混沌态频谱特征。

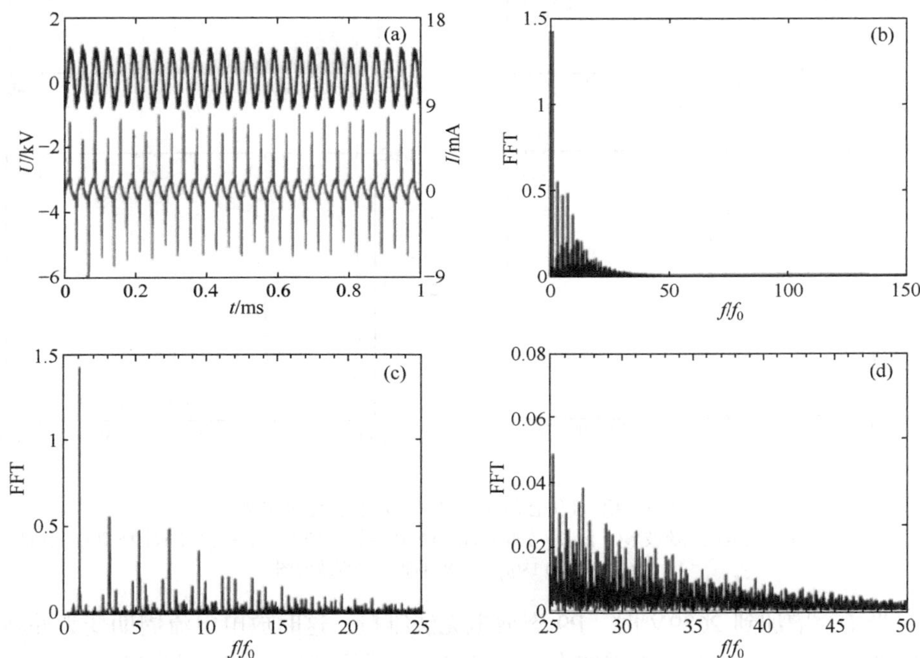

图 13.41　混沌态放电波形与电流的频谱

(a) 电源电压波形(上)与放电电流波形(下)；(b) 电流的频谱(分辨率为 250Hz，最高频率为 $5000f_0$)；(c) 0～$25f_0$ 的频谱局部放大图；(d) $25f_0$～$50f_0$ 的频谱局部放大图

5. 准周期态放电

从准周期通向混沌也是非线性动力系统通向混沌的一个典型道路。对平行电极大气压氦气介质阻挡放电(气隙宽度 8.02mm，频率 f_0 = 25.0kHz)，在不同外加电压 U_{pp} 下可得到分岔行为。

逐渐升高电压，当 U_{pp} 达到 2542V 时，气隙发生放电。观察波形可以发现放电电流的周期是外施电源电压周期的九倍，称之为周期九(period-9，简记为 P9)放电。图 13.42(a)给出了此时的放电波形。图 13.42(b)为对放电电流进行快速傅里叶变换后得到的频谱图，图 13.42(c)、(d)分别是 0～$20f_1$、$180f_1$～$200f_1$ 的频谱局部放大图(这里，$f_1 = f_0/9$)。可以明显地看出，放电电流频谱仅在 nf_1 处才具有显著的频率分量，因此可以确认放电电流的频率为 $f_1 = f_0/9$。

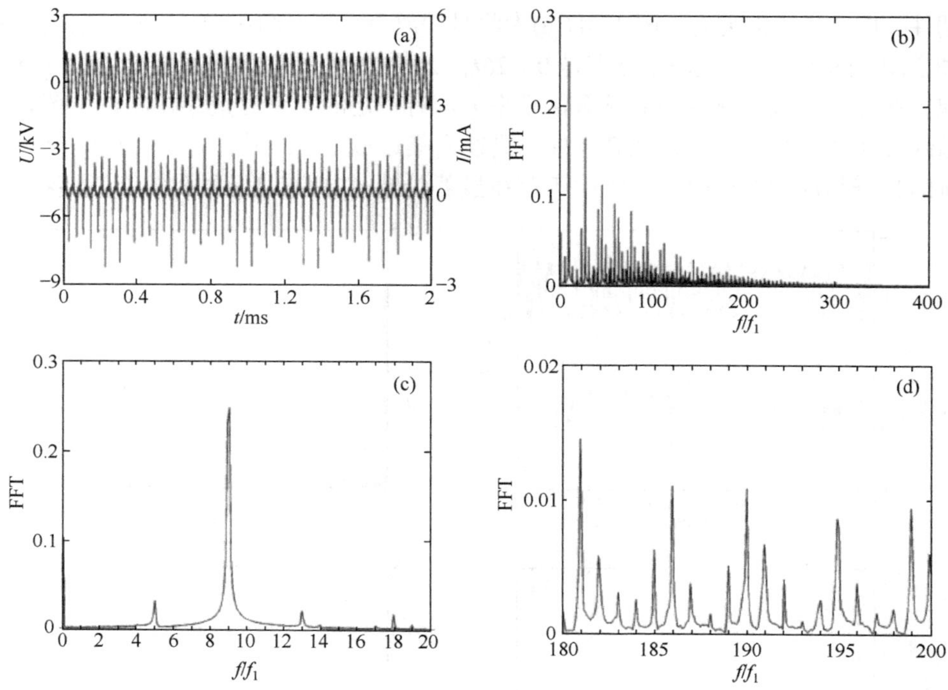

图 13.42　P9 态放电波形与放电电流的频谱

(a) 电源电压波形(上)与放电电流波形(下)；(b) 放电电流频谱(分辨率为 250Hz，$f_1=f_0/9$)；(c) 0～$20f_1$ 的频谱局部放大图；(d) $180f_1$～$200f_1$ 的频谱局部放大图

当 U_{pp} 增加到 2689V 时，P9 态放电无法维持，这时放电电流周期变为外施电压周期的 11 倍，放电进入周期十一(period-11，简记为 P11)态，图 13.43(a)给出了此时的放电波形。图 13.43(b)为放电电流的频谱图，图 13.43(c)、(d)则分别是 0～$25f_1$、$220f_1$～$240f_1$ 的频谱局部放大图(这里，$f_1=f_0/11$)。可以明显看出，放电电流的谱线仅在频率 nf_1 处比较明显，因而可以确认放电电流的频率为 $f_1=f_0/11$。

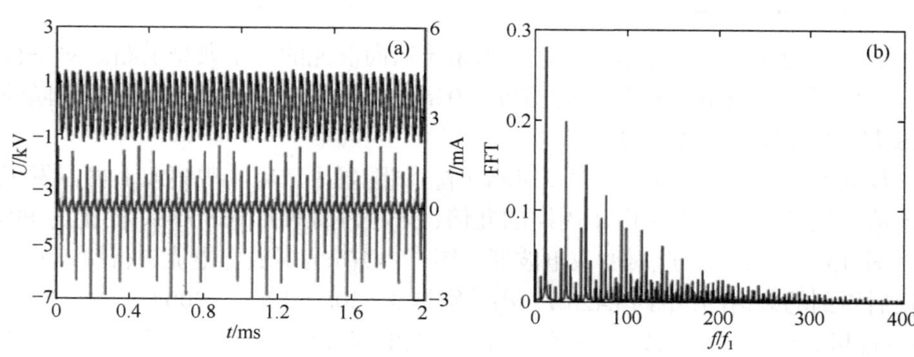

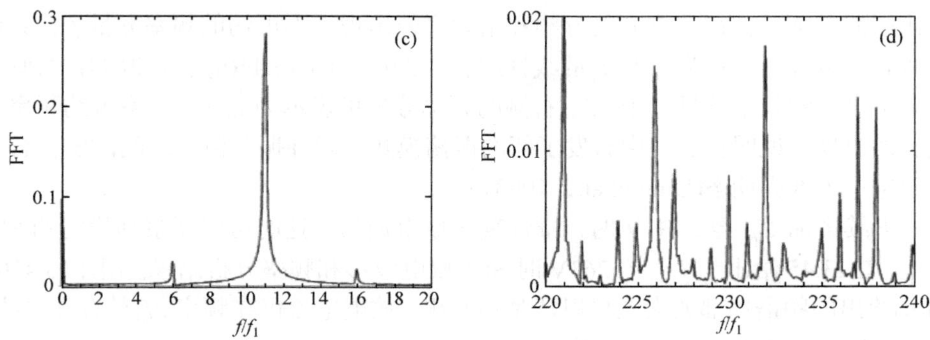

图 13.43　P11 态放电波形与放电电流的频谱

(a) 电源电压波形(上)与放电电流波形(下)；(b) 放电电流频谱(分辨率为 250Hz，$f_1=f_0/11$)；(c) 0～$20f_1$ 的频谱局部放大图；(d) $220f_1$～$240f_1$ 的频谱局部放大图

进一步增加 U_{pp} 至 2695V 时，放电电流呈现出一定的准周期态特征。图 13.44(a)给出了此时的放电波形，图 13.44(b)为放电电流的频谱图，图 13.44(c)、(d)则分别是 0～$10f_0$、$10f_0$～$15f_0$ 的频谱局部放大图。从图 13.44(c)和(d)可以看出，其频谱分

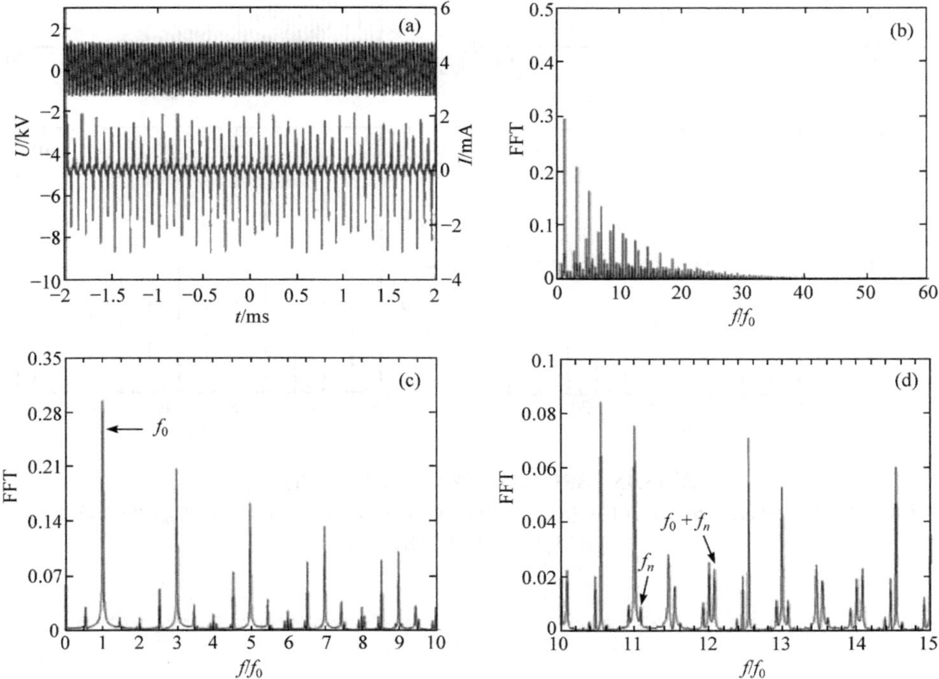

图 13.44　准周期态放电波形与放电电流的频谱

(a) 电源电压波形(上)与放电电流波形(下)；(b) 放电电流频谱(分辨率为 250Hz)；(c) 0～$10f_0$ 的频谱局部放大图；(d) $10f_0$～$15f_0$ 的频谱局部放大图

布比周期态杂乱，在基波 f_0 的分频和倍频之外出现了不可约的频率分量 f_n，频谱中所有分量皆可表示为 f_0 与 f_n 的线性组合。例如，图 13.44(d)中 f_n 为 $11f_0$ 右侧的某个不可约的频率分量，则 $12f_0$ 右侧的频率分量可表示为 $f_0 + f_n$。不可约频率分量 f_n 的出现，说明在放电中激发了新的振荡模式，两种振荡模式之间的弱耦合使得放电进入准周期态(Ding et al., 1993)。

继续增加 U_{pp} 至 2731V 时，准周期态放电消失，这时可以观察到稳定的 SP1 放电。图 13.45 给出了 $U_{pp}=3263$V 时 SP1 放电波形和频率分析结果。由图 13.45(c)和(d)给出的频谱局部放大图可以清楚地看出，放电电流仅在频率 nf_0 处存在谱线，因而可以确认放电电流的频率为 f_0。

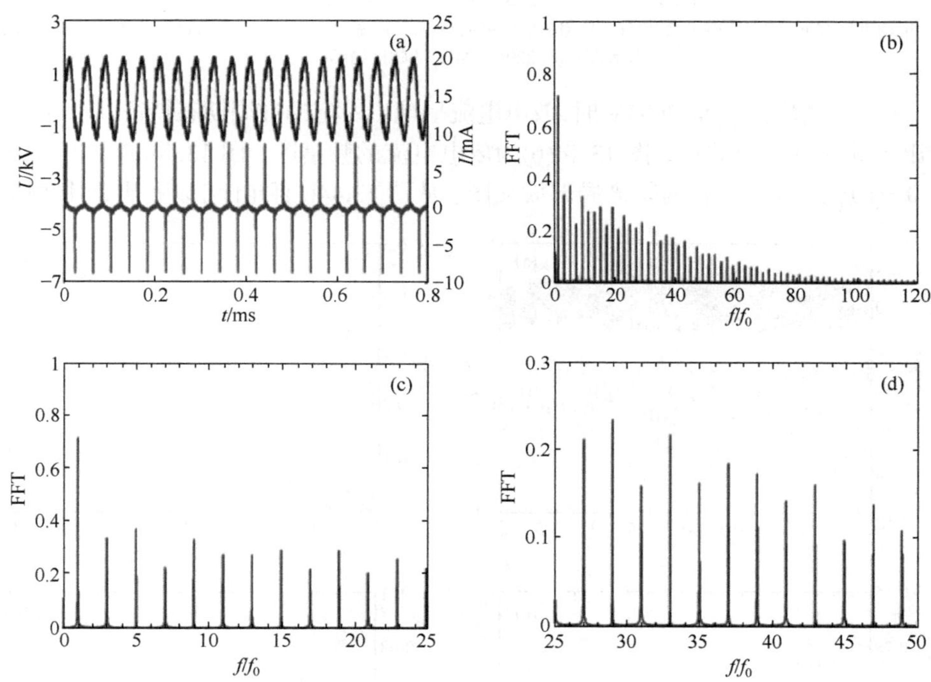

图 13.45　SP1 态放电波形与放电电流的频谱

(a) 电源电压波形(上)与放电电流波形(下)；(b) 放电电流频谱(分辨率为 250 Hz)；(c) 0～$25f_0$ 的频谱局部放大图；(d) $25f_0$～$50f_0$ 的频谱局部放大图

第 14 章　射 频 放 电

在直流放电中，电子和离子在放电通道中运动，最终都能够到达电极(或其表面)，从而形成流向电源的传导电流，即放电中的电流是电子和离子在电极间实际流动的结果，而电子和离子的流动路径则反映了放电过程的实际电气路径。直流放电的物理过程主要取决于电流路径上(通常沿放电管的轴向)的直流电场分布情况。当把低频(例如几十赫兹至几十千赫兹)的交流电压施加到放电装置的电极上时，该装置内的放电过程基本接近直流放电时的情形，与放电相关的物理过程也不会有大的变化。在低频条件下，外加电场的周期远大于放电等离子体中多数物理过程的特征时间或时间间隔，因此由低频交流源驱动的放电可以采用直流放电中的方法来进行分析和处理，即前面章节所介绍的现象和理论在低频交流放电中仍然适用。

如果进一步升高外加电压的频率，外加电场的周期逐渐减小。当外电场周期可以与电子或离子(特别是离子)跨越等离子体与电极间鞘层所需要的时间相比拟时，放电中的现象和物理过程会发生显著变化。在上述的高频率，即通常称为射频(radio frequency，RF)的情况下，电源主要通过位移电流而不是传导电流与等离子体发生相互作用，因此高频下放电中起主导作用的物理过程与直流放电中的情形有非常大的区别。

通常，射频电源的制造难度及价格都要远高于直流电源。但射频电源驱动的放电等离子体仍广泛应用于许多工业领域及科研工作中，主要是因为相比于直流或低频放电等离子体，射频放电等离子体具有一些独特的优点。最重要的优点在于：施加了射频信号的电极与等离子体间的相互作用主要通过位移电流而不是传导电流，即不需要电极与等离子体直接接触就能实现从电源向等离子体馈入功率。在实际应用中，如果等离子体源的电极与等离子体发生接触并产生强烈的直接作用，这将会导致一个较为严重的缺点：金属电极的原子受到离子的溅射而进入等离子体中，不仅可能造成电极损坏，而且会使等离子体中出现不需要的杂质成分，而在一些工业应用(如微电子工艺)中杂质的控制是至关重要的。如果电极不与等离子体发生接触或电极与等离子体接触的过程中不携带传导电流，一方面将有助于延长电极和等离子体反应器的寿命，另一方面有利于提高等离子体反应器的可靠性、生产工艺的可重复性以及产品的质量。

射频功率源可以通过电容耦合、电感耦合或波-等离子体耦合等方式与等离子体发生相互作用。电容耦合主要利用静电场来加速电子；电感耦合利用感应电场来加速电子；波-等离子体耦合则更类似于准光学方式，利用电磁波来与等离子体进行作用。本章将概括地介绍采用电容、电感及螺旋波耦合方式所形成的射频等离子体。

14.1　电容耦合射频放电

电容耦合等离子体(capacitively coupled plasma，CCP)广泛应用于薄膜蚀刻和薄膜沉积领域。电容耦合射频放电系统通常采用两个平行平板电极，其中一个电极板接地，另一电极板通过匹配器及直流隔离电容 C_B 与射频功率源连接，电极可以与放电等离子体直接接触，或通过介质层与放电等离子体隔离，如图 14.1 所示。匹配器的作用一方面是保护射频电源，另一方面是使放电装置能够从射频源获得最佳的功率输入。在施加射频电压的电极上常常会产生相对于接地电极的直流电压(自偏压)，电容 C_B 的作用是隔离这一直流偏压，通常匹配器中已包含了电容 C_B。

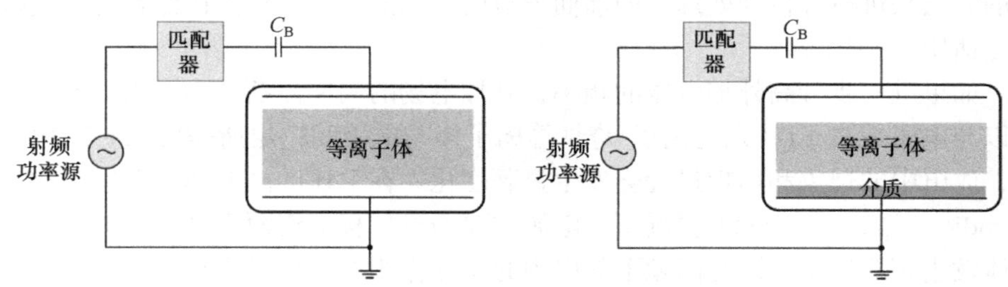

图 14.1　电容耦合射频放电结构示意图

射频电源的频率通常为 1～300MHz，最为典型的工作频率则是“工业射频频率”13.56MHz。CCP 的工作电极半径通常约为 10cm 量级，电极间距则为厘米量级。薄膜刻蚀、沉积等领域中，工作气压通常为几帕至几百帕，但一些应用领域也采用几千帕甚至大气压条件进行射频放电。

在射频电源驱动下，气体空间内形成等离子体，等离子体与电极/介质之间存在空间电荷鞘层，空间电荷鞘层的厚度随激发频率、功率、气压等参数而变化。为了更好地理解电容耦合射频等离子体，这里主要给出低气压下(气压百帕量级)电容耦合射频放电等离子体的一般特征，然后进一步从简化的模型和等效电路角度进行介绍。

14.1.1　电容耦合等离子体中场的一般特征

1. 电子、离子振荡运动

当气压大约为 100Pa 量级时，电子-中性气体粒子的碰撞频率 ν_m 大约为工业射频频率($\omega=2\pi f=0.85\times10^8\text{s}^{-1}$)的 10^2 倍，因此电子的运动不仅与射频电场有关，也与中性粒子碰撞的影响有关。记外加的射频电场为 $\tilde{E}=E_0\sin\omega t$，电子迁移率记为 μ_e，则电子作振荡漂移运动的速度幅值表示为

$$v_{d0}=\mu_e E_0 \tag{14.1}$$

因此位移的大小表示为

$$A=\frac{v_{d0}}{\omega}=\frac{\mu_e E_0}{\omega}=\frac{\mu_e p}{\omega}\cdot\frac{E_0}{p} \tag{14.2}$$

在典型的非平衡弱电离等离子体中，约化电场 E_0/p 大约为 10V/(cm · Torr)量级。依据前面给出的射频频率典型值，相应的振荡幅度 A 大约为 0.1cm，这远小于典型的放电电极间距 l(厘米量级)。

由于电子迁移率 μ_e 与离子迁移率 μ_+ 之比约为 10^2，相应离子的漂移速度和振荡位移的幅值比电子小两个量级。所以电容耦合放电等离子体中，可忽略离子的振荡漂移运动。假设所产生的电容耦合放电等离子体的电子密度 $n_e=10^8\text{cm}^{-3}$、电子温度 T_e = 1eV，相应德拜长度 λ_D 大约为 0.05cm，这远小于平板电极间距 l，因此可以认为两平板电极之间的大部分放电区域仍能保持电中性。

在靠近电极附近的区域，电场的作用下电子相对于“固定不动”的离子发生一定幅度的振荡“摆动”，因此周期性地出现净的正电荷，可以把这一过程类比为海水的涨潮、退潮：海水前进时，掩盖了基本不动的沙粒，海水后退则使得沙粒显露出来。正是离子、电子在电场作用下的振荡运动，使电容耦合射频放电出现与直流放电不同的空间电荷、电场和电势分布特性。

2. 空间电荷、电场及电势的分布特性

下面以电极无介质层覆盖的电容耦合射频放电来介绍 CCP 中空间电荷、电场及电势分布特性。一部分电子的平衡位置与电极之间的距离小于电子振荡幅度，这些电子在半周期内的运动过程中将到达金属电极而被电极吸收。因此在靠近两金属电极的区域，由于缺少电子对离子所带电荷的补偿，会形成偏离电中性的离子电荷层(或鞘层)，使得整个放电空间总体上呈带正电状态。对其余的电子，可以认为其在振荡运动中刚好能达到电极而不被电极吸收，如果考虑到放电稳定后电子的产生、复合损失达到平衡，则这样的状态可以得到保持。图 14.2 给出了电子在电场作用下振荡运动的示意图。图 14.2(a)是以电子向右运动刚通过平衡位置记为 $\omega t=0$ 时刻的状态，图 14.2(b)～(d)依次为间隔四分之一周期。示意图中假设在两电极间离子密度 n_i 均匀分布且固定不动，此外图示给出的情况也没有考虑电子的扩散运动，实际上扩散运动将影响等离子体-鞘层间边界的位置。

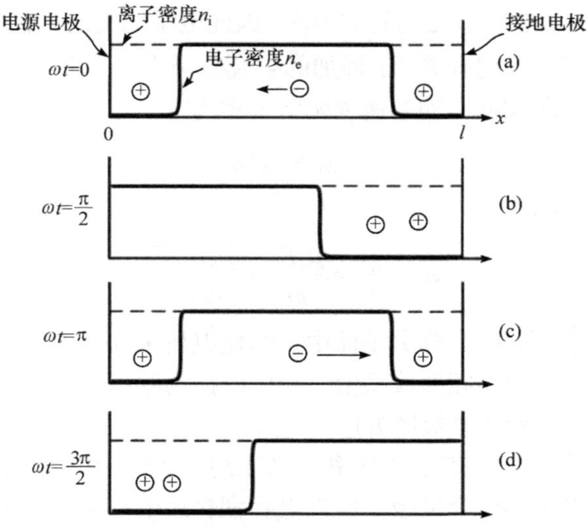

图 14.2　CCP 中电子的振荡运动示意图

图中两电极间的虚线表示均匀、固定不动的离子密度分布 n_i，粗实线表示电子密度分布 $n_e(x)$。电子向右移动通过平衡位置的时刻记为$\omega t=0$

图 14.3 给出了与图 14.2 相对应的电场和电势分布示意图。假设射频电压施加在左侧电极上，而右侧电极接地，其余空间位置的电势φ都是相对于右侧电极进行测量。因为考虑假设了电中性及粒子均匀分布，所以可以认为在中性区域电场 E 为常数，非中性区 E 线性变化。图中的箭头标出了不同区域内电流/电流密度的方向，这里考虑的电流取决于电子的漂移运动，因此电流方向与电场方向一致。

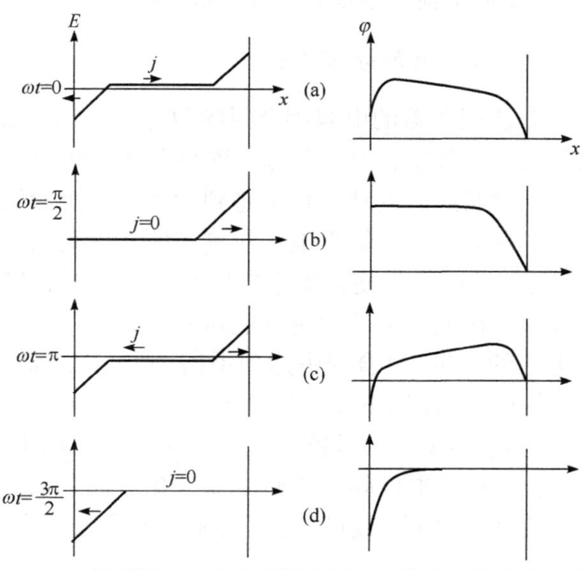

图 14.3　对应于图 14.2 的电极间电场、电流和电势分布示意图

14.1.2 恒定离子密度模型

恒定离子密度模型是一个分析电容耦合等离子体的简单模型，这一模型假设了两电极间区域内离子密度呈均匀分布，所以也称为均匀模型。

图 14.4 所示为恒定离子密度模型结构示意图。这里仍考虑电极无介质覆盖的电容耦合射频放电，两电极间的间距为 l。根据上一节所介绍的 CCP 基本特征，恒定离子密度模型假设其中存在一个厚度为 d 的准中性等离子体，由于电子的振荡运动，准中性等离子体与两个电极之间会出现厚度随时间变化的空间电荷层/鞘层，鞘层 a 和等离子体之间边界的瞬时位置记为 $s_a(t)$，其时间平均位置记为 $\overline{s}_a$，s_{ma} 为最大位置。对鞘层 b 的位置也采用类似的符号标记。如前所述，在某半个射频周期内，鞘层 a 厚度增大(扩张)，相应鞘层 b 厚度减小(收缩)，而在另半个周期内，鞘层 a 收缩时，鞘层 b 扩张。模型中考虑两电极面积、特性完全一致，则两鞘层 a、b 具有对称特性，因此可以用统一的符号 $\overline{s}$ 和 s_m 来表示 a、b 鞘层的平均厚度及最大厚度。

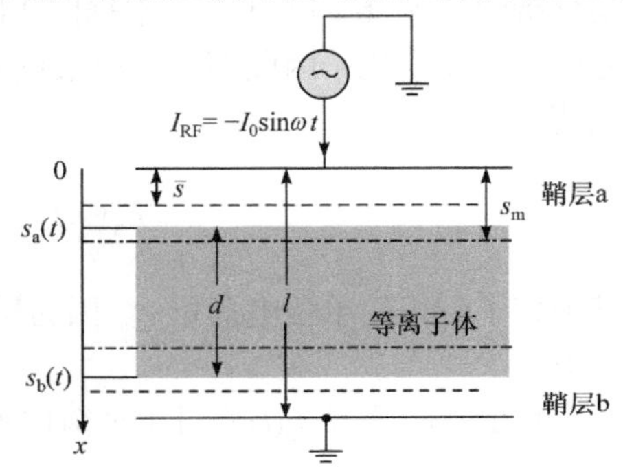

图 14.4 恒定离子密度模型的结构示意图

CCP 等离子体的产生取决于射频电压 V_{RF}/电流 I_{RF}、频率 f (或ω)、功率、中性气体压力 p 或气体密度 n_g、电极间距 l 等参数。当给定一组恰当、完整的参数后(称为模型的控制参数)，等离子体的状态就随之确定，等离子体和放电回路的其余物理量则可写成所选参数的函数。为了方便，选取 I_{RF} 作为一个控制参数，这样对 CCP 鞘层进行分析时可以采用鞘层的电流模型。

采用恒定离子密度模型进行 CCP 分析时还包含有如下一些假设：

(1) 射频频率及等离子体频率之间满足关系 $\omega_{pi} \ll \omega \ll \omega_{pe}$，即离子惯性足够大，离子只响应时间平均电场，如果时间平均电场为零(理想情况下)，则可以认为离子不发生运动；而电子惯性可以忽略不计，电子随瞬时电场运动；这正对应上一节介绍的电容耦合射频等离子体基本特性。

(2) 该模型的三个区域中，准中性等离子体内 $n_e = n_i = n_0$ =常数，其中的平均电场 E 近似为零；鞘层 a 和 b 内有 $n_i = n_0$，而 $n_e = 0$，因此这两个区域内的平均电场 E 不为 0。

(3) 13.56MHz 的射频信号波长约为 22m，远大于系统中的电极半径 R，而趋肤深度 δ 也远大于电极间距 l，因此可以认为电极之间的电压与电极半径 R 无关，而可以从静电场角度来进行相关问题的分析。

针对给定的射频电流 $I_{\mathrm{RF}} = -I_0\sin\omega t$，依据恒定离子密度模型，可以分析出鞘层 a、b 上的电压特性，获得射频电压与电流的关系。根据电流电压关系可提取等离子体的等效阻抗元件，从而建立 CCP 的等效电路模型。

模型已假设厚度为 d 的等离子体中性区内电场 E 近似为 0，因此主要的工作是分析鞘层 a、b 内的电场。根据图 14.4 所示一维模型，鞘层内的电荷分布仅在 x 方向上存在变化，因此鞘层 a 中某点 x 处的电场 $E_{\mathrm{a}}(x,t)$正比与 $x\to s_{\mathrm{a}}(t)$范围内的面电荷密度

$$E_{\mathrm{a}}(x,t) = -\frac{n_0 e}{\varepsilon_0}\left[s_{\mathrm{a}}(t) - x\right] \tag{14.3}$$

其中离子带正的单位电荷量 e。因为鞘层 a 内 $x \leqslant s_{\mathrm{a}}(t)$，电场方向从等离子体指向电极。

鞘层瞬时边界 $s_{\mathrm{a}}(t)$相对于平衡位置 $\overline{s}$ 作正弦变化

$$s_{\mathrm{a}}(t) = \overline{s} - s_0\cos\omega t \tag{14.4}$$

通常射频放电中流过射频鞘层的电子电流远小于位移电流，因此近似认为鞘层做正弦运动所形成的位移电流大小等于射频源提供的正弦电流幅值 I_0，且该正弦电流均匀分布在面积为 A 的平板电极上。式(14.4) 代入式(14.3)再给出位移电流密度，可得鞘层正弦运动的振幅

$$s_0 = \frac{I_0}{n_0 e A\omega} \tag{14.5}$$

因为恒定离子模型假定穿过鞘层的电子刚好达到电极而不被电极吸收，即 $s_{\mathrm{a}}(t)$最小值为零，所以式(14.4)中的 $\overline{s} = s_0$，即

$$s_{\mathrm{a}}(t) = s_0(1-\cos\omega t) \tag{14.6}$$

恒定离子密度模型还假设了鞘层扩张和收缩过程中，等离子体的厚度 d 保持恒定，即 $d = l - 2s_0$。因此，等离子体鞘层 b 的瞬时边界位置

$$s_{\mathrm{b}}(t) = l - s_0(1+\cos\omega t) \tag{14.7}$$

鞘层 a 中，即 $0 \leqslant x \leqslant s_{\mathrm{a}}(t)$，任一位置 x 处的电势$\varphi(x,t)$可以积分式(14.3)给出的鞘层内电场来得到。图 14.4 选取 $x = l$ 处的电极 b 接地，$x = 0$ 处电极接射频源，记该点的瞬时电势(两电极间电压)为 $V_{\mathrm{ab}}(t)$，即积分下限 $x = 0$ 处有边界条件$\varphi(0,t) = V_{\mathrm{ab}}(t)$，由此确定出鞘层 a 中的电势

$$\varphi(x,t) = -\frac{n_0 e}{\varepsilon_0}\left[\frac{x^2}{2} - s_{\mathrm{a}}(t)x\right] + V_{\mathrm{ab}}(t) \tag{14.8}$$

从式(14.8)可知，电势是 x 的二次函数，这是因为电场随空间位置 x 线性变化。

模型假设了等离子体区中性内电场为零，即中性区内电势不随 x 变化。由于电势在等离子体与鞘层的边界处连续，等离子体中性区内电势都等于鞘层 a 边界处电势 $\varphi(x=s_{\mathrm{a}}(t),t)$，即在整个 $s_{\mathrm{a}}(t)<x<s_{\mathrm{b}}(t)$ 范围内，等离子体电势 $\varphi_{\mathrm{p}}(t)$ 为

$$\varphi_{\mathrm{p}}(t)=+\frac{n_0e}{2\varepsilon_0}s_{\mathrm{a}}(t)^2+V_{\mathrm{ab}}(t) \tag{14.9}$$

在区域 $s_{\mathrm{a}}(t)<x<s_{\mathrm{b}}(t)$，即鞘层 b 中，类似地有电场的表达式

$$E_{\mathrm{b}}(x,t)=\frac{n_0e}{\varepsilon_0}\left[x-s_{\mathrm{b}}(t)\right] \tag{14.10}$$

同样对电场进行积分，并利用等离子体与鞘层 b 界面处的边界条件 $\varphi(s_{\mathrm{b}}(t),t)=\varphi_{\mathrm{p}}(t)$(式(14.9))，可以得到电极 b 与等离子体($x=s_{\mathrm{b}}(t)$)区间内的电势分布

$$\varphi(x,t)=-\frac{n_0e}{\varepsilon_0}\left[\frac{x^2}{2}-s_{\mathrm{b}}(t)x+\frac{s_{\mathrm{b}}(t)^2}{2}\right]+\varphi_{\mathrm{p}}(t) \tag{14.11}$$

将式(14.9)代入式(14.11)，并由 $x=l$ 处边界条件 $\varphi(l,t)=0$，可得两电极间的电势差 $V_{\mathrm{ab}}(t)$ 为

$$V_{\mathrm{ab}}(t)=\frac{n_0e}{2\varepsilon_0}\left[l-s_{\mathrm{b}}(t)\right]^2-\frac{n_0e}{2\varepsilon_0}s_{\mathrm{a}}(t)^2 \tag{14.12}$$

根据式(14.6)和式(14.7)所给出的两鞘层边界位置，代入式(14.12)可得

$$V_{\mathrm{ab}}(t)=\frac{n_0e}{2\varepsilon_0}s_0^2(1+\cos\omega t)^2-\frac{n_0e}{2\varepsilon_0}s_0^2(1-\cos\omega t)^2=\frac{2n_0es_0^2}{\varepsilon_0}\cos\omega t \tag{14.13}$$

即电极间电压幅值 V_0

$$V_0=\frac{2n_0es_0^2}{\varepsilon_0} \tag{14.14}$$

上述结果表明，恒定离子密度模型所描述的完全对称的鞘层/等离子体/鞘层是一个线性系统，输入的正弦电流在两电极间导致正弦变化的电压。

但是每个鞘层对正弦电流的响应是非线性的。电极 a 处鞘层两端电势差由等离子体电势(式(14.9))与电极电势(式(14.13))相减

$$V_{\mathrm{a,sheath}}=\varphi_{\mathrm{p}}(t)-V_0\cos\omega t=\frac{V_0}{4}(1-\cos\omega t)^2=V_0\left(\frac{3}{8}-\frac{1}{2}\cos\omega t+\frac{1}{8}\cos2\omega t\right) \tag{14.15}$$

可以知道鞘层 a 两侧的电势差具有直流、基波和二次谐波分量——如果该鞘层对正弦电流仅有线性响的话应只包含第二项正弦分量。类似地，鞘层 b 两侧电势差为右侧电极处的零电势减去等离子体电势

$$V_{\mathrm{b,sheath}} = 0 - \varphi_{\mathrm{p}}(t) = -V_0\left(\frac{3}{8}+\frac{1}{2}\cos\omega t+\frac{1}{8}\cos 2\omega t\right) \tag{14.16}$$

这些电势差随时间变化的曲线如图 14.5 所示。尽管每个鞘层上电压与电流之间呈非线性关系，但两鞘层的总和效应呈线性关系，因此一些实验中测得的功率电极上电压信号反映了这一特性。

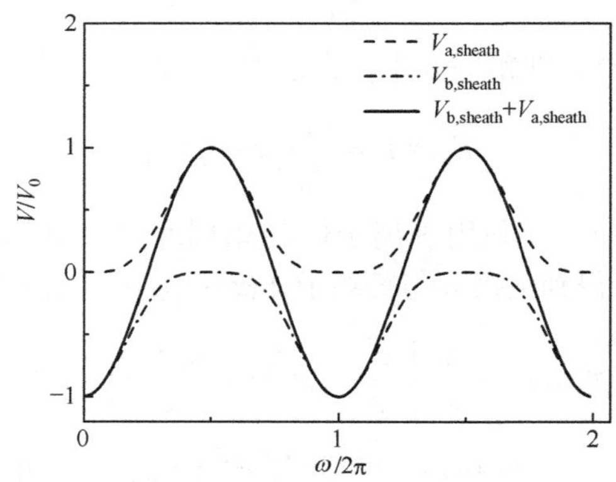

图 14.5　鞘层 a 两端的电势差 $V_{\mathrm{a,sheath}}$(式(14.15))、鞘层 b 两端的电势差 $V_{\mathrm{b,sheath}}$(式(14.16))，以及两者之和 $V_{\mathrm{total}} = -V_{\mathrm{ab}} = V_{\mathrm{a,sheath}} + V_{\mathrm{b,sheath}} = -V_0\cos\omega t$ 的曲线

14.1.3　等效电路

如果将电容耦合射频等离子体视为射频功率源的负载，由射频源提供的流入等离子体的电流与电极上的电压之间存在特定的函数关系。从测量的电流和电压进一步可以给出射频等离子体吸收的电源功率。由于等离子体的复杂特性，直接给出电流-电压的函数关系比较困难，可以依据标准的电子元件(如电阻、电容、电感等)建立一个等效电路，该等效电路与射频等离子体具有相同的电流-电压特性，所以功率消耗也相同。如果能建立等效电路，就不需要从场的分析开始，而是可以直接从电路角度来考察一些参数对射频放电的影响。

1. 两鞘层区的等效电路

通常用一个电流源、一个二极管及一个非线性电容并联来构成射频鞘层的等效电路。等效电路中的二极管反映了射频鞘层上存在直流分压的情况，而二极管对交流信号整流产生直流分压。而非线性电容则是体现鞘层厚度、鞘层中电场变化导致位移电流的元件。此外实际鞘层中存在着向电极流动的离子电流，所以这部分电流被等效为电流源。

图 14.6(a)给出了电容耦合射频等离子体鞘层 a、b 各自的等效电路，它们之间由高电导率等离子体区串联连接，电路中忽略了等离子体区的等效元件。

如果采用恒定离子密度模型，可以对两鞘层的等效电路进行一些简化。首先，考虑射频电流较大时其中的粒子电流可以被忽略，所以主要由非线性电容决定电流-电压关系。因此，只要最后的等效电路能够以某种方式加入粒子电流所对应的耗散功率，就可以去掉二极管和电流源两条支路。其次，前面已得出，对于任何给定的大输入电流，两个鞘层上的总电压与电流之间呈线性关系，因此可以用单个电容串联单个电阻来等效两个鞘层。图 14.6(b)给出了这一简化的等效电路模型。根据式(14.13)，有

$$\frac{\mathrm{d}V_{\mathrm{ab}}}{\mathrm{d}t} = -\omega V_0 \sin\omega t$$

结合式(14.14)及式(14.15)进一步得到

$$\frac{\mathrm{d}V_{\mathrm{ab}}}{\mathrm{d}t} = -\frac{\omega 2 n_0 e s_0^2}{\varepsilon_0}\sin\omega t = -\frac{2s_0}{\varepsilon_0 A} I_0 \sin\omega t$$

考虑射频电流 $I_{\mathrm{RF}} = -I_0\sin\omega t$，上式表明鞘层 a 和 b 的总体效应可以等效为单个电容 C_{s}

$$C_{\mathrm{s}} = \frac{\varepsilon_0 A}{2s_0} \tag{14.17}$$

鞘层中的能量耗散包括三个方面的因素，每一个因素的效应都可等效为一个电阻。这些电阻之间、两鞘层的电阻之间都可以视为串联连接，最后它们可被简化为单个电阻，并与电容串联。这些能量耗散因素的等效电路在图 14.6(b)中给出，其中的 $R_{\mathrm{ohm,sh}}$ 和 $R_{\mathrm{stoc,sh}}$ 对应了碰撞(欧姆)和无碰撞(随机)机制在每个鞘层内的电子加热效应，R_{i} 则对应了离子穿过每个鞘层的能量耗散效应。在电路理论中，为了方便，通常采用复数形式表示各量值及其关系，因此对于等效电路中串联连接的电容和电阻，其总的复阻抗可写为

$$Z_{\mathrm{s}} = \frac{1}{\mathrm{i}\omega C_{\mathrm{s}}} + 2\left(R_{\mathrm{i}} + R_{\mathrm{stoc,sh}} + R_{\mathrm{ohm,sh}}\right) \tag{14.18}$$

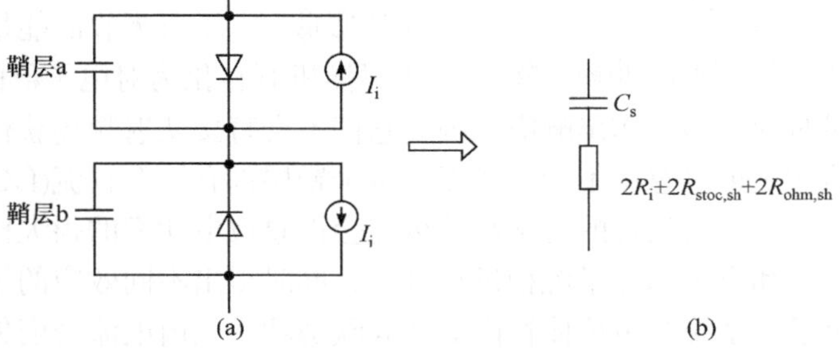

图 14.6　两个鞘层各自等效电路模型的串联(a)，以及两鞘层组合后总体效应的等效电路模型(b)

通常认为，射频等离子体鞘层的等效电阻远小于等效电容器的阻抗，忽略这些电阻(单个电容 C_s)即对应了恒定离子密度模型下两鞘层的等效电路。

2. 等离子体区的阻抗

在前面有关电势空间分布的分析过程中，认为等离子体区保持准电中性而忽略了该区域内的电场。实际上，即使等离子体区的电导率很大，要流过大的射频电流仍需要存在一定的电场。后面将从能量耗散角度对等离子体区的阻抗进行分析。当然，通常认为等离子体区内的电场很小，上述有关 CCP 两鞘层的等效模型仍是合理有效的，不需要因考虑等离子体区的电场因素而进行改动。

一般来说，等离子体的等效电路可以视为由一个反映流过等离子体位移电流的电容、一个反映功率耗散的电阻以及一个反映电子惯性的电感串联而成。通常由于 $\omega \ll \omega_{pe}$，位移电流可以忽略不计，因此等效模型中可省略这一电容，只需要包含电阻 R_p 和电感 L_p 的串联。由此可以给出等离子体区两端的电势差

$$V_p = R_p I_{RF} + L_p \frac{dI_{RF}}{dt} \tag{14.19}$$

同样以复数形式表示等离子体区总的阻抗，其表达式

$$Z_p = R_p + i\omega L_p \tag{14.20}$$

3. 电容耦合等离子体的整体等效电路

最后，将鞘层 a、b 总的等效电路元件与等离子体区的等效电路元件串联，则形成电容耦合等离子体的整体等效电路，如图 14.7 所示。

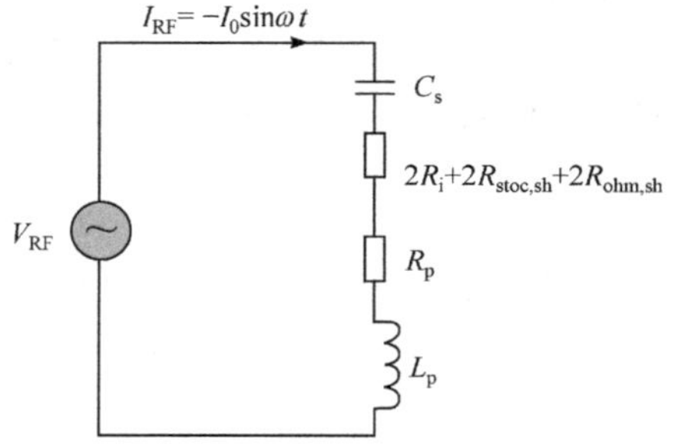

图 14.7　对称 CCP 的等效电路模型

4. 电容耦合射频放电中的能量沉积

在射频频率范围内，等离子体中的电子更容易跟随射频电场进行振荡运动，所以一般都认为大部分射频功率将会被电子所吸收。电子所吸收的能量通过碰撞和无碰撞机制转化为对电子群的加热。

离子只对时间平均场作出响应，因此它们不会直接从射频场获得能量；射频场对离子加热作用可以忽略不计。然而，每个鞘层都有一个直流(DC)电势成分。因离子在鞘层内加速所消耗的功率甚至可能会占总放电功率的很大比例。

下面对电子和离子的能量沉积进行分析，同时得出不同效应的等效元件参数表达式。等离子体系统中单位体积内的瞬时欧姆功率应由电流密度矢量和电场矢量的点积得到。射频条件下，电子运动形成等离子体区中主要电流分量，这对应

形成电子能量沉积。在对称的平行平板系统中，仅需考虑一维情况，即电场和电流密度都为 x 方向，则等离子体的局域瞬态欧姆功耗

$$P_{\mathrm{v,ohm}}(x,t)=J(x,t)\cdot E(x,t)=J_0(x)\sin\omega t\cdot E_0(x)\sin(\omega t+\theta) \tag{14.21}$$

其中，$\theta=-\arctan(\omega/\nu_{\mathrm{m}})$反映了电流和电场之间的相位差。

为了分析整个系统的时间平均欧姆加热功率，需要对式(14.21)在时间和空间上积分。等离子体区和鞘层区内电场分布情况无法统一用一个函数描述，因此为了进行计算分析，通常对等离子体区和鞘层区分别处理。

尽管电子随射频场振荡，区域 $s_{\mathrm{m}}\leqslant x\leqslant l-s_{\mathrm{m}}$ 始终是密度恒定的准中性等离子体。如果气压不太低，射频频率ω远小于碰撞频率ν_{m}，因此$\theta\approx-\omega/\nu_{\mathrm{m}}$且可以忽略。式(14.21)进行处理并进行时间积分后，得到单位体积的时间平均功率

$$\overline{P}_{\mathrm{v,ohm}}(x)=\frac{J_0^2}{2\sigma_{\mathrm{m}}(x)} \tag{14.22}$$

其中，$\sigma_{\mathrm{m}}=n_{\mathrm{e0}}e^2/m\nu_{\mathrm{m}}$，为 $\omega\ll\nu_{\mathrm{m}}$ 条件下的电导率。而在范围 $s_{\mathrm{m}}\leqslant x\leqslant l-s_{\mathrm{m}}$ 内，σ_{m} 可以视为不变，即这部分区域内功率密度不随位置变化。因此对时间平均功率式(14.22)进行空间积分很容易得到该区域中的总功率

$$A\int_{s_{\mathrm{m}}}^{l-s_{\mathrm{m}}}\frac{J_0^2}{2\sigma_{\mathrm{m}}(x)}\mathrm{d}x=\frac{I_0^2}{2A\sigma_{\mathrm{m}}}\int_{s_{\mathrm{m}}}^{l-s_{\mathrm{m}}}\mathrm{d}x=\frac{1}{2}\frac{l-2s_{\mathrm{m}}}{A\sigma_{\mathrm{m}}}I_0^2 \tag{14.23}$$

对比电阻的欧姆损耗，可以给出始终保持准中性的等离子体区的电阻

$$R_{\mathrm{ohm,p}}=\frac{l-2s_{\mathrm{m}}}{A\sigma_{\mathrm{m}}}=\frac{m\nu_{\mathrm{m}}}{n_0e^2}\frac{l-2s_{\mathrm{m}}}{A} \tag{14.24}$$

式(14.24)即给出等离子体区的等效电阻参数 R_{p}。

在两鞘层区域，即 $0\leqslant x\leqslant s_{\mathrm{m}}$ 和 $l-s_{\mathrm{m}}\leqslant x\leqslant l$，能量沉积的计算较为复杂，因为能量沉积的空间区域随时间变化。经计算处理，鞘层 a 上平均功率

$$\overline{P}_{\mathrm{ohm,sh}}=\frac{1}{3}\frac{s_{\mathrm{m}}}{A\sigma_{\mathrm{m}}}I_0^2 \tag{14.25}$$

因此，一个鞘层中欧姆加热效应的等效电阻

$$R_{\mathrm{ohm,sh}}=\frac{1}{3}\frac{m\nu_{\mathrm{m}}}{n_0e^2}\frac{s_{\mathrm{m}}}{A} \tag{14.26}$$

对比式(14.24)和式(14.26)，可以知道，如果 $l\geqslant 8s_{\mathrm{m}}/3$，等离子体区中的欧姆加热将大于两个鞘层中的欧姆加热之和。尽管鞘层的尺寸 s_{m} 通常明显小于电极间距 l，但是这一关系表明，对于窄电极间距条件下的电容耦合射频放电，除了考虑等离子体区中的欧姆加热外，鞘层中的欧姆加热也不可忽略。

除了欧姆加热之外，鞘层中还存在着一种无碰撞加热机制，有的资料中也称为随机加热。这种机制是源于鞘层中强的非均匀电场与等离子体的电子相互作用。

如果是恒定离子密度模型，鞘层中离子密度均匀，场分布不随位置变化，则无碰撞(随机)加热为零，或模型中 $R_{\mathrm{stoc,sh}} = 0$ 。

在射频频率范围中，离子基本不响应射频场而发生运动；然而，它们可以从直流电场中获得能量，并通过与电极、中性气体分子碰撞将能量传输给电极或导致中性气体加热。由于等离子体区保持电中性，其直流电压必定很小，而鞘层区则能维持较大的直流电压，因此鞘层区是离子加热的主要区域。虽然鞘层中的离子传导电流通常比射频位移电流小得多，但是鞘层中离子加速所消耗的功率仍需要加以考察，有时这也会是一个重要的功率耗散因素。通过计算离子电流和射频鞘层上时间平均电压的乘积，可以很容易地给出这一区域的离子功率耗散。离子电流可以由鞘层/等离子体边界的玻姆通量 $en_0u_{\mathrm{B}}\cdot A$ 给出，而鞘层的时间平均电压可采用式(14.15)或式(14.16)的直流分量。

$$P_{\mathrm{i}} = \frac{3}{8}V_0\cdot en_0u_{\mathrm{B}}A = \frac{3u_{\mathrm{B}}}{4\varepsilon_0 A\omega^2}I_0^2 \tag{14.27}$$

如前所述，这一功耗对应了鞘层等效电路模型中的电阻 R_{i}。模型中 R_{i} 与鞘层电容串联，意味着整个射频电流 I_{RF} 流经该电阻，这样该电阻上的功率耗散

$$P_{\mathrm{i}} = \frac{1}{2}R_{\mathrm{i}}I_0^2 \tag{14.28}$$

对比式(14.27)和式(14.28)可知

$$R_{\mathrm{i}} = \frac{3u_{\mathrm{B}}}{2\varepsilon_0 A\cdot\omega^2} \tag{14.29}$$

上面结果表明，R_{i} 与等离子体密度无关，若给定射频电流 I_0，R_{i} 与 ω^2 成反比，即离子的功率耗散将随频率的升高而大幅降低。

恒定离子密度模型是描述 CCP 的简单模型，它反映出 CCP 的许多基本特性，并可以从中获得等效电路模型的部分元件参数表达式。恒定离子密度模型假设整个鞘层内离子密度不变，这与实际 CCP 中的情况有较大偏差。因为离子进入鞘层后，在鞘层电场作用下获得能量后速度增加，如果离子密度分布仍保持稳定，不同位置处离子通量应当不变，所以从等离子体向电极过渡的鞘层中，离子密度应当逐渐降低。恒定离子密度模型过高估计了鞘层中的离子空间电荷密度，所以获得的鞘层厚度小于实际情况。此外这一模型无法反映电子的随机加热机制。如果采用非均匀离子密度模型，可以更好地反映鞘层中离子分布情况及电子随机加热机制，相关资料可参考(夏伯特等，2015；力伯曼等，2007)。

14.1.4　其他特性

1. CCP 的两种放电模式

CCP 中可能观察到两种非常不同的放电状态，视觉上的直观区别在于它们沿

电极间隙的光辐射分布不同，电学参数也会存在差异。第一种状态是两电极间隙的中间区域会出现较为均匀的辉光，而电极表面附近的区域内观察不到明显的光辐射。此外，放电点燃前后电极间的电压变化很小，表明等离子体的导电性较弱，放电电流很低。第二种状态则可在电极表面观察到较为强烈的辉光，并在电极附近出现与直流辉光放电阴极区相似的光层分布。并且在这种状态下，放电点燃后电极间电压明显降低，表明放电电流较大，等离子体的导电性很强。两种放电状态的本质差异在于电极上的过程对放电的作用及电子的加热机制。

在第一种状态下，由于等离子体的导电性很弱，放电中电极上电流成分主要是电容耦合形成的位移电流，带电粒子电流成分占总电流的比例非常小，因此电流基本与未放电时的位移电流相一致。这种状态下，电极虽然也存在吸收离子、发射电子的过程，但所发射的电子在鞘层中的加热几乎可以忽略，不足以影响放电。电子的加热主要是等离子体区内的电子随射频电场振荡运动，获得能量并与中性粒子碰撞所导致，然后这些电子在等离子体区引起电离，维持等离子体密度。这类似于直流辉光放电中维持正柱区电子倍增的α过程，因此也被称为α放电模式。

第二种状态下，由于等离子体导电率更高，带电粒子电流占总电流的比率增大。当某一时刻，更大的离子电流流入电势较低一侧的电极，并在电极上形成二次电子发射。这些二次电子在鞘层中获得较多能量并导致电子加热，因此容易在电极附近形成激发，产生类似辉光放电的阴极层。电极的二次电子发射对放电具有明显作用，因此这种状态也被称为γ放电模式。

当某一电极的电势相对另一电极更低时，二次电子的发射及能量获得更为明显，因此理论分析或计算中可以观察到，当鞘层处于扩张阶段时，该鞘层区内出现较为明显的电子功率沉积，而α放电模式中主要发生的是鞘层收缩阶段等离子体区内的电子功率沉积。

这两种不同放电模式可以发生转化。产生α放电后，如果施加在电极上的电压增加，放电会突然转变成γ模式，就如同放电突然再一次被点燃。

2. 自偏压

电容耦合射频放电系统中存在自偏压现象。所谓自偏压指的是当给放电腔室内的电极板施加射频电压后，从该电极测得的电压波形存在向负值方向的偏移，即该电极相对于接地电极有一个负的直流电压分量，这个直流电源分量就是 CCP 系统中的自偏压。

自偏压的形成是由于两放电电极的面积不一致所造成的。考虑平行平板 CCP 系统中电极 a 和电极 b 的面积分别为 A_a 和 A_b，当面积 A_a 和 A_b 不同时，为了保证系统中电流的连续性或电流的守恒，鞘层 a 和 b 的厚度 s_a 与 s_b 以及鞘层电势 $V_{a,\mathrm{sheath}}$ 与 $V_{b,\mathrm{sheath}}$ 的平均值一定会不同，否则电流连续性将无法满足。

基于回路中电流连续性的要求，结合恒定离子密度模型给出的式(14.5)，可知

$$s_{0,\mathrm{a}} A_{\mathrm{a}} = s_{0,\mathrm{b}} A_{\mathrm{b}} \tag{14.30}$$

因此，对于面积较大的电极，该侧鞘层的时间平均厚度较小。根据式(14.14)，鞘层电压幅值正比于鞘层平均厚度的平方，而式(14.15)所表明鞘层电压平均值正比于鞘层电压幅值，最终可知鞘层平均电压(直流分量)与鞘层平均厚度的平方成正比。结合式(14.30)可得

$$\frac{\overline{V}_{\mathrm{a,sheath}}}{\overline{V}_{\mathrm{b,sheath}}} = \left(\frac{A_{\mathrm{b}}}{A_{\mathrm{a}}}\right)^2 \tag{14.31}$$

因此，面积越小的电极，其对应的鞘层直流电压分量越大。这两个鞘层直流电压的差值就是非对称 CCP 系统中自偏压的大小。根据式(14.31)，两鞘层的自偏压表示为

$$\overline{V}_{\mathrm{b,sheath}} - \overline{V}_{\mathrm{a,sheath}} = \overline{V}_{\mathrm{b,sheath}}\left[1-\left(\frac{A_{\mathrm{b}}}{A_{\mathrm{a}}}\right)^2\right] \tag{14.32}$$

如果 $A_{\mathrm{a}} < A_{\mathrm{b}}$，自偏压为负；理想情况下两电极面积大小相等，则不存在自偏压。图 14.8 显示了非对称 CCP 中的电势分布示意图。

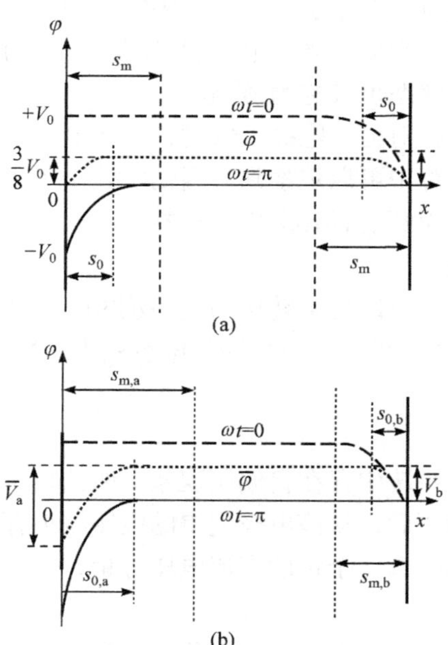

图 14.8　电容耦合射频放电中，瞬时电势 $\varphi(x,t)$ 在一射频周期内不同时刻的空间分布及时间平均电势分布示意图

(a) 对称电极；(b) 非对称电极，$\overline{V}_{\mathrm{b}} - \overline{V}_{\mathrm{a}}$ 为自偏压

从上面式子还可以看到，当两个电极的面积相差很大时，自偏压会变得很大，以至于几乎所有的射频电压都降在鞘层厚度更大(电极面积更小)一侧。离子通过鞘层时因更大的直流压降而获得更高的能量，轰击材料表面的作用更强，这对刻蚀等加工工艺是非常有利的。

14.2　电感耦合射频放电

电感耦合等离子体(inductively coupled plasma，ICP)是另一类非常重要的工业等离子源。所谓电感耦合放电，是通过电感线圈以电磁感应的方式将高频电源的功率耦合到放电腔室内的等离子体中，而电感线圈与等离子体之间有介质管或介质窗口隔离。这是一种无电极的等离子体产生方式，非常有利于对加工中杂质控制要求很高的应用。

从结构上看，常见的 ICP 反应器可分为两种主要的类型，如图 14.9 所示。图 14.9(a)是圆柱管-线圈结构，其在圆柱介质管外环绕多圈线圈，线圈接射频电源及匹配器，等离子体在介质管中产生，并可扩散到放置基片的处理室中。图 14.9(b)是另一种 ICP 反应器结构，常用于微电子工艺中等离子体蚀刻设备，其在一个介质窗口上使用平面螺旋结构的线圈，将射频功率从线圈耦合到腔室内的等离子体中。

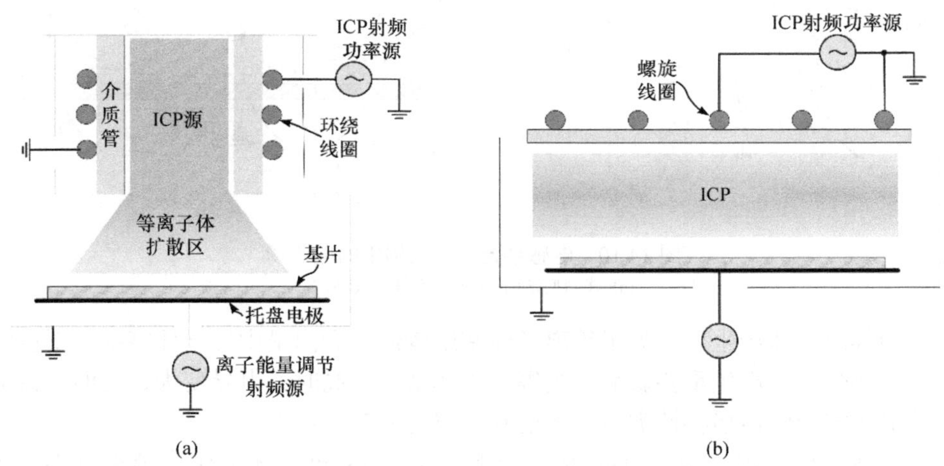

图 14.9　ICP 反应器示意图

(a) 带扩散腔室的圆柱管-线圈结构，(b) 介质窗-平面螺旋线圈结构

上一节介绍的 CCP 反应器有一些固有的局限性，虽然提高射频频率可以增加 CCP 的密度，但更高频率驱动下会存在比较严重的均匀性问题。此外，由于受鞘层偏压的影响，CCP 中无法完全独立地控制放电等离子体的离子能量和离子通

量。ICP 能够在一定程度上克服 CCP 的缺点。

电感耦合放电中，可以在放置基片的托盘电极上连接另一独立的射频电源(图 14.9)来独立地调节入射到基片的离子能量。利用自偏压效应，这一电源很容易在待处理基片与等离子体之间产生电容耦合性质的自偏压。产生自偏压的射频电源向等离子体电子传输的功率量通常很小，仅稍微影响等离子体密度以及离子通量。决定离子通量的是与线圈相连的射频电源，这样来实现分别控制离子的能量和通量。

14.2.1　电感耦合等离子体中场的一般特征

线圈中流动的射频电流产生的电磁场在 ICP 中起着重要作用。图 14.10 给出了两种电感耦合放电结构中射频电流产生的场的示意图。例如，图 14.10(a)中，流过线圈中的射频电流在介质管内激发出轴向的射频磁场 $B(r,t)$，交变的射频磁场 $B(r,t)$又产生沿角向的感应电场 $E(r,t)$。这一 $E(r,t)$作用于管内气体中的电子，从而将射频功率源的能量传输给电子发生放电，产生等离子体。平面螺旋线结构中也有类似的电磁场分布。

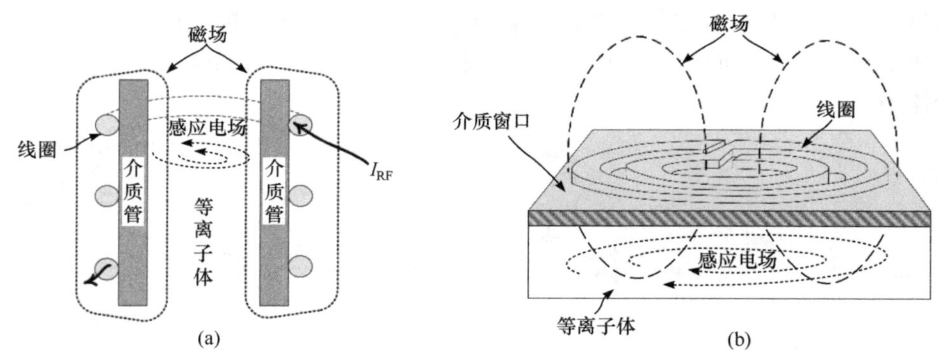

图 14.10　电感耦合放电结构中的电磁场

(a) 线圈型结构；(b) 平面螺旋线结构

当等离子体产生后，如果等离子体密度较低，管内呈中性气体特征，对腔室内电磁场分布不产生重要影响。当等离子体密度较高时，电导变大，这时电磁波在放电腔室内的传播特性类似于入射到金属材料时的情形。

等离子体可以被视为电介质，其时变的电流密度 $\tilde{J}$ 和电场 $\tilde{E}$ 关系可表示为 $\tilde{J}=\mathrm{i}\omega\varepsilon_0\varepsilon_\mathrm{p}\tilde{E}$，$\varepsilon_\mathrm{p}$ 为复介电常数 $\varepsilon_\mathrm{p}(\omega)=1-\dfrac{\omega_\mathrm{pe}^2}{\omega(\omega-\mathrm{i}\nu_\mathrm{m})}=1-\dfrac{\omega_\mathrm{pe}^2}{\omega^2(1-\mathrm{i}\eta)}$(其中 $\eta=\nu_\mathrm{m}/\omega$)。考察电磁波在等离子体中的传播时，可定义类似于电介质的折射率 $n_\mathrm{ref}^2=\varepsilon_\mathrm{p}$。由于等离子体的折射率为复数，相应折射率可表示为 $n_\mathrm{ref}=n_\mathrm{real}+\mathrm{i}n_\mathrm{imag}$，比较 n_ref^2 与介

电常数的实部和虚部，可给出

$$n_{\text{real}}^2 - n_{\text{imag}}^2 = 1 - \frac{\omega_{\text{pe}}^2}{\omega^2(1+\eta^2)}, \quad 2n_{\text{real}}n_{\text{imag}} = \eta\frac{\omega_{\text{pe}}^2}{\omega^2(1+\eta^2)} \tag{14.33}$$

对于低气压射频放电等离子体，其密度通常在 $10^{10}\sim10^{12}\text{cm}^{-3}$ 量级，电子等离子体频率ω_{pe}为吉赫兹量级。而典型的射频频率$\omega = 13.56\text{MHz}$ 情况下，即$\omega < \omega_{\text{pe}}$。若气压很低，碰撞频率远小于电磁波频率，即$\eta \ll 1$。因$\omega_{\text{pe}}^2/\omega^2 \gg 1$，对式(14.33)简化后，可以给出$n_{\text{real}} \to 0$和$n_{\text{imag}}^2 \approx \omega_{\text{pe}}^2/\omega^2$。由于$n_{\text{imag}} \neq 0$，电磁波在等离子体中传播时发生衰减，低气压下衰减的特征尺度，即无碰撞趋肤深度

$$\delta = \frac{c}{\omega n_{\text{imag}}} = \frac{c}{\omega_{\text{pe}}} \tag{14.34}$$

更一般情况下，电磁波在等离子体中的趋肤深度应考虑电磁波频率、电子振荡频率及电子碰撞频率之间的关系。

对 ICP 的完整分析应当以电磁场和等离子体相结合的方式来处理，但要针对一般放电结构并同时对两者进行理论上的描述和分析较为困难。这里通过简化的一维模型介绍 ICP 的特性，主要考察电磁场的分布，而将等离子体简化为密度均匀的等离子体柱。这样简化的一维模型仅适合长圆柱放电管结构。

所考虑线圈环绕长介质管 ICP 模型如图 14.11 所示。介电管内径 r_0、外径 r_c，长度 l 远大于内径 r_0。管内有密度均匀的等离子体柱，其复介电常数为ε_{p}且与位置无关。介质管外绕有 N 匝均匀分布的线圈，线圈中的射频正弦电流表示为$\tilde{I}_{\text{RF}}(t) = \text{Re}\left[\bar{I}_{\text{RF}}e^{i\omega t}\right]$，其中$\bar{I}_{\text{RF}}$是电流幅值。系统的磁场仅沿轴向 z 方向，电场仅沿角向θ方向。这里以磁场强度 H 代替了磁感应强度 B，其关系为$H = B/\mu_0$。

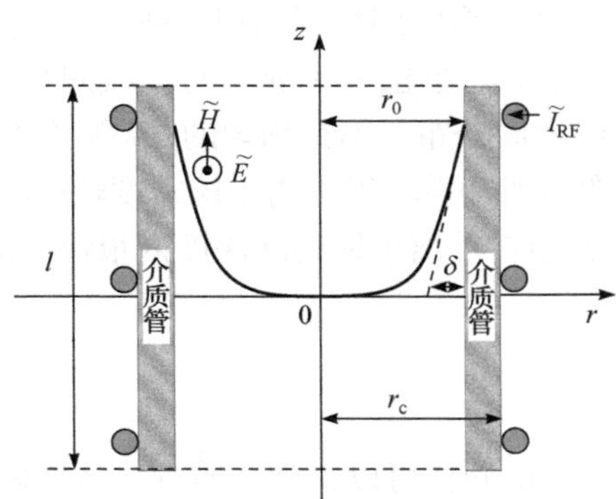

图 14.11　电感耦合放电电磁模型示意图

等离子体密度较高时，这两个场的幅值在趋肤深度δ内逐渐衰减，如图中实线示意

根据麦克斯韦方程组，整个介质管内电场和磁场可以描述为

$$-\frac{\partial \tilde{H}_z}{\partial r}=\mathrm{i}\omega\varepsilon_0\varepsilon\tilde{E}_\theta \tag{14.35}$$

$$\frac{1}{r}\frac{\partial(r\tilde{E}_\theta)}{\partial r}=-\mathrm{i}\omega\mu_0\tilde{H}_z \tag{14.36}$$

在等离子体区，式(14.35)中相对介电常数ε即应取ε_p，在介质管管壁区域则为介质管材料的相对介电常数ε_t。将式(14.35)的$\tilde{E}_\theta$代入式(14.36)，可得到关于$\tilde{H}_z$的贝塞尔方程

$$\frac{\partial^2 \tilde{H}_z}{\partial r^2}+\frac{1}{r}\frac{\partial \tilde{H}_z}{\partial r}+k_0^2\varepsilon\tilde{H}_z=0 \tag{14.37}$$

类似地，可以得到$\tilde{E}_\theta$的方程。

1. 等离子体区的电磁场

求解$\tilde{H}_z$及$\tilde{E}_\theta$的方程，可以给出等离子体中电磁场

$$\tilde{H}_z=H_{z0}\frac{J_0(k\cdot r)}{J_0(k\cdot r_0)} \tag{14.38}$$

$$\tilde{E}_\theta=-\frac{\mathrm{i}kH_{z0}}{\omega\varepsilon_0\varepsilon_\mathrm{p}}\frac{J_1(k\cdot r)}{J_0(k\cdot r_0)} \tag{14.39}$$

其中，J_0和J_1为贝塞尔函数；H_{z0}是管壁与等离子体边界处($r=r_0$)的磁场；$k=k_0\sqrt{\varepsilon_\mathrm{p}}$是电磁波在等离子体中的复波数，而$k_0=\omega/c$是真空中的波数。取$H_{z0}$为实数，以其为等离子体柱边缘处的磁场值。对于不同的电子密度(相应不同的介电常数/复波数)，由式(14.38)和式(14.39)可以反映出电磁场幅值的径向分布，如图14.12所示。当等离子体密度较低时，等离子体趋肤深度δ远大于r_0，在整个圆柱半径上磁场H_z的幅值几乎不随径向位置变化，这非常接近于线圈在真空中所产生磁场的情况；此时的感生电场E_θ的径向分布并不是均匀的，从等离子体柱的边缘到中心轴，感生电场的幅值随r近似线性下降。当等离子体密度较高时，趋肤深度δ远小于管径r_0，则电场和磁场的幅值在等离子体趋肤深度内很快衰减，如图14.12中$n_\mathrm{e}=10^{12}\mathrm{cm}^{-3}$对应曲线所示。

2. 介质管壁区的场

根据贝塞尔方程(14.37)，同样可以得到介质管壁区域内的磁场$\tilde{H}_z$。解的结果进行简化后给出介质管壁区的磁场几乎不随r变化，即

$$\tilde{H}_z(r)\approx H_{z0}$$

$$r_0<r<r_\mathrm{c} \tag{14.40}$$

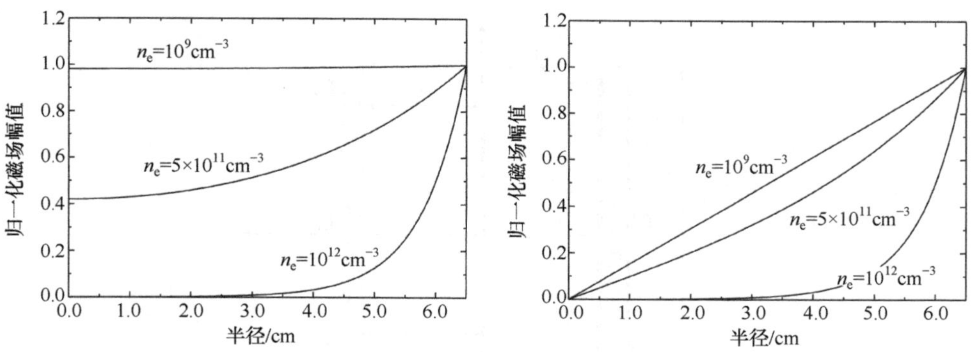

图 14.12　不同电子密度下，电磁场归一化幅值随半径的变化曲线图

当然，由于管壁中也存在位移电流，严格来说磁场将随位置 r 变化。如果管壁区的磁场视为恒定，那么利用法拉第电磁感应定律 $\oint \tilde{E}_\theta \mathrm{d}l = \partial\left(\iint \tilde{B}_z \mathrm{d}s\right)/\partial t$ ，可以给出 r_c 处的角向电场

$$\tilde{E}_\theta(r_c) = \tilde{E}_\theta(r_0)\frac{r_0}{r_c} - \mathrm{i}\omega\mu_0 H_{z0}\left(\frac{r_c^2 - r_0^2}{2r_c}\right) \tag{14.41}$$

3. 系统中的射频电流

在等离子体中沿角向流动的总电流可以根据等离子体中心到边缘 $r = r_0$ 之间的射频电流密度的积分来计算

$$\tilde{I}_p = l\int_0^{r_0} \tilde{J}_\theta \mathrm{d}r \tag{14.42}$$

按等离子体柱中电流密度与电场的关系： $\tilde{J}_\theta = \mathrm{i}\omega\varepsilon_0\varepsilon_p\tilde{E}_\theta$ ，利用式(14.39)，上述积分变为

$$\tilde{I}_p = lH_{z0}\frac{1}{J_0(kr_0)}\int_0^{kr_0} J_1(kr)\mathrm{d}(kr) = lH_{z0}\left[\frac{1}{J_0(kr_0)} - 1\right] \tag{14.43}$$

等离子体电流也可以根据安培定理计算，如按照图 14.13 中的环路 1 积分所得结果将与式(14.43)一致。

类似地，介质管壁中位移电流 $\tilde{I}_t$ 使用环路 2 积分

$$\tilde{I}_t = lH_{z0} - l\tilde{H}_z(r_c) \tag{14.44}$$

而在外绕线圈中流动的电流 $\tilde{I}_{RF}$ 使用环路 3 获得

$$N\tilde{I}_{RF} = l\tilde{H}_z(r_c) \tag{14.45}$$

将这三区域中的角向电流相加

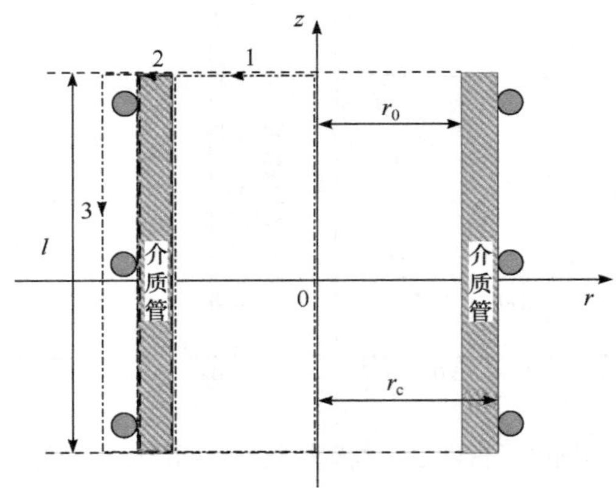

图 14.13　等离子体(1)、介质管(2)和线圈(3)中电流的安培积分环路

$$\tilde{I}_p + \tilde{I}_t + N\tilde{I}_{RF} = \frac{lH_{z0}}{J_0(kr_0)} \tag{14.46}$$

前面提到介质管中的磁场近似均匀，因此管壁中射频电流可忽略不计，后面将取 $\tilde{I}_t = 0$。由 $\tilde{I}_t = 0$ 及式(14.44)可知，$H_z(r_c) = H_{z0}$；代入式(14.45)得到等离子体边缘的磁场 H_{z0} 与线圈中电流 $\tilde{I}_{RF}$ 之间的关系

$$H_{z0} = \frac{N\tilde{I}_{RF}}{l}$$

如果 $\tilde{I}_{RF}$ 取为一个实数，即等于线圈中电流 I_{coil} 的大小，则有如下关系：

$$H_{z0} = \frac{NI_{coil}}{l} \tag{14.47}$$

当等离子体密度高时，由于 $kr_0 \gg 1$，虚宗量贝塞尔函数 J_0 将指数增长，因此式(14.46)右项也近似为零，即

$$\tilde{I}_p + NI_{coil} \approx 0 \tag{14.48}$$

而等离子体趋肤深度范围内感应电流 $\tilde{I}_p$ 的方向与线圈中的电流 $\tilde{I}_{RF}$ 方向相反，因此抵消了线圈在等离子体中产生的大部分磁场。所以在图 14.12 高电子密度下，等离子体柱中心部分磁场和电场都接近于 0。

14.2.2　系统总阻抗与等离子体阻抗

一个简谐时变电磁场系统的总阻抗可以通过使用坡印亭定理从场导出，其总阻抗包含了电阻和电抗分量。在前述半径为 r_c 的柱体系统中，等离子体所耗散的功率与在电磁场存储的功率之和等于总输入的复功率

$$\tilde{P} = -\frac{1}{2}\tilde{E}_\theta(r_c)\tilde{H}_z(r_c)2\pi r_c l = \frac{1}{2}Z_{ind}I_{coil}^2 \tag{14.49}$$

其中系统总的复阻抗 $Z_{\text{ind}} = R_{\text{ind}} + L_{\text{ind}}$。由于介质管中的位移电流可忽略，并考虑 $\tilde{H}_z(r_{\text{c}}) = H_{z0}$，则 $r = r_{\text{c}}$ 处的电场由式(14.41)给出，结合式(14.47)，可以得到

$$\tilde{P} = \mathrm{i}\frac{\pi N^2 I_{\text{coil}}^2}{l}\left[\frac{kr_0 J_1(kr_0)}{\omega\varepsilon_0\varepsilon_{\text{p}}J_0(kr_0)} + \frac{1}{2}\omega\mu_0(r_{\text{c}}^2 - r_0^2)\right] \tag{14.50}$$

由式(14.50)的实部和虚部可以分别定义出系统的电阻和电抗分量

$$R_{\text{ind}} = \frac{2\,\mathrm{Re}[\tilde{P}]}{I_{\text{coil}}^2},\quad X_{\text{ind}} = \frac{2\,\mathrm{Im}[\tilde{P}]}{I_{\text{coil}}^2} \tag{14.51}$$

系统中时间平均的耗散功率由式(14.50)的实部给出

$$P_{\text{abs}} = \mathrm{Re}\left[\tilde{P}\right] = \frac{\pi N^2}{l\omega\varepsilon_0}\mathrm{Re}\left[\frac{\mathrm{i}kr_0 J_1(kr_0)}{\varepsilon_{\text{p}}J_0(kr_0)}\right]I_{\text{coil}}^2 \tag{14.52}$$

根据式(14.52)给出系统电阻分量的表示式

$$R_{\text{ind}} = \frac{2P_{\text{abs}}}{I_{\text{coil}}^2} = \frac{2\pi N^2}{l\omega\varepsilon_0}\mathrm{Re}\left[\frac{\mathrm{i}kr_0 J_1(kr_0)}{\varepsilon_{\text{p}}J_0(kr_0)}\right] \tag{14.53}$$

一些研究结果显示，在等离子体密度较低时，耗散功率会随等离子体密度增加而上升，当其达到一最大值后，随着等离子体密度的增加吸收功率将会减小。这是因为当等离子体密度很低时，趋肤深度大于管径，整个等离子体柱剖面上流过电流，而等离子体密度越大，电流和电流密度越大，功率耗散随等离子体密度增加；当等离子体密度较高时，由于趋肤效应逐渐显著，电流只集中于等离子体柱边界的趋肤层内，等离子体密度越高，趋肤深度越小，虽然等离子体密度增加，电流密度增加，但面积减小，所以功率耗散降低。

再从复功率的虚部来确定系统的电抗。由于前面忽略了介质管中的位移电流(容性特性)，电抗对应的即是等效电感 L_{ind} 的感抗，由式(14.50)有

$$X_{\text{ind}} = \frac{2\,\mathrm{Im}[\tilde{P}]}{I_{\text{coil}}^2} = \frac{\pi N^2\omega\mu_0}{l}(r_{\text{c}}^2 - r_0^2) + \frac{2\pi N^2}{l\omega\varepsilon_0}\mathrm{Im}\left[\frac{\mathrm{i}kr_0 J_1(kr_0)}{\varepsilon_p J_0(kr_0)}\right] = L_{\text{ind}}\omega \tag{14.54}$$

根据长直线圈电感 $L_{\text{coil}} = \mu_0 N^2 S/l$，圆柱 ICP 系统的总电感表示为

$$L_{\text{ind}} = L_{\text{coil}}\left(1 - \frac{r_0^2}{r_{\text{c}}^2}\right) + \frac{2\pi N^2}{l\omega^2\varepsilon_0}\mathrm{Im}\left[\frac{\mathrm{i}kr_0 J_1(kr_0)}{\varepsilon_{\text{p}}J_0(kr_0)}\right] \tag{14.55}$$

这个电感包含了两部分，其中一部分对应磁能存储电感，它与式(14.55)右边两项都有关(不是仅相关于第一项)；另一部分与电子的惯性有关(式(14.55)中第二项的一部分)。

根据上述介绍，可以给出如图 14.14 所示的 ICP 系统总的等效电路。

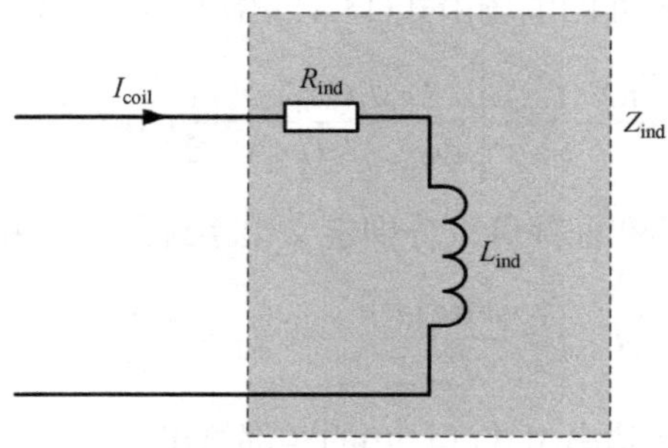

图 14.14　包含外绕线圈及等离子体柱效应的 ICP 总等效电路

从总阻抗 Z_{ind} 中去掉线圈阻抗，可以获得等离子体自身的阻抗，这对于某些分析更为有用。ICP 自身的阻抗也包含电阻和电感分量。为此，假设在等离子体柱中角向流动电流 $\tilde{I}_p$ 能独立存在。等离子体的电阻和电感可分别由角向电流的功率耗散和该电流自身产生的磁通量确定。

根据等离子体电流 $\tilde{I}_p$ 和等离子体中的吸收功率 P_{abs} 关系

$$P_{abs}=\frac{1}{2}R_p|\tilde{I}_p|^2$$

结合式(14.43)、式(14.47)和式(14.52)可以表示出等离子体电阻

$$R_p=\frac{2P_{abs}}{|\tilde{I}_p|^2}=\frac{2\pi}{l\omega\varepsilon_0}\mathrm{Re}\left[\frac{\mathrm{i}kr_0J_1(kr_0)}{\varepsilon_pJ_0(kr_0)}\right]\left|\frac{1}{J_0(kr_0)}-1\right|^{-2} \tag{14.56}$$

电子密度较低时，等离子体电流非常小，随着电子密度增加，等离子体电流逐渐增大。当电子密度非常高时，电流仅处于趋肤深度范围内，导致电流趋于一个饱和值。该饱和值可以使用安培定理进行分析：$H_{z0}=I_p/l=NI_{coil}/l$，因此 $I_p=NI_{coil}$。在电流饱和情况下，等离子体电阻与之前定义的总电阻成正比

$$R_p=\frac{R_{ind}}{N^2} \tag{14.57}$$

等离子体中的电流环路上不仅有电阻效应，还有电感效应。一些电感可归因于电子惯性，$L_p=R_p/\nu_m$。在等离子体中电流环路也产生磁通量，因此导致另一个电感，记为 L_{mp}。在电子密度较高的情况下，L_{mp} 的处理比较容易，因为在这种情况下，射频电流局限在一个很薄的趋肤层内。这种情况下，磁通量为 $\Phi=\mu_0\tilde{H}_z\pi r_0^2=L_{mp}\tilde{I}_p$，磁场为 $\tilde{H}_z=\tilde{I}_p/l$，所以

$$L_{\mathrm{mp}}=\frac{\mu_0\pi r_0^2}{l} \tag{14.58}$$

14.2.3　电感耦合等离子体的变压器模型

除了从电磁场方程直接分析 ICP 特性外，也可以从变压器角度来看待这一等离子体系统。外绕线圈与等离子体环路形成了一个空心变压器结构，外绕线圈为结构的初级线圈，介质管内的等离子体环路被视为变压器的单匝次级线圈。

等离子体的等效电阻及电感在前面已经给出介绍。外绕线圈则包含一个电感 L_{coil} 和一个电阻 R_{coil}。根据两个量可以确定线圈的品质因数 $Q=\omega L_{\mathrm{coil}}/R_{\mathrm{coil}}$。线圈电阻、线圈电感很容易通过实验直接测量，从而确定 Q 的大小。

线圈和单匝等离子体环路通过互感 M 耦合。就像变压器一样，初级线圈中的交变电流可以在次级线圈中感应出电压，而次级线圈的电流也可在初级线圈中感应出电压。这里假设 M 为实数。可以把图 14.15 的初、次级耦合电路转换成右侧的由电阻 R_{s} 和电感 L_{s} 组成的单一回路。将基尔霍夫定律应用于上述电路给出

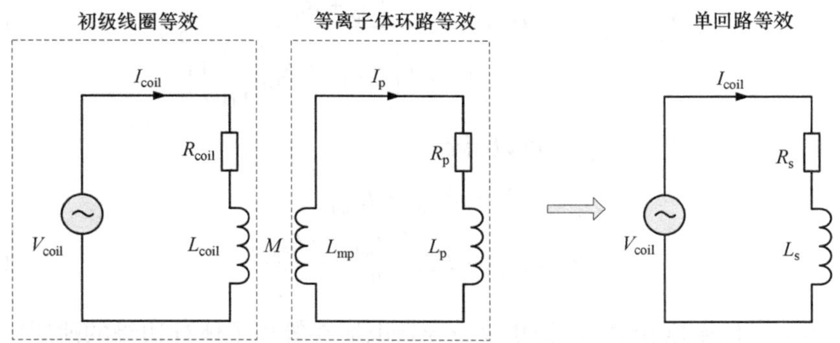

图 14.15　离子体系统的变压器模型

右图中，以初级回路电流为参数，将次级电路等效为相应的电感和电阻，然后再转换到初级回路的串联等效电路中

$$\tilde{V}_{\mathrm{coil}}=\mathrm{i}\omega L_{\mathrm{coil}}I_{\mathrm{coil}}+R_{\mathrm{coil}}I_{\mathrm{coil}}+\mathrm{i}\omega M\tilde{I}_{\mathrm{p}} \tag{14.59}$$

$$\tilde{V}_{\mathrm{p}}=\mathrm{i}\omega L_{\mathrm{mp}}\tilde{I}_{\mathrm{p}}+\mathrm{i}\omega MI_{\mathrm{coil}}=-\tilde{I}_{\mathrm{p}}\left[R_{\mathrm{p}}+\mathrm{i}R_{\mathrm{p}}\cdot\left(\frac{\omega}{\nu_{\mathrm{m}}}\right)\right] \tag{14.60}$$

$$V_{\mathrm{coil}}=(\mathrm{i}\omega L_{\mathrm{s}}+R_{\mathrm{s}})I_{\mathrm{coil}} \tag{14.61}$$

因此，根据变换的电路，可以得到

$$R_{\mathrm{s}}=R_{\mathrm{coil}}+M^2\omega^2\left[\frac{R_{\mathrm{p}}}{R_{\mathrm{p}}^2+\left(\omega L_{\mathrm{mp}}+R_{\mathrm{p}}\left(\frac{\omega}{\nu_{\mathrm{m}}}\right)\right)^2}\right] \tag{14.62}$$

$$L_s = L_{coil} - M^2\omega^2 \left[\frac{L_{mp} + R_p / \nu_m}{R_p^2 + \left(\omega L_{mp} + R_p \left(\frac{\omega}{\nu_m} \right) \right)^2} \right] \tag{14.63}$$

为了使变压器模型能准确描述电感耦合放电，希望在整个等离子体密度范围内满足 $R_s = R_{coil} + R_{ind}$，以及 $L_s = L_{ind}$。前面通过分析等离子体的阻抗，已经给出 R_p 和 L_{mp} 的表达式，因此式(14.63)中只有 M 是未知的。从式(14.60)可以看出，互感 M 满足以下关系：

$$M^2\omega^2 = \left[R_p^2 + \left(\omega L_{mp} + R_p \left(\frac{\omega}{\nu_m} \right) \right)^2 \right] \frac{|\tilde{I}_p|^2}{I_{coil}^2} \tag{14.64}$$

将式(14.64)代入等式(14.62)和式(14.63)可以得到

$$R_s = R_{coil} + M^2\omega^2 \left[\frac{R_p}{R_p^2 + \left(\omega L_{mp} + R_p \left(\frac{\omega}{\nu_m} \right) \right)^2} \right] \tag{14.65}$$

$$L_s = L_{coil} - M^2\omega^2 \left[\frac{L_{mp} + R_p / \nu_m}{R_p^2 + \left(\omega L_{mp} + R_p \left(\frac{\omega}{\nu_m} \right) \right)^2} \right] \tag{14.66}$$

利用关系 $R_p |\tilde{I}_p|^2 = R_{ind} I_{coil}^2$，可以得到

$$R_s = R_{coil} + R_{ind} \tag{14.67}$$

$$L_s = L_{coil} - L_{mp} \left(\frac{R_{ind}}{R_p} \right) - \frac{R_{ind}}{\nu_m} \tag{14.68}$$

在等离子体密度较高时，趋肤效应导致电流在等离子体柱边缘的薄层中流动，因此将 ICP 系统类比为变压器，以此进行简化分析是比较恰当的。但是在较低等电子密度条件下，电流将流过整个等离子体柱的剖面，因此以变压器模型为基础的分析需要更为仔细地考察其合理性。

14.3　螺旋波放电

由于趋肤效应，入射到高密度等离子体中的电磁波在很小的厚度内就迅速衰减，因此在通常情况下，一旦射频等离子体密度变高，射频场就无法深入到等离子体内部，相应不能将更多的射频功率耦合入等离子体中。对射频等离子体施加外部静磁场，可以影响电磁波在等离子体中的传播特性，使得在电磁波频率低于等离子体频率的情况下($\omega < \omega_{pe}$)，仍可以在等离子体中传播，从而提高耦合到中

等离子体的射频功率，改变电子温度或电子能量分布函数；此外，带电粒子将绕磁力线运动，降低了垂直于磁力线方向上的带电粒子输运，对等离子体形成约束作用。因此，施加静磁场可以显著增加电离率，提高射频等离子体的密度，目前在等离子体表面处理、空间电推进等领域中备受重视。

14.3.1　螺旋波及装置介绍

能在等离子体中传播的低频电磁波中，有一类被称为“螺旋波”(helicon)。螺旋波这一概念最早是用于描述在固体金属内自由电子等离子体中电磁波的传播。后来人们开始研究电磁波在气体等离子体中的传播。20 世纪 70 年代，Boswell 提出用螺旋波的能量来维持放电等离子体，有关螺旋波等离子体的研究得以开展。

螺旋波属于“哨声波”这一大的类别，是因为其传播速度与频率有关(频率越低，传播速度越慢)。当螺旋波从一源点向外传播时，在某一场点接收其电磁信号，由于低频成分到达时间晚，测得的信号频率特征类似于口哨哨声(信号频率随时间快速下降)。

螺旋波名字的得来是因为电磁波在传播的过程中存在旋转，并使得电子发生螺旋运动。假设频率为ω的螺旋波波沿 z 方向传播，其电场和磁场具有以下形式：

$$E, B \sim \exp[\mathrm{i}(\omega t - k_z z - m\phi)] \tag{14.69}$$

其中，k_z 是轴向波数；m 是角向模数；ϕ 是方位角。

螺旋波等离子体发生装置的典型结构如图 14.16 所示。放电管外部由螺旋天线包围，并将其置于静磁场内。螺旋波工作电源的典型频率范围为 1～50MHz，在应用中普遍采用传统的 13.56MHz 射频功率源驱动。射频电源与天线之间接入匹配器以降低反射功率，或可以使用一带有中心抽头的变压器来驱动天线，从而使天线线圈与地隔离。这样做可以使天线与等离子体间的最高电压降低，从而减小耦合到等离子体的容性电流。外加磁场的大小为 100～1000G。螺旋波等离子体工作气压通常在帕量级，而等离子体密度可高达约 $10^{14}\mathrm{cm}^{-3}$。

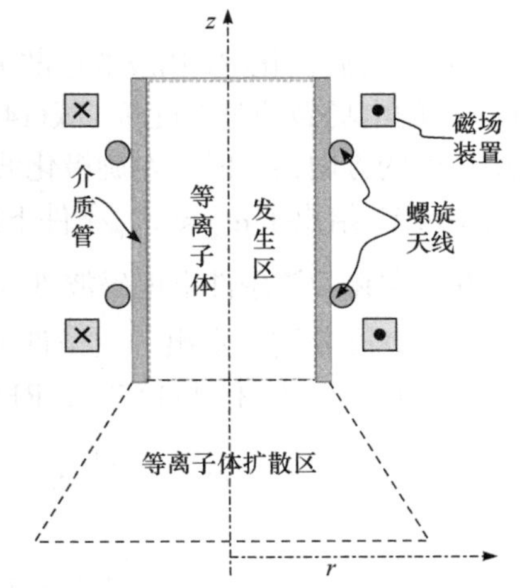

图 14.16　螺旋波等离子体放电装置示意图
上方由螺旋天线包绕的介质管形成等离子体源区，外部有静磁场。扩散区位于下方

由于用射频电压激励螺旋天线，低功率时放电等离子体可工作于电容耦合模式(E 模式)。而天线中流动的射频电流可在天线附近感应出电磁场，这些场倾向于激发电感耦合模式(H 模式)的等离子体。H 模式通常在中等功率下占主导地位。当功率足够大，以至于能够提供

支持螺旋波传播所需的等离子体密度时，等离子体才以波模式(W 模式)运行。因此，螺旋等离子体的获得过程中会经历 E→H→W 模式转变。而螺旋波的传播特性意味着其加热区域能更多地渗入到等离子体中，因此可以在大体积等离子体或长等离子体柱中维持高电离率和高等离子体密度。

14.3.2 无限大磁化等离子体中射频波的传播

当对等离子体施加静磁场时，等离子体对电磁场的响应呈各向异性，电磁波在等离子中的色散关系将取决于波矢量相对于静磁场的取向。等离子体的各向异性响应是由于存在与粒子运动方向相垂直的洛伦兹力。在磁场作用下，不同带电粒子会以各自的回旋频率$\omega = qB/m$绕磁力线转动。因为电子质量m_e远小于离子质量m_i，所以离子回旋频率ω_{ci}远低于电子回旋频率ω_{ce}，即$\omega_{ci} / \omega_{ce} = m_e / m_i \ll 1$。

分析等离子体中的电磁波时，可将其分为沿磁场和垂直于磁场传播的两种分量。设磁场沿 z 轴方向，由于螺旋波主要沿着磁力线传播，现假设波矢量平行于静磁场方向即 z 轴(因此波数 $k = k_z$)，在无碰撞条件下，采用冷等离子体近似($T_e = T_i = 0$)并忽略远小于 1 的 m_e/m_i 项，可以得到如下两个色散关系式：

$$n_{\text{ref,R}}^2 = \frac{k^2c^2}{\omega^2} = 1 + \frac{\omega_{pe}^2}{\omega\omega_{ce}\left(1 + \dfrac{\omega_{ci}}{\omega} - \dfrac{\omega}{\omega_{ce}}\right)} \tag{14.70}$$

$$n_{\text{ref,L}}^2 = \frac{k^2c^2}{\omega^2} = 1 - \frac{\omega_{pe}^2}{\omega\omega_{ce}\left(1 - \dfrac{\omega_{ci}}{\omega} + \dfrac{\omega}{\omega_{ce}}\right)} \tag{14.71}$$

式(14.70)为右旋极化(RHP)波的色散关系，右旋极化波是指当沿静磁场 B_0 方向察看时，波的电场做顺时针旋转。式(14.71)为左旋极化(LHP)波的色散关系，当从沿静磁场 B_0 的方向察看时，左旋极化波的电场按逆时针旋转。

图 14.17 给出了$\omega_{ce} \ll \omega_{pe}$条件下的色散关系示意图。折射率 n_{ref} 为虚数时(即$n_{\text{ref}}^2 < 0$)，意味着该条件下电磁波进入等离子体后将逐渐衰减而无法传播。因此由条件 $n_{\text{ref}}^2 = 0$ 可分别确定出一定条件下的等离子体中传播左旋波和右旋波的截止频率。根据式(14.70)和式(14.71)，RHP 波和 LHP 波的截止频率分别为

$$\omega_{\text{co,R}} = \frac{1}{2}\left[\omega_{ce} + \sqrt{\omega_{ce}^2 + 4(\omega_{pe}^2 + \omega_{ce}\omega_{ci})}\right] \tag{14.72}$$

$$\omega_{\text{co,L}} = \frac{1}{2}\left[-\omega_{ce} + \sqrt{\omega_{ce}^2 + 4(\omega_{pe}^2 + \omega_{ce}\omega_{ci})}\right] \tag{14.73}$$

当$\omega_{ce} \ll \omega_{pe}$时，式(14.72)和式(14.73)给出的$\omega_{\text{co,R}}$和$\omega_{\text{co,L}}$都将接近于电子的等离子体频率$\omega_{pe}$。

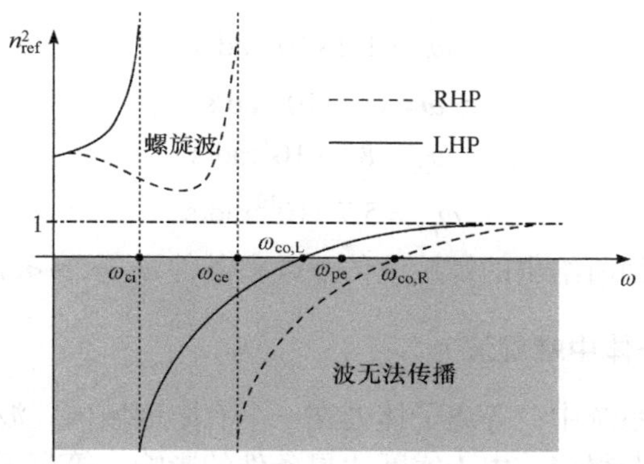

图 14.17 无限大磁化等离子体中，平行于 B_0 方向传播的 LHP 波和 RHP 波的折射率平方与电磁波频率的关系

对于 LHP 波，电场的旋转方向与离子绕磁力线旋转的方向相同，存在一共振频率，记为ω_{ci}。相反，RHP 波的电场旋转方向与电子绕磁力线旋转的方向相同，相应的共振频率为ω_{ce}。

图 14.17 中的曲线表明，LHP 波的频率低于左旋共振频率ω_{ci}时，LHP 波能在等离子体中传播。类似地，若 RHP 波频率低于右旋共振频率ω_{ce}时，则 RHP 波也可在等离子体中传播。而当波的频率大于左旋共振频率ω_{ci}而小于 LHP 波的截止频率$\omega_{co,L}$时，相应的 LHP 波将不能在等离子体中传播，对 RHP 波也是如此。如果波的频率ω高于 LHP 或 RHP 波的截止频率时，LHP 或 RHP 波又能在等离子体中传播。

螺旋波是频率ω低于ω_{ce}高于ω_{ci}的右旋波，因此可在$\omega < \omega_{ce}$频率范围分析波的色散关系。考虑到ω_{ce}和ω都远小于ω_{pe}，右旋波色散关系式(14.70)简化为

$$n_{ref,R}^2 = \frac{\omega_{pe}^2}{\omega\omega_{ce}\left(1+\dfrac{\omega_{ci}}{\omega}-\dfrac{\omega}{\omega_{ce}}\right)} \tag{14.74}$$

由于后面只考虑螺旋波，为了简便，以 n_{ref} 表示 $n_{ref,R}$。

从螺旋波的频率范围可知，一方面波的频率远高于离子回旋频率$(\omega_{ci} \ll \omega)$，以至于离子不能响应波电场；另一方面波的频率又远低于电子回旋频率$(\omega \ll \omega_{ce})$，由于电子惯性很小，电子能够充分响应波电场而运动。由此可对式(14.74)进一步简化，给出螺旋波的色散关系

$$n_{ref}^2 = \frac{\omega_{pe}^2}{\omega\omega_{ce}} \tag{14.75}$$

通常螺旋波等离子体系统采用 13.56MHz 的工业射频源，并考虑以氩气作为工作气体，以及典型的等离子体密度 $n_e = 10^{12}\text{cm}^{-3}$ 和磁场条件 $B_0 = 500\text{G}$。在上述条件下相应的频率值为

$$\omega_{ci} = 1.2 \times 10^4 \text{ rad/s}$$
$$\omega = 8.5 \times 10^7 \text{ rad/s}$$
$$\omega_{ce} = 8.9 \times 10^8 \text{ rad/s}$$
$$\omega_{pe} = 5.7 \times 10^{10} \text{ rad/s}$$

这些数据正符合前面所给出的螺旋波传播频率条件$\omega_{ci} \ll \omega \ll \omega_{ce} \ll \omega_{pe}$。

14.3.3 圆柱等离子体中螺旋波

在螺旋波放电系统中，等离子体处在一个有限区域内，波的传播比无限大等离子体中的情况复杂得多。由于实际边界条件的影响，等离子体中会形成驻波及非轴向传播的波(即波的传播方向与静磁场B_0的方向不一致)。

1. 无限大等离子体中非轴向传播的螺旋波

假设在无限大的磁化等离子体中，螺旋波以相对于静磁场为θ的角度传播，由分析给出相应的色散关系

$$n_{ref}^2 = \frac{\omega_{pe}^2}{\omega(\omega_{ce}\cos\theta - \omega)} \tag{14.76}$$

式(14.76)在$\theta = 0$和$\omega \ll \omega_{ce}$条件下可得到式(14.75)。当$\theta \neq 0$时，波要能够传播，要求$n_{ref}^2 > 0$，这给出了波传播的最大角度，如下：

$$\theta_{res} = \arccos\left(\frac{\omega}{\omega_{ce}}\right) \tag{14.77}$$

当$\theta = \theta_{res}$时，将发生共振(因为$n_{ref}^2 \to \infty$)。因此，波矢被限制在角度小于θ_{res}的锥体范围内。以前面给出的一些参数为例，即驱动频率为 13.56MHz，电子回旋频率为$\omega_{ce} = 8.9 \times 10^{-8}\text{s}^{-1}$，则$\theta_{res} = 1.4748\text{ rad}$(或相当于$\theta_{res} = 84.5°$)。

图 14.18 给出了折射率随夹角θ的变化曲线。当θ接近θ_{res}时，折射率趋于无穷大(共振)。当θ大于θ_{res}，折射率变为虚数，波被衰减而无法传播。

2. 等离子体圆柱中的电磁场和边界条件

在一个大小有限的系统中，k 和 k_z 的取值要满足电磁场的边界条件；在给定的等离子体密度条件下，电磁波的传播方向取决于系统的尺寸。考虑螺旋波在半径为r_0，密度均匀的圆柱等离子体中传播，且沿 z 轴有恒定静磁场，求解麦克斯韦方程组，可获得螺旋波电磁场的径向分布。其中磁场分布式如下：

$$\tilde{B}_r = A[(k + k_z)J_{m-1}(k_r r) + (k - k_z)J_{m+1}(k_r r)] \tag{14.78}$$

$$\tilde{B}_\phi = \mathrm{i}A[(k + k_z)J_{m-1}(k_r r) - (k - k_z)J_{m+1}(k_r r)] \tag{14.79}$$

$$\tilde{B}_z = -2\mathrm{i}AJ_{m1}(k_r r) \tag{14.80}$$

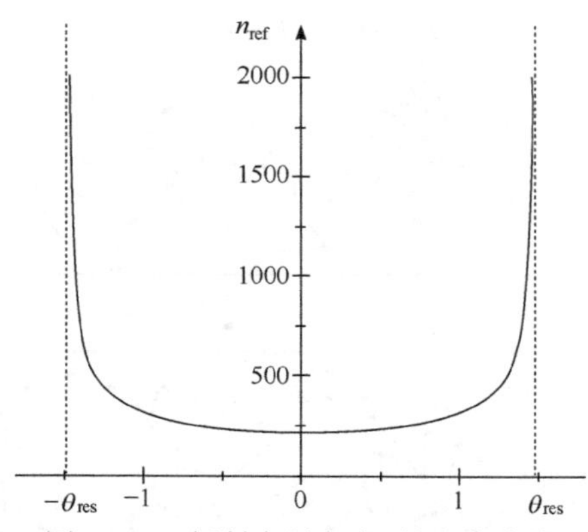

图 14.18　折射率随角度θ的变化曲线

θ单位为弧度；波的传播被限制在角度为θ_{res}的共振锥内。其他参数为：$f = 13.56\text{MHz}$，$B_0 = 500\text{G}$，$n_e = 10^{12}\text{cm}^{-3}$

其中，A 是幅值；m 是角向模数；J_m 是 m 阶贝塞尔函数；k 仍是波数，k_z 和 k_r 分别是轴向和径向波矢的大小(图 14.19)，并且有 $k_r^2 + k_z^2 = k^2$ 。

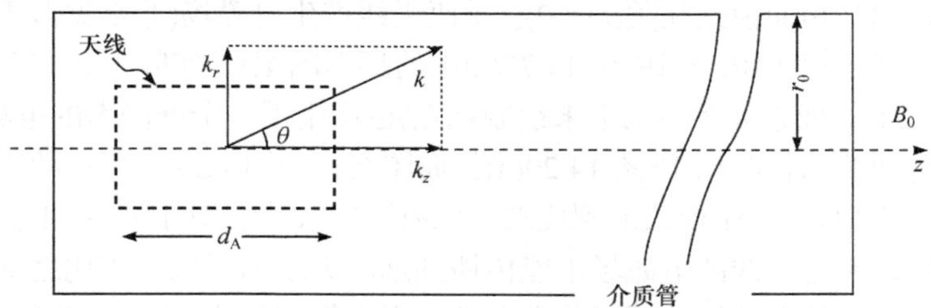

图 14.19　外绕螺旋天线的放电管中波矢示意图

电场的横向结构变化非常复杂，而且强烈依赖于角向模数，如图 14.20 所示。对于角向模数为 $m = 0$ 情况，电场结构在传播过程中的演变如图 14.20(a)所示。图 14.20(a)左边的第一个图显示了该状态下电场线仅沿着径向，该电场是纯静电的。相反，在后继图中，如图 14.20(a)第三个图表明电场线完全是角向的，表明电场是纯电磁的。在这两个状态之间，电场线的取向是螺旋的。注意，图 14.20(a)左边第一个图所示的状态与最后一图所示状态，静电场的方向发生了改变，这两个状态间隔了半个波长。对于 $m = \pm 1$ 模式，电场结构的演化图更为复杂(图 14.20(b))，但是这个模式下，尽管在传播时电场结构的图案整体上发生了旋转，但电场图案没有发生变化。在中心区域，静电场存在一个较强的径向分量，而且这一分量在半波长处发生方向的改变。

14.3.4　其他问题

1. 天线耦合

在等离子体实验和反应器研究过程中，人们已经提出了一些不同类型的天线。

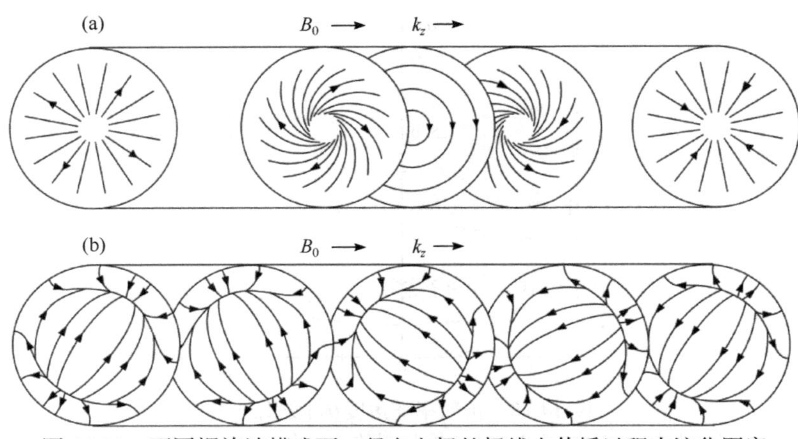

图 14.20　不同螺旋波模式下，径向电场的场线在传播过程中演化图案

(a) $m=0$；(b) $m=\pm1$

图 14.21 给出了几种最常用的发射螺旋波的天线示意图。最简单天线是单匝天线，它的激励过程与角向模式无关($m=0$)。单匝天线产生电磁场(非常类似于电感耦合放电)然后耦合到电磁波场中(图 14.20(a)中的环形图案)。实际上，在单匝天线的端点(图 14.21 的理想圆环结构中未绘制端点)也产生了一个准静态的电场，这个电场也会耦合到波的径向场中(图 14.20(a)径向图案)。图 14.20 中所示的另外三种天线被设计成激励 $m=\pm1$ 模式的螺旋波。已有研究表明，对于 $m=-1$ 模式，其耦合效果不好，并且天线的电磁场不能传播到远离天线的区域。相比之下，$m=+1$ 模式具有极好的耦合特性，可以非常有效地产生等离子体。Boswell 于 1970 年引入了双鞍型天线。后来名古屋大学的研究者引入了一种简化方案，即平面极化的名古屋(Nagoya)天线，然后由名古屋大学的 Shoji 提出了扭曲状名古屋天线。

虽然不容易对天线进行详细的建模分析，但可以简单地指出其一个重要特性：天线的长度对于选择离散的纵向波长或波数 k_z 至关重要。例如，给定轴向波长($\lambda=2\pi/k_z$)，使用一对完全相同的单匝回路线圈，每个回路中的电流相等，方向相反，两线圈的轴向间距为所选波长的一半，这样的天线就可激励出 $m=0$ 的模式。对于图 14.21 中各种 $m=1$ 的天线结构，其轴向长度 d_A 的选取方法与此类似，从而确定 k_z。

2. E→H→W 转换

前面已经提到，螺旋波的传播需要一个最低的等离子体密度。然而，虽然在低电子密度条件下不能形成螺旋波的传播，但螺旋波等离子体反应器可以运行在低电子密度(或低注入功率)的状态。这是因为在天线两端有相当大的电压降，所以在等离子体中将产生一个容性电流，这使得放电功率的一部分以电容耦合的方式沉积到等离子体中。此外，在天线(其行为类似于一个非共振的电感线圈)中流

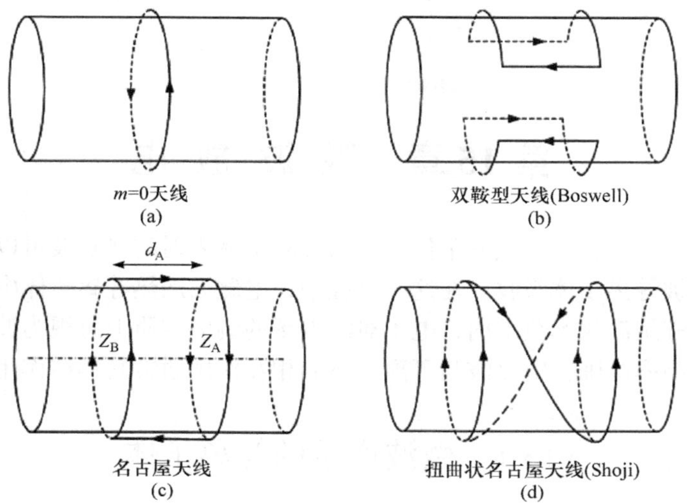

图 14.21 螺旋波等离子体中最常见的天线类型示意图

(a) 可激励 $m=0$ 模式的单匝天线；(b) (c) (d)可激励 m=1 模式的天线

动的射频电流通过感应出的射频电场在天线附近产生等离子体。因此这种装置的放电可以处于三种不同的模式：低功率的电容耦合模式(E 模式)，中等功率的电感耦合模式(H 模式)，最后是高功率的螺旋波模式(W 模式)。随着功率的增加，可以观察到从电容耦合模式到电感耦合模式到螺旋波模式(E→H→W)的转变。

螺旋波放电模式转变可以从很多参量随功率的变化曲线上得到。图 14.22 是放电中管壁处测得的压力随功率的变化曲线，图中标出了 E→H 转变点和 H→W 转变点，对于所测压力发生了突然的变化，标志着放电模式的转变。

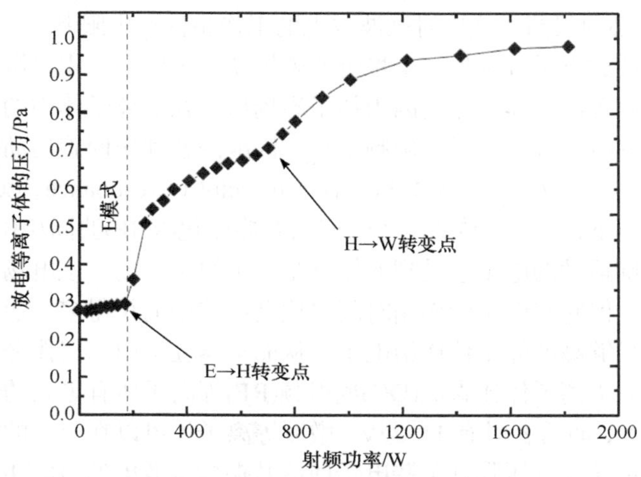

图 14.22 螺旋波等离子体反应器中，在腔室壁处测量的气体压力随功率的变化

第 15 章　微 波 放 电

前面介绍过，在一定频率条件下，向等离子体入射的电磁波可以在等离子体中传播，并被等离子体吸收。在这一过程中，电磁波加热等离子体中的电子，维持放电。在螺旋波频率范围内，电子对波电场的响应本质上可视为波与单粒子作用。在微波频率范围，电磁波与等离子体的相互作用通常是集体作用。

15.1　微波产生的等离子体

微波谐振腔中的强电场可以将低气压气体击穿，从而产生低密度等离子体放电。在二战期间，由于雷达技术的发展，出现了各种千瓦级微波源，使高功率微波源变得实用化。因此人们开始采用微波来产生等离子体。

根据电磁波在等离子体中的传播情况，没有外磁场时，只有频率ω大于电子等离子体频率ω_{pe}的电磁波才能进入等离子体。这意味着对于给定频率的电磁波，所产生的等离子体密度存在上限$n_e < \omega^2\varepsilon_0 m_e/e^2$，或电子密度与频率的具体关系为$n_e\left(\text{cm}^{-3}\right) \lesssim 1.2\times10^{-8}\times f^2$。放电所采用微波源其典型频率$f = 2.45\text{GHz}$，如果能提供较高的微波功率，在微波等离子体中所能获得的电子密度可接近由电子等离子体频率ω_{pe}所确定的临界密度，大约为10^{12}cm^{-3}量级。高强度电磁场还要求放电腔的品质因子Q必须很高，这也对微波放电的工作条件产生限制。

通过给微波放电系统施加一个稳定的磁场B，可以在不需要微波谐振腔的条件下产生高密度等离子体。这是因为加了磁场后，在等离子体中的某个区域，外部电磁波的频率恰好等于电子回旋频率ω_{ce}时，电磁波和作回旋运动的电子之间发生共振相互作用，形成电子回旋共振(electron cyclotron resonance，ECR)等离子体。在回旋共振条件下，不停旋转的电子恰好与右旋极化(RHP)波同相位，因此在较长的时间内，回旋运动的电子感受到的始终是一个恒定电场。该电场虽然不如谐振腔中的电场强，但它与电子的作用时间要比谐振腔中的长得多。通过这种方式，微波源能够将足够高的能量传递给电子，从而电离腔室内的气体分子。

微波产生的等离子体比直流(DC)或射频(RF)等离子体有更高的电子温度，典型值为 5～15eV，而后者只有 1～2eV。微波等离子体可以在很宽的气体压强范围内产生，一般可从大气压强到某些电子回旋共振微波放电的 10^{-6}Torr，非磁化微波放电通常工作气压从约 10mTorr 到一个大气压，而磁化的 ECR 微波放电一般工作在 10μTorr～10mTorr 的较低气压.

由于微波放电有更高的电子温度和低的工作压强，因而能比直流或射频放电提供更高的电离率和离解率。在许多基于等离子体化学反应的应用中，这是一个很重要的优点。微波等离子体中不会形成高电压鞘层，因此离子对壁溅射效应弱；微波放电时不需要腔室内部电极，减少了电极材料溅射对等离子体及待处理材料的污染。此外，微波放电能在比直流或射频放电更宽的气体压强范围内稳定地工作。

正是由于上述优点，自 20 世纪 80 年代以来，微波等离子体发展更迅速，形成了许多工业应用。例如，微波等离子体广泛地用作紫外和可见光范围内的连续辐射和线光谱辐射源。还用作与等离子体相关的活性粒子，如离子、自由基、激发态原子以及离解中性粒子等的激发源。微波放电用来提供发射激光的介质以及泵浦激光。微波放电也用在受控核聚变实验的启动阶段以产生稳态的高密度等离子体，经约束和加热后，达到聚变所需要的条件。

15.2　等离子体中的微波传播

微波放电中，波的频率可以接近或高于电子等离子体频率，波与电子的相互作用处于集体作用区。这种情况下的描述方式或采用电子的牛顿动力学与麦克斯韦方程结合，或以冷等离子体理论来描述。这里仅介绍一些相关结果。

电磁波作用下电子的运动方程可写成

$$\boldsymbol{F}=m_{\mathrm{e}}\frac{\mathrm{d}\boldsymbol{v}}{\mathrm{d}t}=-e\boldsymbol{E}-\nu_{\mathrm{m}}m_{\mathrm{e}}\boldsymbol{v}-e(\boldsymbol{v}\times\boldsymbol{B})\tag{15.1}$$

式中，m_{e} 为电子的质量；ν_{m} 电子的动量碰撞频率；$\boldsymbol{E}$ 是电磁波及等离子体产生的总电场；$\boldsymbol{B}$ 是静态本底磁场，电磁波中的磁场很小，因此无需在磁力项中加以考虑。在集体作用下，式(15.1)不能用来描述电磁波与等离子体的互作用，必须将麦克斯韦方程一起列入考虑。式(15.1)中所描述的电子运动可通过电场 E 和电子碰撞频率与麦克斯韦方程相联系。

将式(15.1)与麦克斯韦方程联解可把传播方程表示为

$$\boldsymbol{E}(z,t)=\boldsymbol{E}_0\exp(-\alpha z)\exp[\mathrm{i}(\omega t-kz)]\tag{15.2}$$

其中，$\boldsymbol{E}_0$ 是 z 方向垂直入射的初始电场强度。式中角频率 $\omega=2\pi f$，波数 $k=2\pi/\lambda$，衰减系数 $\alpha=1/\delta$，δ 为趋肤深度。

这里将等离子体的复折射率表示为

$$n_{\mathrm{ref}}=\mu-\mathrm{i}\chi\tag{15.3}$$

式中，μ 是复折射率的实部，表征电磁波在介质中传播时相对于真空速度减慢的参数；χ 是衰减指数，是电磁波衰减大小的量度。衰减指数 χ 和衰减系数 α 之间的关

系为

$$\alpha = \frac{\omega}{c}\chi \tag{15.4}$$

折射率实部μ和传播常数β之间由式(15.5)相联系

$$\beta = \frac{\omega}{c}\mu \tag{15.5}$$

考虑图 15.1 所示的情况，平面电磁波在无限大均匀等离子体中沿与磁场成θ角的方向传播。等离子体电子密度 n_e 和碰撞频率 ν_m 为常数。电磁波频率可以比电子等离子体频率高，也可以比它低。这种情况的复折射率由 Appleton 方程给出

$$n_{\text{ref}}^2 = (\mu - \mathrm{i}\chi)^2 = 1 - \frac{\omega_{\text{pe}}^2/\omega^2}{C_1 \pm C_2^{1/2}} \tag{15.6}$$

式中两个常数

$$C_1 = 1 - \mathrm{i}\frac{\nu_{\text{m}}}{\omega} - \frac{(\omega_{\text{ce}}^2/\omega^2)\sin^2\theta}{2[1-(\omega_{\text{pe}}^2/\omega^2) - \mathrm{i}\nu_{\text{m}}/\omega]} \tag{15.7}$$

$$C_2 = \frac{(\omega_{\text{ce}}^4/\omega^4)\sin^4\theta}{4[1-(\omega_{\text{pe}}^2/\omega^2) - \mathrm{i}\nu_{\text{m}}/\omega]} + \frac{\omega_{\text{ce}}^2}{\omega^2}\cos^2\theta \tag{15.8}$$

式中，ω_{ce}是电子回旋频率。式(15.6)中含有θ角，用来描述最一般的情况。

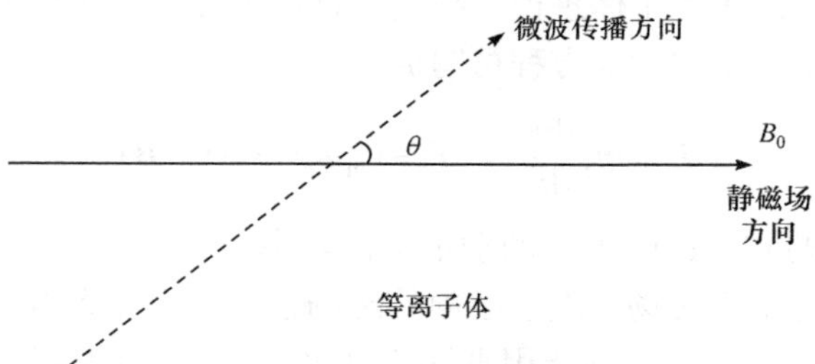

图 15.1　在磁化等离子体中，频率为ω的电磁波沿与磁感应强度夹角为θ的方向传播

式(15.6)最常见的一种情况是平面电磁波沿磁场传播，如图 15.2 所示。电磁波的电场既可以按电子回旋的方向旋转，即 RHP 波；也可按相反方向，即离子回旋的方向旋转，即 LHP 波。

当$\theta = 0$ 时，复折射率的实部由式(15.9)给出

$$\mu_{\text{L,R}} = \left\{ \frac{1}{2}\left(1 - \frac{\omega_{\text{pe}}^2(\omega \pm \omega_{\text{c}})}{\omega\left[(\omega \pm \omega_{\text{c}})^2 + \nu_{\text{m}}^2\right]}\right) + \frac{1}{2}\left[\left(1 - \frac{\omega_{\text{pe}}^2(\omega \pm \omega_{\text{c}})}{\omega\left[(\omega \pm \omega_{\text{c}})^2 + \nu_{\text{m}}^2\right]}\right)^2 + \left(\frac{\omega_{\text{pe}}^2\omega_{\text{c}}}{\omega\left[(\omega \pm \omega_{\text{c}})^2 + \nu_{\text{m}}^2\right]}\right)^2\right]^{1/2}\right\}^{1/2} \tag{15.9}$$

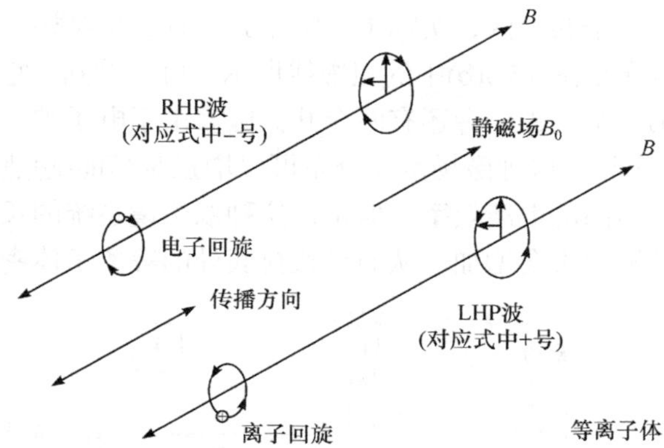

图 15.2　$\theta = 0$ 时，磁化等离子体中平行磁场方向传播的电磁波极化示意图
对于 RHP 波，电场旋转方向与电子旋转方向一致。对于 LHP 波，电场旋转方向与离子旋转方向一致

式中，下标 L 和 R 分别指左旋极化波和右旋极化波，并对应了公式中的(+)和(−)符号。

复折射率的衰减指数由式(15.10)给出

$$\chi_{\mathrm{L,R}} = \left\{ -\frac{1}{2}\left(1 - \frac{\omega_{\mathrm{pe}}^2(\omega \pm \omega_{\mathrm{c}})}{\omega\left[(\omega \pm \omega_{\mathrm{c}})^2 + \nu_{\mathrm{m}}^2\right]}\right) + \frac{1}{2}\left[\left(1 - \frac{\omega_{\mathrm{pe}}^2(\omega \pm \omega_{\mathrm{c}})}{\omega\left[(\omega \pm \omega_{\mathrm{c}})^2 + \nu_{\mathrm{m}}^2\right]}\right)^2 + \left(\frac{\omega_{\mathrm{pe}}^2 \omega_{\mathrm{c}}}{\omega\left[(\omega \pm \omega_{\mathrm{c}})^2 + \nu_{\mathrm{m}}^2\right]}\right)^2\right]^{1/2} \right\}^{1/2} \tag{15.10}$$

15.3　电子回旋共振等离子体源

图 15.3(a)是一个典型的高长宽比的 ECR 系统的示意图。在这个系统中，微波能量沿着磁力线向等离子体传输。在一个圆柱形金属腔的左侧，有一个真空介质窗口，频率为ω的微波通过该窗口注入到等离子体中。为了尽量减少等离子体引发的器壁溅射造成的金属元素污染，在腔体器壁上经常覆盖一层介质。此外，一般情况下还需要用一个或多个磁场线圈在腔体内产生一个非均匀的轴向磁场$B(z)$。磁场强度要满足 ECR 条件，即$\omega_{\mathrm{ce}}(z_{\mathrm{res}}) \approx \omega$，这里 z_{res} 是轴向上的共振点位置。在金属腔体中为低压气体，气体被击穿，形成等离子体。然后，等离子体沿着磁力线扩散进入下游腔室。

在一些情况下，等离子体中会存在几个共振位置，如图 15.3(b)中粗虚线所示。由于很难保持精确的共振条件，并且存在过度加热电子的可能性，所以通常只在低长宽比系统中使用均匀磁场空间分布。在该系统中，衬底的位置离微波功率注入点很近。图 15.3(b)中的实线表示一个单调下降的磁场($\mathrm{d}B/\mathrm{d}z < 0$)的空间分布，

它在靠近窗口处有一个共振区，实际中经常用到这种磁场结构。另外一种类似于磁镜的磁场空间分布如图 15.3(b)中的粗虚线所示。可以看到，它在靠近窗口处有一个共振区，在第二个磁铁两旁还有两个共振区。由于电子被磁场“俘获”在两个磁镜(即高场区)之间，这种磁场空间分布可以增强对高能(超热化)电子的约束，因而等离子体会有较高的电离效率。但是，这种双磁镜系统的长度比较长，因而高气压时的径向扩散损失会增加，从而导致衬底处的等离子体密度降低。

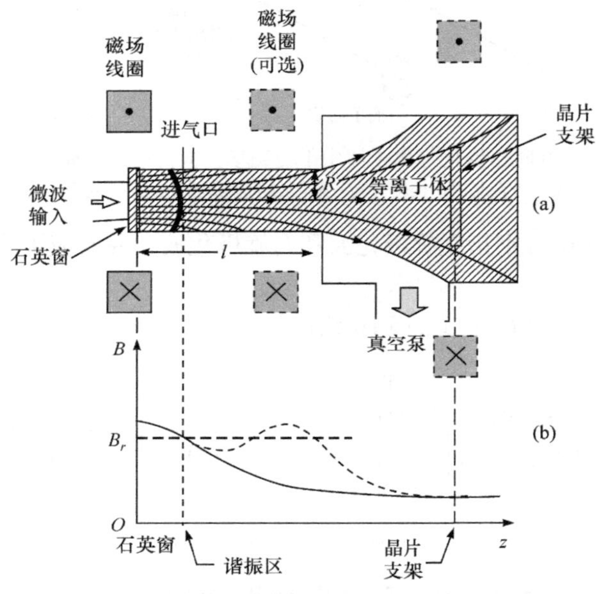

图 15.3　典型的高长宽比 ECR 系统(力伯曼等，2007)
(a) 几何结构；(b) 轴向磁场分布

典型的 ECR 微波功率系统如图 15.4 所示。一个直流电源给磁控管供电，后者产生的微波通过 TE_{10} 矩形波导传输系统将能量输送给等离子体。波导传输系统主要由一个环形器(其作用是将反射功率转向到一个水冷的匹配负载上)、一个定向耦合器(其作用是测量入射功率和反射功率)、一个多螺钉调谐器(用于实现功率源与介质窗口另一边的负载匹配，而使反射功率最低)和一个模式转换器(通常用于将 TE_{10} 线偏振的矩形波导模式转换为在圆柱形腔体中更容易传播和吸收的模式)组成。

使用图 15.5(a)所示的最简单的模式转换器，能将矩形波导 TE_{10} 模式转换为圆形波导 TE_{11} 模式。若要使 2.45GHz 的 TE_{11} 模式电磁波在圆柱形腔体(在真空条件下)中传播，腔体直径应至少为 7.18cm。但是，在这种模式下，电场和功率通量密度在轴心处取最大值，并且它们有角向不对称的空间分布，这会导致在晶圆上出现轴向不对称的处理结果。图 15.5(b)所示的是一种通常使用的轴对称模式转

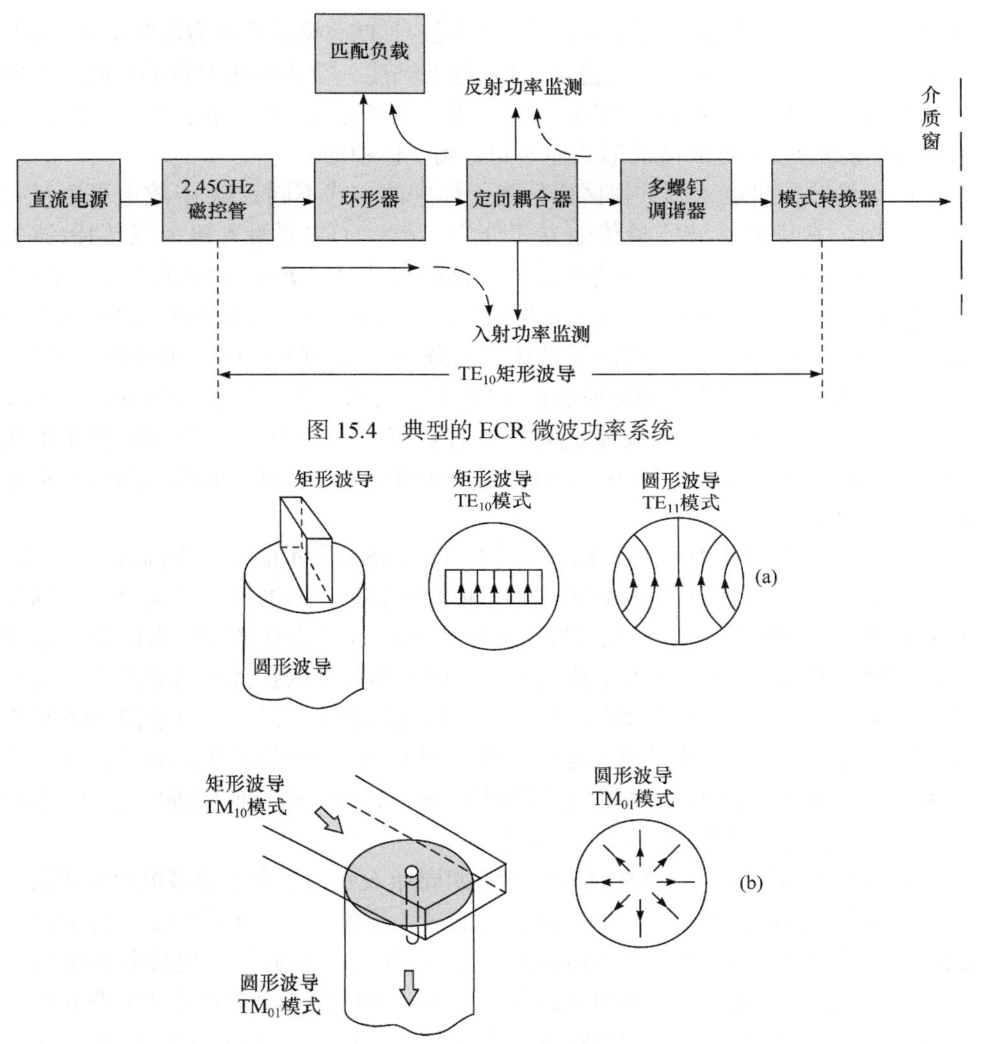

图 15.4 典型的 ECR 微波功率系统

图 15.5 用于激发 ECR 的微波电磁场模式

换器，它将矩形波导 TE_{10} 模式转换为圆形波导 TE_{01} 模式。当频率为 2.45GHz 时，该模式的电磁波只能在直径大于 9.38cm 的腔体中传播。其电场空间分布是环状的，轴心处的功率通量密度为零。在上面两种模式中，电场都是线偏振的，由相同强度的 RHP 波和 LHP 波组成。当 RHP 波由较强磁场处传播到较低磁场处(这种磁场结构有时称为“磁海滩”)的共振区，即$\omega_{ce}(B) \approx \omega$时，能量被等离子体吸收，这是这种波最主要的能量吸收机制。LHP 波的命运不是很清楚，但是通过在波导入口处或源室的器壁表面的反射，少部分的 LHP 波可能转化成 RHP 波。通过在等离子体中的临界密度层处的多次反射，它转化成 RHP 波的效率会更高一些。一种效率更高的方法是利用微波偏振器将矩形波导 TE_{10} 模式转换为以频率ω、按照右手法则旋转的圆形波导 TE_{11} 模式结构。这会产生一个方位角对称的时间平均能量通量密度分布，其峰值在轴心处，轴心处的电场也是右旋圆偏振的。因此，绝大部分的能量是以 RHP 波的形式输入到等离子体中的。

由于微波能量注入到共振区内等离子体中的方式不同，ECR 放电可以存在多种结构。常见的微波能量传输方式分为三类：①主要沿着磁力线传播(波矢 $\boldsymbol{k} \parallel \boldsymbol{B}$)的行波；②沿垂直于磁力线方向传播的行波 ($\boldsymbol{k} \perp \boldsymbol{B}$)；③驻波激发方式(主要是通过谐振腔来实现)。尽管这几类能量注入方式有明显的不同，但在大多数这类 ECR 源中，主要加热机制都是在“磁海滩”处吸收 RHP 波的能量。此外，我们不能用这三种方式来划分所有的 ECR 源，有时，微波传播方向可以与 B 成一个角度，驻波可能对微波能量吸收也有贡献。在材料处理中有时也使用比 2.45GHz 低一些的频率，如 915MHz 和 450MHz，它们对应的磁场强度分别为 330G 和 160G。

图 15.6 示出了几种不同的 ECR 结构。图 15.6(a)所示的是一个高长宽比的装置，在该装置中，硅晶片的位置离等离子体源区较远，微波沿着磁场 B 注入到等离子体中。共振(加热)区的形状可以是环形或圆盘形(后者在图中给出)，其位置与晶圆的距离可达 50cm。等离子体从共振区向硅晶片处的扩散使得硅晶片处的离子通量减小而离子轰击能量增加。因此，高长宽比系统不得不让位给图 15.6(b)所示的低长宽比系统。图中的低长宽比系统只用了一个电磁铁产生高强度磁场。共振区位于材料处理室中，距离晶圆大约只有 10～20cm。通过调整轴向磁场，至少可以在一定程度上改善等离子体的均匀性。

如图 15.6(c)所示，通过在材料处理室四周加入 6～12 个条状多极永久磁铁，等离子体均匀性可以进一步得到改善，并能进一步提高等离子体密度。为了产生 ECR 放电，也可以用产生发散的轴向磁场的强(稀土)永久磁铁来代替电磁线圈。

为了获得满足要求的高密度均匀等离子体，还可以将源室和处理室合并在一起，即拉近共振区和晶圆之间的距离，从而得到一个如图 15.6(d)所示的低长宽比的近耦合(closed- coupled)放电结构。在这种放电中，有一个相对平坦的、径向均匀的共振区，所以，这种放电能够满足均匀性要求。

在图 15.6(e)所示的多极、分布式 ECR(DECR)系统中，微波沿着垂直于强永久磁铁的多极磁场方向注入到等离子体中。为了满足均匀性要求，在一个典型装置的腔体四周安装了 4 个或更多的微波发射源，每一个微波发射源在靠近处理室壁处产生一个近似为条状的共振区。

微波谐振腔 ECR 等离子体源的结构如图 15.6(f)所示，它由一个顶端短路滑块和一个安装在侧面的螺钉调谐器来实现同轴馈送的电磁波和等离子体之间的匹配。在早期的低密度源中，人们在等离子体产生区的下方加入一个栅网，它在挡住微波的同时又允许等离子体扩散出去。如图 15.6(f)所示，8～12 个布放在源室四周的强永久磁铁产生了多个条状共振区，这一点与 DECR(图 15.6(e))类似。

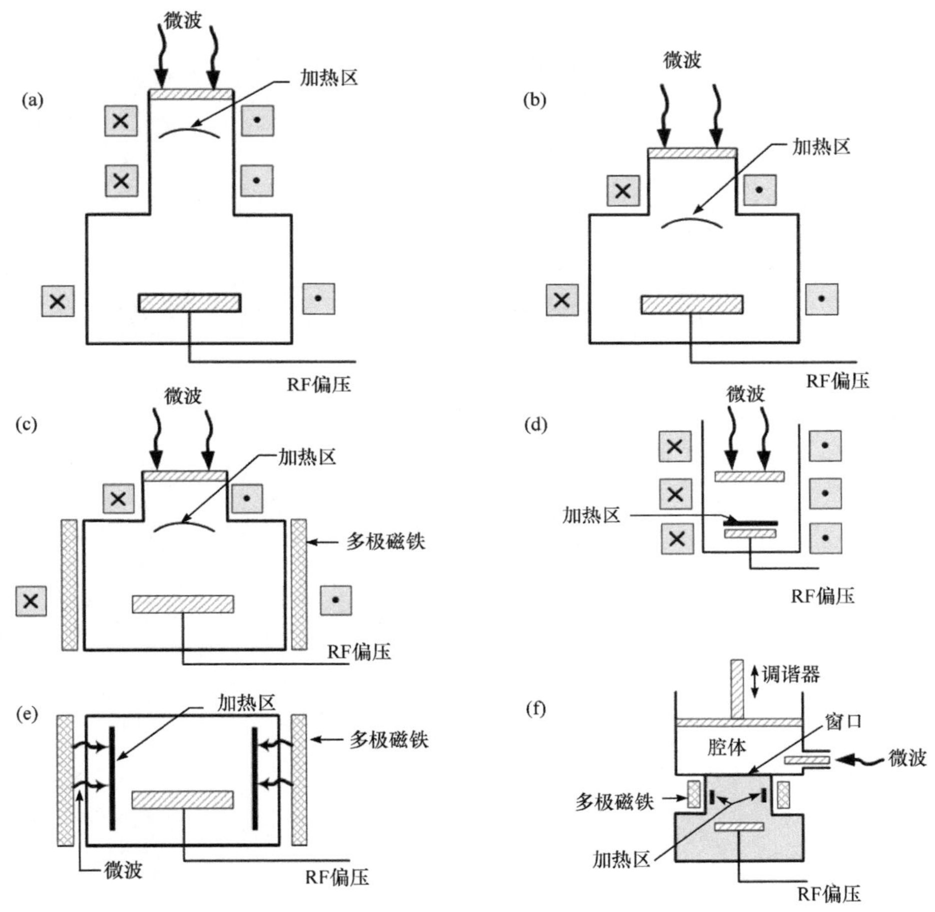

图 15.6　常见的 ECR 结构

(a) 高长宽比；(b) 低长宽比；(c) 低长宽比加多极磁场；(d) 近耦合；(e) 分布式；(f) 微波谐振腔

第四部分　低温等离子体应用技术

由于低温等离子体为非平衡等离子体，其电子温度非常高(1～20eV)，而离子/气体温度却较低，在这些高能电子作用下能产生大量活性粒子，因此近 30 年来，低温等离子体的实际应用得到了飞速的发展。本部分总共分 8 章，分别对低温等离子体技术在表面工程技术、材料合成技术、光源技术、环境技术、推进技术、生物医学、对电磁波的调控及电流体动力学效应和应用等领域的应用进行介绍。

第 16 章　低温等离子体表面工程技术

表面工程作为 20 世纪 80 年代发展起来的一门独立学科，正对人类的生活和生产产生巨大的影响，专家们预言其为 21 世纪工业发展的关键技术之一。按学科特点，表面工程技术可分为表面改性、表面涂层和薄膜技术等方面，而低温等离子体技术在表面工程中发挥着重要的作用。例如，在半导体工业中制造芯片所包括的主要工艺，如光刻、刻蚀、薄膜沉积、离子注入等，大多会用到等离子体技术。下面就按照低温等离子体技术在表面工程中的不同用途，介绍等离子体刻蚀、溅射、沉积、离子注入、表面改性等技术。

16.1　低温等离子体刻蚀

低温等离子体刻蚀是去除材料表面物质的一种重要工艺，与传统的湿法刻蚀技术相比较具有各向异性的特点，因此是现代半导体制造技术中不可或缺的工艺过程，决定着半导体产品质量及生产技术的先进性。在半导体制造中，低温等离子体刻蚀主要用于将曝光显影在光阻层上的图形传递到衬底材料上，形成特定的图案和结构，包括光刻胶改性、将掩膜图形复制到晶圆表面、晶圆纵深方向的各种复杂结构成型等功能。

等离子体刻蚀技术是在 20 世纪 60 年代为了克服湿法刻蚀中存在的化学药品浪费和废弃物处理等问题的基础上发展起来的。在最初的半导体制造过程中，图像传递是通过湿法刻蚀来实现的，但湿法刻蚀会无选择性地沿着各个方向对材料进行刻蚀，如图 16.1 所示，因此随着集成电路集成度的提高，湿法刻蚀无法满足要求，而等离子体刻蚀是一种能实现各向异性刻蚀的技术。另外，等离子体刻蚀还具有化学选择性，即只去除表面的特定成分而不影响其他成分。与湿法刻蚀技术相区别，等离子体刻蚀又称为干法刻蚀。

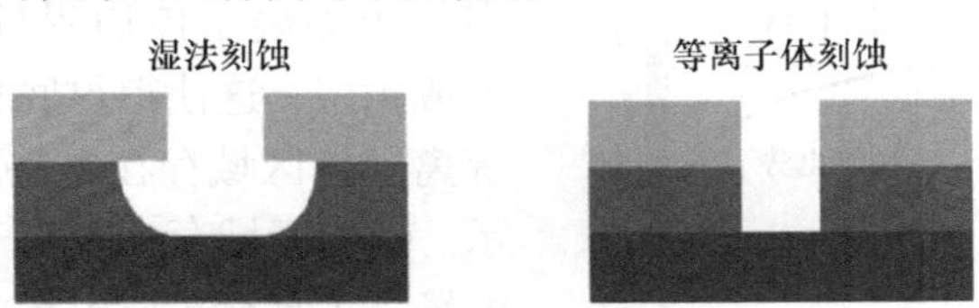

图 16.1　湿法刻蚀和等离子体刻蚀

随着半导体工业的发展和对刻蚀技术要求的提高，20 世纪 60 年代等离子体刻蚀技术开始被用于光刻胶灰化，随后迅速发展起来，并逐渐取代了湿法刻蚀技术。直到现今，利用等离子体刻蚀技术进行光刻胶灰化仍然被广泛地用于半导体工业先进制程中。

16.1.1　等离子体刻蚀工艺的原理

气体分子在低温等离子体环境中会因电离或碰撞激发等过程而产生各种离子及活性自由基，等离子体刻蚀就是利用了活性自由基的反应活性以及高能离子对基底材料的轰击作用来实现的。一般情况下，等离子体刻蚀可以通过图 16.2 所示的四种方法来实现，即溅射、纯化学刻蚀、离子能量驱动刻蚀和离子增强-阻挡层复合刻蚀。

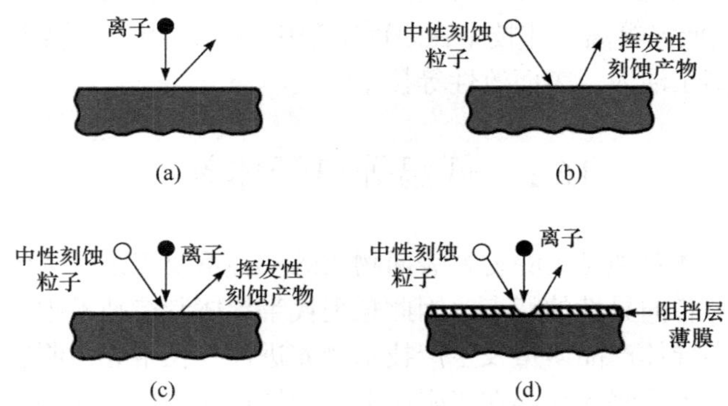

图 16.2　四种等离子体刻蚀工艺(Flamm)

(a) 溅射；(b) 纯化学刻蚀；(c) 离子能量驱动刻蚀；(d) 离子增强-阻挡层复合刻蚀

1. 溅射

如图 16.2(a)所示，溅射指使用载能离子对材料表面进行轰击并将原子从材料表面轰击出来的过程。在低温等离子体环境中，通过电子与中性气体分子间的碰撞，产生了包括电子、离子、自由基、原子和分子在内的等离子体系统。等离子体在位于等离子体边界处的衬底材料表面形成鞘层，这使得衬底材料与放电空间的等离子体区域存在电势差，如图 16.3 所示。鞘层区域存在垂直于衬底材料表面的电场，正是在鞘层电场的作用下，离子被加速并对衬底材料进行轰击，这也保证了等离子体刻蚀为有方向性的各向异性刻蚀，这也是等离子体刻蚀区别于湿法刻蚀

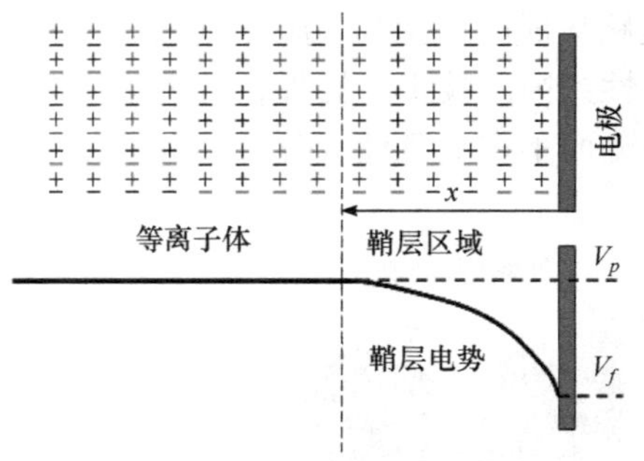

图 16.3　衬底材料表面形成鞘层

的最突出的特征。溅射过程将在下一节中详细介绍。

载能离子的能量一般约为几百电子伏特，由等离子体产生。该过程没有选择性，能溅射出材料表面的所有原子，每种原子的溅射产率由材料表面的结合能、靶原子的质量以及入射离子的质量和能量决定。一般来说，不同原子的溅射产率也相差不大，且溅射速率都比较低，这是因为每个入射离子一般只溅射出一个原子。溅射还能从表面去除非挥发性产物，其他刻蚀工艺却不行。例如，在刻蚀 Al-2%Cu 薄膜时，可以采用溅射的方法去除铜。为防止溅射出的原子重新沉积在基片或靶上，溅射刻蚀一般在低气压下进行。

2. 纯化学刻蚀

如图 16.2(b)所示，纯化学刻蚀指由等离子体激发产生的中性刻蚀粒子(主要是活性自由基)与待刻蚀材料间发生化学反应并生成挥发性反应产物的过程。纯化学刻蚀过程具有很高的化学选择性，且刻蚀产物必须具有挥发性。中性刻蚀粒子是根据需要刻蚀的材料在等离子体环境中注入相应气体并使其被离解或激发产生的。例如，需要刻蚀 Si 原子时，可以选择 F 原子作为刻蚀粒子，而 F 原子又可以通过往等离子体环境中注入 XeF_2 气体组分并使其离解产生；需要使光刻胶灰化时，则可以利用 O 原子作为刻蚀粒子来进行刻蚀。这两种刻蚀过程中发生的化学反应如下：

$$\mathrm{Si(s) + 4F(g) \longrightarrow SiF_4(g)}$$

$$\text{光刻胶}\mathrm{(s) + O(g) \longrightarrow CO_2(g) + H_2O(g)}$$

反应式中 s 代表固态，g 代表气态。可以看出，待刻蚀材料与刻蚀粒子发生化学反应后，都生成了气态刻蚀产物。纯化学刻蚀的速率会受到刻蚀过程中的某一步化学反应速率的控制。另外，与溅射方法不同，纯化学刻蚀是各向同性的。

3. 离子能量驱动刻蚀

如图 16.2(c)所示，离子能量驱动的增强型刻蚀过程在中性刻蚀粒子和高能离子的共同作用下实现。研究表明，相比于单纯用纯化学刻蚀或者溅射刻蚀，中性活性粒子与载能离子相结合对材料表面进行刻蚀能大大提高刻蚀速率(Winters et al.，1979)。例如，在含有 XeF_2 的气氛中利用等离子体刻蚀硅时，三种刻蚀方法的刻蚀速率的比较结果如图 16.4 所示。这种刻蚀在本质上还是化学反应，所以也具有选择性并要求生成物具有挥发性；但由于载能离子的轰击作用，化学反应速率得到大大提升，刻蚀速率也因此提高。当轰击离子的能量超过某一阈值后，刻蚀速率将随离子能量的增加而增加。因为载能离子轰击基片时具有方向性，所以刻蚀是各向异性的，但是由于高能离子的轰击作用，刻蚀的选择性比纯化学刻蚀有所降低。

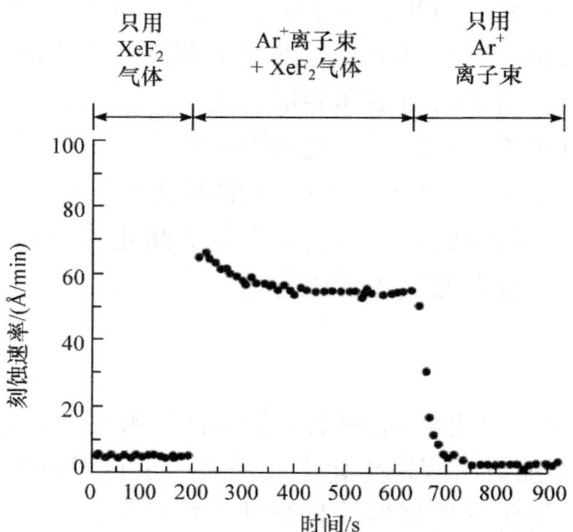

图 16.4　刻蚀工艺对刻蚀速率的影响

4. 离子增强-阻挡层复合刻蚀

如图 16.2(d)所示，离子增强-阻挡层复合作用的刻蚀利用等离子体提供刻蚀粒子、载能离子以及形成阻挡层的前驱物分子，前驱物分子可以被吸附在基片表面形成阻挡层。离子轰击可以将阻挡层清除掉(如沟槽或孔的底部)，使基片表面暴露在化学刻蚀粒子下，而在离子轰击不到的地方(如沟槽或孔的侧壁)，阻挡层可以保护基片表面不被刻蚀。此刻蚀方法与离子能量驱动刻蚀特点相似，刻蚀产物须具有挥发性，其选择性不如纯化学刻蚀好。在这种通入混合气体的刻蚀工艺中，需要兼顾前驱物分子沉积形成阻挡层、载能离子的轰击刻蚀及刻蚀粒子的化学刻蚀这三种因素，因此控制过程较为复杂。此外，此过程还需要解决基片的污染问题和阻挡层的去除问题。

可以看出，在溅射工艺中，选择适当的化学过程得到挥发性的刻蚀产物是非常重要的。表 16.1 列出了待刻蚀材料和相应的刻蚀原子，它们之间的反应能产生挥发性的产物。

表 16.1　产生挥发性产物的刻蚀化学

待刻蚀材料	刻蚀原子
Si，Ge	F，Cl，Br
SiO_2	F，F+C
硅化物	F
Al	Cl，Br

续表

待刻蚀材料	刻蚀原子
Cu	Cl
C，有机物	O
Au	Cl
Cr	Cl，Cl + O
GaSn	Cl，Br
InP	Cl，C + H

16.1.2　等离子体刻蚀机分类

超大规模集成电路生产中用到的等离子体刻蚀机台种类繁多，按照产生等离子体方式的不同可以分为电容耦合等离子体(CCP)刻蚀机台、电感耦合等离子体(ICP)刻蚀机台和电子回旋共振等离子体(ECR)刻蚀机台等。

1. 电容耦合等离子体刻蚀机台

CCP 刻蚀机台的电极系统为两个平行极板，待刻蚀材料置于其中一个电极上，如图 16.5(a)所示。当平行极板上加上射频电压时，反应室内会产生射频等离子体。在射频电场的作用下，会形成垂直于待刻蚀材料表面的自偏压，使离子获得足够的能量对材料表面进行轰击。刻蚀机工作时的电压波形如图 16.5(b)所示。

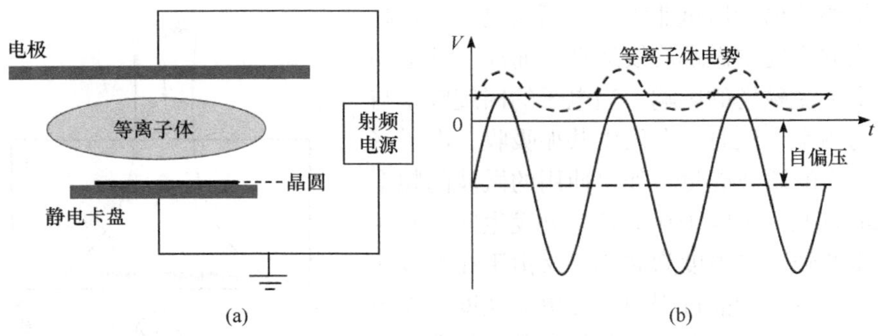

图 16.5　CCP 刻蚀机台示意图(a)及工作时的电压波形(b)

由于单频 CCP 刻蚀机台的可控性不佳，目前半导体工业中通常会采用双频或多频 CCP 刻蚀机台，以提升等离子体刻蚀性能。所谓多频外加电场，就是利用高频电场来控制提高等离子体密度，利用低频电场来控制提高轰击离子的能量。由于电容耦合刻蚀中两个电极的面积不同，面积较小的电极会由于自偏压而获得更高的电势差，因此待刻蚀晶圆可被放置于面积较小的电极上，这样既获得了较快的刻蚀速度，又降低了电极损耗。

2. 电感耦合等离子体刻蚀机台

通过给位于反应室外的线圈加上射频电压，同样可以在反应腔室里激发形成射频等离子体，通常称为 ICP 刻蚀机台，其结构原理图如图 16.6 所示。由于等离子体中的电子会在通电线圈产生的磁场中做螺旋线运动，所以电子的自由程比容性耦合方式中电子的自由程更大，电子的能量更高，因此其电离率也更高，等离子体密度比 ICP 的密度约高 2 个数量级。由于线圈在通过感性耦合产生等离子体的过程中，也会在容性的基底盘上产生容性耦合成分，这样就在线圈和基底盘间产生电势差，会影响到等离子体密度和刻蚀离子能量的控制。为了更好地控制用于刻蚀的离子能量，可以在基片上通过容性耦合施加一射频电压，并通过静电屏蔽来过滤掉线圈中的容性耦合成分。

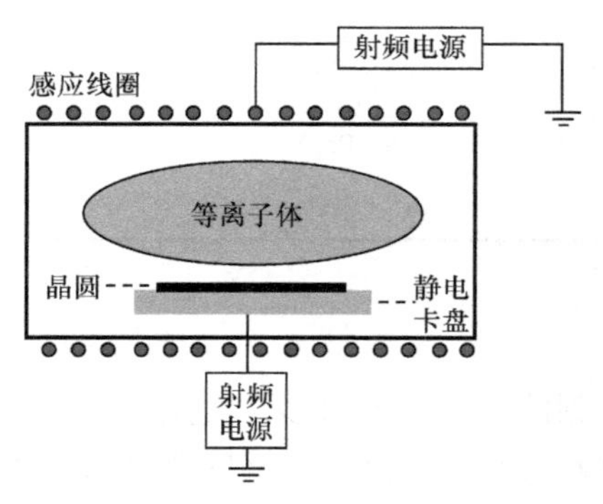

图 16.6　ICP 蚀刻机台结构原理图

3. 电子回旋共振等离子体刻蚀机台

ECR 刻蚀机台利用微波产生等离子体，其结构原理图如图 16.7 所示。由于电子质量相比离子质量非常小，所以电子能在高频变化的磁场中做螺旋线运动，而离子的运动则几乎不受磁场的影响。当电子的回旋频率与微波的频率一致时，会发生共振吸收，电子将获得注入的微波能量。如果使用的微波的频率为 2.45GHz，则电子在该频率处发生回旋共振所需要的磁感应强度为 875G。又由于在微波注入反应腔室的传播过程中，磁感应强度的大小在不断减弱，所以在共振条件下激发的等离子体会出现在反应腔室的特定区域。因此可以通过磁感应强度大小分布的调节，使电子共振区域发生在待刻蚀材料表面的附近，以提高刻蚀速率。另外，通过对注入微波能量的调节，可以控制产生等离子体的密度。等离子体刻蚀一般是在较低气压进行，在低气压下离子的自由程变大，其与其他离子发生碰撞而被散射的机会减小，这样就可以通过控制轰击离子的入射角度来精确控制刻蚀效果。

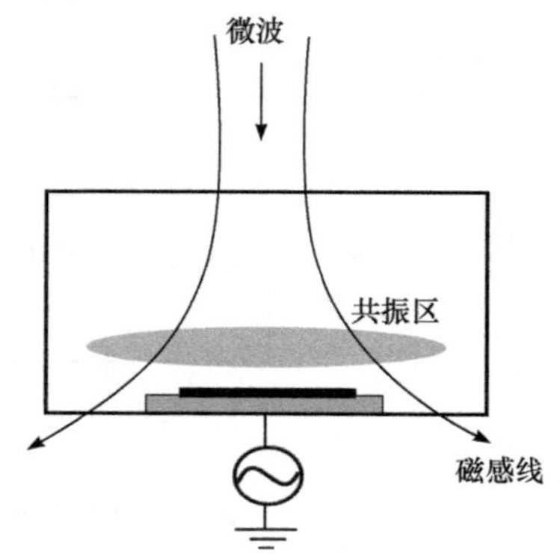

图 16.7　ECR 蚀刻机台结构原理图

4. 远距等离子体刻蚀机台

在一些刻蚀工艺中只需要选择性地将材料表面的某种物质去除掉，而并不需要载能离子产生的具有方向性的刻蚀作用，这时可采用远距等离子体刻蚀机台进行刻蚀。远距等离子体刻蚀机台示意图如图 16.8 所示，在该方法中反应气体首先被注入到等离子体发生器中进行活化，产生所需要的活性自由基，再将活性自由基注入到刻蚀腔室中，活性自由基就可与待刻蚀材料发生化学反应生成可挥发的产物，从而达到刻蚀的目的。由于离子在传输的过程中被过滤掉，所以整个刻蚀过程不会出现离子轰击带来的损害。远距等离子体刻蚀机台被用于光刻胶灰化等工艺中。

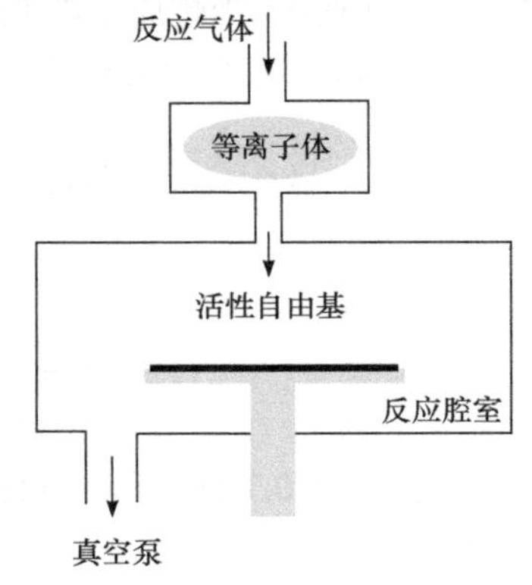

图 16.8　远距等离子体蚀刻机台示意图

16.2　低温等离子体溅射

在低温等离子体中，具有较高能量的离子通过轰击靶材料可使其表面的原子逸出材料表面，这一过程就称为低温等离子体溅射。等离子体溅射既可作为等离子体刻蚀的一种方法，也可用于薄膜的沉积。

16.2.1　等离子体溅射的基本原理

要发生等离子体溅射，使靶原子从靶表面被轰击出，入射离子必须具有某一最低能量，该最低能量称为溅射阈值。溅射阈值的高低取决于靶材料，对于同一周期的元素，溅射阈值随原子序数增加而减小。对绝大多数金属来说，溅射能量阈值 ε_{thr} 一般位于 20～50V 之间。入射离子的能量只有超过溅射阈值时，才可能将靶原子从表面溅射出来。

当能量小于溅射阈值时，离子只能加速靶原子围绕着其平衡位置的振动，而不能使之溅射出材料表面。当离子能量 ε_i 超过溅射阈值 ε_{thr} 后，溅射产额 γ_{sput}(每个入射离子溅射出的原子数)会随离子能量的增加而快速增大。当入射离子能量超过 1000V 时，溅射产额将逐渐达到最大值，并随后随入射离子能量的增加而逐渐降低，此时入射粒子与靶材料的相互作用将逐渐变化到以离子注入为主。

以半导体工艺为例，当入射离子能量 ε_i 在 200～1000V 的范围内时，就能引发非常强的溅射。此时入射离子通过碰撞可以将能量传递给多个靶原子，这些靶原子与材料中其他原子发生碰撞，将能量各向同性地传递出去，其平均能量ε_t等于表面的结合能。在此过程中，大部分原子仍会被束缚在材料表面内，但也会有一个或几个原子从表面逸出。当靶原子的原子序数Z_t和入射离子的原子序数Z_i都很大($\gg 1$)，且其比值约为$0.2 \leqslant Z_t / Z_i \leqslant 5$时，溅射产额可以通过式(16.1)进行估算(Zalm，1984)

$$\gamma_{\text{sput}} \approx \frac{0.06}{\varepsilon_t} \sqrt{\bar{Z}_t} \left(\sqrt{\varepsilon_i} - \sqrt{\varepsilon_{\text{thr}}} \right) \tag{16.1}$$

其中

$$\bar{Z}_t = \frac{2 Z_t}{\left(Z_i / Z_t \right)^{2/3} + \left(Z_t / Z_i \right)^{2/3}} \tag{16.2}$$

当质量比$M_i/M_t \geqslant 0.3$时，可用式(16.3)对溅射阈值 ε_{thr}进行较准确的估算(Bohdansky et al.，1981)

$$\varepsilon_{\text{thr}} \approx 8 \varepsilon_t \left(M_i / M_t \right)^{2/5} \tag{16.3}$$

根据以上半经验公式，只要已知入射离子和靶原子的参数及其能量值，就能估算溅射产额γ_{sput}和溅射能量阈值 ε_{thr}。表 16.2 列出了利用能量为 600V 的 Ar^+轰击不同材料表面时测得的溅射产额γ_{sput}(Konuma，1992)。

表 16.2　测量得到的不同材料表面的溅射产额(600V 氩离子轰击)

靶材料	γ_{sput}	靶材料	γ_{sput}	靶材料	γ_{sput}
Al	0.83	Cu	2.00	SiO_2	1.34
Si	0.54	Ge	0.82	GaAs	0.9
Fe	0.97	W	0.32	SiC	1.8
Co	0.99	Au	1.18	SnO_2	0.96
Ni	1.34	Al_2O_3	0.18		

式(16.1)描述了γ_{sput}与ε_i间的关系，而发生在该能量区域的碰撞动力学过程可以用托马斯-费米(Thomas-Femi)相互作用势来描述：当 r 较大时，托马斯-费米相互作用势 $U(r) \propto 1/r^4$，与其相对应的碰撞截面$\sigma(\varepsilon) \propto \sqrt{\varepsilon}$ (Wilson et al.，1977)，由此可估算离子进入靶体的深度$\lambda(\varepsilon_i)$约为$(n_t\sigma)^{-1}$，其中 n_t为靶材料的原子密度。根据能量守恒定律可以知道，在经历了一系列碰撞之后具有平均能量ε_t的原子数约是$N \approx \varepsilon_i / \varepsilon_t$，而这些原子中只有距离表面距离小于$\lambda(\varepsilon_t)$的原子才可能从表面逃逸出来。因此溅射产额与离子能量的关系也可表示为

$$\gamma_{\text{sput}} \sim N \lambda(\varepsilon_t) / \lambda(\varepsilon_i) \propto \sqrt{\varepsilon_i} \tag{16.4}$$

当$\varepsilon_i \gg \varepsilon_{\text{thr}}$时，溅射出原子按能量分布的函数可以由式(16.5)来表示(Sigmund，1981)：

$$f(\varepsilon,\chi)\propto\frac{\varepsilon}{\left(\varepsilon_{\mathrm{t}}+\varepsilon\right)^{3}}\cos\chi \tag{16.5}$$

其中，χ为发射角。可以看出，当$\varepsilon=\varepsilon_{\mathrm{t}}/2$时，分布函数值最大。此时若平均能量$\varepsilon_{\mathrm{t}}$介于 3～6V 之间，则溅射出原子的能量约在 1.5～3V 之间，大大高于与室温相对应的能量。

溅射产额还与离子的入射角有关。图 16.9 给出了氩离子入射到金、铝和光刻胶的表面时溅射产额随入射角变化的曲线(Flamm et al.，1989)。对于铝和光刻胶这两种材料，溅射产额都随入射角(和表面法向的夹角)的增加而增大，在某一入射角时达到最大值，随后随入射角的增大而减小，直至入射角为 90°(掠入射)时变为 0。而对于金材料来说，当入射角从 0°开始增加时，其溅射产额只是略微增加，但当入射角超过某一数值时，溅射产额也随入射角的增大而减小，最后变为 0。另外，当离子的入射角增加时，其入射的深度会减小。

另外，当溅射产额较大时，测得的溅射产额会随入射离子的原子量增加周期性地出现峰值和谷值，如图 16.10 所示。这是因为入射离子和材料表面层发生了不同的相互作用：当入射的是惰性气体离子时，惰性气体离子会在靶表面内凝聚，使靶材料表面起泡，从而使溅射产额大幅增加，因此当靶材一定时，溅射产额会出现峰值；而当某些粒子(如碳和钙离子)入射时，其会沉积在靶材料表面并形成阻挡层，阻碍靶原子被溅射出来，这时溅射产额会出现谷值。这种溅射产额随入射离子的原子量周期性变化的现象，在溅射产额较低时则不会被观测到。

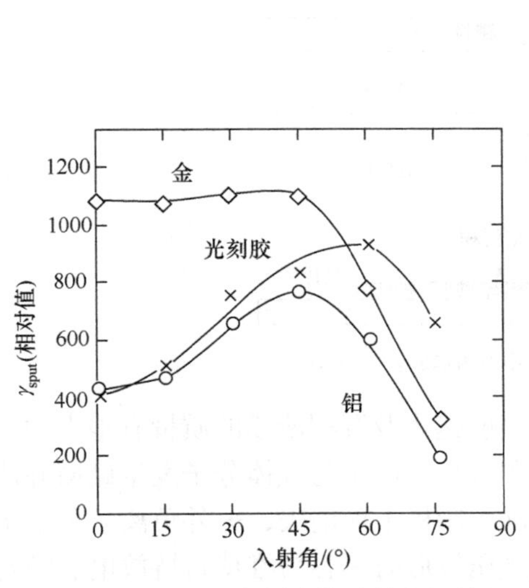

图 16.9　金、铝及光刻胶的溅射产额随入射射角θ的变化关系

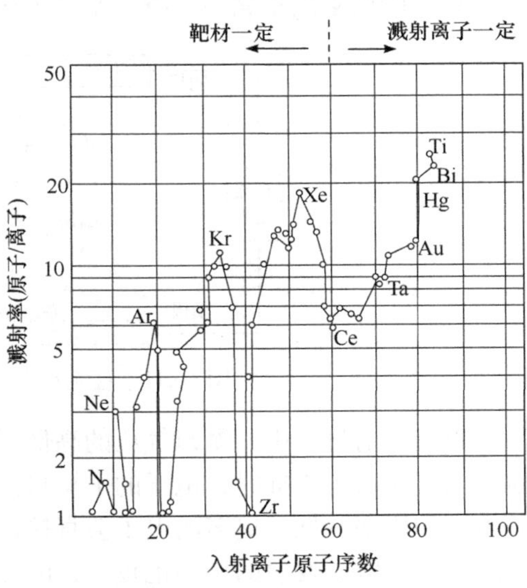

图 16.10　不同入射离子和不同靶原子对溅射率的影响产额

溅射过程被应用于等离子体辅助刻蚀、薄膜的溅射沉积和反应溅射沉积。当离子能量高于几百伏时，离子的注入效应开始出现(Feldman et al.，1986)，当离子能量超过 1000V 时，等离子体注入效应将逐渐变得显著。等离子体注入将在下一节中介绍。

16.2.2　等离子体溅射的分类

等离子体溅射技术按照放电方式及溅射工艺的不同可分为直流辉光溅射法、射频溅射法、磁控溅射法、离子束溅射法和反应溅射法等不同的类型。

1. 直流辉光溅射法

直流辉光溅射法就是在两电极间加上直流高压引起的溅射。由于直流辉光放电时两电极之间的电势降落主要发生在阴极位降区，所以阴极位降区内存在较强的电场。正离子被该电场加速获得足够高能量并轰击阴极表面，高能离子能将阴极材料原子从阴极表面溅射出来，因此直流辉光溅射又称为阴极溅射。由于所加的是直流电压，这就要求阴极靶材料必须具有导电性，所以直流辉光溅射通常被用于对金属材料的溅射。图 16.11 为利用直流辉光放电溅射金属材料的典型的装置示意图。等离子体通过在一对平行板电极上加上直流高压激发，其中阴极同时也作为靶材，由需要溅射的金属材料制成，等离子体中的正离子被电场加速轰击阴极金属材料，将阴极表面的金属原子溅射出来。需要镀膜的基片一般放在阳极上，被溅射出来的金属原子会在基片上沉积并形成薄膜。

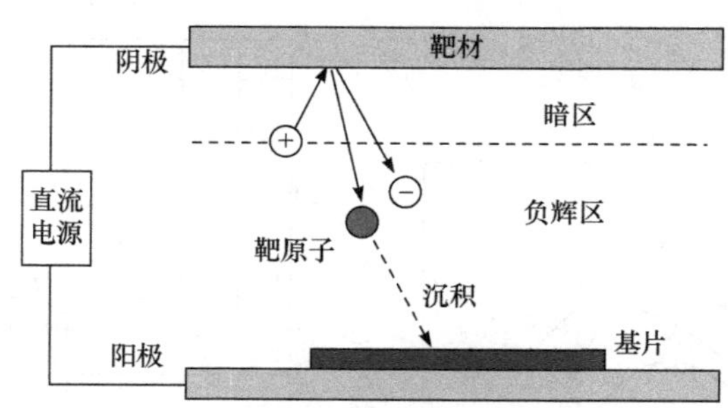

图 16.11　直流辉光放电溅射装置示意图

直流溅射过程中，溅射气压的高低对溅射速率及沉积薄膜的质量有很大的影响。当气压低于 1Pa 时，电子的平均自由程较长，电子与气体分子发生碰撞并使其电离的概率变低，更多的电子会直接运动到阳极上而消失，另外负离子轰击阳极产生二次电子发射的概率也较小，因此气压较低时不容易维持自持放电。随着气压升高，电子的平均自由程变小，电子与气体分子碰撞使其电离的概率增大，等离子体放电电流增加，溅射速率提高。但当气压过高时，溅射出来的靶材原子容易受到其他原子或离子的散射，不利于溅射出原子在基底上的沉积。直流辉光溅射通常工作在几个帕的气压及 2～5kV 的电压下。直流辉光溅射法的最大优点是结构简单，能够沉积大面积的薄膜；其缺点是不能溅射不导电的非金属靶。要溅射非金属靶，一般使用射频辉光放电和磁控放电。

2. 射频溅射法

直流辉光溅射需要靶材具有良好的导电性，但是如果需要溅射的靶材是不导电的非金属，则不能通过直流辉光放电来实现溅射。这是因为靶材位于阴极上，当正离子在电场作用下轰击不导电的靶材时，由于电荷不能通过阴极被释放掉，正离子会在靶表面不断积聚，使靶表面的电位不断升高，这样两极间的电势差减小，从而导致放电熄灭、溅射停止。从正离子开始积聚到溅射停止的时间约为 10^{-7}s。因此如果要溅射不导电的靶材，需使用频率高于 10^7Hz 的交流放电。当靶材在某半个周期充当阴极时，正离子被加速轰击靶材使靶原子被溅射出来，当正离子在靶材上积累到一定程度刚好使溅射停止时，极板的极性在后半个周期发生了改变，靶材变为阳极，此时电子在电场作用下轰击靶材，电子能在 10^{-9}s 的时间内中和掉靶材上的正电荷。这样，当电压进入下一个周期时，靶材又能发生半个周期的溅射。频率高于 10^7Hz 的交变电压可通过射频发生器来产生，因此这种溅射也称为射频溅射，射频放电频率的区间一般为 5～30MHz。国际上通常采用的射频频率多为 13.56MHz。

射频溅射法可以将能量直接耦合给等离子体中的电子，使电子在正负极之间来回振荡，使电离概率大大提高，因而其工作气压可以低于 1.0Pa，工作电压约在 1000V，靶电流密度约 1.0mA/cm^2，薄膜的沉积速率约为 0.5mm/min。

采用射频溅射时还可以通过直流电源在阴极靶上耦合一个负高压，相当于射频源产生的射频电压被叠加在一个直流电压上。图 16.12 给出了射频等离子体的伏安特性曲线及耦合直流负高压前后的电压-电流波形的变化情况。

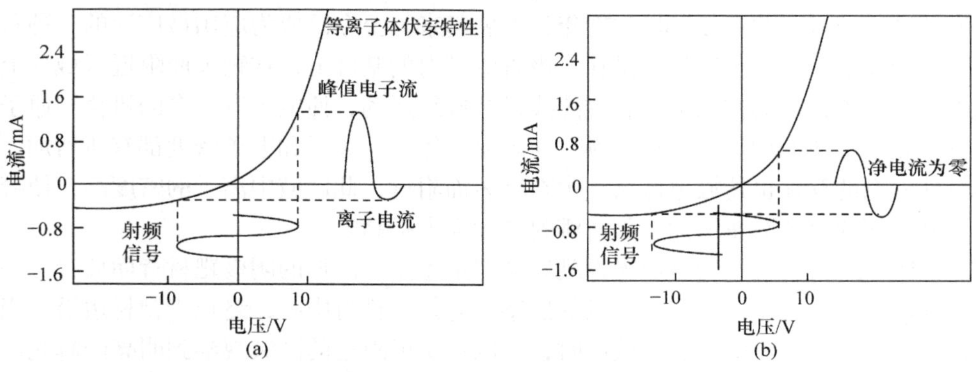

图 16.12　射频辉光放电的伏安特性及加直流偏压前后的电压-电流波形

(a) 只加射频电压；(b) 射频电压与直流负高压相耦合

从图 16.12 中可以看出，射频辉光放电的伏安特性曲线在电极极性相反的正负半周内并不对称，这就导致仅加上射频电压时放电电流的不对称：当靶电极所加电压为负时，放电电流随电压增大只是缓慢增加，这是因为等离子体中的正离子在电场作用下向靶电极运动，其在对靶材料进行溅射的同时会不断在绝缘靶电极上聚集，使靶电极电势升高，导致两电极间电势差减小，使得流向靶电极的离子流减小，放电电流也因此减小，此时放电电流主要是离子电流；而当靶电极所加电压为正时，等离子体中的电子在电场作用下向靶电极运动并中和靶上积累的正电荷，由于电子质量轻，其在电场作用下的平均运动速度更大，此时放电电流随电压的升高而迅速增大，放电电流主要为电子电流。此时射频放电的电压-电流波形如图 16.12(a)所示，可以看出在射频电压正半周，放电电流峰值较大，为电子电流；而在射频电压负半周，放电电流峰值较小，为离子电流。由于电子电流对于溅射没有贡献，要增加溅射率，就需要提高离子电流。为此可在靶电极上耦合一个直流负高压，此时得到的射频放电的电压-电流波形如图 16.12(b)所示。射频电压可以看成是叠加在一个直流负高压之上的，此时的射频电压波形整体向电压负方向平移了所加的直流电压值，这一方面增加了用于加速负离子的电场，使轰击靶电极的负离子在更大的电场中被加速而获得了更大的能量；另一方面也使用于加速电子的有效电压区间(含电压大于 0 的区间)减小，这就使得在一个周期内的电子电流和离子电流彼此相当。采用这种方式可以有效提高溅射率，且适用于几乎所有绝缘靶材。

3. *磁控溅射法*

与常规的辉光放电相比，溅射放电需要在较低的电压、较低的气压以及较高的电流密度等参数下运行。如果在阴极上加上一个磁场，可以有效约束二次电子，增加二次电子与气体分子的碰撞电离次数，使溅射放电能够满足以上参数要求。磁控溅射技术因此自 20 世纪 70 年代发展起来，至今已成为应用最广泛的一种溅射沉积技术。磁控溅射技术是在二极直流溅射的基础上，在靶表面附近区域加上磁场。电子在磁场作用下沿着磁感线做螺旋线运动，使电子有更多的机会与原子发生碰撞，从而增加了电离产额，使等离子体中的离子和电子密度都有所增加。另外磁场的存在也使放电区域集中在靶表面附近，此区域中离子的密度高，使轰击靶表面的离子数量增加，因而溅射产额大大提高。

图 16.13 为典型的直流磁控溅射装置示意图，圆形的阴极靶材背面放置了一个轴对称的永磁铁，它产生磁场的磁感线起始于靶材中心，终止于靶材边沿。当正负极间加上直流电压引发放电时，可以在阴极附近的区域观察到明亮的辉光放电圆环，这就是由磁场引起的电离较强、等离子体密度较高的区域。溅射过程发生在离圆环较近的阴极表面。圆环形辉光区域之外是密度较低的主等离子体，其

存在于真空室内大部分区域中，此区域内电场强度较小几乎为零。放电过程中阴极表面会形成一个鞘层，外加电压主要集中在这个鞘层上。等离子体中的正离子在鞘层电场作用下被加速到具有较高能量并轰击阴极靶材，它能将靶材表面的原子溅射出靶表面，并且还能发射出二次电子。这些电子会被磁场约束在阴极附近，参与气体分子的碰撞电离过程，维持放电过程的稳定。

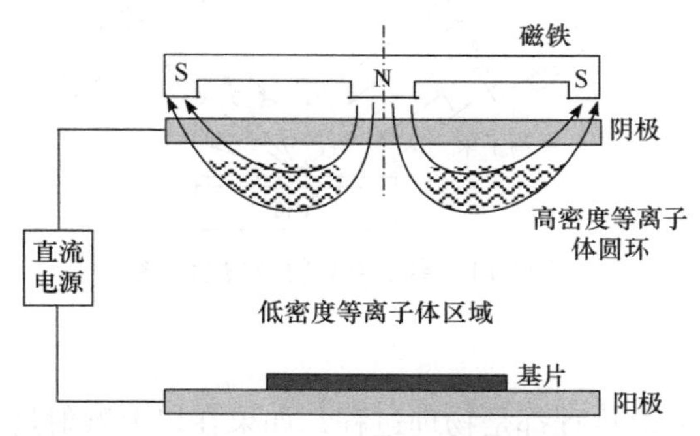

图 16.13　直流磁控溅射装置示意图

直流磁控放电被广泛地应用于金属材料，如铝、铜、钨、金及合金材料(如 Al/Cu 和 Ti/W)的溅射镀膜中。典型的磁控放电参数为：磁感应强度约为 200G，气压约为 5mTorr，直流电压约为 800V，电流密度约为 20mA/cm^2，等离子体一般是在惰性气体(氩气)环境中产生。

如果要溅射绝缘材料则不能使用直流磁控放电，一般采用射频磁控放电来进行绝缘材料，如氧化物、氮化物和陶瓷材料的溅射沉积。

在磁控溅射中磁场对带电粒子的运动起着约束作用，这导致靶材不能被高能粒子均匀地溅射，靶材的使用效率降低。另外，这也会影响到基底上成膜的均匀性。这些也是磁控溅射的主要缺点。

4. 离子束溅射法

与直流溅射或磁控溅射不同，离子束溅射中靶材和基片并不处于等离子体环境中，用于溅射靶材的高能离子由单独产生的等离子体提供。产生用于溅射的高能离子的等离子体也称为离子源。离子束溅射装置典型的结构如图 16.14 所示，离子源产生的离子经过位于等离子体边沿的栅极电场加速后形成高能离子束，并射向靶材，高能离子束能把靶材原子溅射出并沉积在基片上形成薄膜。

由于靶材和基片并不处于等离子体环境中，这样可以避免离子在薄膜沉积过程中混入薄膜中，从而制备更为纯净的薄膜材料。另外，如果需要沉积多组分的薄膜，则可以采用多个离子源轰击多个靶的共溅射方式来实现。这样可通过对每个离子源的工作参数，如离子束电流、栅极电压、离子源的工作电压和气压等的控制，方便地调控沉积薄膜的组分、结构及生长质量。

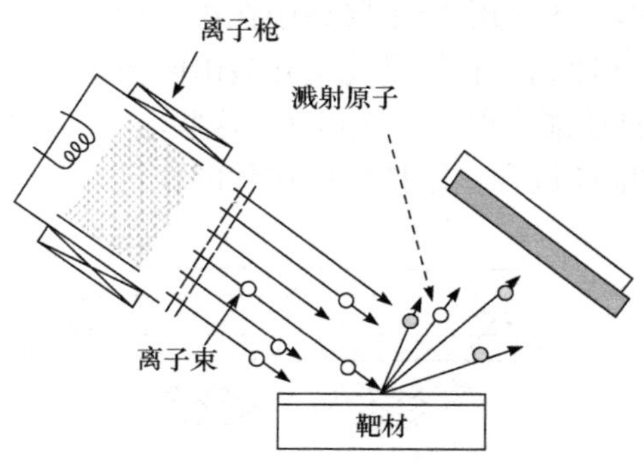

图 16.14　离子束溅射装置示意图

5. 反应溅射法

以上所涉及的溅射过程都是物理过程，如果在以上溅射过程的等离子体环境中加入反应性气体，就可以实现反应溅射成膜。反应溅射法一般用于化合物薄膜材料的制备，其原因是化合物一般为绝缘体，由化合物直接制成的靶材的溅射率较低。采用反应溅射法沉积化合物薄膜时，可直接使用金属靶，通过以上的溅射方式首先将金属原子溅射出来，金属原子在基片上沉积时通过与反应性气体的反应达到沉积化合物薄膜的目的。另外，可以通过控制反应溅射法中的溅射参数，如气压和反应性气体组分等，来制备沿厚度方向进行成分调制的功能薄膜。

16.3　低温等离子体沉积

等离子体沉积是薄膜制备的重要手段。通过等离子体沉积技术，可以制备不同种类材料的薄膜，如金刚石薄膜及各种功能材料薄膜。大规模集成电路器件制备过程中也需要反复进行等离子体镀膜及掩膜沉积等工艺。由于低温等离子体处于非平衡态，其电子温度较高，通过与气体分子的碰撞可以产生各种活性成分，因此可以沉积具有非平衡态化学成分及各种晶格结构的薄膜；由于等离子体环境中离子温度较低，所以薄膜沉积是在相对较低的温度下进行的，这样就有助于提高薄膜的性能。例如，在芯片制造工艺中，Al/Cu 是常用作集成电路中导电连接线的材料，Al/Cu 薄膜可以通过物理溅射沉积法在室温下沉积在晶圆上，而通过热蒸发来沉积 Al/Cu 薄膜则很难控制薄膜的均匀性和组分。又如在沉积用于封装的绝缘材料氮化硅(Si_3N_4)时，如果采用非等离子体的化学气相沉积(CVD)则需要约 900℃的高温，这会使之前沉积的用作导线的 Al 熔化，而采用等离子体增强化学气相沉积(PECVD)则只需要在 300℃下就能生成 Si_3N_4 薄膜。另外，在 PECVD

工艺中，还可以通过调节离子轰击能量等参数来控制沉积薄膜的组分及性能，大大提高了薄膜的可靠性。

等离子体沉积工艺可分为溅射沉积和等离子体增强化学气相沉积(PECVD)两大类。

16.3.1　溅射沉积

溅射沉积包括物理溅射沉积和反应溅射沉积。物理溅射沉积是将原子从靶材上溅射出来然后将其输运、沉积到基片上的过程；而在反应溅射沉积中，除离子的轰击作用外，原料气体分解的产物也可以与溅射出来的靶原子发生化学反应，反应产物在基片上沉积形成薄膜。在物理溅射沉积中，原子从靶材上被溅射出并向基片输运的模型相对较为简单，而在反应溅射沉积中，除了需要考虑靶材的溅射和在基片处的沉积外，还需要考虑在靶表面和基片表面发生的化学反应，所以其模型较为复杂。

1. 物理溅射沉积

在物理溅射沉积中，一般采用 500～1000V 的 Ar 离子轰击靶材并使靶原子被溅射出来，并在基片上沉积形成薄膜。与蒸发镀膜相比较，物理溅射沉积过程中靶材料不发生相变，化合物靶的成分不易分解，合金靶材的各成分也不易发生分馏，因此物理溅射沉积适用于制备包括金属、合金及绝缘材料的薄膜，也易于沉积熔点较高的材料。通过物理溅射沉积可制备面积大、均匀性好、与基底材料黏附性好的薄膜，且薄膜的生长速率较高。物理溅射沉积被广泛地应用于微纳技术中，如制备金属薄膜、合金薄膜、半导体薄膜、各种化合物薄膜、绝缘介质薄膜及超导薄膜等。

利用物理溅射沉积可以方便地沉积金属薄膜，如用作大规模集成电路器件中的电极或导线的 Al 薄膜，用作磁性材料的 Fe、Co 和 Ni 薄膜，具有超导性的 Nb 薄膜，用作光学反射层的 Al、Ag 和 Au 薄膜等。而在溅射沉积合金薄膜时，在使用不同金属组分的多元靶时，虽然不同金属组分的溅射产额并不相同，但由于在溅射一段时间后，在靶表面会形成一个与靶内部组分不一样的稳定外层，因此若连续不断地进行溅射，则溅射出的不同组分粒子的比例将稳定在与靶材组分相同的比例上，此时依然能沉积与靶材相同组分比的薄膜。但物理溅射沉积并不适用于沉积不同组分且蒸气压相差太大的化合物薄膜，如陶瓷或氧化物薄膜，其中的氧由于具有较高的蒸气压而先被大量溅射出来，这样就较难精确控制沉积薄膜的组分。

假设所有被溅射出来的原子或分子都能沉积到基片上，则物理溅射的沉积速率可以表示为

$$D_{\text{sput}} \approx \frac{\gamma_{\text{sput}} \Gamma_{\text{i}}}{n_{\text{f}}} \frac{A_{\text{t}}}{A_{\text{s}}} (\text{cm/s}) \tag{16.6}$$

其中，γ_{sput}为由式(16.1)近似估算的溅射产额；Γ_{i}为入射离子通量($\text{cm}^{-2} \cdot \text{s}^{-1}$)；$n_{\text{f}}$是沉积薄膜的密度($\text{cm}^{-3}$)；$A_{\text{t}}$是被溅射的靶面积($\text{cm}^2$)；$A_{\text{s}}$是沉积薄膜面积($\text{cm}^2$)。在物理溅射沉积中通常采用射频驱动或直流驱动的磁控溅射，这两种放电的工作气压一般在10^{-3}～10^{-2}Torr之间，此时溅射原子的平均自由程大于靶与基片之间的距离，此时可采用式(16.6)对沉积速率进行估算。对于1kV的Ar离子，如果取$A_{\text{t}}/A_{\text{s}} = 1$，$n_{\text{f}} = 5 \times 10^{22}\text{cm}^{-3}$，$\gamma_{\text{sput}} = 1$，在离子电流密度为$1\text{mA/cm}^2$(对应通量$\Gamma_{\text{i}} = 6.3 \times 10^{15}\text{cm}^{-2} \cdot \text{s}^{-1}$)时，则可近似算出薄膜的沉积速率为75nm/min(力伯曼等，2007)。

溅射出的原子的能量按式(16.5)分布，则可知在靶材表面结合能ε_{t}一半位置，即$\varepsilon = \varepsilon_{\text{t}} / 2$处，出现能量分布函数的最大值。靶材表面结合能$\varepsilon_{\text{t}}$一般约为3～6V，所以溅射出的原子的能量一般约在1.5～3V之间。当溅射出的原子以这样的能量沉积到基片上时，能够与基片材料产生相互混合并在其中扩散，这样就增强了沉积原子与基片材料之间的黏结性能。

溅射沉积薄膜的表面形貌主要受基片温度和沉积气压的影响。图16.15描述了沉积薄膜表面形貌随温度的变化情况(Thornton，1974)：若溅射沉积金属薄膜的熔点为T_{m}，则在低气压及$T / T_{\text{m}} \leqslant 0.3$的较低温度区域(1区)，薄膜由圆头锥形柱组成，且柱间存在占比高达30%的孔洞，这是因为已沉积原子在薄膜生长过程中对入射原子存在遮蔽效应。当$0.3 \leqslant T / T_{\text{m}} \leqslant 0.5$时(T区)，薄膜呈纤维状结构，晶粒垂直于基片表面向上生长，孔洞体积占比小于5%，此时薄膜与体材料一样致密，且薄膜表面也相对光滑。这样的形貌是离子的轰击作用使沉积原子在基片表面发生迁移的结果，在许多应用中人们希望沉积具有这样表面形貌的薄膜。当$0.5 \leqslant T / T_{\text{m}} \leqslant 0.8$时(2区)，热激发使沉积原子在表面扩散，这导致薄膜中出现柱状颗粒，且其直径随T / T_{m}值的增加而增大。当$0.8 \leqslant T / T_{\text{m}} \leqslant 1$时(3区)，沉积原子在薄膜内的体扩散导致形成光滑的多晶薄膜。以上所述不同形貌的薄膜在实际中都有相应的应用。

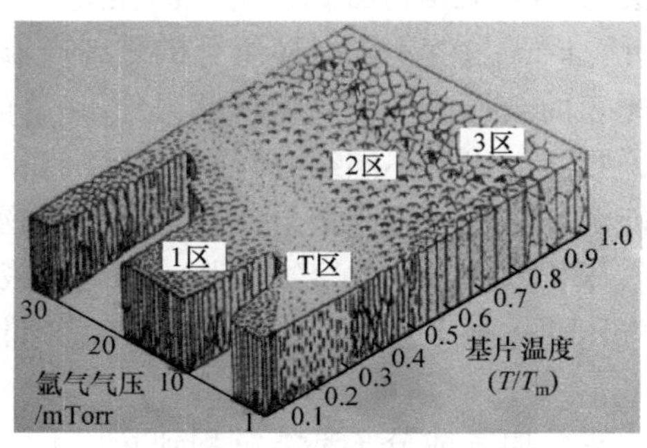

图16.15　溅射沉积薄膜的形貌

在溅射沉积导电薄膜时，一般采用直流平面磁控放电；而在溅射沉积绝缘薄膜时，则一般采用容性耦合射频放电或射频功率源驱动的平面磁控放电。虽然也可以通过物理溅射陶瓷靶或化合物靶来沉积陶瓷或氧化物薄膜，但此法存在组分不易控制和沉积速率较低的缺点，另外陶瓷靶还易碎难以机械加工，因此通常使用反应溅射沉积来制备陶瓷或氧化物薄膜。

2. 反应溅射沉积

在反应溅射沉积中，除了离子的轰击作用外，注入到等离子体环境中的原料气体受到激发而离解，分解产物可与靶原子发生化学反应，生成它们间的化合物并在基片上沉积下来。反应溅射工艺被广泛地应用于沉积电介质薄膜，如氧化物、氮化物、碳化物及硅化物薄膜。这些化合物包含的各组分的蒸气压差别很大，如果采用溅射沉积，则沉积薄膜的组分比与靶材中的组分比会相差较大。例如，如果在氩气等离子体环境中采用物理溅射 SiO_2 靶来沉积 SiO_2 薄膜时，沉积的薄膜中会富含 Si。解决这一问题的方法就是采用反应溅射沉积，即在等离子体环境中加入 O_2，或者直接在 O_2 气氛中产生等离子体，再通过反应溅射纯 Si 靶的方式来沉积 SiO_2 薄膜，这样 O 原子就可以通过化学反应结合到正在生长的薄膜中，使薄膜中 Si∶O 的组分比维持在 1∶2 左右。又如利用 O_2 作为反应气体通过反应溅射 YBaCuO 靶可沉积 YBaCuO 超导薄膜。

在反应溅射沉积中若需要反应性的 O 原子时，除使用 O_2 作为原料气体外，通常还可使用 H_2O 作为原料气体；若需要反应性的 N 原子，可使用 N_2 或 NH_3 作为原料气体；若需要反应性的 C 原子，可使用 CH_4 或 C_2H_2 作为原料气体；若需要反应性的 Si 原子，则一般采用 SiH_4 作为原料气体。

在利用反应溅射金属靶沉积化合物薄膜时，一方面可利用离子轰击靶材料使靶原子被溅射出，再在基片上与反应性气体发生化学反应并沉积生成薄膜，另一方面反应性气体也会直接与靶材料表面的靶原子发生反应，生成一层化合物覆盖在靶表面。这就导致两种运行模式：当用于轰击靶的离子通量较高而反应性气体的通量较低时，靶仍然保持金属性，该模式称为金属模式；而当反应性气体的通量较高而轰击离子的通量较低时，靶表面被化合物所覆盖，称为覆盖模式。在金属模式下靶原子的溅射速率较大，因此在基片上薄膜的沉积速率高于覆盖模式下的沉积速率。这两种模式在等离子体参数发生改变时能相互转换。

16.3.2 等离子体增强化学气相沉积

化学气相沉积(CVD)是指由热能激发气相和表面反应并在表面上生成固体产物的工艺过程。在等离子体增强化学气相沉积(PECVD)中，可通过等离子体来控制或影响气相反应和表面反应，其中等离子体的作用就是代替 CVD 中的热活化过程。低气压等离子体中的电子温度可达 2～5eV，远高于基片和较重粒子(原子、分子、离子等)的温度，其与原料气体分子碰撞可使其离解，达到活化的目的，因此在等离子体环境下可在比 CVD 低得多的温度下发生反应和实现沉积。由于 PECVD 中会发生气相前驱物各组分间的化学反应，所以 PECVD 的工作气压高于适用于等离子体刻蚀的气压，PECVD 一般工作在 0.1～10Torr 的范围内。由于气压较高，中性粒子的平均自由程(0.003～0.3mm)较小，因此电离率较低，等离子体密度约在 10^9～$10^{11}cm^{-3}$ 范围内。与等离子体刻蚀相似，沉积速率由气压、输运过程及放电功率等参数中的某一关键因素决定。

在 PECVD 中，基片温度对沉积速率一般影响不大，但是对薄膜的性质如组分、应力和形貌等却有较大影响。由于工作气压较高、原料气体流速较大、粒子的平均自由程较短、气相反应速率较大，生长薄膜的均匀性会受到一定的影响。另外，放电过程中单位面积上沉积功率的变化也会影响到薄膜的均匀性。为了保障 PECVD 沉积薄膜的均匀性，多采用射频功率源驱动的平行板电极结构下的放电。

下面就以非晶硅、二氧化硅及氧化硅的沉积为例介绍 PECVD。

1. 非晶硅的沉积

非晶硅薄膜被广泛地应用于太阳能电池、平板显示器中的薄膜晶体管，以及静电印刷中的感光鼓等领域中。通常可采用容性耦合射频放电的 PECVD 法来沉积非晶硅薄膜时，需要使用硅烷(SiH_4)作为原料气体。为了使材料具有半导体性质，通常在沉积时加入氢气，这样进入薄膜材料的氢原子就可以消除非晶硅薄膜中俘获载流子的悬键。通过这种方法可在多种基片材料(如玻璃、金属、陶瓷或聚合物等)上沉积大面积的非晶硅。PECVD 沉积非晶硅薄膜典型的工作参数如表 16.3 所示。

表 16.3　利用容性耦合射频放电 PECVD 沉积非晶硅薄膜的典型工作参数

工作条件	参数范围
工作气压	0.2～1Torr
基片温度为	25～400℃
射频功率密度	10～100mW/cm^2
薄膜的沉积速率	5～50nm/min
沉积的活化能	0.025～0.1V

可以看出，利用 SiH_4 沉积非晶硅薄膜的活化能很低不到 0.1V，而利用 CVD 在高温下进行沉积的活化能却高达 1.5V。当工作气压较高时也可使用 $SiH_4/H_2/Ar$ 混合气体组分来进行沉积。若需要沉积 P 型非晶硅则在气体中加入 B_2H_6，若需要

沉积 N 型非晶硅则在气体中加入 PH_3。

许多研究(Donald，1995)表明，SiH_3 和 SiH_2 自由基是多晶硅薄膜生长过程中重要的前驱物，SiH_3—H 和 SiH_2—H 键的键能分别为 3.9V 和 3.0V。另外，离子(SiH_3^+)对基片的轰击在薄膜生长中也起着非常重要的作用。在等离子体环境下，离子轰击基片表面可产生包含至少一个悬键的活性基，同时也可去除表面的氢。除活性基外，表面还存在四个键上都有硅或氢原子的惰性基。活性基和惰性基按一定的比例分布在表面，被活性基覆盖的表面比例用θ_a表示，被惰性基覆盖的表面比例用θ_p表示，其简单模型如图 16.16 所示。以上 SiH_3、SiH_2、SiH_3^+ 及 SiH_4 等可通过与表面活性基θ_a或惰性基θ_p的作用使自己被嵌入晶格中，发生反应的模型可简单表示如下：

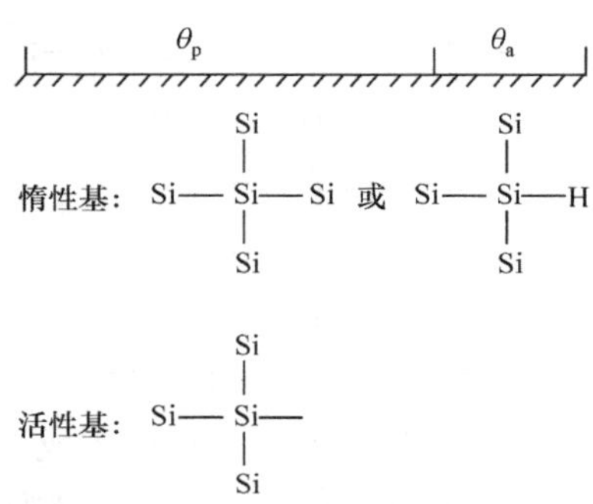

图 16.16　非晶硅沉积的表面组成模型

$$SiH_3^+ + \theta_p \longrightarrow \theta_a + Y_i H(g)$$

$$SiH_2 + \theta_a \longrightarrow \theta_a$$

$$SiH_2 + \theta_p \longrightarrow \theta_p$$

$$SiH_3 + \theta_a \longrightarrow \theta_p$$

$$SiH_4 + \theta_a \longrightarrow \theta_p + SiH_3(g)$$

可以看出，SiH_3^+ 可与惰性基发生作用，使自己嵌入晶格的同时还制造出新的活性基及释放出几个 H 原子(Y_i 是入射粒子去除的表面 H 原子的个数)；自由基 SiH_2 基团可通过与表面活性基或惰性基的碰撞使自己嵌入晶格中，对应的生长速率与物理气相沉积速率相近，生长过程中会出现孔洞，导致表面凹凸不平，薄膜质量不高；而 SiH_3 自由基在被表面吸附后能沿表面扩散，并只在活性基的位置嵌入晶格，这样就可填补表面的凹凸不平，有利于生长高质量的光滑薄膜；SiH_4 被吸附后则能与活性基发生作用，被活性基夺走一个氢原子，这样活性基就被钝化。

在典型的薄膜沉积条件下，活性基在表面的覆盖率θ_a近似为 10^{-2}。在 PECVD 沉积非晶硅薄膜的过程中，高的离子能量和通量、高的 SiH_3/SiH_2 比例以及高 SiH_3 表面扩散都有利于高质量薄膜的生长。

2. 二氧化硅的沉积

在制备 SiO_2 薄膜时，既可以将纯硅在 850～1100℃的高温度下放在氧气或水蒸气环境中直接生成 SiO_2，也可以利用 CVD，在 600～800℃的温度下使用 SiH_4/O_2

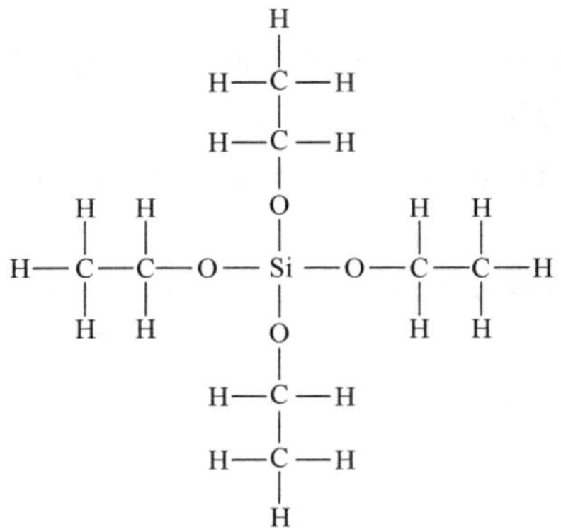

```
                    H
                    |
                H—C—H
                    |
                H—C—H
                    |
   H   H            O            H   H
   |   |            |            |   |
H—C—C—O—Si—O—C—C—H
   |   |            |            |   |
   H   H            O            H   H
                    |
                H—C—H
                    |
                H—C—H
                    |
                    H
```

图 16.17　TEOS 的化学结构

或 $TEOS/O_2$ 作为原料气体，通过氧化将 SiO_2 沉积在基片上；还可以利用 PECVD，在更低的温度 100～300℃下使用同样的原料气体沉积 SiO_2 薄膜。这里，原料混合气中 SiH_4 或 TEOS 的作用是提供 Si 原子，TEOS 为四乙氧基硅烷，分子式为 $Si(OC_2H_5)_4$，化学结构如图 16.17 所示，比硅烷稳定。

在利用 TEOS 沉积 SiO_2 薄膜时，一般使用按 1∶99 混合的 TEOS 和 O_2 的混合原料气体，其放电模型近似于纯 O_2 环境下的放电模型，沉积速率约为 50nm/min。TEOS 中含有的 C 和 H 可与 O_2 发生反应生成 CO_2(g)和 H_2O(g)，因此高含氧量可以使 TEOS 中的 C 和 H 通过充分的反应而被消耗掉，这样就提高了沉积的 SiO_2 薄膜的质量。O_2 在大多数的气相反应过程中都起着重要的作用，在此沉积过程通过电子或者 O 自由基与 TEOS 的碰撞或反应，能产生如 $Si(OC_2H_5)_n(OH)_{4-n}$ 或 $Si(OC_2H_5)_nO_{4-n}$ 等重要的前驱物($n=0$～3)。在沉积薄膜过程中，吸附在表面的前驱物可以不断与吸附的 O 原子发生反应，使 C 和 H 不断氧化从而使前驱物进一步分解。前驱物的表面氧化过程决定了沉积速率的大小，但在温度较高时测得的沉积速率却随基片温度的升高而降低，这可能是由于基片温度升高导致前驱物的解吸附速率增加，这引起了前驱物的表面覆盖率的降低(Stout et al.，1993)。

在利用 SiH_4 沉积 SiO_2 薄膜时，也常使用 N_2O 或 NO 作为氧源，如在 $SiH_4/Ar/N_2O$ 或 SiH_4/Ar/NO 混合气体组分下利用 PECVD 生长 SiO_2 薄膜，N_2O 或 NO 在分解时能产生大量的 O 原子，沉积速率可达 200nm/min，且成膜质量较高。气相反应中起重要作用的前驱物是原料气体成分与高能电子碰撞产生的 SH_3、SiH_2 和 O 等自由基。后续的反应会消耗掉原料分子中大部分的 H 原子并生成水蒸气而被排出掉。最后，膜中一般还会残留 2%～9%的 H 原子(Meeks et al.，1998)。

TEOS 沉积时的黏附系数(约 0.045)比 SiH_4 沉积时的黏附系数(约 0.35)低接近一个数量级，因此利用 TEOS 沉积 SiO_2 薄膜时有较好的沉积保形性，但沉积速率也较低。

3. 氮化硅的沉积

氮化硅用作集成电路的封装层，它能够阻挡水蒸气、盐和其他的化学污染的侵蚀，在工业中利用 PECVD 方法首先大规模沉积的是非晶氮化硅薄膜。在利用 PECVD 沉积非晶氮化硅薄膜时，通常使用 SiH_4/NH_3 混合气体作为原料气体，薄膜沉积的前驱物主要是原料气体组分与电子碰撞产生的 SiH_3、SiH_2 和 NH 等自由基。氮化硅薄膜的沉积一般是在 0.25～3Torr 的气压及 250～500℃的温度下进行，沉积速率约为 20～50nm/min。薄膜中元素的化学计量比为 SiN_xH_y，其中 x 约为 1～1.2，y 约为 0.2～0.6。薄膜中含 H 原子，在射频功率密度较高且沉积温度较高时，沉积薄膜中的 H 含量较少；沉积温度在 300℃以下时，H 的含量相对稳定。薄膜中 H 含量的多少会对薄膜的特性产生非常大的影响，人们不希望沉积的薄膜中含 H 量较高，因此由热激发或离子轰击导致的 H 从表面的解吸附是氮化硅薄膜沉积过程中的关键步骤。由于薄膜中大部分的 H 来源于原料气体中的 NH_3，所以也可以考虑使用 N_2 气替代 NH_3 作为原料气体，这可以使薄膜中 H 含量减少，但薄膜中的 N 含量却会增加。另外，与 NH_3 作为原料气体相比较，使用 N_2 气作为原料气体时的成膜质量和保形性都较差，且成膜速率也较低。

16.4　低温等离子体注入

离子注入是一个将载能离子束注入到固体材料表面内的过程。离子注入可以改变材料表面的原子组成及结构，从而使材料表面的性能发生改变。离子注入是半导体器件制备过程中的常规工艺。传统的离子注入是在真空环境下利用注入粒子的强离子束轰击材料表面来实现，离子束由离子源产生并通过外加电压加速得到，外加电压可在几十伏到几十万伏间调整。受离子光学的限制，离子束流不能太高，因此传统的离子注入所用的离子束的通量通常较低，而其能量却较高。而在需要低离子能量和高通量注入的情形下，等离子体浸没离子注入(plasma immersion ion implantation，PIII)方法可实现传统的离子注入机无法达到的要求。这里我们将以 PIII 为例介绍低温等离子体注入技术。

16.4.1　等离子体浸没离子注入的基本原理

与传统的离子注入方法不同，PIII 技术不需要利用离子源来产生离子束，也就不需要离子束的提取及聚焦等过程。PIII 技术通过在位于等离子体环境中的靶上加上一负高压脉冲，等离子体产生的离子在负高压脉冲产生的电场的作用下，直接从等离子体中被提取出来并加速注入靶中。PIII 技术已被用于冶金注入和半导体注入等领域。

在 PIII 技术中，一个负电压脉冲被加在靶上，其脉宽与电子的等离子体频率的倒数相当，此时在靶表面附近形成的电场作用下，电子被排斥离开，靶表面附近将出现一个密度均匀的离子平板鞘层，其厚度与所加电压的大小和等离子体密度有关。此时，靶表面附近的正离子也会受到该脉冲电场的作用向靶表面加速运动，并最终注入靶内。在电场作用下，等离子体与鞘层之间的边界不断向等离子体区域推进，新暴露出来的离子将被脉冲电场提取出来继续向着靶的方向加速。

在一个较长的时间尺度内，系统将演变成一个稳态的满足蔡尔德定律的鞘层。蔡尔德定律鞘层厚度大于平板鞘层厚度，这一稳态过程非常有利于导电靶材的大批量注入。

形成 PIII 鞘层的简单动力学模型包括无碰撞和有碰撞两类。在气压足够低的条件下可采用无碰撞模型，此时可做如下假设：由于气压足够低，可假设离子流中离子间无相互碰撞；由于特征注入时间尺度远长于电子的等离子体频率的倒数(ω_{pe}^{-1})，可假设电子运动无惯性；所加脉冲电压 V_0 远高于电子温度 T_e，所以可假设德拜长度λ_D远小于鞘层厚度 S_0，并且鞘层与等离子体的界限分明。图 16.18 给出了无碰撞鞘层模型中 PIII 的几何结构示意图。平板形靶位于密度为 n_0 的均匀等离子体中，$t=0$ 时刻，靶上被加上一幅值为 V_0、脉宽为 t_p 的负电压脉冲，靶附近等离子体中的电子被排斥而形成平板鞘层，设初始时鞘层边界位于 $x=s_0$ 处，如图 16.18(a)所示。随着时间推移，离子在电场作用下被加速注入靶中，平板鞘层中的离子密度将降低，平板鞘层的边界向等离子体区域推进，靶表面附近形成一个随时间变化的非均匀鞘层，如图 16.18(b)所示。

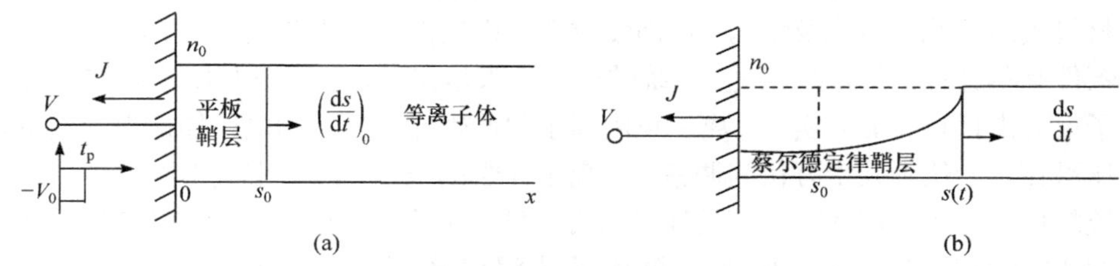

图 16.18　无碰撞鞘层模型中 PIII 的几何结构示意图

(a) 平板鞘层形成时($t=0^+$)；(b) 演变为准静态的蔡尔德定律鞘层后($t\gg\omega_{pi}^{-1}$)

为了得到解析解，还可假设在平板鞘层离子注入期间及注入以后，形成一个准静态的蔡尔德定律鞘层，且电场不会因为离子穿过鞘层及鞘层的扩展而发生变化。这些假设也被数值计算的结果所证实。

在较高气压条件下，则一般使用有碰撞模型，与无碰撞模型中所用的假设相比较，主要是将“离子流中离子间无相互碰撞”修改成“离子在鞘层内运动时会与其他离子发生激烈的碰撞，且电荷交换过程是离子与中性离子间主要的碰撞过程”，其他假设则基本不变。离子在鞘层内发生碰撞使得注入离子的能量降低、离子能量和角度分布变宽，这对离子在凹凸不平的表面(如沟槽内)的注入会产生较大的影响。

16.4.2　等离子体浸没离子注入的应用

1. 在半导体材料工艺中的应用

在半导体薄膜制备工艺中常使用两电极结构或三电极结构的 PIII 系统。在采用两电极结构的 PIII 系统中可以使用多个用于掺杂的气体源，因此其被广泛地应用于半导体制造中的掺杂工艺及超浅结制备工艺中。Ar、N_2、BF_3、H_2O 及 O_2 等气体都可用作气体源来提供注入所需离子。另外，两电极结构的 PIII 系统可以用作离子辅助化学气相沉积，例如使用包含金属的气体(如 WF_6)制备金属薄膜。两电极结构的 PIII 系统的结构原理图如图 16.19(a)所示。该系统一般采用 2.45GHz 的 ECR 源来产生高离子密度(10^{10}～$10^{11}cm^{-3}$)的等离子体，以提供高通量注入所需的离子流，其工作气压约为 0.2mTorr。进行较低能量的离子注入时，可在基片上施加一幅值为 2～30kV、脉宽为 1～3μs 的负脉冲电压，以加速离子向基片表面的运动。而在三电极结构的 PIII 系统中，靶上所施加的负偏压则由另一个独立电源提供，其结构原理图如图 16.19(b)所示。在该系统中，靶上的原子可被载气等离子体中的离子溅射出来，进入等离子体中。一些溅射出来的靶原子还可在等离子体中被电离，然后被注入基片中。

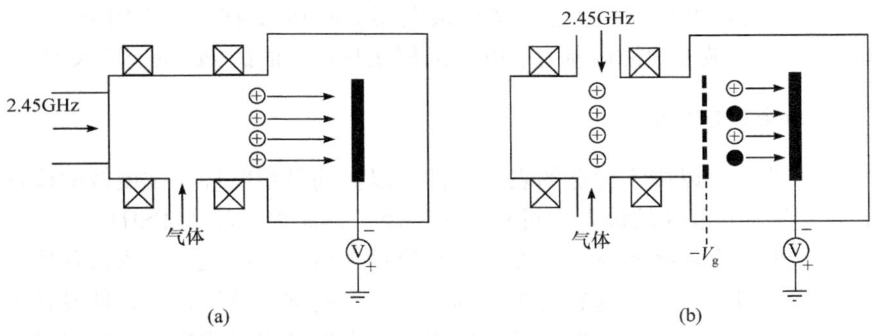

图 16.19　PIII 系统的结构示意图
(a) 两电极结构；(b) 三电极结构

在 PIII 系统中进行电压幅值为 30～100kV 的高能量离子注入时，由于离子的能量和通量都较高，靶表面的二次电子效应很强，二次电子电流会比离子注入电流高出 5～10 倍(Szapiro et al.，1989)，这会对离子注入带来较大的副作用。此外，这些二次电子在电场加速后撞击真空室内壁会产生大量的 X 射线，对环境造成危害；高的离子的能量和通量也要求 PIII 系统的功率源在离子注入时提供高的功率和电流，这将导致功率源效率的降低。

利用 PIII 技术可对硅的沟槽进行保形掺杂。为了在硅基片上得到高存储密度的器件，就需要在垂直侧壁上利用掺杂来制备有源器件(如三极管)及电荷存储单元(如沟槽电容器)等。传统的注入技术主要是采用入射角可控的准直束进行多步注入，其并不适用于垂直侧壁上的掺杂工艺。但如果利用高气压条件下 PIII 工艺中注入离子的角分散性这一特点，就可以实现高深宽比的硅沟槽的 BF_3 保形掺杂。利用 PIII 工艺已实现对深宽比在 5 以上的 Si 沟槽的离子注入，在沟槽的底部和侧壁上都得到了深度均匀的 P^+/N 结。

在一些半导体工艺中需要制备超浅结，如通过注入硼来制造小于 100nm 的 P^+/N 结，这些超浅结的深度主要由掺杂物在热激发中的扩散过程决定。PIII 工艺具有高通量注入低能量离子的特点，因此被广泛应用于制造超浅结的工艺中。为了减小源漏之间的电阻，可借助 PIII 工艺，以 SiF_4 为气源，在单晶硅衬底上注入 Si，对单晶硅进行非晶化处理；然后再利用 BF_3 对衬底进行高通量硼的 PIII 注入，这样就能得到一个 80nm 深的超浅结，降低了三极管源漏之间的面电阻。

PIII 工艺还可应用于半导体工艺中以实现选择性金属电镀。铜是用作集成电路的互连导线的一种理想导体材料，但由于难以生成挥发性产物，不能直接通过等离子体刻蚀工艺来刻蚀铜薄膜。但如果通过 PIII 工艺先在基片上注入 Pd 原子作为种子，就可以通过有选择性的电镀来制备铜互连导线。在利用 PIII 工艺在基片上沉积 Pd 原子时，可将 Pd 溅射靶置于等离子体环境中，在靶上施加一独立控制的负偏压，对靶中的 Pd 原子进行溅射。溅射出来的中性 Pd 原子可以在基片上沉积下来，同时也可在等离子体环境中被电离变成 Pd^+，在电场作用下，载气离子 Ar^+和靶离子 Pd^+被加速撞向基片，可使沉积在基片表面的 Pd 原子注入到基片中。

2. 在冶金处理中的应用

PIII 工艺也可以用于合金的表面改性，以提高其耐磨性、硬度及耐腐蚀等性能。用于合金表面改性的该处理过程称为等离子体源离子注入(PSII)。利用 PSII 可以较为容易地对立体结构材料，如刀具和模具进行离子注入，注入过程中还能大大降低对靶材料的溅射，这有益于控制注入离子的剂量及均匀性，使其达到表面改性在注入深度和密度方面的要求，这样可大大提高刀具或模具等工具的使用寿命。在典型的 PSII 过程中，靶被置于密度为 $5\times10^9\text{cm}^{-3}$ 的氮等离子体中，靶上施加一幅值为 50kV、脉宽为 10μs 的电压脉冲。在此条件下脉宽足够长，有足够的时间形成稳定的蔡尔德定律鞘层，其厚度约为 24cm。如果脉冲宽度太窄，可能就没有足够的时间来形成稳定的蔡尔德定律鞘层。

16.5 等离子体表面改性

等离子体能产生大量激发态的分子或原子、自由基、离子和各种辐射(如紫外线等)，还伴随着光和热，这些物质可与材料表面发生相互作用，引起材料表面的刻蚀交联、聚合或在材料表面引入各种官能团，从而改变材料的表面性能。除了金属材料以外，无机材料和高分子聚合物也是等离子体表面改性应用较广的两类材料。

由于无机材料和高分子聚合物多为绝缘体，所以一般采用大气压空气 DBD 等离子体对其表面进行处理。与其他放电技术相比较，DBD 放电技术可以在大气压环境下实现，具有适用范围广、成本低等特点，因此 DBD 技术被广泛地应用于如玻璃及高分子聚合物等绝缘材料的表面处理领域。下面就以大气压空气 DBD 等离子体处理聚合物材料和玻璃为例介绍等离子体表面改性技术。

16.5.1 等离子体聚合物材料表面改性

聚合物材料包括塑料、橡胶和纤维等。以塑料为例，它们与金属相比具有密度低、比模量小、耐腐蚀性好等优点，因此被广泛用于农业、包装、轻工、汽车、微电子、航天航空及医用器械等行业。不同的应用也对聚合物材料的表面性能(如黏附性、浸润性、阻燃性、电学性能等)有着不同的要求，利用等离子体对高分子材料进行表面改性，可以方便地改善聚合物材料的上述性能，以满足不同应用的要求。

1. 等离子体聚合物表面改性分类

利用等离子体对聚合物材料进行表面改性主要包括三种方式，即等离子体表面改性、等离子体沉积聚合和等离子体接枝聚合。

1) 等离子体表面改性

在非聚合性的无机气体(如 N_2、CO、NH_3、O_2、H_2 等)环境下激发等离子体，产生电子、离子及各种活性自由基，通过这些活性基团与材料表面的相互作用在材料表面引入相应的极性基团或自由基，改变材料表面高分子链结构，从而改善材料表面的亲(疏)水性、黏结性、表面电学和光学性能，以及与其他材料的界面相容性等，达到表面改性的目的。如果用 NH_3 等离子体处理高分子表面可在表面引入胺基、亚氨基等极性基团，材料表面的胺基既有利于细胞的繁殖和附着，又可以通过成键来接枝如 DNA 和蛋白质等生物活性因子；空气和氧的等离子体可引起高分子表面的氧化，引入丰富的含氧基团(如羟基、羧基及羰基)，材料表面的羟基和羧基有利于细胞的黏附及与含胺基生物活性因子(如明胶和抗凝血剂)的接枝。除了引入极性基团外，等离子体处理对高分子表面的作用还包括形成交联层、粗化面和进行刻蚀。

等离子体表面改性的选择性较差，例如在引入含氧基团时会接枝各种类型的含氧基团，而不是只接枝某种特定的含氧基团。另外，等离子体表面改性后表面形成的各种极性基团和活性自由基的稳定性较差，表面性能的时效性是影响技术实用性的一个重要因素。有研究表明，材料表面经等离子体处理后表面特定基团数量变化的动力学过程与极性基团重组和键旋转有关(Murakami et al.，1998)。也有实验表明(Morraet al.，1990)，如果将在 O_2 或 N_2 环境下进行等离子体处理后的聚合物材料放置于水中一段时间，材料表面的极性基团数量并不会发生显著改变。细胞生长需要在水溶液中才能进行，因此大部分生物医学材料在经过等离子体表面处理后，其生物相容性都将变好。

2) 等离子体沉积聚合

等离子体沉积聚合也称为等离子体聚合沉积。与等离子体表面改性不同，等离子体沉积反应器中注入的不再是非聚合性气体，而是能够发生聚合反应的气态的有机单体。这些有机单体在等离子体的作用下发生离解生成各种活性基团，这些活性基团发生气相聚合反应，生成具有一定分子量的预聚物，最后再沉积到高分子材料表面。由于等离子体引发的聚合反应过程比较复杂，生成的预聚物结构与传统的聚合物结构通常不同。没有发生气相聚合的有机单体或活性碎片也会在沉积到材料表面后，在活性自由基的作用下与已沉积的预聚物发生接枝反应。有机高分子材料表面因此会沉积上一层结构呈高度交联的、网状的、成膜均匀的且与基体的附着性能好的聚合膜。

等离子体沉积聚合对基体材料和有机单体均没有较多的要求。有机单体可以没有任何官能团或者不饱和碳键，甲烷、乙烷等饱和烃，以及乙烯、苯乙烯等含有不饱和键的单体均可以作为聚合单体输入到等离子体反应器中；基体材料既可以是聚乙烯或聚丙烯等有机材料，也可以是玻璃等无机材料。对不同的基体材料选择不同单体、放电条件和后处理手段，可以获得功能不同的表面。

3) 等离子体接枝聚合

等离子体接枝聚合是在 Ar 或 He 等惰性气体环境下对高分子材料表面进行等离子体处理，这些惰性气体的原子不直接与聚合物表面发生反应，因此处理后表面不会引入胺基、羟基等极性基团。但是 Ar 或 He 等离子体中的高能粒子能轰击聚合物表面，使材料表面产生大量长寿命的自由基。如果使处理后的表面暴露在空气或氧气环境下，自由基和氧发生反应可生成羰基、羧基和羟基等。如果此时再将有机单体输送到材料表面，这些过氧基团就会引发表面的接枝反应，使具有功能性的单体在材料表面进行接枝共聚。由于在此过程中有机单体并没有经过等离子体处理，其结构未发生变化，所以材料表面接枝的聚合物结构与传统聚合生成的结构相同，这也称为 Graft-from 反应。另外，如果在材料表面先覆盖上一层有机单体，然后放入等离子体环境中进行处理，引发接枝聚合反应，这称为 Graft-to 反应。Graft-from 和 Graft-to 接枝聚合的过程示意图如图 16.20 所示。

采用 Graft-from 反应方式的等离子体接枝聚合的优点是能够在材料表面有选择性地接枝某种特定单体或含有某些特定官能团的单体，这是直接采用等离子体聚合方法难以实现的。而采用 Graft-to 反应方式的等离子体接枝聚合则可在材料表面接枝上分子量较高的预聚物，即使不相容的聚合物(如 PE 和 PS)也可由聚合物自由基之间的重新组合而发生交联，这样得到的表面具有较高的界面相容性。

稳定性和时效性是等离子体聚合物表面改性需要考虑的一个重要因素。等离子体处理过程中高能电子和离子等对材料的刻蚀作用会使材料性能的稳定性受到

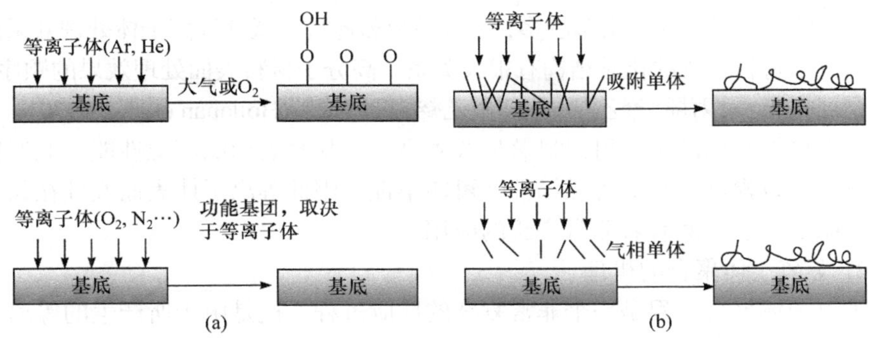

图 16.20　两种等离子体接枝聚合过程示意图

(a) Graft-from 反应；(b) Graft-to 反应

影响。通过降低等离子体输出功率和缩短处理时间可以有效减小等离子体对材料表面的刻蚀作用，但这又会降低表面的处理效率；另外，利用远程等离子体也可避免离子对材料表面的轰击，但输送到材料表面的活性自由基和激发态原子的数量也会减少。三种聚合物表面处理方法相比较，虽然等离子体表面改性存在时效性较差的问题，但由于不需要真空条件和聚合性气氛，条件简单，实用性强，而应用更为广泛。由于等离子体表面改性没有选择性，当需要在材料表面接枝特定基团时，人们常采用选择性较高的等离子体接枝聚合方式。

2. 等离子体聚合物表面处理的机理

1) 等离子体表面改性的机理

利用无机气体(如 NH_3、H_2、N_2 和 O_2 等)等离子体对聚合物表面进行处理，目的就是为了在表面引入特定的官能基团，如氨基(—NH_2)、亚氨基(HN═)、羟基(—OH)、羧基(—COOH)及羰基(C═O)等。例如，在氧气环境下对聚合物表面进行等离子体处理，就能在材料表面引入羟基、羧基及羰基等含氧基团，处理过程中发生的主要反应方程式如下：

$$RH + O\cdot \longrightarrow R' + RO\cdot\text{，或者 } R\cdot + \cdot OH$$

$$R\cdot + O\cdot \longrightarrow RO\cdot$$

$$RH\cdot \longrightarrow R\cdot + H\cdot\text{，或者 } R\cdot + R'\cdot$$

$$R\cdot + O_2 \longrightarrow ROO\cdot$$

$$ROO\cdot + R'H \longrightarrow ROOH + R'\cdot$$

$$ROOH \longrightarrow RO\cdot + \cdot OH$$

式中，R 或 R′代表材料表面的聚合物分子；·代表活性自由基。通过在氧气环境下对聚合物表面进行等离子体处理，可以有效改善聚合物表面的润湿性及黏结性等表面性能，处理后形成的自由基越多，处理效果就越好。氧气等离子体处理效果的好坏与高分子材料本身的化学结构有很大关系，高分子材料表面处理效果的顺序为：甲醛系列树脂>聚丙烯>聚乙烯>聚四氟乙烯>天然橡胶(Hollahan et al.，1970)。

以上极性基团的引入可以显著地改善高分子材料表面的润湿性能，润湿性能的改善又可以提高材料的可黏结性及可印染性，因此等离子体表面改性在黏结加工、印刷及涂层方面有着非常广泛的应用。

2) 等离子体聚合的机理

等离子体聚合过程是一个非常复杂的反应过程，这是由于所产生的等离子体中电子的能量分布和空间密度分布因实验参数(反应器结构、放电参数、气体组分等)选取的不同而存在较大差异，因此由电子引起的物理、化学反应也并不相同，这就导致聚合机理的复杂性。

因为在直流辉光放电中生成的聚合物大部分沉积在阴极附近，所以最先提出的聚合机理认为聚合是由等离子体中产生的正离子引发的(Westwood，1971)。但产生自由基所需要的能量约为 3～4eV，而产生离子所需要的能量更高约为 9～13eV，因此在放电等离子体中自由基的密度比起离子的密度要高得多。事实上，等离子体聚合物薄膜上也被观察到存在大量的自由基，因此自由基聚合机理(Denaro et al.，1968)是更被普遍接受的聚合机理。另外也有人认为，等离子体刻蚀产生的消融作用也对聚合产生影响。下面就分别介绍这两种机理。

(1) 自由基聚合机理(快速步进增长(RSGP)聚合模型)。

等离子体聚合的自由基机理主要包括自由基的形成、自由基与单体分子之间的反应，以及分子链增长和终止的聚合反应，另外还涉及薄膜的沉积、交联等机理。沉积机理主要是指气相中形成的聚合物沉积在基底表面(Thompson et al.，1972)，而交联机理则是指在等离子体环境中，除有机单体被激发形成活性自由基参加直链聚合反应外，聚合主链上的某些位置也会随机地被激发而产生自由基，从而引起支化或交联(赵化侨，1993)。

等离子体的自由基聚合机理可以由如图 16.21 所示的 RSGP 模型来描述(Yasuda，1985)。图中，M_i、M_j 和 M_k 分别代表不同链长的聚合物粒子，它们可以是输入的单体或中间产物。链引发过程是指单体或稳定的中间产物与活性自由基发生反应生成单活性链自由基 M^*或双活性链自由基$^*M^*$，活性自由基是由引发剂在等离子体作用下发生离解产生。链增长则是指生成的链自由基不断与单体或者其他链自由基发生反应生成结构单元更多的链自由基。图中的循环 1 和循环 2 分别表示单活性自由基和双活性自由基引发的链增长过程，只要反应生成的是新的活性链自由基，链增长的过程就不断地继续，这些不同活性链自由基之间的交联反应将导致等离子体聚合物的高度交联结构。链终止是指链自由基之间发生反应生成了稳定的高分子量的聚合物分子并失去活性的反应。

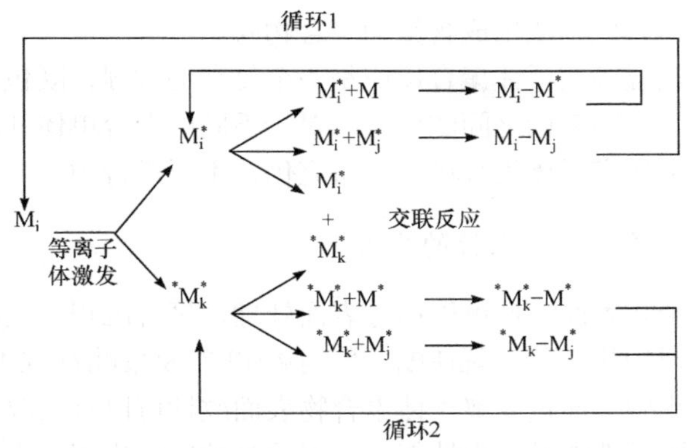

图 16.21　等离子体聚合的快速步进增长聚合模型

(2) 聚合与消融相竞争机理。

为了解释含氟或含氧化合物不能进行聚合，需要考虑到等离子体的刻蚀作用。为此，聚合沉积和刻蚀消融作用相互竞争(CAP 模型)的过程被提出来解释等离子体聚合(Yasuda et al.， 1978)。CAP 模型如图 16.22 所示。

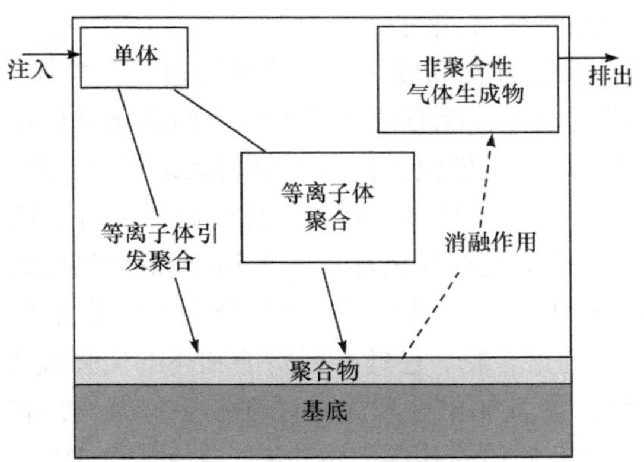

图 16.22　等离子体聚合的 CAP 模型

等离子体聚合过程通常都包含等离子体聚合与等离子体引发聚合这两种不同的聚合过程，图 16.22 中接近基底表面发生的是表面活性粒子引发的聚合过程，在气相中发生的则是等离子体聚合过程。一般来说，在气压较低时，等离子体引发聚合的可能性远远低于等离子体聚合沉积。而在聚合沉积的过程中也会伴随着活性粒子对基底的刻蚀作用，已经沉积的成分会因为气相中反应活性物质的作用而被剥离。这种消融刻蚀作用是伴随着聚合沉积过程同时发生的。含氟或含氧的化合物的刻蚀能力大于其聚合能力，因此其不能通过等离子体聚合沉积过程来形成聚合物膜。聚合沉积和消融刻蚀这两种作用哪种占主导地位，主要取决于单体的性质和反应条件。例如，含氟的单体，如四氟化碳(CF_4)单体，其对基底的刻蚀作用占主导地位，因此不能生成含氟的聚合物膜。

综上所述，低温等离子体聚合反应是一个复杂的过程，既包含气相反应，又包含活性粒子和聚合物表面之间的反应。对于不同的聚合单体和放电参数，聚合过程都不同。有关等离子体聚合机理的研究仍在不断进行中。

3. 等离子体聚合物表面改性的应用

等离子体聚合物表面改性可以通过表面处理、聚合沉积及接枝聚合等多种方式实现，其被广泛应用于聚乙烯(PE)、聚丙烯(PET)及聚酯钎维(PET)等高分子材料的表面处理过程中。通过等离子体聚合物表面改性可以有效改善材料的表面性能、透过性能、医用性能及光学性能等，因此其被广泛应用于表面保护膜、光电材料、分离膜及医用材料的表面处理工艺中。处理后形成的等离子体聚合物也与传统聚合物的结构不同，具有不规则三维交联网状结构，而不是重复单元规则排列的结构。

等离子体聚合物表面改性具有以下优点：

(1) 适用范围广，不具有不饱和键的聚合单体也可用作聚合原料，也不要求聚合单体具有两个以上的特征官能团；

(2) 聚合膜高度交联，其交联度和支化度可通过聚合单体、等离子体参数及反应器参数等的选取进行调控，能有效改善处理表面的化学稳定性和热稳定性；

(3) 等离子体聚合可以有效改善高分子材料表面的亲水性、疏水性、黏结性、染色性、吸附性、耐磨性等，且聚合膜与基体的附着力好、膜质均匀；

(4) 等离子体聚合技术具有绿色环保、无污染和高效能等特点。

下面就以聚丙烯(PP)为例介绍等离子体聚合物表面改性的应用。

PP 是一种最常用的聚合物，它具有耐腐蚀和高的比强度等特点，但由于其分子极性小、表面能低，使其印染性和黏结性都较差。另外，它与其他高分子材料(如塑料、橡胶等)及无机材料的共混性也较差。而使用 DBD、射流放电或射频放电产生的等离子体均可对 PP 表面进行处理，既可使 PP 表面引入含氧或含氮的极性基团，也可通过刻蚀增加表面的粗糙度，或使 PP 表面形成致密的交联层，这些都可使 PP 的亲水性、黏结性、可染色性、生物相容性及电性能等性能得到改善。

在空气中利用 DBD 处理 PP 表面时，等离子体对 PP 表面的主要作用包括刻蚀、氧化和氮化。等离子体刻蚀可以使 PP 表面分子中的 C—C 或 C—H 键发生断裂而产生不饱和键，这些不饱和键能与等离子体中的活性自由基发生化学反应，使 C—O、C—OH、C═O、O—C═O 及—C═N 等含氧基团或含氮基团被引入到 PP 表面的长链中。放电条件不同，引入的含氧基团的种类和数量也不同。这些含氧基团或含氮基团会导致 PP 表面的亲水性提高、接触角下降。

PP 经等离子体处理后，产生的活性基团使润湿性提高，表面处于高能态。但随放置时间的延长，这种高能态的能量会有所下降，变为能量较低的稳定状态，表现为接触角有一定的恢复(接触角变大)，这种现象称为等离子体处理后的老化或退化现象。PP 在等离子体表面处理后之所以会出现退化现象，是由于处理后聚合物的表面分子链比内部分子链具有更大的迁移率，表面分子链将会随环境变化而重新取向，表面取向是通过低分子量的氧化物向内部扩散和极性官能团在表面迁移完成的，因此聚合物表面的官能团浓度将会随时间增加而减小。此外，处理后的高能表面将会吸附空气中的低能杂质。这些都使得表面接触角上升，产生老化。提高聚合物表面的结晶度和取向可以减弱等离子体处理后聚合物表面的老化速度。利用等离子体处理 PP 表面存在一个最佳的等离子体处理剂量(等离子体功率和处理时间)，在最佳剂量处理后，PP 表面的结晶度和分子链取向以及表面交联程度会达到最高，此时 PP 表面的抗老化性也最好；当低于最佳等离子体剂量处理后，PP 表面结晶度、分子取向和交联性都不足；但当高于最佳等离子体剂量时，放电产生的热量会破坏 PP 表面结晶度、分子链取向和表面交联程度，从而影响到其抗老化性能。此外，经等离子体处理后，PP 表面不饱和键吸附空气中氧和杂质，以及表面官能团的迁移率和扩散率的不同也是造成 PP 老化性能的差异。总之，等离子体处理后的聚合物表面的老化过程是非常复杂的，受诸多因素影响，也与聚合物种类及储存条件等有关。

另外，经大气压 DBD 等离子体处理后，PP、PS、PET 和 PVC 表面的接触角都有明显的减小。说明空气等离子体处理能显著地改善聚合物表面的润湿性。

16.5.2 等离子体玻璃表面改性

玻璃是一种非常重要的无机材料，被广泛地用于建筑、电子等众多领域。由于玻璃具有较强的化学耐久性、较高的表面硬度以及较高的电阻，所以 DBD 放电等离子体经常被用于玻璃的表面处理。利用等离子体处理玻璃表面，可以改变玻璃表面的润湿性、表面电阻率及介电性能，还能改善玻璃界面的剪切强度，这样不仅可以提高玻璃和其他材料的相容性，还可以强化玻璃表面。下面就以改善玻璃的亲水性或疏水性为例，来讨论利用等离子体对玻璃材料进行表面改性的基本原理。

1. 改善玻璃的亲水性

当利用等离子体对玻璃表面进行处理时，表面发生的主要物理作用是刻蚀和净化，这使得玻璃表面的粗糙度增加，粗糙度的增加会增加其亲水性。玻璃在加工时的冷却过程与大气中的水分子发生化学反应生成大量的羟基(—OH)。这些羟基可以以自由基的形式存在，也可与表面的 O 原子形成氢键，氢键的键能约为 0.2～0.3eV。当利用 DBD 放电对玻璃表面进行处理时，等离子体中具有较高能量的电子能将氢键打断，产生更多的原子 O 和羟基自由基，其处理前后的变化过程如图 16.23 所示。由于羟基中的 O 具有亲水性，经等离子体处理后的玻璃表面亲水性将提高。另外，在处理过程中，等离子体中的高能粒子(如电子、离子、亚稳态的原子和分子等)对玻璃表面的轰击作用，使得玻璃表面的粗糙度增加，这也会导致玻璃表面的表面能增加和亲水性增强。

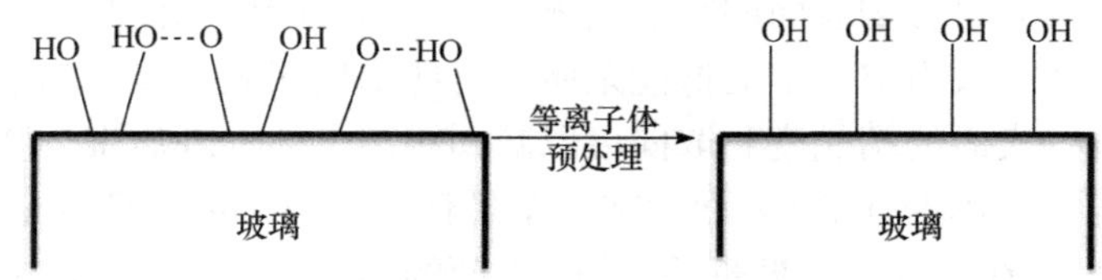

图 16.23 等离子体处理后玻璃表面分子结构的变化

2. 玻璃表面等离子体疏水处理

若要使玻璃表面具有疏水性，则可先在空气环境下利用等离子体对玻璃表面进行预处理，玻璃表面成键的羟基等经等离子体处理后被打开，在玻璃表面产生许多羟基基团，使玻璃表面被激活。然后将疏水物质(如二甲基硅油)覆盖于玻璃表面，此时再将其放入等离子体环境中进行处理。等离子体环境中的高能电子能够破坏硅油分子和羟基间的化学键，产生小分子硅烷和甲基等疏水基团，它们再与玻璃表面的羟基自由基发生化学反应，将疏水物质接枝到玻璃表面，使玻璃表面硅烷化，从而使玻璃具有疏水性。利用等离子体对玻璃表面进行疏水处理的基本机理如图 16.24 所示，图中的 R 为小分子硅烷或甲基。最后再利用碱液和丙酮溶液将没有参与反应的硅油清洗掉，这样就得到了具有一定疏水性的玻璃表面。

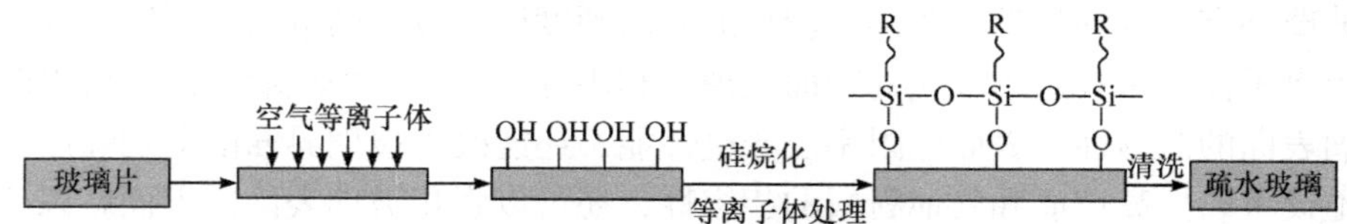

图 16.24 等离子体制备疏水玻璃的机理

第 17 章　低温等离子体材料合成技术

17.1　纳米材料的合成

纳米材料因比表面积大和小尺寸等效应呈现出独特的理化性质、生物性能及催化活性，被广泛用于工业催化、生物医学及光电器件等领域。合成纳米材料的方法很多，其基本原理或是将大块固体分裂成纳米颗粒，或是控制更小的微粒的聚集、生长，使其形成纳米尺寸的粒子。常见方法又可分为物理法(如粉碎法、机械球磨法、爆炸法和低温等离子体法等)和化学法(如溶胶-凝胶法、化学气相沉积等)两大类。这些方法均各有优缺点，其中低温等离子体法是新发展起来的一种独特的制备纳米材料的方法。

利用等离子体制备纳米材料主要有两种途径：一种是利用电弧等离子体产生的高温先使块状材料分解成气态再凝固生成纳米颗粒，这种方法具有设备简单、合成速度快、成本低、合成纳米颗粒种类多等特点，是金属和精密陶瓷纳米颗粒合成中应用最广的一种方法；另一种是利用低温等离子体的高活性使气相物质通过化学反应生成纳米颗粒。下面将分别介绍这两种方法。

17.1.1　电弧放电法制备纳米材料

1. 电弧放电法制备纳米材料的原理

利用电弧等离子体法可制备金属、合金及化合物等不同成分的纳米颗粒。一般来说，产生电弧放电的阳极材料为含有要制备的纳米颗粒成分的电极棒：如果要制备金属纳米材料则为相应金属制成的电极棒；如果要制备合金纳米材料则为由合金铸块制成或者由相应成分的粉末压制而成的电极棒；如果要制备陶瓷纳米材料则为由陶瓷材料的各组分压制而成的电极棒。产生电弧放电的阴极材料通常为熔点较高的金属材料(如钨等)或石墨棒。熔点较高的金属蒸气压较小，因此较少的金属原子能从电极材料中蒸发出来，对合成纳米材料的组分影响较小。而使用石墨作为阴极材料则可制备有一层碳包覆的纳米颗粒，形成壳-核结构的纳米颗粒。由于碳的性质稳定，可以保护内核的纳米粒子不被氧化，从而保持活性。另外使用石墨作为阴极材料还可制备碳化物纳米材料。产生电弧放电的气体组分通常为惰性气体(He、Ar)、活性气体(H_2、O_2、N_2)，或者它们的混合物：制备金属或合金纳米颗粒时多用 H_2 或其与惰性气体的混合气；而在制备氧化物和氮化物纳

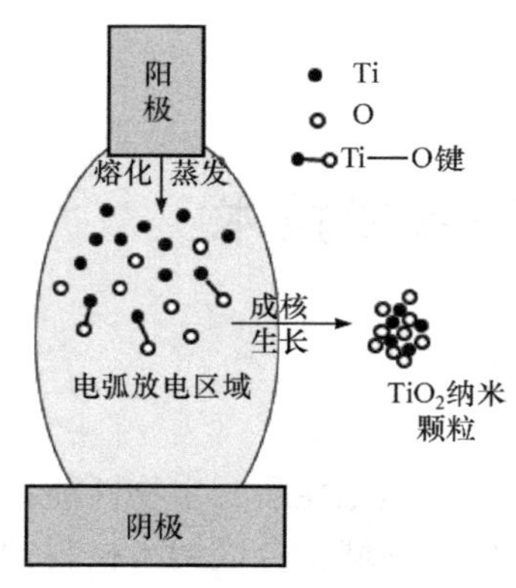

图 17.1　电弧放电法制备 TiO_2 纳米颗粒的工作原理

米颗粒时气体组分中通常含有 O_2 和 N_2。图 17.1 为利用电弧放电法制备 TiO_2 纳米颗粒的工作原理。首先通过电弧放电产生高温，使阳极 Ti 棒表面发生熔化并蒸发得到 Ti 蒸气，气相的 Ti 原子可以与放电环境中 O_2 分子离解得到的 O 原子成键生成 Ti—O 键及 TiO_2 分子，TiO_2 分子在电弧放电边沿温度较低区域处凝并成核并不断生长，最后形成 TiO_2 纳米颗粒。

电弧放电法制备金属纳米颗粒的一般工作原理如下(钟炜等，2007)。

(1) 电弧等离子体的产生：利用电路短路产生的瞬间大电流来加热两电极，使电极产生阴极电子发射，从而使惰性气体或者反应性气体电离产生稳定的电弧等离子体。

(2) 阳极金属蒸发：电弧放电产生的高温可使阳极材料熔化并蒸发，蒸发速率

$$I_0 = p_c\left[M/(2\pi RT)\right]^{1/2} \tag{17.1}$$

式中，p_c 为金属材料的饱和蒸气压；M 为金属材料原子的原子量；R 为摩尔气体常数。蒸发了的金属蒸气可与惰性气体原子相互碰撞，向四周扩散，扩散过程伴随着带电粒子与中性粒子间的碰撞，并不断发生电离、复合，以及能量和电荷的交换。

(3) 晶核的形成与生长：蒸发了的金属原子通过与气体原子的碰撞而损失能量被冷却下来，在阳极附近形成了气相金属原子的过饱和区，金属原子相互碰撞凝并为非常细小的晶核。成核过程与气体种类及分压、放电电压及电流等工艺参数有关。

(4) 纳米颗粒的形成：晶核随着气体的对流离开过饱和区，在向电荷放电边沿低温区域运动过程中，晶核通过吸附金属蒸气原子及相互间的碰撞融合不断生长成为超微颗粒，在粒子生长临界温度以下停止生长，最终沉积形成纳米粉末。

在利用电弧放电法制备纳米颗粒技术中，除了认为高温引起的阳极材料的直接蒸发是生成纳米颗粒的原因之外，也有学者认为放电环境中的活性气体组分(如 H_2、O_2 和 N_2)可以大大提高纳米颗粒的合成速度(Uda，1992)。其机理如下：如果在 H_2 组分中利用电弧放电制备金属纳米材料，H_2 在电弧放电的作用下离解成 H 原子或离子，并在高温下大量溶入熔融的金属电极表面；H 原子进入熔融金属表面后温度迅速降低，其浓度达到过饱和从而又重新结合生成 H_2 分子；H_2 分子浓度达到饱和时会形成 H_2 气泡，金属材料也会蒸发到 H_2 气泡中，熔融金属电极中 H_2 气泡的存在增大了固液接触面，因此有更多的熔融金属材料蒸发形成气态金属

原子；当 H_2 气泡从熔融电极材料中逸出时，将金属蒸气带出，这样会产生更多的金属蒸气；这些金属蒸气在离开等离子体区域后冷却、成核并生长成为金属纳米颗粒。如果制备的是氮化物或氧化物陶瓷纳米颗粒，则可在放电气体中加入 N_2 和 O_2 等活性成分，这些活性成分会有与 H_2 类似的作用，不仅能增加电极材料的蒸发界面，还能促进电极材料与活性气体成分发生反应形成相应的化合物纳米材料。气体的大量蒸发被认为是电弧放电法合成速度快的原因。

其他化合物粉末、复合粉末的制备原理与上述原理大致相同。气态成分及分压、放电功率、基底材料及散热设计等因素将直接影响生成产物的最终形态。例如，原料与活性气体成分的亲和力不同会对纳米颗粒的成分和形貌产生较大的影响：在 N_2 环境下，与氮亲和力大的 Ti、Zr 等材料可以生成纯的 TiN 和 ZrN 纳米颗粒，但与 N 亲和力中等的 Al 形成的纳米颗粒为 AlN 和 Al 的混合物，而与 N 亲和力小的 Si 形成的纳米颗粒的成分为纯 Si，与 N 亲和性差的 Mo、Fe、Co、Ni 等则会在等离子体环境中发生溅射，产生粗大颗粒。

与传统的物理化学方法相比较，电弧等离子体法的一个显著优点是可以制备合金纳米颗粒。与单质金属纳米粉末的制备不同，在制备合金纳米材料时，合金蒸气的凝聚过程是一个非常复杂的相变过程，包括合金蒸气凝聚成核、晶核吸附各种金属蒸气原子不断长大、不同晶核之间以及晶核与不同金属蒸气原子之间的合并等一系列复杂过程。最终合成的纳米颗粒的成分和结构由这些过程决定，其成分可能因为各成分蒸发速度的差异而与母材合金的成分不同，这需要从原材料的初始配比及实验参数上进行调节。

改变相关实验参数，会对产物的粒径、形貌等特性产生影响。因此，在制备不同的纳米材料时，需要从其生长机理着手找到最佳的合成条件，实现可控地制备相关纳米材料。现今，电弧放电法制备纳米材料的研究重点已从制备方法研究发展到纳米材料合成机理的研究及可控的合成工艺条件的研究。

2. 电弧放电法在纳米材料制备领域的应用

目前，利用电弧放电法已成功制备了单质金属纳米粉末、合金粉末，以及氮化物、氧化物、碳化物粉末等。

1) 纳米金属材料

直径为 10～100nm 的金属颗粒在磁性介质、催化剂、磁性流体等许多领域中有着很大的应用潜力。最早利用电弧放电法合成的纳米金属材料是 Fe、Co、Ni 等磁性金属的纳米颗粒，电弧中心区域温度达到 10^4K 的量级，可使阳极金属迅速熔化蒸发并成核生长形成纳米颗粒。随后电弧放电法又被用于制备 Mo、Cr、V 等难熔金属的纳米颗粒以及各种金属合金的纳米颗粒。利用电弧放电法制备纳米材料的合成速度比传统的真空蒸发法快 10 倍以上，非常适合于工业化生产。

在制备金属纳米颗粒时，通常选用相应的单质金属材料作为阳极，而阴极材料一般选择熔点更高的金属(如钨 W)或者碳棒。当选择石墨棒作为阴极时，生成的纳米粒子会被一层碳层所覆盖，形成所谓的碳包覆金属(核-壳)结构纳米颗粒，如碳包覆 Y、Fe、Co、Ni、Ti、Gd 等金属纳米颗粒。碳层的存在可解决由于纳米金属颗粒易被氧化而失去其活性的缺点，增加金属纳米颗粒的物化稳定性和生物相容性。

在用电弧放电法制备合金纳米颗粒时，一般选用相应的合金铸块或者由相应成分的粉末压制而成的材料作为阳极，阴极通常选用熔点很高的钨棒，电弧放电一般在 H_2 和惰性气体(Ar 或 He)的混合气环境下产生。合金的不同成分的沸点不同，一方面导致合金中不同成分的蒸发速度不同，蒸气组分与原料组分不同；另一方面导致不同成分的饱和蒸气压不同，使得沸点较高、饱和蒸气压较小的成分先凝聚成核，而沸点较低、饱和蒸气压较大的成分在冷凝过程中才不断被吸附在已成的核的表面，因此使生成的合金纳米颗粒的成分较难控制，且通常具有核-壳结构。例如，Co-Cu 合金纳米颗粒的核心为 Co-Cu，外壳为铜的氧化物；Fe-Sn 合金纳米颗粒的核心为 Sn 与 Fe 之间的化合物(如 $FeSn_2$、Fe_3Sn_2)，外壳为一层 SnO_2 层。

2) 纳米陶瓷材料

与普通的陶瓷材料相比较，纳米陶瓷材料具有更为优秀的力学性能与高温性能。除了合成金属或者合金纳米颗粒外，通过改变气氛或使用化合物原料的电弧放电，还可以合成多种化合物的纳米颗粒，如氮化物、碳化物及氧化物等纳米陶瓷材料。电弧放电法制备纳米陶瓷材料的过程是一个既涉及材料蒸发、冷凝等物理变化，又伴随着化学反应的过程，其具有操作简单、速度快、纯度高、合成种类多等优点。

利用电弧放电法可制备如 SiC、TiC 等纳米碳化物陶瓷。SiC 是一种宽带隙的半导体材料，利用电弧放电法制备 SiC 时可将 SiO_2 粉末和石墨粉混合填入石墨管中作为阳极，石墨棒作为阴极，在适当条件下可制备出高纯度 SiC 纳米线。另外也可使用硅棒作为阳极，钨棒作为阴极，在 H_2、CH_4 和 Ar 的混合气体环境下，在适当放电条件下可制备出特定结构的 SiC 纳米胶囊。TiC 纳米陶瓷材料可用作催化剂，如果用纯钛块和石墨棒分别作为阳极与阴极，在 CH_4、H_2 与 Ar 的混合气体中产生电弧放电，就可合成碳包覆的 TiC 纳米晶体，通过控制混合气体的不同还可控制制备的 TiC 微米颗粒的形貌。

氧化物陶瓷纳米粉体被广泛应用于光学器件、催化剂等领域。ZnO 陶瓷材料具有优良的光电特性，可用于晶体管和太阳能电池的应用领域，利用在水中的电弧放电可制备 ZnO 纳米颗粒。Fe_3O_4 是一种具有良好生物相容性的磁性陶瓷材料，可用于靶向药的实现。分别使用石墨棒和铁棒作为阴极和阳极，并在去离子水中产生电弧放电，就能制备出 Fe_3O_4 纳米颗粒。TiO_2 具有优良的力、热、电与光催化等性能，TiO_2 纳米颗粒的性能比起普通 TiO_2 粉末更为优异，分别使用水冷处理的石墨和纯钛棒作为阴极和阳极，并在空气环境下产生电弧放电。在适当条件下，电弧放电产生的高温可使 Ti 电极材料蒸发成 Ti 蒸气，其与等离子体环境中的活性 O 原子结合产生 Ti—O 键及 TiO_2，过饱和的 TiO_2 在向低温区域流动过程中不断成核和生长，最终形成 TiO_2 纳米颗粒。

3) 碳纳米材料

1990 年首次通过在氦气中产生电弧放电使石墨电极蒸发得到了零维碳纳米材料富勒烯 C60(Krätschmer et al.，1990)，1991 年利用电弧放电制备出了一维碳纳米材料(Iijima，1991)，这开启了利用电弧放电法制备碳纳米材料的新领域。现今，电弧放电法已成为制备碳纳米材料的一种常用方法，具有制备效率高和易于产业化等特点，通过其可合成高质量、结构缺陷少的一维碳纳米材料。另外，利用在石墨电极中加入其他金属或化合物成分，还可利用电弧放电法合成具有石墨外壳、金属或化合物内核的核-壳结构纳米材料，外侧石墨的包覆可有效提高金属或化合物内核的稳定性，使其不易被氧化而保持其功能。

电弧放电法制备碳纳米材料的装置如图 17.2 所示，采用间隔约为 1mm 的石墨棒作为阴极和阳极，其间电弧放电产生的高温会使阳极石墨材料迅速裂解生成高密度气态碳原子，这些碳原子在适当条件下成核形成碳簇并以纳米颗粒的形式沉降下来。放电气体组分通常为 H_2 或 He，或 H_2 和 He 的混合气，放电在大气压或低气压下进行，也可将催化剂粉末(如 Ni、Co、S、Pt 等)与石墨粉的混合物填充到电极材料中。通过改变反应气氛、压强、放电电流/电压、催化剂等参数可制备出不同结构和形貌的碳纳米材料，如碳纳米管、石墨烯、富勒烯及碳纳米角等碳纳米材料(Volotskova et al.，2010)。

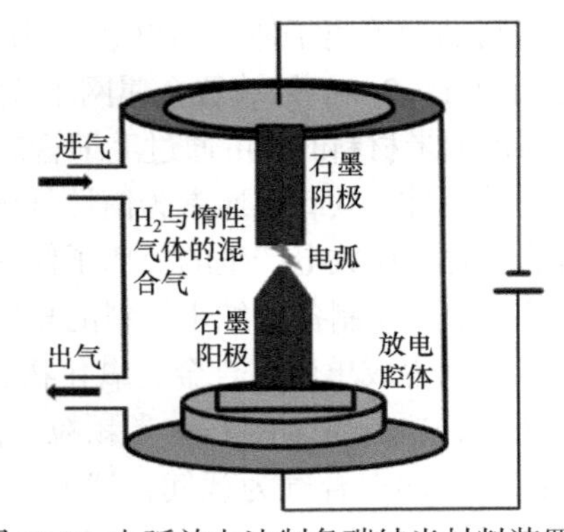

图 17.2　电弧放电法制备碳纳米材料装置图

17.1.2　微等离子体放电法制备纳米材料

近年来，利用微等离子体技术制备纳米材料的方法也逐渐发展起来。与电弧放电合成纳米材料不同，微等离子体不是通过放电产生的高温使电极蒸发来形成纳米颗粒，而是通过将前驱物注入到放电等离子体中并通过与高能电子的碰撞产生活性成分，活性成分间发生化学反应生成气相基团并成核，最后以纳米颗粒的形式沉降下来。稳定的非平衡等离子体一般在低气压下才能产生和维持，当气压升至大气压附近时，则易于出现火花或弧光放电，导致放电不稳定。如果所产生等离子体的尺度在一个或多个维度上减小到 1mm 以下量级时，即使在大气压下也较为容易实现稳定放电，这样产生的等离子体称为微等离子体。

由于微离子体的表面积/体积的比率增加，有利于更多的活性成分参与反应，具有更高的能量效率。又由于微等离子体能在大气压附近稳定工作，其具有设备简单且易于工业化等优点。因此微等离子体在材料合成领域具有较大优势，近年来利用微等离子体技术制备纳米材料也逐渐发展起来。选择适合的微等离子体反应器，控制等离子体运行参数，选择适当的前驱体，就可制备出以上不同成分、尺寸、形态、结构的纳米材料。

1. 微等离子体发生技术

目前用于合成功能纳米材料的微等离子体按反应器的结构可分为空心阴极放电型、射流放电型、介质阻挡放电型、气-液放电型以及阵列型等几种典型的类型。

1) 空心阴极放电型微等离子体

常规空心阴极放电需在较低压强才能实现稳定放电。在大气压下，利用微空心阴极放电也可产生稳定的辉光放电。微空心阴极放电也称为微腔放电，可用作制备纳米材料的微等离子体源。在微空心阴极放电装置中，一般选用金属毛细管为阴极，与之相距 1～2mm 处放置金属网/板为阳极，其间加上电压后就能产生空心阴极放电。制备纳米材料时，可通过毛细管向放电区域注入含有纳米材料成分的化合物蒸气作为前驱体，其载气通常为惰性气体(如 Ar、He)、活性气体(如 H_2、O_2、N_2 等)或其混合气体。在放电产生的等离子体区域，前驱体及放电产生的活性成分间发生化学反应，生成要制备的纳米材料的相应成分。通过选择不同的前驱体及活性气体成分就能分别生成单质、合金、氧化物、氮化物、碳化物等相应成分。

例如，要制备金刚石纳米颗粒，前驱体可选择含 C 的化合物，如乙醇蒸气，以 Ar 和 H_2 的混合气为载气，就可使乙醇蒸气在微等离子体中发生裂解而合成金刚石纳米颗粒(Kumar et al.，2013)；若以硅烷(SiH_4)蒸气作为前驱体，则可制备硅纳米粒子(Sankaran et al.，2005)；若以 $TiCl_4$ 和 N_2 为前驱体，以 Ar 和 H_2 混合气为载气，则可合成 TiN 纳米颗粒；若以金属有机物蒸气(如二茂铁、二茂镍、乙酰丙酮等)为前驱体，则可制备出金属单质或合金的纳米颗粒(如铁、镍、铁镍合金、镍铜合金等)，通过调节前驱体中不同有机金属蒸气的比例就能控制合金纳米颗粒中各组分的比例(Lin et al.，2011)。

空心阴极微等离子体反应器结构简单、能耗低，可方便地在常压低温下制备多种纳米材料，它一般要求前驱体为气体或是蒸气压较高的液体和固体。另外，由于空心阴极的内径较小，在电极内壁沉积的纳米颗粒易于堵塞阴极小孔。

2) 射流放电型微等离子体

另一种常见的微放电模式是射流放电型微等离子体，根据其电极结构分为两种放电模式，如图 17.3 所示：第一种模式是其中一个放电电极被置于射流导管内，除了加上电压产生等离子体外，电极材料还可兼做前驱体源，直接参与放电等离子体引发的化学反应。如要制备氧化铜、纳米金或石墨烯等纳米颗粒，则可相应地选择铜丝、金丝或石墨棒作为放电电极，将其放置于射流导管内并在高压驱动下产生微等离子体。电极材料可与通入射流导管(通常为石英管、陶瓷管等)的工作气发生化学反应，生成相应的纳米颗粒。第二种模式是两个放电电极都被置于射流导管外，电极材料不参与化学反应。电极材料(金属线或金属带)被缠绕在射流导管外侧，前驱体和载气通过射流导管被输送到等离子体区域并发生反应，合成的纳米颗粒可随气流沉积在基底上或进入溶剂中收集起来。

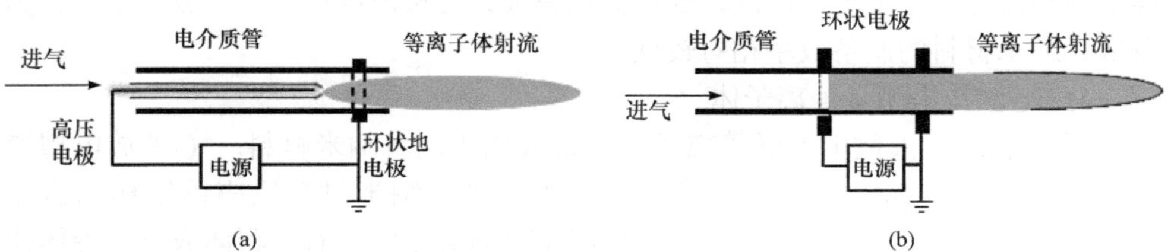

图 17.3　射流放电型微等离子体反应器结构示意图

(a) 一个电极被置于射流导管中；(b) 两电极都被置于射流导管外

与空心阴极型微等离子体相比较，射流放电型微等离子体更易于通过改变工艺参数来得到不同组分、形貌和性能的纳米颗粒，具有更高的灵活性。射流放电型微等离子体可作为等离子体喷枪，应用于表面改性等领域。另外，电极被置于射流导管中的射流微等离子体由于电极参与反应而不断被消耗，使电极间距发生改变，要保持稳定的放电等离子体，就需要不断调节电极使电极间距保持稳定。

3) 介质阻挡放电型微等离子体

在介质阻挡放电(DBD)型微等离子体中，两电极间的放电空间被绝缘介质(覆盖在电极表面的绝缘介质层或者填充在电极间的绝缘介质颗粒)分隔开，当电极离得足够近并加上高压时，会在两电极间产生丝状放电，进而形成介质阻挡放电微等离子体。图 17.4 为典型的同轴电极 DBD 型微等离子体反应器结构示意图，电极间的绝缘介质为内径较小(1～2mm)的石英玻璃管，石英管轴线上可放置细的钨丝电极(<0.5mm)为中心电极，石英管外可缠绕金属带作为对电极。当两电极间加上几十千赫兹的高频交流电压时，就能在石英管内两电极相对的区域引发介质阻挡放电。例如制备镍纳米颗粒时(Ghosh et al.，2015)，可选择二茂镍蒸气为前驱体，Ar 为载气，将其注入到反应器中，当两电极间加上电压并引发 DBD 放电时，二茂镍将通过与活性粒子的反应产生镍原子并成核生长，最终形成镍纳米颗粒。前驱物二茂镍的浓度和气流速度将会影响到制备的镍纳米颗粒的粒径大小。

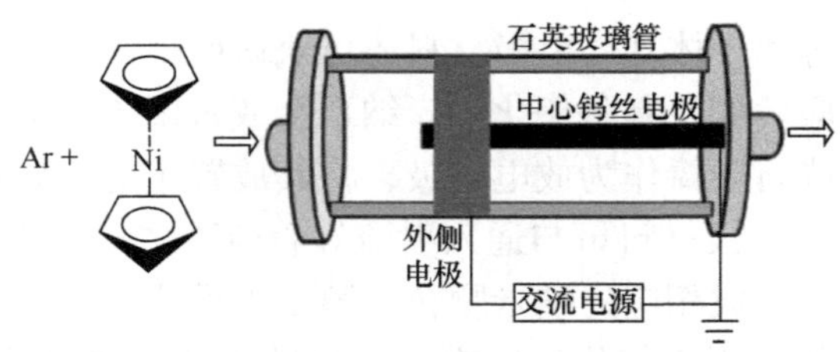

图 17.4　典型的同轴电极 DBD 型微等离子体反应器结构示意图

与空心阴极型微等离子体和射流放电型微等离子体相比较，DBD 型微等离子体的前驱体选择范围更为广泛，处理面积较大，处理温度低，但其放电能量较为分散，纳米材料的制备效率相对较低。

4) 气-液放电型微等离子体

近年来，气-液放电型微等离子体也常被用于制备纳米材料。气-液放电型微等离子体制备纳米材料反应器结构示意图如图 17.5 所示：将含有前驱体成分的液体作为一个放电电极，另一个金属电极置于液面上，间隙距离从 1mm 到几厘米可调。当其间加上高压时，就能在金属电极和液体表面之间的间隙中产生等离子体。放电产生的高能电子或活性粒子与液体电极中的前驱体成分发生化学反应，生成产物凝聚成核并不断生长，最后以纳米颗粒的形式在液体中沉积下来。液相的存在有助于通过放电产生更多的活性粒子，液相也起着散热的作用，有助于维持等离子体放电的稳定。

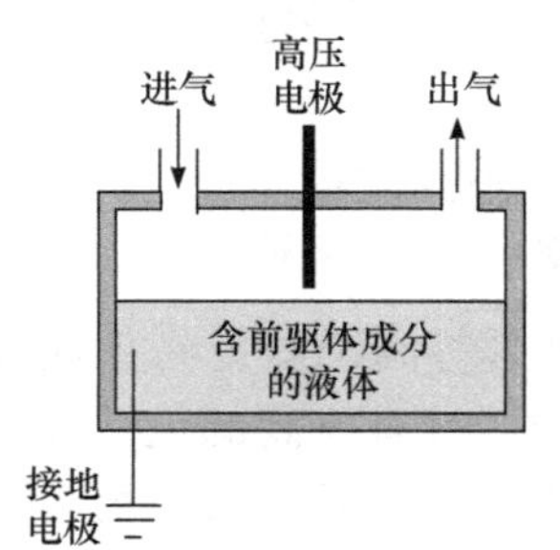

图 17.5　气-液放电型微等离子体制备纳米材料反应器结构示意图

此外，如果将两个放电电极都置于液体中，等离子体也可以在液体中产生。液体散热较好，放电气体的温度较低，纳米颗粒不易发生聚集，因此有利于制备纯度高、粒径小且均匀的纳米材料。在制备一些易于被氧化的纳米材料时，液体还起到抑制氧化的作用，这样可得到纯度更高的纳米材料。

通过选择在液体中加入不同的前驱体，可制备不同的纳米材料。如果在液体中加入硝酸银作为前驱体，通过放电就可以在液相中合成无团聚的银纳米颗粒；如果将铜箔置于乙醇电解液中作为放电电极，则通过微等离子体处理就能制备出高纯度的氧化铜纳米颗粒；如果以氯金酸溶液为前驱体，利用氦气微等离子体则可制备出金纳米颗粒。

气-液放电型微等离子体制备纳米材料过程的反应动力学和热力学过程非常复杂，其反应机理仍不是完全清楚。另外，利用其制备的纳米材料的结构也较难调控。

5) 阵列型微等离子体

利用单一的微等离子体源制备纳米材料时产量较小，这一问题可以通过设计由多个微等离子体源组成的阵列型微等离子体来解决，如由多个射流放电型微等离子体源组成的阵列。阵列型微等离子体可以产生大面积的等离子体，不仅能增加纳米材料的产量，还可以用于大面积的薄膜沉积或表面改性等领域(Mariotti et al.，2010)，这使微等离子体的规模化应用成为可能。

2. 微等离子技术制备纳米材料的机理

在不同的微等离子体技术中，由于等离子体中的活性粒子一般寿命短且浓度低，所以反应路径较难探测，合成机理还在进一步探索中。而前驱体的状态不同及其裂解方式的不同进一步导致合成机理的复杂性。

一般认为，当前驱体为气态时，前驱体及载气等在微等离子体内发生离解，生成如高能电子、离子、自由基等多种活性物质，这些活性物质可发生均相或异相的化学反应，形成含有纳米材料成分的过饱和蒸气并成核长大。例如，要制备 TiN 纳米颗粒，可选用 $TiCl_4$ 和 N_2 为前驱体，在 Ar 载气中产生微等离子体，微等离子体使 $TiCl_4$ 和 N_2 发生了离解，生成激发态的 Ti 和 N 粒子，它们发生气相反应生成大量 TiN 分子并达到过饱和状态，过饱和的气态 TiN 分子能聚集成核并不断长大，最终形成了 TiN 纳米材料。

当前驱体处于液态中时，除了可能发生的各种气相反应外，还存在液体与等离子体之间的相互作用，高能电子还能进入液态中形成溶剂化电子，与液相中的 H·、OH·、O·、O_3、H_2O_2 及各种离子等活性成分相互作用，最终形成纳米材料包含的成分。例如，在液相中制备 Pt/Au 合金时，可以采用 Pt 棒和 Au 棒作为电极，当加上高压产生等离子体时，伴随着溅射和水解，会产生大量活性物质和气泡。这些活性物质与电极材料发生相互作用，使 Au 原子和 Pt 原子从电极表面被溅射出来进入等离子体区域，并继续扩散到温度较低的液体中。Au 原子和 Pt 原子在液相中相互碰撞，发生凝聚，生成凝聚核。凝聚核会发生相互作用并最终合并生长为 Pt/Au 合金纳米颗粒。

与纳米材料的传统制备方法相比，微等离子体技术的装置及工作参数选择的可能性多，且具有成本低、高效、环保等优点。但微等离子体技术在大规模工业化、合成机理研究、高质量的纳米材料制备等方面还存在许多问题，这也是微等离子体应用技术需要重点研究的几个方面。

3. 微等离子体技术制备纳米材料的应用

微等离子体能在常压下产生，且具有较高的电子密度，能产生大量的活性自由基，因此被广泛地应用于纳米材料制备领域。与电弧放电法相类似，利用微等离子体可制备金属(如 Fe、Ni、Cu、Pd、Au、Ag、Pt 等)及合金(如 Au_xAg_{1-x}、Pt_xAu_{1-x} 及 $Ni_xFe_yCu_{1-x-y}$ 等)的纳米颗粒，氧化物(CuO、TiO_2、RuO_2、Fe_2O_3/Fe_3O_4、ZrO_2、ZnO 等)、氮化物(TiN、AlN、CN、BN 等)及碳化物等纳米颗粒，碳(CD、CNT、ND、GQD、CNO 等)及硅(Si 纳米晶体、Si 纳米锥及 SiO_2 等)等纳米材料，以及聚合物纳米材料。

1) 金属及合金纳米材料

虽然可通过多种传统工艺合成一些常见金属纳米材料，但这些工艺由于反应时间长、易被氧化等原因导致产品纯度不高。而微等离子体法制备纳米材料高效迅速，且可通过液相抑制氧化反应，因此可用于制备高纯度的金属，如 Fe、Ni、Cu、Sn 等纳米材料。另外，利用有机金属蒸气、金属盐溶液、金属片、金属棒等多种形态的前驱体，选取适当的微等离子体装置就可合成 Pd、Au、Ag、Pt 等贵金属纳米颗粒及其合金纳米材料。通过灵活调整功率、反应时间、前驱体种类等参数可制备出合金材料成分可调的高性价比的贵金属纳米材料。

2) 氧化物、氮化物、碳化物等无机纳米材料

无机纳米材料由于具有低密度、高硬度、热稳定性及高热导率等优点，而被广泛用于陶瓷、耐火及涂层材料等领域。利用微等离子体可制备如 TiN、SiO_2、CuO、TiO_2 及 RuO_2 等多种无机纳米材料。

3) 碳纳米材料

由于碳纳米材料具有优异的力学性能及生物相容性等特点，其被广泛地应用于生物、催化及医学等领域。采用适当的微等离子体法已合成出多种结构的碳纳米材料，如碳量子点(CD)、碳纳米管(CNT)、纳米金刚石(ND)、石墨烯量子点(GQD)、碳洋葱圈(CNO)等。合成碳纳米材料的前驱体一般为含 C 元素的有机物或单质，如醇、苯、烷烃类气体或石墨棒等。在微等离子体的作用下，前驱体被离解为 CH·、C_2、OH·等活性粒子，这些高活性粒子相互间发生化学反应并成核生长形成碳纳米颗粒。碳纳米材料表面还会附着如 C═O、C—O、—OH 等功能基团，这些功能基团可以改变碳纳米颗粒的表面性能，如亲水性及荧光性等。

4) 硅纳米材料

硅纳米材料具有良好的稳定性、无毒性且制备工艺成熟，在半导体材料、光电器件、生物医学及量子计算等方面有广泛的应用。不同类型反应器产生的微等离子体都可用于硅纳米材料的制备。例如，可以利用空心阴极微等离子体，以四氯化硅($SiCl_4$)和硅烷(SiH_4)为前驱体，在微等离子体作用下前驱体会裂解生成 SiH_3·、SiH_2·和 H·等活性自由基，并通过复杂的化学反应，最终成核形成硅纳米材料。另外也可利用气-液放电型微等离子体，以硅棒为消耗电极，通过放电合成硅纳米材料。

17.2　臭氧的合成

臭氧的氧化还原电位为 2.07V，仅次于氟。臭氧具有极强的氧化能力，能氧化大量无机物和有机物，快速杀灭细菌、病毒等微生物病原体。臭氧处理技术的副产物为氧气，不会造成二次污染，因此臭氧被广泛用于废水处理、废气处理、医疗卫生及食品加工等领域。

常用的人工合成臭氧方法主要有紫外线辐射法、电解法、放射化学法及气体放电法等。其中气体放电法是通过放电等离子体使氧分子分解再合成臭氧的一种方法。按照产生气体放电的不同方式分为介质阻挡放电(DBD)法、电晕放电法、辉光放电法、脉冲流光放电法等。其中 DBD 法可工作于常温常压下，操作简便，运行成本较低，且可产生大面积、高能量密度的等离子体，因此臭氧的产量较大。DBD 法是目前工业化程度最高的一种臭氧合成方法。其他几种放电方式，电晕放电因产生电子的能量较低、辉光放电因需在低气压环境下运行、脉冲流光放电因运行成本较高，故均没有被广泛地用于工业化合成臭氧。

17.2.1　介质阻挡放电臭氧合成技术

DBD 法制备臭氧已经发展了上百年，是一项成熟、可靠的臭氧合成技术。DBD 可在大气压下产生，DBD 产生的电子能量(1～10eV)相对较高，有利于活性自由基的产生。DBD 丝状放电通道随机弥散分布在整个放电间隙内，提高了放电的能量利用率。这些都决定了 DBD 是非常适合于合成臭氧的一种放电形式。

1. DBD 臭氧发生器的结构

DBD 臭氧反应器的电极结构一般采用管式和板式这两种，其基本结构如图 17.6 所示。

这里介质材料一般采用陶瓷、玻璃、云母等，电极结构一般有丝状、网状、栅状等，放电形式包括气隙放电、沿面放电或者两者的混合。

管式结构 DBD 臭氧发生器是最早发展起来的一种制备臭氧的放电结构，通常用于大型工业合成臭氧设备中。单根管式放电管长度可达 3m 以上，工业应用中实现的臭氧产率一般在 50～200g/(kW · h)之间，氧气源下的臭氧产率约为空气源下臭氧产率的 2 倍以上。这样的大型臭氧发生器可满足印染、能源等行业废水处理的要求。大型管式 DBD 臭氧发生器的臭氧产量虽然很大，但仍存在能耗大、效率低、投资较高等问题。

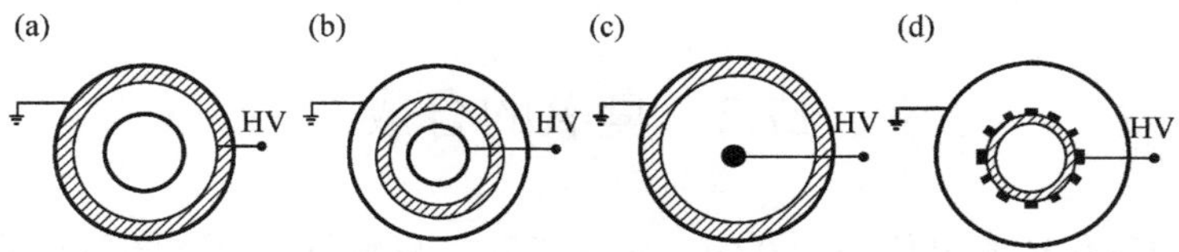

(1) 管式电极结构：(a)(b)(c)为体相DBD；(d)为沿面型DBD

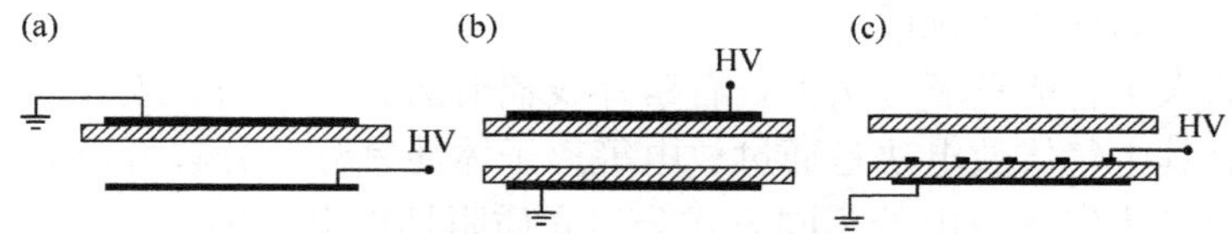

(2)板式电极结构：(a)(b)为体相DBD；(c)为沿面型DBD

图 17.6　典型的 DBD 法合成臭氧反应器电极结构

板式结构 DBD 臭氧发生器一般采用陶瓷板充当绝缘介质，陶瓷板具有高介电常数、低介电损耗和低膨胀系数等特点。与管式结构 DBD 相比较，其具有结构简单、体积小等优点，且更容易在较窄的放电气隙(<0.5mm)下产生放电。介质厚度和放电气隙的减小有助于提高放电空间电场强度、增加电子温度及注入能量、降低放电热效应以抑制臭氧热分解，从而极大地促进臭氧合成。因此板式结构 DBD 常用于中小型臭氧发生器中。若要制作大型臭氧发生器，也可通过放电室的串联和并联来实现。由于板式结构 DBD 臭氧发生器具有成本低、组装灵活、维护方便等优点，被广泛用于如室内空气净化、碗筷消毒、冰箱消毒等日常生活领域。

2. DBD 臭氧发生器的放电方式

不管是管式结构还是板式结构的 DBD 臭氧发生器，基本的放电方式可分为沿面放电和气隙放电两种，也可采用两者混合的方式；所加电压为高频交变电压或脉冲电压。

气隙放电型臭氧发生器技术较为成熟，单机产量也较大，工业上有较多的应用。典型的气隙放电氧发生器的结构如图 17.6 中(1)(a)与(b)、图 17.6(2)(a)与(b)所示，其特点是放电气隙小、臭氧浓度高和运行稳定。

沿面放电则是通过将高压电极和地电极制作在绝缘介质板的两侧并加上中高频交变电压来产生，放电发生在绝缘介质板表面电极的边缘处，属于电晕放电。其具有能量集中、功率密度高等特点。沿面放电型臭氧发生器具有结构简单、成本低、寿命长等特点，已被广泛用于医疗和家电产品中。

混合式放电则是将气隙放电和沿面放电两种放电形式结合起来，以获得更高的能量注入和等离子体密度，促进臭氧的合成(Hakiai et al.，1999)。典型的混合放电型臭氧发生器的结构如图 17.7 所示，在结构(a)中，中央介质管内表面附着了一条螺旋状电极丝，在中央介质管外套了一同轴金属管作为对电极，当内外电极间加上高频交变电压时，中央介质管内表面的电极边沿会发生沿面放电，而在中央介质管和外部金属管之间的空隙内则会发生气隙放电，此时气隙放电和沿面放电发生在不同的区域；而在结构(b)中，高压电极为附着在内部介质管外表面的网状电极，地电极为位于轴线上的电极棒和附着在外部介质管外表面的线圈电极。当两电极间加上高频交变电压时，在内外介质管之间的区域会发生气隙放电，内部介质管外表面的网状电极边沿会发生沿面放电，此时气隙放电和沿面放电发生在同一区域。相比单独使用沿面放电或气隙放电的方式，混合放电方式能有效提高臭氧产率。

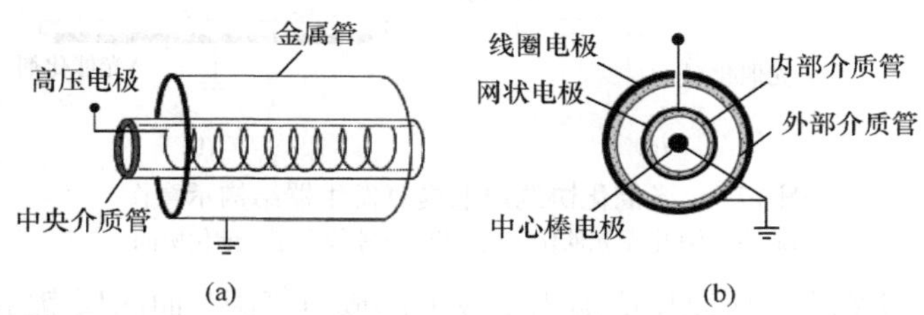

图 17.7　两种典型的混合放电型臭氧发生器结构
(a) 气隙、沿面放电发生在不同区域；(b) 气隙、沿面放电发生在同一区域

DBD 臭氧发生器中所加电压一般为频率约为几十千赫兹的交变电压或纳秒级脉冲电压。中高频交流电源具有体积小、成本低的优点，可在较低电压下输出相同的功率，减小放电对介质层的冲击。而纳秒级脉冲电源可以提供上升沿非常陡的脉冲电压信号，使空间电场强度瞬间增大，这样可将注入能量主要传递给电子，减少传递给离子的能量，这样就有效提高了放电的能量利用率，降低了放电的热损耗，减小了反应器发热引起的臭氧分解。一般情况下脉冲电源比交流电源更有利于臭氧合成，但脉冲电源具有价格高、寿命短等缺点。

3. 其他增强臭氧合成技术

此外，DBD 放电技术还常与催化技术相结合来增加臭氧产率。常见的有两种形式：一种是在放电电极间填充介质颗粒，如 SiO_2 颗粒。介质颗粒表面局部的电场强度增强，颗粒接触处产生大量微放电，这样就在介质颗粒周围产生了大量活性物质，增强了表面反应，促进了臭氧的合成(Schmidt-Szaowski，1996)。两种典型填充介质颗粒式臭氧发生器的结构示意图如图 17.8 所示。另一种是在介质表面涂上一层催化剂薄膜，如 TiO_2 或 ZnO 光催化薄膜，这样就可利用光催化效应增强臭氧的合成，其结构如图 17.9 所示。

对于填充介质颗粒式臭氧发生器而言，介质颗粒的存在一方面增加了气路的气阻，另一方面也不利于热量的及时排出，所以都需要通以冷却水进行冷却。由

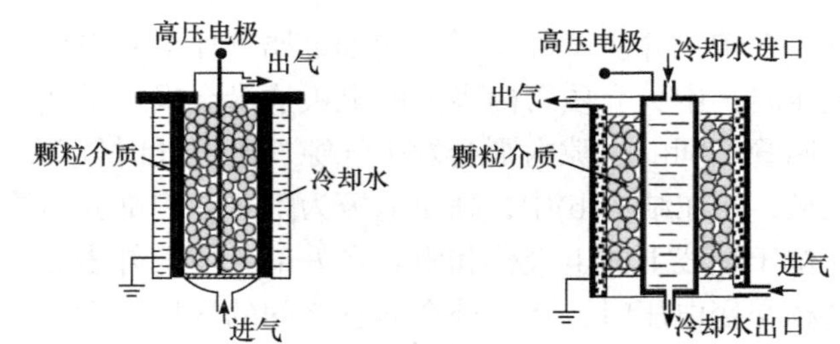

图 17.8　填充介质颗粒式臭氧发生器结构示意图

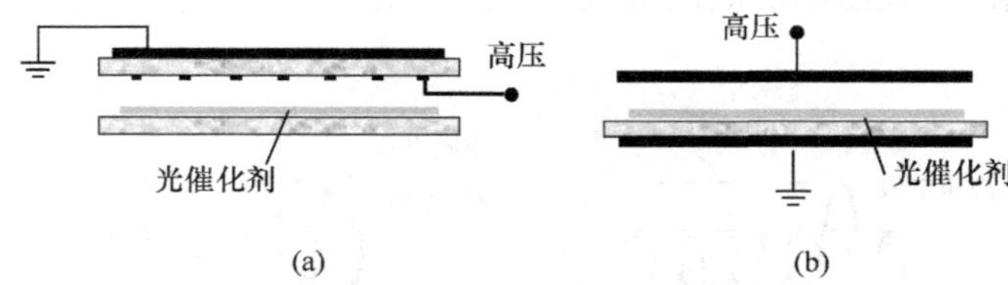

图 17.9　光催化协调放电臭氧发生器结构示意图

(a) 沿面放电型光催化协同；(b) 气隙放电型光催化协同

于需要填充介质颗粒，所以反应器需要较大的放电气隙。而涂层/镀膜式反应器因在反应器内介质层上只需要镀上一层薄薄的催化剂层，所以可以用于小气隙放电的反应器，能在极窄放电气隙下实现催化效应与等离子体活化效应的有效结合。

4. DBD 法合成臭氧的特点

总结起来，DBD 法合成臭氧具有以下特点：

(1) 由于电极间存在绝缘介质，所以只能给臭氧发生器提供高频交变电压或脉冲电压。

(2) DBD 放电可以产生能量相对较高的电子，产生的电子能量约为 1～10eV，该能量电子可有效离解或激发工作气体，引发等离子体物理化学反应，有利于臭氧的合成。

(3) 可以采用沿面放电、气隙放电或者两者混合的放电方式，也可以与催化技术相结合。DBD 放电会随机产生大量微放电通道，在较大范围内都能产生活性粒子，有效提高合成臭氧的能量效率。

(4) DBD 可以工作在较大的气压范围及较宽的电压和频率范围，这使得 DBD 臭氧合成在工艺上易于操作和控制。

17.2.2　介质阻挡放电合成臭氧的反应机理

DBD 合成臭氧的反应过程非常复杂，涉及大量的等离子体化学反应。在纯氧条件下，气体放电合成臭氧过程中起主要作用的反应方程式如下(Jodzis，2011)：

$$e + O_2 \longrightarrow e + O_2(B^3\Sigma_u^-,\ A^3\Sigma_u^+) \longrightarrow e + O(^3P) + O(^3P,\ ^1D)$$

$$O + O_2 + M \longrightarrow O_3 + M$$

$$e + O_3 \longrightarrow O_2 + O + e$$

$$O + O_3 \longrightarrow 2O_2$$

$$O_2 + O_3 \longrightarrow O + O_2 + O_2$$

式中的 M 代表氧原子、氧气分子、氮气分子(空气环境下)或反应器壁。在放电产生的等离子体环境下，气体放电产生如高能电子、离子、自由基和激发态分子等活性物质。氧气分子可与高能电子发生碰撞并分解成激发态的氧原子，这些激发态的氧原子通过与氧分子及其他物质(M)的三体碰撞生成臭氧。此外，等离子体中的电子和氧原子等活性物质也可与合成的臭氧分子发生碰撞使其分解掉。上述臭氧的合成与分解过程在等离子体环境下将达到动态平衡。

如果是在空气环境下合成臭氧，放电还产生如氮原子、N^+、N_2^+ 等与氮原子有关的活性物质，反应除产生臭氧外，还会生成如 NO、N_2O、NO_2 和 N_2O_5 等氮氧化合物，其反应方程式如下所示：

$$N + O_3 \longrightarrow NO + O_2$$

$$NO + O_3 \longrightarrow NO_2 + O_2$$

$$NO_2 + O_3 \longrightarrow NO_3 + O_2$$

$$N + O_2 \longrightarrow NO + O$$

$$N + NO \longrightarrow N_2 + O$$

这些氮氧化合物既会使臭氧发生分解，也可以通过自身分解提供更多的氧原子。

生成臭氧的反应是可逆反应，因此要提高臭氧的生产效率必须促进臭氧的合成，抑制其分解。实验表明，温度越高，臭氧的分解速度越快，因此降低温度将有利于提高合成的饱和浓度。

第 18 章　低温等离子体光源技术

18.1　等离子体照明光源

气体放电技术被广泛地应用于发光光源中，如日光灯、高压汞灯、钠灯、金属卤化物灯等都是采用了气体放电。按照发光形式，电光源可分为热辐射光源、气体放电光源和电致发光光源三类。热辐射光源是通过电流的热效应产生高温来发光的光源，如白炽灯和卤钨灯；气体放电光源是通过在气体或金属蒸气中产生气体放电而发光的光源；电致固体发光光源则是通过电场作用使固体物质发光的光源，如场致发光光源和发光二极管(LED)。

电致固体发光光源(如 LED 光源)具有发光效率高、光强度大、光色可调及寿命长等优点，是正在迅速发展的第四代光源。但由于 LED 光源受到功率上限较低的影响，其并不能用于一些需要高功率光源的场所。

气体放电光源是目前发光辐射光源中最常用的一种，也是第三代光源。气体放电光源是利用气体放电时产生的各种激发态粒子、带电粒子及与电场的相互作用产生辐射而发光的，其发光特性由参与放电的物质(原子、分子)的激发和辐射特性决定。常用的发光物质有常温下为气态的氖和氙等，以及高温下可蒸发成气态的汞、钠及各种金属卤化物等。

气体放电光源中采用的放电方式主要包括辉光放电和弧光放电。辉光放电灯，如霓虹灯、日光灯等，是由辉光放电柱发光，工作电压较高，电流密度较小，其阴极位降较大，约 100V。而弧光放电灯，如荧光灯、高压汞灯、高压钠灯、金属卤化物灯等，其电流密度较大，阴极位降较小，约 10V。弧光放电灯又按照气压的不同分为低气压气体放电灯(如荧光灯)、高气压气体放电灯(如高压汞灯、高压钠灯和金属卤化物灯等)，以及超高压气体放电灯(超高压汞灯等)。高气压气体放电灯也称为高强度气体放电灯(HID)。

以 HID 为代表的光源都是通过给封装在灯泡腔体内的两个电极加上高压产生放电等离子体来发光的。近年来还发展起来了通过高频耦合或微波耦合引起无极放电来发光的电光源，简称无极灯。与 HID 光源不同，无极灯放电腔体中没有内置电极，它是借助高强度射频(RF)或微波场在灯泡腔体内激发等离子体而发光。无极灯的主要优点是其不受电极寿命的影响。

下面就对气体放电灯的基本特性及典型的气体放电灯进行介绍。

18.1.1　气体放电灯的基本特性

气体放电灯的基本特性可通过辐射总功率Φ_e、辐射效率η_e、辐射通量$\Phi_{e\lambda}$、视觉响应的计量Φ_V以及发光效率η等光源的光学特性来描述(蔡祖泉，1988)。

辐射总功率Φ_e：发射出的电磁辐射的总功率，单位为瓦(W)，包括可见辐射和不可见辐射。

辐射效率η_e：发射电磁辐射总功率与电源消耗功率 P_L 之比，$\eta_e = \Phi_e/P_L$。

辐射通量$\Phi_{e\lambda}$：单位波长间隔辐射出的电磁辐射功率，单位一般采用 W/nm。辐射总功率Φ_e 可以由辐射通量$\Phi_{e\lambda}$计算得到。

$$\Phi_e = \int_0^\infty \Phi_{e\lambda} d\lambda \tag{18.1}$$

视觉响应的计量Φ_V：单位时间内光源发出的可见光范围内的光，单位为 lm。例如与 555nm、1/683W 的光相对应的光通量为 1lm。

发光效率η：光源所发出的光通量Φ_V和光源消耗的电功率 P_L 之比，单位为 lm/W。

光照度：单位光照面积上入射的光通量，其单位是勒克斯(lx)，即 lm/m^2。照度用于衡量物体表面被光源照亮的程度。在其他条件相同的条件下，光照度与光通量成正比。

光源的色表和显色性：光源的色表是指眼睛直接观察光源时看到的颜色；光源的显色性则是指光源发出的光照射到物体上所产生的颜色效果。光源的颜色由光源的光谱能量分布决定，可由色温来表示。当光源所发出光的颜色和某一温度下黑体辐射表现出的颜色相同时，黑体的温度就被称为光源的颜色温度，简称色温，单位为 K。固体白炽光源的光谱能量分布和黑体辐射的光谱能量分布相近，因此固体白炽光源的色温比较好通过与黑体辐射颜色的对比来确定。但气体放电光源的颜色和不同温度下黑体辐射的颜色都不完全一致，因此只能用颜色最相近的黑体辐射温度来表示气体放电光源的色温，称为相关色温。

光源寿命：指光源燃点至烧毁或燃点至不符合标准规定的光通维持率要求的累计时间长度，其单位为小时(h)。

频闪效应：指光源的光通量随外部或内部电压、电流及频率的变化而出现闪烁的现象。频闪会导致人的视觉出现疲劳。

光源的流明维持特性：反映灯管在寿命期内光输出的衰减情况，它表明光源的老化快慢程度。

选择光源时需主要考虑光源的光效、流明维持特性、颜色特性和灯管寿命等特性。例如，白炽灯是依靠电流流过钨丝时产生的 3000K 的高温来发出可见光的，其发射出的光谱是连续的，具有很好的显色性，但其发光效率较低，仅有约 10% 的输入电能转换为可见光。与之相比较，气体放电灯具有更高的光效、更长的寿命及良好的流明维持特性，20%～30%的输入电能转换为可见光，寿命是白炽灯的 10 倍，可达 10000h 及以上，整个寿命期间的流明维持特性也保持在 60%～80%。

18.1.2　高强度气体放电灯工作原理

HID 采用弧光放电的方式。弧光放电是一种自持放电，其维持电压低，通常只有几十伏。弧光放电区域由阴极位降区、正柱区和阳极位降区组成。阴极位降区空间电荷为正，其距离较短($\leqslant 10^{-4}$m)，压降也较小(约 10V 量级)，电流密度较高可达 10^6～10^{12}A/m^2。阴极位降区对于阴极电子发射与维持放电非常重要，电子发射主要以电极加热发射的热电子为主，正离子轰击阴极产生的电子发射较少。阳极位降区空间电荷为负，阳极位降及电流密度均小于阴极位降及电流密度。正柱区位于阴极位降区和阳极位降区之间的大部分区域，近似电中性，是等离子体区域，弧光放电的发光特性主要由正柱区性质决定，其在不同气压下又表现出不同的特征。

在较低气压时，气体原子很稀薄，气体放电产生的电子的平均自由程较长，易被电场加速成为高能电子，此时电子温度比气体温度高很多。这种条件下气体原子的电离和激发主要是通过与电子的碰撞来实现，碰撞激发的概率与电子能量有关。当气压和所加电压一定时，电子在电场中获得能量的分布也较为集中，因此气体原子只能被激发到特定的少数能级上，辐射光谱以相应能级发生跃迁时产生的线光谱为主，其发光的色表和显色性都不是很好。

在较高气压下，放电空间气体原子密度较大，电子的平均自由程较小，电子还没有获得引起激发和电离的足够能量便发生了碰撞。由于碰撞频率较大，电子会将一部分动能传递给气体原子，最后达到电子温度与气体温度相差不多的热等离子体状态。此时高温气体分子间碰撞产生的热激发和热电离成为形成等离子体的主要作用，而电子的碰撞激发和电离所起作用则较小。因此较高气压下气体放电的发光特性和低气压时气体放电的发光特性不同：高气压下热电离明显加剧，电子和正离子浓度很高，它们的复合概率大大增加，电子和正离子复合产生辐射的现象称为复合发光，它是高强度气体放电灯发光的一个重要机理。放电空间中电子动能连续变化，因此复合发光的波长也是连续变化的。放电气压越高，复合发光机制就越重要，在很高的工作气压下，辐射光谱中大部分为连续谱，光源的色表和显色性都较好。

气体放电灯是依靠放电产生的粒子激发来发光的，但由于气体放电具有负阻特性，要保障气体放电发光的稳定性，还需要在放电回路中串入镇流器这一控制装置。图 18.1(a)给出了气体放电灯的伏安特性曲线。可以看出，电压随电流的增大而减小，显示出负阻特性。在伏安曲线上方，电子产生的速度大于电子复合的速度，$dn_e/dt>0$；在伏安曲线下方，电子产生速度小于电子复合速度，$dn_e/dt<0$。如果将光源电压直接加在灯管两端来产生放电，为了使气体电离并启动放电，通常需要加上一个较高的启动电压 V_s。在此电压下产生放电对应的工作点位于伏安特性曲线的上方，即位于 $dn_e/dt>0$ 的区域，这样电子浓度和放电电流都将随时间不断增加，直到线路中某些元件(如保险丝或灯管等)被烧坏。为解决这一问题，实际放电回路中需要串联一个镇流器。镇流器的作用相当于在放电回路中串入了一个阻抗，其具有分压的作用。所加的光源电压 V_{AB} 由气体放电电压 V_{La} 和继电器阻抗上的电压 V_R 组成，即 $V_{AB}=V_{La}+V_R$，如图 18.1(b)所示，其中实线表示加在整个光源上的电压 V_{AB} 随电流的变化曲线，虚线 V_{La} 表示气体放电的伏安特性曲线，虚线 V_R 表示阻抗 V_R 上的压降随电流的变化关系。此时要启动放电也需要加一个较高的启动电压 V_s，虽然放电启动后仍然工作在 $dn_e/dt>0$ 的区域，但随着电流增大，消耗在阻抗上的压降 V_R 也不断增加，这导致实际放电电压(实线 V_{AB} 与虚线 V_R 之差)不断降低。当电流升至 I_{ss}，实际放电电压降低到伏安特性曲线 V_{La} 上与此电流的对应电压值。此时若电流继续增大，实际放电电压将低于伏安特性曲线 V_{La} 上的对应电压值，放电进入 $dn_e/dt<0$ 的区域，电子浓度和电流将减小以回到 I_{ss} 点(Tao，2002)。对于灯管电压 V_{AB} 的任何扰动(增大或减小)，串联阻抗都有帮助气体放电回到稳定工作点以维持稳定放电的作用。

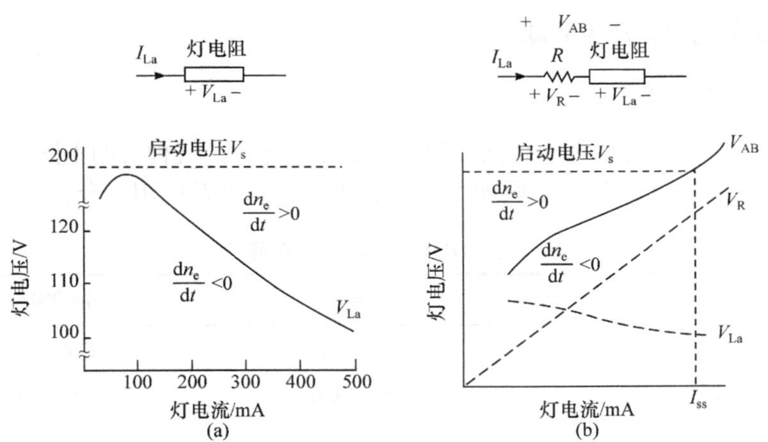

图 18.1　气体放电灯的基本特性

(a) 气体放电灯的伏安特性；(b) 电阻的镇流作用

由于电阻式镇流器会产生大量的热损耗，降低了光源系统的效率，所以实际中通常采用交流电压来驱动气体放电，这样光源两个电极的损耗也比较均衡，可以延长电极及灯源的寿命。在交流电压下气体的放电特性取决于电压频率及镇流器的类型，此时放电回路可看成是非线性电阻和电感的串联。当光源工作在频率较低的工频(50Hz/60Hz)时，气体放电每半周会熄灭一次，产生电子的浓度随电压变化做周期性变化。灯源需要反复点火，且两次点火间无电流的时间较长，这就引起了点火困难和闪烁等现象，最终导致灯源电极易于老化及寿命缩短等问题。当光源工作在较高频率(10～500kHz)时，灯的工作频率远大于气体的电离频率，可认为电子浓度不会随电压变化而发生变化。此时光源的瞬态电压和瞬态电流间呈线性关系，无相位差，光源可看作是具有热惯性的非线性电阻元件。

当 HID 工作在高频电压下时，灯泡内气压较高，气体原子浓度也较高，因此等离子体环境下电子与气体原子间碰撞频率较高，外加电场能量通过电子与原子间碰撞传递给气体原子，这会引起与外加交变电压频率相同的气体压力波。在特定频率下气体压力波在灯管中形成驻波，产生声谐振现象。声谐振会导致电弧放电不稳定，出现光闪烁、滚动等现象，严重影响照明效果。声谐振现象还会使电弧发生扭曲而靠近灯管管壁，使灯管局部过热发生炸裂，这种现象在小功率金属卤化物灯中尤为严重(Davenport et al.，1985)。

总结起来，为了使气体放电光源稳定工作，需要使用镇流器。镇流器的主要作用是稳定光源的工作点、减小能量损耗并避免出现声谐振现象。随着人们对照明质量要求的不断提高，对镇流器的性能要求也不断提高，避免出现声谐振、提高功率因数及防止电磁干扰是设计电子镇流器技术的核心。

18.1.3　主要的气体放电光源

1. 高强度气体放电灯

HID 的基本发光原理都相同，但由于填充气体或蒸气种类的不同，其光输出特性不同。表 18.1 给出了不同种类的 HID 的工作特性及应用场合。

表 18.1　HID 工作特性及应用场合

特性	高压汞灯	高压钠灯	金属卤化物灯
主要填充气体	汞蒸气	钠蒸气、汞蒸气、氙	碘化钠、碘化铊、碘化铟
功率范围/W	10～1000	35～1500	10～1000000
光效/(lm/W)	40～60	70～125	60～120
显色指数	20～30	30	60～90
光色	淡蓝-绿色	黄-金白色	白色
平均寿命/h	5000	8000～24000	500～20000
主要应用场合	厂房、室内外照明	道路、机场、码头及工矿企业照明	广场、商场、体育场照明，建筑物泛光及投光照明

从表 18.1 可以看出，相比于高压钠灯和金属卤化物灯，高压汞灯在光效、显色性及寿命方面存在明显不足，因此高压汞灯已逐步被高压钠灯和金属卤化物灯所取代。高压钠灯具有高光效、长寿命的特点，但其显色指数也较低。金属卤化物灯是在高压汞灯的放电管内填充了某些金属卤化物(如碘、溴、铊、铟、钍等金属化合物)，利用金属卤化物的循环作用，其发出的光谱非常接近于自然光。金属卤化物灯具有光效高、显色性好且发光集中等优点，已逐步成为继白炽灯、荧光灯之后的第三代电光源。金属卤化物灯是目前电光源中最接近自然光光谱的一种光源，已广泛用于体育馆、展厅、商场、广场、汽车前灯等。

金属卤化物灯的结构如图 18.2 所示。金属卤化物灯内充有少量的金属卤化物和气体。电源接通后电流的热效应使加热线圈和双金属片被加热，双金属片受热弯曲与触点断开，这样灯管电极上就加上了脉冲高压，放电被触发。从放电触发到正常发光大致可分为三个阶段：首先是通过双金属片受热弯曲产生脉冲高压，在石英玻璃放电管的两电极间产生火花放电；然后在放电过程中电极被进一步加热，火花放电逐步转换为辉光放电；电极在辉光放电过程中温度继续升高，热电子发射增多，辉光放电过渡到弧光放电；温度随时间进一步升高，发光越来越强，最后达到稳定的正常发光状态。

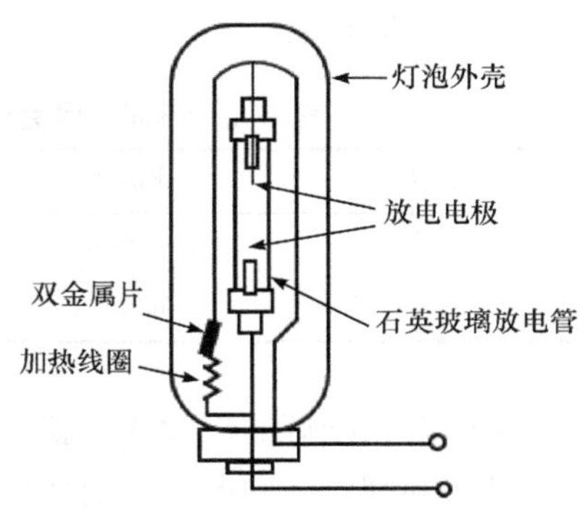

图 18.2　金属卤化物灯的结构

金属卤化物灯所用的发光材料是金属卤化物，金属卤化物是以固体方式存在于灯泡内的石英玻璃放电管内。放电管还充有少量的引燃气体如氢气或氩气。石英玻璃放电管刚被点燃后气压还较低，灯两端电压很低，只有 20V 左右。在弧光放电加热下，放电管内的金属卤化物不断熔化并蒸发为金属卤化物蒸气，其中一部分金属卤化物蒸气被电弧放电产生的高温分解成金属原子和卤素原子，并通过碰撞激发辐射出原子光谱；另一部分金属卤化物分子直接被激发，辐射出分子光谱。由于不同金属卤化物的熔点不同，它们会陆续蒸发并参与发光，不同金属原子的原子光谱相继出现。随着温度进一步升高，金属原子密度不断增加，产生共振吸收，原子特征光谱逐渐减弱并消失，光谱范围向长波方向扩展。当灯内温度升高并达到热平衡时，全部金属卤化物被蒸发并发出分子光谱，光色及亮度逐步趋于稳定，灯内气压达到十几到几十个大气压，放电由低压弧光放电转换为高压弧光放电，灯两端电压由 20V 逐步上升并稳定在 100V 左右，此时光源处于正常发光状态。

灯的发光效率与其外形尺寸和选择金属种类有关。光源刚被点燃时，放电管内的金属卤化物的蒸气分压只有 0.001～0.1 个大气压，金属卤化物在电弧中心吸收热量并发生分解，但分解的金属原子和卤素原子会迅速向管壁扩散并复合，同时放出热量，中心电弧因为能量损失而导致发光效率低下。因此在金属卤化物灯中常加入液态汞来充当缓冲气体。光源点燃后汞全部气化，灯管内气压升高，汞原子的导热系数很小，可以有效阻止电弧中发光金属向四周扩散，减小电弧的能量损失，提高光效。另外，汞的电离电位高于灯内其他金属的电离电位，因此它的加入对金属卤化物灯的光谱特性影响也很小。

由于不同的金属原子都有各自的特征谱线，制成金属卤化物灯后可表现出不同的色彩，所以采用一种或多种单色性好的金属卤化物就可制成各种色彩的彩色金属卤化物灯。目前已可以利用如表 18.2 所示的不同金属卤化物来产生蓝、绿、黄、紫等不同色彩。

表 18.2　不同金属卤化物发光的特征谱线及表现出的色彩

特性	碘化钠灯	碘化铊灯	碘化铟灯	碘化镓灯
特征谱线/nm	589, 589.6	535	410.2, 451.1	405～420
色彩	黄色	绿色	蓝色	紫色

金属卤化物灯的最大优点就是发光效率高和色温高，光效可达 80～90lm/W，色温可达 5000～6000K。当消耗功率一定时，光效越大，发热就越少，所以金属卤化物灯是一种冷光源。在相同的亮度下，色温越高，人就会感觉越明亮。另外金属卤化物灯的光谱是在连续光谱的背景上叠加了密集的线状光谱，所以其显色指数也特别高，彩色还原性特别好。

金属卤化灯亮度高、体积小，其寿命也较短。另外金属卤化物灯必须用专门的触发器来启动，启动能量过大或启动速度过快也会影响灯泡的寿命。

2. 等离子体无极光源技术

前面所述的如 HID 光源的灯泡壳内都包含两个电极，通过电极一方面可以产生电场维持放电等离子体，另一方面也为放电的启动和维持提供电子。虽然电极的作用非常重要，但电极也是气体放电光源中最容易损坏的部件。电极材料在等离子体运行过程中会发生溅射和蒸发现象，导致气体放电光源性能下降及最终失效。另外，为了利用电极提供的二次电子，电极附近区域必须存在一定的压降并消耗一定的能量，而这部分能量对发光并无贡献。为避免使用电极对气体放电光源的寿命和能耗方面的影响，20 世纪 80 年代后期，随着高频电子元器件功率密度的提高，无极灯的应用也迅速发展起来。

无极光源是通过高频驱动的等离子体来发光的，这里的高频是指射频或微波。这样的高频放电并不一定需要由在放电区域放置的电极来引发，也可以通过放置于放电管之外的电极来引发，光源放电管内并不存在电极，因此这样的气体放电灯也称为无极灯。

无极灯按照产生放电驱动方式的不同分为以下四种类型。

(1) 感性放电(H 型放电)：在感应线圈中通以高频电流来产生高频放电，感应线圈缠绕在放电管外部。放电频率一般为 50kHz～100MHz，放电功率一般在 10～1000W。

(2) 容性放电(E 型放电)：将灯管置于两个电极之间，在电极上加上射频电压来产生放电，原理上与内置电极放电类似。容性放电的耦合效率和功率密度比感性放电低很多。

(3) 微波放电：采用 2.45GHz 的微波在放电管中引发放电，微波放电包含 H 型放电和 E 型放电的特点，但由于工作频率更高，有较高的耦合效率和光效。另外，微波激发的无极放电在低气压下辐出的光谱几乎全是原子线状光谱。这种灯结构简单、性能稳定，是原子荧光光谱分析技术中理想的光源。微波激发高气压硫、硒以及金属卤化物等产生放电可用作极强照明光源。

(4) 行波放电：电磁波会在等离子体通道中传播，等离子体可以在行波放电中产生，表面波放电就是典型的行波放电。与微波放电不同，行波放电不需要在波导或耦合腔内产生，它是通过电磁波的传播方向来控制它的放电。

实际应用中，无极光源主要采用感应耦合无极放电和微波耦合无极放电这两种放电形式。

感应耦合无极放电灯主要由高频发生器、耦合器和灯泡组成，典型的工作频率为 2.65MHz，产生的放电属于射频放电。感应耦合无极灯的灯泡结构如图 18.3 所示，主要由内管、汞齐、荧光粉等组成。工作时，泡体内除惰性缓冲气体外，还有汞齐释放出来的汞蒸气。这些汞蒸气会在灯熄灭后冷却并回到汞齐管中。选择合适的汞齐能保证无极灯在一个较宽的温度范围内保持稳定的光输出。当线圈中流过高频电流引发射频放电时，Hg 原子通过与电子或激发态的 Ar^*的碰撞而被激发，处于激发态的 Hg 原子回到基态时，会辐射出 253.7nm 的紫外线，紫外线激发灯泡外壳内壁的荧光粉发光，产生可见光。

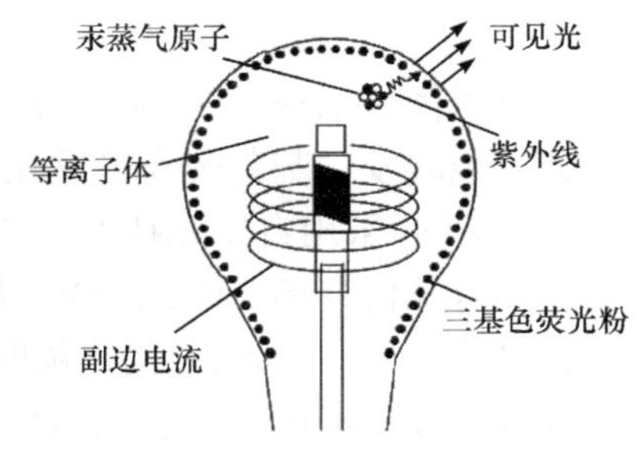

图 18.3　感应耦合无极灯的灯泡的结构

微波耦合无极放电灯使用的典型微波频率为 2.45GHz。微波诱导高气压等离子体放电最早是用于微波硫灯。微波硫灯是在石英泡壳中充入适量的硫和惰性气体，它是一种长寿命、高光效、光色好、无汞污染的性能优异的照明光源系统。微波硫灯的结构原理图如图 18.4 所示，主要包括微波发生器、波导管、谐振腔和

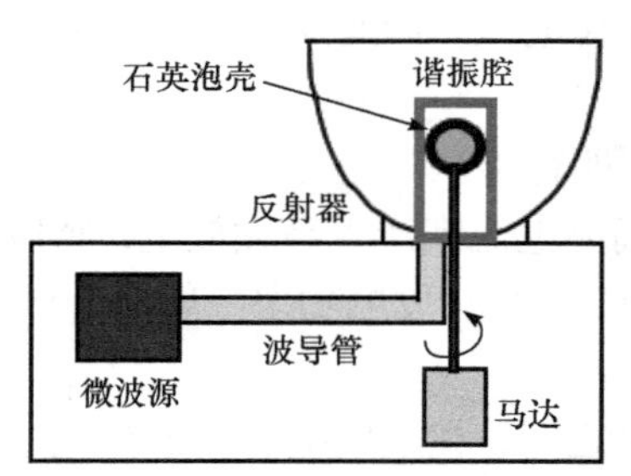

图 18.4　微波硫灯的结构原理图

灯管几部分。微波发生器用于产生微波，微波能量通过波导管进入谐振腔，并在谐振腔中与装在石英泡壳中的硫等离子体耦合，激发硫分子辐射。为了使等离子体均匀并工作稳定，泡壳在马达驱动下高速自转。光源发射光谱主要是由 S_2 分子的第一激发态 ${}^3\Sigma_u^-$ 向基态 ${}^3\Sigma_g^-$ 跃迁形成的分子光谱，分子能级中存在大量振动能级和转动能级，当分子内电子发生跃迁时，会伴随着分子振动能级和转动能级的改变。分子转动能级差小于振动能级差，也都小于电子能级差，因此分子光谱包括大量相互交错叠加的光谱带(Johnston et al.，2005)。在高气压下每条光谱都明显加宽，所以高气压分子光谱为连续谱，类似太阳光谱。微波硫灯的发射光谱的辐射峰值位于 500nm 附近，因此光源色温偏高，光色偏绿。为了改进微波硫灯的光色和效率，也将金属卤化物充入石英泡壳中制成微波金属卤化物光源。

无极灯发光管中没有电极，不会由于电极氧化、溅射及耗损等问题引起发黑现象，也不会影响灯管的寿命和发光效率。由于没有电极，使得灯内填充物的选择范围增大。无极灯具有光衰小、光效高、寿命长、光色稳定等特点，是一种具有发展潜力的、高效的、节能的、清洁的光源。

18.2　等离子体显示技术

等离子体显示板(PDP)是一种自发光性显示器件，它是利用惰性气体放电产生的紫外线激发三基色荧光粉发光来实现彩色图像的显示。与 LED、LCD 相比较，由于 PDP 采用自发光技术，各个发光单元的结构完全相同，屏幕亮度非常均匀，没有几何变形。因此 PDP 具有以下主要特点：①适合大屏幕显示；②视角宽，可达 160°；③响应快，灰度等级高，可重现上千万种颜色；④彩色交流 PDP(ACPDP)具有记忆特性，能随机书写和擦除；⑤亮度高、不闪烁、长寿命。因此，PDP 非常适合于机场、车站、展览会和远程会议等公共场所用作大型显示屏。

PDP 最早是在 20 世纪 60 年代开始发展起来的，已从初期实现简单的基本功能逐渐向结构越来越复杂(单像素到多像素，单色到彩色)、功能越来越强大(低灰度级到高灰度级，小显示面积到大显示面积)的方向发展。90 年代后随着技术突飞猛进，PDP 技术在大尺寸高清显示器领域显露出自己的优势。早期 PDP 显示器如图 18.5 所示。

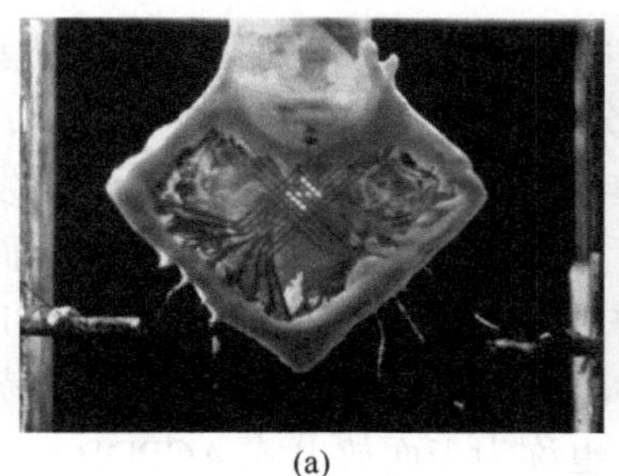
(a)

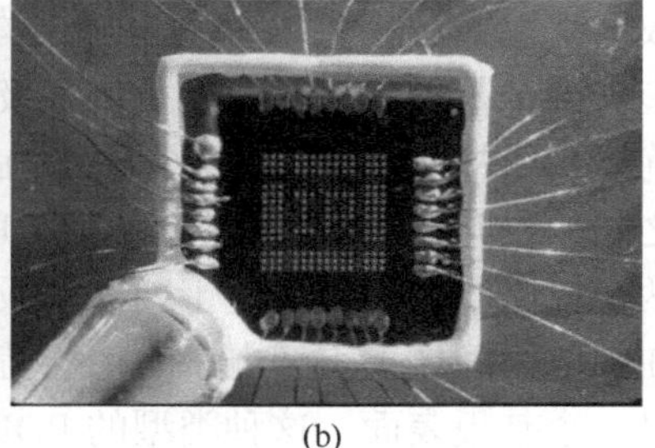
(b)

图 18.5　早期的 PDP 显示器

(a) 1966 年第一个 4 × 4 多像素 PDP 显示器；(b) 1968 年第一个 16 × 16 像素 ACPDP 显示器

18.2.1　等离子体显示板的分类

PDP 按照电压驱动方式的不同分为直流 PDP(DCPDP)和交流 PDP(ACPDP)两大类。

1. DCPDP

DCPDP 中由于施加的是直流电压，所以两电极被直接置于放电环境中，如图 18.6(a)所示。DCPDP 没有类似于 ACPDP 中的记忆机制，但采用脉冲储存方式可使 DCPDP 获得记忆性。脉冲储存方式的工作机理是在放电室产生一次放电后的消电离时间内重新加上电压，空间尚存的离子具有引火作用，此时气体正常点火电压下降，这样可能在低于气体正常点火电压的维持脉冲下维持放电。需要擦除时，则产生一负脉冲叠加在维持脉冲上，使合电压低于点火电压 V_F，这样点火离子数量会继续减少。当下一个维持脉冲到来时，气体点火电压已变得来高于 V_s，维持脉冲不能继续引发新的放电，放电因此停止。

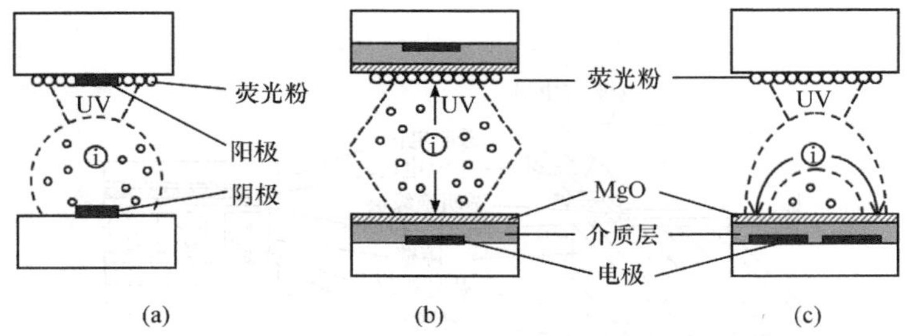

图 18.6　彩色 PDP 的三种基本放电单元示意图

(a) DCPDP；(b) 对向放电式 ACPDP；(c) 表面放电式 ACPDP

2. ACPDP

ACPDP 中放电电极被埋在绝缘介质材料中，因此只能施加交变电压引发介质阻挡放电来发光。ACPDP 根据电极结构的不同分为双基板型和单基板型。双基板型由上下两个基板组成，两个条形电极分别被置于相对的两个基板中，电极表面覆盖绝缘介质，如图 18.6(b)所示，当在电极上施加交变电压时，放电发生在两个基板之间的空间，因此这种类型的 PDP 也称为对向放电式 ACPDP。而在单基板型中两个放电维持电极被置于同一基板中，表面覆盖绝缘介质，如图 18.6(c)所示，当在两电极间加上交变电压时，覆盖电极的介质表面会发生放电，荧光粉则被涂在另一个基板表面，这种类型的 PDP 也称为表面放电式 ACPDP。

当 ACPDP 运行时，每个显示单元可通过书写、维持和擦除放电三个过程来控制单元中放电的产生、持续和停止。若需要引发该单元放电，则首先施加一个书写脉冲引发一次较弱的放电。由于电极表面的介质是绝缘的，所以放电产生的正离子和电子将在介质表面积累形成壁电荷，产生壁电压。此时即使在单元上加上的是低于点火电压的维持电压，但当交变的维持电压变得来与壁电压同向时，两电压之和也正好可以大于点火电压。这样该单元会周而复始地发生放电，直至加一擦除脉冲电压 V_E 产生一次微弱的放电将壁电荷中和掉，该单元放电才会熄灭。因此，ACPDP 具有记忆性和限流作用。

18.2.2 等离子体显示板的结构及其工作原理

这里主要以表面放电式 ACPDP 为例介绍 PDP 的结构和工作原理。

1. 表面放电式 ACPDP 的结构

表面放电式 ACPDP 具有结构简单、易于制作、放电效率高等优点，因此在实际中应用广泛。下面就以表面放电式 ACPDP 为例介绍 ACPDP 的具体结构及其工作原理。表面放电式 ACPDP 结构如图 18.7 所示，其由上下两块玻璃板(前基板和后基板)组成。

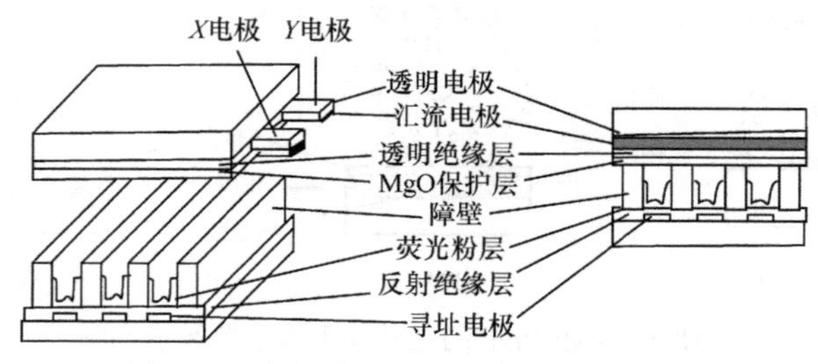

图 18.7 表面放电式 ACPDP 结构示意图

前基板的结构如图 18.8 所示，由上玻璃基板、透明电极、汇流电极、透明绝缘层和保护层构成。透明电极包括一对平行的由透明导电材料(ITO 或 SnO_2)制成

的 X、Y 电极组成，它是采用物理溅射或 CVD 的方法先将透明导电材料沉积在玻璃板上，再通过刻蚀得到需要的电极图案。放电产生的热会使透明电极材料的电阻率增大，从而使放电电压减小并影响到放电的稳定性，因此常将电导率更大的 Cr-Cu-Cr、Al 和 Cr-Au 等材料通过溅射和湿式刻蚀法制作在透明电极上，形成一条金属辅助电极，称为汇流电极。电极上覆盖透明绝缘层和 MgO 保护层，绝缘层是将透明介电玻璃材料以平面印刷的方式印刷在整面电极层上，又将 MgO 以电子束蒸镀法沉积在绝缘层表面形成表面保护层。MgO 是最耐离子撞击的材料之一，因此可有效防止等离子体对透明绝缘层与电极层的刻蚀作用，增加 PDP 的寿命。另外，MgO 还具有很高的二次电子发射率，因此可起到降低气体放电启动电压的作用。

后基板结构如图 18.9 所示，主要由下玻璃基板、寻址电极、反射绝缘层、保护层、障壁和荧光粉层构成。其中的玻璃基板和 MgO 保护层与其在上基板中的作用相似。寻址电极是一组由 Ag 材料通过印刷法制作在玻璃基板上的条状平行电极，其上覆盖一层白色介质层，能够提高可见光的反射率以增加亮度。反射绝缘层上是一组与寻址电极平行的条状障壁，用于支撑前、后玻璃基板和防止荧光粉混色及各单元之间的光电串扰。在 MgO 保护层上障壁的两侧依次覆盖 R、G、B 三基色荧光粉。

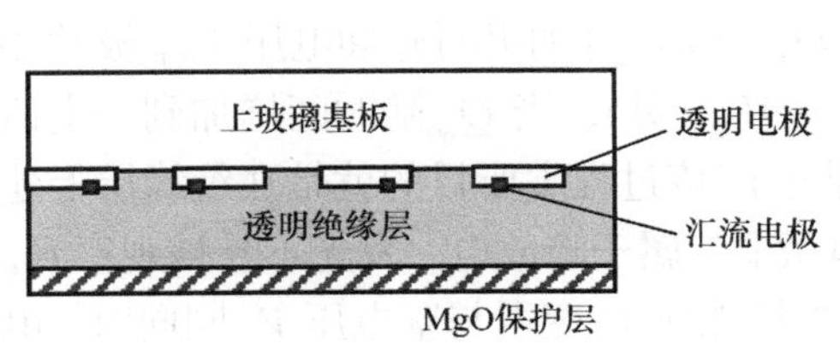

图 18.8　前基板结构示意图

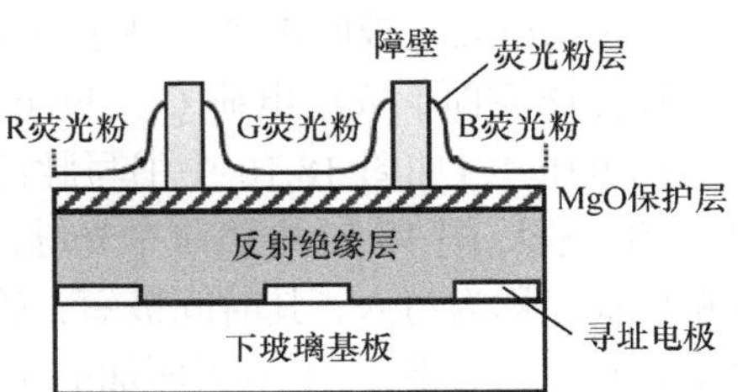

图 18.9　后基板结构示意图

前、后基板相对放置在一起，使其中的条状显示电极和条状寻址电极相互正交，四周用低熔点玻璃粉密封连接，再通过抽真空排气、充入混合惰性气体(He/Xe 或 Ne/Xe)，就形成了包括许多小放电像素的 PDD。寻址电极和透明电极相正交的每一个交点即为一个放电单元，每三个连续排列的 R、G、B 三色放电单元组成一个彩色显示像素。每个显示单元中的放电等离子体是由前基板中通过该单元处的一对 X、Y 电极产生的，位于后基板中的选址电极仅用作放电单元的选址用。每个单元中的放电是发生在前基板绝缘层表面的表面放电。实际中像素数为 640×480 的彩色 PDP 有 480 对 X、Y 电极以及 640×3 个选址电极，每个单元中都可产生稳定的辉光放电，每个像素的显示灰度可通过控制其 R、G、B 三个放电单元的放电时间来实现，累计放电时间长的单元亮度大，R、G、B 三个单元发出的光通过空间混色来实现不同的颜色显示。

2. 表面放电式 ACPDP 的工作原理

每个 PDP 单元的放电过程可分为三步：书写放电、维持放电和擦除放电。图 18.10 为 ACPDP 每个放电单元从产生放电到熄灭过程所加的三种电压的工作时序。

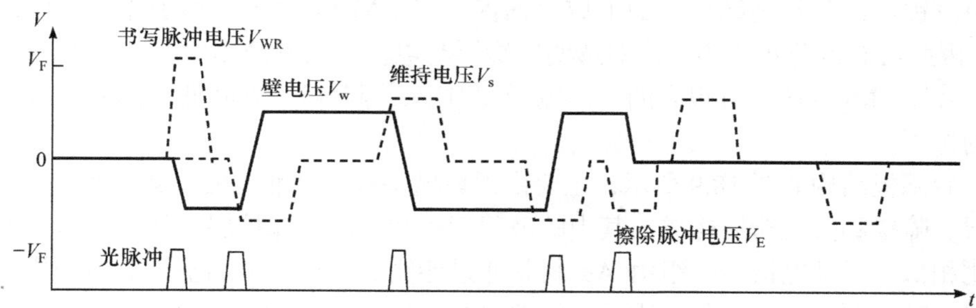

图 18.10　ACPDP 所加电压的工作时序

前基板的 X 电极、Y 电极间始终加一交变的维持电压 V_s，V_s 低于气体放电点火电压 V_F，所以仅在维持电压 V_s 下并不能引发放电。当需要某一单元放电发光时，就在该单元电极间施加一高于点火电压 V_F 的书写脉冲电压 V_{WR}，引发气体放电并在介质表面形成壁电荷 Q_w，壁电荷 Q_w 产生与外加书写脉冲电压 V_{WR} 极性相反的壁电压 V_w(如图 18.10 中书写脉冲电压 V_{WR} 处)，当 Q_w 随时间增加到一定值时，放电熄灭(图 18.10 中第 1 个光脉冲结束)。该过程主要目的就是在绝缘层上建立壁电荷，称为写入，其时间极短，放电微弱，属于暗放电，发光不易被观察到。壁电荷建立后，当 X、Y 电极所加的交变维持电压 V_s 变得与壁电压 V_w 同向时，电压和 $V_s + V_w$ 大于点火电压 V_F(图 18.10 中第 2 个光脉冲处)，该单元形成维持放电，产生稳定的辉光。随着放电进行，壁电压极性发生改变，放电又熄灭，但随着维持电压方向改变又重新引发放电。由于电极表面的介质是绝缘的，壁电荷不会被导走，只要介质表面存在壁电荷，该单元就能在维持电压 V_s 作用下不断重复前述过程，周而复始地发生放电(图 18.10 中第 2～4 个光脉冲)。若需要该单元停止放电发光，可在该单元上加一个擦除脉冲电压 V_E，使气体发生一次微弱放电(图 18.10 中第 5 个光脉冲)，将壁电荷 Q_w 中和掉。这样该单元上不再存在壁电压，而维持电压低于着火电压，不能再引发放电。该单元将始终处于熄灭状态，直至下一个写入过程发生。可以看出，ACPDP 具有固有存储特性。

表面放电式 ACPDP 的主要特点是显示发光为反射式，这可以大大提高像素的亮度。由于气体放电发生在前基板表面，放电区域远离位于后基板上的荧光粉，降低了放电离子对荧光粉的轰击，提高了 PDP 显示单元的使用寿命。

18.2.3　等离子体显示板的发光机理

PDP 虽然有许多不同的结构，但其发光机理都是相同的。下面以 Ne + Xe 混合惰性气体为例来说明 PDP 的发光机理。

Ne + Xe 混合惰性气体放电时，Ne 的亚稳能级(16.62eV)大于 Xe 的电离能(12.127eV)，因此，亚稳态原子 Ne_m^* 与 Xe 原子发生碰撞可以使 Xe 原子发生彭宁电离

$$Ne_m^* + Xe \longrightarrow Ne + Xe^+ + e$$

电离产生的电子在电场作用下可继续与 Ne 原子和 Xe 原子发生碰撞并使其电离或激发

$$e + Ne \longrightarrow Ne^+ + 2e$$

$$e + Ne \longrightarrow Ne_m^* + e$$

$$e + Xe \longrightarrow Xe^+ + 2e$$

通过以上碰撞电离过程可使大部分的 Xe 原子发生电离，电子也会与 Xe^+发生碰撞复合生成激发态的 Xe 原子，其外围电子可从高能级跃迁到低能级，产生碰撞跃迁

$$e + Xe^+ \longrightarrow Xe^{**}(2p_5 \text{或} 2p_6) + h\nu$$

由于处于 $2p_5$ 和 $2p_6$ 能级的 Xe 原子的激发态 Xe^{**}极不稳定，易由高能级跃迁到低能级产生逐级跃迁

$$Xe^{**}(2p_5 \text{或} 2p_6) \longrightarrow Xe^*(1s_4 \text{或} 1s_5) + h\nu(823\text{nm}, 828\text{nm})$$

$Xe^*(1p_5)$可与周围的分子相互碰撞，发生能量转移，转变成 $Xe^*(1p_4)$，此过程中不产生光辐射

$$Xe^*(1s_5) \longrightarrow Xe^*(1s_4)$$

碰撞转移得到的 $Xe^*(1p_4)$处于 Xe 原子的谐振激发能级，其可发生共振跃迁回到基态，此过程将产生使 PDP 荧光粉发光的 147nm 紫外线

$$Xe^*(1s_4) \longrightarrow Xe + h\nu(147\text{nm})$$

Ne、Xe 原子的能级与发光光谱图如图 18.11 所示。

147nm 真空紫外线能量大，发光强度高。当荧光粉的基质吸收真空紫外线能量后，基质原子中的电子从价带被激发到导带，价带中出现一个空穴。空穴因热运动扩散到价带顶，并被荧光粉中掺入的激活剂形成的发光中心俘获。激发到导带的电子在消耗能量后回到导带底，并向下跃迁与发光中心中的空穴复合，发出一定波长的光。同一基质的荧光粉，如果掺入的元素不同，形成的发光中心的能级也不同，

电子跃迁至该能级产生的可见光的颜色也不同。例如，红粉是在荧光粉基质 Y_2O_3 掺入了激活剂 Eu 元素，没有掺入了 Eu 元素的荧光粉基质 Y_2O_3 是不具有发光能力的，但掺入了激活剂 Eu 后可在基质中形成红光的发光中心。大多数 PDP 都利用这种原理来激发红、绿、蓝荧光粉产生光致发光，从而实现彩色显示。

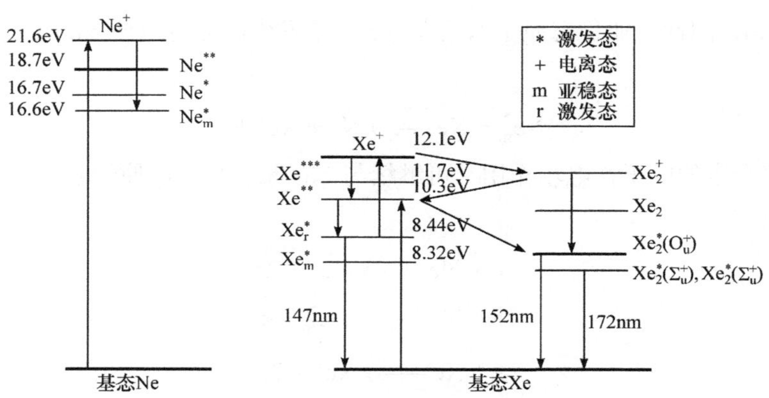

图 18.11　Ne、Xe 原子能级和对应的发光光谱

第 19 章　低温等离子体环境技术

环境污染物种类繁多，能以气相、液相或固相等形式存在，且多为有毒、有害或难降解的物质，传统的处理方法如吸附法、生物法和填埋法等已不能满足日益提高的环保要求。而通过气体放电可以产生 2～20eV 的高能电子、各种活性自由基(HO·、HO_2·、O·等)、氧化性极高的 O_3 以及各种激发态的物质，同时伴随着紫外光照射、加热等物理化学作用。这些活性物质能与污染物分子发生反应，将其转换为无害物质。自 20 世纪 80 年代后，随着低温等离子体应用技术的迅猛发展，该技术也被广泛地应用于废气、废水和固体废弃物的处理中。另外，低温等离子体技术还可以用于消毒杀菌和净化空气。本章就对低温等离子体在废气处理、废水处理，以及固态废弃物处理等领域的应用进行介绍。

19.1　低温等离子体废气处理技术

低温等离子体中存在大量的高能电子、活性自由基及激发态物质等各种活性成分，这些活性物质不仅能和无机废气(如 SO_2、NO_x 和 Hg 蒸气等)发生反应，使之从气态中被脱除掉，也能和有机废气(如挥发性的烃类化合物)反应使之降解。这里就以等离子体无机废气处理和有机废气处理为例，介绍低温等离子体技术在废气处理方面的应用。

19.1.1　低温等离子体无机废气处理

随着经济的发展，能源需求也随之提高。至今，在我国的能源供给中火力发电仍然占据了 70%左右的份额，燃煤排放的 SO_2 和 NO_x 是引起我国大气污染的主要成分，会造成酸雨、雾霾及光化学烟雾等严重的环境危害。传统的燃煤电厂中脱除 SO_2 和 NO_x 是分开进行的，其中脱硫主要采用石灰石-石膏法(湿法)，脱硝则多采用选择性催化还原法(SCR)。传统脱硫脱硝的方法存在占地面积大、投资大、运行费用高、系统稳定性不高和会产生二次污染物等问题。与之相比较，等离子体脱硫脱硝可以将 SO_2 和 NO_x 同时脱除掉，且产物为干粉状，后处理比较简单；另外，工艺也较简单，投资一般低于传统湿法。因此自 20 世纪 70 年代利用电子束照射法进行脱硫脱硝被提出后，80 年代利用气体放电产生的等离子体进行脱硫脱硝的技术也迅速发展起来。

1. 电子束照射法脱硫脱硝

电子束照射法脱硫脱硝是 20 世纪 70 年代首先由日本 Ebara 公司提出的(Suzuki et al., 1979)，也是最早利用等离子体技术来脱硫脱硝的方法。其原理是利用高能电子与气体分子碰撞产生的自由基等活性物质使 SO_2 和 NO_x 同时被氧化，进而将其同时脱除掉。随后的试验表明，SO_2 的去除率可达 90%，NO_x 的去除率可达 70%～90% (Kawamura et al., 1984)。之后还在日本、中国等多国建立了中试工厂。由于原理上的相似性，20 世纪 80 年代以后，利用电晕放电(Wu et al., 2001)、介质阻挡放电(Chang et al., 1992)等方法产生的等离子体也被用于脱硫脱硝。

电子束照射法是将能量在 200～800kV 范围内的高能电子束注射到烟气中，高能电子与气体分子发生碰撞形成等离子体。电子束照射法的反应器结构如图 19.1 所示，首先通过在高真空室中的电子枪发射电子，再经加速器加速得到 200～800kV 能量的高能电子束，然后高能电子束穿过一种特殊的窗口注入到待处理废气的反应器中，在反应器中高能电子与气体分子发生碰撞形成等离子体。透过电子束的特殊窗口一般为 30～50μm 厚的金属箔窗，它既能透过电子束，又能将加速电子的真空室与反应室分隔开。

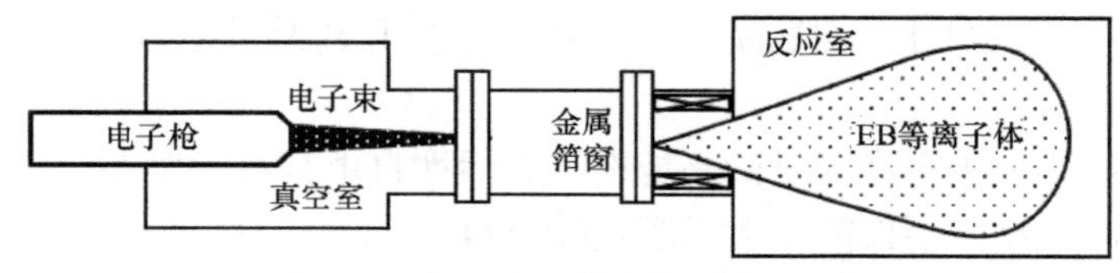

图 19.1　电子束照射法的反应器结构

在电子束废气处理工艺中，高能电子束通过与气体分子的碰撞产生大量二次电子，新产生的二次电子继续加剧气体分子的离解或电离，从而生成大量的活性物质，这些活性物质与废气分子发生反应使其被脱除掉。

电子束照射法也称为高能电子活化法，通过该法进行脱硫脱硝的基本原理是首先通过高能电子和气体分子的碰撞产生大量的活性自由基，如 O·、HO·、HO_2· 以及具有强氧化性的 O_3 等活性粒子。这些活性物质可以与 SO_2 和 NO_x 发生反应使其被氧化成 SO_3 和 NO_2，它们再与水反应就生成了稳定性较好的 H_2SO_4 和 HNO_3。如果在反应室注入氨气(NH_3)，就能生成硫酸铵($(NH_4)_2SO_4$)和硝酸铵(NH_4NO_3)等可回收利用的产物。虽然这种方法在硫硝共脱除上非常有效，但由于电子加速器造价昂贵、电子枪和金属箔窗寿命短、X 射线需要防辐射屏蔽、系统运行和维护技术要求高等一系列问题，该法在实际工业应用中受到一定限制。

从电子束照射脱硫脱硝可以看出，利用气体放电产生的 O· 和 HO· 等活性自由基可以使 SO_2 和 NO_x 同时被氧化并被脱除掉。而实际上使水分子 H—OH 离解产生 HO· 自由基的离解能为 5.11eV，使氧分子 O═O 离解产生 O· 自由基的离解能为 5.2eV。这意味着只要电子具有比 H_2O 分子和 O_2 分子的离解能高的能量，就能产生 O· 和 HO· 等自由基，而气体放电就能产生能量位于 2～20eV 的电子。因此自 20 世纪 80 年代后，利用气体放电产生的低温等离子体进行脱硫脱硝及其他废气处理的技术也迅速地发展起来。大气压下可以通过电晕放电、介质阻挡放电、微波放电等不同形式的气体放电来产生等离子体。另外，气体放电反应器可在电除尘技术的基础上改进而成，设备简单，操作简便，投资也较电子束照射法小。

下面以脉冲电晕和介质阻挡放电(DBD)为例，介绍利用气体放电等离子体进行脱硫脱硝的技术。

2. 脉冲电晕等离子体法(PPCP)脱硫脱硝

利用气体放电技术产生等离子体的关键是尽量多地产生高能电子(5～20eV 之间)，这些电子足以使 H_2O 和 O_2 分子离解成 O· 和 HO· 等自由基，而脉冲电晕放电是产生这种等离子体的一种有效的放电方式。利用脉冲电晕放电脱除烟气中 SO_2 的技术也很快发展起来(Mizuno et al.，1988)。

脉冲电晕放电是在几十纳秒的时间内将放电电压迅速升至远远超过起晕电压而引发放电的一种放电形式。脉冲电晕放电最初是被用于静电除尘器中以优化电压和电流分布来提高除尘效率，与传统静电除尘相比较，使用脉冲放电可以大大减少除尘能耗。脉冲电晕放电法能提高能量效率的原因是产生了更多的高能电子，这些高能电子能使更多的空气分子发生电离或者离解。这是因为产生脉冲电晕放电的脉冲电压波形的上升沿只有约 10～30ns 的宽度，而整个电压脉冲的宽度也只有 100ns 左右。在这样的电压脉冲下产生的脉冲电场只能使质量小得多的电子被加速，而质量大得多的离子可认为并不受脉冲电场的影响，因此绝大部分电场能量都被传递给了电子，却没有传递给离子。也就是说，理论上脉冲电晕放电只提高了电子温度，却并没有提高离子温度，而废气处理需要的就是高能电子，所以利用脉冲电晕放电法处理废气会取得更高的能量效率。

脉冲电源是产生脉冲电晕放电的关键之一，要求脉冲电源输出的电压波形具有前沿陡峭、脉宽窄的特点，图 19.2 为产生脉冲高压的典型的电路原理图。

脉冲电晕发生器首先是由直流高压电源通过充电电阻 R_p 给储能电容 C_p 充电到足够高的电压。此时若火花开关被击穿，高压瞬间被加到放电反应器的放电电极上，引发电晕放电。火花开关导通后开关两端的电势差消失，开关内火花放电熄灭，开关断开。火花开关断开后，反应器两电极间电势差随着电晕放电而迅速降低。该电晕放电过程中脉冲高压上升沿约在 10～30ns 范围内，脉冲电压的持续时间约在 100ns 的量级。

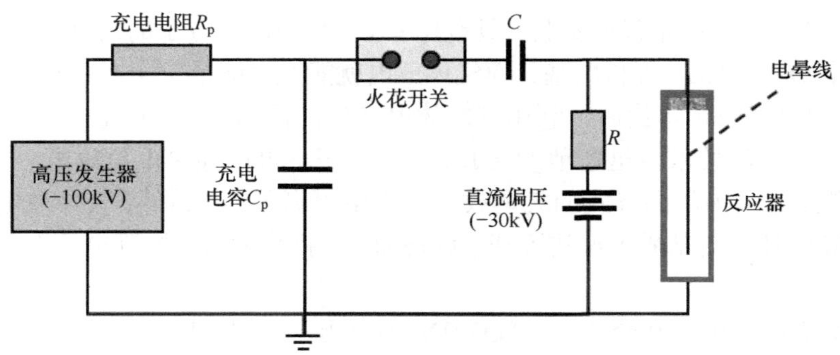

图 19.2　典型的产生脉冲高压的电路原理图

为了有效提高脉冲电晕放电的峰值电压以获得更大的注入功率，可在反应器放电电极上叠加一个直流偏压，其大小略低于反应器的起晕电压。图 19.2 中与直流偏压电源串联的电阻 R 起着通直流隔交流目的，而与火花开关串联的电容 C 起着隔直流通交流的作用，这样脉冲高压和直流偏压可以互不干扰地同时被耦合到反应器的高压电极上。通过这种方式可以有效提高脉冲电晕放电的峰值电压，以获得更大的放电注入功率。图 19.3 是典型的利用图 19.2 所示的脉冲发生器得到的脉冲电晕放电的电压波形，图中给出了直流偏压 V_{DC} 为 0V 和 25kV 时的放电电压波形。可以看出，要达到约 80kV 的脉冲峰值电压，如果叠加 25kV 的直流偏压，脉冲电源只需要输出脉冲峰值为 55kV 的电压脉冲，而当 $V_{DC}=0$ 时则要求脉冲电源直接输出脉冲峰值为 80kV 的电压信号。因此在脉冲电源输出脉冲电压不变的情况下，通过叠加直流偏压可以有效提高脉冲峰值电压，实现更多的能量注入。另外，叠加直流偏压还可以有效降低对脉冲电源输出峰值电压高低的要求，降低技术难度，节省脉冲电源的设备成本。另外从图中的脉冲电压波形可以看出，电压脉冲的上升沿约在 30ns 以内，脉冲放电的持续时间也只有 100ns 左右。通过这样的脉冲电晕放电可以将更多的能量注入给电子，而不是离子，从而提高废气处理的能量利用率。

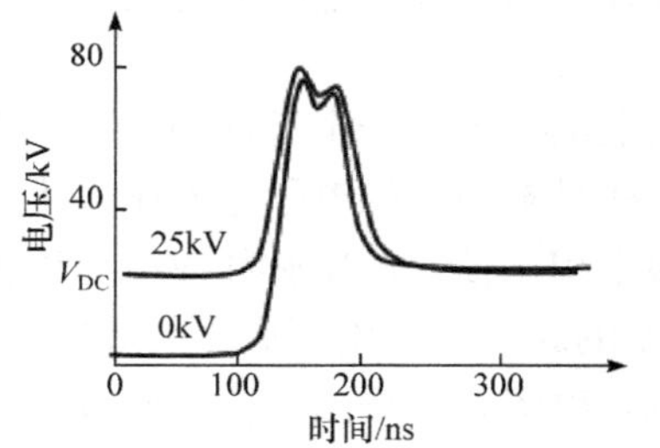

图 19.3　典型的脉冲电晕放电的电压波形

脉冲电压上升沿的时间是衡量脉冲电源性能的重要指标。脉冲电压上升沿时间越短，就越容易获得更高的峰值放电电压，从而提高电晕放电的注入功率及废气脱除的能量效率。脉冲电压上升沿时间的长短与脉冲发生器回路的分布电容和分布电感有关。另外，产生脉冲的开关器件也是决定脉冲电压上升沿时间长短的关键器件，开关器件按照工作原理可分为机械式和电子式两类，按照触发方式又可分为自触发和控制触发两种。图 19.2 中所用的火花开关是一种机械式开关，它由间隔一定距离的两个金属电极组成，开关腔室内可充满空气也可以充满某种特殊气体，开关可以工作在低压下，也可以工作在常压和高压下。当两电极间的电压超过击穿电压时，两电极间产生火花放电，开关被接通。火花开关的工作参数，如电极间距、工作气氛、气压等，都会影响到开关的导通时间和传输的脉冲电压信号上升沿的时间长短。另外，脉冲放电的重复频率由火花开关的导通频率来控制，一般为 100～500Hz。

脉冲电晕放电中的放电模式通常为流光模式，电离区分布在整个间隙中。因此，放电反应器两电极间的距离一般设置在 10cm 左右或更多，这对于大规模应用和减少压降十分有利。因为正电晕的流光传播比负电晕的流光传播更突出和迅速，所以通常采用的是脉冲正电晕放电。另外，脉冲上升时间、脉冲峰值电压和脉冲频率等放电参数的选取对废气处理效果也有较大影响。

脉冲电晕放电法不仅能同时脱除烟气中的 SO_2 和 NO_x，也可用于除尘，其具有设备简单、投资少、不产生二次污染等优点，在废气处理方面具有较好的应用前景。但制造稳定可靠的大功率高压脉冲电源以提高能量效率是该方法推广面临的主要难题。

3. 介质阻挡放电法脱硫脱硝

由于脉冲电晕放电的电场强度受到临界击穿电场强度的制约，存在气体电离较弱、电场分布不均、活化体积较小等缺点。而与之相比较，介质阻挡放电中的绝缘介质能有效避免高电压时产生火花放电，因此通过介质阻挡放电可以获得更高能量和密度的等离子体。DBD 法已被广泛应用于臭氧合成、杀菌消毒、废气处理和废水处理等领域。许多实验已经表明，利用 DBD 进行脱硫脱硝已经可以得到 90%左右的脱除率(Obradović et al.，2011)。

DBD 技术最显著特征是放电通常由无数个微小的放电通道组成。典型的阻挡介质材料有石英玻璃、耐热玻璃、陶瓷、聚四氟乙烯等，其厚度约为几微米至几毫米，电极结构包括平板、筒形等。DBD 电极间距通常较小，因此存在烟气处理量小、放电气隙易堵塞等缺点，其大规模的工业应用仍然存在问题。

19.1.2　低温等离子体净化有机废气

传统的有机废气治理技术分为物理方法和化学方法两大类。物理方法主要通过冷凝、吸收、吸附、分离等方法来回收有价值的挥发性有机化合物(VOC)；化学方法则是利用热氧化、催化氧化、光催化等技术来分解去除无实用价值的或有毒性的 VOC，使之转化为无害的成分。

与传统治理方法相比较，低温等离子体法具有脱除率高、有害产物少(主要产

物是 CO_2 和 H_2O 等)、处理浓度范围大、成本低及操作简单等特点。利用低温等离子体可以处理包括脂肪族烃、氯氟烃、甲基腈、碳酰氯、甲醛、有机磷化合物等有机排放物，其基本原理是利用气体放电首先产生高能电子，这些高能电子与气体分子发生碰撞并使气体分子离解、激发或电离，产生激发态的粒子、活性自由基及离子等活性物质，这些活性物质可以与污染物分子发生氧化、还原反应使其被分解掉。20 世纪 80 年代后，低温等离子体技术用于处理 VOC 废气的技术迅速发展起来。不同形式的等离子体发生技术，如电子束、辉光放电、电晕放电、介质阻挡放电、射频放电、微波放电、滑动弧放电等，都被用于 VOC 废气处理领域。

1. 电子束法净化 VOC

电子束污染处理工艺最早是用于烟气脱硫脱硝，其原理和方法在前面无机废气处理中已作过介绍。电子束法也能用于有机废气的处理，利用它可以高效地去除氯烃、氟氯烃等有机污染物(Penetrante et al., 1996)。

电子束法净化 VOC 的机理是利用直流高压电源和电子加速器产生能量近 1MeV 的高能电子束。高能电子一方面可使烟气的主要成分 N_2、O_2、CO_2 和 H_2O 等电离或激发生成 HO· 和 O^{2-}等高活性、强氧化性的活性粒子和二级电子；另一方面也可直接与 VOC 分子发生碰撞，并激发 VOC 分子使原子间键发生断裂，形成碎片基团、各种副产物及气溶胶。电子束照射产生的活性物质可与有机物分子和碎片基团发生一系列氧化反应，最终把有机化合物氧化降解成 CO_2 和 H_2O。另外，还可利用催化剂对剩余的 VOC 及各种副产物进行进一步的降解。

虽然电子束法由于能耗高、能效低、副产物多等缺点并没有得到广泛的应用，但正是因为电子束法首先被用于废气处理，才推动了低温等离子体废气处理技术的迅速发展。

2. 介质阻挡放电法脱除 VOC

DBD 是处理废气常用的一种放电方式，由于其具有电子密度高和可在常压下运行的特点，所以具有大规模工业应用的可能性。DBD 能产生大量高能电子、自由基及激发态粒子等不同成分，这些成分具很强的反应活性，可使 VOC 被降解掉：一方面，有机分子可与高能电子发生碰撞，并被激发或离解形成相应的基团或短碳链的自由基碎片，VOC 分子的激发、解离取决于碰撞电子的能量及分子内化学键键能的大小；另一方面，等离子体环境中的活性成分，如 O·、HO· 等自由基可与有机分子、基团及短碳链的自由基碎片发生一系列的反应，使其氧化成 CO_2、CO 和 H_2O 等(Mok et al.，2002)。

常用的 PDP 反应器结构有线-筒型、筒-筒型及板-板型，另外经常还通过填入催化剂协同处理 VOC，其能耗与单独使用催化剂进行处理相比较得到大大减少。

催化剂的作用是使有机气体净化过程由气相反应转变为异相反应，这样可大大提高净化效率。下面就以 DBD 协同 Ag/TiO_2 催化降解甲苯为例，来介绍 DBD 降解 VOC 的过程及机理。图 19.4 为 DBD 协同 Ag/TiO_2 催化降解甲苯的填充型反应器。

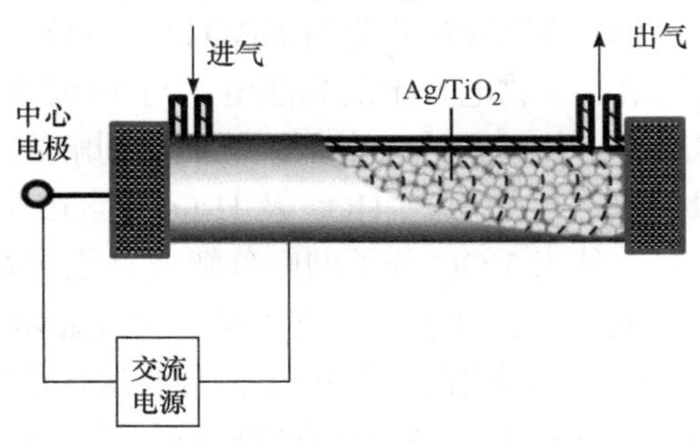

图 19.4　DBD 协同 Ag/TiO_2 催化处理 VOC 的填充型反应器

首先通过 DBD 产生的高能电子可与气体分子发生碰撞，产生 H·、O·及 HO·等自由基及强氧化剂 O_3，这些活性物质可将甲苯降解生成各种中间产物并形成气溶胶，气溶胶也可被吸附在催化剂颗粒的表面，在电晕放电和催化剂的作用继续被氧化降解。DBD 法降解甲苯过程中，高能电子和活性自由基都起着重要的作用：由于甲苯中不同位置的 C—H 键能和 C—C 键能在 3.7～5.5eV 之间，而 DBD 中产生的高能电子的能量范围通常为 1～10eV，所以当能量高于 C—H 和 C—C 键能的高能电子与甲苯发生碰撞，甲苯中的 C—H 键和 C—C 键就可能被破坏；甲苯的甲基基团在高能电子作用下首先被氢取代，生成甲苯自由基和甲基自由基；甲苯自由基可进一步与活性自由基 O·、HO·及 NO_2 等活性物质发生反应生成苯甲醛、苯甲酸、硝基苯及苯酚等中间产物；这些芳香类中间产物不断与高能电子发生碰撞，使芳香环发生破裂，甲基自由基也可与这些活性自由基反应生成甲酸等；这些断裂的短碳链及中间产物进一步与高能电子和活性粒子发生反应，最终被氧化成 CO_2 和 H_2O；甲苯也可与 O·和 HO·等活性自由基直接发生反应先后生成苯甲醛、苯甲酸等中间物质；这些中间物质继续与 O·、HO·等自由基发生反应，导致芳香环被裂解；芳香环开环后生成小分子的化合物，如甲酸、乙酸和 CO；这些小分子化合物继续与 O·、HO·等自由基发生反应最终被转化为 CO_2 和 H_2O 等无害成分。

另外，苯、苯乙烯、邻二甲苯和对二甲苯的降解机理大致与甲苯相似，既包括通过与电子的直接碰撞被降解，也包括通过与 O·、HO·和 N·等活性自由基的化学反应被降解。

3. 电晕放电法脱除 VOC

电晕放电技术也被用于有机及恶臭废气的处理领域(Yamamoto et al., 1992)，可根据电晕产生的方式分为直流电晕和脉冲电晕两种方法。直流电晕法在技术上更为简单，脉冲电晕放电法则能产生更多的高能电子。产生电晕放电的反应器通常采用针-板式和线-筒式两种。

电晕放电法降解 VOC 的机理被认为与 DBD 降解 VOC 的机理相似，也是通过两种途径：一种是利用电晕放电产生的高能电子与 VOC 分子间的碰撞使 C—H 键或 C—C 键激发解离为小的基团或自由基，从而达到解离大 VOC 分子的目的；另一种则是利用电晕放电产生的 O·、HO·及 H_2O_2 等自由基与 VOC 分子或基团间发生的氧化反应，最终使大 VOC 分子彻底分解或氧化成 CO_2 和 H_2O 等无害物质。对于第一种途径，能否获得高能电子是关键，研究显示，脉冲电晕放电可产生大量能量位于 5～20eV 范围内的高能电子，具有这样能量的高能电子能破坏 VOC 分子中的 C—H 和 C—C 键，最终达到降解的目的。利用脉冲电晕放电能降解大部分中低碳含量的 VOC。另外也可以通过与催化剂协同来降解 VOC，一方面等离子体中的活性粒子可直接作用于催化剂活性中心，激活催化剂参与反应，降低催化反应所需温度；另一方面，脉冲电晕放电也可使反应物分子获得能量，有利于其在催化剂活性中心发生化学吸附并发生催化反应。

19.2 等离子体技术废水处理技术

低温等离子体放电过程产生的自由基及活性成分(如 HO·、O·、O_3、H_2O_2 等)具有很强的氧化降解能力，它们可以与废水中有毒有害的有机污染物分子反应，使之开环或断键，并最终降解为小分子有机成分和 CO_2、H_2O 等无机成分。另外放电产生的紫外线也有促进废水成分分解的作用。因此，低温等离子体技术常被用于处理组分复杂且难降解的有机废水，如纺织印染废水、垃圾渗滤液、生物医药废水、煤焦化废水等。低温等离子体技术处理废水具有处理效率高、适用范围广、无二次污染等优点。许多实验表明，利用脉冲电晕放电或者微波放电等可非常有效地对含有苯酚、亚甲基蓝或偏二甲肼的废水进行处理(Magureanu et al.，2013)。

19.2.1 等离子体废水处理的基本原理

1. 废水处理的放电反应器

用于废水处理的放电反应器可分为三种类型：气相放电式、液相放电式和气液混合放电式，其结构如图 19.5 所示。

气相放电式反应器如图 19.5(a)所示，放电完全是在气相中发生，放电产生的活性自由基通过鼓泡等手段注入液相，活性成分从气相到液相的传质过程的快慢决定了降解效率的高低。由于很多活性自由基寿命较短，所以降解过程几乎只能

利用到放电产生的 O_3。

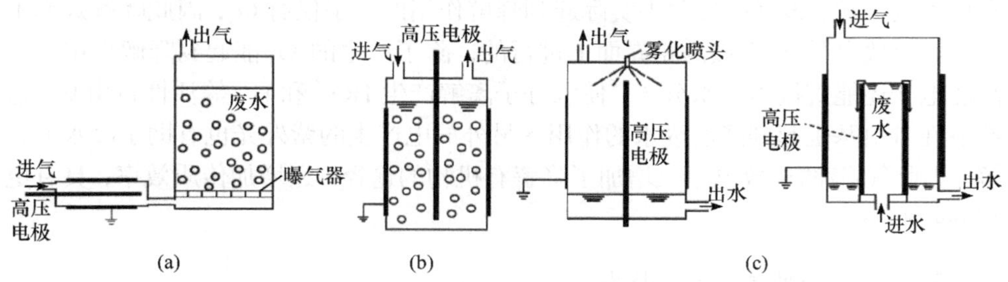

图 19.5　等离子体废水处理的放电反应器

(a) 气相放电式；(b) 液相放电式；(c) 气液混合放电式

液相放电式反应器如图 19.5(b)所示，高压电极被直接置于液相中并加上高压引发放电，放电的同时气体通过鼓泡手段进入废水溶液，放电发生在进入溶液内部的气泡中。由于放电主要发生在气泡中，等离子体通过气-液界面直接作用于废水，提高了传质效率。与气相放电式相比较，电极需要加上更高的电压，放电的稳定性较差，能耗也较高。

气液混合放电式反应器如图 19.5(c)所示，放电发生在气-液界面上，如液膜表面或液体喷雾中。这种方法相比于直接液相放电有更大的气液接触面积，有效减小了液相传质阻力，使得等离子体活性成分更易进入液相，可以获得较高的降解率，其能耗也相对更低。

2. 等离子体废水处理的基本原理

对于不同形式的放电反应器，低温等离子体降解废水的机理也不同。低温等离子体降解废水的基本原理如图 19.6 所示。

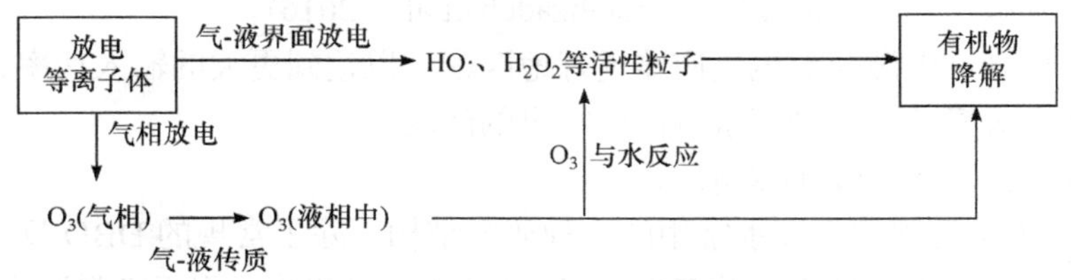

图 19.6　低温等离子体降解废水的基本原理图

利用放电等离子体降解有机废水有两种途径：一种是利用放电产生的 O_3 来降解有机废水；另一种是利用高能电子和水分子相互作用产生的 HO· 和 H_2O_2 等活性自由基来降解有机废水。如果放电仅在气相中发生，虽然能产生很多活性自由基，但气液传质过程的时间大于多数活性自由基的寿命，因此能起降解有机废水作用的主要是放电产生的 O_3。传质到水中的 O_3 一部分可直接与有机物发生反应使之降解，另一部分可与水分子发生反应生成 HO·、H_2O_2 等活性成分，再使有机物被降解。该降解过程中实际起到降解作用的几乎仅有 O_3，因此降解效率不高。如果放电是在气-液两相界面上进行的，除了产生的 O_3 能起到降解作用外，高能电子还能直接轰击水分子，使水分子离解产生 HO· 和 H· 等活性自由基，这些活性自由基也起到降解废水的作用。另外放电产生的紫外光也有助于废水的降解，因此气-液两相放电不仅增加了降解有机物的途径，还增加传质效率，具有更高的降解率。

3. 废水处理的等离子体技术

由于电晕放电和介质阻挡放电更容易在较高气压下产生，所以这两种形式的放电更多地被用于废水处理中。

1) 电晕放电降解废水

电晕放电中能量主要用于加速电子，可以产生大量的高能电子，有利于废水的降解，因此其能量利用率较高。例如，图 19.7 所示的针-板式脉冲液相放电反应器首先被用于染料废水的处理(Sahni et al.，2006)。利用这样的液相放电反应器，可以使寿命较短的自由基及过氧化氢在液相中生成并直接与液相中的有机废弃物发生反应。另外放电产生的臭氧等活性组分也能扩散到液相中，进一步降解有机污染物。

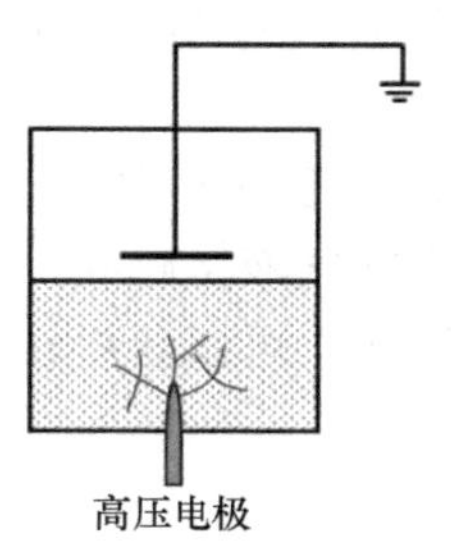

图 19.7　针-板式脉冲液相放电反应器

电晕放电对印染废水的处理具有非常好的效果，通过多针-板或线-板式放电系统可有效提高等离子体的注入功率，使印染废水的降解率达到 90%以上(Koutahzadeh et al.，2016)。

如何使脉冲电源与放电反应器更好地匹配，以达到更大的输入功率，是利用这种方法大规模处理印染废水时需要解决的问题。

2) 介质阻挡放电处理废水

DBD 也是处理印染废水常用的一种放电结构。除了常规的 DBD 反应器外，各种新型结构或者处理工艺的 DBD 反应器还被设计出来，用于染料废水的处理。例如，可以利用多级 DBD 反应器及不同的载气，使废水与不同的活性物质进行反应，以提高脱除率；或者通过设计新型降膜介质结合催化以提高染料废水的降解率(Aziz et al.，2017)，印染废水的降解率均可达 90%以上。相比于其他等离子体放电处理技术，DBD 最明显的优势是放电稳定，易于放大。

3) 低温等离子体耦合其他废水处理技术

单独利用等离子体技术处理废水仍然存在活性成分利用率较低、处理能耗较高以及处理不够彻底等问题。而与其他传统的废水处理技术，如吸附、催化、氧化等相结合，可以得到更好的废水处理效果。

(1) 等离子体耦合吸附剂。

以活性炭、石墨烯等为主的碳质材料具有非常大的比表面积和孔隙结构，因此具有优异的吸附性能及催化活性，被广泛用作去除废水中的有机物、重金属等污染物的吸附材料。如将活性炭与等离子体技术相协同，就可同时利用活性炭的吸附与催化性能，有效协同等离子体中的氧化性物质催化氧化污染物。活性炭表面能催化溶液中的 O_3 和 H_2O_2 生成 HO· 自由基，并能通过降解吸附的有机物使活性炭得到再生，因此活性炭的加入能有效提高体系中的 HO· 和 O· 等自由基的浓度，提高有机物的脱除率。另外，活性炭还可作为金属催化剂的良好载体。

(2) 等离子体协同催化剂。

等离子体技术也可与催化氧化水处理技术相协同，如向等离子体水处理体系中添加均相或非均相催化剂。气体放电产生的臭氧、过氧化氢等活性成分或紫外光可与催化剂相互作用，通过链式反应生成活性自由基，促进废水中有机物的降解。这样既提高有机物的去除效率，也提高等离子体的能量效率。为了克服纳米光催化剂在溶液中的流失或者团聚，可将纳米催化剂粒子负载到活性炭或石墨烯等载体上，或者沉积到反应器内壁表面上。目前用于等离子催化氧化的固态催化剂主要有以活性炭为主的碳类催化剂、以二氧化钛为主的光催化剂，以及负载在载体上的金属或者金属氧化物催化剂等。

例如，TiO_2 就是一种常用的光催化剂。根据价带导带理论，TiO_2 的价电子可吸收一定能量的光子(波长<385nm)跃迁到价带上，形成光生电子-空穴对。这些转移到催化剂表面的电子-空穴对既可以与有机物发生氧化还原反应，直接使有机物被降解掉；也可以与水反应生成活性自由基，活性自由基再与有机物反应使其被降解掉(Berardinelli et al.，2021)。

等离子体在协同降解有机物的过程中也起到非常大的作用：一方面等离子体产生大量活性自由基，如 HO_2·、HO·、O_3 和 H_2O_2 等，有助于废水的降解，例如，印染废水的降解途径主要包括对偶氮结构的破坏、开环反应、羟基化、羧基化和矿化反应等；另一方面，放电过程产生的强电场可以有效阻止光催化剂 TiO_2 中产生的电子与空穴的再复合，同时放电也可以起到清洁 TiO_2 表面的作用，有助于催化剂的再生。催化剂载体可以吸附更多的污染物，这也大大提高了等离子体活性成分的利用率。因此等离子体技术与光催化剂相结合处理废水，可以大大提高废水中有机物的降解率，且注入能量越大，协同效应越好(Bubnov et al.，2007)。

(3) 等离子体协同氧化剂。

等离子体技术也可与不同的氧化剂技术相结合来处理染料废水。常用的氧化剂有 O_3、过硫酸盐和过碳酸盐等。O_3 本身就是一种强氧化剂，过硫酸盐和过碳酸盐等则可以提供对降解染料分子有作用的硫酸根自由基、碳酸根自由基等活性自由基，通过与这些氧化剂的协同，可以大大提高染料废水的降解率。

等离子体协同 O_3 的水处理技术中所用的 O_3 既可以来源于处理废水的等离子体，也可以通过其他方式产生后再注入到废水处理系统。臭氧不仅可以直接参与分解有机物的反应，也可引发紫外-臭氧、臭氧-过氧化氢等多种高级氧化，提高等离子体水处理的能量利用效率。

(4) 等离子体耦合其他废水处理技术。

同样，等离子体技术还可以和传统的废水处理技术相结合，以提高废水中有害物质的降解率。处理印染废水的芬顿法、生化法及生物法都可与低温等离子体技术相协同。

以芬顿法为例，芬顿氧化技术是一种常用水处理氧化技术，它是在酸性的条件下通过 H_2O_2 与 Fe^{2+} 的反应生成 HO · 自由基，从而实现对有机物的降解。而在气液两相低温等离子体放电环境中，H_2O_2 的寿命较长，与加入的 Fe^{2+} 相协同就为芬顿反应提供了良好的条件。气体放电产生的紫外光也可促进 Fe^{3+} 还原生成 Fe^{2+}。另外诸如铜、钴、镍等过渡金属离子也可在一定条件下产生类芬顿反应(Ren et al., 2018)。

19.2.2 等离子体技术处理废水的应用

1. 等离子体制药废水处理

制药废水中有机污染物种类繁多，成分复杂，且不易降解，可长时间存留于环境中，对人体健康造成危害。以抗生素废水为例，抗生素为发酵类药物，企业制药废水是抗生素废水的最大来源，它具有化学需氧量(COD)高、微生物悬浮物浓度高、成分复杂、生物毒性高、可生化性差等特点，属于难降解工业废水，利用传统的生化、物化处理方法处理很难达到环境要求。抗生素废水的处理方法可分为物理法、氧化法和生物法三大类，而其中与等离子体处理技术相协同的氧化法包括臭氧氧化法及光催化氧化法。

臭氧氧化抗生素废水的机制分为臭氧直接氧化和自由基间接氧化。臭氧直接氧化是利用 O_3 通过选择性攻击抗生素的芳香环、双键和非质子化胺而使其降解，具体途径可分为羟基化、去甲基化、羰基化和亚甲基裂解，其中羟基化是最主要的途径；自由基间接氧化则是通过 O_3 自身分解产生的自由基与抗生素的反应，形成羟基取代产物并引发自由基链反应分解抗生素。臭氧氧化法在 β-内酰胺类抗生素废水、磺胺类抗生素废水、四环素类抗生素废水处理中的降解效果极为明显。但是单独使用臭氧处理制药废水，存在 O_3 利用率低及处理效果差等问题。为了提高臭氧的处理效率，可通过 O_3 与 UV 或 H_2O_2 的协同来提高处理废水的氧化速率和效率。

等离子体放电正好是提供 O_3 与 UV 或 H_2O_2 协同作用的有效手段，利用等离子体放电不仅能产生臭氧，还能产生 H_2O_2、HO · 、O · 等活性粒子，同时还能辐射紫外线，因此等离子体法集 O_3 氧化、紫外光解、热解、自由基氧化等优点于一身，可用于制药废水的降解。另外，通过与其他常用废水处理技术，如芬顿法、光催化氧化法等相协同，也可取得更好的降解率。实验表明，利用 DBD 法降解磺胺类抗生素废水，在氧气放电条件下，三种磺胺类抗生素的降解率达到 100%(Kim et al., 2015)；利用电晕放电等离子体协同纳米 TiO_2 法降解模拟四环素废水，取得了较高的降解率和总有机碳(TOC)去除率(He et al., 2014)。

低温等离子体法降解抗生素废水具有反应速度快、污染物降解彻底、不产生二次污染、适用范围广等优点，因此具有非常好的发展前景，但能耗较高仍是现阶段存在的问题。

2. 等离子体印染废水处理

印染废水具有浓度高、色度高、pH 高、难降解等特点，传统的处理方法(如吸附法、生物法等)存在二次污染、污泥处理成本高、处理效果不佳等问题，而等离子体技术与传统处理技术相协同是印染废水处理领域非常具有发展前景的技术。

利用液相放电反应器，既可以在液相中生成寿命较短的自由基，使其直接与有机污染物发生反应，又可通过放电产生的臭氧进一步降解有机污染物。通过多针-板或线-板式放电系统可有效提高等离子体的注入功率，使印染废水的降解率达到 90%以上。另外，等离子体技术与吸附剂、氧化剂、催化剂协同，已经在不同染料废水的处理中取得了非常好的降解率。

3. 等离子体垃圾渗滤液处理

垃圾渗滤液是在垃圾长时间填埋过程中，由于雨水淋洗浸泡及发酵过程中产生的一种高浓度有机废水，其可生化性低，所含 COD、生化需氧量(BOD)和氨氮的浓度高，是废水处理领域的一个难题。目前国内外垃圾渗滤液的主要处理方法有物化法、生化法及其组合方法。近年来发展起来的高级氧化技术可用于垃圾渗滤液的预处理，以提高垃圾渗滤液中难降解物质的可生化性。高级氧化法的机理是利用电、光、催化剂、氧化剂及其协同效应，产生活性极强的自由基(如 HO ·)，再通过自由基与废水成分之间的加和、取代、电子转移、断键等反应，使难降解的有机物被氧化降解为小分子物质，或被直接降解为 CO_2 和 H_2O 而被矿化(Wiszniowski et al., 2006)。低温等离子体技术是实现高级氧化技术的重要途径之一。

放电等离子体能产生大量自由基，并辐射紫外线，当其用于垃圾渗滤液处理时，可以有效提高垃圾渗滤液的可生化性，脱除氨氮，但存在有机物的降解效率低、能耗高、运行费用高等缺点。

等离子体技术除了可以用于以上废水处理以外，还可以有效用于苯酚、农药等废水的处理。

19.3　等离子体固体废弃物处理技术

等离子体处理废弃物最初是用于军队处理低水平辐射废弃物、销毁化学武器等方面。随着等离子体发生技术的不断发展和能耗的降低，等离子体固体废弃物处理技术在工业和民用方面的应用也逐渐增多，其已经用于处理城市垃圾、废弃生物质、医疗废弃物、电子垃圾等固体废弃物(杜长明，2017)。用于固体废弃物处理领域的等离子体主要包括交流/直流等离子体、射频等离子体、微波等离子体，以及一些混合多级的等离子体炬。

19.3.1　等离子体固体废弃物处理机理

与等离子体废气和废水处理技术不同，在固体废弃物的处理技术中，除了利用低温等离子体提供的活性成分外，更多地利用了等离子体的热效应。按照利用热效应的不同方式，等离子体固体废弃物处理技术又可分为等离子体热解、等离子体气化、等离子体熔融，以及它们的组合形式处理等方式。

1. 等离子体热解

等离子体热解是指在没有氧化反应发生的情况下，通过等离子体热效应使固体废弃物中易分解的物质发生热解断裂生成小分子化合物。由于没有发生氧化反应，产生放电等离子体所使用的载气通常为氮气或惰性气体，如氩气等。等离子体热解适用于处理有机固体废弃物(如废塑料等)。

2. 等离子体气化

等离子体气化是指在有氧条件下(氧过量、缺氧或者化学计量的氧含量)，利用等离子体处理有机物含量较高的固体废弃物，使废弃物中有机成分被不完全氧化产生可燃性气体，通常是氢气和一氧化碳的混合气。这里，产生放电等离子体所使用的载气通常为氧化性气体，如空气、氧气或水蒸气等。等离子体气化适用于处理生物质垃圾。

3. 等离子体熔融

等离子体熔融是指利用等离子体产生的高温使无机材料发生熔融，并通过压实生成玻璃化物质，使有害金属被封闭在玻璃化固体中。等离子体熔融适用于处理无机废弃物。

4. 等离子体热解、气化和熔融的组合

在处理一些混合类型的废弃物(既含有有机成分，又含有无机成分)时，也可以通过等离子体热解与气化，或等离子体气化和熔融的组合来产生等离子体热解/气化或热解/熔融等综合效应。通过相应的组合方式可以使固体废弃物中的大部分有机质变为气体物质，而不能气化和裂解的物质熔融为高密度的玻璃化物质，从而达到消除固体废弃物的目的。

利用等离子体热解/气化处理固体废弃物的过程主要包括以下变化。

(1) 快速加热：原料与等离子体射流发生热交换而被快速加热；

(2) 裂解反应：原料中的有机成分发生裂解；

(3) 均相气化反应：裂解物质发生快速的均相气化反应，并伴随着快速传质和传热；

(4) 形成最终产物：焦炭和有机物裂解的中间产物进一步气化，释放各种小分子气体产物和固体残渣。

与传统的固体废弃物处理技术相比较，等离子体固体废弃物处理技术具有以下优点：等离子体技术具有非常高的能量密度和温度，反应速度也很快，因此使处理反应器小型化成为可能；等离子体技术可以快速启动和关闭，并且能很快达到稳态运行；等离子体技术可降低气流的需要量，产生废气也相对较少。但等离子体固体废弃物处理技术也有能耗大、过程控制复杂、投资成本高等缺点。

19.3.2　处理固体废弃物的等离子体发生器

在等离子体废弃物处理技术中，要使固体废弃物裂解、气化或熔融所需的高温一般是通过电弧炬来得到。电弧炬可通过射频感应等离子体炬、微波等离子体炬、直流/交流电弧等离子体炬等方式得到。

1. 射频感应等离子体炬

射频感应等离子体炬主要由感应主体、石英管、进气通道和水冷部分组成，射频等离子体可通过电感耦合或者电容耦合的方式得到。电感耦合射频感应等离子体炬的结构如图 19.8 所示。等离子体炬工作时首先给感应线圈通射频电流，通过电磁感应可在等离子体炬的腔体中产生高频电场，从而使气体电离产生等离子体。射频放电产生的等离子体再被载气吹出腔体形成等离子体射流。射频等离子体射流的温度在

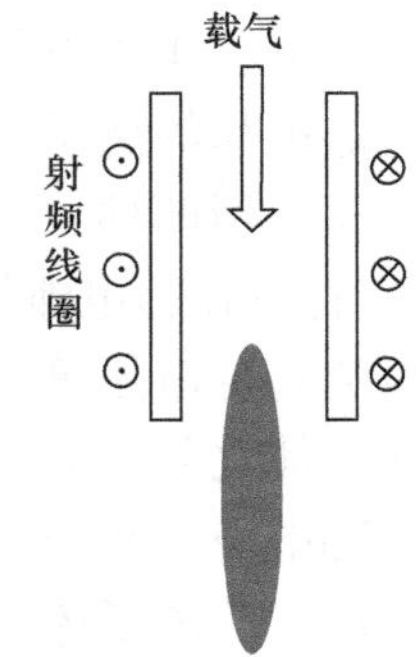

图 19.8　电感耦合射频感应等离子体炬结构图

3000～8000K 之间，放电功率可达到 10MW。

等离子体射流一方面可与固体废弃物发生碰撞，使之发生裂解、重整等化学变化；另一方面也可使固体废物在等离子体射流产生的高温下发生化学反应，最终使固体废弃物中的有机物分解为合成气，无机物被固化成稳定的玻璃化物质。射频感应等离子体炬一般用于处理危险废弃物和生物质废弃物。

由于射频线圈在废弃物处理反应器之外，不存在电极腐蚀问题，工作气氛也不受限制，工作气体可以是氮气、氯气、空气、氧气等。另外，射频感应等离子体还具有等离子体炬寿命长、温度均匀等优点，其缺点是起弧较为困难，电弧也较容易熄灭。

2. 微波等离子体炬

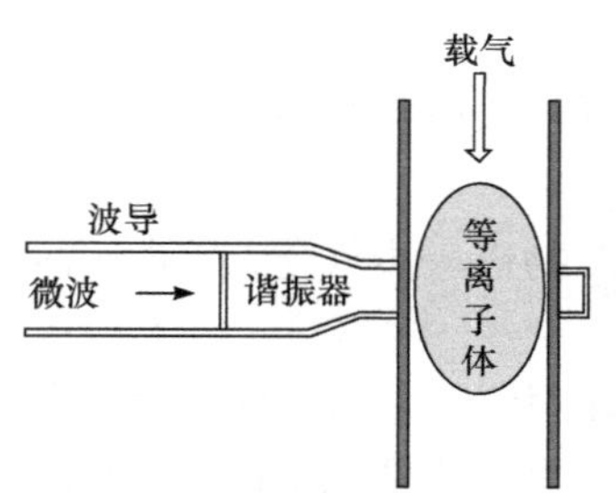

图 19.9　微波等离子体炬结构示意图

微波等离体炬的结构如图 19.9 所示，其由微波发生器(磁控管)、矩形波导组件(包括隔离器、定向耦合器和三相调谐器)和石英绝缘管组成。微波等离子体炬工作在更高的频率，典型频率为 2.45GHz。由于电极不在反应室内，也不存在电极腐蚀等问题。微波等离子体炬具有电离程度高、放电压力范围宽和能量转化效率高等特点，可用于热解/气化废轮胎、生物质、废塑料等。

3. 直流电弧等离子体炬

直流电弧等离子体是在两个电极之间施加直流高压，使气体发生电弧放电并产生明亮的火焰。可通过加大气流使直流电弧延伸到电极以外，形成等离子体射流。直流电弧等离子体具有能量密度高、中心温度高边缘温度低、起弧容易及稳定等优点。但由于电极处于废弃物处理反应器内而容易被腐蚀，电极寿命较短，电极一般需要用水进行冷却。

直流电弧等离子体发生器可以分为直流转移电弧等离子体炬和直流非转移电弧等离子体炬两种。

1) 直流转移电弧等离子体炬

直流转移电弧等离子体炬的结构如图 19.10 所示，它的阴极一般在炬体内，阳极在炬体之外。如果待处理的废弃物具有良好的导电性，固体废弃物本身也可充当外部电极。阴极和阳极间距离较大，等离子体炬以射流的方式从阴极延伸到阳极。由于等离子体射流在炬主体之外形成，通过反应器壁损耗的热较少，因此处理效率较高。直流转移等离子体炬具有易点火、装置体积小、热效率高和工作稳定等优点。

2) 直流非转移电弧等离子体炬

直流非转移电弧等离子体炬的结构如图 19.11 所示，尖端阴极与其周围的环形阳极共轴放置。当在两个电极上加上足够高的电压时，阴极和阳极间发生高能量密度的弧光放电，电弧在气流作用下形成射流。射流与固体废弃物发生反应，使废弃物组成发生裂解而被转化为小分子气体和固体残渣。

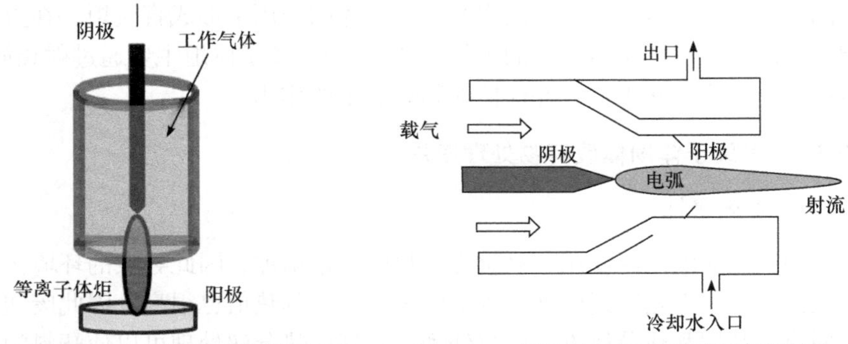

图 19.10　直流转移电弧等离子体炬结构示意图

图 19.11　直流非转移电弧等离子体炬结构示意图

由于弧光放电温度极高，可达 10000K 以上，工作气体通常为氮气、空气、氯气、水蒸气及其混合物等，电极材料通常用石墨、钨、钢等材料制成，放电过程中采用水冷却来保护反应器。直流非转移电弧过程中会发生溅射，引起反应产物污染。电极由于处于放电环境中而易被腐蚀，寿命较短。

4. 大功率交流电弧等离子体炬

在电极两端施加交变高压时，也可在高压电极最小间距处形成弧光放电。电弧放电在工作气流作用下形成等离子体射流。与产生直流等离子体炬的电源相比较，产生交流等离子体炬的电源更为简单，工作也更可靠，能量转换效率也较高(70%～90%)。

5. 小功率非热电弧等离子体炬

滑动弧光放电是一种非热电弧，它是在高速气流中的两个或更多电极间产生。弧光放电首先在电极间距最小处发生，然后在气流推动下沿着电极滑行直至最后断裂。只要电压足够高，新的滑动弧光放电会在电极间循环往复地产生。滑动弧可由交流或直流电压驱动，常用于废食用油、大豆生物柴油等生物质的热解和气化以制取合成气。

6. 混合多级等离子体炬

实际中也将射频电弧和直流电弧相结合的混合多级等离子体炬用于固体废弃

物的处理。射频等离子体虽然具有等离子体体积大、无电极污染和损耗、适用于各种气体环境等优点，但是也存在点火困难、电弧容易熄灭的缺点；而直流电弧正好工作稳定，起弧容易。因此如果将两者的优点结合起来，采用直流射频混合的方式产生多级等离子体炬，就可克服单一等离子体炬的技术缺点。射频放电是由反应器外的感应线圈激发，直流电弧放电则是由位于反应器一端的直流放电电极间产生。直流电弧在注入的中心工作气体的作用下形成直流炬，在直流电极四周注入的保护气体是射频炬的工作气体。其中等离子体炬主要通过射频放电产生，直流炬起到为射频炬点火并保持射频炬稳定的作用。

19.3.3 等离子体固体废弃物处理应用

1. 热解塑料

塑料制品的广泛使用带来废弃塑料的大量增加，因此导致的环境污染被称为白色污染。塑料具有耐腐蚀、难降解等特点，其热值也很高，因此废塑料一般通过回收再利用和热分解方式进行处理。常规的热分解处理可以使塑料的高分子链发生断裂而分解成小分子化合物，但同时也容易产生二噁英和呋喃等有害物质，对人体健康和环境带来危害。等离子体热解废塑料，是在高温环境下，通过等离子体中的活性粒子与塑料分子发生碰撞，引发重整和裂解等一系列复杂的化学反应，使塑料大分子发生分解变为无毒无害的、更为稳定的、可回收利用的产物。

热解塑料的等离子体炬可以通过直流或交流放电、射频或微波放电激发产生。由于用于热解废塑料的等离子体炬工作温度极高，废塑料可在极短的时间内被热解掉，其反应机理主要包括消除和重整反应。例如，在氮气环境中聚丙烯被热解的反应为链式反应：聚丙烯首先通过与等离子体相互作用而断裂成不同长度的聚丙烯链自由基，这些聚丙烯链自由基继续在等离子体及高温作用下发生热解最终生成丙烯单体，最后丙烯单体在等离子体炬产生的高温下被热解成甲烷、氢气和乙炔等气体。

利用等离子体热解技术处理废塑料，可将其转化为合成气等可重新利用的气体，既达到减小废弃物体积的目的，又可以形成可回收利用的产物；等离子体反应器可以快速启动和关闭，成本更低；另外等离子体热解废塑料还克服了常规热解法热解不完全，热解产物种类复杂不易分离，还会产生呋喃等有害成分的缺点。等离子体处理技术克服常规的废塑料处理技术存在的缺点，虽然其还存在能耗较高的缺点，但仍具有较好的应用前景。

2. 农林生物质垃圾处理

农林生物质中含有纤维素、木质素及半纤维素等有机物，其热值较高，通过热解和气化可将生物质垃圾高效地转化为可利用的能源。传统热解工艺存在气体产量低、设备易被腐蚀及热解产物需要后处理等问题。等离子体热解可以迅速将温度加热到极高温度，因此可通过热解生成具有高热值、低焦油含量的气体，这种气体可通过进一步处理生成氢气。等离子体热解主要涉及在缺氧条件下对生物质进行裂解的消除和重整反应，以及在有氧条件下通过气化将有机物转化为包含 CO 和 H_2 的合成气体。

直流电弧、交流电弧、微波和射频电弧等离子体都可用于处理生物质垃圾，制取含氢的合成气体，它们也各具特点。直流电弧等离子体具有工作稳定、容易起弧、电弧中心温度高、边缘温度低等特点；而交流电弧等离子体具有能量转化效率高的特点；微波和射频电弧等离子体则具有电离程度高、能量密度大、工作压力范围宽及电极不会被腐蚀等特点。另外，多级电弧等离子体系统也常用于生物质垃圾的处理过程中。在等离子体热解农林生物质垃圾时，生物质中的纤维素首先在高温下被分解成活性中间产物，活性中间产物再进一步裂解生成焦油及轻质烃 C_nH_m 等多种有机小分子气体产物。焦油进一步裂解可生成炭黑，轻质烃 C_nH_m 通过蒸气重整反应和干式重整可生成 CO 和 H_2。另外，C、CO、CO_2 和水继续发生水汽反应和重整反应，最终生成 CO、H_2 和 CH_4 等合成气体。

3. 等离子体处理城市生活垃圾技术

现代城市生活垃圾占据了固体废物中的一大部分。城市生活垃圾成分复杂，根据标准可分为有机物、无机物、可回收物和其他垃圾四大类。对居民生活垃圾而言，有机物垃圾主要指厨余废弃物，无机物垃圾指回收利用价值较低又不会对自然环境造成危害的废弃物，可回收物是指可回收再生利用的材料，如纸类、塑料、玻璃、金属等。城市生活垃圾的危害主要有侵占土地、危及人体的健康及污染环境等。

目前，城市垃圾处理主要有填埋、堆肥和焚烧这三种方式。垃圾填埋具有技术成熟、处理费用低等优点，但却存在占用土地、残留细菌和病毒、潜在重金属污染及地下水污染等危害。焚烧则是将垃圾中的可燃物进行燃烧处理的过程，通过焚烧既可进行发电又可实现垃圾减量，但也易于带来环境污染，还会产生二噁英和呋喃等剧毒物质。垃圾堆肥是利用垃圾中的微生物将垃圾中的有机成分通过生化方式降解掉，但堆肥成本较高、肥效也较低。

等离子体技术处理生活垃圾，是利用等离子体炬产生的高温和活性物质将生活垃圾中的有机物完全气化生成合成气(CO 和 H_2)，无机物则转化成无害的玻璃体灰渣。等离子气化技术与垃圾焚烧的区别在于温度的不同，通过等离子炬(温度在 5000℃以上)提供的热能可使被处理垃圾的温度保持在 1500℃以上，而垃圾焚烧时温度最高只有 900℃左右。利用等离子体技术处理城市生活垃圾的过程主要包括垃圾的等离子体裂解、气化和熔融这三种效应。等离子体裂解是指在无氧条件下将垃圾分解为小分子物质；等离子体气化则是将垃圾中的有机成分在缺氧条件下转化为含有 CO、H_2、CH_4 的合成气；等离子体熔融则是将垃圾中的无机成分在高温条件下熔融后再冷却固化成玻璃化物质。

等离子体气化过程伴随着热分解反应、氧化反应和还原反应。干燥废弃物在高温下发生热分解反应释放出挥发性气体成分和焦油，并形成焦炭。焦炭既可被氧化，也可还原水蒸气，同时焦油在高温下也不断发生裂解。该过程中发生的反应与等离子体热解生物质垃圾中发生的反应相似。

有机物热分解后，还会与载气中的氧气、二氧化碳和水蒸气等氧化剂发生不完全氧化反应，生成主要成分是 H_2 和 CO 的合成气，这也称为气化反应。

4. 等离子体热解熔融电子废弃物

电子废弃物是各类电子电气产品，包括家用电器产品、计算机、电子电工及医疗电气设备及电子测量仪器等报废后的产物等。电子废弃物的种类繁多，其中的有毒有害物质可对生态环境造成污染，从而影响人类的生存与健康。例如，电子废弃物中含有各类重金属，如铅、汞、镉、镍等，这些重金属污染物可能通过各种方式进入人体并很难被生物代谢所分解，持久积累会对生物体带来严重危害。电子废弃物除了含有这些有毒有害重金属外，还含有大量具有回收利用价值的金、银、钯等多种贵金属以及铜等金属。所以电子废弃物的处理方法也与其他固体废物处理方法不同。电子废弃物在经过拆解、破碎、分选等机械处理后，一般再通过化学法、物理法或生物技术法进行处理。化学法是通过火法冶金和湿法冶金进行处理的，其应用较为普遍。火法冶金是指通过焚烧、高炉熔炼等火法处理手段使电子废弃物中的非金属物质在高温下熔融，使金属成分得到富集并进一步进行回收处理。此法易产生二噁英等有毒气体造成二次污染。湿法冶金是利用硝酸、硫酸、王水等溶液来溶解电子废弃物中的绝大多数金属，使之与不溶的有机成分分开，然后再进行回收。湿法冶金技术也存在化学试剂消耗量大，废水多，铅、汞、铬、镉等有害重金属回收效率不高等缺点。

等离子体热解熔融电子废弃物的原理是在无氧或者缺氧环境下，利用高温及活性自由基使电子废弃物中的有机成分发生裂解，有机可燃的成分经裂解气化后被转化为合成气 CO 和 H_2，合成气可被再回收利用；不可燃的无机成分经等离子体高温处理后变成无害渣体，无害渣体经处理转化成建筑材料及玻璃状熔化物，而其中的重金属则需经过后续工艺进行处理。与火法冶金方式相区别，等离子体热解技术并非燃烧技术，它是在无氧或缺氧环境下的高温处理过程，因此产生的气体量很少，主要是有机物裂解产生的富氢气体。裂解产物中金属、玻璃体和清洁气体从各自通道排出，因而可以高效且洁净地处理，二次污染排放极少，减容比也极高，清洁环保。

第 20 章　等离子体推进技术

等离子体推进(也称为“电推进”)是利用电能增大推进剂喷射速度的推进技术，通常是先使工质电离成为等离子体，再加速成高速射流喷射出去(于达仁，2014；Goebel et al.，2008；Robert，2006)。

等离子体推进的概念始于 1902 年俄罗斯的齐奥尔科夫斯基和 1906 年美国的哥达德，他们提出利用电能加速带电粒子产生推力的设想；1929 年德国奥伯特出版了研究利用电能推进的专著；美国和苏联进行了多项试验，提出了多种等离子体推进的方案和理论，论证了空间等离子体推进的可行性，并于 20 世纪 50 年代开始工程化。1958 年，美国的弗雷斯特在火箭达因公司运行了第一台铯接触式离子推力器，同年苏联也进行了该推力器研制。1960 年美国宇航局的考夫曼运行了第一台电子轰击式离子推力器，德国吉森大学的勒布试验了第一台射频离子推力器。1966 年苏联库哈托夫原子能研究所的莫罗佐夫教授试验了第一台霍尔推力器。此后，各类等离子体推力器的研究和应用得到迅速发展。相比化学推进，等离子体推进最突出的特点是工质喷气速度大，具有比冲高、推力小、推力调节方便、工作时间长、安全性好、结构紧凑、体积小和污染轻等优点，能节约工质燃料、提高航天器的有效载荷，受到航天界的广泛关注和青睐。美国、欧盟、俄罗斯、日本在等离子体推进的研究和应用方面已取得巨大进展。我国近 10 年来也开始加速发展等离子体推进技术，取得了令人瞩目的成绩。

本章将介绍等离子体推进的技术原理、结构设计和常见装置等。

20.1　等离子体推进原理

20.1.1　推力的产生

与化学推进相似，等离子体推进也是利用羽流的高速喷射产生反冲，使推力器获得动量，从而产生推力。等离子体推进中的羽流是带电粒子流，因此任何等离子体推力器都至少包含两个基本单元，即等离子体源和离子加速装置。其中，等离子体源用来产生足够数量和密度的带电粒子；而离子加速装置用来加热带电粒子、提高带电粒子的喷射速度。其基本结构和工作原理如图 20.1 所示。

等离子体推力器的性能参数包括：

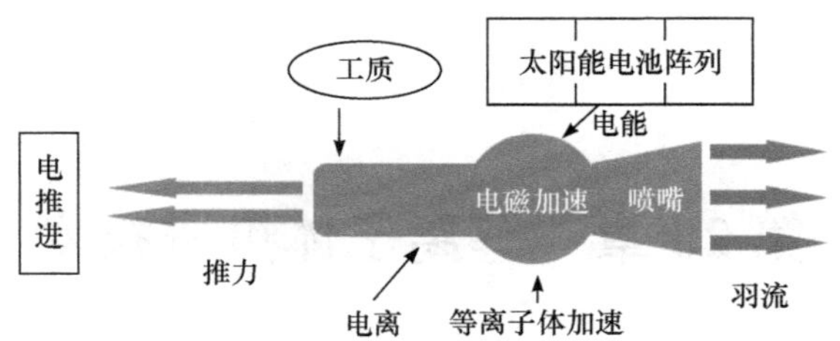

图 20.1　等离子体推进的基本结构和工作原理

1) 推力

等离子体推力器获得推力的原理与常规的化学推进类似，靠向后喷射高速带电粒子流的反冲作用而获得推力。因此，等离子体推力器获得的推力可以从其带电粒子向后喷射时动量变化的动力学方程来获得

$$T=\frac{\mathrm{d}}{\mathrm{d}t}(mv)=\frac{\mathrm{d}m}{\mathrm{d}t}v=\dot{m}v \tag{20.1}$$

式中，m 是喷射粒子流的总质量；$\dot{m}$ 为粒子流的质量流量，也是推进剂的消耗速率(kg/s)；v 为粒子流的喷射速度。推力器产生的推力大小由推进剂的消耗速率和粒子流喷射速率共同决定。能够体现等离子体推力器的最大特点是：通过使用电功率源，离子被加速到一个传统化学推进不可能实现的高喷射速度，从而获得更高的推力效率。但另一方面，由于一般等离子体推力器携带的推进剂质量相较于化学推进少很多，相应地其消耗速率 $\dot{m}$ 较小，所以等离子体推力器的推力范围有限，从微牛(μN)到牛(N)的数量级。但考虑到太空的失重环境，等离子体小推力在长时间的作用下也能使航天器获得较大动量。

2) 总冲和比冲

总冲是指推进系统的推力在一段时间内对航天器产生的总冲量，总冲 I_t 与推力器推力 T 和推进时间 t 的关系为

$$I_{\mathrm{t}}=\int_0^t T\mathrm{d}t \tag{20.2}$$

亦即，在一定的推力下，推力器能够工作的时间越长，则推力器的总冲越大。因此，总冲是衡量推力器性能的一个重要参数。

比冲 I_{sp} 是指单位重量的推进剂产生的总冲，即

$$I_{\mathrm{sp}}=\frac{\Delta I_t}{-\Delta mg}=\frac{\int_0^t T\mathrm{d}t}{g\int_0^t \dot{m}\mathrm{d}t} \tag{20.3}$$

其中，Δm 是推进剂消耗的质量；$\dot{m}$ 即上文所述的质量流量。若简化问题，考虑推进器在恒力条件下运行，则式(20.3)可写为

$$I_{sp}=\frac{\int_0^t T\mathrm{d}t}{g\int_0^t \dot{m}\mathrm{d}t}=\frac{T}{\dot{m}g} \tag{20.4}$$

将式(20.1)代入式 (20.4)，则可得

$$I_{sp}=\frac{v}{g} \tag{20.5}$$

即为推力器的比冲，它由推力器的喷射速度及所处环境的引力加速度决定。当我们确定发射任务所需的总冲后，设计合适的等离子体推力器的比冲，就可以知道需要的推进剂的总质量。因此，对于同一推进任务，由于等离子体推力器的比冲高(喷射速度高)，其所需的推进剂质量会大大减小，因此其有效载荷能力更高。

3) 功率和效率

考虑到在太空中获取能量的困难，等离子体推力器的功率和效率也是非常重要的评价指标。对于等离子体推力器，离子经过加速级后向后喷射时产生反冲，其喷射功率定义为

$$P_{jet}=\dot{m}v^2/2=T^2/2\dot{m} \tag{20.6}$$

根据式(20.6)，在推进剂消耗速率一定时，提高推力器的推力能够增大推进器的喷射功率。

等离子体推力器的总体效率定义为推力器喷射功率 P_{jet} 与总输入功率 P 之比，即

$$\eta_t=\frac{P_{jet}}{P}=\frac{T^2}{2\dot{m}P} \tag{20.7}$$

等离子体推力器的能量主要来自太阳能转化而来的电能 P，在将电能转化为推进器的动能的过程中，有一部分能量会经过推进剂的热损失及流动损失而无法有效地转化为推力，其中包括：电路及控制系统的电功耗、加热未被电离的推进剂的功耗、羽流的发散引起的推力损失、推进系统的热损失等，最终造成推力器的喷射功率小于电源的输入功率。从式(20.7)可知，推力器的总效率与推力器的推力、质量流量及输入的总功率有关。当使用的工质本身包含化学能时，则应当将这部分能量也计入总输入能量之中。

20.1.2　等离子体的产生

等离子体推力器的离子源都是气体放电产生的，主要形式包括空心阴极放电、电弧放电、螺旋波放电、脉冲放电等。

空心阴极等离子体推力器中主要用来充当电子源，以提供源区电离的高能电

子，并且还用在中和器中来中和羽流中的正离子，使羽流保持电中性，从而避免推力器本身累积电荷，同时也能有效避免带电粒子对航天器的其他部件影响。空心阴极也是推力器中等离子体密度最高、电流密度最大、温度最高的部件，它的放电性能、可靠性和寿命都是限制推力器各项性能参数的重要指标。

电弧放电是维持在低电压和大电流情况下的一种放电形式，由于其放电通道内的温度极高，在压强大于 10kPa 时，等离子体会处于局域热平衡状态($T_e \approx T_i \approx T_n$)，此时电弧放电的效率更高。由于电弧本身的放电机制，其阴极温度很高，会导致热电子发射；同时由于电势降主要集中在阴极，故阴极表面的强电场可能会导致隧穿效应，从而引起电子的场致发射。此外，还可以人为地加热电弧放电的阴极，进一步提高热电子的发射效率。

螺旋波放电是利用特殊的射频天线在磁化等离子体中激发高耦合特性的螺旋波,利用波与电子的相互作用将天线的射频功率高效地传递到等离子体中的电子，使其在低气压下产生极高密度的等离子体，其中心区的电离率可高达 90%以上，是一个极具应用潜力的离子源。螺旋波放电需要额外施加静磁场，可通过电磁线圈或者永磁体产生。

脉冲放电与上述几种放电形式不同，它是一种非稳态放电。脉冲放电通常是由高压充电的电容来实现，而在击穿后由于较大电流使得电容的电压迅速降低，放电不能维持而中断，需要等待下次电容充电后电压达到击穿阈值从而开启下一周期的放电。

根据等离子体的产生方式和离子加速机制的不同，等离子体推力器有多种类型。下面分别介绍各种推力器的粒子加速方式和工作原理。

20.1.3　等离子体的加速方式

由于离子的质量远大于电子，故等离子体推力器主要通过加速离子从而产生反冲的推力。对于不同的推力器而言，其产生等离子体的方式及等离子体的加速机制都不相同。等离子体的加速机制可以通过等离子体的动量方程

$$nm\frac{\mathrm{d}\boldsymbol{u}}{\mathrm{d}t} = nq\boldsymbol{E} + nq\boldsymbol{u}\times\boldsymbol{B} - \nabla p - nm\nu\boldsymbol{u} \tag{20.8}$$

来描述。式中右边四项分别是电场力、洛伦兹力、热压力梯度产生的漂移作用，以及粒子碰撞产生的阻尼作用。根据式(20.8)的前三项，可以将典型的等离子体加速方式分为电热式、静电式和电磁式三种。

1) 电热加速

电热加速原理来自化学推进，也与化学推进最为接近，是最早应用的一类等离子体推进装置。利用电热效应实现对工质的加速，一般过程是首先将电能转化为工质气体的热能，然后工质气体的热能转化为气体定向喷射的动能。热电效应

产生的加速，理论上排气速度是由最高的热力学温度决定的，而该温度又受反应室的耐热性能限制。

2) 静电加速

静电加速与电热加速不同，它通过电场直接加速电离气体的方法能够获取更大的加速范围，但静电加速只对带电粒子有效，因此被加速的气体必须含有大量的被电离的粒子，产生的推力还与带电粒子密度有关。由于电子质量很小，即使被加速到接近光速，其携带的动量也是微乎其微的。因此，静电加速推力器一般通过将分子质量较大的正离子加速，从而获得更理想的加速性能。静电加速推力器只排出正离子，因此其尾部一般都配有电子中和器。

3) 电磁加速

基于电磁加速机制的推力器是更严格意义上的等离子体推力器。带电粒子流通过一个交叉电、磁场时受到洛伦兹力，在其作用下从喷管加速喷出，产生推力。与静电加速不同的是，电磁加速喷射出的是准中性离子束流，因此不存在空间电荷饱和的限制。这是电磁加速推进的一大优点，推力密度相对较高，单位喷口面积所产生的推力是静电加速方式的 10～100 倍。通常，稳态推力器一般需要利用电磁线圈或者永磁体产生外加磁场，而脉冲式推力器则可以利用自感应产生所需的磁场条件。

20.2　离子推力器

离子推力器(ion thruster)也称为离子发动机为或栅极离子推力器，属于静电式推力器，其基本原理是利用各种等离子体发生技术电离推进剂工质，然后利用偏压栅极的电场将等离子体中的离子引出、加速。从理论上讲，离子推力器的加速过程中基本没有能量损失，因此效率和比冲都相对较高(效率 60%～80%，比冲 2000～10000s)。根据离子推力器电离方式的不同，可以将其分为直流式离子推力器、考夫曼型离子推力器、射频离子推力器、电子回旋共振离子推力器。

考夫曼型离子推力器开发得最早，已经得到了很大的发展，图 20.2 所示是一种典型结构，其电离室内的磁场经过改进，可做成环形回切磁场，使得从热阴极产生的快电子被束缚在电离室内。工质储箱中的氙有少量从主阴极通过，大部分通过工质分配器进入电离室。主阴极为一空心阴极，作用是向电离室发射电子，电子在向阳极加速过程中将与从分配器中进入电离室的氙原子碰撞电离，形成离子。电离室的四周放置有环形磁铁，形成会切磁场，使离子只能向电离室下游运动，防止离子向四周扩散。电离室下游很近的地方有一个由屏栅极和加速栅极构成离子光学系统，使氙离子聚焦和加速，最后形成高速离子束流而喷出。为了防止推力器本身负电荷的累积和离子束扩散，电离室外部的中和器将喷射出等量电子，使喷出的带电粒子束流呈电中性。

图 20.2 环形回切磁场的考夫曼型离子推力器结构实物图

20.3 霍尔推力器

霍尔推力器(Hall thruster)也称为霍尔效应推力器(Hall effect thruster)，属于静电式推力器，典型代表包括稳态等离子体推力器(SPT)和阳极层推力器(TAL)。基本原理是利用正交电磁场实现气体放电，产生等离子体；垂直于外加磁场的电场同时加速离子，使其高速喷出；而磁场则约束着电子的运动。霍尔推力器的效率和比冲略低于离子推力器，但对于同样的电功率输入，霍尔推力器的推力更大一些，且结构更为简单。

霍尔推力器的工作原理图如图 20.3 所示，分别将两个半径不同的陶瓷套管固定在同一轴线上组成了具有环形结构的等离子体放电通道。内外线圈和磁极将在通道内产生磁场，正常工作状态下，通道内的磁场方向主要沿通道半径方向。在

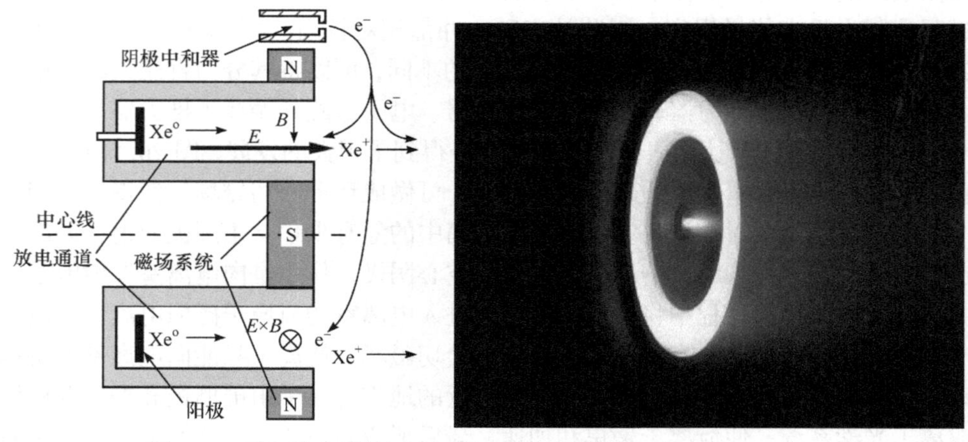

图 20.3 霍尔推力器的原理图及羽流实物图(阴极中和器位于中心)

径向磁场条件下，阳极和阴极之间的放电等离子体在通道内产生自洽的轴向电场，使环形通道内形成正交的电场、磁场。阴极发射的电子进入通道后，在正交的电磁场作用下产生轴向漂移，即“霍尔漂移”；大量电子在环形通道内的漂移运动形成了霍尔电流。推进剂从气体分配器注入推进器通道，中性原子与做圆周漂移的电子碰撞电离形成离子。离子在霍尔推力器的电离区产生，在电场加速下从环形通道喷出产生推力。

20.4　螺旋波等离子体推力器

螺旋波等离子体推力器(helicon plasma thruster，HPT)是利用螺旋波放电产生离子体源的推力器。螺旋波等离子体密度、电离率非常高，其较宽的静磁场范围和工作气压范围，使得螺旋波放电装置的要求会比电子回旋共振等低很多。根据离子加速方式的不同，HPT 主要有两种：螺旋波双层推力器(helicon double layer thruster，HDLT)和可变比冲磁等离子体火箭(variable specific impulse magnetoplasma rocket，VASIMR)。

1) HDLT

HDLT 是一阶推进器，典型结构如 20.4 所示，它与实验中螺旋波等离子体的产生装置相近，主要包括射频电源、匹配网络、螺旋波天线、磁场系统和放电管，加上喷嘴和工质供应系统即构成推力器。放电所需的静磁场通常由一对亥姆霍兹线圈激发，放电区磁场是轴向均匀的。在放电管和喷嘴连接处，磁力线呈发散状。在喷嘴处，等离子体在膨胀磁场中产生无电流双层，是源区的高电子温度与高密度等离子体和下游的低电子温度与低密度等离子体的过渡区，等离子体电势会在双层区有明显的下降，利用双层电势降产生的定向电场去加速离子。HDLT 无需额外的等离子体加速系统，仅靠下游发散的磁场构型就能产生加速离子的电场，结构比较简单。

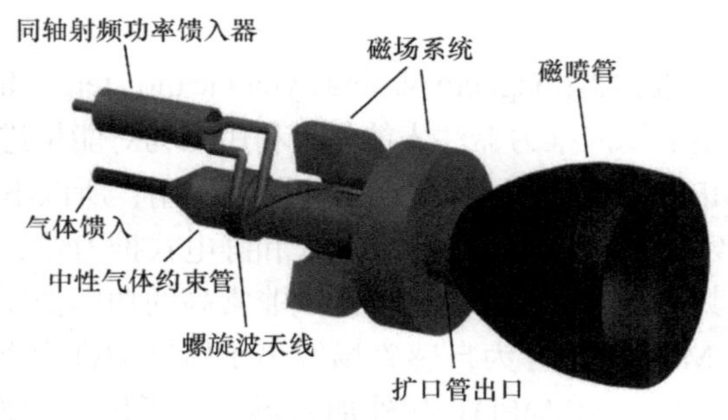

图 20.4　HDLT 结构示意图

2) VASIMR

VASIMR 是由美国麻省理工学院张福林博士设计的二阶推进器，结构示意如图 20.5 所示，主要由螺旋波等离子体源、离子回旋共振加热区，以及磁喷嘴构成。其基本原理是：利用螺旋波放电将从进气口进入的气体形成高密度等离子体，然后通过下一级离子回旋共振加热(ICRH)将等离子体加热至上千万摄氏度，最后被加热的等离子体通过磁喷嘴喷出，使离子的角向旋转的能量将转化为向后定向的喷射动能。VASIMR 使用的螺旋波等离子体源与 HDLT 相似。次级 ICRH 系统也是一种射频放电系统，由天线、磁场线圈、射频源及等离子体传输系统构成。在这里，等离子体中的离子将受到与自身回旋频率一致的离子回旋波的转动电场的作用。由于离子回旋波的电场旋转和离子旋转频率一致，发生共振，从而使离子的螺旋回旋运动受到激励而提高速度，温度急剧升高。最后，被加热至高温的等离子体将被输送到磁喷嘴处，其发散位形磁场能够将离子的径向速度转变为喷出喷嘴的轴向(排气)速度，从而使推力器获得向前的有效动量。离子比电子重得多，会拖着电子一起前进，这样等离子体就以中性束流的形式喷射出推力器。

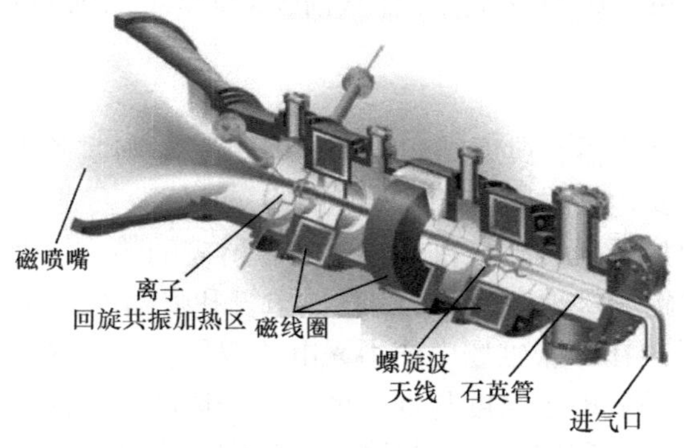

图 20.5　VASIMR 结构示意图

20.5　磁等离子体动力推力器

磁等离子体动力推力器(magneto plasma dynamic thruster，MPDT)属于电磁加速推力器，通常是利用电场向推力器注入能量，利用磁场对能量进行转化，实现等离子体加速。由于 MPDT 的加速过程是电磁场同时作用，所以不需要过于依赖其中一种，因此更容易实现高功率。相比于电热式和静电式推力器，MPDT 可以实现更大的推力，再加上其外径一般较小，可以做到非常高的功率密度和推力密度。根据磁场来源的不同，MPDT 可分为自感磁场等离子体动力推力器(self-field magneto plasma dynamic thruster，SF-MPDT)和外加磁场等离子体动力推力器(applied-field magneto plasma dynamic thruster，AF-MPDT)。SF-MPDT 的磁场是由推力器工作时的放电电流通过电磁感应而产生的，磁场是轴向的；而 AF-MPDT 的磁场则是由外部设备提供的，磁场方向以轴向为主，同时有部分径向分量。

典型的 SF-MPDT 主要由环形阳极和中心阴极组成，如图 20.6 所示。阳极和阴极之间的放电电流会产生周向环形磁场，此轴向磁场又会与放电电流相互作用产生推力。SF-MPDT 主要有两种加速机制。

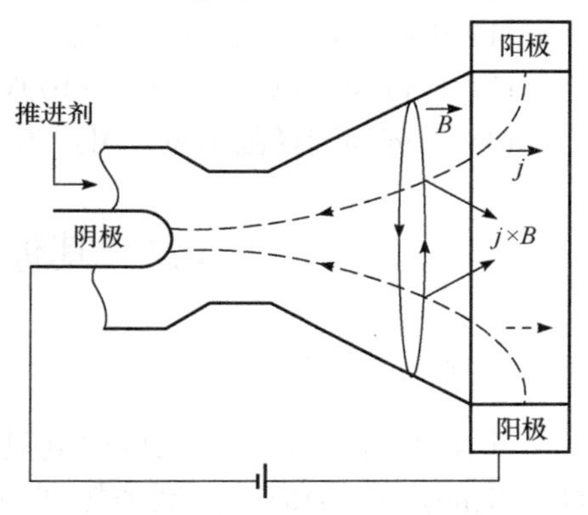

图 20.6　SF-MPDT 的原理示意图

1) 自身场加速机制

当推力器的放电电流较大时，电流本身可以感生出较为显著的轴向磁场，与放电电流本身的相互作用沿径向和周向均有分量。径向分量指向推力器的中心轴，可使等离子体向中心聚集，增加推力器中心的压力；最终该压力向下游膨胀，产生推力。其轴向分量则直接指向推力器下游，可直接产生推力。显著的自身场加速往往需要较大的放电电流，一般至少是千安级。

2) 气动加速机制

当电流流经等离子体时，由于焦耳加热效应的存在，等离子体的内能会增加。当等离子体在壁面膨胀喷出的过程中，一部分内能会转化为轴向动能，从而产生推力。

20.6　电弧推力器

电弧推力器(arcjet)也称为电弧加热式发动机，是一种电热式推力器，由阴极、阳极，以及二者之间的密封和绝缘装置构成，其中阳极通常也是推进剂喷射的出口，基本工作原理如图 20.7 所示。喷管区域的阳极和阴极之间会形成直流放电电弧，利用电弧加热通过喷管的推进剂工质。推进剂受热膨胀后，经过阳极喷管加速喷出，形成反冲推力。电弧推力器的喷射工质是弱电离等离子体。部分工质会被电离成等离子体以维持电弧，电弧中心温度可达 20000 K 以上，大大高于化学火箭推力器内部的工作温度，因而电弧推力器

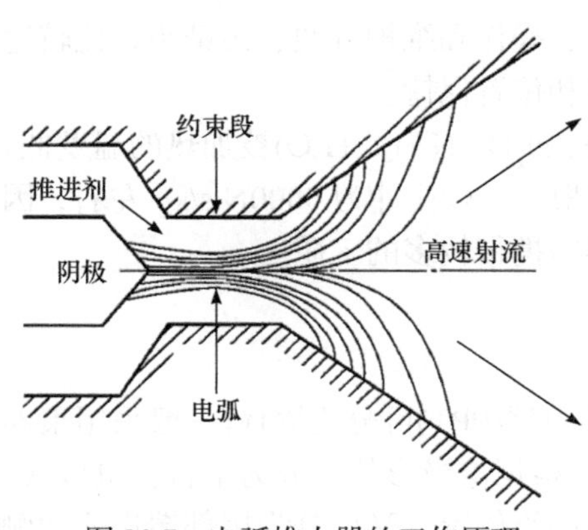

图 20.7　电弧推力器的工作原理

具有较大的比冲，可应用于卫星姿态保持、中低轨道卫星的入轨和离轨推进、低地轨道卫星的轨道补偿器，也可用于轨道提升及星际航行用的高能推进系统。

电弧推力器的主要特点包括：

(1) 极高温电弧加热推进剂，喷气速度和比冲高(450～600s)；

(2) 运行功率范围宽，0.5～100kW，有较强的任务适应能力；

(3) 推进剂选择范围宽，可用氢、氨、氮、肼等。

20.7　其他等离子体推力器

1. 电阻推力器

电阻推力器(resistojet)也称电阻加热式发动机，是利用电能(电流流过电阻丝产生的焦耳热)把推进剂加热到高温，然后通过缩扩喷嘴的气动热力加速喷出，从而将电能转化为定向射流的动能来产生反作用力，其结构及工作原理如图 20.8 所示。它与化学火箭发动机的差别在于推进剂获得能量的方式不同(化学火箭发动机是靠化学反应)，但两者产生推力的过程都同属于一种气动热力学过程。

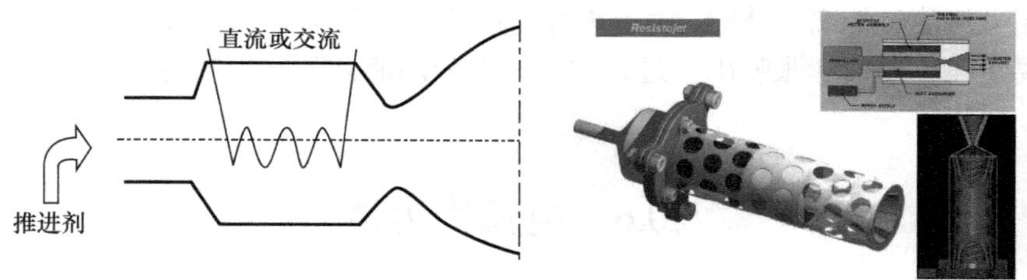

图 20.8　电阻推力器的结构及工作原理图

优点：结构简单、价格便宜、安全可靠、操作和维护方便、污染小，比较适用小型、低成本卫星的轨道调整、高度控制和位置保持。

缺点：受结构材料的限制，工质(N_2、He、N_2O、N_2H_4、H_2O)被加热的温度低。与化学火箭一样，其比冲正比于温度的平方根，一般比冲为 3000N·s/kg 左右，因此为达到一定的总冲量或速度增量，航天器需携带较多的工质。

2. 脉冲等离子体推力器

根据所采用的推进剂，脉冲等离子体推力器(PPT)可分为固体(一般采用聚四氟乙烯)、液体(LP-PPT)和气体(GF-PPT)三种。根据电极形状可分为平行板电极式、同轴电极式、外展电极式三种。根据推进剂供给位置，又可分为尾部馈送式和侧面馈送式两种。较为常见的有固体推进剂平行板电极尾部馈送 PPT 和同轴侧面馈送 PPT (Burton et al.，1998)。

图 20.9 是平行板电极尾部馈送式 PPT 的结构和原理图，整个系统由推力器本体、放电点火回路、逻辑控制电路和电源转换装置组成。推力器的基本结构是：两块平行的极板(阳极和阴极)组成放电通道，推进剂置于两极中间。储能电容的正负两端分别与相应的两极板相连，在阴极上装有火花塞。电源转换装置将卫星平台提供的低压直流供电转换为高压直流，输送到储能电容器和放电点火回路。放电点火回路按照一定的指令产生一个低能量的高压脉冲传输到装在阴极上、紧靠推进剂端面的火花塞，使火花塞点火。推进剂的供应通过一个恒力弹簧给推进剂一个恒定推力，保证推进剂能够在所需的速率下被送到推力器喷口。工作时，首先将储能电容器充电至额定的高压，此时正负极板间虽然存在一个强电场，但在真空情况下不会自行击穿。当点火回路发出一个触发脉冲时，火花塞点燃，产生少量粒子(包括电子、离子、中性粒子和粒子团)，这些粒子和推进剂表面碰撞，又从推进剂表面上烧蚀出一定量的粒子。带电粒子在强电场作用下分别向两极加速，同时与推进剂表面及在粒子之间频繁碰撞，使推进剂表面烧蚀，然后分解并离子化。随着带电粒子的增加，两极间逐渐成为等离子体区。此时，电容器、极板和等离子体区构成闭合回路，并产生感应磁场。于是等离子体受到洛伦兹力加速向外喷出，产生一个推力脉冲。

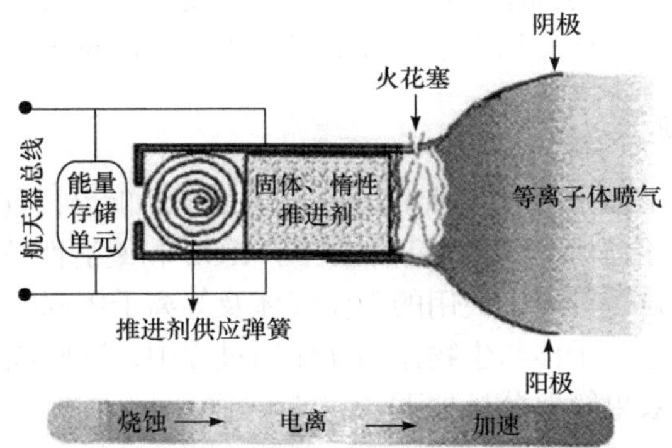

图 20.9　平行板电极尾部馈送式 PPT 的结构和原理图

第 21 章　等离子体生物医学

等离子体生物医学是研究等离子体对生物体(病毒、细菌、细胞、组织、器官、皮肤等)作用效应的一门新兴学科。等离子体对生物体的作用是通过等离子体所产生的各类自由基(寿命从纳秒到秒量级)、带电粒子、紫外线、激发态粒子、热效应、电磁场等对生物体从分子层面的综合作用来实现的。这些物理化学效应具有足够的能量打破化学键，并启动一系列化学反应，在与生物细胞作用时，体现出多样的生物学效应，如等离子体的细胞学效应包括致死作用和非致死刺激作用，前者可用于针对微生物的消毒灭菌，后者可用于生物医药。

本章将介绍等离子体在生物、医学、农业方面的应用技术。由于生物体基本处于大气环境中,本章所涉及的等离子体主要是空气或进入空气环境的等离子体。

21.1　低温等离子体活性粒子

低温等离子体和生物细胞各自都具有相当的复杂性，具体的相互作用过程目前依然没有定论，但这些作用都是由等离子体中的活性粒子决定的。

21.1.1　气相活性粒子

气相放电等离子体中含有多种不同的活性成分，如紫外线(UV)、带电粒子(电子、正负离子等)、化学活性粒子(氧活性粒子 ROS 和氮活性粒子 RNS 等)及处于激发态和亚稳态的粒子等。依使用的工作气体及等离子体源的不同，其成分和含量也各不相同。在等离子体与生物体相互作用过程中，这些成分都可能起到一定的作用，各自影响效果简要分析如下。

1. 紫外线

波长处于 200～290nm 的紫外线是造成生物体伤害最大的紫外波段，其主要作用于生物体的 DNA 和蛋白质，可以使 DNA 的遗传特性发生改变，使蛋白质(骨架蛋白、酶等)变性，从而失活生物体。在低气压下，160～220nm 的紫外线在杀菌过程中起到了主要作用。

一般地，仅通过紫外线来杀灭细菌，所需紫外线的功率密度应至少为几毫瓦秒每平方厘米(mW · s/cm^2)的量级。对于大气压空气低温等离子体，通常紫外线的辐射是很弱的，对杀灭细菌不起主要作用。

2. 带电粒子

在有些情况下，带电粒子在等离子体与生物体相互作用中可能起着非常重要的作用。

放电等离子体中的带电粒子包括电子和各种正负离子，这些带电粒子对病菌都可能有灭活作用。正负离子的杀菌效率大致相当，差异在 10%～15%。此外，不同的工作气体所产生的带电粒子各不相同，如 He/N_2 等离子体中的主要带电粒子为 He^+、He_2^+、N_2^+和电子等；而 He/O_2 等离子体中除了 He^+、He_2^+、O_2^+和电子，还有 O^-、O_2^- 等负离子，在杀菌中起到了重要作用；在空气等离子体中，除了电子和氧的各种离子(O^+、O_2^+ 等)外，还含有大量氮的离子(N_2^+、N^+等)和氮氧化物离子(如 NO_x^+ 等)，这些离子在杀菌消毒、凝血、材料表面除垢等生化过程中也起到了重要的作用。

3. 活性粒子

空气等离子体中的活性粒子包括活性氧(ROS)、活性氮(RNS)及氮氧活性粒子(RNOS)。不同的工作气体所产生的活性粒子种类和浓度都不一样。其中，ROS 对生物体作用时起着更为重要的作用，而氧原子和含氧的活性粒子(如 O、HO·、H_2O_2 等)在杀菌过程中起主要的作用。在惰性气体或氮气中混入少量的 O_2，灭菌效果就会大大提高。

在空气放电中，往往还产生大量氮氧化物 NO_x。一般来说，氮氧化物对人体是有害的，在临床应用的时候要尽量避免过量地产生。

当处理物中含有水分子时，等离子体会产生一定量的 HO·自由基。HO·具有较高活性，它与生物体作用时可能起到更为重要的作用。此外，HO·也容易反应生成 H_2O_2，它能穿过细胞膜进入细胞内部引起一些致命的效应，如破坏细胞内部的 DNA 分子等，或者 HO·进入溶液后会改变溶液的 pH，从而引起间接生化作用。

4. 激发态和亚稳态粒子

低温等离子体中含有一些激发态和亚稳态粒子，如氧等离子体中的 $O_2^{a,b}$ 激发态粒子、氩等离子体中的 Ar^*激发态粒子等。虽然理论上各种处于激发态和亚稳态粒子对生物体可能存在一定影响，但它们与生物体作用的具体方式和途径尚不清楚。一个重要的原因是这类粒子密度的准确测量非常困难，它们与对生物体作用效果之间的关系很难评估。

5. 等离子体能量密度

在等离子体实际应用中，等离子体的能量密度与处理的目的有很大的关系。一般地，对于细菌来说，低能量密度的等离子体(<1J/cm^2)就能够有效地灭活细菌，但对正常细胞影响较小；中等能量密度的等离子体(2～6J/cm^2)能够导致细胞生长因子的释放，促进细胞增殖率和细胞迁移，并能够促进癌细胞的凋亡；而高能量密度的等离子体(>7J/cm^2)则导致正常细胞的死亡；当等离子体的能量密度特别高时(>10J/cm^2)会引起细胞直接坏死。实际应用中，应该根据不同的目的选择恰当的等离子体能量密度，以达到预期效果。

21.1.2　液相活性粒子

当气相等离子体与水接触，或者直接在水中放电产生液相等离子体，就会形成所谓的“活化水”，其中包括一些重要的活性粒子。产生液相等离子体的装置很多，图 21.1 所示为其典型装置。

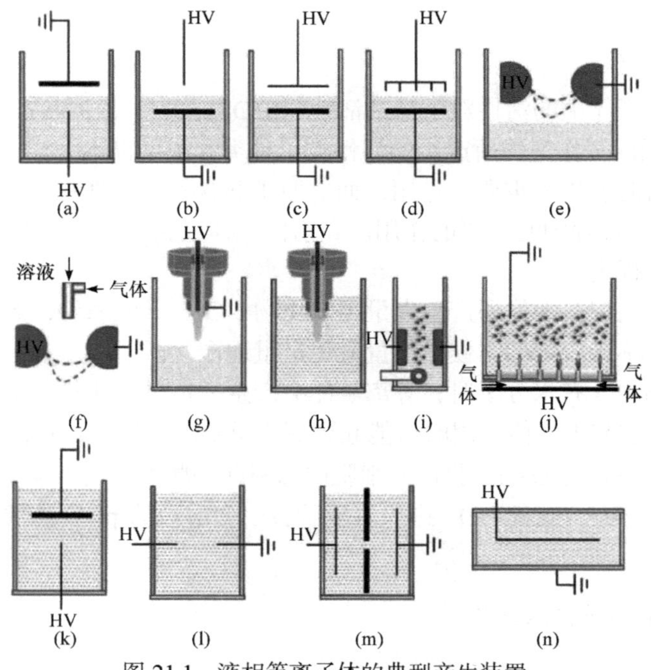

图 21.1　液相等离子体的典型产生装置

一般地，具有生物活性的粒子主要是含氮或含氧的高活性成分，包括长寿命粒子(几分钟到几天)，如硝酸根 (NO_3^-) 、亚硝酸根 (NO_2^-) 、过氧化氢(H_2O_2)和液态臭氧(O_{3aq})等；短寿命粒子(纳秒到秒量级)，如氢氧自由基(HO ·)、氮氧自由基(NO ·)、过氧离子自由基 (O_2^-·) 、过氧硝基 ($OONO_2^-$) 和过氧亚硝基($OONO^-$)等。其形成途径(图 21.2)和反应过程(常数 k)如下。

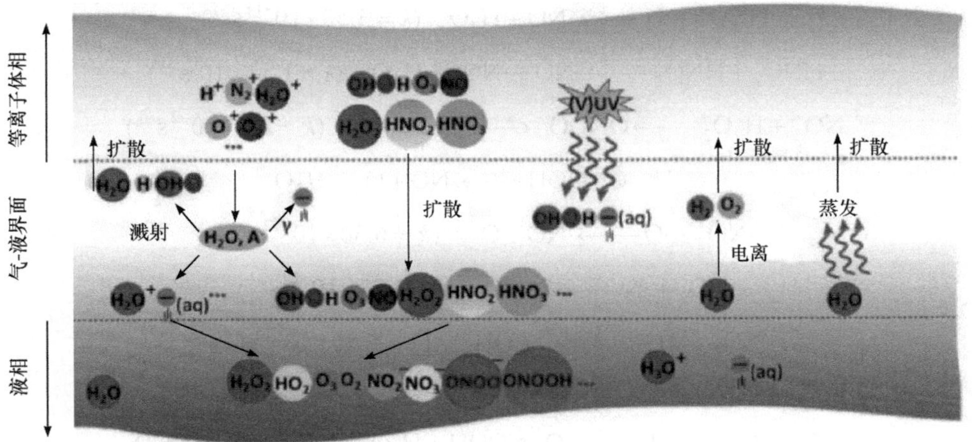

图 21.2　液相等离子体活性粒子的形成途径

1) 过氧化氢

$$H_2O \xrightarrow{电子,UV} H_{aq} + \cdot OH_{aq} \quad (能量阈值5.1eV)$$

$$H_2O + e \longrightarrow \cdot H_{aq} + \cdot OH_{aq} + e \quad (k = 3.04 \times 10^{-20} s^{-1})$$

$$\cdot OH_g \longrightarrow 2 \cdot OH_{aq} \longrightarrow H_2O_{2aq} \quad (k = 1.7 \times 10^{-11} s^{-1})$$

$$OH_g + OH_g \longrightarrow H_2O_{2g} \longrightarrow H_2O_{2aq} \quad (k = 8 \times 10^{-31} s^{-1})$$

2) 亚硝酸盐和硝酸盐

$$NO_2 + NO_2 + H_2O \longrightarrow NO_2^- + NO_3^- + 2H^+ \quad (k = 1.50 \times 10^2 s^{-1})$$

$$NO + NO_2 + H_2O \longrightarrow 2NO_2^- + 2H^+ \quad (k = 2.00 \times 10^2 s^{-1})$$

$$NO_2^- + O_3 \longrightarrow NO_3^- + O_2 \quad (k = 3.30 \times 10^2 s^{-1})$$

$$NO + O_2^- \longrightarrow NO_3^- \quad (k = 8.00 \times 10^6 s^{-1})$$

3) 液相臭氧

$$\cdot O + O_2 \longrightarrow O_{3g} \longrightarrow O_{3aq} \quad (k = 5.00 \times 10^{-12} s^{-1})$$

4) 氮氧化物

$$\cdot N + \cdot OH \longrightarrow \cdot NO + \cdot H \quad (k = 4.70 \times 10^{-11} s^{-1})$$

$$\cdot H + NO_2^- \longrightarrow \cdot NO + OH^- \quad (k = 1.20 \times 10^6 s^{-1})$$

$$N_2O_3 \longleftrightarrow \cdot NO + \cdot NO_2 \quad (k = 8.4\times10^4 s^{-1})$$

$$HNO_2 + \cdot H \longrightarrow \cdot NO + H_2O \quad (k = 3.52\times10^{-14} s^{-1})$$

$$HNO_2 + HNO_2 \longrightarrow \cdot NO + \cdot NO_2 + H_2O \quad (k = 1.34\times10^1 s^{-1})$$

$$NO_2^- + H_2O_2 \longrightarrow ONOO^- \longleftrightarrow \cdot NO + \cdot O_2^- \quad (k = 2.0\times10^{-2} s^{-1})$$

$$\cdot OH + ONOOH \longrightarrow \cdot NO + O_2 + H_2O$$

$$\cdot NO_2 + \cdot O \longrightarrow \cdot NO + O_2 \quad (k = 6.50\times10^{-12} s^{-1})$$

$$\cdot NO_2 + \cdot N \longrightarrow 2\cdot NO \quad (k = 1.33\times10^{-12} s^{-1})$$

$$NO_2^- + \cdot H \longrightarrow \cdot NO + OH^- \quad (k = 7.50\times10^{-15} s^{-1})$$

5) 过氧亚硝基(酸)OONO⁻和 ONOOH

$$NO_2^- + H_2O_2 + H^+ \longrightarrow O{=}NOOH + H_2O \quad (k = 1.10\times10^{-3} s^{-1})$$

$$O_2^- + NO \longrightarrow 0.7(NO_3^-) + 0.3(O{=}NOO^-) \quad (k = 1.20\times10^7 s^{-1})$$

$$\cdot NO + \cdot O_2^- \longrightarrow O{=}NOO^- \quad (k = 3.20\times10^6 s^{-1})$$

$$NO_2 + \cdot OH \longrightarrow 0.7(NO_3^- + H^+) + 0.3(ONOOH) \quad (k = 5.30\times10^6 s^{-1})$$

$$\cdot NO + \cdot HO_2 \longrightarrow O{=}NOOH \quad (k = 5.33\times10^{-12} s^{-1})$$

6) HO · 自由基

$$O_{aq} + H_2O_{aq} \longrightarrow 2\cdot OH_{aq} \quad (k = 4\times10^9 M^{-1}s^{-1})$$

$$H_2O_2 \longrightarrow OH_{aq} + OH_{aq} \quad (k = 2\times10^9 T_g^{-4.86}\exp(-26821/T_e))$$

$$O_3 + H_2O_2 \longrightarrow HO_2 + \cdot OH + O_2 \quad (k = 6.5\times10^{-3} s^{-1})$$

$$O_3 + HO_2 \longrightarrow 2O_2 + \cdot OH \quad (k = 1.0\times10^4 s^{-1})$$

7) 过氧离子 O_2^-

$$\cdot OH + O_{3aq} \longrightarrow \cdot HO_{2aq} + O_{2aq}, \quad \cdot HO_{2aq} \longrightarrow O_2^- + e$$

$$O_2 + e \longrightarrow O_2^-$$

8) 铵离子

$$\cdot NH_2 + \cdot OH \longrightarrow NH_3 + \cdot O \quad (k = 4.95\times10^{-15} s^{-1})$$

$$H_2O + e \longrightarrow \cdot OH + \cdot H + e \quad (k = 3.04\times10^{-20} s^{-1})$$

$$2\cdot H \longrightarrow H_2 \quad (k = 7.5\times10^9 s^{-1})$$

$$H_2 + \cdot OH \longrightarrow H_2O + \cdot H \quad (k = 9.54 \times 10^{-13} s^{-1})$$

$$\cdot NH_2 + H_2 \longrightarrow NH_3 + \cdot H \quad (k = 2.06 \times 10^{-15} s^{-1})$$

$$\cdot NH_2 + \cdot NH_2 \longrightarrow NH_3 + \cdot NH \quad (k = 7.64 \times 10^{-13} s^{-1})$$

$$\cdot NH_2 + H_2O \longrightarrow NH_3 + \cdot OH \quad (k = 2.09 \times 10^{-13} s^{-1})$$

$$\cdot NH_2 + \cdot OH \longrightarrow NH_3 + \cdot O \quad (k = 4.95 \times 10^{-15} s^{-1})$$

21.2　等离子体消毒

等离子体灭菌消毒是较早使用的低温等离子体生物医学技术，最早出现在 20 世纪 60 年代的医疗器械及包装材料处理。不过早期的低温等离子体灭菌器大多采用低气压放电，如 1987 年出现的第一个关于过氧化氢等离子体灭菌器的专利；后来美国强生公司研发出商用的 STERRAD®灭菌器并成功上市。低气压等离子体灭菌器一般包括等离子体激励源、真空系统和密闭的等离子体反应室。由于需要昂贵复杂的真空系统，其应用受到很大限制。

1996 年，Laroussi 证实了大气压辉光放电的消毒性能，后来发展出各种应用于灭菌和医疗的大气压等离子射流(APPJ)发生器，其结构小巧、便于携带和操作。基于大面积处理和医疗器械消毒灭菌的需求，又发展出 APPJ 阵列，处理效率大大提高。但由于大气压空气放电比较困难，温度可能较高，常压等离子体射流多采用惰性气体(氩、氦)，等离子体温度基本是常温，可以直接对生物体(手、身体局部)进行消毒，有望在医院、公共场所或家庭中推广。

等离子体对于各种病菌(革兰氏阴性菌、革兰氏阳性菌、细菌孢子、细菌生物膜、真菌等)都具有一定的灭活能力。等离子体杀灭微生物的机制是放电产生的高能粒子、自由基、活性粒子、紫外线等因素共同作用的结果。

一般地，细菌及病毒表面基本上是带正电的，表面电荷正常分布有利于细菌、病毒对营养物质的吸收，但当其受到等离子体中带电粒子干扰时，不能正常分布，将破坏细菌或病毒的正常生理活动，导致细菌、病毒死亡。等离子体中的活性粒子撞击微生物细胞膜，当活性粒子量达到一定数目即可穿透细胞膜，与内部的蛋白质、核酸等物质发生化学反应，破坏细胞电解质平衡，甚至渗透到细胞内部击穿细胞核导致细胞死亡；活性粒子也可使泄漏的蛋白质和核酸挥发。等离子体中的高能紫外线在近距离内(<30cm)也可导致核酸分子的破坏。但远距离的杀菌作用则主要是由于长寿命的自由基或活性粒子氧化攻击细胞膜表面，破坏细胞膜中多不饱和脂肪酸(PUFA)、生物大分子(如蛋白质、脂肪等)，引起细胞表面形态及膜电位的改变，使外界等离子体活性成分容易进入到细胞内部，导致细菌内物质外

泄，生理功能紊乱，最终凋亡或坏死。

等离子体杀灭不同种类的微生物所需的时间不同，与微生物的细胞壁有关。细胞壁越厚，等离子体渗透细胞壁到达内部破坏细胞质的时间就越长。例如，革兰氏阳性菌的细胞壁比革兰氏阴性菌的细胞壁厚大约 7.5 倍，真菌细胞壁的厚度大约是细菌细胞壁的 11 倍，等离子体杀灭革兰氏阴性的大肠埃希菌和志贺菌需要 1.5～2min，杀灭革兰氏阳性的金黄色葡萄球菌和单核细胞增生李斯特菌需要 3～4min，杀灭黄曲霉、白色念珠菌等真菌均需要 10min 左右。

等离子体灭菌消毒技术的应用大致包括以下几个方面。

21.2.1　等离子体对器械、器具的灭菌消毒

病原微生物(病毒、细菌、真菌)污染是医疗保健和食品加工、保存过程中的一个重大问题。利用低温等离子体直接处理器械器具表面，可以有效杀灭微生物。实际应用中，等离子体对于不同材质物体表面上的微生物杀菌效果也有所不同。

21.2.2　等离子体处理包装材料

食品包装材料需要数秒内达到灭菌标准，并且不破坏其性能，而等离子体技术可实现这一特点，如 Trompeter 等(2002)报道了一种适于放大和工业化应用的常压等离子体装备，可用于食品包装材料的消毒灭菌。采用平板式的 DBD，配以可移动的传送台，连续处理速度达 7m/min。此外，等离子体处理也可以杀灭密封包装袋内的微生物。

21.2.3　等离子体净化空气中的微生物

空气可能存在流感、禽流感，甚至 SARS 或新冠等各种病毒。利用低温等离子体可以解决空气中的微生物被滤膜截留后仍然存活和繁殖的问题，作用方式大致有两种：循环式和熏蒸式。

循环式消毒是使空气通过间歇或连续放电区，直接利用放电及其活性粒子杀灭通过放电区的微生物；还可以同时去除空气中的异味或微生物气溶胶。放电形式多为电晕放电、介质阻挡放电、大气压射流等。但需要空气循环系统，整体效率取决于等离子体发生器和循环装置的性能。如利用氧气等离子体杀灭空气中病毒，空气流速为 0.9m/s(停留时间约 0.5s)，副流感病毒、合胞病毒和流感病毒能够下降 6.5、3.8 和 4 个对数。

熏蒸式消毒依赖于等离子体中的长寿命活性粒子，主要是臭氧成分(和其他长寿命活性粒子)。其应用环境要求更低，效率也很高，但需要优良的臭氧发生器，并应该有效控制臭氧、氮氧化物等有害物的残留。

21.2.4　等离子体净化水中的微生物

利用活化水可以进行水质净化或去除水中微生物。等离子体液相灭菌过程中无需添加任何化学杀菌剂，是一种环境友好的水处理技术。等离子体灭菌的效率与一系列因素有关，如等离子体发生系统、注入水中的能量密度、水的电导率及处理微生物的种类等。

设计合理水处理运行系统是实现其工业化的关键。活化水可以通过水下或水面的放电制备，如图 21.1 所示。水下放电和水面放电各有其优缺点，产生的等离子体也差异显著。水下放电由于击穿场强较高而难以形成，但形成的等离子体易于在水相传播。1988 年，Mizuno 等就证实高压脉冲放电对水中微生物的作用，采用脉冲电弧放电，21～42J/mL 的能量密度使酵母菌密度下降了 6 个对数。水面的气相放电所需的击穿场强较低，从而易于形成，但水面产生的等离子体向水相传播时可能受空间的限制，且活性粒子的种类也与水下放电有所区别。直接采用沿水面的火花放电也可以杀灭水中的大肠杆菌，等离子体能量密度为 0.4～2.0J/mL 时，10s 内可使微生物密度降低几个对数。

另一种产生活化水的方式是气相臭氧注入，形成臭氧水。对于大型应用场所，如游泳池消毒，臭氧水是最理想的绿色消毒剂。

理论上，等离子体、水和生物细胞的相互作用较为复杂，其内在的灭菌机理尚不完全确定。而应用中，优化等离子体发生系统、提高等离子体的灭菌效率、降低能耗是今后的主要研究方向。

21.3　等离子体医学

低温等离子体具有安全高效、无毒副作用等优点，可能取代或者辅助药物用于临床治疗，以获得良好的治病效果。等离子体医学的主要应用包括伤口病菌的灭活、血液凝结、皮肤病治疗、口腔临床应用、癌细胞处理、生物医学材料、神经细胞保护等。等离子体在生物医药领域的研究虽然只有短短十年，但目前已成为国际研究的热点，不断有新的等离子体医疗装备研制出来，部分装备已实现了五年以上的临床试验，是一项很有潜力的应用技术，有望在不远的将来实现大规模的临床化和商业化。

21.3.1　皮肤消毒、细胞分化和伤口愈合

伤口的细菌感染是临床医学上的一大难题，目前普遍采用抗生素等药物来预防和治疗，但抗药菌[如耐甲氧西林金黄色葡萄球菌(MRSA)]的不断出现，特别是诸如大面积烧伤后产生的感染性溃疡，给伤口愈合带来了更多困难。等离子体灭

菌的高效性和广谱性为解决伤口的细菌感染带来了福音。因此，低温等离子体在生物医药领域最有潜力的应用之一便是对皮肤，特别是伤口的直接处理，在消毒灭菌的同时实现刺激细胞分化和促进伤口的愈合。研究表明，等离子体可在不损伤皮肤的情况下进行快速表面消毒。等离子体射流在皮肤上的平均停留时间小于1s时，细菌杀灭率接近95%，处理后伤口的细菌总数明显减少，处理后的皮肤温度低于40℃。

等离子体对动物细胞的刺激和分化作用最早是 Stoffels 等(2003)利用针电晕氦等离子体进行的研究。在不损坏细胞的前提下，他们使用等离子体精确地使细胞彼此之间分离，然后又重新聚集黏附。这被认为是等离子体与细胞之间最细微、最温和的操作，其过程与钙黏蛋白和整合蛋白有关，在外科手术中有重要的意义，可用于精确切除病变组织而不伤害周围正常组织。利用等离子体处理成纤维细胞组织(如 3T3 细胞)，具有最佳处理时间(一般为几到十几秒)，在此较短时间内等离子体处理并不对细胞造成损伤，而能够刺激细胞内的修复功能和黏附分子的释放，使细胞生长繁殖速度加快，有助于伤口的快速愈合。等离子体射流作用于 HaCaT 细胞 30s 后监测到一系列生长因子的变化，如钙黏蛋白和表皮生长因子减少而整合蛋白增多，这些生长因子与细胞的迁移和增殖密切相关，对伤口的愈合有着重要的影响。

实际上，等离子体的生物医学效应与等离子体剂量密切相关。用空气中的悬浮电极介质阻挡放电(FE-DBD)等离子体处理猪主动脉内皮细胞，发现等离子体处理 30s 后可刺激细胞的增殖，同时检测到生长因子的释放，处理 60s 后大于 75%的细胞仍然存活，处理 120s 后则观察到大量细胞死亡。因而，精确控制等离子体作用在动物细胞和组织上的剂量是实现医药应用的关键，用于医药的等离子体剂量见表 21.1。

表 21.1　用于医药的等离子体剂量

应用领域	等离子体剂量
皮肤消毒灭菌	1～2J/cm^2
细胞分化和伤口愈合	2～6J/cm^2
细胞凋亡和癌症治疗	5～10J/cm^2
血液凝固和快速止血	10～20J/mL(液相)

21.3.2　皮肤病的治疗

多种皮肤病(如皮炎、毛囊炎、湿癣和足癣等)都与细菌或真菌感染有关，低温等离子体能够抑制物体表面的微生物感染，包括非生命体表面、生物膜以及被污染或感染组织内细菌及真菌的生长。低温等离子体抑制微生物感染可能有三种机制：①微生物细胞膜或者细胞壁的渗透性改变使得合成蛋白质的原料无法进入细胞；②活性氧及活性氮的作用导致胞内蛋白质被破坏；③直接破坏细菌的 DNA。

等离子体直接作用于皮肤的杀菌能力有助于皮肤病的辅助治疗。例如，皮肤利什曼病(cutaneous Leishmaniasis)是一种由利什曼虫引起的广泛分布的皮肤病，每年约有 50 万病例，发病后期可能向内脏转移而致死。Fridman 等(2005)采用不同剂量 FE-DBD 等离子体处理利什曼虫，同时处理人体中的巨噬细胞作为对照，发现 20s 后 100%的利什曼虫被杀死，而 2min 后巨噬细胞的致死率只有 20%～30%，证实等离子体可在不损坏人体的条件下高效快速地杀灭这一致病寄生虫。除了微生物导致的疾病，另外一些基因缺陷或免疫类疾病也可通过等离子体来治疗，如家族性良性天疱疮(Hailey-Hailey disease)。这是一种少见的常染色体显性遗传病，致病原因与编码一种钙离子泵的基因 *ATP2C1* 突变有关，表现为皮肤部位多发性水疱、糜烂、结痂和瘙痒。临床上，利用氩气等离子体射流一方面减少细菌的重复感染，另一方面通过活性粒子刺激细胞内的生化反应，可成功治愈这一疾病。

21.3.3　细胞的凋亡和癌症的治疗

细胞凋亡是细胞内部一系列生化反应引起的典型的程序性细胞死亡，对细胞稳态和发育至关重要。凋亡是等离子体诱导肿瘤细胞选择性死亡的最常见方式。自从等离子体的肿瘤治疗潜力被报道以来，它对各种癌症细胞的选择性灭活作用受到关注，包括黑素瘤、结肠癌、肺癌、肝癌、乳腺癌、卵巢癌、宫颈癌、胶质母细胞瘤、胰腺癌、头颈部癌和白血病等。在不同的研究中，等离子体诱导细胞凋亡具有不同的信号转导机制。等离子体诱导细胞凋亡的功能使其成为了癌症治疗的新手段。

以黑素瘤治疗为例，黑素瘤是医学上常见的一种致死性皮肤癌。研究表明，可通过等离子体作用于皮肤来直接治疗或辅助治疗黑素瘤。等离子体体外处理黑色素瘤细胞 ATCC A2058，5～15s 后可诱导细胞凋亡，以致坏死。然而，等离子体处理后的细胞并非立即死亡而是停止生长，在 12～24h 后才表现出凋亡。另外，等离子体活性氧粒子可以诱导恶性胶质瘤细胞(glioblastoma U87MG)和结肠癌细胞(colorectal carcinoma HCT-116)的凋亡，使处理过的活体小鼠身上的恶性胶质瘤，数天后肿瘤细胞的生物发光性明显减弱，肿瘤体积明显缩小。

21.3.4　血液的凝固和快速止血

等离子体处理有助于血液的快速凝固。采用 DBD 等离子体反应器在石英玻璃表面产生的微放电等离子体处理体外血液 15s 后，血液在 1min 内凝固，而不加处理时则需要 15min。用等离子体处理体外人皮上的切口 30s，切口得到迅速止血。等离子体与纤维蛋白原之间的化学反应是等离子体凝血的可能原因之一，而等离子体的凝血过程中的血清蛋白、钙离子浓度和 pH 都不变，热效应和电场的作用也可忽略不计。不同等离子体的毒性也有所不同，氩气等离子体对血液的毒性较小，而氮气等离子体可能造成一定的溶血现象，空气等离子体则容易使白细胞发生分化。

等离子体与血细胞和血液中其他成分的化学反应尚不得而知，等离子体凝血的确切机理需要深入地研究。

21.3.5　牙科和龋齿的治疗

牙齿的消毒和龋齿的治疗是等离子体的另一重要医学应用。等离子体对口腔内造成龋齿的变异链球菌、大肠杆菌有很高的灭活能力。采用具有蚀刻作用的等离子体能有效地去除龋齿内的生物膜，同时可以减小假牙的水接触角，改善假牙与成骨细胞的接触与贴合度，为治疗牙周炎等疾病提供新的辅助途径。例如，Lu(卢新培)等(2012)研发的微等离子体射流(射流针)可以用于牙齿根管治疗、种植体周围炎治疗，使寿命较短的活性粒子(如 ROS)能起到杀菌效果，从而大大提高了灭菌效率。

21.3.6　化妆和美容

除了在治疗领域，低温等离子体也用于化妆和美容，如利用等离子体射流对牙齿进行美白、等离子体皮肤再生、脸部返老还童以及去皱除疤等。美国的 Rhytec 公司推出的等离子体整形机 Portrait® PSR3 已获美国食品药品监督管理局(FDA)的批准推向市场。该机器由射频电源产生氮气等离子体射流，温度低于 60℃，作用于皮肤表层 500μm 以内，可以去除死亡细胞并刺激胶原蛋白的产生和新细胞的分化，从而使老化皮肤得到更新。

21.3.7　生物医学材料的表面改性

生物医学材料是指用于取代、修复活组织的天然或人造材料，材料的生物相容性是其重要性能，要求材料植入生物体后不会引起凝血、毒性、过敏、致癌、免疫反应等，同时与生物体协调且执行预期的功能。

低温等离子体可以对材料表面进行多种处理，如镀膜、聚合、修饰、改性等。这些处理可以改善生物材料的亲水性、透气性、血溶性，因而在人造血管、血液透析薄膜等生物医学材料改性上得到广泛应用。

利用低温等离子体表面改性技术制备的生物医学材料具有几方面的特性：①产生新的表面化学结构，增强材料的生物兼容性；②产生一阻隔膜或渗透膜，可以控制药物的扩散速率；③在表面形成反应基团，用以固定特定的生物分子或蛋白质。

以下是低温等离子体改性生物医学材料的一些例子：

(1) 体内移植材料(如人造器官)。选择满足要求的材料，经过等离子体表面处理，在表面引入特定功能团，使其与人体血液及组织相容。由于等离子体聚合膜与基底材料表面之间为共价键结合，其化学性质稳定，使用寿命也很长。

(2) 生物传感器。如用于测量尿糖的催化型生物传感器，采用有机单体在基片表面产生等离子体聚合薄膜，再用氨/氧等离子体在表面引入氨/羧基团。表面的氨/羧基团会与尿液中的葡萄糖氧化酶耦合，起到检测尿糖的功能。这种用等离子体方法制备的尿糖传感器检测速度快，准确且寿命长。还有用于食物和环境监测的亲和力型生物传感器，用乙烯基二氨单体制备的等离子体聚合膜。这层膜极薄且均匀，同时还引入了氨基功能团，使所制备的生物传感器具有非常快的响应时间(1～2s)、非常低的噪声和非常高的灵敏度。

(3) 抗凝血材料。未经等离子体处理的人造血管植入人体后容易引起血小板的聚集，以致形成血栓。而等离子体沉积的聚合物膜的亲水性基团(如—OH、—COOH 等)往往暴露在外，薄膜表现出良好的亲水性，并且它不受血液浓度或黏度变化的影响。因此，使用涂有等离子体沉积膜的人造血管，能够大大降低血栓的出现机会。

21.3.8　等离子体细胞保护

等离子体的生物医学应用具有剂量依赖性。等离子体剂量的变化，能够选择性地诱导细胞内不同的生存或死亡程序。由于较高剂量的等离子体具有致死性效应，大部分研究将其用于消毒灭菌、癌症治疗。但是，一些研究也揭示了中低剂量等离子体对细胞所能产生的有益效应，如促进细胞增殖分化，从而可将其应用到伤口愈合和止血，保护细胞免受缺糖、缺氧相关损伤，从而可将其应用到神经系统疾病、心脑血管疾病的治疗。

自 2017 年，Yan(闫旭)等采用针-环电晕结构的氦气 APPJ 预处理对氧化应激诱导的 SHSY-5Y 神经细胞损伤的保护作用进行了研究，发现 APPJ 处理能以时间依赖的方式保护 SHSY-5Y 神经细胞免受 H_2O_2 诱导的凋亡。处理时间由 1s 增加至 8s 时细胞活性由 56.44% ± 6.10%增加至 81.67% ± 3.49%，同时观察到胞外 NO 浓度显著增加。这一研究结果为 APPJ 对细胞氧化应激的保护作用提供了直接证据，也预示了 APPJ 的细胞保护作用可能与其所产生的活性氮氧化物有关。除氧化应激外，适量的等离子体处理明显减少了长时间的缺糖、缺氧及糖氧剥夺(OGD)损伤引起的神经细胞凋亡，且伴随着胞外 NO 的积累。

NO 在 APPJ 的细胞保护功能上发挥了关键作用。APPJ 处理不仅增加了胞外 NO 浓度，也增加了胞内 NO 浓度。对神经细胞而言，经由 NO 介导，APPJ 处理能够削弱典型的 OGD 损伤后果，抑制线粒体凋亡通路，包括减少线粒体膜电位的丢失、减少细胞色素 c 从线粒体释放到细胞质中、降低抗凋亡蛋白 Bcl-2 的表达、上调促凋亡蛋白 Bax 表达，从而减少细胞凋亡。使用 H9C2 心肌细胞系和新生大鼠心肌细胞(NRCM)，闫旭等还观察到了 APPJ 对 OGD 诱导的心肌细胞死亡的保护作用。APPJ 处理使 OGD 条件下 H9C2 心肌细胞的活性增加，细胞形态得到改善，细胞凋亡率明显降低；对于 NRCM，APPJ 处理减少了胞外 CK-MB 和 cTnI 释放水平，而它们普遍被认为是临床心肌损伤的标志物。

表 21.2 给出了细胞保护研究的部分参数和效果，其中氦气 APPJ 的放电电压为 5.6kV/ 5kHz，气流量为 1.4L/min。

表 21.2　大气压等离子体射流细胞保护研究的部分参数和效果(Yan et al.,2020,2019,2018,2017)

序号	细胞	损伤类型	处理时间	处理效果
1	SHSY-5Y	氧化应激	96 孔板 0～10s 6 孔板 0～60s	细胞活性提高，凋亡率降低，胞外 NO 浓度增加
2	SHSY-5Y	缺糖	96 孔板 0～12s	细胞活性提高
3	SHSY-5Y	缺氧	ECIS 培养板 0～60s	细胞活性提高，胞外 NO、H_2O_2 浓度增加
4	SHSY-5Y	氧糖剥夺	96 孔板 0～32s 6 孔板 0～256s	细胞活性提高，凋亡率降低，线粒体完整，胞内、外 NO 浓度增加
5	H9C2 心肌细胞系，新生大鼠心肌细胞(NRCM)	氧糖剥夺	96 孔板 0～8s 6 孔板 0～120s	细胞活性提高，形态改善，凋亡率降低，胞外 NO 浓度增加

实际上，NO 是一种细胞间信号分子，在体内由 L-精氨基酸在一氧化氮合酶的作用下合成，具有脂溶性，可快速扩散通过生物膜，将细胞产生的信息传递到周围的细胞中。NO 也是典型的“明星分子”，具有调节血管平衡、神经传递、抗菌防御等生理功能。在神经系统中，NO 对神经元细胞系和原代神经元在各种死亡挑战下的生存至关重要，它参与神经干细胞的增殖与分化、调节睡眠质量、激素分泌、突触可塑性等多个生理过程，NO 的缺失可能会加重某些神经病理状况。NO 兼具神经保护作用和神经毒性，与剂量有关。低剂量的 NO 不管是在体外还是体内都表现出神经保护作用，而过量的 NO 则可能引发病理生理上的神经退行性疾病。在心脑血管系统中，NO 也发挥着重要的生理作用，所有已知的心血管疾病的发病机制和临床过程都涉及 NO 的减少。NO 及其生物活性衍生物在体内外主要通过靶向作用 cGMP、MAPK、HIF-1、PI3K、sGC 等通路实现心肌保护作用。

NO 是 APPJ 产生的重要活性氮氧化物之一，可以通过 APPJ 的放电条件予以控制，这增加了等离子体用于细胞保护的可操作性。因而，等离子体或可作为一种新型的 NO 供体药物，用于预防和治疗局部缺血和缺氧引发的神经系统、心脑血管系统疾病。

21.4　等离子体农业

21.4.1　等离子体食品处理

食品或粮食的腐败主要由细菌或霉菌引起，如何有效杀灭粮食中的霉菌及其孢子，是减少食品储运损失的关键之一。等离子体直接作用于鸡蛋、鸡肉、猪肉和鱼肉等食品，可以有效杀灭食品中常见的致病菌，如沙门氏菌、李斯特菌、金黄色葡萄球菌、霉菌等。例如，利用平板式 DBD 等离子体处理果实表面大肠杆菌 30s，可使细菌密度下降 5 个对数；处理稻谷和大豆 15min 后，曲霉菌和青霉菌的数量下降了 3 个对数，黄曲霉毒素则减少 50%，但种子仍然保持着 85%以上的萌发性。大多数研究结果表明，等离子体保鲜技术是有效和安全的。但该技术的广泛应用还有待时日，其安全剂量控制和毒理学研究仍需明确。

等离子体也可以处理用于食品加工或储存的器具，如生鲜品操作台的消杀、包装储存材料的消杀等。

21.4.2　等离子体生物诱变育种

等离子体生物诱变育种的研究最早出现在 20 世纪 80 年代的低气压离子束注入，它将等离子体直接作用于种子上。近年来，大气压等离子体更受关注和青睐，特别是大气压等离子体射流，能够在常压下产生温度为 25～40℃、高活性粒子浓度(激发态的氦原子、氧原子、氮原子、HO · 等)的等离子体。图 21.3 所示是三种典型的生物诱变育种装置。

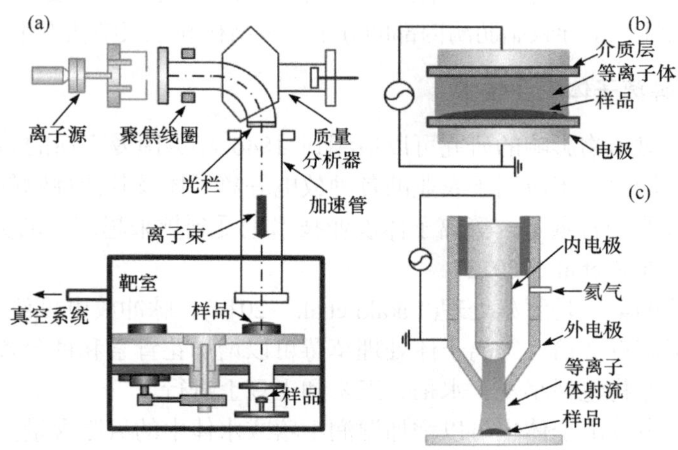

图 21.3　等离子体生物诱变育种装置示意图

(a) 低气压离子束注入；(b) 大气压介质阻挡放电；(c) 大气压等离子体射流

等离子体诱变育种的特点是突变谱广、突变率高、遗传稳定。相比之下，等离子体射流利用等离子体放电区域外的处理方式，等离子体温和、可控性好、效果更佳。

等离子体诱变育种的机制是等离子体对遗传物质(DNA)和蛋白质的生理效应，如利用氦等离子体射流处理 DNA 后的 pP-GFP 质粒电泳照片(图 21.4)表明(Li et al.，2011)，处理后的寡聚核苷酸链大分子的一部分片段被打断，同时生成了一些新的分子片段。氦等离子体射流在 30s 的作用时间内对 DNA 就已经有了比较明显的作用效果；随着时间增长，越来越多的 DNA 链片段被打断；处理 10min 后，几乎所有的 DNA 链被打成碎片。氦等离子体作用于遗传物质 DNA 双链过程中，起主要作用的是射流中的活性粒子，而放电热效应、电场、紫外线的作用很小。

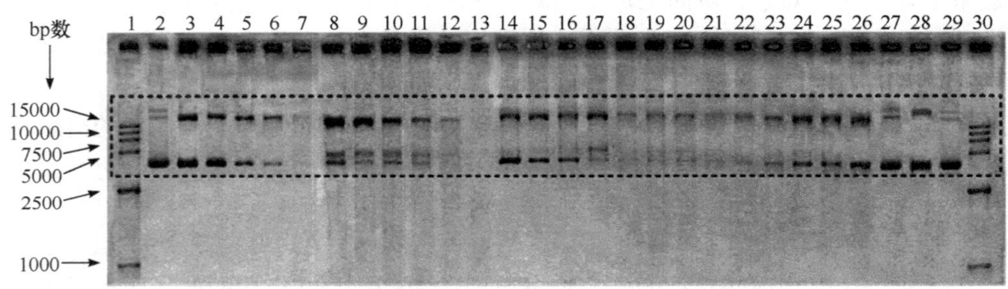

图 21.4　不同情况下的 pP-GFP 质粒电泳图

虚线框代表 Li 等研究的 DNA 片段区域，泳道 1 和 30 用来标记 DNA 片段的 bp 数，泳道 2 和 29 表示未处理的质粒的电泳图像

等离子体射流同时对蛋白质也有明显作用。射流对脂肪酶的作用比较温和，致死效应很弱，酶量不发生显著变化，但是脂肪酶的酶活有较大幅度上升，可能原因是等离子体活性粒子导致脂肪酶内部的分子二级结构和三级结构发生了变化。

21.4.3　其他等离子体农业技术

放电效应对植物影响的研究可以追溯到 1846 年英国爱丁堡的 Maimbray 博士。此后，人们致力于应用于农业的各种放电等离子体及其活性物的研究。近年来，在绿色农业的背景下，等离子体农业技术也受到越来越广泛的关注(Ganesan et al.，2021；Puač et al.，2018)。

一个成功的案例是蘑菇处理(Takaki et al.，2014)，脉冲放电可使生长期 15 天的香菇产量提高近 2 倍。等离子体处理草莓可以增加花青素和糖分含量。类似的研究也在其他作物包括小麦、水稻、玉米和土豆上进行。

另外，放电等离子体也可以增加湿润土壤或水体中的氮肥含量。

土壤修复是等离子体农业研究的新方向，包括降低或去除污染土壤的抗生素、重金属，改善土壤贫瘠状态，减少杀虫剂的使用等。

第 22 章　等离子体对电磁波的调控

等离子体具有特殊的电磁特性。等离子体参数和电磁波频率的不同，对于电磁波的传输可以表现出导体和介质双重特性，使电磁波与等离子体的相互作用变得非常复杂。利用放电等离子体对电磁波的传输、反射、漫反射、吸收、法拉第旋转等效应可以调控电磁波的传播行为，实现等离子体雷达隐身、射频天线、射频传输线和开关、相移器、光子晶体等不同应用。本章介绍等离子体对电磁波调控的原理和应用。

22.1　等离子体的电磁特性和电磁波传输

22.1.1　等离子体介电常数和电导

一般地，等离子体的磁导率近似为$\mu_r \approx 1$，但其介电特性比较复杂。如第 1 章第 1.5.3 节所述，非磁化等离子体具有复电导和复介电常数。采用 Drude 模型，对频率ω电磁波，电子与中性粒子碰撞频率为ν_m、频率为ω_p的等离子体的电导和介电常数可分别表示为式(1.56)和式(1.57)，即

$$\sigma = \frac{e^2 n_e}{m\nu_m} \Big/ (1 - i\omega/\nu_m) = \frac{\sigma_w}{1+\omega^2/\nu_m^2}(1 + i\omega/\nu_m) \tag{22.1}$$

$$\varepsilon_r = 1 - \frac{\omega_p^2}{\omega^2+\nu_m^2} + i\frac{\nu_m}{\omega}\frac{\omega_p^2}{\omega^2+\nu_m^2} \tag{22.2}$$

相应的等离子体介质对大气(空气)的折射率为$n = \sqrt{\mu\varepsilon} \approx \sqrt{\mu_0\varepsilon_0}\sqrt{\varepsilon_r}$，而磁化等离子体(考虑电子和正离子)的介电常数更为复杂，一般是张量，即式(1.63)。这种复杂的介电特性使电磁波在等离子体表面的反射、折射以及在等离子体中的传播非常复杂，可以产生多种特殊效应。

22.1.2　电磁波在等离子体中的传播

只有频率高于等离子体频率的电磁波$(\omega > \omega_p)$才能进入等离子体并在其中传播。低频电磁波$(\omega < \omega_p)$不能进入等离子体，将在等离子体界面被反射，但在等离子体表面层内也具有一定的趋肤深度。

对于单色平面$E,B\sim\exp(\mathrm{i}\boldsymbol{k}\cdot\boldsymbol{x}-\omega t)$，如果等离子体是无碰撞的，则电磁波的波矢和波数是实的，高频电磁波能够自由传播，直到等离子体边界。如果等离子体是有碰撞的，则波矢和波数是虚的，电磁波将部分被吸收衰减。波数主要由介电常数决定，$k=\beta+\mathrm{i}\alpha=\dfrac{\omega}{c}\sqrt{\varepsilon_{\mathrm{r}}}\approx\omega\sqrt{\mu_0\varepsilon_0}\sqrt{\varepsilon_{\mathrm{r}}}$。其中实部$\beta$为相位常数，表征电磁波在传播过程中的相位延迟；虚部α为衰减系数，表征电磁波在传播过程中的幅度衰减。二者的表达式分别为

$$\begin{cases}\alpha=\omega\sqrt{\dfrac{\mu_0\varepsilon_0}{2}}\sqrt{-1+\dfrac{\omega_{\mathrm{p}}^2}{\omega^2+\nu_{\mathrm{m}}^2}+\sqrt{\left(1-\dfrac{\omega_{\mathrm{p}}^2}{\omega^2+\nu_{\mathrm{m}}^2}\right)^2+\left(\dfrac{\nu_{\mathrm{m}}}{\omega}\dfrac{\omega_{\mathrm{p}}^2}{\omega^2+\nu_{\mathrm{m}}^2}\right)^2}}\\ \beta=\omega\sqrt{\dfrac{\mu_0\varepsilon_0}{2}}\sqrt{1-\dfrac{\omega_{\mathrm{p}}^2}{\omega^2+\nu_{\mathrm{m}}^2}+\sqrt{\left(1-\dfrac{\omega_{\mathrm{p}}^2}{\omega^2+\nu_{\mathrm{m}}^2}\right)^2+\left(\dfrac{\nu_{\mathrm{m}}}{\omega}\dfrac{\omega_{\mathrm{p}}^2}{\omega^2+\nu_{\mathrm{m}}^2}\right)^2}}\end{cases}\tag{22.3}$$

对于低频电磁波，在等离子体表面的趋肤(穿透)深度为$\delta=1/\alpha$。若频率远低于等离子体频率，趋肤深度与等离子体可用电导和电磁波频率表示

$$\delta=1/\alpha\approx\sqrt{2/\sigma\omega\mu_0}$$

理论上，计算电磁波在等离子体中的行为首先是根据不同应用需要正确建模，再利用几何光学近似法 WKB 求解电磁波在界面的反射系数，以及在等离子体中的透射系数和吸收系数，或者利用时域有限差分(FDTD)法求解电磁波场值分布。对于缓变介质，这两种方法都非常有效。

22.2 等离子体隐身

等离子体隐身一般是指雷达隐身，它利用等离子体对微波段电磁波的吸收、漫反射等效应，减小微波的正反射，即减小雷达的回波信号和反射截面(RCS)，实现目标的隐身。

等离子体隐身技术作为一种新原理隐身技术备受关注。20 世纪 50～60 年代，美国和苏联专家都观察到了低空核爆炸试验中形成的数百公里等离子体区域对雷达波的“黑障”作用，开启了等离子体隐身的探索。1962 年，Swarner 首次发表了关于等离子体应用于目标雷达散射截面积(RCS)缩减的论文。1990 年，美国学者 Vidmar 研究了雷达波与大气等离子体的相互作用，并首次使用了“等离子体隐身”的概念。

与常规被动飞行器隐身技术不同，等离子体隐身技术不是靠外形布局和吸波材料来减少被敌方雷达探测的可能，而是一种主动反雷达隐身技术。像其他主动

反雷达隐身技术一样(包括电磁对消技术，具有压制性干扰和欺骗性干扰的射频干扰机/雷达诱饵技术)，是依靠自身特殊的物理性质以及对电磁波的特殊作用来达到隐身目的，具有可控可调、吸收频带宽、不影响防护目标的结构外形和战术技术性能、维护相对简便且成本低廉等优点，在对抗雷达波探测，特别是对抗先进体制雷达探测方面优势明显。

等离子体隐身技术是基于等离子体对电磁波的反射、吸收、散射(折射)、变频及相移等机制，降低雷达的探测概率(或减小 RCS)，并可通过控制等离子体参数(如等离子体频率、碰撞频率等)来满足特定要求，从而规避不同频段电磁波的探测。在实际应用中，等离子体隐身的机制主要还是散射和吸收，示意图如图 22.1 所示。

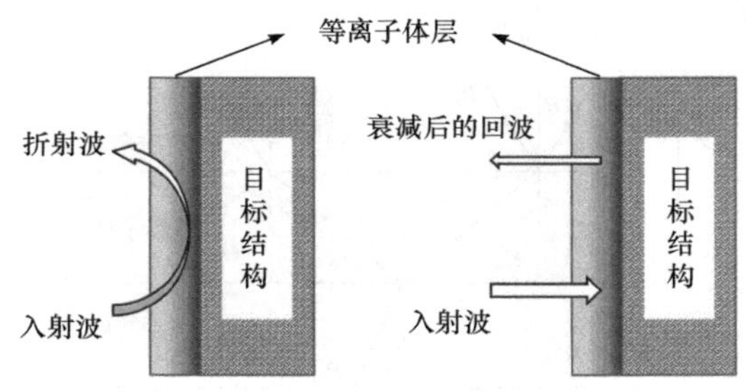

图 22.1　隐身机制示意图：散射(左)和吸收(右)

1) 非均匀等离子体对电磁波的散射

在非均匀等离子体中，由于不同密度等离子体界面的存在，电磁波的传播实际上是非垂直的散射。非均匀等离子体对入射电磁波的折射使电磁波传播轨迹发生弯曲，雷达回波偏离敌方雷达的接收方向，这使得正反射的电磁波能量(对雷达而言即为 RCS)大大减小。

2) 碰撞等离子体对电磁波的吸收

对于有碰撞的等离子体，电磁波在其中传播时必然被吸收衰减。吸收强度取决于电子碰撞频率(决定吸收系数)和等离子体层厚度(吸收长度)。

下面以平面波和非磁化等离子体为例予以说明。

22.2.1　电磁波在层状等离子体中的传播

如前所述，进入等离子体的电磁波必须高于等离子体频率的电磁波，但低频波在等离子体表面层内也具有一定的趋肤深度。

计算电磁波等离子体中的传输系数通常利用 WKB 法，它是由温策尔(Wentzel)、克拉默斯(Kramers)和布里渊(Brillouin)在求解一维薛定谔方程时建立的几何光学近似法，也称经典近似法，通过建立电磁波入射等离子体的物理模型，计算给定频率电磁波在界面的反射系数，以及在等离子体中的透射系数和吸收系数。由于等离子体通常可以视为一种缓变介质，满足 WKB 的近似条件，这种近似方法的结果也非常可信。

如图 22.2 所示，设等离子体层厚度为 d，界面方向(X,Y)，法向为 Z；等离子体密度在横向(即平行于(X,Y)平面)是均匀的，而纵向(沿 Z 方向)可以不均匀。电磁波(功率 P_0)从空气以入射角θ经过界面进入等离子体，在上表面产生反射，功率为 P_r；其余部分折射进入等离子体，折射角为φ，功率为 P_i。折射电磁波穿过等离子体层，部分被吸收，即吸收功率 P_a；其余经下界面透射出等离子体以外，即透射功率 P_t。当然，也有部分电磁波被下表面反射回到等离子体层，并在上-下界面形成多次反射、折射和透射。这部分功率通常比较小，计算时可以忽略。因此，可近似认为 $P_0 = P_r + P_i = P_r + P_t + P_a$。

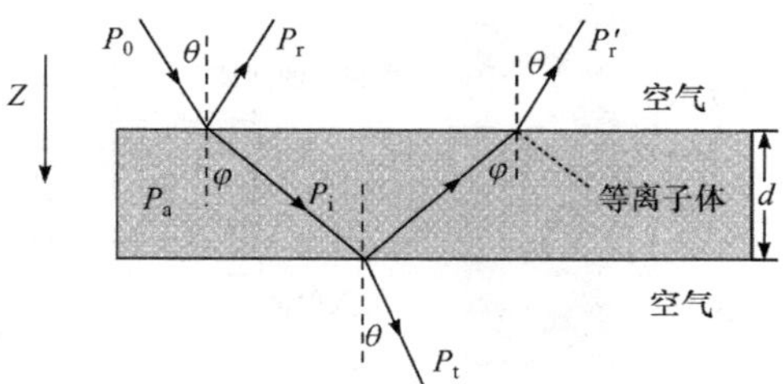

图 22.2　电磁波在均匀平面等离子体层的传播模型
(反射、透射和衰减)

电磁波在上表面的反射率和功率

$$\Gamma^2 = \left|\frac{\varepsilon_r \cos\theta - \sqrt{\varepsilon_r - \sin^2\theta}}{\varepsilon_r \cos\theta + \sqrt{\varepsilon_r - \sin^2\theta}}\right|^2, \quad P_r = P_0\Gamma^2 \tag{22.4}$$

对于厚度为 d 的等离子体，电磁波的透射功率

$$P_t = P_i \exp(-2\alpha d') = P_0(1-\Gamma^2)\exp(-2\alpha d / \cos\varphi) \tag{22.5}$$

相应地，电磁波在等离子体层的反射系数、透射系数和吸收系数分别为

$$T_r = \frac{P_r}{P_0} = \left|\frac{\varepsilon_r \cos\theta - \sqrt{\varepsilon_r - \sin^2\theta}}{\varepsilon_r \cos\theta + \sqrt{\varepsilon_r - \sin^2\theta}}\right|^2 \tag{22.6}$$

$$T_t = \frac{P_t}{P_0} = (1-\Gamma^2)\exp(-2\alpha d / \cos\varphi) \tag{22.7}$$

$$T_a = \frac{P_a}{P_0} = (1-\Gamma^2)(1-\exp(-2\alpha d / \cos\varphi)) \tag{22.8}$$

对于均匀等离子体层，电磁波反射系数如图 22.3 所示，其特点包括：

(1) 当入射电磁波频率小于等离子体频率($f<f_p$)时，电磁波在空气和等离子体的分界面被完全反射；当入射电磁波频率大于等离子体频率($f>f_p$)时，电磁波完全透过空气和等离子体的分界面，进入等离子体内部。可见，等离子体对入射电磁波具有明显的截止频率，相当于一个高通滤波器。等离子体对入射电磁波的截止频率就是等离子体频率。如对于 10GHz(X 波段)电磁波，当$f<10$GHz 时，电磁波的反射系数 $T_r\approx 1$，电磁波基本全部被反射；当$f>10$GHz 时，电磁波的反射系数 $T_r\approx 0$，电磁波基本全部进入等离子体。

(2) 等离子体碰撞频率不影响等离子体对电磁波的截止频率，但随着碰撞频率的增大，等离子体对电磁波的反射系数逐渐减小，使得当$f<f_p$时部分电磁波可以进入等离子体。

(3) 等离子体厚度不影响等离子体对电磁波的截止频率，不同厚度的等离子体对入射电磁波有相同的反射特性。

(4) 随着入射角度的增大，同一频率的电磁波的截止频率逐渐增大，即电磁波斜入射等离子体，相当于“增大”了等离子体频率，如$f_p=10$GHz，$\theta=50°$时，截止频率$f_{cr}=14$GHz。

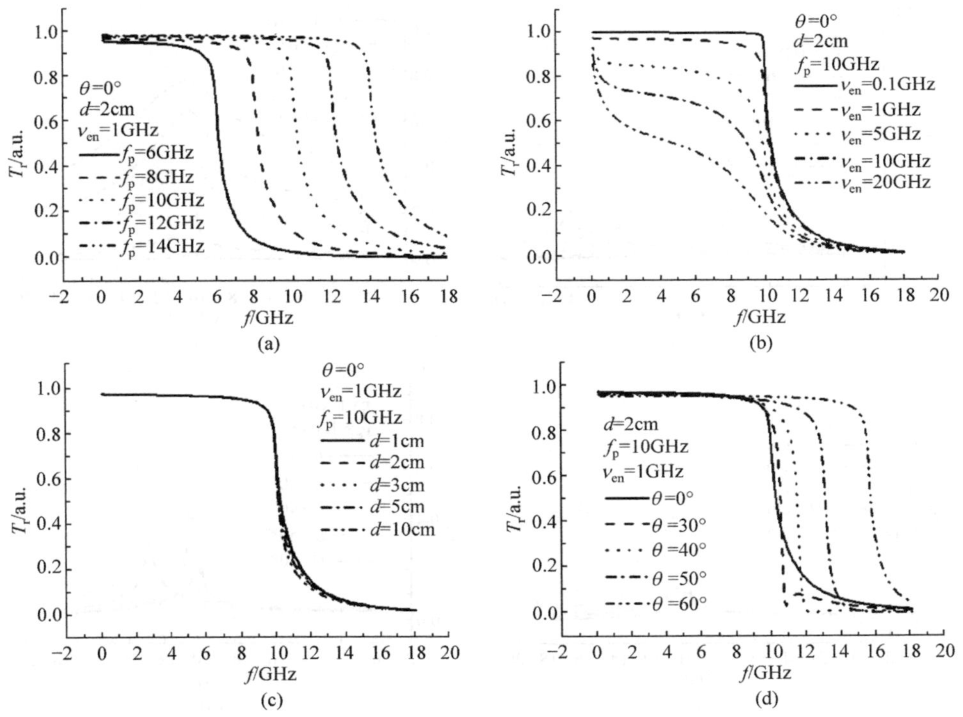

图 22.3　电磁波入射均匀等离子体的反射系数随各参数的变化

(a) 等离子体频率的影响；(b) 等离子体碰撞频率的影响；(c) 等离子体厚度的影响；(d) 电磁波入射角度的影响

也就是说，增加等离子体频率(即等离子体密度)和电磁波入射角度可提高等离子体对电磁波的截止频率，增大等离子体碰撞频率会减小反射系数，等离子体厚度不影响等离子体对电磁波的反射特性。

电磁波入射均匀等离子体层的吸收系数如图 22.4 所示，其特点包括：

(1) 等离子体对入射电磁波的吸收系数在等离子体频率附近有一个吸收峰，如 $f_p = 10$GHz 时，吸收峰处的电磁波频率为 $f = 10$GHz。等离子体频率改变时，吸收峰值的位置也随之改变，但吸收峰值无明显变化。

(2) 随着碰撞频率的增加，吸收峰的位置虽没有明显变化，但峰值逐渐增大，峰宽也明显增加。这是由于当入射电磁波的频率接近截止频率，即等离子体频率时，等离子体中电子的振荡频率和电磁波的频率相近，等离子体对电磁波产生共振吸收，电磁波能量被显著衰减；当入射电磁波的频率太高或太低时，等离子体中电子的响应跟不上或远大于电磁波的电磁场的变化，使等离子体中电子吸收电磁波的能量相应减小。等离子体碰撞频率很大程度上决定了等离子体对电磁波的吸收作用，高的等离子体碰撞频率有利于等离子体对电磁波的吸收。

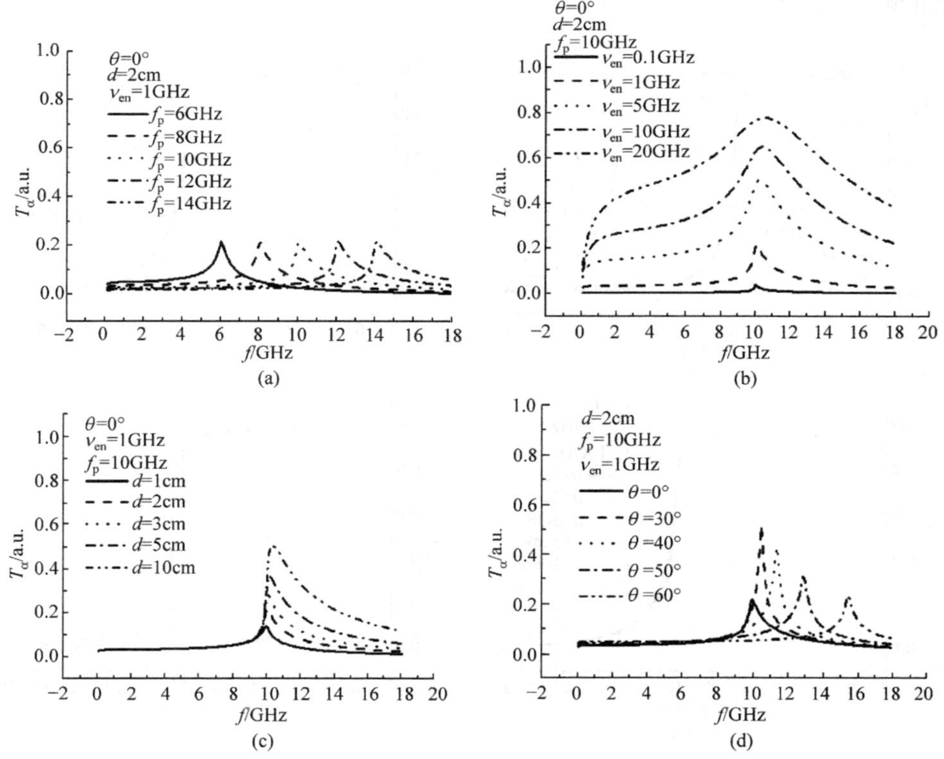

图 22.4　电磁波入射均匀等离子体层的吸收系数随各参数的变化

(a) 等离子体频率的影响；(b) 等离子体碰撞频率的影响；(c) 等离子体厚度的影响；(d) 电磁波入射角度的影响

(3) 入射电磁波频率小于截止频率时，等离子体厚度不影响对电磁波的吸收；入射频率大于截止频率时，随着等离子体厚度的增加，等离子体对电磁波的吸收逐渐增强。$f<f_p$ 时，入射电磁波被等离子体全反射，不能进入等离子体内而被等离子体吸收；$f>f_p$ 时，部分电磁波可进入等离子体被碰撞吸收，等离子体厚度越大，电磁波在等离子体中传播的长度就越长，吸收系数也就越大。

(4) 随着电磁波入射角度的增加，等离子体对电磁波的吸收峰的位置逐渐向高频端移动，吸收峰值也有所变化。

增大等离子体碰撞频率和厚度有利于等离子体对电磁波的吸收，改变等离子体频率和电磁波入射角度可以改变吸收峰的位置。

电磁波入射均匀等离子体层的透射系数如图 22.5 所示，其特点包括：

(1) 等离子体对入射电磁波具有明显的截止频率，只有当 $f>f_p$ 时，电磁波才能透射出等离子体层。

(2) 随着等离子体碰撞频率的增大，进入等离子体内的电磁波被等离子体碰撞吸收的作用增强，透射出等离子体层的电磁波的能量逐渐减小。

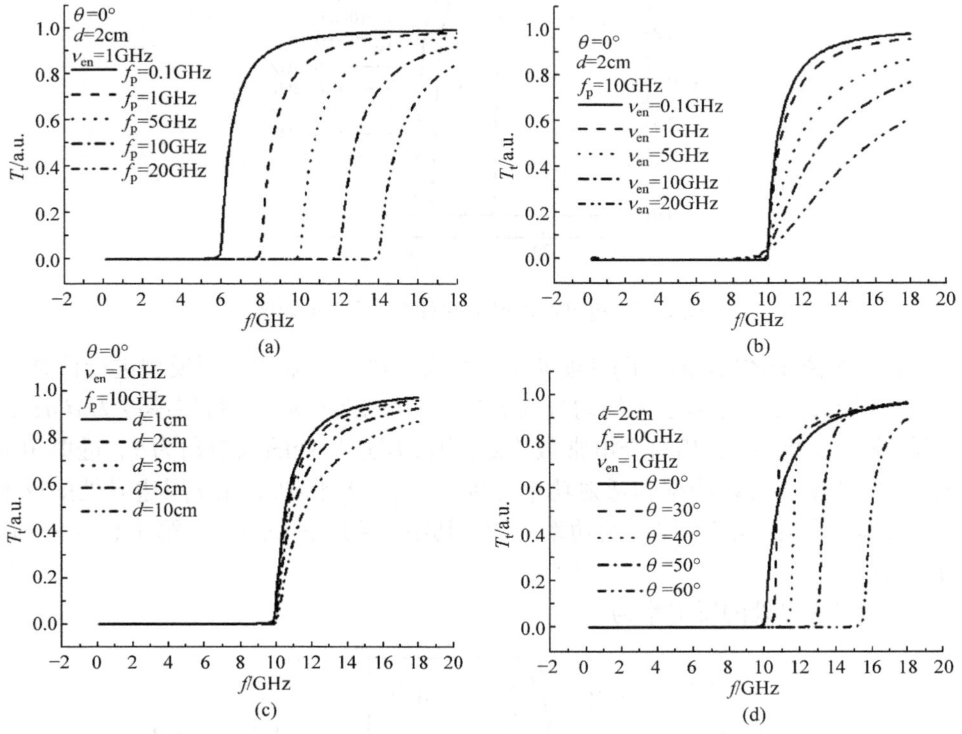

图 22.5　电磁波入射均匀等离子体层的透射系数随各参数的变化

(a) 等离子体频率的影响；(b) 等离子体碰撞频率的影响；(c) 等离子体厚度的影响；(d) 电磁波入射角度的影响

(3) 增加等离子体厚度可以增强等离子体对进入等离子体内的电磁波的吸收作用，减小透射出等离子体层的电磁波能量。

(4) 随着电磁波入射角度的增加，同一频率的入射电磁波的截止频率逐渐增大。

增加等离子体频率和电磁波入射角度可有效提高电磁波截止频率，较大的等离子体碰撞频率和等离子体厚度有利于减小电磁波的透射系数。

显然，对于低频电磁波，如果在其趋肤深度内被等离子体强烈吸收衰减，则电磁波将不被反射回去，电磁波能量被等离子体耗散在趋肤层内。只有足够厚度的等离子体层才能使低频电磁波反射出等离子体层。

此外，电磁波入射角度也会影响电磁波的透射系数。不同电磁波频率下，入射波存在全反射角度θ_{cr}，即当$\theta > \theta_{cr}$时，即使$f > f_p$，电磁波仍被完全反射。随着入射电磁波频率的增加，全反射角逐渐增大，例如，入射电磁波频率f= 12GHz、14GHz、16GHz 和 18GHz 对应的全反射角分别为 34°、45°、52°和 57°，如图 22.6 所示。

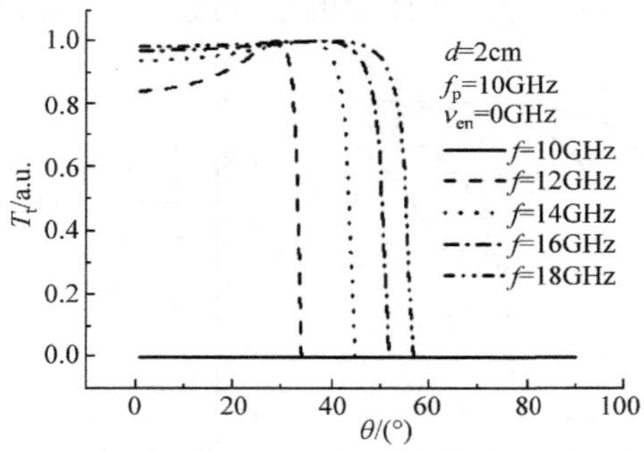

图 22.6　电磁波入射角度对透射系数的影响

如果等离子体层的(电子)密度非均匀分布，则需要采用分层模型进行计算。

一般地，可设等离子体均匀分为 n 层，如图 22.7 所示。每层厚度为 d/n；第 i 层的衰减系数为α_i，相对介电常数为ε_{ri}，第 i 层边界处的入射角为θ_i，透射角为φ_i，入射功率、反射功率和透射功率分别为 P_{0i}、P_{ri} 和 P_{ti}，第 i 层边界处的反射波被衰减后射出等离子体区的功率为 P'_{ri}(其中 $i = 1,2,\cdots,n+2$，第 1 和 $n+2$ 层为空气层)。

第 i 层边界处的反射率为

$$|\Gamma_i|^2 = \left| \frac{\dfrac{\varepsilon_{r(i+1)}}{\varepsilon_{ri}} \cos\theta_i - \sqrt{\dfrac{\varepsilon_{r(i+1)}}{\varepsilon_{ri}} - \sin^2\theta_i}}{\dfrac{\varepsilon_{r(i+1)}}{\varepsilon_{ri}} \cos\theta_i + \sqrt{\dfrac{\varepsilon_{r(i+1)}}{\varepsilon_{ri}} - \sin^2\theta_i}} \right|^2, \quad i = 1,2,\cdots,n+2$$

其中，透射角φ_i与入射角θ_i满足$\dfrac{\sin\varphi_i}{\sin\theta_i}=\dfrac{\varepsilon_{\mathrm{r}(i+1)}}{\varepsilon_{\mathrm{r}i}}$。

相应地，沿纵向(Z 方向，等离子体层的垂直方向)上，等离子体对电磁波的总反射、透射和吸收系数分别为

$$T_{\mathrm{r}}=|\Gamma_1|^2+\sum_{j=2}^{n}\left\{|\Gamma_j|^2\cdot\prod_{l=1}^{j-1}\left[(1-|\Gamma_l|^2)\exp\left(-2\alpha_l\frac{d/n}{\cos\theta_l}\right)\right]^2\right\} \tag{22.9}$$

$$T_{\mathrm{t}}=(1-|\Gamma_{n+1}|^2)\cdot\prod_{l=1}^{n}\left[(1-|\Gamma_l|^2)\exp\left(-2\alpha_l\frac{d/n}{\cos\theta_l}\right)\right]^2 \tag{22.10}$$

$$T_{\mathrm{a}}=1-T_{\mathrm{r}}-T_{\mathrm{t}} \tag{22.11}$$

注意，这里计入了等离子体层多次反射-折射功率，与前面的单层有一点区别。

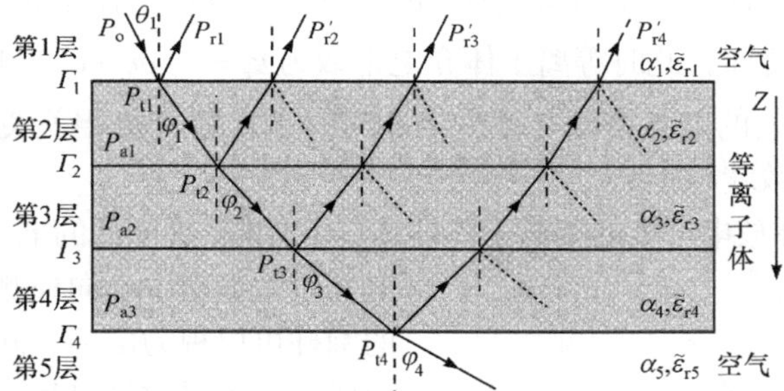

图 22.7 电磁波入射轴向非均匀等离子体层的传播模型(反射、透射和衰减)

一般地，纵向非均匀等离子体对电磁波传播的影响与均匀等离子体层基本相似，离子体碰撞频率、厚度和电磁波的入射角度对传播系数的影响方式也大致相同。但与均匀等离子体相比，在相同的等离子体最大密度(即相同的透射截止频率)下，纵向非均匀等离子体对入射电磁波的传输特性有以下特点：

(1) 反射作用减小，表现为反射系数和反射频带的减小。空气和等离子体的分界面为锐边界，相对介电常数的变化较大，从而导致均匀等离子体对入射电磁波具有较大的反射系数，而轴向非均匀等离子体为渐变边界，等离子体密度从边界到中心逐渐增大，相对介电常数也随之逐渐增大，使更多的电磁波能量可以进入等离子体内，反射系数大大减小。

(2) 吸收作用增强，表现为吸收系数和吸收频带的增加。渐变边界时更多电磁波能量进入等离子体，从而被等离子体碰撞吸收，增强了等离子体对电磁波的吸收作用。

(3) 透射作用基本相同。等离子体的最大密度决定透射截止频率，在相同等离子体最大密度情况下，纵向非均匀等离子体具有和均匀等离子体层相同的电磁波透射特性。

密度非均匀等离子体层对电磁波的传输影响比较复杂，需根据具体情况进行建模计算和实验测试。

如果需要考虑电磁波在等离子体中的时变问题,则往往利用FDTD法来研究。

22.2.2 电磁波在曲面等离子体柱的散射

如果等离子体位形为非理想平面或层状,则电磁波的漫散射将可能非常强烈，电磁波的传输行为更为复杂，与电磁波和等离子体频率、分布等都密切相关。

下面以圆柱形等离子体柱和平面电磁波为例予以分析。

1) 低密度等离子体情形

如果等离子体柱的密度分布均匀，高频电磁波可以穿透等离子体柱，除非碰撞导致电磁波在等离子体中的衰减。

如果等离子体柱密度非均匀，则也可以出现强烈的散射效应。为简单起见，我们先不考虑电子碰撞，此时等离子体介电常数为$\varepsilon_{\rm r}=1-\omega_{\rm p}^2/\omega^2=1-n_{\rm e}e^2/m_{\rm e}\varepsilon_0\omega^2$。非均匀等离子体内的电子密度与该处的相对介电常数呈负相关关系，电子密度越大，相对介电常数就越小。

一般地，气体放电产生的等离子体柱具有中心高、周围低的电子密度分布，其相对介电常数由中心向外侧逐渐递增。这样的圆柱可以视为由多个同心柱壳薄层组合而成，当入射波经过每一个薄层界面时都会发生一定程度的折射，如图 22.8 所示。

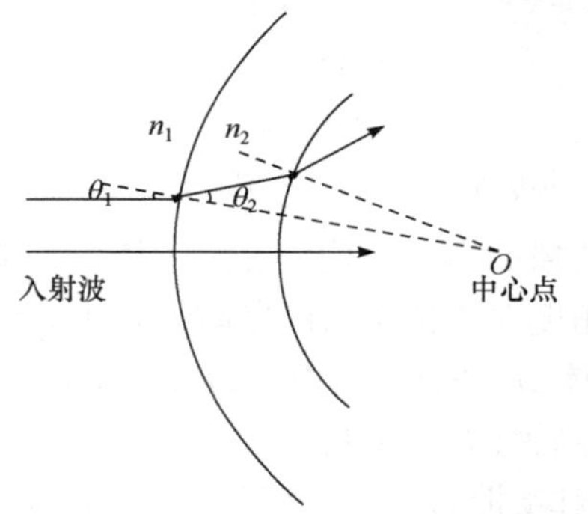

图 22.8 电磁波在等离子体柱表面的散射

由折射定律$n_1\sin\theta_1=n_2\sin\theta_2$可知，当平面电磁波入射到这种等离子体圆柱时，除了严格通过圆柱中心的波束(正透射)以外，其余部分均会不同程度地由中心向边缘偏转。

以 10GHz(X 波段)电磁波为例，计算一个具有抛物线型密度分布的等离子体柱的散射情形。设等离子体的密度分布为$n_{\rm e}(r)=n_{\max}-(n_{\max}-n_{\min})r^2/R^2$，对于典型放电等离子体柱，设 $n_{\max}=1.4\times10^{11}{\rm cm}^{-3}$，$n_{\min}=0.01\,n_{\max}=1.4\times10^9{\rm cm}^{-3}$。圆柱中心的电子密度$n_{\max}$对应的等离子体频率约为$f_{\rm p,max}=1{\rm GHz}$左右，远低于 X 波段微波频率(10GHz)。此时，等离子体密度分布、入射波在内部的光路分布和计算空间的电场强度平方(等效电磁波功率)$|E|^2$的分布如图 22.9 所示。

由光路分布及电场强度分布可以看到，电磁波在圆柱内部发生折射，向两侧偏转。这种偏转效应在靠近柱边缘处最为显著，经过圆柱中心的电磁波则会维持

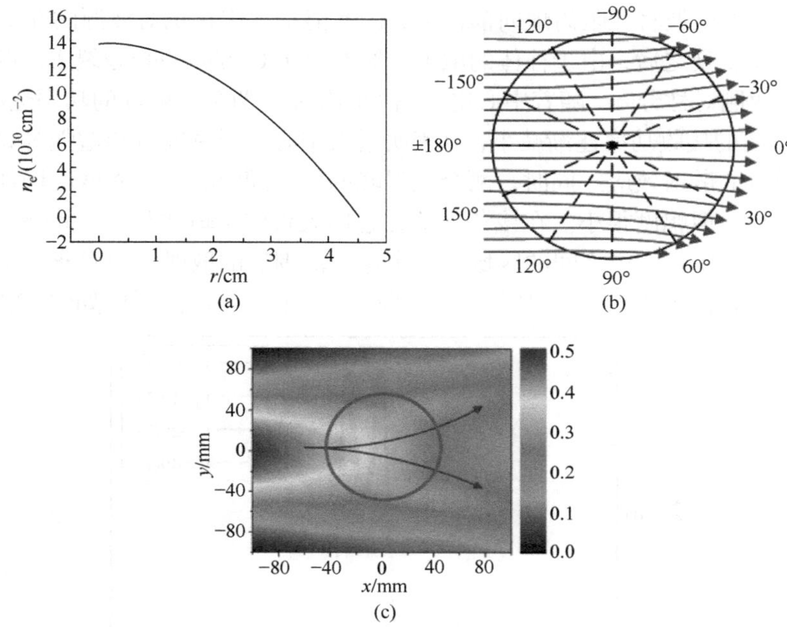

图 22.9　10GHz 微波入射抛物线型分布(a)的等离子体柱时的光路分布(b)以及场强 $|E|^2$ 分布(c)

其中入射波的电场强度设为 1，柱半径 $R = 4.5\text{cm}$，碰撞频率 $\nu_m = 0$，(c)中圆环表示等离子体柱边界

原路径不变。也就是说，依靠这种非均匀等离子体柱可以实现电磁波的偏转，并不需要高密度的等离子体反射面。这类等离子体在实验室条件下也比较容易实现。

等离子体柱电子密度、碰撞频率及密度分布对电磁波散射的影响各不相同。

图 22.10 是中心密度 $n_{max} = 1.4 \times 10^{11}\text{cm}^{-3}$、$2.8\times10^{11}\text{cm}^{-3}$、$4.2\times10^{11}\text{cm}^{-3}$，$n_{min} = 0.01n_{max}$ 抛物线型分布等离子体柱对 10GHz 微波的散射图样。很明显，等离子体

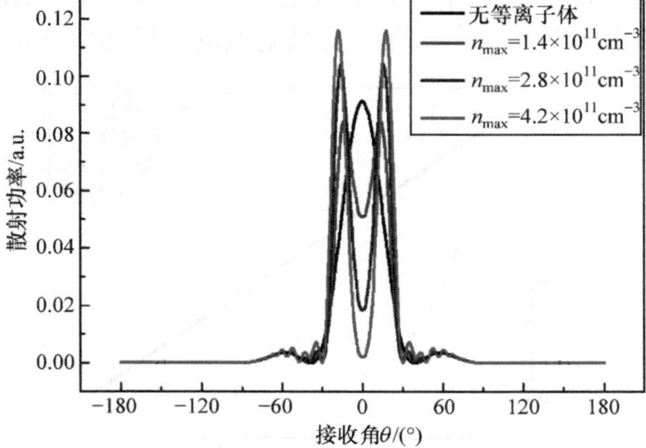

图 22.10　不同中心密度柱对 10GHz 微波的散射

入射波的电场强度为 1，柱半径 $R= 4.5\text{cm}$，碰撞频率 $\nu_m = 0$

不存在时，电磁波将无阻碍地向前传播，因此能量集中在正对波源的 0°方向。而当等离子体出现之后，由于柱体的散射，原本位于 0°方向的峰分裂成了两个，在 0°方向的两侧对称分布。随着中心电子密度的增加，两个散射峰的功率逐渐增大，同时 0°方向的接收功率逐渐减小，这表明增大中心电子密度将会增强等离子体柱对入射微波的散射效应。同时，两个散射峰的位置随中心电子密度的增加有轻微的外移趋势，但幅度很小。在该条件下，它们大致位于±15°左右。此外，散射波的功率主要集中在±30°之间的区域，超出这个范围后的散射波功率非常小。

碰撞频率也影响散射波，但主要是影响强度，而不是散射方向，如图 22.11 所示。

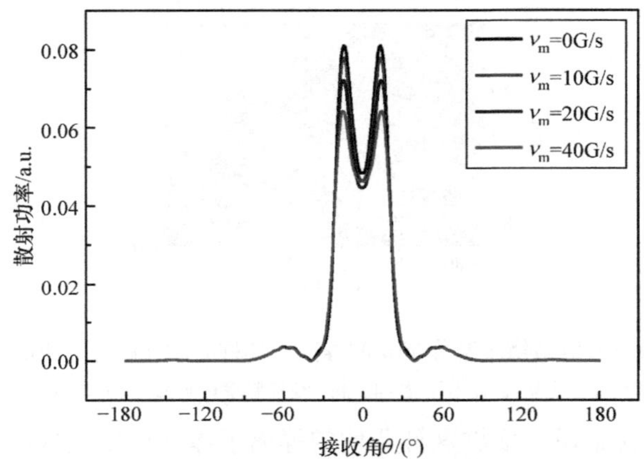

图 22.11　有碰等离子体柱对 10GHz 微波散射的影响

$n_{max} = 1.4 \times 10^{11}\text{cm}^{-3}$，柱半径 $R = 4.5\text{cm}$

实际等离子体柱的密度分布不同，对电磁波的散射效果也不尽相同。等离子体柱电子密度分布主要有四种典型密度分布，如图 22.12 所示，即线性、指数、抛物线和 Epstein 分布。在相同中心密度($n_{max} = 1.4 \times 10^{10}\text{cm}^{-3}$)和柱几何尺度($R = 4.5\text{cm}$)情况下，不同密度分布等离子体柱散射波的远场功率分布如图 22.13 所示。

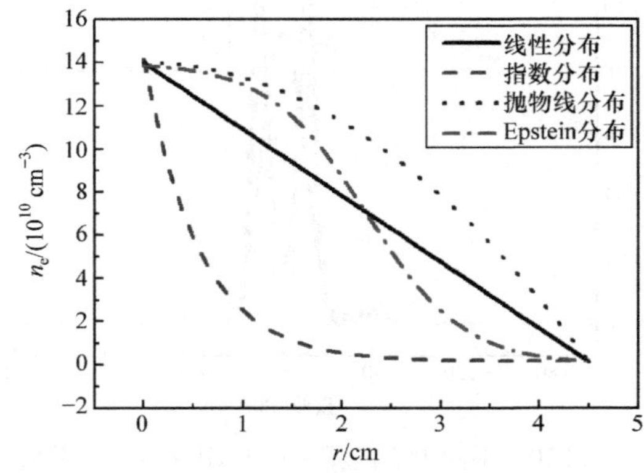

图 22.12　四种典型的非均匀等离子体密度分布

在0°方向(正透射)，四种分布的圆柱形等离子体都可以使散射波功率发生衰减，但衰减的程度不同。其中，指数分布情况下的散射图样与没有等离子体时的背景情况几乎相同，在0°方向仅有约5%的衰减。这与该分布下等离子体密度在中心附近的快速衰减有关，实际上非常接近于小半径的均匀等离子体柱。相比之下，其他三种分布对于电磁波散射图样具有比较明显的影响。其中抛物线分布的等离子体柱对电磁波的影响最为明显，其0°方向的电磁波功率出现了接近50%的衰减。同时，相对于无等离子体时原本位于中心处的散射峰，电磁波的偏转分裂为左右对称的两个新的散射峰，位于±15°左右，强度约为0.09，几乎与无等离子体时0°方向的峰值相同。线性分布与Epstein分布的效果基本相同，但二者在中心位置造成的衰减与抛物线分布相比稍微小一些。对于这四种密度分布等离子体柱，散射波的功率均集中在±30°的范围之内，超出此范围之后散射波功率几乎为零。

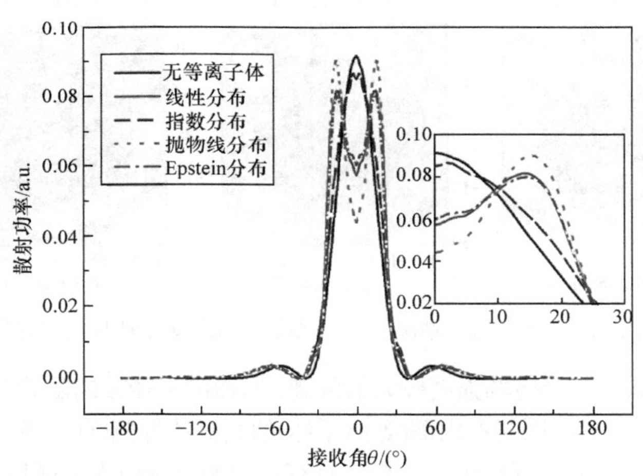

图 22.13　不同分布等离子体柱中的微波散射图样

当然，等离子体柱密度不能太低。只有等离子体密度达到一定程度，电磁波散射才明显。

在近空间或大气层，由于等离子体的尺度非常大，而且不均匀，即使等离子体密度低，对电磁波的传输影响也非常大。

2) 高密度等离子体情形

如果等离子体柱密度非常高，对于电磁波的散射如同金属柱一样，仅在表面形成随柱面角度不同的散射。但是如果密度只是有限高(如等离子体频率略高于电磁波)，则可以出现新的现象——表面等离子体激元。

仍以圆柱形等离子体柱和平面电磁波为例，利用FDTD法可以得到等离子体柱表面的激元特性。其中计算边界PLM代表完全电磁波匹配层，即电磁波在其表面无反射，并在其中完全衰减，确保计算区域外无电磁波；计算域内除等离子体外的介质介电常数为$\varepsilon_r = 1$。

图 22.14 给出六种不同尺寸等离子体柱周围激发的激元场(用磁场强度的平方H^2表示)，显示出表面等离子体激元的基本特征，以及不同柱半径下存在的不同模式m。

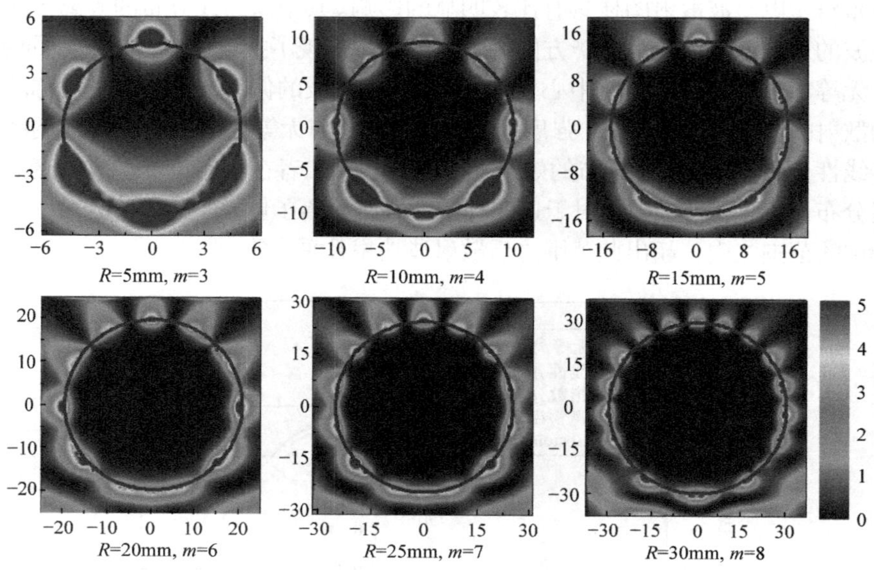

图 22.14　不同柱尺寸情况下磁场强度H^2在等离子体柱周围的分布

在圆柱表面的各个磁场强度极大值区域，场强沿半径方向随着与界面距离的增加而快速向两侧衰减，同时在内侧(等离子体)的衰减比外侧(真空或空气)要快。在小半径情况下($R = 5$mm)，圆柱表面的场强具有六个明显的极大值区域，对应$m = 3$的模式。随着圆柱半径的增加，不同m的等离子体激元模式也陆续出现，如$R =$ 15mm 时，$m = 5$；$R = 30$mm 时，$m = 8$等。随着等离子体柱尺寸增加，表面激元m值也随之增大，对应着更高阶模式。

事实上，柱面等离子体激元具有明显的“波节-波腹”结构，这一点与驻波非常相似。假设每一种能够在柱面上存在的激元模式都是由沿柱面向相反方向传播的两束行波相互叠加而成，如图 22.15 所示，两组表面波同时从波源的入射点出发，各自沿顺时针和逆时针方向从圆柱两侧各自传播，并在圆柱的对侧相遇叠加，最终形成了具有明显驻波结构的波场分布。对比驻波的形成条件，不难得到：当等离子体圆柱的周长与激元的波长间的比值是一个整数的时候，柱面等离子体激元能够被强烈地激发；相应的柱面等离子体激元的波长表达为$\lambda_{\text{SP,柱面}} = 2\pi R / m$。

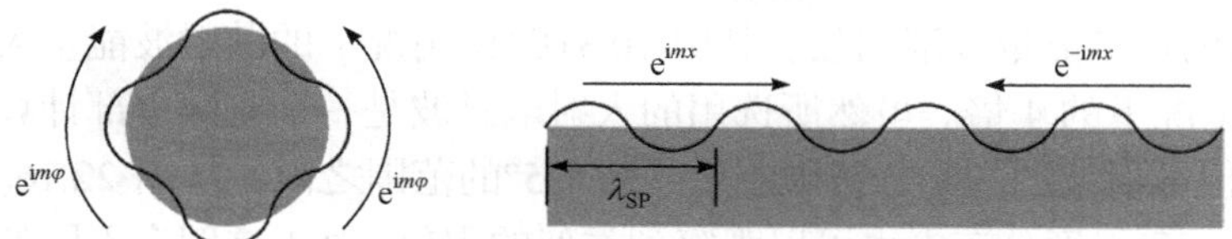

图 22.15　等离子体激元与驻波的对比($m = 4$)

柱面激元可以视为沿相反方向传播的表面波的驻波模式

这种模式在具有金属衬底的平面等离子体情形下也可以出现，只是激元波长变成 $\lambda_{SP,平面} = \lambda_f \sqrt{\varepsilon_{v\text{-}d}\varepsilon_{m\text{-}p} / (\varepsilon_{v\text{-}d} + \varepsilon_{m\text{-}p})}$，其中 $\varepsilon_{v\text{-}d}$ 和 $\varepsilon_{m\text{-}p}$ 分别表示真空-普通介质和金属-等离子体的相对介电常数。从这个意义上，等离子体柱面或平面上的等离子体激元是等价的，都类似于驻波结构。

当入射电磁波在等离子体柱表面激发等离子体激元时，不但会导致圆柱表面的电磁场分布发生变化，同时也会对散射波的远场分布产生明显影响。一个典型结果如图 22.16 所示。显然，随着入射波的频率向激元共振频率(10.31GHz)靠近，

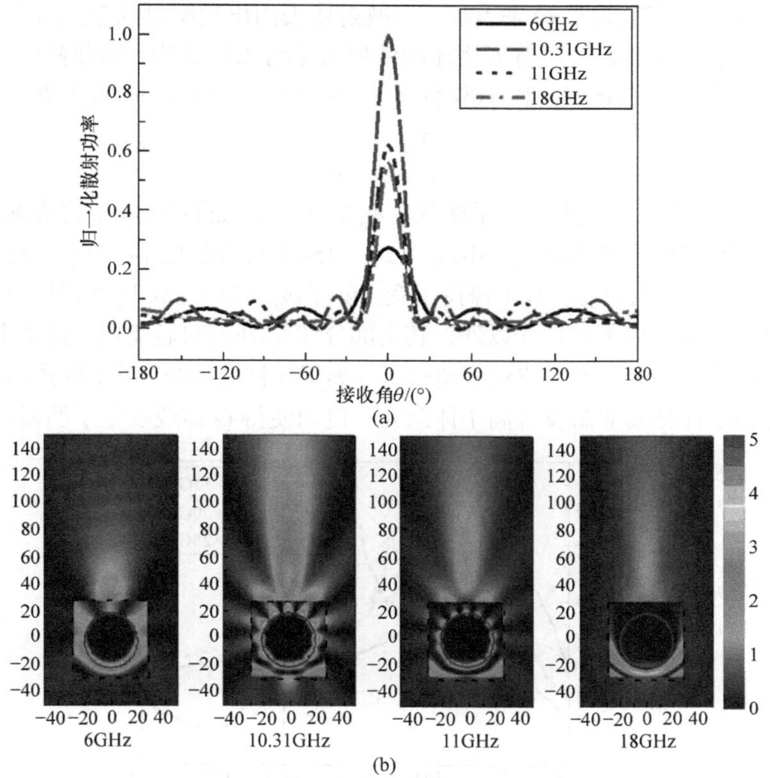

图 22.16　不同入射波频率下等离子体柱的远场相对散射功率(a)和相应的总场-散射场(TF-SF)型场分布(b)

计算中 $R = 20\text{mm}$，$\omega_p = 2\pi \times 20\text{GHz}$，$\nu_m = 0.01\omega_p$

$\theta = 0°$方向的远场能量逐渐加强。其中 10.31GHz 情况下的散射波能量大致可以达到 6GHz 情况下的 4 倍。虽然所选用的入射电磁波是一个充满全部计算空间的纯平面波，但散射波的主峰却被限制在了约±25°的范围之内。从图 22.16(b)的总场-散射场(TF-SF)强度分布中也可以观察到类似的现象。对于这四个不同的入射波频率，等离子体柱后方的散射场区域场强各不相同。当入射波频率为 10.31GHz 时，等离子体柱周围出现的激元结构最为明显。对于等离子体激元的每一个“波腹”位置，在散射场区域内都存在一个波瓣与之对应。特别是对于位于 0°方向的主瓣，其远场散射强度达到了最大值，散射波被约束在了一个较窄的角度范围之内。这表明等离子体柱面本身就可以在一定程度上起到与平面周期型光栅结构相同的效果，与带有周期性凹槽结构的单缝光栅所具有的光束会聚特性非常类似(Martin-Moreno et al.，2003)；也和曲面等离子体激元能够将一部分入射波能量转移到远场区域的结论(Hasegawa et al.，2004)相吻合。

等离子体激元的性质受等离子体频率(电子密度)和碰撞频率的影响。可以引入等离子体柱的消散效率 Q 来表征：当散射体表面出现明显的激元现象时，Q 达到峰值。一个处于电磁波照射下物体的消散效率可以定义为“消散截面σ_E(等于散射截面σ_S与吸收截面σ_A之和)与该物体的真实几何截面σ_G之间的比值”，即

$$Q = \frac{\sigma_E}{\sigma_G} = \frac{\sigma_S + \sigma_A}{\sigma_G} \tag{22.12}$$

如图 22.17 所示，随着等离子体频率ω_p增加，激元的共振峰位置逐渐向高频区间移动，同时峰值也略微降低，由$\omega_p = 2\pi \times 15\text{GHz}$ 时的 4.2 降至$\omega_p = 2\pi \times 25\text{GHz}$ 时的 3.8，但 Q 谱线的形状基本保持不变。除了$\omega_p = 2\pi \times 15\text{GHz}$ 情况下 $f > 15\text{GHz}$ 的部分出现了较为显著的形变以外，其余部分随ω_p并无明显变化。这是由于在 $f > 15\text{GHz}$ 的频率范围内，入射波频率超过了等离子体柱的特征频率，导致电磁波直接穿过了等离子体柱而非激发等离子体激元，进而使得 Q 谱线发生了明显的形变。

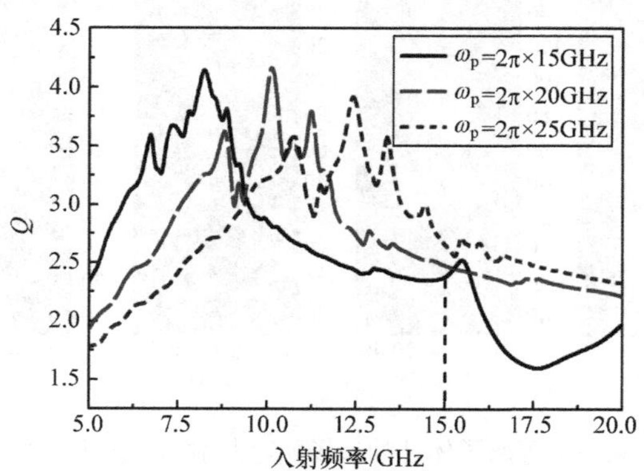

图 22.17　不同特征频率ω_p下等离子体柱的消散效率频谱

$\nu_m = 0.01\omega_p$，$R = 20\text{mm}$

另外，等离子体电子碰撞将可能导致等离子体激元的消失，如图 22.18 所示。

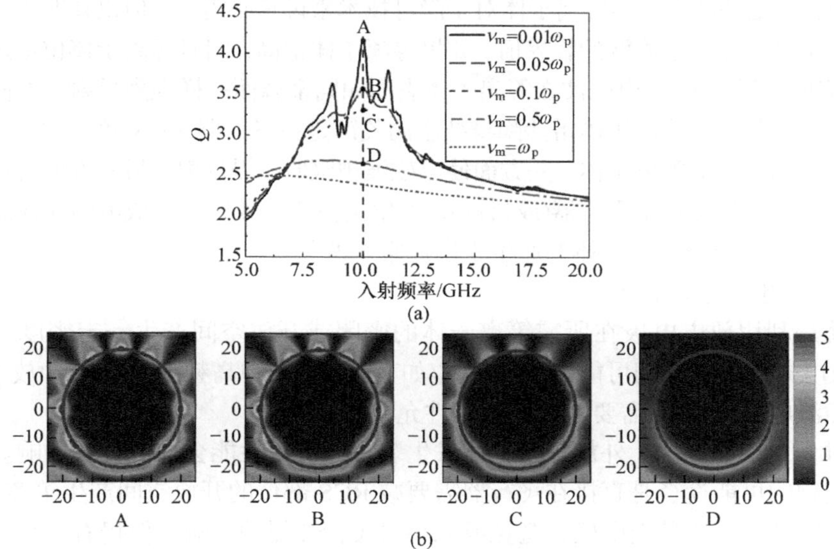

图 22.18　碰撞频率对于激元性质的影响

(a) $\nu_m = 0.01\omega_p$, $0.05\omega_p$, $0.1\omega_p$, $0.5\omega_p$ 和ω_p时的 Q 谱线；(b) $\nu_m = 0.01\omega_p$, $0.05\omega_p$, $0.1\omega_p$ 和 $0.5\omega_p$ 时 10.31GHz 电磁波在等离子体柱周围的场强分布($\omega_p = 2\pi \times 20$GHz，$R = 20$mm)

当ν_m较小($0.01\sim0.1\omega_p$)时，Q 的峰值随着ν_m的增加而减小。此时等离子体激元受到等离子体电子碰撞的影响，能量逐渐降低，同时整条谱线变得越来越平滑。但峰值的位置并不随ν_m变化，始终在 10GHz 处。当$\nu_m > 0.1\omega_p$之后，Q 谱线变为了非常平滑的曲线，不再具有明显的峰值，此时入射波的能量几乎全部被碰撞效应所耗散，激元不再出现。

电子碰撞对等离子体激元性质的影响也可从场强分布中更加直观地体现，如图 22.18(b)所示。在ν_m由 $0.01\omega_p$ 增加至 $0.05\omega_p$ 的过程中，场强整体变弱，但各处的相对强度和分布情况基本不变，即改变ω_p并不会改变表面激元模式。随着ν_m升高，等离子体柱周围场强的明暗分布越来越模糊，并且圆柱后侧场强的衰减更加明显，以至完全消失。等离子体激元从入射波的激发点处沿着圆柱两侧向后方传播，在这一过程中受碰撞阻尼的影响而逐渐衰减。

等离子体激元现象具有很强的空间局域性，其尺度被限制在介质表面大约为电磁波趋肤深度的范围之内。因此，在具有一定厚度的圆柱壳层表面也可以产生激元，只要其厚度大于趋肤深度δ_e，就能够保证等离子体激元的性质不发生变化。

当然，等离子体柱中的激元现象并不一定只是出现在其表面(或与其他介质的界面)，在具有密度梯度的内部界面也可以出现。只要圆柱某处的等离子体密度及梯度满足激元条件，就能够出现激元。此时，该等离子体密度梯度“界面”相当于“等离子体表面”，其外侧密度明显更低。

可见，足够高密度的等离子体对于隐身技术来说是必需的，但也并非等离子体密度必须高于相应电磁波的临界值。如果等离子体很高，同时等离子体位形过于理想(如表面接近平面)，电磁波在等离子体表面如同金属面一样强烈反射，对隐身来说反而是不利的。等离子体雷达隐身技术的关键是在飞行器 RCS 较大的部位覆盖适当密度和位形的等离子体。一方面使电磁波被吸收、漫反射；另一方面可利用高密度等离子体包覆整个飞行器(或目标)，产生类似激元效应，形成电磁斗篷隐身。

一般地，隐身等离子体的产生手段通常有两类。

1) 放电等离子体源

就是利用放电电极在所需等离子体的密闭或开放空间产生一定密度等离子体。放电方式包括一切可能的放电形式(如直流放电、中高频 DBD、脉冲放电、射频或微波放电等)，但需要隐身对象条件允许。

对于飞行器来说，外加等离子体发生装置对飞行性能会产生较大影响。解决这一问题的可能途径是直接在飞行器需要减 RCS 部位的开放空间产生等离子体，如在特殊部位布置贴面电极，避免或减小对飞行性能的影响。但仍有几个问题需要解决：①飞行器必须提供产生等离子体所需要的能量(额外电源)和配置适当的电极结构；②使用金属电极，本身隐身也需要考虑；③放电往往伴随着强烈的光信号和高温辐射，由此也带来光、红外或热效应增强的问题。

2) 飞行器自身等离子体

由于飞行器高速飞行时的激波效应、与空气摩擦、尾流飞行器喷射等，在其周围或尾部产生等离子体，使其具有对电磁波衰减而实现隐身。一种典型的装置是利用飞行器表面附近的空气产生等离子体层(如放射性同位素产生的等离子体)，即在目标的特定部位(如强散射区)涂上以钋 210、锔 242、锶 90 等放射性同位素为原料的涂层，在目标飞行过程中利用强放射性射线促进飞行器表面附近的空气电离，形成足够的密度和厚度等离子体，对微波具有较强的散射和吸收能力。另一种方式是在发动机气流中添加一定量的低电离电位元素(如微量金属铯)，增大尾流等离子体的电离率。事实上，这也是早期飞机实现雷达后隐身(即对飞机追击者的雷达隐身)的技术尝试。

虽然等离子体隐身技术原理上非常完美，许多国家甚至宣称实现了隐身条件，但在飞行器表面产生等离子体技术上并不容易，这也是目前该技术应用的重大瓶颈。

22.3　等离子体射频天线

电磁波在高密度等离子体界面传播时，由于强烈的趋肤效应，将以表面波形式传播。此时，等离子体类似于金属良导体。利用了等离子体的导体特性，可以实现射频信号的发射或接收，即构成等离子体射频天线。其形式包括常规射频天线和反射镜。

早期的等离子体射频天线是基于普通射频天线的原理，利用柱状或环形等离子体来发射或接收电磁波信号，实现天线功能。典型结构如图 22.19 所示。

图 22.19 等离子体天线的结构：柱状(左)和环形(右)

等离子射频天线的实现有以下几种形式。

1. 直线等离子体射频天线

这种情况下等离子体一般采用脉冲射频源激励，电源的频率选择应该合适，不能与信号频率相互有干扰。图 22.20(Borg et al.，1999)是一种常见的实现方式。其中等离子体由脉冲表面波激励，密度一般为 $n_e > 10^{10}\text{cm}^{-3}$，驱动电源频率小于 200MHz，功率 50～300W；等离子体柱的长度 2.2m，外围有加固装置(冲击吸收减振环等)；信号可以由电极耦合到等离子体，频率 $f = 20～40\text{MHz}$。

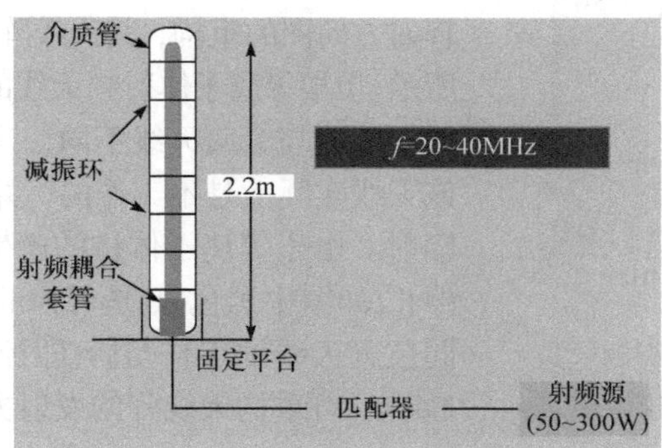

图 22.20 一种典型的直线等离子体射频天线结构和激励方式

在适当激励功率下，高密度等离子体柱沿轴向的电流特性与金属相似，如图 22.21 驱动功率 250W 的情形。可以看到，无论是电流幅值和相位分布，两种天线都非常一致。如果驱动功率太小，等离子体密度不够，天线性能大幅度降低(如功率 40W 的情形)。等离子体柱中的电磁波相速度随等离子体频率(密度)和碰撞频率变化，表现出导体或者介质特性。这样，通过等离子体参数的控制，就可以调控电磁波的传输。

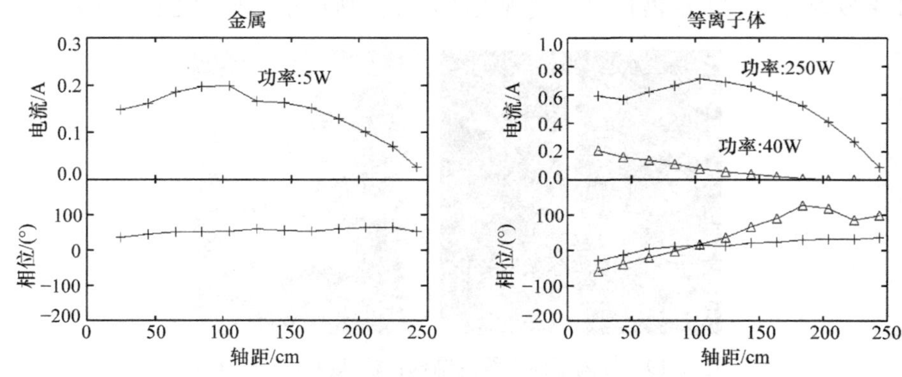

图 22.21　等离子体射频天线与金属天线电流特性的比较

$n_e = 4 \times 10^{11}\text{cm}^{-3}$，$\nu_m = 0.5\text{G/s}$，信号频率 $f = 30\text{MHz}$

在上述参数下，等离子体射频天线的场方向图与金属半波振子基本相同，都出现数字“8”的形状，如图 22.22 所示。等离子体射频天线的发射(接收)效率与密度、电子碰撞频率有关。对于密度>10^{12}/cm^3 和低碰等离子体，测试的天线效率大致为 25%～50%，也接近于金属天线。

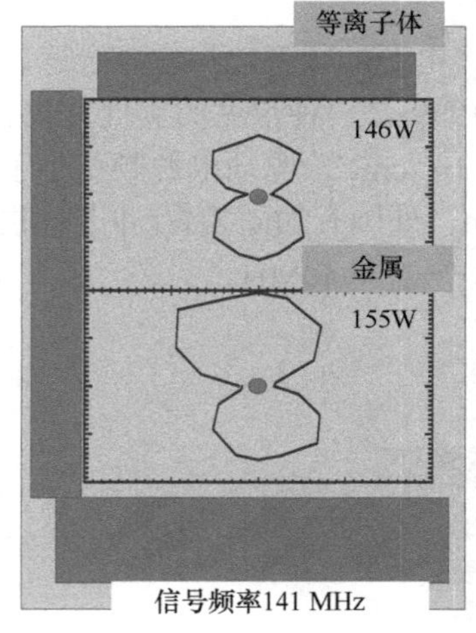

图 22.22　等离子体射频天线与金属天线的场方向图的比较

利用等离子体射频天线柱阵列，还可以实现辐射方向图的重构，其天线阵基本结构如图 22.23 所示。单根等离子体射频天线的辐射图与金属天线相似。但与金属天线不同，当等离子体停止时，该天线实际上是不工作的，并不影响其他天线的辐射。由于等离子体柱的产生(如图中浅色点)或停止(如图中黑色点)是可控的，因此通过控制不同位置天线的工作与否(即控制放电等离子体的通断)，可重构天线阵的发射方向图。这对于特殊场合的应用非常有益。

等离子体射频天线的一个最独有的特性是气体的电离过程能控制其阻抗。停止放电时，气体的阻抗无穷大，不会和射频辐射相互作用，既不会后向散射雷达波(从而具有隐身能力)，也不会吸收高功率微波辐射(从而减小电子对抗系统的影响)。另一个特性是当发射一个脉冲后，等离子体射频天线可以迅速地去电离，从而减小传统的金属天线所固有的振铃。通过减小振铃和噪声，等离子体射频天线具有更好的准确性，减小对计算机信号处理的要求，这将有利于它在脉冲雷达和高速数字通信中的应用。如果利用可编程电源激励等离子体，使等离子体产生(即 ON 状态)和消失(即 OFF 状态)有序化控制，就可以实现传输信号的数字化(或编码信号)。

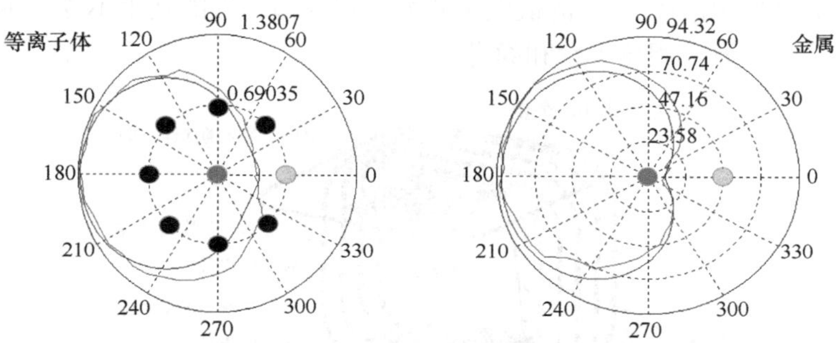

图 22.23　可重构方向图等离子体射频天线阵与金属天线阵的比较

2. 等离子体反射天线

利用等离子体柱构成抛物面界面，可以实现对射频电磁波的可控反射，这就是等离子体反射天线。基本结构和形态如图 22.24 所示，只要等离子体柱之间的间隙小于发射(或接收)波长的 1/8 即可。普通反射天线(如图 22.24 中的柱阵列)的原理与早期金属雷达天线相似，它利用抛物面导体的反射进行电磁波的发射或接收。

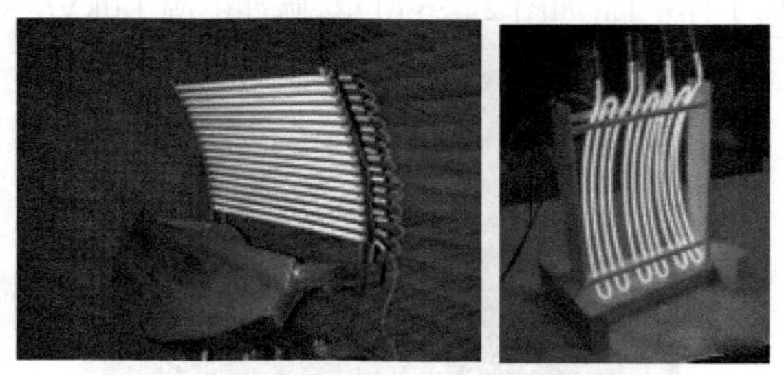

图 22.24　抛物线型等离子体反射天线(柱阵列)

3. 等离子体反射镜

等离子体反射镜是利用磁化等离子体平面对射频电磁波的全反射，基本结构如图 22.25 所示。等离子体平面由纵向(放电通道)磁化的空心阴极放电阵列来产生的。等离子体反射面是横向和纵向两轴可控的。平面的横向变化由空心阴极阵列电极组合实现，纵向变化由磁场方向来控制。由于等离子体的产生是放电控制的，这种平面的转向速度非常快，一般是 1μs 量级，因此也称为“捷变镜”。实际应用中，等离子体由脉冲电源激励，脉宽可调，气体压力 0.1～0.3Torr，空心阴极直径 2cm 左右，等离子体平面厚度 2cm 左右。磁场由励磁线圈产生，方向可变，大小为 200～300G。在此条件下，反射镜的等离子体平面尺度可以达到 50cm × 50cm，密度在 $10^{12}cm^{-3}$ 以上量级。对 3～100GHz 波段的微波的反射率几乎达 100%，镜面损耗都非常低(因为低气压的低电子碰撞)。反射镜的性能几乎不受海平面(导体)的影响，适合于海上舰艇平台和隐身平台。

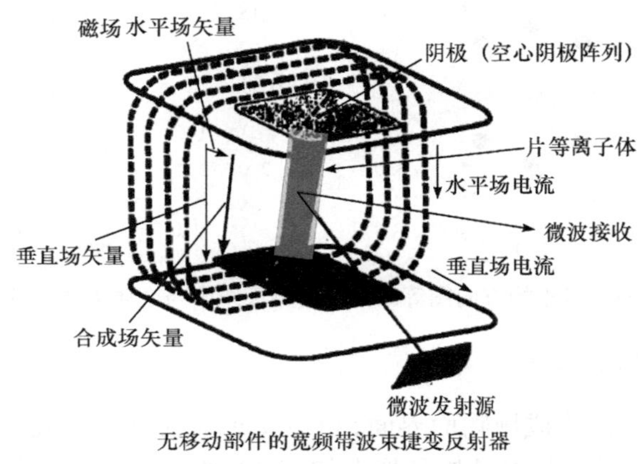

图 22.25　等离子体反射镜

等离子体反射镜的技术难点是高密度片等离子体的产生，也就是空心阴极阵列放电的稳定性和控制。虽然，美国海军实验室宣称曾产生 60cm × 60cm × (1.5～2.0)cm 的可控等离子体平面(如图 22.26 所示，脉冲电源 1.0kV/5A，空气 250mTorr，

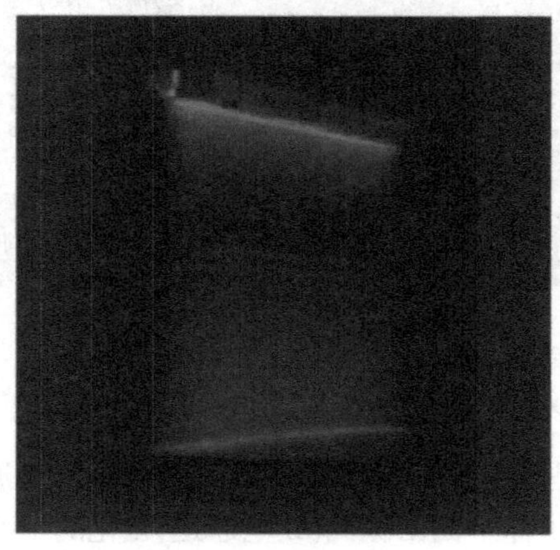

图 22.26　片等离子体

竖直磁场 250G)，但众多实验室的重复性实验结果并不好。反射镜的实际应用还有很长的路要走。

22.4　等离子体射频开关

与等离子体射频天线相似，等离子体射频开关也是利用等离子体的导体特性，实现射频电磁波的传输控制。等离子体射频开关的主要设想是利用放电等离子体的时变性，实现可控的、有选择性的射频传输。等离子体射频开关主要有两种，包括射频传输线和微带开关。

22.4.1　等离子体射频传输线

利用高密度等离子体柱替代金属导线，可实现射频信号的传输，基本结构如图 22.27 所示。这种传输线的性能取决于射频电磁波与等离子体柱的耦合，与等离子体射频天线非常相似。下面以空心阴极放电柱为例予以说明，其中放电管直径 1cm，长度 25cm，空心阴极孔径 1cm，直流或脉冲负直流驱动。

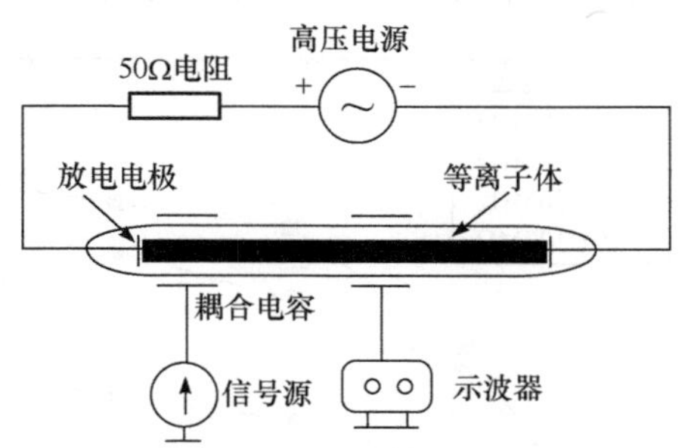

图 22.27　柱状等离子体射频传输线和实验

1. 等离子体柱中电磁波传输效率

改变两个耦合电容间的距离，测得电磁波传播与距离的关系，如图 22.28 所示。可以看出，等离子体在正柱区范围内，传输距离的变化对电磁波传输效率影响较小，表现出类似于电磁波在金属良导体中传播的性质。传输低频信号时，输出端电压在 180mV 左右；传输高频信号时，输出端电压在 130mV 左右。所以可以得出结论：在密度固定的等离子体中，传输低频信号要比传输高频信号的效率要高。

2. 等离子体密度与电磁波传输的关系

可以通过改变加在空心阴极和阳极间的电压来改变等离子体密度。因为等离

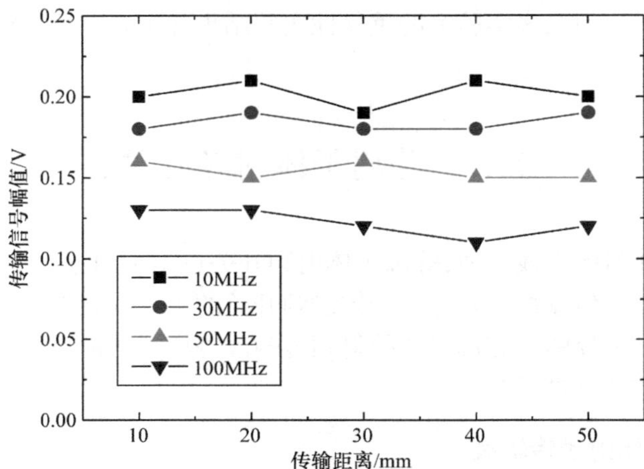

图 22.28　不同频率电磁波在等离子体柱中的传输信号幅值随传输距离的变化

子体密度在同一个量级内对电磁波传输影响不大，所以本书只讨论不同量级的等离子体密度对电磁波传输的影响，这里取等离子体密度为 $10^7\sim10^{11}cm^{-3}$，通过调节电极两端电压来调节等离子体密度(通过折合电流估算)，如图 22.29 所示。

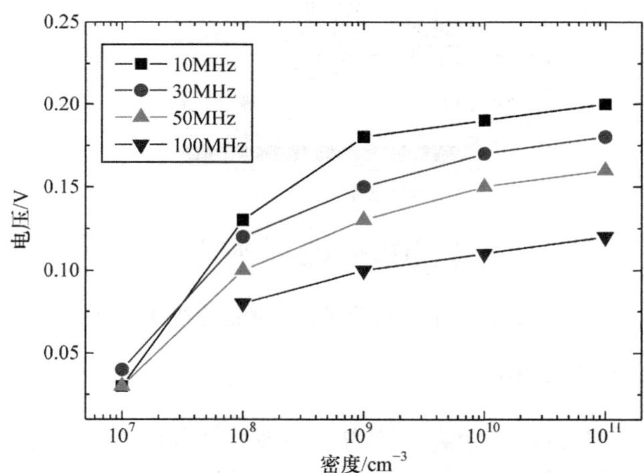

图 22.29　电磁波在等离子体柱中的传输信号电压与等离子体密度的关系

电磁波在等离子体中的传输效率随着等离子体的密度的增加而提高，但在不同的密度下，提高的速度是不同的。对于低频信号，等离子体密度在 $10^7\sim10^{10}cm^{-3}$ 段，电磁波传输效率迅速提高，尤其在 $10^7\sim10^8cm^{-3}$ 段，传输效率提高更为迅速。而对于高频信号，电磁波传输效率提高的较为平缓，可见等离子体密度对低频信号的影响是比较大的。若等离子体密度过低(10^7cm^{-3} 或以下)时，100MHz 信号无法被传输。

等离子体传输线的“开”和“关”利用脉冲驱动激励或不产生等离子体来实现。这种方式对于信号的控制还是非常方便的。

22.4.2　等离子体微带开关

等离子体微带开关的原理和基本结构与微机电系统(MEMS)开关相似。它利用时变高密度等离子体取代微带线的金属(或导体)开关悬臂，实现射频信号的传输或截止。

1. 微带开关的基本结构和原理

在微带线上设置宽度为 d 的间隙，构成隔断电磁波的单元，低于某一频率(即上限频率 f_c)的电磁波在此被间隙反射而截止。在间隙处放置放电电极 K-A，用以产生片状等离子体形成等效“开关悬臂”。微带间隙和放电装置构成了等离子体微带开关的基本单元，示意如图 22.30 所示。

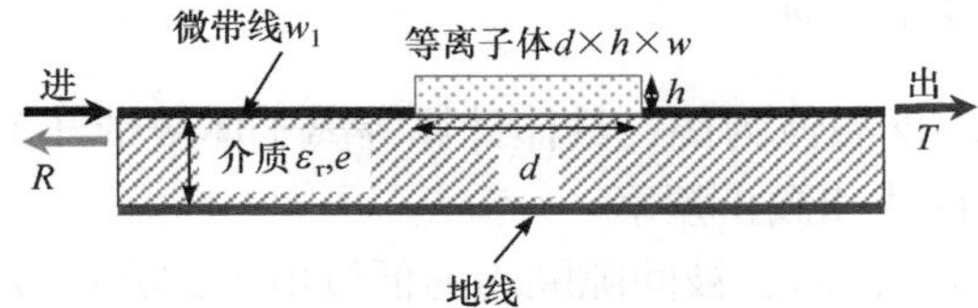

图 22.30　等离子体微带开关的基本结构示意图

当放电不工作时，间隙没有等离子体存在。由于间隙两边微带线存在一定电容，只有很高频率的电磁波可以耦合通过间隙，但低于间隙上限频率 f_c 的电磁波被反射而不能通过开关间隙，开关将处于“关”状态。当放电发生时，间隙被等离子体覆盖。如果等离子体频率足够高，等离子体的导体性将使电磁波通过开关间隙，即开关处于“开”状态。等离子体的产生和消失由放电装置控制，放电激励电源为可控的脉冲电压，脉宽可调以保证开关所需等离子体放电的工作时间。

这样，等离子体微带开关可以实现完全电控。在适当的气体(通常为惰性气体)和气压(1～100Torr)条件下，放电形成和衰减的时间为 10～1000ns。这也是等离子体开关的响应时间或开关速度。相比 MEMS(微秒或以下量级)，等离子体开关的速度高得多。

频率低于等离子体频率的电磁波将在等离子体表面被反射，而高于等离子体频率的电磁波将穿透等离子体，因此等离子体必须具有一定密度，使其频率高于被传输电磁波的频率，即 $f_p[\text{Hz}] = \omega_p / 2\pi = 8.98\times 10^3\sqrt{n_e[\text{cm}^{-3}]} > f_{RF}$。另外，与“RF MEMS 开关的金属悬臂几乎可以传输所有波段电磁波”不同，等离子体开关传输的电磁波具有选择性，与其频率有关。等离子体微带开关实际上是一种低通开关，频率的上限由等离子体密度决定。

等离子体并不是理想“金属”导体，其密度为 $10^{10}\sim10^{13}\text{cm}^{-3}$，比金属电子密度(通常为 10^{23}cm^{-3})低得多。低频电磁波虽然不能进入等离子体，但具有一定的趋肤深度。对于无碰等离子体，电磁波的趋肤深度为 $\delta_{\text{col-less}}[\text{s}^{-1}]=c/2\pi f_{\text{p}}=5\times10^5\sqrt{n_{\text{e}}[\text{cm}^{-3}]}$。例如，9GHz 电磁波在金属铜中的趋肤深度约为 0.016μm，而在 $n_{\text{e}}=10^{12}\text{cm}^{-3}$ 的等离子体中的趋肤深度为 1.6mm，是铜的 10^5 倍。这使得电磁波在等离子体和金属中传输特性不尽相同，导致等离子体与金属的交界处可能出现反射或散射。在有碰等离子体中，电磁波的趋肤深度为 $\delta_{\text{col}}=\sqrt{2/\mu_0\sigma\omega}$，不仅与等离子体密度有关，还与电磁波频率 $f_{\text{EM}}=\omega/2\pi$ 和等离子体电导 $\sigma=e^2n_{\text{e}}/m_{\text{e}}\nu_{\text{m}}$ 有关。这使得相同密度的等离子体对不同电磁波的传输特性也不尽相同。因此，等离子体必须具有一定厚度，以保证电磁波的完全反射。同时等离子体也需要一定的宽度，一般应该大于微带线的宽度。

2. 微带开关的传输特性

下面以 $f_{\text{EM}}=7\text{GHz}$ 微波为例，具体计算等离子体微带开关的传输特性。

1) 开关的带通特性和截止频率

当间隙填充等离子体后，被间隙隔离的低频电磁波将可以通过，形成“开”状态。设定间隙填充的等离子体频率为 $f_{\text{p}}=36.6\text{GHz}$，厚度 $h=1.3\text{mm}$，宽度 $w=3.2\text{mm}$，等离子体是无碰撞的。图 22.31 是该条件下不同频率微带电磁波的传输特性。可见，填充等离子体后，低于 7GHz 的电磁波可以低损耗通过开关间隙，透射系数 T 接近于 1，而反射系数 R 接近于 0；但高于 7GHz 的电磁波透射系数 T 迅速下降，反射系数 R 迅速增大。高于 7.5GHz 时，透射系数 T 接近于 0，而反射系数 R 接近于 1，表明绝大部分电磁波功率被反射。因此，在给定等离子体条件

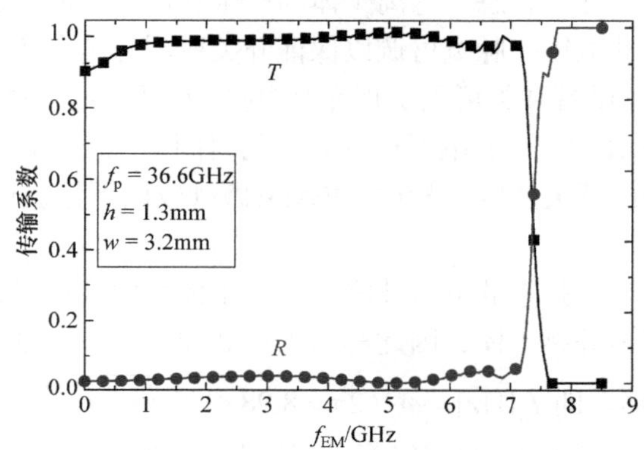

图 22.31　填充 36.6GHz 等离子体后电磁波的传输特性

下，开关传输的电磁波具有一个截止频率 f_c。对应 f_p = 36.6GHz 等离子体，电磁波的截止频率是 f_c = 7GHz。

等离子体微带开关具有“低通”特性：低于截止频率的微带电磁波都能通过开关间隙。同时，等离子体微带开关也是一种宽带开关，其频带上限就是截止频率，它由填充等离子体的频率决定。若定义截止频率 f_c 为透射系数 $T \geqslant 0.944$(即损耗低于 0.5dB)的电磁波频率($f_{EM} \leqslant f_c$)，则 f_c 与等离子体频率 f_p 的关系如图 22.32 所示。很明显，微带开关的截止频率 f_c 与等离子体频率 f_p 成正比，即对于等离子体开关来说，等离子体的频率越高越好。等离子体频率由电子密度决定，$f_c \approx n_e^{1/2}$，因此，等离子体电子密度决定了等离子体微带开关的截止频率。

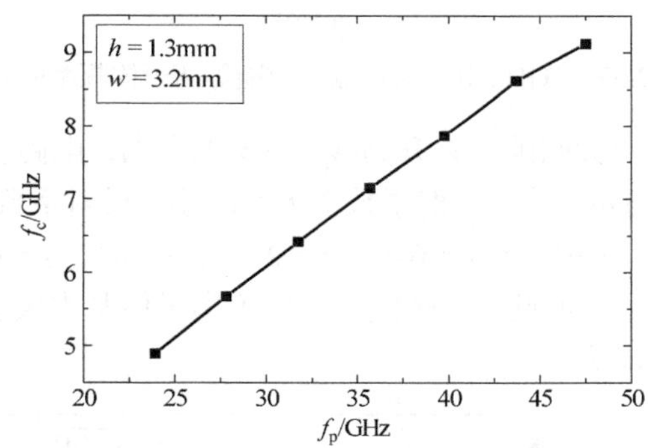

图 22.32　透射截止频率随等离子体频率的变化

同时应该注意到，开关截止频率 f_c 比等离子体频率 f_p 低得多，$f_c = 1/(4\sim5)f_p$。在实际应用中这一比例并不是严格确定的,但总是只有等离子体频率的几分之一。这也要求等离子体密度应该尽量高，以实现等离子体微带开关的高频特性。

2) 等离子体频率和碰撞的影响

对于给定频率的微带电磁波，其在间隙处的传输特性取决于等离子体参数。图 22.33 给出 f_{EM} = 7GHz 电磁波的透射系数 T 和反射系数 R 随无碰等离子体频率 f_p 的变化。等离子体频率 f_p 较低时(<25GHz)，微波的透射系数很小($T < 0.1$)，反射系数很大($R > 0.9$)，电磁波不能通过微带间隙。当 f_p 增大到临界频率($f_c \approx$ 36.6GHz)时，透射系数 T 出现突变，接近于 1，而 R 则从 0.9 降低到 0.05 以下，原来被间隙截止的电磁波可以通过。即在微带间隙填充适当密度等离子体可以选择性传输或衰减电磁波。微带能够传输给定频率 f_{EM} 的电磁波，需要等离子体频率达某个临界频率 f_c 以上。

如果等离子体中存在电子碰撞，透射系数 T 将随之下降，而反射系数 R 有所增大，如图 22.34 的 f_{EM} = 7GHz 微波传输。如果碰撞频率 ν_c 远小于电磁波角频率 $\omega_{EM} = 2\pi f_{EM}$(如 $\nu_c < 2\times10^9 s^{-1}$)，透射系数很大($T > 0.9$)，反射系数很小($R < 0.1$)；电磁

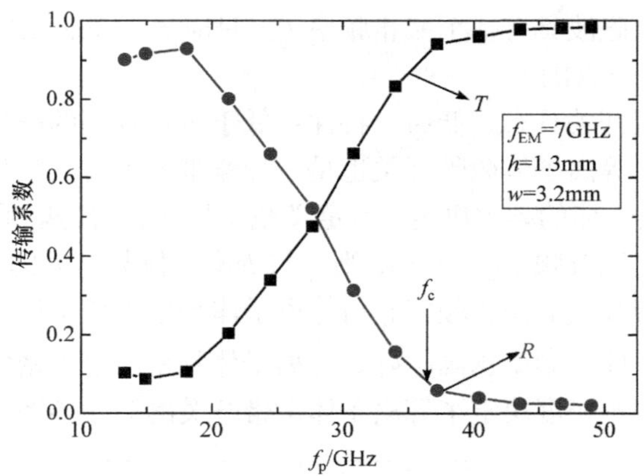

图 22.33　7GHz 电磁波传输系数随等离子体频率的变化

波可以低损耗地通过开关间隙。ν_c 升高($\nu_c > 3 \times 10^9 s^{-1}$)，电磁波透射迅速衰减，反射有所增大。当 ν_c 接近 ω_{EM} 时，透射系数 T 大大减小，反射系数 R 略有升高。如 $\nu_c = 1 \times 10^{10} s^{-1}$ 时，透射系数下降到 $T = 0.4$；$\nu_c = 2 \times 10^{10} s^{-1}$ 时，$T = 0.31$；$\nu_c = 3 \times 10^{10} s^{-1}$ 时，透射系数为 $T = 0.2$。可见，高碰撞频率使等离子体基本失去良导体性质，开关也将丧失传导微波的能力。

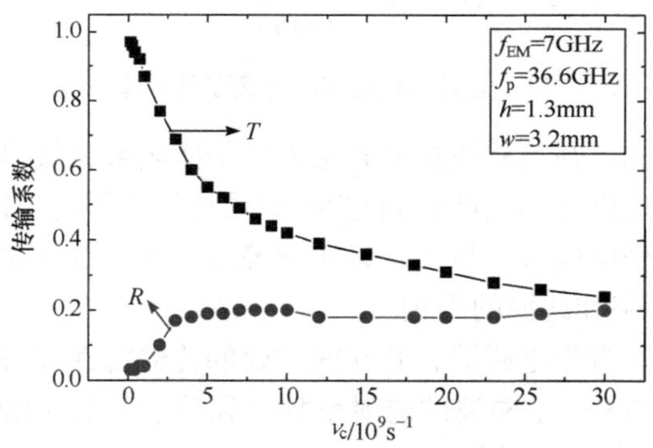

图 22.34　7GHz 电磁波传输系数随碰撞频率的变化

上述结果还显示，碰撞等离子体使开关的透射系数 T 和反射系数 R 之和小于 1。例如，$\nu_c = 2 \times 10^{10} s^{-1}$ 时，7GHz 电磁波的透射系数和反射系数之和 $T + R \approx 0.31 + 0.18 = 0.49$。这表明，在电磁波通过碰撞等离子体时，有一部分能量被填充等离子体吸收。等离子体碰撞频率越高，$T + R$ 越小，等离子体对电磁波的吸收衰减也越大。

因此，等离子体碰撞频率将降低间隙填充等离子体对微带电磁波的透射传输效率，实际应用中应该尽量选择无碰等离子体，或使碰撞频率尽量低于传输电磁波的角频率。

3) 等离子体位形的影响

填充等离子体的位形(尺度)对电磁波传输有很大影响。图 22.35 所示是 f_{EM} = 7GHz 微波的透射系数和反射系数随等离子体宽度 w 和厚度 h 的变化。

当宽度适中(w =1.5～3.5mm)时，微波几乎完全透射($T \geqslant 0.9$)，而反射系数较小($R \leqslant 0.1$)。当宽度 $w < 1$mm 时，电磁波透射系数较小，$T < 0.3$；而反射系数较大，$R > 0.6$。当宽度 $w > 4$mm 时，电磁波透射系数大大减小，$T < 0.2$；同时反射系数大大加强，$R > 0.8$。也就是说，增大等离子体宽度会加强电磁波反射、减小透射。适当等离子体宽度的要求可能与等离子体层与金属线的阻抗匹配有关，太宽或太窄都会导致失配增大，从而增大电磁波反射，导致开关间隙传输能力下降。

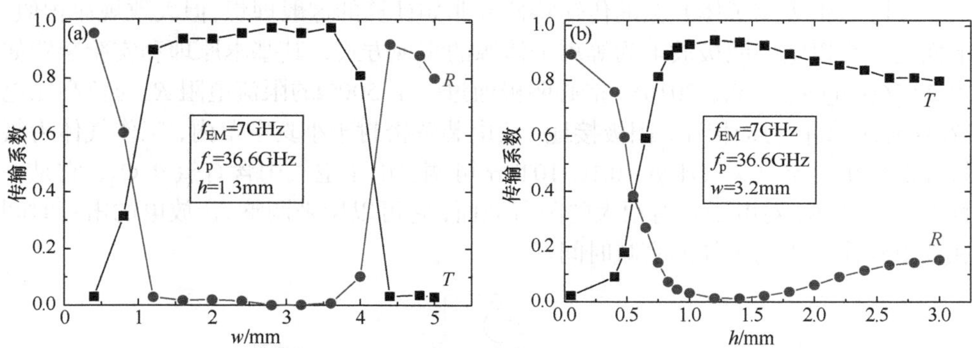

图 22.35　7GHz 微波传输系数随(a)等离子体宽度 w 和(b)厚度 h 的变化

等离子体厚度必须到达一定值($h > 1$mm)后，电磁波才能有效通过间隙。更厚的等离子体层对透射传输影响不是很大。当厚度 $h > 2$mm 时，还将引起透射系数略减，而反射系数略增，但变化约为 0.1。因此，等离子体应具有适当的尺度。

4) 功率特性

微带开关的功率由器件的物理性质决定。与其他微带开关不同，等离子体微带开关对电磁波的传输是由放电等离子体来完成，因此开关的功率特性与放电本身有关。适当电极结构在射频(RF)或微波激励下可以产生高密度等离子体放电，这种放电形式也是等离子体应用工艺的基本形式之一。实际上，在微带结构下，较大功率的微波可以维持等离子体放电，这种方式本身也可以产生微放电等离子体(Narendra et al.，2008)。因此，从等离子体微带开关的原理上看，这种开关对传输电磁波的功率没有要求，即等离子体微带开关没有功率上限。这也是这种开关的一个重要特性。

5) 响应速度

等离子体微带开关的响应速度是由施加控制电压(高电平或零电平)后，等离子体的“形成”和“衰减”过程决定的。通常，气体放电的形成时间与电极配置、气体条件和放电机制有关。在汤森机制和辉光放电模式，在中、低气压下的放电形成时间一般为微秒量级。但通过适当的电极组合，如采用包括预放电的三电极结构，即使在中、低气压下，放电形成时间也很短，几乎可以跟上激励电压脉冲。等离子体形成时间基本上由电源电压的上升沿决定，通常在 1μs 以下。而放电停止后，等离子体的衰减时间与气体和电极结构有关。研究表明，在气体中添加少量的电负性气体(如 SF_6、O_2 等)，可以有效改善放电的形成和衰减时间常数。因此，等离子体微带开关的速度可以优于 1μs。

3. 等离子体微带开关的实现

实际微带等离子体开关的传输特性并非如计算的这般理想，但大致规律相似。下面是一个以空心阴极放电为等离子体源的实现方式，其基本原理和实验装置如图 22.36(Ouyang et al.，2010)。空心阴极通过一个 500Ω的限流电阻 R_b 与负高压电源(直流或脉冲电压)相连，阳极接地。放电装置密封于小真空罩内，工作气体为氩气并混有少量空气，气压 $p=0.1\sim10$Torr 可调。由于空气中含有氧气 O_2，它是一种电负性气体，对电子具有很大的附着截面，它可以用来调整 Ar 放电的击穿时间和放电停止后等离子体的衰减时间。

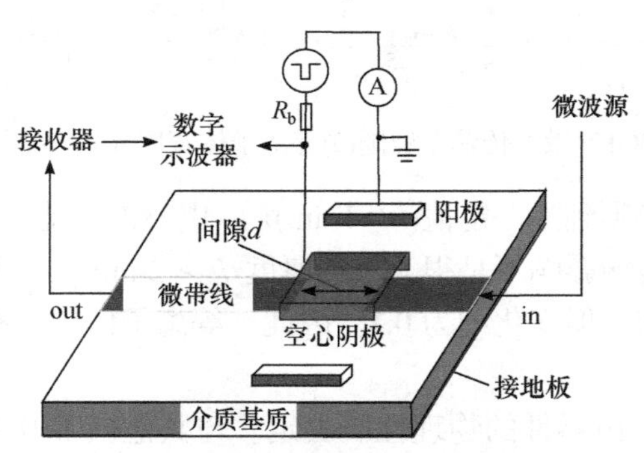

图 22.36　等离子体微带开关实现案例

微带线可制作在厚度为 $e=3$mm 的聚四氟乙烯增强附铜板上，介电常数为$\varepsilon_r=2.65$，上层的微带线宽 $w_1=2.3$mm，下层附接地金属板，微带线上刻制了 $d=3$mm 的间隙作为开关。此条件下，间隙对电磁波截止频率为 60GHz(即低于该频率的电磁波将被开关间隙隔离)。微带的两端用 N 型端子与电缆连接，再通过 SMA 转化端子连接到微波源和接收器，即微波源→N 型端子→电缆→SMA 端子→微带线→SMA 端子→电缆→N 型端子→接收器。采用低气压氩气放电，可以实现 1～8GHz 微波的传输，效率 10%～30%。

利用这种微带开关也可以实现射频信号的相移。

22.5　等离子体光子晶体

等离子体光子晶体(plasma photonic crystals，PPC)实际上也是一种射频开关，通过等离子体-介质的周期性排列形成等效的“光子晶体结构”，实现对电磁波传输频率的控制。由于放电等离子体的密度范围所限，其特征频率一般在射频或微波段。

对于气体放电形成的 PPC，由于放电结构的限制，一般是一维或二维的。下面以一维 PPC 为例。

一维 PPC 可以利用放电等离子体柱来实现，如图 22.37 所示。

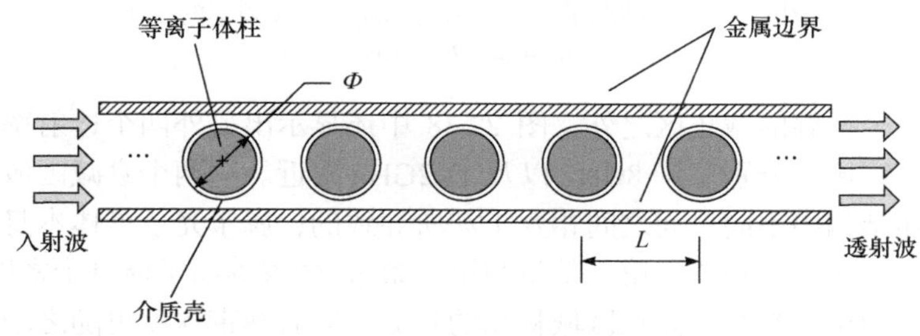

图 22.37　一维圆柱形 PPC 模拟结构示意图

22.5.1　一维等离子体光子晶体的频率特性

1. 等离子体参数的影响

PPC 不同于普通光子晶体的最大特点就在于其内部的介电常数可以根据等离子体的电子密度发生改变。当电子密度变化时，整个结构的透射率必然随之变化。若图 22.37 中的参数为周期数 $N=5$，间距 $L=4\text{cm}$，直径$\Phi=1.4\text{cm}$，则得到不同电子密度下透射率随入射波频率的变化情况，如图 22.38 所示。在 4～13GHz 的入射波频率内，对于三种不同的电子密度，透射率均存在三个明显降低的区域。以 $n_e=4\times10^{11}\text{cm}^{-3}$ 的情况为例，当入射波频率低于 5GHz 时，透射波的衰减可达 −30dB，几乎被完全截止。不过这一现象并不是源自 PPC 本身的效果，而是因为对于 $n_e=4\times10^{11}\text{cm}^{-3}$ 的等离子体，其本身的特征频率就已经超过了 5GHz。因此，频率低于 5GHz 的入射波不能够穿过等离子体柱，而是在第一个等离子体柱时就几乎被完全反射。同理，当电子密度上升至 $6\times10^{11}\text{cm}^{-3}$ 及 $8\times10^{11}\text{cm}^{-3}$ 时，图中低频端的电磁波截止频率也随之上升至 5.8GHz 和 6.3GHz。

在设计制造脉冲放电 PPC 时，电子密度所对应的等离子体频率应当小于其工作频率，否则电磁波将由于截止效应而出现全频段的大幅度衰减，不会出现规则的能带结构。

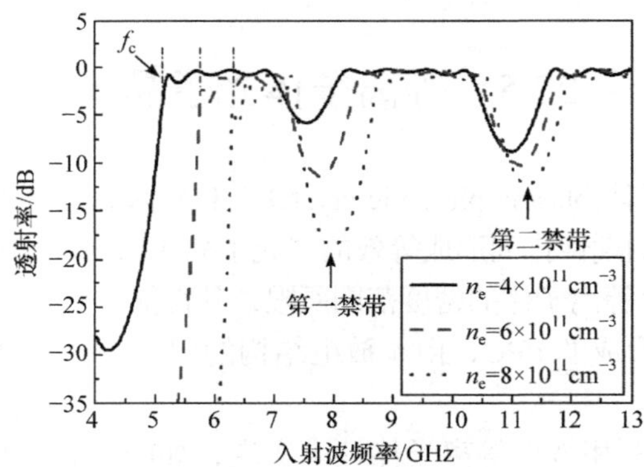

图 22.38　不同电子密度下透射率随入射波频率的变化

$N=5$，$L=4cm$，$\Phi=1.4cm$，$\nu_m=0$

除了位于低频的截止区之外，图 22.38 中还显示出另外两个透射率发生明显衰减的频率区域，分别位于 8GHz 以及 11.2GHz 附近。这两个衰减区域是由于电磁波在晶体结构中不同单元之间相互干涉所导致的，属于光子晶体本身的性质。我们把这两个区域分别称为第一禁带与第二禁带。随着等离子体电子密度的升高，这两个禁带的位置都有向高频区域移动的趋势，同时禁带深度也随之增加。而在其他频率范围内，电磁波衰减的程度很小，属于光子晶体的导带区域。

除电子密度之外，等离子体内部的碰撞频率也会对光子晶体的性质产生影响。图 22.39 给出了不同的等离子体碰撞频率下，圆柱形 PPC 的透射率与入射波频率的关系。显然，碰撞频率 ν_m 对两个禁带的位置并没有影响，低频端的截止频率也没有发生明显变化。但是，增大 ν_m 将会导致全频率范围内的微波透射率出现下降，且低频端的透射率下降得更为明显。这表明电子碰撞只是从电磁波能量衰减的角度影响光子晶体的性质，并不会使能带结构产生显著的变化。

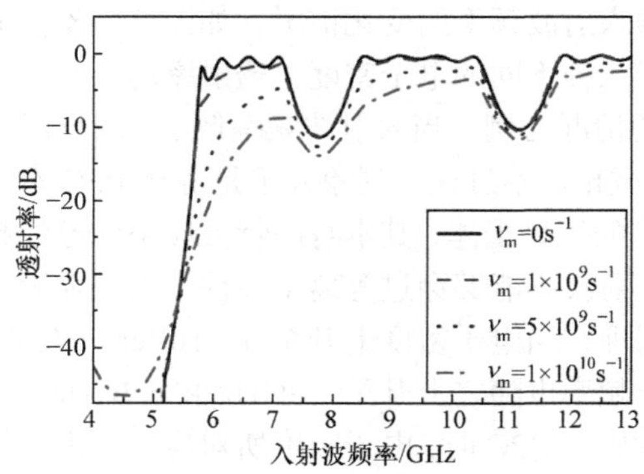

图 22.39　碰撞频率对圆柱形 PPC 透射率的影响

$n_e=6\times10^{11}cm^{-3}$，$\Phi=1.4cm$，$L=4cm$

2. 几何参数的影响

作为一种由不同介质周期性排布而形成的结构，PPC 中几何参数的变化必将影响到其性质。光子晶体周期数(等离子体柱数目)N的影响如图 22.40 所示。N的变化对于禁带位置与宽度的影响十分微弱，基本可以忽略。但是，禁带深度却随N发生了显著的变化，由$N = 5$时的−10dB 增加至$N = 20$时的−60dB 左右。这种禁带深度随周期数增加的现象是多层周期性结构的一个共有特征。值得注意的是，即使N的数值很小(如$N = 3$的情况)，仍然会出现深度约为−5dB 的禁带。这表明构成一个有效的 PPC 结构并不需要很大的周期数。

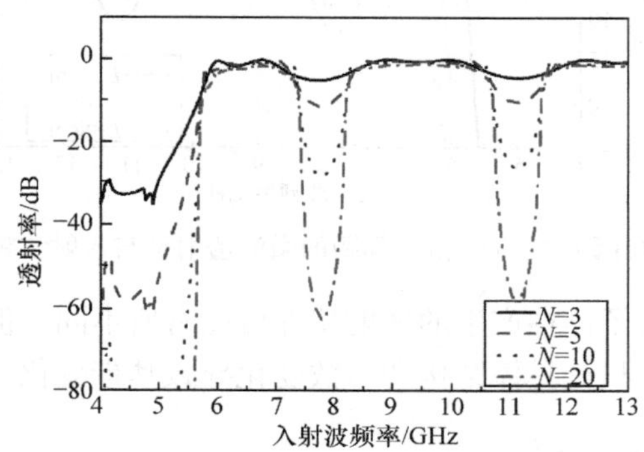

图 22.40　周期数N变化时微波透射率随入射波频率的变化

$n_e = 6 \times 10^{11}\text{cm}^{-3}$，$\Phi = 1.4\text{cm}$，$\nu_m = 0$

当等离子体柱的直径和间距发生变化时，光子晶体的透波性质也会随之变化，如图 22.41 所示。等离子体柱直径Φ的变化只会轻微地影响禁带的位置与宽度，如图 22.41(a)所示。当Φ由 1cm 增加至 1.8cm 时，第一禁带与第二禁带的宽度略微增加且向高频端移动。同时，两个禁带的深度也随之增加，且第一禁带随Φ加深的速度要比第二禁带更快。此外，低频端的截止频率也随着Φ的升高，逐渐向等离子体截止频率的理论值靠近。这是由于较大的Φ可以阻碍电磁波从等离子体柱与金属边界之间的缝隙中发生衍射，因此可以更加有效地阻挡电磁波的传播。而在等离子体柱间距L逐渐由 4cm 增加至 8cm 的过程中，在模拟所考察的频率范围之内禁带结构的数目逐渐增加，并呈现出一定的规律性，如图 22.41(b)所示。当$L = 4\text{cm}$时，在 4～13GHz 之内存在两个禁带，当$L = 6\text{cm}$和 8cm 时，禁带数分别增加至 3 和 4。

另外，从图 22.41 还可以看出，禁带宽度随柱直径Φ的增加而增加，却随柱间距L的增加而减小。这一现象与 Shiveshwari 等(2006)所得到的一维平板形 PPC 具有的禁带宽度与a/b成正比的结论相同(其中a与b分别表示等离子体层与普通介质层的厚度)。

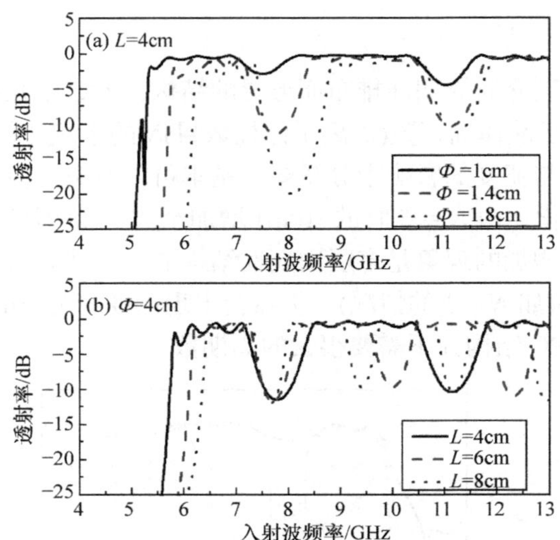

图 22.41　(a)不同柱直径和(b)间距的微波透射率与入射波频率的关系

不同形状的等离子体柱产生的透射特性可能有所不同，但这些与光子晶体的一般性质并不矛盾，只是具体结构和参数变化导致禁带变化。

3. 晶体内部的场强分布

对于不同频率的入射波，PPC 的透射率不同。从本质上来讲，这种现象产生的原因在于不同频率的电磁波在光子晶体内部形成的电场强度的分布不同。

图 22.42 中展示了计算得出的晶体中电场强度的 y 分量(不含时谐项 $e^{i\omega t}$)。我们可以直观地看出光子晶体内部电磁波传播的详细情况。此处电磁波沿 x 轴方向从左侧入射，电场偏振沿 y 方向。首先，由前面图 22.38 的计算结果我们可以知道，对于电子密度为 $6\times10^{11}\text{cm}^{-3}$ 的情况，这种圆柱形 PPC 的截止频率约为 5.8GHz。而从图 22.42(a)中可以清晰地看出，当入射波频率为 4.3GHz 的情况，电磁波确实在遇到左侧第一个等离子体柱时就被几乎完全阻挡。而对于 7.7GHz(图 22.42(b))和 11.2GHz(图 22.42(d))的情况(二者都位于图 22.38 所示的禁带内部)，波电场在左侧 3～4 个等离子体柱的区域内比较强，但随后迅速衰减，在光子晶体的中间部分就基本衰减为零。这正是光子禁带效果的具体体现。但是，当入射波频率为 9.4GHz 时，由于该频率正好位于第一与第二禁带之间的高透射率区域(导带)，此时电磁波可以几乎无损耗地穿过整个光子晶体结构而不会发生明显的衰减(图 22.42(c))。

4. 光子晶体的实验验证

利用低气压放电管组成的 PPC 非常完美地验证了光子晶体的特性。如图 22.43 和图 22.44 所示不同电流值和周期数下微波透射率随入射波频率的变化(张林，

2020)。

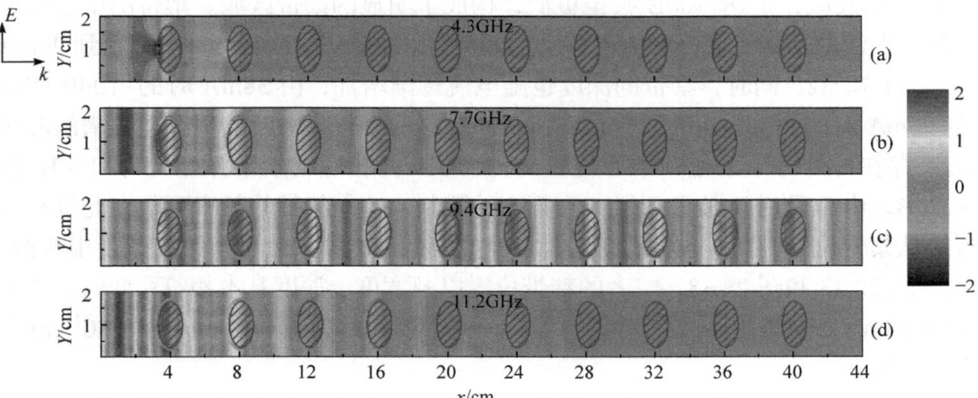

图 22.42　不同入射波频率下光子晶体内部的 y 分量分布

$n_e = 6\times10^{11}\text{cm}^{-3}$，$N=10$，$L=4\text{cm}$，$\Phi=1.4\text{cm}$，$\nu_m=0$

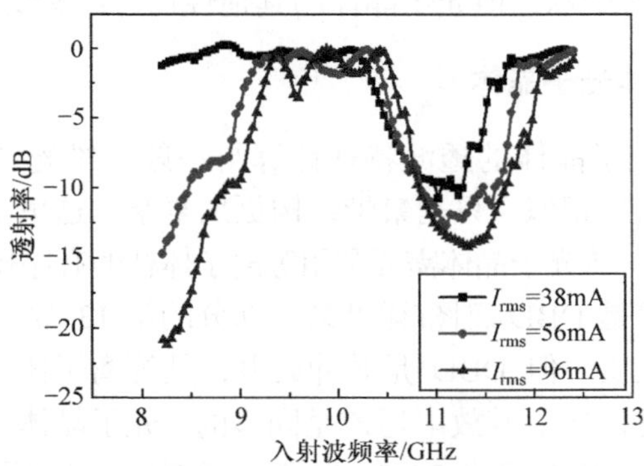

图 22.43　不同放电电流下，微波透射率随入射波频率的变化情况

$N=5$，$L=4\text{cm}$

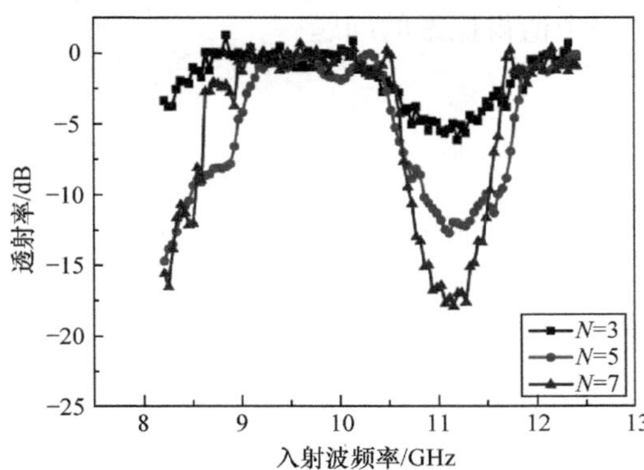

图 22.44　不同周期数微波透射率随入射波频率的变化

$I_{rms}=56\text{mA}$，$L=4\text{cm}$

放电开始后，对于所选取的 3 个电流值，在 11.2GHz 附近都出现了较为显著的透射率衰减，可达−10dB 甚至更低，构成了明显的禁带区域。禁带的中心频率 f_c 随着电流的增加有向高频方向移动的趋势，由 38mA 时的 10.8GHz 移动到 96mA 时的 11.3GHz。同时，禁带的深度也随电流逐渐增加，由 38mA 时的−10dB 增加至 96mA 时的−15dB。对于 56mA 和 96mA 这两个较大电流的情况，频谱的低频端还存在另外一个禁带，中心位置约为 8GHz。相应的禁带深度约为−15dB 和−23dB。由于受到 X 波段天线工作频率的限制，这一禁带的频率下限在此没有给出。从禁带位置判断，这与我们之前在模拟中得到的第一禁带与第二禁带很相似。对比图 22.43 和图 22.38，二者的禁带位置以及宽度、深度基本相符；此时，三个电流 38mA、56mA、96mA 所对应的等离子体密度大致为 $4\times10^{11}\text{cm}^{-3}$、$6\times10^{11}\text{cm}^{-3}$、$8\times10^{11}\text{cm}^{-3}$。

同样，禁带的位置和宽度与周期数 N 并没有明显的关系。保持管间距 L 与放电电流不变，改变 N 只会影响禁带的深度，对应的禁带深度分别为−5dB、−12dB 和−18dB，如图 22.44 所示，但光子晶体的其他性质并没有受到明显的影响。

22.5.2 二维等离子体光子晶体

二维等离子体光子晶体的透波特性计算与一般二维光子晶体的计算方式相同，其结果与一维情形相似，只是禁带结构更加复杂。这里不再赘述。

从实现的角度，二维光子晶体需要利用等离子体柱的有序排列或斑图化来实现。

一个有趣的现象是 DBD 斑图(详见第三部分的第 13 章“介质阻挡放电”)具有光子晶体的典型性质。但 DBD 是脉冲放电，其等离子体柱也具有有限的生存时间。如果是辉光型 DBD，其放电通道是同步的，光子晶体对电磁波的传输控制可以是脉冲式的。但如果是流光 DBD，放电通道时间上并不同步，电磁波的传输只能是其平均效应，电磁波的时域行为将非常复杂。流光 DBD 是否能够有效控制电磁波传输，还是一个值得探索的问题。

第 23 章 等离子体电流体动力学效应和应用

等离子体电流体动力学效应是一种典型的等离子体力学效应，其宏观体现是中性气体的速度流。在流动相关领域，如局域散热、流动调控方面有广泛应用。

23.1 电流体动力学效应

电流体动力学(electro-hydro dynamics, EHD)效应通常是非均匀电场放电的带电粒子运动与中性粒子相互作用而形成的。在“电晕放电”一章中，我们曾介绍电晕放电产生的离子风实际上就是 EHD 效应的一种。EHD 效应最早是卡贝奥(Cabeo)于 1629 年观察到的，只是当时并不完全了解这种效应。1709 年，豪克斯比(Hauksbee)首次报道了“EHD 效应”，他记录了吹向自己的弱电风实验。随后牛顿(Newton，1718)继续了他的工作，并取名为“电风”，该名称也一直沿用至今，但其物理内涵已经大大扩展。真正的 EHD 效应首先是威尔逊(Wilson，1750)实现的，他成功地利用电风推动了旋转纸风车。而最早的理论模型则是卡瓦洛(Cavallo，1777)完成的。几十年后，法拉第(Faraday，1834)出版了其关于电风书稿，将电风描述为带电粒子与中性粒子碰撞或摩擦而产生的动量转移。电风理论因此取得重大进展。观察到电风后约 250 年，麦克斯韦(Maxwell，1873)给出了电风的定量描述，从而奠定了电风研究的理论基础。19 世纪末，Chattock(1899)首次给出了平行板电极的电风压力(速度)与放电电流的定量实验关系。15 年后，Peek(1915)编写了首部关于高电压技术中的绝缘现象的书籍 *Dielectric phenomena in high-voltage engineering*，书中明确提出了电晕效应及其机理，给后来离子风的研究带来深刻的影响。

一般地，产生 EHD 效应需要具备两个必要条件：一定密度的带电粒子和一定强度的电场，其机理如图 23.1 所示。

EHD 效应通常包括两个部分：①放电区，产生带电粒子；②迁移区，带电粒子迁移时与中性分子动量耦合，产生离子风。带电粒子最后在收集电极被吸收中和。

电晕放电是产生 EHD 最常用的结构，离子风也因此称为“电晕风”。但电晕放电并非唯一产生 EHD 效应的形式，所有具有电晕特点的电极结构都可以产生 EHD 效应。例如，沿面介质阻挡放电(SDBD)就是另一种常用的 EHD 放电结构。当然，非电晕结构也可以产生 EHD 效应，只是条件更加苛刻。

对放电等离子体而言，EHD 效应一般涉及三个过程：一是环境气体的击穿和

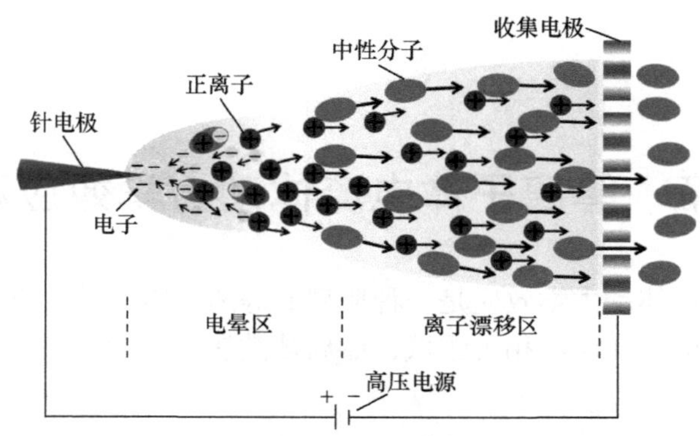

图 23.1　EHD 效应的产生机理(正电晕情形)

放电形成过程；二是放电等离子体能量耦合到中性气体中；三是中性气体对等离子体的气动效应响应。这三个过程所涉及的时间和空间尺度非常不同。通常，EHD 效应的研究和应用主要在大气(或空气)中，所涉及的尺度大致如下。

(1) 放电过程：其时间尺度就是击穿和放电形成过程，大约是几个纳秒到微秒量级；空间尺度就是放电通道宽度(大致从微米到毫米量级)和长度(与放电条件有关)。

(2) 带电粒子与气流碰撞耦合：时间尺度通常为微秒到毫秒量级；空间尺度为毫米量级。在脉冲电压激励下，时间尺度与电源上升沿和激励周期有关。

(3) 中性流体对等离子体的响应，即产生中性粒子流的过程：时间尺度为 10ms 以上量级；空间尺度一般为毫米或以上量级。

理论上，EHD 效应可以从等离子体流体或 PIC-MCC 模拟予以计算和理解。考虑各微观物理过程的差异，上述三个过程的时间和空间尺度最大相差 3～5 个量级。同时，EHD 效应中包含电磁场、流场、温度等多个参数。这种多尺度、多物理场问题给 EHD 的理论研究带来一定困难。

相对而言，空间电晕放电(无论是针-板还是线-线结构)的模拟都比较成熟。如果放电是稳定的(如直流电晕放电)，EHD 效应只涉及第二和第三个过程，它也是稳定的，EHD 效应强弱取决于放电电流(决定空间带电粒子密度)和电压(决定空间电场)。简化模型在“电晕放电”一章中已经介绍过，而电晕放电的模拟在等离子体研究中也非常普遍。

相比之下，脉冲沿面放电则复杂得多，尤其对于多物理场的耦合模拟。目前的数值模拟方法大致有三种：一是唯像学的方法；二是多场松耦合方法；三是完全耦合方法。其中完全耦合方法同时模拟空气放电与流动控制，考虑了各过程的空间、时间尺度差异，这种完全多物理场耦合方法往往需要消耗海量计算资源，对仿真造成了很大的困难，实际上很少被采用。

无论哪种方法，其等离子体流体的描述方程大致相同，即

(1) 泊松方程：描述空间电势变化和电场强度，$\nabla^2 V = -\rho / \varepsilon_0$，$\boldsymbol{E} = -\nabla V$。

(2) 电流连续性方程：描述电荷平衡，$\nabla \cdot \boldsymbol{j} = 0$ (其中 $\boldsymbol{j} = \mu_{\mathrm{p}} \rho \boldsymbol{E} + \rho \boldsymbol{u} - D \nabla \rho$ 包括迁移、流体运动和扩散等三项电流，μ_{p} 是离子迁移率)。

(3) Navier-Stokes 方程：描述流体的运动，$\rho \left[\dfrac{\partial \boldsymbol{u}}{\partial t} + (\boldsymbol{u} \cdot \nabla) \boldsymbol{u} \right] = -\nabla \rho + \mu_{\mathrm{p}} \nabla^2 \boldsymbol{u} - \rho \nabla V$ 。

23.2　强化对流散热

EHD 效应之一就是产生离子风，其最普遍的应用之一是强化(或强制)对流散热。Fernandez(1975)首先证实了 EHD 对提高管内强制对流的有效性，随后在实验中验证了“在压损只增加 3 倍的情况下传热效率提高 20 倍”。

离子风散热器的结构简单，包括两基本部分，即离子发生区——用于产生高能电子(离子)和抽运区——负责降温，从而达到理想的散热效果。离子发生区就是电晕区，这里产生电晕放电过程。抽运区就是电晕外迁移区，其间离子在电场作用下推动空气中的中性分子运动，从而形成用于冷却的风。

与目前普通电风扇相比，这种散热装置的最大特点是没有任何运动组件，利用电风达到与风扇相同的效果。理论和实验证实，这种离子风散热器可以产生高达 5m/s(负电晕)或 8m/s(正电晕)的风速，甚至可以超过普通机械风扇的风速(一般为 0.7～1.7m/s)。在热管的帮助下，效果更加。离子风散热技术的散热效果与常规散热技术相比，可以提升 100%～600%。

常见的产生 EHD 离子风的结构很多，但基本都是基于类似电晕放电的，包括针-板(环、网)，线-线(板、翼)等，如图 23.2 所示。

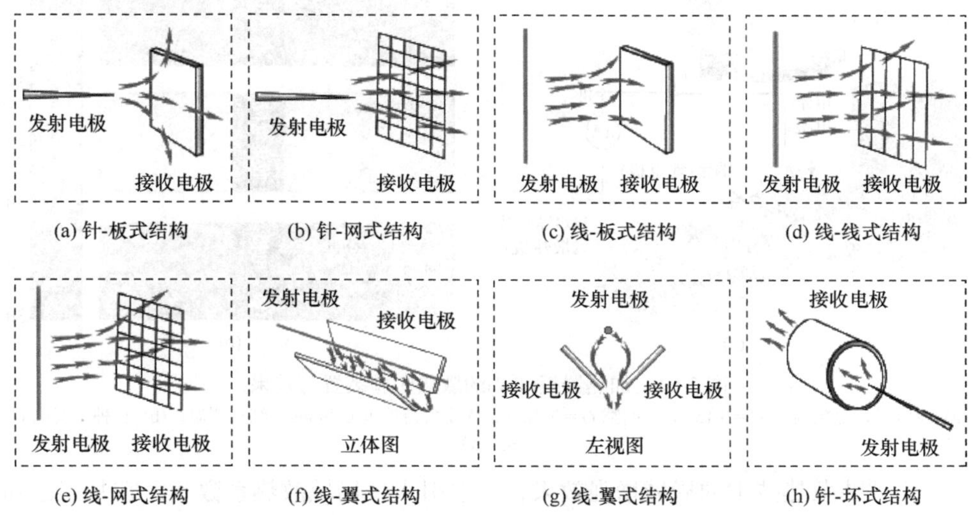

图 23.2　常见的产生 EHD 离子风发生装置电极结构

离子风泵与散热器原理相同，将电能转化为机械能，只是更关注 EHD 效应的流体压力，也称为“静电风机”，如图 23.3 所示，应用于有流体管道的场合。离子风泵的电极结构与图 23.2 大致相同。在管道中，静电风机的电极也可以依势设计，以适应于管道形状，如典型的矩形管(左)和圆形管(右)。

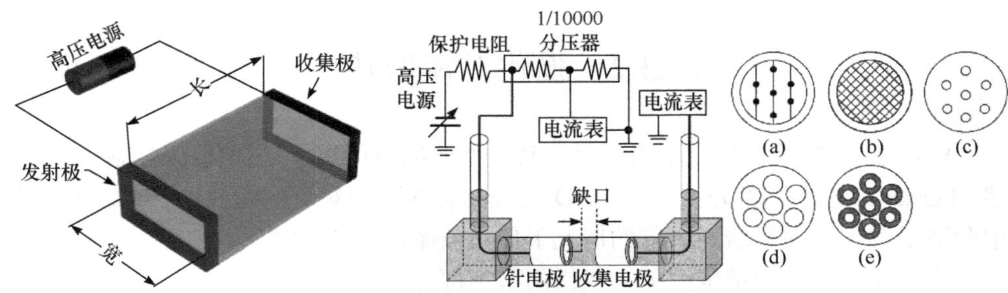

图 23.3　管道中的离子风泵电极结构

典型线电晕结构离子风散热的实验装置和效果如图 23.4 所示。实验装置包含一个电晕电极(发射电极)、地电极(收集电极)、散热板(连接需散热的部件)和温度传感器(如图 23.4(a)所示)。加载一定电压后，发射电极和收集电极之间产生电晕风，加强散热板的对流，温度明显降低(如图 23.4(b)所示)。在无任何散热措施的情况下，加热器表面各处的温度接近于 60℃。若只有气流散热，表面温度降低到 40～50℃；加入离子风散热后，表面温度普遍低于 38℃，接近收集电极表面约 30℃。

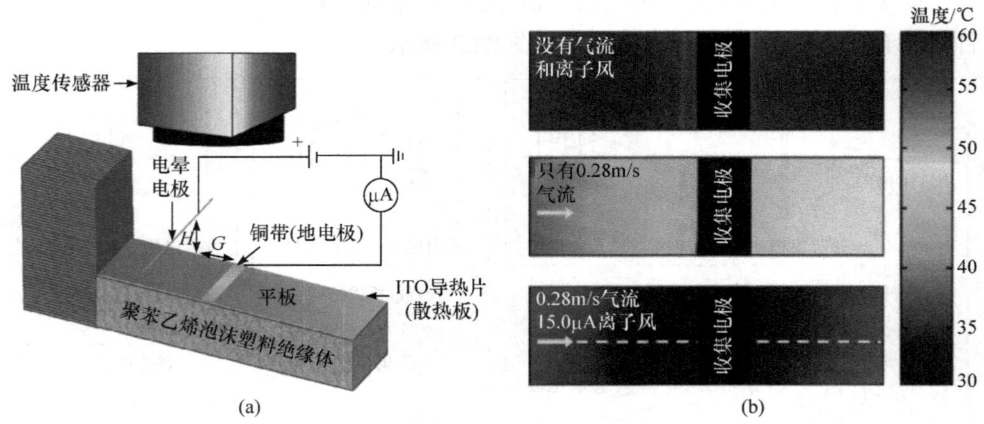

图 23.4　加热器板(4W)的散热实验装置与效果

(a) 线电晕，电极高度 $H=3.15$mm，间隙 $G=2.0$mm，固定气流速度 0.28m/s，红外测温；(b) 三种工况的效果比较

为评估散热技术的局域增强效果，一般引入“局域散热系数”，它基于已知的加热功率和避免热辐射损失，即

$$h_x = \frac{q''_{加热器} - q''_{平板辐射}}{T_{平板,x} - T_{环境}} \tag{23.1}$$

其中，$q''_{加热器}$、$q''_{平板辐射}$分别是加热器功率和平板散热功率；$T_{平板,x}$、$T_{环境}$分别是平板局域温度和环境温度。而离子风散热效率可以将其他散热(多为气流散热)从总散热中剔除，从而定义一个局域离子风散热增强率，即

$$\Gamma_x = \frac{h_{x,气流+离子风} - h_{x,气流}}{h_{x,气流}} \times 100\% \tag{23.2}$$

图 23.5 是上述实验装置中由于离子风引起的散热增强率与到板前缘距离的关系。当电晕电流为 15μA(电晕功率 67.6mW)时，其峰值超过 200%；当电晕电流减小为 3μA(电晕功率 10.6mW)时，增强率降低到 50%。散热增强在电极对的上下游都能够实现，而在电晕电极附近效率最高。相对而言，上游的增强略小于下游。随着离开收集电极的距离增大，增强效应也下降。

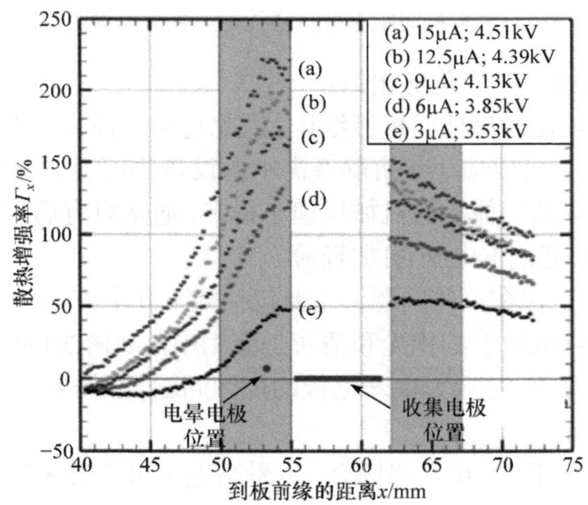

图 23.5　五种电晕条件散热增强率与到板前缘距离的关系

电晕电极间距也影响散热增强效果，图 23.6 所示是三个电极间距下的散热增强率与到板前缘距离的关系。总体来说，电极间距增大，有利于散热效率提高，有效散热面积也增大，但增强率的峰值变化并不大，都是发生在电晕电极附近，上下游的增强趋势也大致相同。当然，电极间隙增大会导致放电电压提高，放电功率也将增大。

离子风散热技术最先应用到笔记本电脑上。使用离子风散热器后的散热效果显著提高。离子风泵开启一段时间后，基板上的温度明显下降，随着时间的增长，温度由高逐渐向较低温度过渡，最后降到接近于室温。

此外，投影仪、薄型笔记本、智能终端等产品也是离子风散热技术的应用领域。实际应用的离子风散热器设计更加复杂，需要适应散热对象和环境。

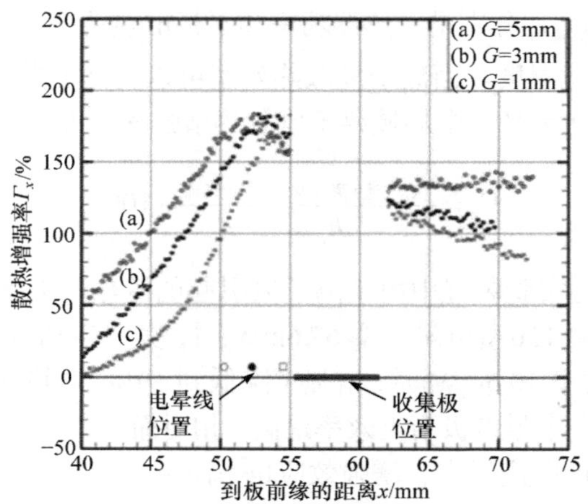

图 23.6　三种电极间距下散热增强率与到板前缘距离的关系

离子风强化散热的技术优势包括：

(1) 离子风散热器没有任何机械结构，因此它是一种零噪声部件，这也是机械风扇所无法比拟的。可以应用于有静音需求的设备(如笔记本电脑)。

(2) 离子风散热器的体积比机械风扇小得多，通常只有后者的四分之一，容易安置，可让设备(如笔记本电脑)更加轻薄。

但离子风散热也存在一些问题，主要包括如下几个方面：

(1) 防尘。电晕电极上的积尘和清灰是应用中需要解决的问题。

(2) 延长使用寿命。主要是电晕电极的烧蚀问题，这需要通过电极材料或放电控制予以解决。

(3) 非高压允许环境。在一些场合，电晕高电压可能带来其他电路问题，这是需要考虑降低电压或绝缘保护。

(4) 非静电电荷允许环境。在存在静电积聚和 ESD 风险的场合，不能使用单极性离子风散热，解决方案之一是利用双极电晕产生中性离子风。

23.3　流 动 控 制

等离子体流动控制技术作为一个新兴的流体控制方法，在军用、民用等方面都有广泛的应用前景。等离子体流动控制转向使用小尺度非平衡等离子体改变边界层流动，并通过黏性-无黏相互作用来控制主流动，它通过在控制对象表面上设置的电极产生强电场，该电场一方面电离空气产生等离子体，另一方面加速等离子体，使等离子体与中性气体发生碰撞，从而将动量、动能传递到边界层的中性气体中，边界层流动状态的变化会进一步影响主流，从而达到流动控制目的。还可以再增加外部磁场，形成电磁流体。

基于等离子体对气流的控制机制，等离子体流控技术在高升力机翼、飞翼等典型机翼流动控制、湍流附面层等离子体减阻、抑制压气机泄漏流动与分离流动、进气道分离流动等离子体激励调控等方面发挥重要作用。

实现低温非平衡等离子体流动控制技术的关键是如何在大气中(从高空低气压到对面大气压)实现等离子体放电。目前最常用的 EHD 等离子体发生器是电晕放电和表面介质阻挡放电(SDBD)。

最先使用等离子体放电来控制气体流动的工作就是电晕放电，不过当时主要研究的是体放电。直流电晕放电激励器的两个电极位于同一表面，且均不覆盖绝缘层，它主要利用放电产生的体积力和热共同作用于空气。直流电晕放电存在放电不稳定的问题，一些研究者试图使用交流电源代替直流电源来解决该问题，但是效果并不理想。

更可行的方法则是 SDBD，如图 23.7 所示的对称和非对称 SDBD 结构。通常情况下采用中频交流电源，它主要利用等离子体产生的静电体积力向空气传输动量、动能；但更有效的是纳秒脉冲激励，此时等离子体主要向空气传输热能；采用微秒、亚微秒脉冲激励时则可能兼有前两种激励的共同特点。

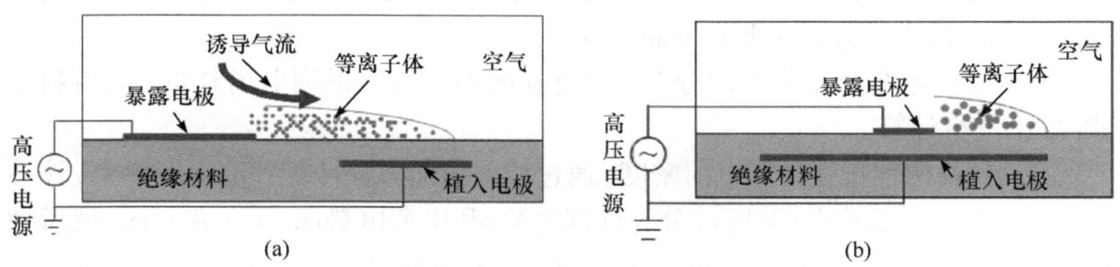

图 23.7　用于流控的 SDBD 结构
(a) 非对称；(b) 对称

SDBD 激励器具有尺寸小、重量轻、无运动部件、气动灵活性好、可靠性高、便宜、高带宽、响应快、阻力小等优势。与直流电晕放电相比，SDBD 产生的等离子体更均匀，控制效果更好，也是目前研究和应用最多的等离子体流动控制方法。

23.3.1　等离子体流控的模拟

虽然实验是最终解决流控的根本方法，但对于激励器设计和运行的理解，模拟是非常有用的手段。由于流控一般是在大气中进行的，下面以周期性交流或脉冲驱动的空气放电为例，介绍两种常用的模拟方法。

1. 唯像学模拟方法

唯像学模拟方法就是不考虑具体放电过程，只给出效果，把效果直接代入方程进行计算。这种方法共有四种计算模型，其中“Shyy 模型”为基础模型，由 Shyy 等(2002)首先提出，后又发展了其他改进模型。

1) 基础模型

基础模型包括电场和电场力的经验计算公式，等离子体体积力由式(23.3)给出

$$F_{\mathrm{t,ave}} = \rho e E \delta \Delta t / T \tag{23.3}$$

其中，ρ为电荷密度(如空气放电可取为 $10^{17}\mathrm{m}^{-3}$)；e 为基本电荷；Δt 为一个放电周期内的放电时间；T 为电源周期；$\delta = \begin{cases} 0, & |E| < E_{\mathrm{br}} \\ 1, & |E| \geqslant E_{\mathrm{br}} \end{cases}$，$E_{\mathrm{br}} = 3.0 \times 10^6\mathrm{V/m}$ 为空气击穿场强；E 是由线性化处理得到的简化电场分布，即 $|E| = E_0 - k_1 x - k_2 y$，$E_x = \dfrac{k_1}{\sqrt{k_1^2 + k_2^2}}|E|$，$E_y = \dfrac{k_2}{\sqrt{k_1^2 + k_2^2}}|E|$，其中 k_1、k_2 分别表示激励器表面切向和法向的分量。将式(23.3)代入 N-S 方程即可求解等离子体对空气的 EHD 作用效果。

2) 改进模型

Shyy 模型存在两个明显缺陷：一是电荷分布的完全平均；二是电场分布的简单线性化。改进的方法主要有下面三种：

(1) 保持电荷分布为均匀分布，通过求解泊松方程得到电场分布，然后利用式(23.3)进行计算。

(2) 利用德拜长度计算电荷密度，通过拉普拉斯方程计算外部电场模型，该方法将放电通道的总电势(电场)Φ分为外部电势ϕ和电荷电势φ，$\Phi = \phi + \varphi$，然后利用德拜长度λ_{D}、电荷密度ρ和电荷电势φ三者之间的关系，即 $\varphi = -\rho\lambda_{\mathrm{D}}^2 / \varepsilon_0$，$\nabla \cdot (\varepsilon_{\mathrm{r}} \nabla \varphi) = -(\rho / \varepsilon_0)$ (其中 ε_{r} 为介质阻挡层的相对介电常数，ε_0 为真空介电常数)，得到

$$\nabla \cdot (\varepsilon_{\mathrm{r}} \nabla \rho) = \rho / \lambda_{\mathrm{D}}^2 \tag{23.4}$$

据此，只要给定德拜长度λ_{D}，即可得到电荷密度分布。这个方法的特点是计算等离子体体积力时仅需考虑外部电场的作用

$$\boldsymbol{F} = \rho \cdot (-\nabla \phi) \tag{23.5}$$

(3) 与第二种方法类似，同样利用德拜长度计算电荷密度，不过采用分布式集中参数电路模型计算电场分布。集中参数电路模型由 Enloe 等(2004)首次提出，Orlov 等(2006)将该模型细化为具有 n 个子电路单元，如图 23.8 所示，用以模拟不

同流向位置处的电路，从而可以计算一维空间等离子体的电势和电流。

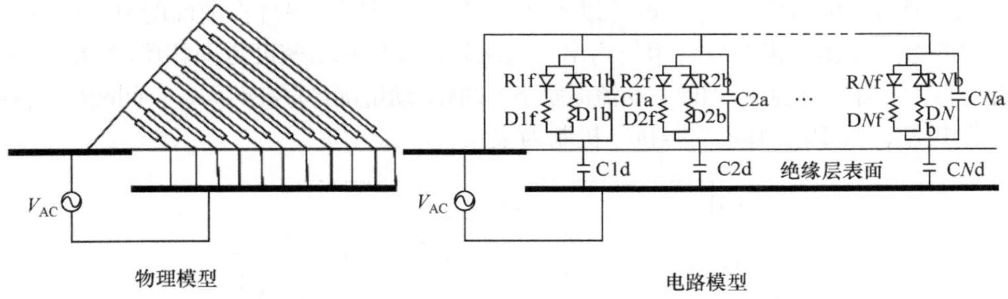

图 23.8　分布式集总参数电路模型

2. 多场松耦合模拟方法

一般地，空气微放电和电源激励周期的时间尺度比中性流体的响应时间尺度小得多，可以认为中性流体感受的等离子体作用为定常作用，从而可以将空气放电与流动响应这两个过程分割开而独立模拟，这就是多场松耦合模拟方法。多场松耦合模拟方法，就是先采用细网格、亚纳秒时间步长，利用流体力学模型，或者动力学/粒子方法，或者混合方法计算空气放电过程，得到等离子体的热、力分布，然后将其作为能量、动量源项代入 N-S 方程中在另外一套粗网格中，采用更大的时间步长进行流动控制计算。

这种近似的局限是假设了放电、流体之间的作用是单向的，流体状态不会对放电过程造成影响，与实际情况不完全符合。不过在低速来流(如非高超声速飞行器环境)条件下还是可行的。

表面介质阻挡放电等离子体激励器的电极通常为长条形，在不考虑边缘效应时可将其看作是二维放电，通行的计算方法主要考虑 x、y 两个方向，其中沿介质表面从暴露电极指向植入电极为 x 方向，垂直于介质表面为 y 方向。

就空气放电而言，其中会产生多种粒子组分，反应过程也非常复杂，但对等离子体流动控制模拟来说，只需考虑电子、正负离子就足够了。SDBD 放电控制方程包括计算电场的泊松方程和计算电子、离子密度的漂移-扩散方程。

23.3.2　流动控制的物理机制

等离子体对气体流动的作用是基于放电等离子体产生的体积力，它来自放电过程。

1. 体积力耦合机制

等离子体体积力耦合机制可以通过正弦波激励的 SDBD 来研究，仅考虑电子和正离子。从图 23.9 中可以看到，在电势正半周期体积力作用范围较大，说明此时电场向等离子体中添加动量；而在负半周期体积力范围较小，说明此时电场从等离子体中抽取动量，这一点可以支持“推-拉”机制。另外在前面的分析中我们已经发现，暴露电极两侧直角处均出现与该处整体体积力密度方向相反的情况，这是空间“推-拉”机制。因此，交流激励下 SDBD 动量耦合存在时间、空间两种“推-拉”机制，其中以时间“推-拉”机制为主。

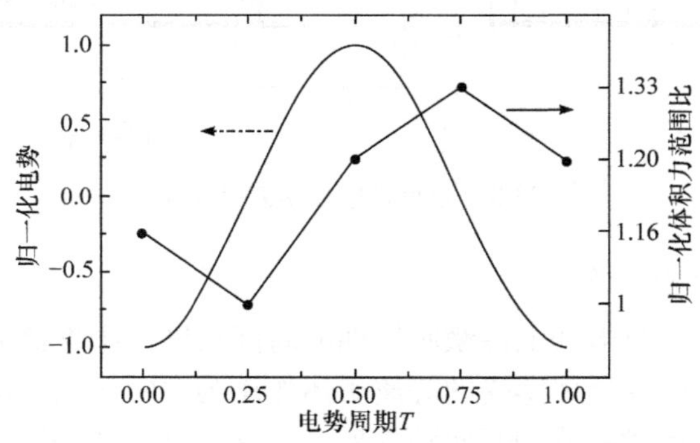

图 23.9　x 方向体积力范围比随电势周期的变化

每个周期内的最大平均体积力范围出现在 0.75T 时，而 0.5T 和 1T 时的体积力范围则基本相同。但在不同实验中，由于这种因素的影响，实验结果可能并不总是一致的。例如 Forte 等(2006)的实验结果表明，诱导离子风速度在电势负半周期更大，这与计算结果存在一些差别，可能的原因是等离子体、中性分子惯性造成的加速延迟。事实上，Enloe 等(2004)在实验中发现气体密度产生明显变化的时刻比电势变化落后一定时间(约 0.06ms)；而 Orlov 等(2006)认为中性流体对等离子体激励器的响应尺时间度在 10.0ms 的量级，大大落后于放电离子运动时间。因此，如果将体积力变化情况向后移动一定相位，则诱导速度可以和等离子体体积力变化情况相匹配。

2. 离子动量传递效率

采用交流激励时，SDBD 等离子体诱导射流由暴露电极指向植入电极，但是同一个激励器采用正极性亚微秒脉冲激励时，发现诱导射流的方向恰好相反。由于暴露电极极性为正，放电产生的正离子将受到向左的体积力，负离子受到向右的体积力，而且负离子浓度要低于正离子，这个现象表明负离子能更有效地传递动量。

模拟的亚微秒脉冲激励电势脉冲总宽度为 300.0ns，其中上升沿 100.0ns，下降沿 200.0ns，峰值 5.0kV。图 23.10 给出了一个放电脉冲周期内正、负离子密度随时间的变化过程。

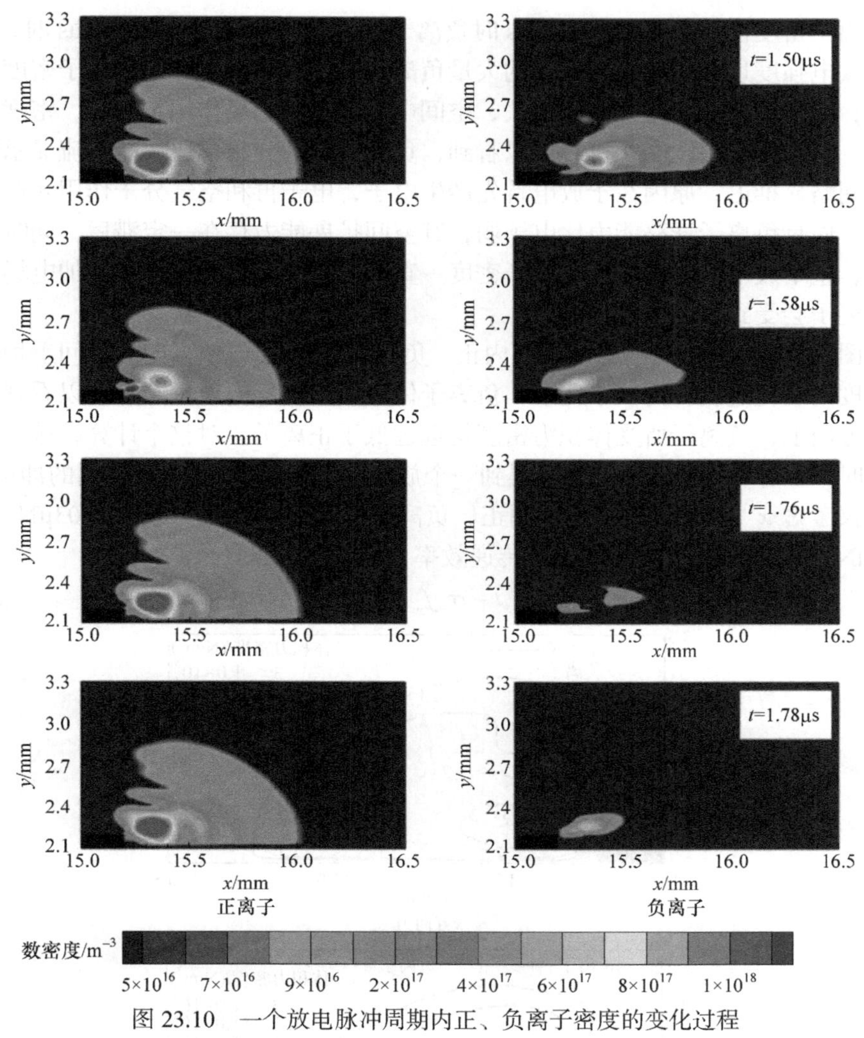

图 23.10　一个放电脉冲周期内正、负离子密度的变化过程

$t = 1.50\mu s$ 时，脉冲电势开始施加到激励器两个电极上，此时空间仍残存有前次放电产生的正、负离子。在外加电场的作用下正离子向外扩散，负离子被吸引向暴露电极方向收缩，二者密度都开始下降。$t = 1.51\mu s$ 时开始放电，但仍未对正、负离子密度造成明显影响。到 $t = 1.58\mu s$ 时放电的影响开始显现，可以看到暴露电极右上角附近出现一个高浓度正离子区域并向外发展，负离子密度最大值虽然降低，但高浓度区扩展到暴露电极右上角，同样表明此处发生放电；$t = 1.60\mu s$ 后放电基本结束，正离子产生速率降低，在扩散作用下其密度不断降低，而电子对空气分子的撞击吸附作用导致负离子密度有一定程度的升高；随着放电强度进一步减弱，负离子(包括电子)被暴露电极高电势吸引，同时与正离子发生复合反应，使

得负离子密度快速下降，$t = 1.76\mu s$ 时负离子已几乎完全消失；$t = 1.78\mu s$ 时，第 3 次弱放电强度达到最大，其产生的大量负离子同样向外扩展，而正离子密度基本不变；$t = 1.80\mu s$ 后，外加电势消失，空间电荷在自身电场作用下扩散，密度不断降低。从负离子密度变化过程可以看到，负离子空间分布总比放电电流显示的放电时间略显推迟，原因在于放电首先产生电子，电子再和空气分子作用才产生负离子，而且负离子迁移能力比电子弱，其空间扩展能力存在一定滞后。同时可以看到，整个放电脉冲期间，负离子密度一直低于正离子密度，因此外加电场相同时正离子会受到更强的静电力。

图 23.11 是一个放电脉冲周期内正、负离子受到的 x、y 方向的时间平均体积力密度的变化过程。为便于比较，负离子体积力密度反向处理了。可以看到，在两个方向上，负离子所受体积力密度均远远低于正离子。对整个计算区域进行积分同时乘以脉冲周期 300ns 可以得到一个放电脉冲内正、负离子所得到的冲量 I_x，这里仅考虑 x 方向体积力 $f_{\pm x}$，则正、负离子的 x 方向冲量分别为 $1.03\mu N \cdot s$ 和 $0.39\mu N \cdot s$。考虑正负半周动量的传递效率 σ_+ 和 σ_-，因此

$$I_x = f_x t = \sigma_+ f_{+x} t - \sigma_- f_{-x} t = 1.03\sigma_+ - 0.39\sigma_- \tag{23.6}$$

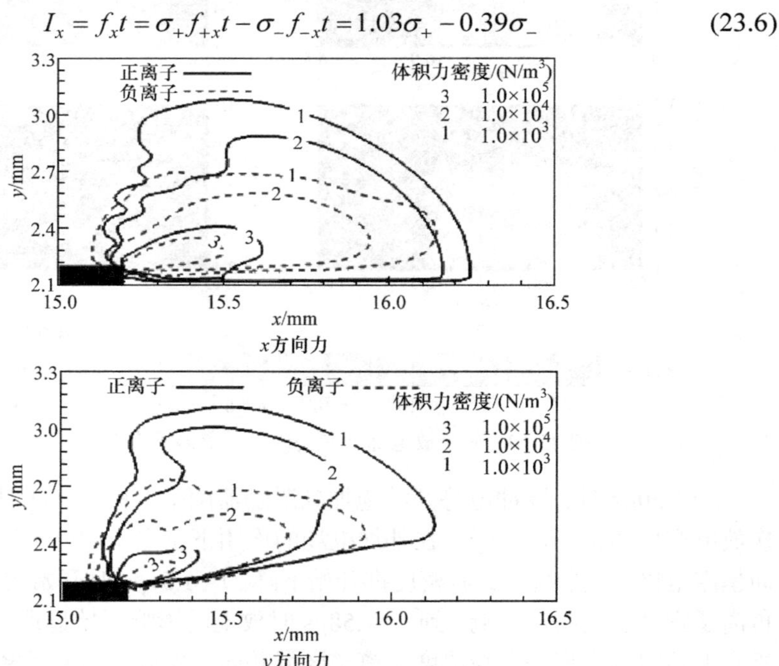

图 23.11　一个放电脉冲周期内正、负离子时间平均体积力密度的变化过程

根据实验结果，环境空气所受冲量为负，即

$$I_x = 1.03\sigma_+ - 0.39\sigma_- < 0 \tag{23.7}$$

这样可以得到

$$\sigma_+/\sigma_- < 0.379 \tag{23.8}$$

可见，正离子的 x 方向动量传递效率小于负离子的 37.9%。$\sigma_- = 1$ 时，$\sigma_+ < 0.379$。考虑到负离子的动量传递效率应小于 1，可以认为正离子的动量传递效率应该小于 37.9%。这与 Font 等(2011)的实验结果(约 30%)基本一致，他们在纯氮气情况下，得到交流激励 SDBD 正半周期的归一化体积力约为 4.1；而在 20%氧气含量下，负半周期的归一化体积力约为 13.0；二者之比约为 31.5%。

总体来说，正离子的动量传输效率较低，增大负离子浓度以及使用负电势偏置可提高 SDBD 的流动控制效果。

3. 单向体积力的产生

采用交流电势进行激励，6 个周期内时间平均体积力密度情况如图 23.12 所示，各个放电周期结束之后等离子体所获得时间平均体积力密度基本保持不变，且上下游体积力均各只指向一个方向，这就是单向体积力问题，也是 SDBD 激励器可以诱导定向射流的根本原因。

高浓度离子区和高强度电场区将决定 x 力的方向，因此可以从离子浓度变化与 x 电场变化过程对此进行理解。

当放电达到稳定后，1 个周期内离子浓度分布基本不发生明显变化，离子将在一定程度上被捕获(如图 23.13 所示)，该离子捕获机制最早由 Roth 等(1995)提出。

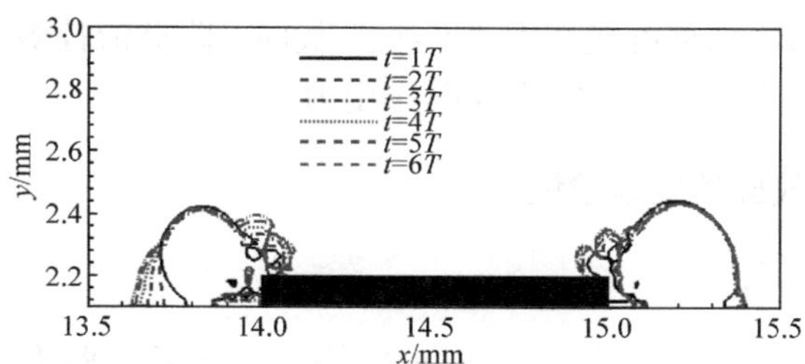

图 23.12　6 周期的 x 方向体积力密度比较

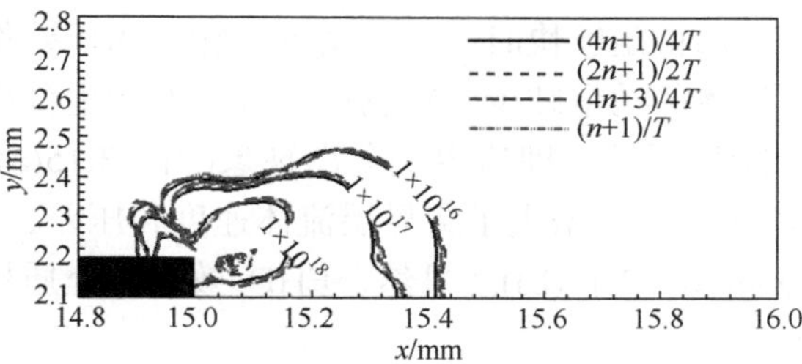

图 23.13　单周期内离子密度变化比较

当外加电势处于负电势峰值时，低强度 x 电场范围较大，高强度 x 电场范围较小；与之相反，当外加电势处于正电势峰值时，低强度 x 电场较小，而高强度

x 电场范围则要大的多，因此正峰值电势时的正 x 电场决定了离子的整体受力为 x 正方向，如图 23.14 所示。

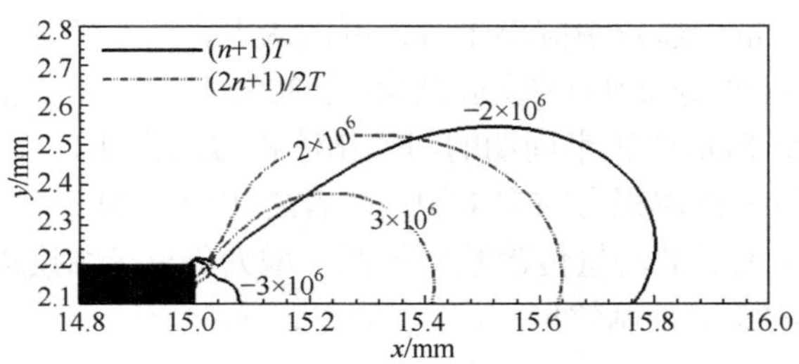

图 23.14　正负电势峰值时的 x 电场强度比较

造成电场不对称的原因与电子变化有关。由于离子被捕获，可将离子视为一个单独的被作用对象，作用在离子的电场由外加电场与电子电场共同构成，当外加电势为正电势时，电子被吸引到暴露电极并消失，此时空间中电子数量较少，电子电场对外加电场的影响很弱；而当外加电势为负电势时，电子从暴露电极处不断产生并向外扩散，电子分布范围和数量都很大，电子电场很大程度上对外加电场产生了抵消作用，可以认为，电子的未捕获或者说电子雪崩不对称造成了电场不对称。

综上所述，离子被捕获、电子雪崩不对称(电场不对称)是产生单向体积力的原因。但交流 SDBD 总是可能产生“推-拉”效应，降低流控效果。因此实际应用中必须尽量降低“拉”效应，减小反向作用力。

23.3.3　流动控制效应的实验验证

1. 中频交流放电

以中频交流正弦波电压驱动的 SDBD 等离子体激励器为例，它可以产生大致 10m/s 量级的流速。如图 23.15 所示是 SDBD 产生的流控效果。当边界层外流压力沿流动方向增加得足够快时，与流动方向相反的压差作用力和壁面黏性阻力会使边界层内流体的动量减少，在物面某处开始产生分离，形成回流区或旋涡，导致很大的能量耗散，即边界层分离现象(图 23.15(a))。使用高压激励 SDBD 产生 EHD 离子风后，增大了边界层流体速度和压差，边界层厚度减小，边界层分离大大抑制(图 23.15(b))。显然，EHD 效应使介质板边界处的紊流状态明显改善。

但中频交流 SDBD 等离子体效能比较低，同时由于在有限宽度激励电极表面的放电影响，交流 SDBD 产生“推-拉”效应，降低了单周期内的单向 EHD 效应，难以突破 10m/s 量级的诱导流速。因此，这种模式只适用于低速、低雷诺数飞行

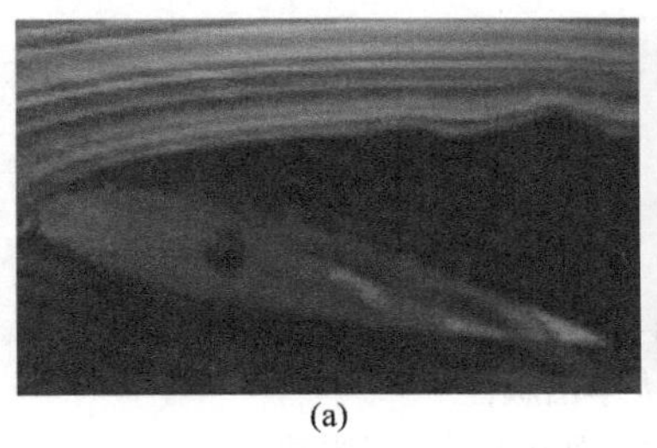
(a)

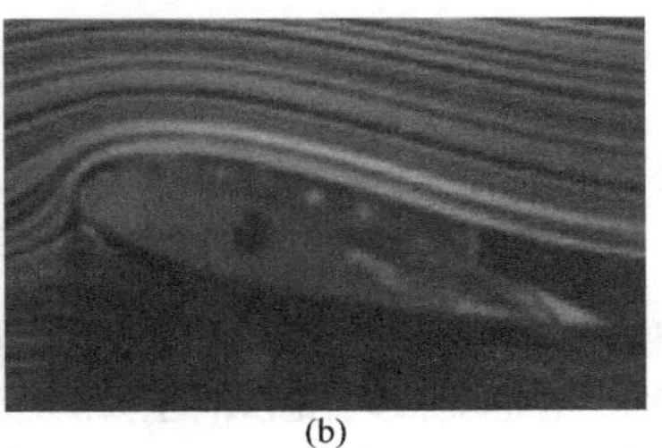
(b)

图 23.15　SDBD 产生的流控效果
(a) 边界层分离；(b) 分离被抑制

器或其他流动控制。尽管采用较窄的激励电极(如线电晕电极)的结构，可以一定程度上改善其 EHD 性能，但作用有限。

2. 纳秒脉冲放电等离子体

采用纳秒脉冲驱动的效能明显更高(李应红等，2010)。纳秒脉冲等离子体具有更大的放电峰值功率，电子温度更高，高能电子成分也更多。它相当于局部电弧放电激励，能量集中在瞬间释放，能够产生大量热量，提高等离子体激励强度，通过冲击、膨胀作用对环境空气造成明显影响，控制激波的强度、位置等，因此在高速流动控制中应用前景很好，如超燃冲压发动机。

实际上，这是一种所谓“等离子体冲击流动控制”，包括三个方面：一是“冲击激励”，利用短脉冲放电提高放电的峰值功率，产生强的温度升和压力升，形成强脉冲扰动甚至是冲击波；二是“涡流控制”，冲击扰动在与横流的相互作用过程中产生旋涡，通过旋涡的输运效应促进附面层与主流掺混，进而提高近壁面流动的动能，抑制流动分离；三是“频率耦合”，使等离子体激励的脉冲频率接近流场特征频率，从非定常、非线性的角度，实现等离子体激励和流场耦合，既能提升流动控制效果，又能降低功耗。

纳秒脉冲等离子体气动激励产生过程中的折合电场与微秒脉冲或更低速激励相比有显著增大(从 100Td 左右增大到 500Td 左右)，电极附近空气在电离过程中快速加热。高速纹影测试表明，快速加热导致局部压力急剧升高，产生了强的压缩波，随后在 80μs 左右快速衰减为弱扰动，初始扰动强度比微秒脉冲激励显著增大，高速纹影测量可清晰看到。

参考文献

奥切洛, 弗拉姆. 1994. 等离子体诊断[M]. 郑少白, 译. 北京: 电子工业出版社.

蔡祖泉. 1988. 电光源原理引论[M]. 上海: 复旦大学出版社.

陈宗柱, 高树香. 1988. 气体导电: 下册[M]. 南京: 南京工学院出版社.

杜长明. 2017. 等离子体处理固体废弃物技术[M]. 北京: 化学工业出版社.

高树香, 陈宗柱. 1988. 气体导电: 上册[M]. 南京: 南京工学院出版社.

葛袁静, 张广秋, 陈强. 2011. 等离子体科学技术及其在工业中的应用[M]. 北京: 中国轻工业出版社.

李犇. 2017. 辉光与流光 DBD 斑图形成机制的对比研究[D]. 北京: 北京理工大学.

李定, 陈银华, 马锦秀, 等. 2006. 等离子体物理学[M]. 北京: 高等教育出版社.

李赏. 2010. 空心阴极放电等离子体及其在电磁防护中的应用[D]. 北京: 北京理工大学.

李应红, 吴云, 梁华, 等. 2010. 提高抑制流动分离能力的等离子体冲击流动控制原理[J]. 科学通报, 55: 3060-3068.

力伯曼 M A, 里登伯格 A J. 2007. 等离子体放电原理与材料处理[M]. 蒲以康, 等译. 北京: 科学出版社.

刘尚合. 1999. 静电理论与防护[M]. 北京: 兵器工业出版社.

刘万东. 2002. 等离子体物理导论[Z]. 合肥: 中国科学技术大学近代物理系讲义.

丘军林. 1999. 气体电子学[M]. 武汉: 华中理工大学出版社.

邱爱慈. 2016. 脉冲功率技术与应用[M]. 西安: 陕西科学技术出版社.

邵福球. 2002. 等离子体粒子模拟[M]. 北京: 科学出版社.

邵涛, 严萍. 2015. 大气压气体放电及其等离子体应用[M]. 北京: 科学出版社.

孙冰. 2013. 液相放电等离子体及其应用[M]. 北京: 科学出版社.

王立军, 王渊, 黄小龙, 等. 2019. 纵向磁场下真空电弧中阳极烧蚀过程的实验及仿真研究综述[J]. 高电压技术, 45: 10.

王龙. 2018. 磁约束等离子体实验物理[M]. 北京: 科学出版社.

王晓钢. 2010. 等离子体物理基础[M]. 北京: 北京大学出版社.

吴蓉, 李燕, 朱顺官, 等. 2008. 等离子体电子温度的发射光谱法诊断[J]. 光谱学与光谱分析, 28: 5.

武占成, 张希军, 胡有志. 2012. 气体放电[M]. 北京: 国防工业出版社.

夏伯特 P, 布雷斯韦 N. 2015. 射频等离子体物理学[M]. 王友年, 徐军, 宋远红, 译. 北京: 科学出版社.

项志遴, 俞昌旋. 1982. 高温等离子体诊断技术[M]. 上海: 上海科学技术出版社.

谢华生. 2018. 计算等离子体物理导论[M]. 北京: 科学出版社.

辛仁轩. 2005. 等离子体发射光谱分析[M]. 北京: 化学工业出版社.

徐绍伟. 2015. 介质阻挡辉光放电的结构及其形成机理[D]. 北京: 北京理工大学.

徐学基, 诸定昌. 1996. 气体放电物理[M]. 上海: 复旦大学出版社.

杨津基. 1983. 气体放电[M]. 北京: 科学出版社.

叶超, 宁兆元. 2010. 低气压低温等离子体诊断技术与原理[M]. 北京: 科学出版社.
于达仁, 刘辉, 丁永杰, 等. 2014. 空间电推进原理[M]. 哈尔滨: 哈尔滨工业大学出版社.
张冠生. 1989. 电器理论基础[M]. 北京: 机械工业出版社.
张林. 2020. 圆柱形等离子体与电磁波的相互作用[D]. 北京: 北京理工大学.
张仁豫, 陈昌渔, 王昌长. 2009. 高电压试验技术[M]. 北京: 清华大学出版社.
张宇. 2016. 直流电晕放电特性及其空间离子行为[D]. 北京: 北京理工大学.
赵化侨. 1993. 等离子体化学与工艺[M]. 合肥: 中国科学技术大学出版社.
赵晓菲. 2014. 介质表面辉光放电条纹及机理[D]. 北京: 北京理工大学.
钟炜, 杨君友, 段兴凯, 等. 2007. 电弧等离子体法在纳米材料制备中的应用[J]. 材料导报, 21(专辑Ⅷ): 14-16.
Allis W P. 1957. Proceedings of the Third International Conference on Ionization Phenomena in Gases[C]. Venice, 1957: 50.
Anders A. 2008. Cathodic Arcs[M]. New York: Springer.
Aziz K H H, Miessner H, Mueller S, et al. 2017. Degradation of pharmaceutical diclofenac and ibuprofen in aqueous solution, a direct comparison of ozonation, photocatalysis, and non-thermal plasma[J]. Chemical Engineering Journal, 313: 1033-1041.
Becker K H, Schoenbach K H, Eden J G. 2009. Microplasmas and applications[J]. Journal of Physics D: Applied Physics, 39: R55.
Beilis I I. 2001. State of the theory of vacuum arcs[J]. IEEE Transactions on Plasma Science, 29: 657-670.
Benilov M. 2014. Multiple solutions in the theory of DC glow discharges and cathodic part of arc discharges. Application of these solutions to the modeling of cathode spots and patterns: A review[J]. Plasma Sources Science and Technology, 23: 054019.
Berardinelli A, Hamrouni A, Dire S, et al. 2021. Features and application of coupled cold plasma and photocatalysis processes for decontamination of water[J]. Chemosphere, 262: 128336.
Birdsall C K, Langdon A B. 1991. Plasma Physics via Computer Simulation[M]. New York: Adam Hilger.
Bogaerts A, Gijbels R, Vlcek J. 1998. Collisional-radiative model for an argon glow discharge[J]. Journal of Applied Physics, 84: 121-136.
Bohdansky J, Roth J, Bay H. 1981. An analytical formula and important parameters for low-energy ion sputtering[J]. Journal of Applied Physics, 52: 1610.
Borg G G, Harris J H, Miljak D G, et al. 1999. Application of plasma columns to radio frequency antennas[J]. Applied Physics Letters, 74: 3272-3274.
Boulos M I, Fauchais P, Pfender E. Thermal Plasmas: Fundamentals and Applications: Vol. 1[M]. New York: Plenum Press, 1994.
Bubnov A, Burova E Y, Grinevich V, et al. 2007. Comparative actions of NiO and TiO_2 catalysts on the destruction of phenol and its derivatives in a dielectric barrier discharge[J]. Plasma Chemistry and Plasma Processing, 27: 177-187.
Burton R L, Turchi P. 1998. Pulsed plasma thruster[J]. Journal of Propulsion and Power, 14: 716-735.
Cabeo N. 1629. Philosophia Magnetica[M]. Cologne: Francesco Suzzi, Ferrara.

Cavallo T. 1777. A Complete Treatise of Electricity[M]. London: Edward.

Chang J S, Lawless P A, Yamamoto T. 1991. Corona discharge processes[J]. IEEE Transactions on Plasma Science, 19: 1152-1166.

Chang M B, Kushner M J, Rood M J. 1992. Removal of SO_2 and the simultaneous removal of SO_2 and NO from simulated flue gas streams using dielectric barrier discharge plasmas[J]. Plasma Chemistry and Plasma Processing, 12: 565-580.

Chattock A. 1899. XLIV. On the velocity and mass of the ions in the electric wind in air[J]. The London, Edinburgh, and Dublin Philosophical Magazine andJournal of Science, 48: 401-420.

Chen F F. 2003. Langmuir probe diagnostics[C]//Mini-Course on Plasma Diagnostics, IEEEICOPS Meeting, Jeju: 20-111.

Chen F F, Boswell R W. 1997. Helicons-the past decade[J]. IEEE Transactions on Plasma Science, 25: 1245-1257.

Chen J, Davidson J H. 2003. Model of the negative dc corona plasma: Comparison to the positive DC corona plasma[J]. Plasma Chemistry and Plasma Processing, 23: 83-102.

Czerwiec T, Graves D. 2004. Mode transitions in low pressure rare gas cylindrical icp discharge studied by optical emission spectroscopy[J]. Journal of Physics D: Applied Physics, 37: 2827.

Dai D, Hou H, Hao Y. 2011. Influence of gap width on discharge asymmetry in atmospheric pressure glow dielectric barrier discharges[J]. Applied Physics Letters, 98: 131503.

Davenport J, Petti R. 1985. Acoustic resonance phenomena in low wattage metal halide lamps[J]. Journal of the Illuminating Engineering Society, 14: 633-642.

Denaro A, Owens P, Crawshaw A. 1968. Glow discharge polymerization—Styren[J]. European Polymer Journal, 4: 93-106.

Denisov V, Akhmadeev Y, Koval N, et al. 2019. Non-self-sustained hollow-cathode glow discharge at low burning voltages[J]. Russian Physics Journal, 62: 563-568.

Diaz F R C. 2000. The vasimr rocket[J]. Scientific American, 283: 90-97.

Ding W X, Huang W, Wang X D, et al. 1993. Quasiperiodic transition to chaos in a plasma[J]. Physical Review Letters, 70(2): 170-173.

Dobrynin D, Fridman G, Friedman G, et al. 2009. Physical and biological mechanisms of direct plasma interaction with living tissue[J]. New Journal of Physics, 11: 115020.

Donald L S. 1995. Thin-film Deposition: Principles and Practice[M]. New York: McGraw-Hill: 8-9.

Dony M, Ricard A, Dauchot J, et al. 1995. Optical diagnostics of dc and rf argon magnetron discharges[J]. Surface and Coatings Technology, 74: 479-484.

Duan X, He F, Ouyang J. 2010. Prediction of atmospheric pressure glow discharge in dielectric-barrier system[J]. Applied Physics Letters, 96: 231502.

Ebert U, Nijdam S, Li C, et al. 2010. Review of recent results on streamer discharges and discussion of their relevance for sprites and lightning[J]. Journal of Geophysical Research: Space Physics, 115: A7.

Engel V A. 1965. Ionized Gases[M]. Oxford: Clarendon Press.

Enloe C, McLaughlin T E, Vandyken R D, et al. 2004. Mechanisms and responses of a single dielectric barrier plasma actuator: Plasma morphology[J]. AIAA Journal, 42: 589-594.

Faraday M. 1834. Experimental Researches in Electricity[M]. Carlsbad: Faraday.

Feldman L C, Mayer J W. 1986. Fundamentals of Surface and Thin Film Analysis[M]. Amsterdam: Elsevier Science Publishers.

Fernández J L. 1975. Electrohydrodynamic enhancement of forced convection heat transfer in tubes[D]. Bristol: University of Bristol.

Fernández J, Poulter R. 1987. Radial mass flow in electrohydrodynamically-enhanced forced heat transfer in tubes[J]. International Journal of Heat and Mass Transfer, 30: 2125-2136.

Flamm D L, Manos D M. 1989. Plasma Etching: An Introduction[M]. New York: Academic Press.

Font G, Enloe C, Newcomb J, et al. 2011. Effects of oxygen content on dielectric behavior barrier discharge plasma actuator behavior[J]. AIAA Journal, 49: 1366-1373.

Forte M, Jolibois J, Moreau E, et al. 2006. Optimization of a dielectric barrier discharge actuator by stattionary and non-stationary measurements of the induced flow velocity-application to airflow control[C]//3rd AIAA Flow Control Conference, San Francisco: 2863.

Fridman A, Chirokov A, Gutsol A. 2005. Non-thermal atmospheric pressure discharges[J]. Journal of Physics D: Applied Physics, 38: R1.

Fridman A, Nester S, Kennedy L A, et al. 1999. Gliding arc gas discharge[J]. Progress in Energy and Combustion Science, 25: 211-231.

Fridman G, Friedman G, Gutsol A, et al. 2008. Applied plasma medicine[J]. Plasma Processes and Polymers, 5: 503-533.

Ganeev A, Drobyshev A, Gubal A, et al. 2019. Hollow cathode and new related analytical methods[J]. Journal of Analytical Chemistry, 74: 975-981.

Ganesan A R, Tiwari U, Ezhilarasi P N, et al. 2021, Application of cold plasma on food matrices: A review on current and future prospects[J]. Journal of Food Process and Preservation, 45: e15070.

Ghosh S, Liu T, Bilici M, et al. 2015. Atmospheric-pressure dielectric barrier discharge with capillary injection for gas-phase nanoparticle synthesis[J]. Journal of Physics D: Applied Physics, 48: 314003.

Godyak V, Demidov V. 2011. Probe measurements of electron-energy distributions in plasmas: What can we measure and how can we achieve reliable results? [J]. Journal of Physics D: Applied Physics, 44: 233001.

Goebel D M, Katz I. 2008. Fundamentals of Electric Propulsion: Ion and Hall Thrusters[M]. Hoboken: John Wiley & Sons.

Granier A, Vervloet M, Aumaille K, et al. 2003. Optical emission spectra of teos and hmdso derived plasmas used for thin film deposition[J]. Plasma Sources Science and Technology, 12: 89.

Haas R A. 1973. Plasma stability of electric discharges in molecular gases[J]. Physical Review, A8: 1017-1043.

Hakiai K, Takazaki D, Ihara S, et al. 1999. Spatial distribution and characteristics of ozone generation with glow discharge using a double discharge method[J]. Japanese Journal of Applied Physics, 38: 221.

Hasegawa K, Nöckel J U, Deutsch M. 2004. Surface plasmon polariton propagation around bends at a metal-dielectric interface[J]. Applied Physics Letters, 84: 1835-1837.

He D, Sun Y, Xin L, et al. 2014. Aqueous tetracycline degradation by non-thermal plasma combined with nano-TiO_2[J]. Chemical Engineering Journal, 258: 18-25.

Hollahan J R, Carlson G L. 1970. Hydroxylation of polymethylsiloxane surfaces by oxidizing plasmas[J]. Journal of Applied Polymer Science, 14: 2499-2508.

Iijima S. 1991. Helical microtubules of graphitic carbon[J]. Nature, 354: 56-58.

Ikegami T, Ishibashi S, Yamagata Y, et al. 2001. Spatial distribution of carbon species in laser ablation of graphite target[J]. Journal of Vacuum Science & Technology A: Vacuum, Surfaces, and Films, 19: 1304-1307.

Itikawa Y. 2007. Molecular Processes in Plasmas: Collisions of Charged Particles with Molecules[M]. Berlin: Springer.

Iza F, Kim G J, Lee S M, et al. 2008. Microplasmas: Sources, particle kinetics, and biomedical applications[J]. Plasma Processes and Polymers, 5: 322-344.

Jodzis S. 2011. Application of technical kinetics for macroscopic analysis of ozone synthesis process[J]. Industrial & Engineering Chemistry Research, 50: 6053-6060.

Johnston C, Hartgers B, van der Heijden H, et al. 2005. Sulfur lamp-lte modelling and experiments[J]. High Temperature Material Processes: An International Quarterly of High-Technology Plasma Processes, 9: 545-555.

Kawamura E, Vahedi V, Lieberman M A, et al. 1999. Ion energy distributions in rf sheaths: Review, analysis and simulation[J]. Plasma Sources Science and Technology, 8: R45.

Kawamura K, Shui V. 1984. Pilot plant experience in electron-beam treatment of iron-ore sintering flue gas and its application to coal boiler flue gas cleanup[J]. Radiation Physics and Chemistry (1977) , 24: 117-127.

Keidar M, Beilis I. 2013. Plasma Engineering: Applications from Aerospace to Bio and Nanotechnology[M]. New York: Academic Press.

Kholodkov A, Golant K, Nikolin I. 2003. Nano-scale compositional lamination of doped silica glass deposited in surface discharge plasma of SPCVD technology[J]. Microelectronic Engineering, 69: 365-372.

Kim K S, Kam S K, Mok Y S. 2015. Elucidation of the degradation pathways of sulfonamide antibiotics in a dielectric barrier discharge plasma system[J]. Chemical Engineering Journal, 271: 31-42.

Kiss L, Nicolai J P, Conner W, et al. 1992. CF and CF_2 actinometry in a CF_4/Ar plasma[J]. Journal of Applied Physics, 71: 3186-3192.

Kogelschatz U. 2003. Dielectric-barrier discharges: Their history, discharge physics, and industrial applications[J]. Plasma Chemistry and Plasma Processing, 23: 1-46.

Kolobov V I. 2006. Striations in rare gas plasmas[J]. Journal of Physics D: Applied Physics, 39: R487.

Konuma M. 1992. Film Deposition by Plasma Techniques[M]. Berlin, Heidelberg: Springer .

Koutahzadeh N, Esfahani M R, Arce P E. 2016. Removal of acid black 1 from water by the pulsed corona discharge advanced oxidation method[J]. Journal of Water Process Engineering, 10: 1-8.

Kral'kina E A. 2008. Low-pressure radio-frequency inductive discharge and possibilities of optimizing inductive plasma sources[J]. Physics-Uspekhi, 51: 493.

Krätschmer W, Lamb L D, Fostiropoulos K, et al. 1990. Solid C_{60}: A new form of carbon[J]. Nature, 347: 354-358.

Kumar A, Ann Lin P, Xue A, et al. 2013. Formation of nanodiamonds at near-ambient conditions via microplasma dissociation of ethanol vapour[J]. Nature Communications, 4: 1-9.

Laboratories, Siemens Lamp Research. 1953. High pressure xenon arc lamp[J]. Journal of Scientific Instruments, 30: 173-174.

Lafferty J M. 1980. Vacuum Arcs: Theory and Applications[M]. New York: John Wiley & Sons.

Lapenta G. 2012. Particle simulations of space weather[J]. Journal of Computational Physics, 231: 795-821.

Lapenta G, Markidis S. 2011. Particle acceleration and energy conservation in particle in cell simulations[J]. Physics of Plasmas, 18: 072101.

Laroussi M. 1996. Sterilization of contaminated matter with an atmospheric pressure plasma[J]. IEEE Transactions on Plasma Science, 24: 1188-1191.

Laroussi M. 2005. Low temperature plasma-based sterilization: Overview and state-of-the-art[J]. Plasma Processes and Polymers, 2: 391-400.

Laroussi M, Akan T. 2007. Arc-free atmospheric pressure cold plasma jets: A review[J]. Plasma Processes and Polymers, 4: 777-788.

Laux C O, Spence T, Kruger C, et al. 2003. Optical diagnostics of atmospheric pressure air plasmas[J]. Plasma Sources Science and Technology, 12: 125.

Li G, Li H P, Wang L Y, et al. 2008. Genetic effects of radio-frequency, atmospheric-pressure glow discharges with helium[J]. Applied Physics Letters, 92: 221504.

Li H P, Wang L Y, Li G, et al. 2011. Manipulation of lipase activity by the helium radio-frequency, atmospheric-pressure glow discharge plasma jet[J]. Plasma Processes and Polymers, 8: 224-229.

Lin P A, Sankaran R M. 2011. Plasma-assisted dissociation of organometallic vapors for continuous, gasphase preparation of multimetallic nanoparticles[J]. Angewandte Chemie International Edition, 50: 10953-10956.

Loebleonard B. 1955. Basic Processes of Gaseous Electronics[M]. Berkeley and Los Angeles: University of California Press.

Long D R, Geballe R. 1970. Electron-impact ionization of He($2s^3S$) [J]. Physical Review A, 1: 260.

Lu X, Laroussi M. 2006. Dynamics of an atmospheric pressure plasma plume generated by submicrosecond voltage pulses[J]. Journal of Applied Physics, 100: 063302.

Lu X, Laroussi M, Puech V. 2012. On atmospheric-pressure non-equilibrium plasma jets and plasma bullets[J]. Plasma Sources Science and Technology, 21: 034005.

Lu X, Xiong Z, Zhao F, et al. 2009. A simple atmospheric pressure room-temperature air plasma needle device for biomedical applications[J]. Applied Physics Letters, 95: 181501.

Magureanu M, Bradu C, Piroi D, et al. 2013. Pulsed corona discharge for degradation of methylene blue in water[J]. Plasma Chemistry and Plasma Processing, 33: 51-64.

Makasheva K, Serrano E M, Hagelaar G, et al. 2007. A better understanding of microcathode sustained discharges[J]. Plasma Physics and Controlled Fusion, 49: B233.

Mariotti D, Sankaran R M. 2010. Microplasmas for nanomaterials synthesis[J]. Journal of Physics D: Applied Physics, 43: 323001.

Martin-Moreno L, Garcia-Vidal F, Lezec H, et al. 2003. Theory of highly directional emission from a single subwavelength aperture surrounded by surface corrugations[J]. Physical Review Letters, 90:

167401.

Martino B D, Briguglio S, Vlad G, et al. 1999. Parallel PIC plasma simulation through particle decomposition methods[J]. Computer Physics Communications, s121-122: 696.

Massines F, Rabehi A, Decomps P, et al. 1998. Experimental and theoretical study of a glow discharge at atmospheric pressure controlled by dielectric barrier[J]. Journal of Applied Physics, 83: 2950-2957.

Maxwell J C. 1873. A Treatise on Electricity and Magnetism[M]. Oxford: Clarendon press.

Meek J M, Craggs J D. 1978. Electrical Breakdown of Gases[M]. New York: Wiley.

Meeks E, Larson R S, Ho P, et al. 1998. Modeling of SiO_2 deposition in high density plasma reactors and comparisons of model predictions with experimental measurements[J]. Journal of Vacuum Science & Technology A: Vacuum, Surfaces, and Films, 16: 544-563.

Mesyats G A. 2006. Similarity laws for pulsed gas discharges[J]. Physics-Uspekhi, 49: 1045-1065.

Mizuno A, Clements J S, Davis R H. 1986. A method for the removal of sulfur dioxide from exhaust gas utilizing pulsed streamer corona for electron energization[J]. IEEE Transactions on Industry Applications, IA-22: 516-522.

Mizuno A, Hori Y. 1988. Destruction of living cells by pulsed high-voltage application[J]. IEEE Transactions on Industry Applications, 24: 387-394.

Mok Y S, Nam C M, Cho M H, et al. 2002. Decomposition of volatile organic compounds and nitric oxide by nonthermal plasma discharge processes[J]. IEEE Transactions on Plasma Science, 30: 408-416.

Morra M, Occhiello E, Marola R, et al. 1990. On the aging of oxygen plasma-treated polydimethylsiloxane surfaces[J]. Journal of Colloid and Interface Science, 137: 11-24.

Murakami T, Kuroda S I, Osawa Z. 1998. Dynamics of polymeric solid surfaces treated with oxygen plasma: Effect of aging media after plasma treatment[J]. Journal of Colloid and Interface Science, 202: 37-44.

Narendra J, Grotjohn T, Asmussen J. 2008. Microstripline applicators for creating microplasma discharges with microwave energy[J]. Plasma Sources Science and Technology, 17: 035027.

Newton I. 1718. Optics[J]. Walford: Printers to the Royal Society.

Obradović B M, Sretenović G B, Kuraica M M. 2011. A dual-use of DBD plasma for simultaneous NO_x and SO_2 removal from coal-combustion flue gas[J]. Journal of Hazardous Materials, 185: 1280-1286.

Orlov D, Corke T, Patel M. 2006. Electric circuit model for aerodynamic plasma actuator[C]//44th AIAA Aerospace Sciences Meeting and Exhibit, Reno: 1206.

Ouyang J, Ben L, Feng H, et al. 2018. Nonlinear phenomena in dielectric barrier discharges: Pattern, striation and chaos[J]. Plasma Science and Technology, 20: 103002.

Ouyang J, Cao J, Li S, et al. 2010. Application of discharge plasma as dynamic switch in microstrip line[J]. IEEE Electron Device Letters, 31: 1491-1493.

Peek F W. 1915. Dielectric Phenomena in High Voltage Engineering[M]. New York: McGraw-Hill.

Penetrante B M, Hsiao M C, Bardsley J N, et al. 1996. Electron beam and pulsed corona processing of volatile organic compounds in gas streams[J]. Pure & Applied Chemistry, 68: 1083-1087.

Puač N, Gherardi M, Shiratan M. 2018. Plasma agriculture: A rapidly emerging field[J]. Plasma Processes and Polymers 15: e1700174.

Raether H. 1964. Electron Avalanches and Breakdown in Gases[M]. London: Butterworth.

Raizer Y P. 1991. Gas Discharge Physics[M]. Berlin: Springer.

Raupp G B, Cale T S, Hey H P W. 1992. The role of oxygen excitation and loss in plasma-enhanced deposition of silicon dioxide from tetraethylorthosilicate[J]. Journal of Vacuum Science & Technology B: Microelectronics and Nanometer Structures Processing, Measurement, and Phenomena, 10: 37-45.

Rebeiz G M, Muldavin J B. 2001. RF MEMS switches and switch circuits[J]. Microwave Magazine IEEE, 2: 59-71.

Ren J Y, Jiang N, Shang K F, et al. 2018. Evaluation of trans-ferulic acid degradation by dielectric barrier discharge plasma combined with ozone in wastewater with different water quality conditions[J]. Plasma Science and Technology, 21: 025501.

Riemann K U. 1991. The bohm criterion and sheath formation[J]. Journal of Physics D: Applied Physics, 24: 493.

Robert G J. 2006. Physics of Electric Propulsion[M]. New York: Dover Publication.

Roth J R. 1995. Industrial plasma engineering[J]. Institute of Physics Publishing, 1: 366-367.

Roth J R, Sherman D M, Wilkinson S P. 2000. Electrohydrodynamic flow control with a glow-discharge surface plasma[J]. AIAA Journal, 38: 1166-1172.

Sahni M, Locke B R. 2006. Degradation of chemical warfare agent simulants using gas-liquid pulsed streamer discharges[J]. Journal of Hazardous Materials, 137: 1025-1034.

Samukawa S, Furuoya S. 1993. Time-modulated electron cyclotron resonance plasma discharge for controlling generation of reactive species[J]. Applied Physics Letters, 63: 2044-2046.

Sankaran R M, Holunga D, Flagan R C, et al. 2005. Synthesis of blue luminescent si nanoparticles using atmospheric-pressure microdischarges[J]. Nano Letters, 5: 537-541.

Schmidt-Szaowski K. 1996. Catalytic properties of silica packings under ozone synthesis conditions[J]. Ozone: Science and Engineering, 18: 41-55.

Schoenbach K H, Verhappen R, Tessnow T, et al. 1996. Microhollow cathode discharges[J]. Applied Physics Letters, 68: 13-15.

Shi N K. 2017. Theory of Low-Temperature Plasma Physics[M]. Berlin: Springer: 95.

Shiveshwari L, Mahto P. 2006. Photonic band gap effect in one-dimensional plasma dielectric photonic crystals[J]. Solid State Communications, 138: 160-164.

Shyy W, Jayaraman B, Andersson A. 2002. Modeling of glow discharge-induced fluid dynamics[J]. Journal of Applied Physics, 92: 6434-6443.

Sigmund P. 1981. Sputtering by Particle Bombardments Chapter 2[M]. New York: Springer-Verlag.

Smirnov B M. 1974. Ions and Excited Atoms in a Plasma[J]. Moscow: Atomizdat.

Smirnov B M. 2015. Theory of Gas Discharge Plasma[M]. Berlin: Springer.

Stoffels E, Kieft I, Sladek R. 2003. Superficial treatment of mammalian cells using plasma needle[J]. Journal of Physics D: Applied Physics, 36: 2908.

Stout P J, Kushner M J. 1993. Monte Carlo simulation of surface kinetics during plasma enhanced chemical vapor deposition of SiO_2 using oxygen/tetraethoxysilane chemistry[J]. Journal of Vacuum Science & Technology A: Vacuum, Surfaces, and Films, 11: 2562-2571.

Surzhikov S, Shang J. 2003. Glow discharge in magnetic field[C]//41st Aerospace Sciences Meeting and Exhibit, Reno.

Suzen Y, Huang G. 2006. Simulations of flow separation control using plasma actuators[C]//44th AIAA Aerospace Sciences Meeting and Exhibit, Reno: 877.

Suzuki N, Nishimura K, Tokunaga O, et al. 1979. Radiation treatment of exhaust gases, (viii) NO_2 decomposition in NO_2-N_2 and NO_2-rare gas mixtures[J]. Journal of Nuclear Science and Technology, 16: 278-286.

Swarner W G. 1962. Radar cross sections of dielectric or plasma coated conducting bodies[D]. Columbus: The Ohio State University.

Swarner W G, Peters L. 1963. Radar cross sections of dielectric or plasma coated conducting spheres and circular cylinders[J]. IEEE Transactions on Antennas and Propagation, 11: 558-569.

Szapiro B, Rocca J J. 1989. Electron emission from glow-discharge cathode materials due to neon and argon ion bombardment[J]. Journal of Applied Physics, 65: 3713-3716.

Takaki K, Yoshida K, Saito T, et al. 2014. Effect of electrical stimulation on fruit body formation in cultivating mushrooms[J]. Microorganisms, 2: 58-72.

Tao F. 2002. Advanced high-frequency electronic ballasting techniques for gas discharge lamps[D]. Blacksburg: Virginia Polytechnic Institute and State University.

Tendero C, Tixier C, Tristant P, et al. 2006. Atmospheric pressure plasmas: A review[J]. Spectrochimica Acta Part B: Atomic Spectroscopy, 61: 2-30.

Teschke M, Kedzierski J, Finantu-Dinu E, et al. 2005. High-speed photographs of a dielectric barrier atmospheric pressure plasma jet[J]. IEEE Transactions on Plasma Science, 33: 310-311.

Thomas L, Maillé L, Badie J, et al. 2001. Microwave plasma chemical vapour deposition of tetramethylsilane: Correlations between optical emission spectroscopy and film characteristics[J]. Surface and Coatings Technology, 142: 314-320.

Thompson L F, Mayhan K G. 1972. The plasma polymerization of vinyl monomers. II. A detailed study of the plasma polymerization of styrene[J]. Journal of Applied Polymer Science, 16: 2317-2341

Thornton J A. 1974. Influence of apparatus geometry and deposition conditions on the structure and topography of thick sputtered coatings[J]. Journal of Vacuum Science and Technology, 11: 666-670.

Trompeter F J, Neff W J, Franken O, et al. 2002. Reduction of bacillus subtilis and aspergillus niger spores using nonthermal atmospheric gas discharges[J]. IEEE Transactions on Plasma Science, 30: 1416-1423.

Uda M. 1992. Production of ultrafine metal and alloy powders by hydrogen thermal plasma[J]. Nanostructured Materials, 1: 101-106.

Unfer T, Boeuf J. 2009. Modelling of a nanosecond surface discharge actuator[J]. Journal of Physics D: Applied Physics, 42: 194017.

Vidmar R J. 1990. On the use of atmospheric pressure plasmas as electromagnetic reflectors and absorbers[J]. IEEE Transactions on Plasma Science, 18: 733-741.

Vlcek J. 1989. A collisional-radiative model applicable to argon discharges over a wide range of conditions. I. Formulation and basic data[J]. Journal of Physics D: Applied Physics, 22: 623.

Voitkiv A B. 2004. Theory of projectile-electron excitation and loss in relativistic collisions with atoms [J]. Physics Reports, 392: 191-277.

Volotskova O, Levchenko I, Shashurin A, et al. 2010. Single-step synthesis and magnetic separation of graphene and carbon nanotubes in arc discharge plasmas[J]. Nanoscale, 2: 2281-2285.

Vriens L. 1964. Calculation of absolute ionisation cross sections of He, He^*, He^+, Ne, Ne^*, Ne^+, Ar, Ar^*, Hg and Hg^*[J]. Physics Letters, 8: 260-261.

Wang Y, Zhang Y, Wang D Z, et al. 2007. Period multiplication and chaotic phenomena in atmospheric dielectric-barrier glow discharges[J]. Applied Physics Letters, 90: 071501.

Westwood A. 1971. Glow discharge polymerization—i. Rates and mechanisms of polymer formation[J]. European Polymer Journal, 7: 363-375.

White A. 1959. New hollow cathode glow discharge[J]. Journal of Applied Physics, 30: 711-719.

Wilson B. 1750. Treatise on Electricity[M]. Washington D C: C. Corbet.

Wilson W, Haggmark L, Biersack J. 1977. Calculations of nuclear stopping, ranges, and straggling in the low-energy region[J]. Physical Review B, 15: 2458.

Winchester M R, Payling R. 2004. Radio-frequency glow discharge spectrometry: A critical review[J]. Spectrochimica Acta Part B: Atomic Spectroscopy, 59: 607-666.

Winters H, Coburn J. 1979. The etching of silicon with XeF_2 vapor[J]. Applied Physics Letters, 34: 70-73.

Wiszniowski J, Robert D, Surmacz-Gorska J, et al. 2006. Landfill leachate treatment methods: A review[J]. Environmental Chemistry Letters, 4: 51-61.

Wu Y, Li J, Wang N H. 2003. Industrial experiments on desulfurization of flue gases by pulsed corona induced plasma chemical process[J] Journal of Electrostatics, 57: 233-241.

Yamamoto T, Ramanathan K, Lawless P A, et al. 1992. Control of volatile organic compounds by an AC energized ferroelectric pellet reactor and a pulsed corona reactor[J]. IEEE Transactions on Industry Applications, 28: 528-534.

Yan X, Meng Z, Ouyang J, et al. 2018. Cytoprotective effects of atmospheric-pressure plasmas against hypoxia-induced neuronal injuries[J]. Journal of Physics D: Applied Physics, 51: 085401.

Yan X, Qiao Y, Ouyang J, et al. 2017. Protective effect of atmospheric pressure plasma on oxidative stress-induced neuronal injuries: An in vitro study[J]. Journal of Physics D: Applied Physics, 50: 095401.

Yan X, Zhang C, Ouyang J, et al. 2019. Cytoprotective effect of atmospheric pressure helium plasma on oxygen and glucose deprivation-induced cell death in H9C2 cardiac myoblasts and primary neonatal rat cardiomyocytes[J]. Journal of Physics D: Applied Physics, 52: 135401.

Yan X, Zhang C, Ouyang J, et al. 2020. Atmospheric pressure plasma treatments protect neural cells from ischemic stroke-relevant injuries by targeting mitochondria[J]. Plasma Processes and Polymers, 17: 2000063.

Yasuda H. 1985. Plasma Polymerization[M]. New York: Academic Press.

Yasuda H, Hirotsu T. 1978. Distribution of polymer deposition in plasma polymerization. I. Acetylene, ethylene, and the effect of carrier gas[J]. Journal of Polymer Science: Polymer Chemistry Edition, 16: 229-241.

Zalm P. 1984. Some useful yield estimates for ion beam sputtering and ion plating at low bombarding energies[J]. Journal of Vacuum Science & Technology B: Microelectronics Processing and Phenomena, 2: 151-152.

Zambrano G, Riascos H, Prieto P, et al. 2003. Optical emission spectroscopy study of RF magnetron sputtering discharge used for multilayers thin film deposition[J]. Surface and Coatings Technology, 172: 144-149.

Zhang D, Wang Y, Wang D. 2013. The transition mechanism from a symmetric single period discharge to a period-doubling discharge in atmospheric helium dielectric-barrier discharge[J]. Physics of Plasmas, 20: 063504.

Zhu X M, Pu Y K. 2005. Determining the electron temperature in inductively coupled nitrogen plasmas by optical emission spectroscopy with molecular kinetic effects[J]. Physics of Plasmas, 12: 103501.